- **全程视频讲解**
  208个总时长800分钟的影音视频教学，与书中实例一一对应

Photoshop CS5 数码照片处理208例

调色 精修 特效

帮助您全面掌握数码照片处理的各种诀窍

佳图文化 编著

2 DVD 影音视频教学光盘

208个 精心挑选的实例 + 300个 实用基础与技巧讲解 + 800分钟 本书同步视频教学

兵器工业出版社

北京希望电子出版社
Beijing Hope Electronic Press
www.bhp.com.cn

内 容 简 介

本书主要讲解了数码照片的后期处理技术，通过对 208 个经典实例的讲解，帮助读者在掌握数码照片处理技法的同时，快速了解 Photoshop 的基本用法，引领读者打造属于自己的时尚数码照片。

本书结构清晰、语言浅显易懂、实例实用精彩，具有很强的实用性和较高的技术含量。书中精选了 95 个实例进行详细讲解，对数码照片处理的常见类型进行分析总结，配以扩展实例跟踪学习，由基础操作到深入强化，力求使读者轻松掌握各种数码照片的后期处理诀窍。

本书附赠 2 张 DVD 教学光盘，包含书中 208 个实例的原始素材、最终效果文件及配套的全程影音视频教学文件，方便读者学习与参考。

本书适合 Photoshop 的初、中级读者阅读，同时适合专业数码摄影师、平面设计创作人员、数码影楼从业者以及数码摄影爱好者阅读。

图书在版编目（CIP）数据

Photoshop CS5 数码照片处理调色精修特效 208 例 / 佳图文化编著. --北京：兵器工业出版社，2011.5

ISBN 978-7-80248-576-1

I.①P… II. ①佳… III. ①图形软件，Photoshop CS5 IV. ①TP391.41

中国版本图书馆 CIP 数据核字（2011）第 029444 号

出版发行：兵器工业出版社　北京希望电子出版社

邮编社址：100089　北京市海淀区车道沟 10 号
100085　北京市海淀区上地 3 街 9 号
金隅嘉华大厦 C 座 611

电　　话：010-62978181（总机）转发行部
010-82702675（邮购）010-82702698（传真）

经　　销：各地新华书店　软件连锁店

印　　刷：北京天时彩色印刷有限公司

版　　次：2011 年 5 月第 1 版第 1 次印刷

封面设计：深度文化

责任编辑：刘　立　赵丽丽

责任校对：刘　伟

开　　本：787mm×1092mm 1/16

印　　张：26.25

印　　数：1-3 500

字　　数：622 千字

定　　价：88.00 元（配 2 张 DVD 光盘）

PREFACE 前言

我们所处的社会正逐渐演化成一个高效的传播社会，图片成为传播的重要内容，在这个“无图无真相”的传播时代，图片的处理变得非常重要，高明的后期处理技巧不但可以通过局部修整使有瑕疵的图片变成完美图片，还能使画面色调、布局构图等更准确地还原或传递图片发布者的意图。

Adobe Photoshop CS5是一款专业的图形图像处理软件，具有强大的数码照片后期处理能力，特别是在数码照片色彩校正和修饰方面更是无可匹敌；在照片合成、抠图、变形、编辑和修复等方面的功能也让专业人士爱不释手。本书总结了多位摄影专家多年的拍摄和数码照片后期处理的经验，配合208个实例进行有针对性地讲解，以实用为指导，让您在学习过程中不断提高自身水平，真正成为优秀的Photoshop操作高手。

本书结构清晰、语言浅显易懂、实例实用精彩，具有很强的实用性和较高的技术含量。书中精选了95个实例进行详细讲解，对数码照片处理的常见类型进行分析总结，配以113个扩展实例跟踪学习，由基础操作到深入强化，力求使读者轻松掌握各种数码照片的后期处理诀窍。

本书附赠2张DVD教学光盘，包含书中208个实例的全部原始素材及最终效果文件，读者除了可以使用它们来配合本书学习外，还可以直接将其应用于自己

的设计作品中，以提高作品的质量。此外，笔者还委托专业讲师，录制了800分钟的所有实例和扩展实例的视频教学文件，读者如果在学习过程中遇到问题，可以通过观看这些视频文件来解惑释疑，提高学习和工作效率。

本书是集体劳动的结晶，参与本书编著的包括以下人员：黄刚、陈立、崔淼、邓志远、姚建慧、范晓玲、付宁、于丽丽、郭聪、张爽、吴晴、徐双巍、李雅男、刘琪、刘玉凤、于蕾、王丽丽、桂清利、郝婷、郭健、计国丽、李立敏、刘淑红、宋颖、王剑、王艳、徐丽莎、黄正、李飞飞和李峰等。

虽然我们在写作时力求将最准确的内容、最实用的经验呈现给读者，但是由于各人知识、阅历和理解等方面的不同，本书的表述仍有可能存在不尽如人意之处，敬请您多多见谅或来函指出。如果您在阅读和实际操作过程中遇到困难或者有什么心得体会，也可以联系我们，我们的电子邮箱是jiatuwenhua@163.com，QQ：1449355296。我们将随时准备为您答疑解惑。

编著者

CONTENTS目录

第1章 数码照片整容技术

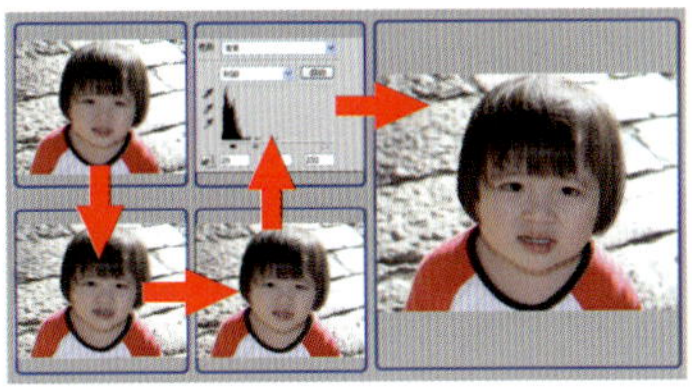

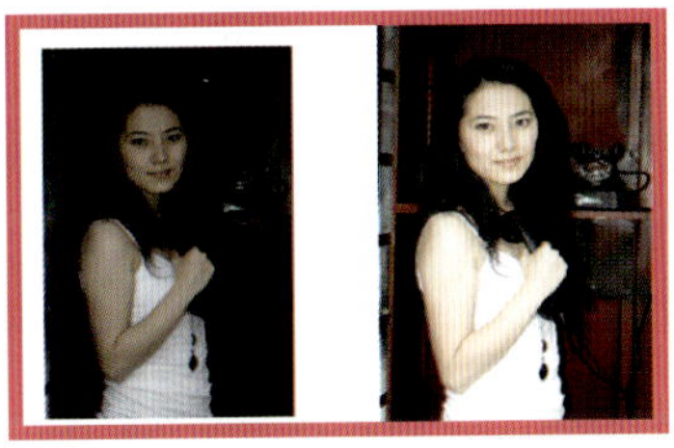

第2章 数码照片的特效处理

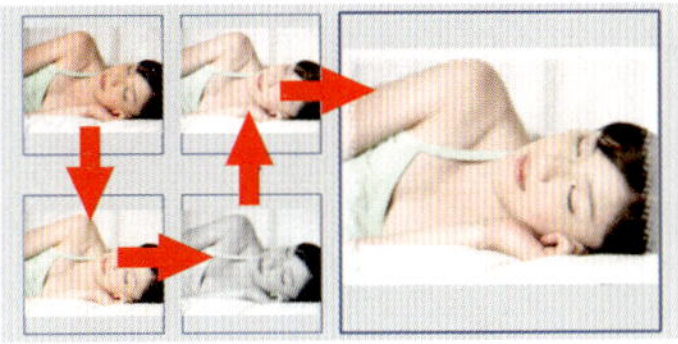

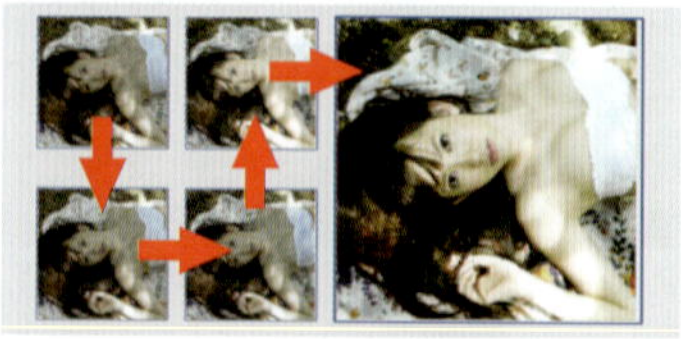

第3章 数码照片的色调处理

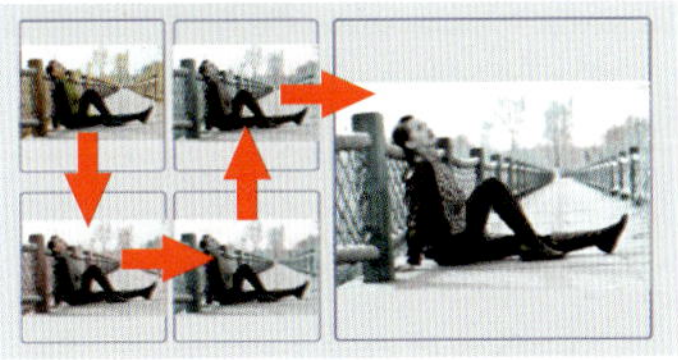

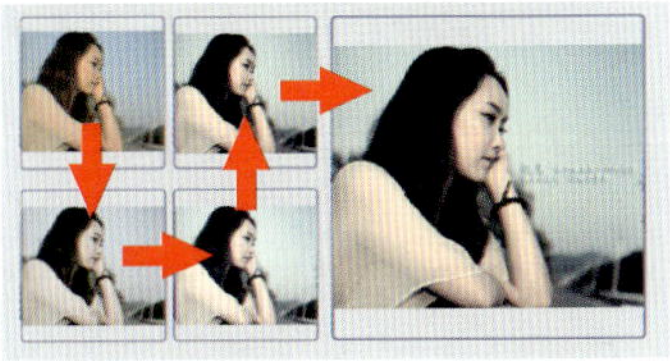

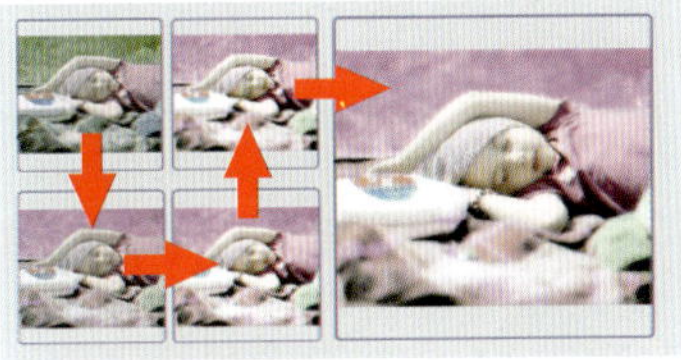

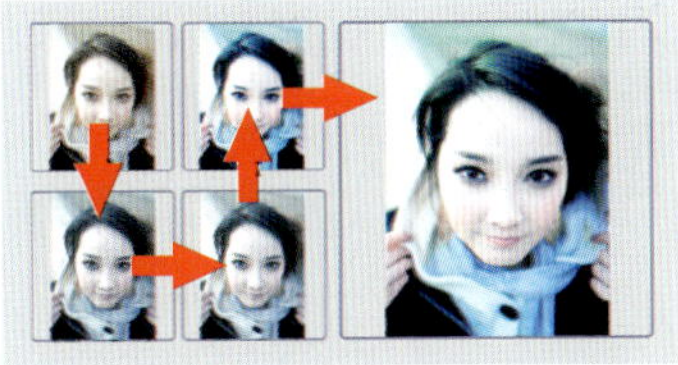

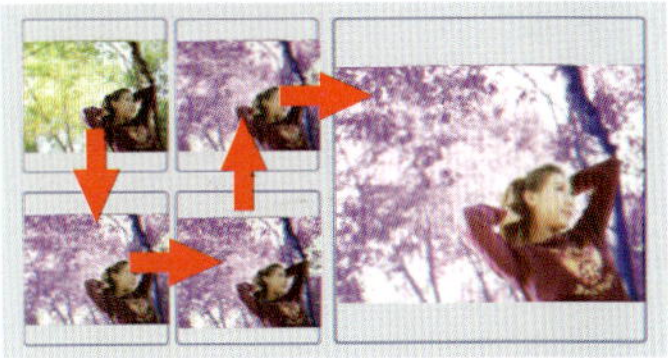

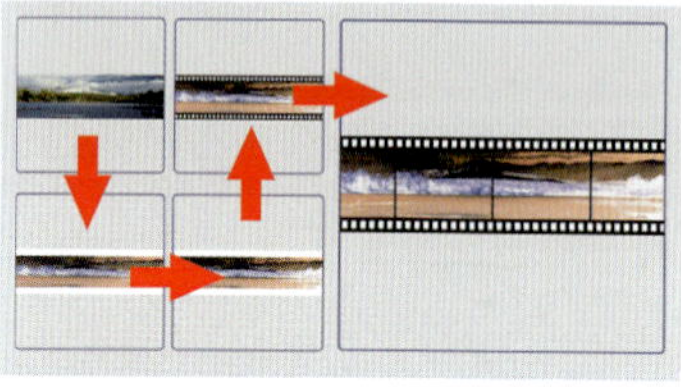

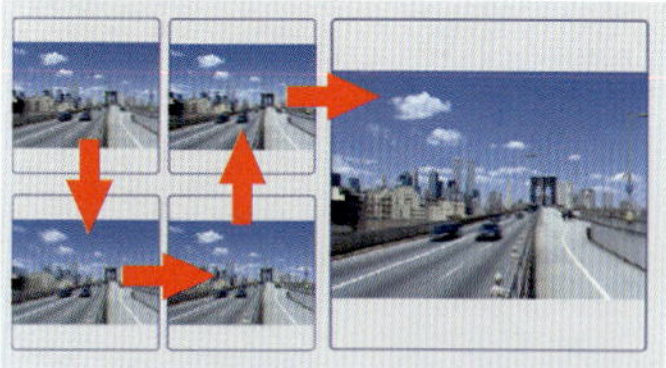

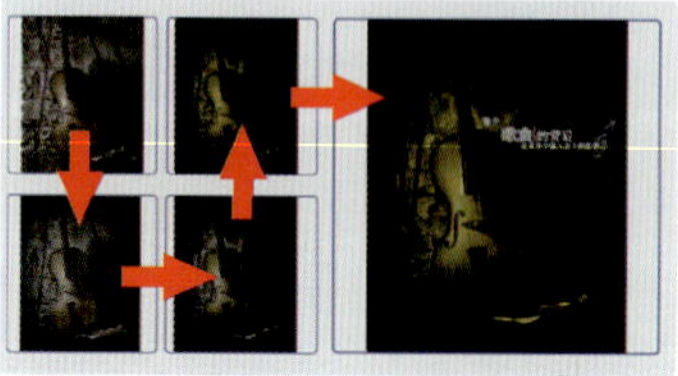

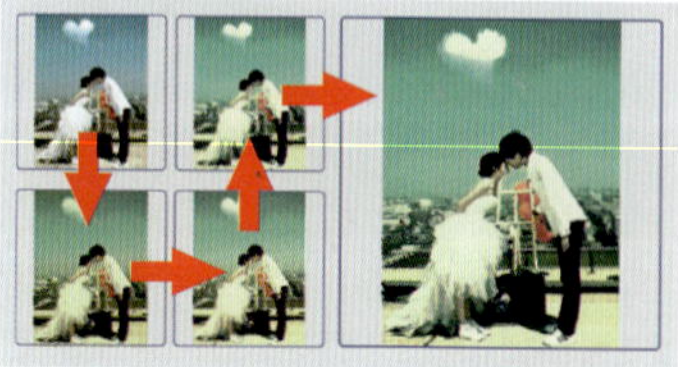

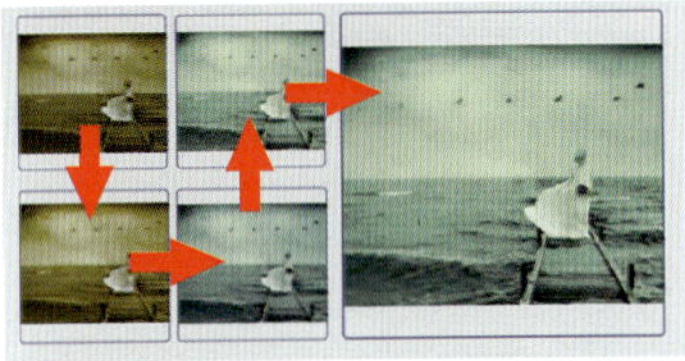

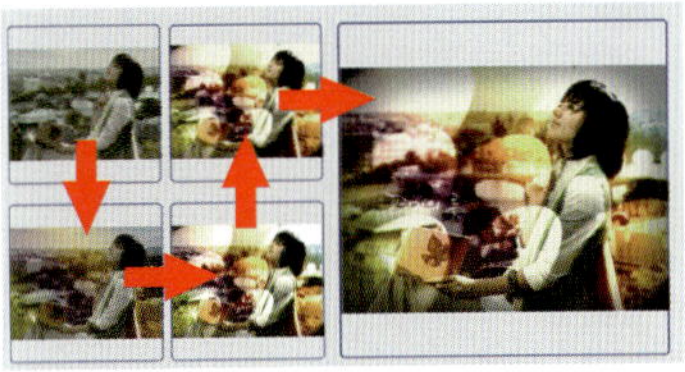

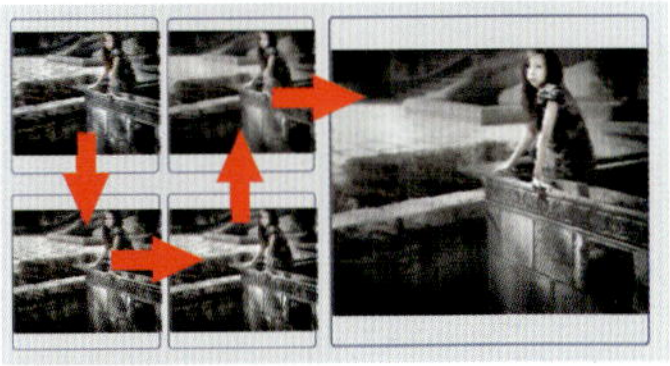

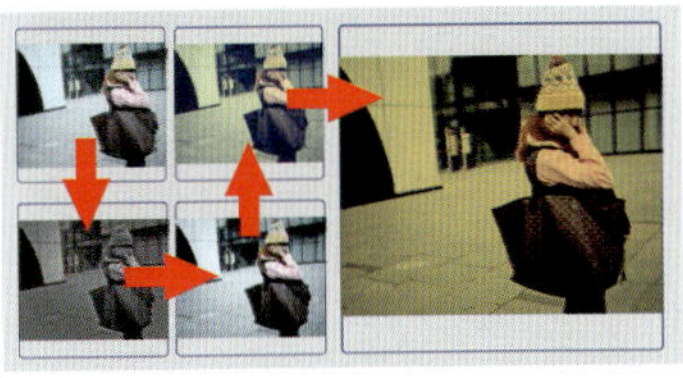

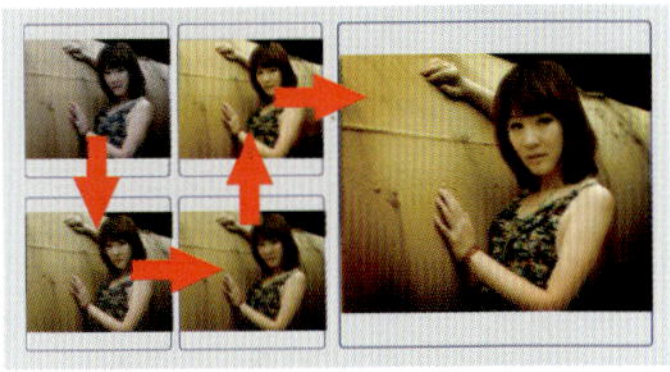

第4章 数码照片的艺术加工

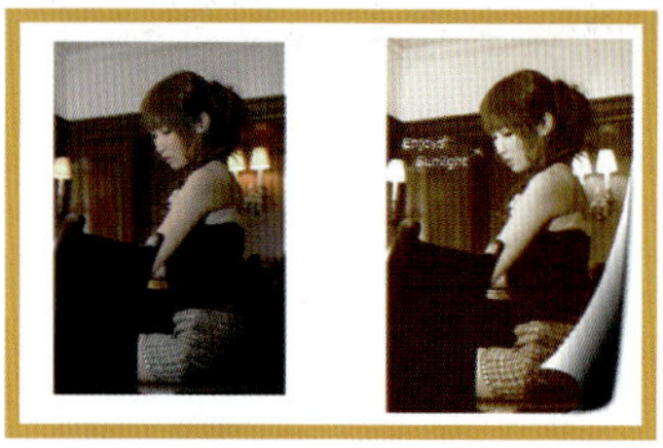

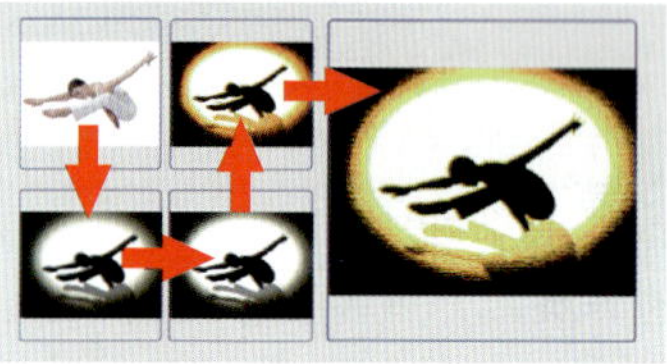

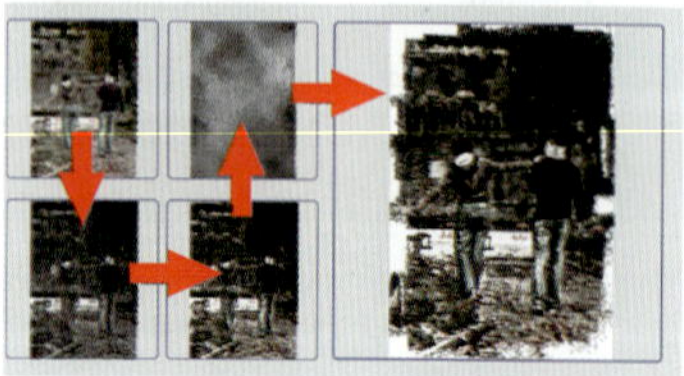

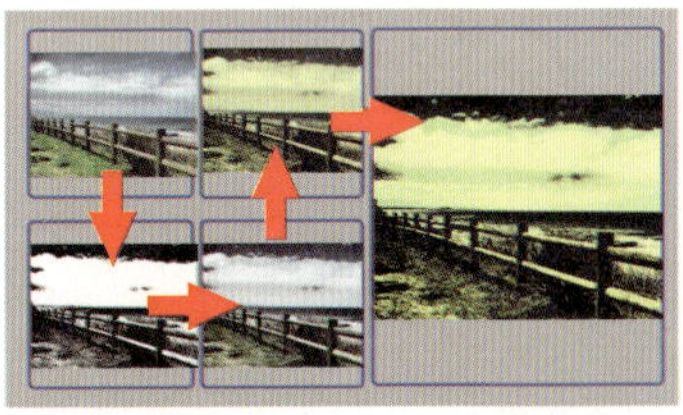

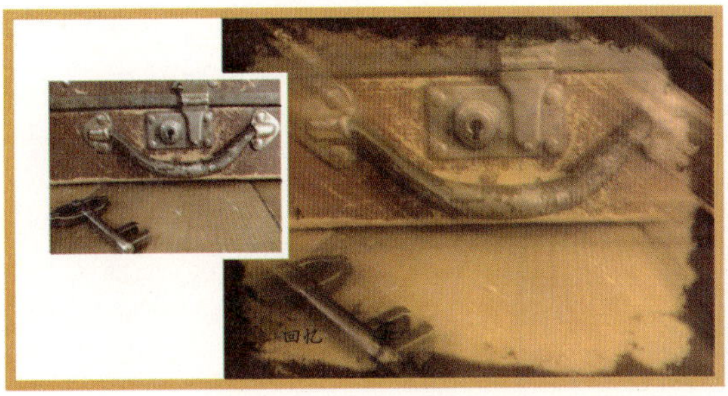

第5章 数码照片在现实生活中的应用

光盘中的实例

扩展实例1
修饰透视错误的房子
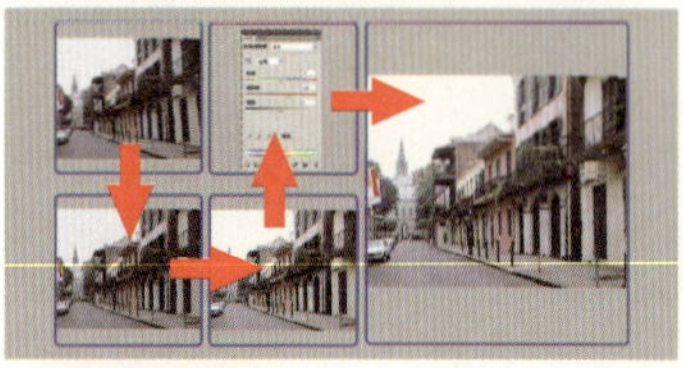

扩展实例2
制作桌面投影效果

扩展实例3
制作梦幻婚纱效果
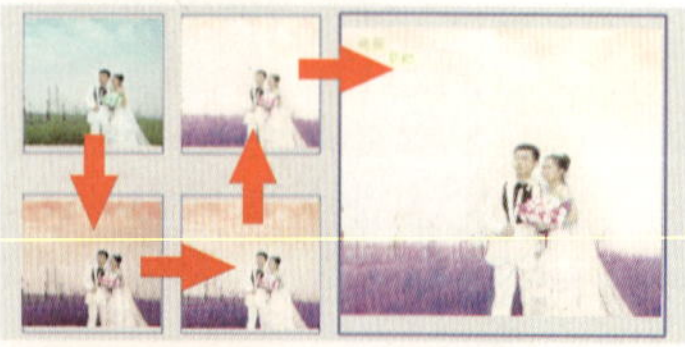

扩展实例4
制作另类效果
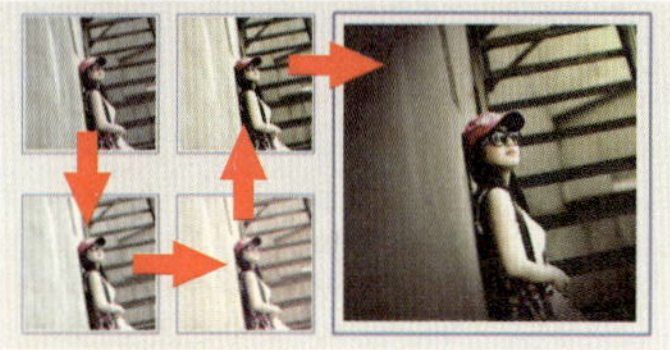

扩展实例5
制作照片脱离效果
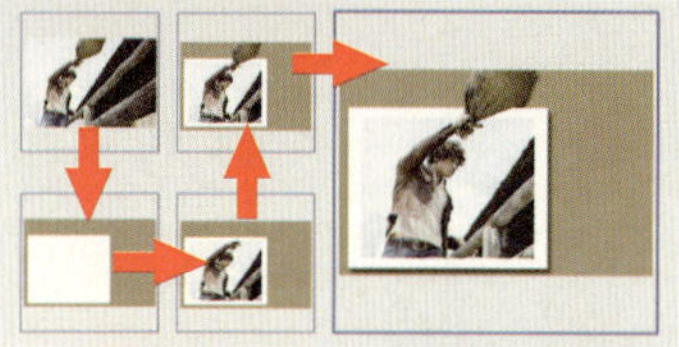

扩展实例6
调出照片饱满的色彩

扩展实例7
制作可爱宝宝百天照
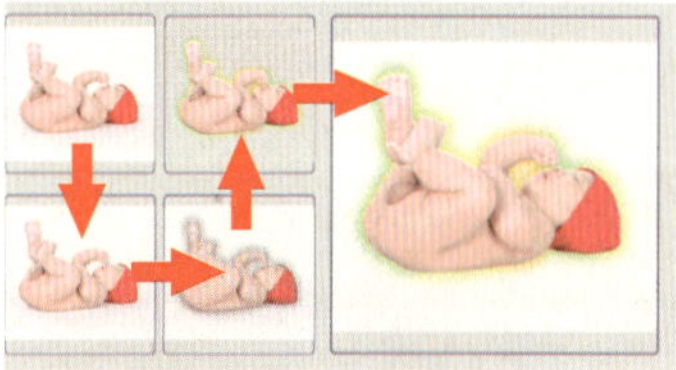

实例8 制作乌金色调照片特效

扩展实例9
制作军绿色调照片特效
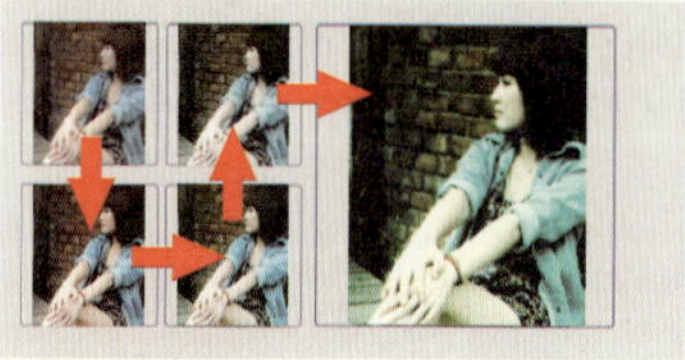

实例10
制作炫美逆光效果....299
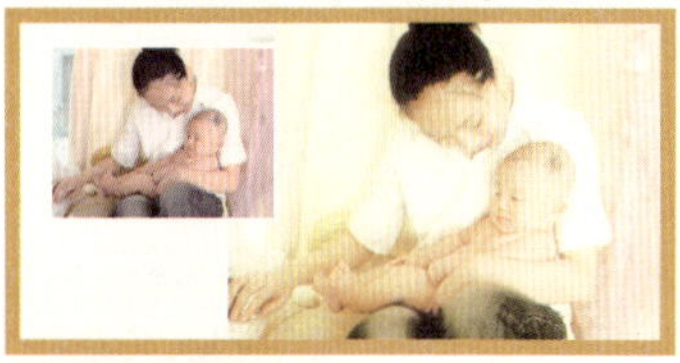

扩展实例11
打造手绘效果的画像

扩展实例12
打造蜡笔画效果

扩展实例13
调出复古色调效果

实例14
调出怀旧照片

扩展实例15
制作怀旧色彩照片

扩展实例16
制作纸艺宠物照片

扩展实例17
制作人物招贴画效果
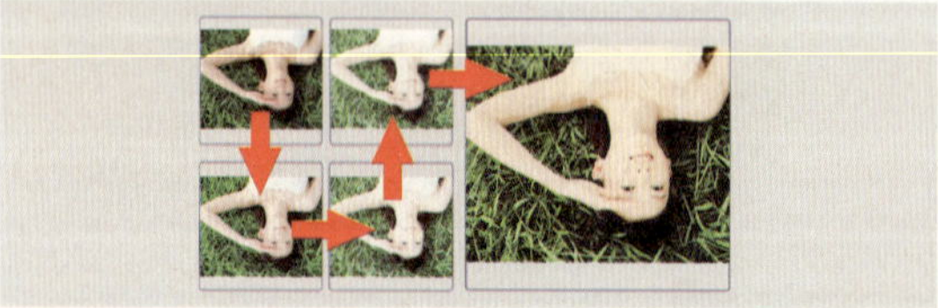

2 单击工具箱中的“红眼工具”，在人物眼睛处单击，如图1−3所示。然后选择“椭圆选框工具”，在人物眼睛处绘制选区，如图1−4所示。

图1−3

图1−4

3 按快捷键Shift+F6弹出“羽化选区”对话框，设置参数如图1−5所示。单击“图层”面板底部的“创建新的填充或调整图层”按钮，在弹出的菜单中选择“亮度/对比度”选项，在弹出的面板中设置参数如图1−6所示。设置完毕后单击关闭按钮，效果如图1−7所示。

图1−5

图1−6

图1−7

4 单击“图层”面板底部的“创建新的填充或调整图层”按钮，在弹出的菜单中选择“可选颜色”选项，在弹出的面板中设置参数如图1−8和图1−9所示。设置完毕后单击关闭按钮，效果如图1−10所示。

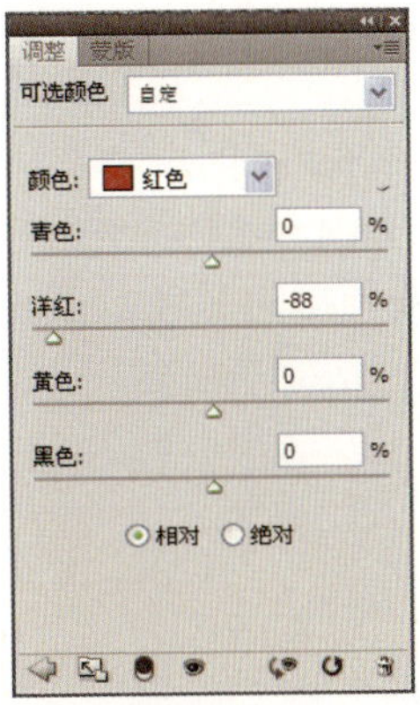

图1−8

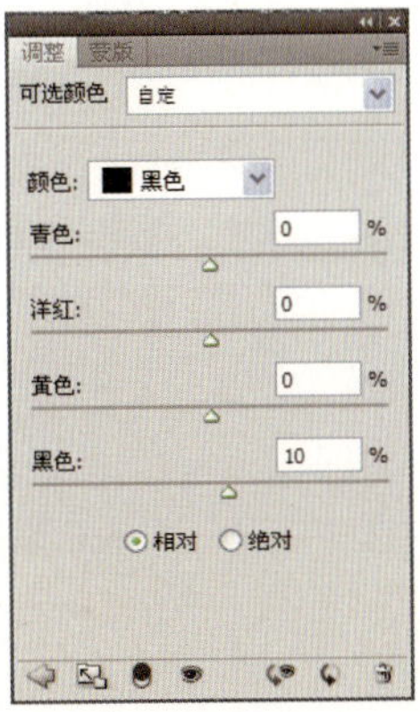

图1−9

图1−10

技巧与提示

现在有很多相机都有自带的防红眼功能，在黑暗处拍摄时开启此功能即可避免红眼现象的出现。

扩展实例1

难易度 ★★★★★

- 原始素材文件：书中实例素材\第1章\扩展实例1\去除宝宝的红眼素材图.jpg
- 最终效果文件：书中实例效果图\第1章\扩展实例1\去除宝宝的红眼.psd
- 视频教学文件：书中实例视频\第1章\扩展实例\1.1.flv

去除宝宝的红眼

重点提示 1 打开随书所附光盘中的扩展实例素材“去除宝宝的红眼素材图.jpg”，将此图层拖曳至“图层”面板底部的“创建新图层”按钮上，得到“背景 副本”图层。

重点提示 2 单击工具箱中的“红眼工具”，在图像中宝宝红眼处绘制出选区，去除红眼。然后选择“椭圆选框工具”，在人物眼睛处绘制选区，按快捷键Shift+F6弹出“羽化选区”对话框，设置其中的参数。单击“图层”面板底部的“创建新的填充或调整图层”按钮，在弹出的菜单中选择“色阶”选项，在弹出的面板中设置参数。设置完毕后单击关闭按钮，得到最终效果图。

注意 在宝宝眼睛处绘制选区时，也可以选用其他的工具进行绘制。

扩展实例2

难易度 ★★★★★

- 原始素材文件：书中实例素材\第1章\扩展实例2\去除猫咪的红眼素材图.jpg
- 最终效果文件：书中实例效果图\第1章\扩展实例2\去除猫咪的红眼.psd
- 视频教学文件：书中实例视频\第1章\扩展实例\1.2.flv

去除猫咪的红眼

重点提示 **1** 打开随书所附光盘中的扩展实例素材“去除猫咪的红眼素材图.jpg”，将此图层拖曳至“图层”面板底部的“创建新图层”按钮上，得到“背景 副本”图层。单击工具箱中的“红眼工具”，设置“瞳孔大小”为“20%”，“变暗量”为“10%”，在猫咪的眼睛上单击。

重点提示 **2** 单击工具箱中的“椭圆选框工具”，在猫咪眼睛处绘制选区。单击“图层”面板底部的“创建新的填充或调整图层”按钮，在弹出的菜单中选择“色阶”选项，在弹出的面板中设置参数，设置完毕后单击关闭按钮。

重点提示 **3** 按住Ctrl键单击“色阶1”调整图层的蒙版缩览图，以提取选区。单击“图层”面板底部的“创建新的填充或调整图层”按钮，在弹出的菜单中选择“亮度/对比度”选项，在弹出的面板中设置参数，设置完毕后单击关闭按钮。

原始素材文件：
书中实例素材\第1章\实例2\去除脸部雀斑素材图.jpg

最终效果文件：
书中实例效果图\第1章\实例2\去除脸部雀斑.psd

视频教学文件：
书中实例视频\第1章\实例\1.2.flv

实例2

难易度 ★★★★★

去除脸部雀斑

例前导读

本例视频教程长度：4分12秒

- 使用“滤镜”命令改善人物皮肤质量。
- 使用调整图层改善人物肤色。

1 打开随书所附光盘中的实例素材“去除脸部雀斑素材图.jpg”，如图1-11所示，将此图层拖曳至“图层”面板底部的“创建新图层”按钮上，得到“背景 副本”图层，如图1-12所示。

图1-11

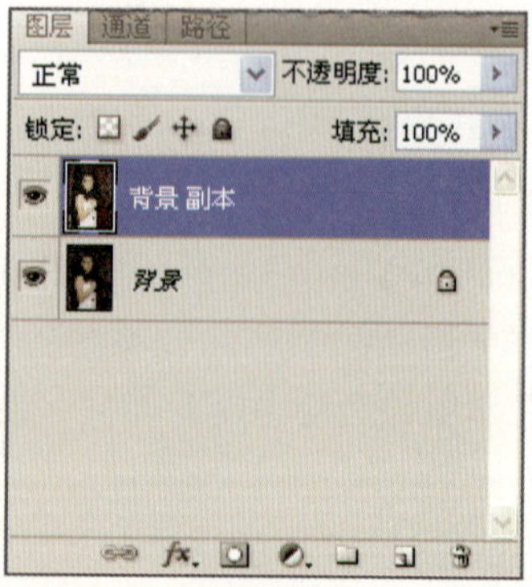

图1-12

2 在菜单栏中选择“图像”|“调整”|“曲线”命令，在弹出的对话框中设置参数如图1-13所示，单击“确定”按钮关闭对话框，得到如图1-14所示的效果。

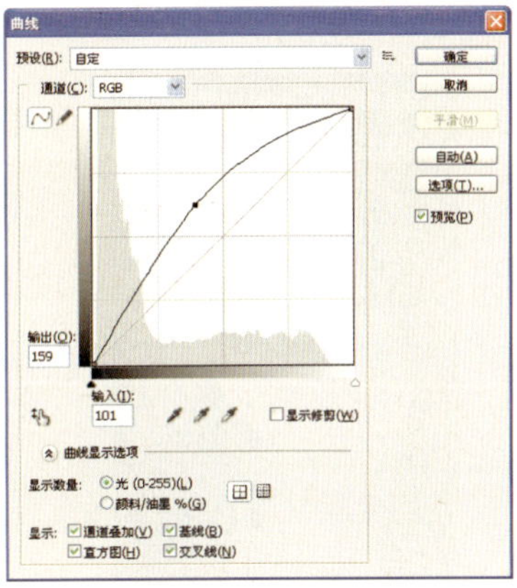

图1-13

图1-14

3 单击工具箱中的“修复画笔工具”，按住Alt键在脸部干净的地方取样，释放Alt键在雀斑处单击，效果如图1-15所示。

4 按快捷键Ctrl+J复制图层，得到“背景 副本2”图层。在菜单栏中选择“滤镜”|“模糊”|“方框模糊”命令，在弹出的对话框中设置参数如图1-16所示。单击“图层”面板底部的“添加图层蒙版”按钮，为“背景 副本2”添加图层蒙版。按快捷键Ctrl+I反相。设置前景色为白色，选择“画笔工具”在人物脸部涂抹，“图层”面板如图1-17所示，图像效果如图1-18所示。

图1-15

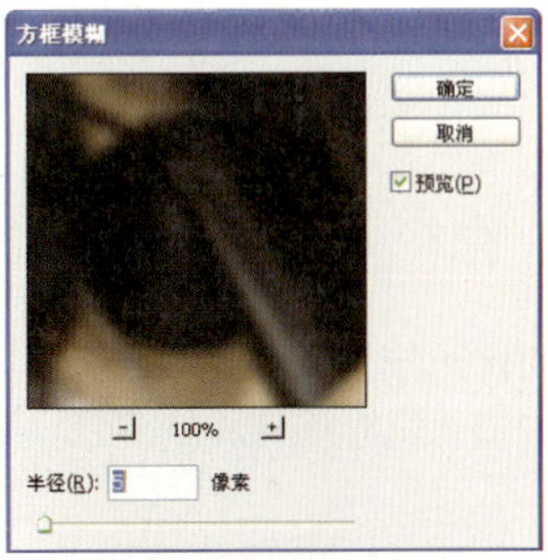

图1-16

图1-17

图1-18

5 单击“图层”面板底部的“创建新的填充或调整图层”按钮，在弹出的菜单中选择“色阶”选项，在弹出的面板中设置参数如图1-19所示。设置完毕后单击关闭按钮，效果如图1-20所示。

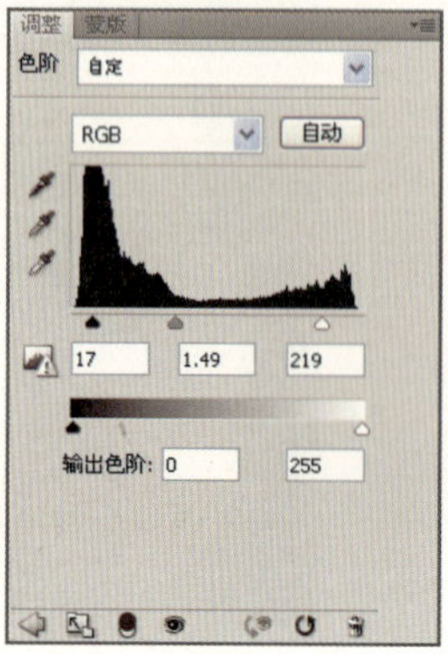

图1-19

图1-20

6 单击“图层”面板底部的“创建新的填充或调整图层”按钮，在弹出的菜单中选择“亮度/对比度”选项，在弹出的面板中设置参数如图1-21所示。设置完毕后单击关闭按钮，效果如图1-22所示。

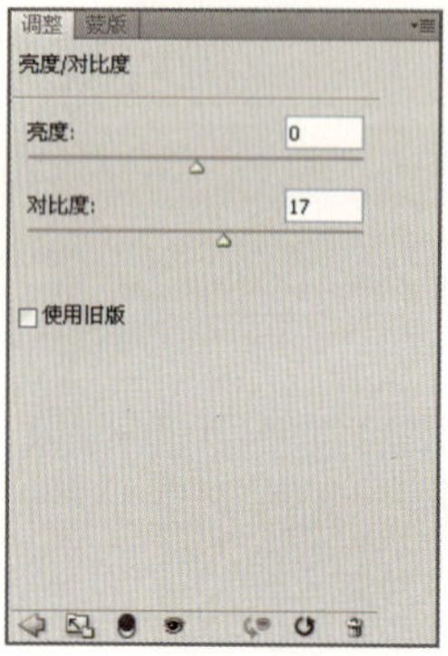

图1-21

图1-22

7 单击“图层”面板底部的“创建新的填充或调整图层”按钮，在弹出的菜单中选择“可选颜色”选项，在弹出的面板中设置参数如图1-23和图1-24所示。设置完毕后单击关闭按钮，效果如图1-25所示。

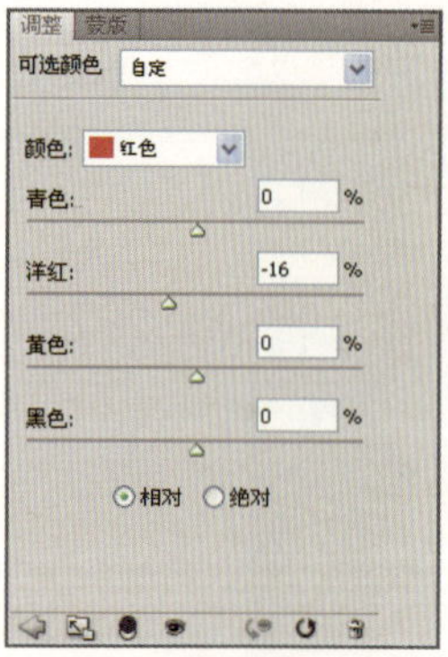

图1-23

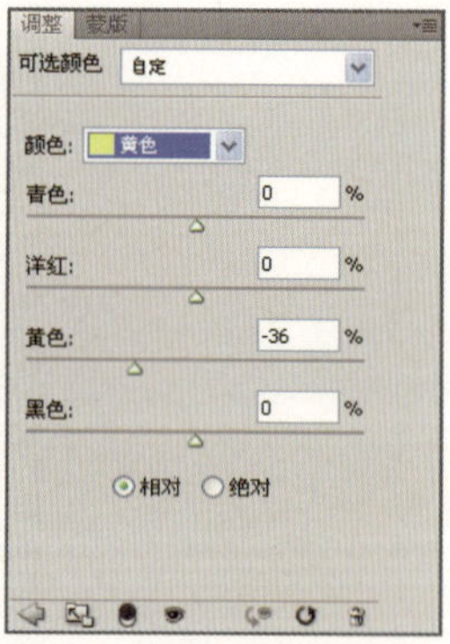

图1-24

图1-25

扩展实例3

难易度 ★★★★★

- 原始素材文件：书中实例素材\第1章\扩展实例3\去除脸部痘痘素材图.jpg
- 最终效果文件：书中实例效果图\第1章\扩展实例3\去除脸部痘痘.psd
- 视频教学文件：书中实例视频\第1章\扩展实例\1.3.flv

去除脸部痘痘

重点提示 1 打开随书所附光盘中的扩展实例素材“去除脸部痘痘素材图.jpg”，单击“图层”面板底部的“创建新的填充或调整图层”按钮，在弹出的菜单中选择“曲线”选项，在弹出的面板中设置参数，设置完毕后单击关闭按钮。

重点提示 2 按快捷键Ctrl+Alt+Shift+E盖印所有可见图层，得到“图层1”。选择“图层1”，将其拖曳至“图层”面板底部的“创建新图层”按钮上，得到“图层1副本”图层。在菜单栏中选择“滤镜”|“模糊”|“高斯模糊”命令，在弹出的对话框中设置参数。单击“图层”面板底部的“添加图层蒙版”按钮，为“图层1副本”图层添加图层蒙版。将前景色设置为黑色，选择“画笔工具”在人物脸部以外的地方涂抹。

重点提示 3 单击“图层”面板底部的“创建新的填充或调整图层”按钮，在弹出的菜单中选择“色阶”选项，在弹出的面板中设置参数，设置完毕后单击关闭按钮。

重点提示 4 单击“图层”面板底部的“创建新的填充或调整图层”按钮，在弹出的菜单中选择“亮度/对比度”选项，在弹出的面板中设置参数，设置完毕后单击关闭按钮。

扩展实例4

难易度 ★★★★★

- 原始素材文件：书中实例素材\第1章\扩展实例4\打造靓丽肤色素材图.jpg
- 最终效果文件：书中实例效果图\第1章\扩展实例4\打造靓丽肤色.psd
- 视频教学文件：书中实例视频\第1章\扩展实例\1.4.flv

打造靓丽肤色

重点提示 1 打开随书所附光盘中的扩展实例素材“打造靓丽肤色素材图.jpg”，将此图层拖曳至“图层”面板底部的“创建新图层”按钮上，得到“背景 副本”图层。在菜单栏中选择“滤镜”|“模糊”|“表面模糊”命令，在弹出的对话框中设置参数，设置完毕后单击“确定”按钮。

重点提示 2 切换至“通道”面板，按住Ctrl键单击“RGB”通道缩览图，将“RGB”通道载入选区。切换至“图层”面板，新建“图层1”，并填充白色，按快捷键Ctrl+D取消选区。再切换至“通道”面板，按住Ctrl键单击“绿”通道载入选区。回到“图层”面板，选择“图层1”，单击“添加图层蒙版”按钮，为其添加图层蒙版。使用黑色柔角画笔在皮肤以外的部分涂抹，并将“图层1”的“不透明度”设置为“50%”。

注意 在使用黑色画笔对背景进行涂抹时，应注意“不透明度”的设置，以便使图像更柔和。

重点提示 3 单击“图层”面板底部的“创建新的填充或调整图层”按钮，在弹出的菜单中选择“色阶”选项，在弹出的面板中设置参数，设置完毕后单击关闭按钮。

重点提示 4 按快捷键Ctrl+Alt+Shift+E盖印所有可见图层，得到“图层2”。在菜单栏中选择“滤镜”|“模糊”|“高斯模糊”命令，在弹出的对话框中设置参数，设置完毕后单击“确定”按钮。将“图层2”的混合模式设置为“滤色”，“不透明度”设置为“30%”。

原始素材文件：
书中实例素材\第1章\实例3\打造时尚美下巴素材图.jpg

最终效果文件：
书中实例效果图\第1章\实例3\打造时尚美下巴.psd

视频教学文件：
书中实例视频\第1章\实例\1.3.flv

实例3

难易度 ★★★★★

打造时尚美下巴

例前导读

本例视频教程长度：1分22秒

使用“液化”滤镜调整人物脸型。

1 打开随书所附光盘中的实例素材“打造时尚美下巴素材图.jpg”，如图1-26所示，将此图层拖曳至“图层”面板底部的“创建新图层”按钮上，得到“背景 副本”图层，如图1-27所示。

图1-26

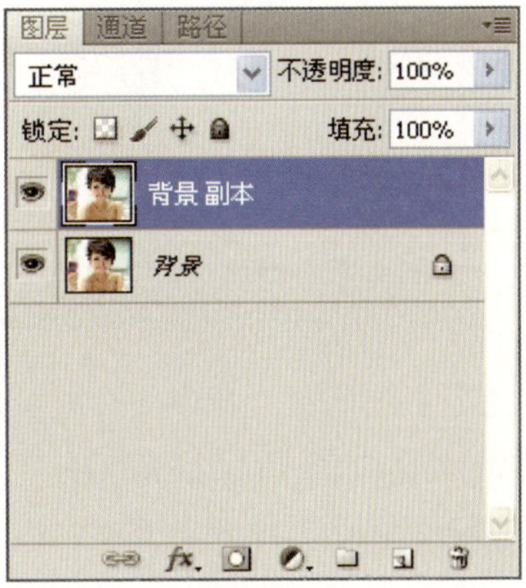

图1-27

2 在菜单栏中选择“滤镜”|“液化”命令，在弹出的“液化”对话框中设置各项参数如图1-28所示，将人物面颊部分向里推移。设置完毕后单击“确定”按钮，得到如图1-29所示的效果。

图1-28

图1-29

扩展实例5

难易度 ★★★★★

- 原始素材文件：书中实例素材\第1章\扩展实例5\让美女的腰变得更纤细素材图.jpg
- 最终效果文件：书中实例效果图\第1章\扩展实例5\让美女的腰变得更纤细.psd
- 视频教学文件：书中实例视频\第1章\扩展实例\1.5.flv

让美女的腰变得更纤细

重点提示 1 打开随书所附光盘中的扩展实例素材“让美女的腰变得更纤细素材图.jpg”，将此图层拖曳至“图层”面板底部的“创建新图层”按钮上，得到“背景 副本”图层。

重点提示 2 在菜单栏中选择“滤镜”|“液化”命令，在弹出的对话框中设置适当参数，使用“向前变形工具”在人物腰部由外向里涂抹，设置完毕后单击“确定”按钮。

重点提示 3 单击“图层”面板底部的“创建新的填充或调整图层”按钮，在弹出的菜单中选择“色阶”选项，在弹出的面板中设置参数，设置完毕后单击关闭按钮。

原始素材文件：
书中实例素材\第1章\实例4\抠出卷曲长发素材图1.jpg、素材图2.jpg

最终效果文件：
书中实例效果图\第1章\实例4\抠出卷曲长发素材图.psd

视频教学文件：
书中实例视频\第1章\实例\1.4.flv

实例4

难易度 ★★★★★

抠出卷曲长发

例前导读

本例视频教程长度：2分55秒

- 使用通道抠选图像。
- 为图像更换背景。

1 打开随书所附光盘中的实例素材“抠出卷曲长发素材图1.jpg”，如图1-30所示。切换至“通道”面板，选择“蓝”通道，将其拖曳至“通道”面板底部的“创建新通道”按钮上，得到“蓝 副本”通道，如图1-31所示。

图1-30

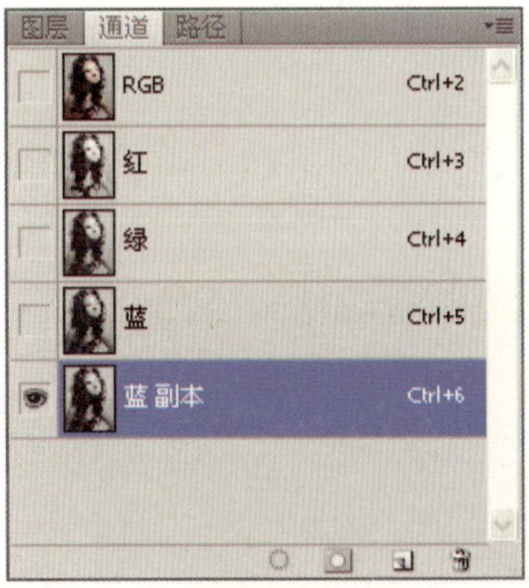

图1-31

2 选择“蓝 副本”通道，在菜单栏中选择“图像”|“调整”|“色阶”命令，在弹出的对话框中设置参数如图1-32所示。设置完毕后单击“确定”按钮，效果如图1-33所示。

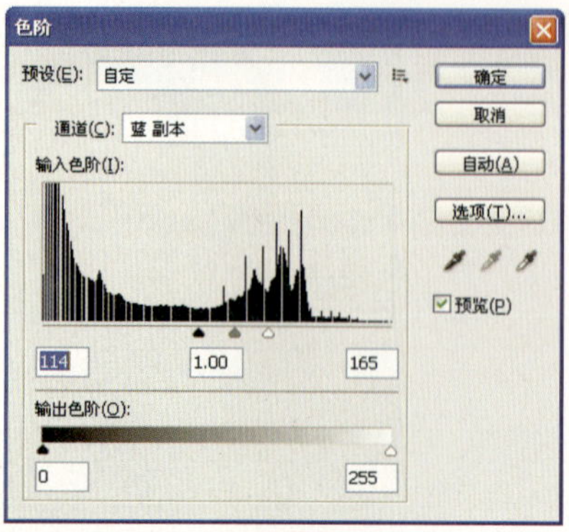

图1-32

图1-33

3 按快捷键Ctrl+I反相图像。将前景色设置为白色，选择“画笔工具”在人物处涂抹，如图1-34所示。按住Ctrl键单击“蓝 副本”通道，提取选区。切换至“图层”面板，选择“背景”图层，按快捷键Ctrl+J复制选区内的图像，得到“图层1”，隐藏“背景”图层，“图层”面板如图1-35所示。

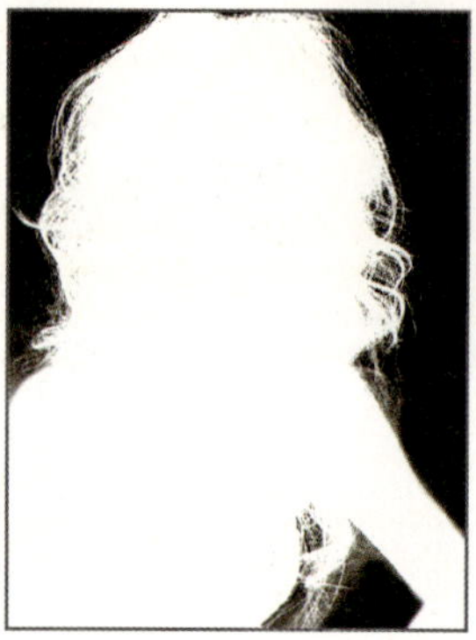

图1-34

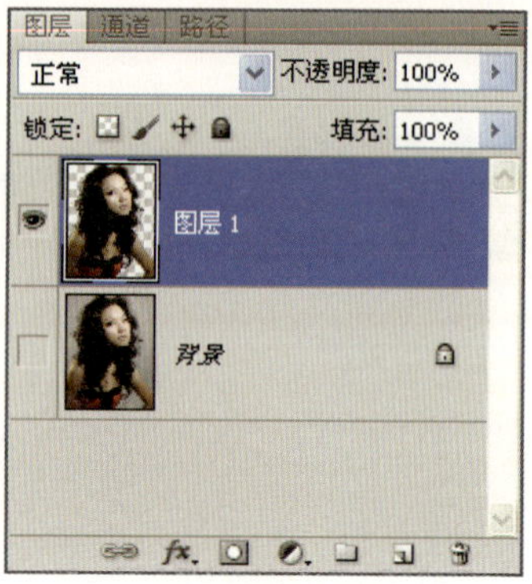

图1-35

4 打开随书所附光盘中的实例素材“素材图2.jpg”，将其拖曳至主文档画面中，如图1-36所示，同时得到“图层2”。选择“图层2”，将其移至“图层1”下方，效果如图1-37所示。

图1-36

图1-37

5 双击“图层1”，在弹出的“图层样式”对话框中勾选“投影”复选框，设置各项参数如图1-38所示。设置完毕后单击“确定”按钮，效果如图1-39所示。

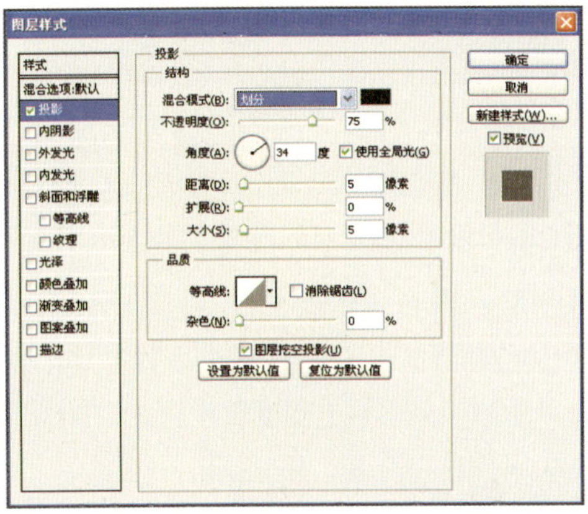

图1-38

图1-39

扩展实例6

难易度 ★★★★★

- 原始素材文件：书中实例素材\第1章\扩展实例6\使用通道抠出狗尾巴草素材图1.jpg、素材图2.jpg
- 最终效果文件：书中实例效果图\第1章\扩展实例6\使用通道抠出狗尾巴草.psd
- 视频教学文件：书中实例视频\第1章\扩展实例\1.6.flv

使用通道抠出狗尾巴草

重点提示 1 打开随书所附光盘中的扩展实例素材“使用通道抠出狗尾巴草素材图1.jpg”，将此图层拖曳至“图层”面板底部的“创建新图层”按钮上，得到“背景 副本”图层。在菜单栏中选择“滤镜”|“渲染”|“镜头光晕”命令，在弹出的对话框中设置参数，设置完毕后单击“确定”按钮。

重点提示 2 打开随书所附光盘中的扩展实例素材“素材图2.jpg”。切换至“通道”面板，选择“红”通道，将其拖曳至“通道”面板底部的“创建新通道”按钮上，得到“红 副本”通道。在菜单栏中选择“图像”|“调整”|“色阶”命令，在弹出的对话框中设置参数，设置完毕后单击“确定”按钮。

重点提示 3 将前景色设置为白色，单击工具箱中的“画笔工具”，将笔刷设置为硬边，调整合适的大小，在狗尾巴草上涂抹。按住Ctrl键单击“红 副本”通道提取选区。切换至“图层”面板，选择“背景”图层，按快捷键Ctrl+J复制选区内的图像，得到“图层1”。

重点提示 4 按快捷键Ctrl+Alt+Shift+E盖印所有可见图层，得到“图层2”。在菜单栏中选择“滤镜”|“模糊”|“高斯模糊”命令，在弹出的对话框中设置参数，设置完毕后单击“确定”按钮。将“图层2”的混合模式设置为“叠加”，“不透明度”设置为“50%”。

原始素材文件：
书中实例素材\第1章\实例5\背景的自然衔接素材图1.jpg、素材图2.jpg

最终效果文件：
书中实例效果图\第1章\实例5\背景的自然衔接.psd

视频教学文件：
书中实例视频\第1章\实例\1.5.flv

实例5

难易度 ★★★★★

背景的自然衔接

例前导读

本例视频教程长度：1分29秒

- 使用蒙版制作自然的合成效果。
- 使用“画笔工具”进行涂抹。

1 打开随书所附光盘中的实例素材“背景的自然衔接素材图1.jpg”，如图1-40所示，将此图层拖曳至“图层”面板底部的“创建新图层”按钮上，得到“背景 副本”图层，如图1-41所示。

图1-40

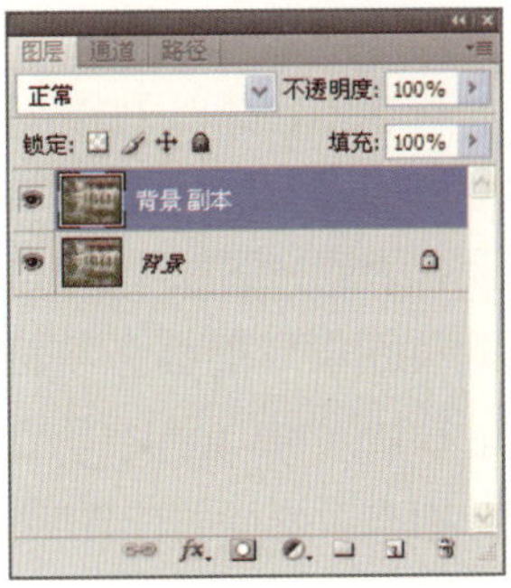

图1-41

2 打开随书所附光盘中的实例素材“素材图2.jpg”，如图1-42所示，将其拖曳至主文档画面中，得到“图层1”，单击“图层”面板底部的“添加图层蒙版”按钮，为其添加图层蒙版。将前景色设置为黑色，选择“画笔工具”在图像中涂抹。“图层”面板如图1-43所示，最终效果如图1-44所示。

图1-42

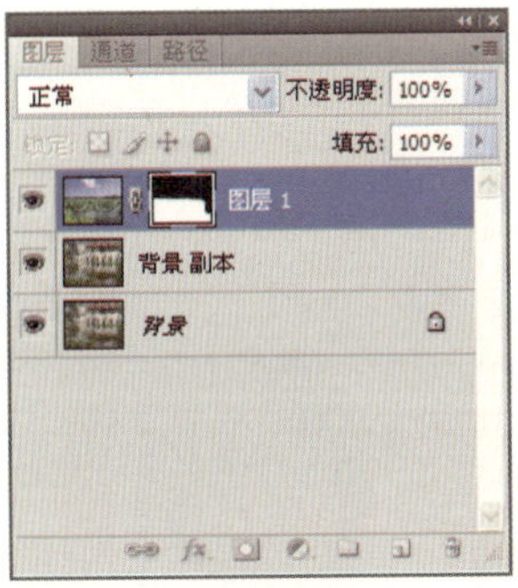

图1-43

图1-44

扩展实例7

难易度 ★★★★★

- 原始素材文件：书中实例素材\第1章\扩展实例7\人物与风景照片合成素材图1.jpg、素材图2.jpg
- 最终效果文件：书中实例效果图\第1章\扩展实例7\人物与风景照片合成.psd
- 视频教学文件：书中实例视频/扩展实例\1.7.flv

人物与风景照片合成

重点提示 1 打开随书所附光盘中的扩展实例素材“人物与风景照片合成素材图1.jpg”，打开通道“面板”，按住Ctrl键单击“红”通道，将图像载入选区，回到“图层”面板，按快捷键Ctrl+J复制选区中的图像，生成“图层1”。按住Ctrl键单击“绿”通道，将图像载入选区，回到“图层”面板，按快捷键Ctrl+J复制选区中的图像，生成“图层2”。

重点提示 2 回到“图层”面板，使用“魔棒工具”选出背景为选区，按快捷键Shift+Ctrl+I反选，按快捷键Ctrl+J复制选区中的图像，生成“图层3”，。

重点提示 3 打开随书所附光盘中的扩展实例素材“素材图2.jpg”，将“素材图2”拖动到“人物与风景照片合成素材图1”窗口中，并移动到“背景”图层上。

重点提示 4 为“图层2”、“图层3”添加图层蒙版，分别进行细节上的修整。修整完毕，得到本实例的最终效果图。

原始素材文件：
书中实例素材\第1章\实例6\为美女更换头发颜色素材图.jpg

最终效果文件：
书中实例效果图\第1章\实例6\为美女更换头发颜色.psd

视频教学文件：
书中实例视频\第1章\实例\1.6.flv

实例6

难易度 ★★★★★

为美女更换头发颜色

例前导读

本例视频教程长度：3分32秒

- 使用通道抠出人物头发。
- 使用“渐变工具”给人物头发上色。
- 通过更改图层混合模式和“不透明度”来制作图像效果。

1 打开随书所附光盘中的实例素材“为美女更换头发颜色素材图.jpg”，如图1-45所示，将此图层拖曳至“图层”面板底部的“创建新图层”按钮上，得到“背景 副本”图层，如图1-46所示。

2 切换至“通道”面板，选择“红”通道，将其拖曳至“通道”面板底部的“创建新通道”按钮上，得到“红 副本”通道，如图1-47所示。在菜单栏中选择“图像”|“调整”|“色阶”命令，在弹出的对话框中设置参数如图1-48所示，图像效果如图1-49所示。

图1-45

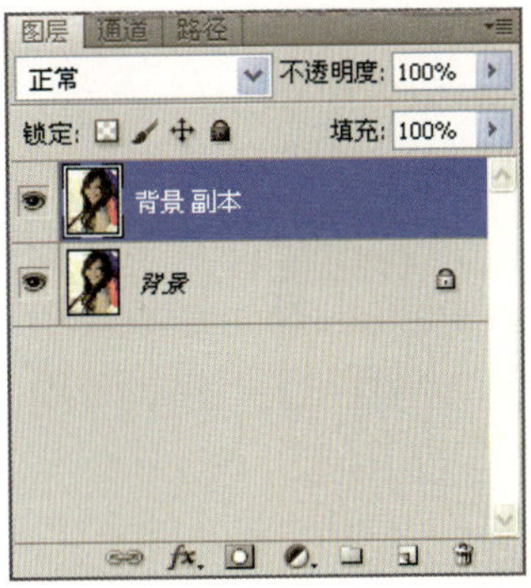

图1-46

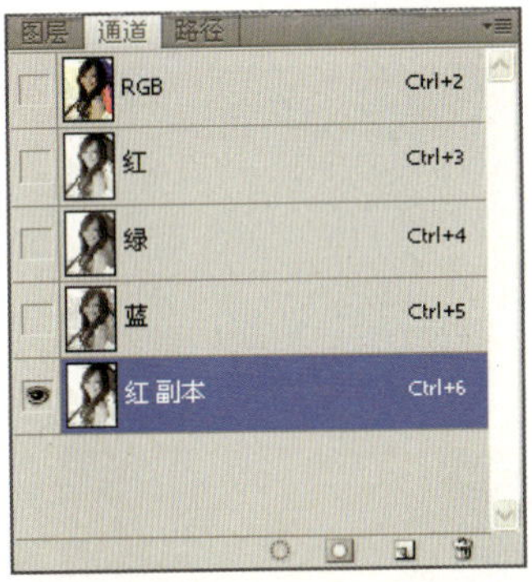

图1-47

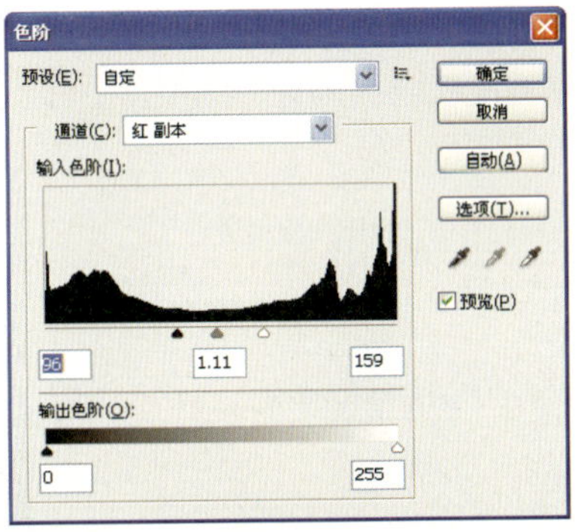

图1-48

图1-49

3 按快捷键Ctrl+I反相图像。将前景色设置为白色，选择工具箱中的“画笔工具”在画面上涂抹，如图1-50所示。按住Ctrl键单击“红 副本”通道，提取选区，效果如图1-51所示。

4 回到“图层”面板，选择“背景 副本”图层，单击“图层”面板底部的“创建新图层”按钮，得到“图层1”。在工具箱中选择“渐变工具”，在其工具选项栏中单击可编辑渐变色条，在弹出的“渐变编辑器”对话框中将渐变颜色色值由左至右分别设置为R233、G166、B7；R103、G73、B15；R218、G138、B23，如图1-52所示。在图像选区中由上至下拖动鼠标填充渐变，得到的图像效果如图1-53所示。

5 选择“图层1”，将此图层的混合模式设置为“柔光”，如图1-54所示。得到的最终效果如图1-55所示。

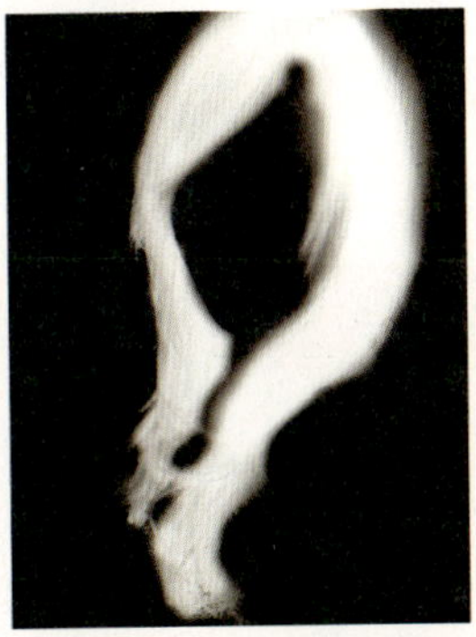

图1-50

图1-51

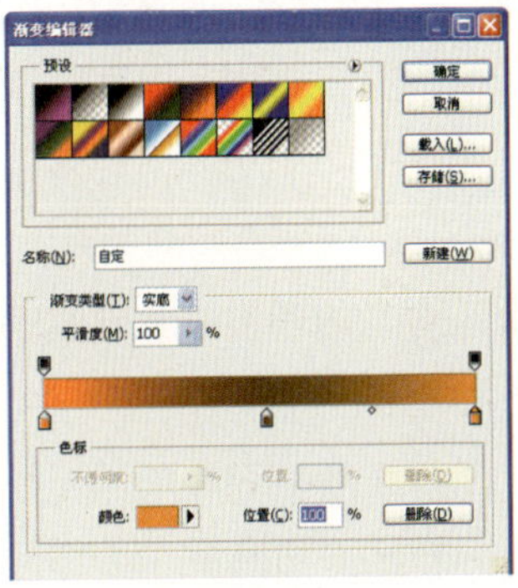

图1-52

图1-53

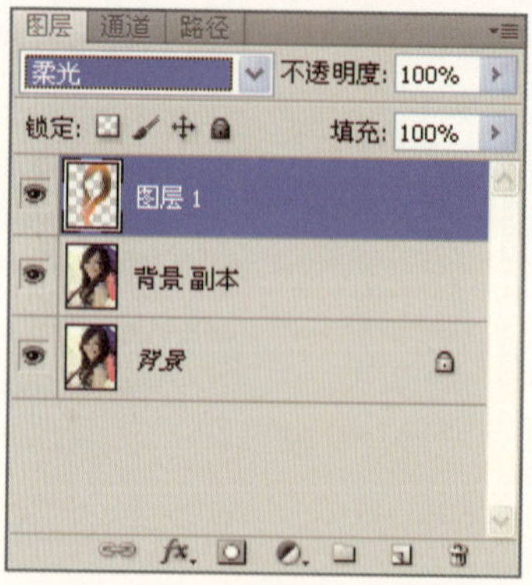

图1-54

图1-55

原始素材文件：

书中实例素材\第1章\实例7\数码照片的三种不同抠图法素材图1.jpg、素材图2.jpg

最终效果文件：

书中实例效果图\第1章\实例7\数码照片的三种不同抠图法.psd

视频教学文件：

书中实例视频\第1章\实例\1.7.flv

实例7

难易度 ★★★★★

数码照片的三种不同抠图法

例前导读

本例视频教程长度：5分10秒

使用“色阶”调整图层调整图像的对比度。

第一种抠图方法

1 打开随书所附光盘中的实例素材“数码照片的三种不同抠图法素材图1.jpg”，如图1-56所示。切换至“通道”面板，选择“蓝”通道，将其拖曳至“通道”面板底部的“创建新通道”按钮上，得到“蓝 副本”通道，如图1-57所示。

图1-56

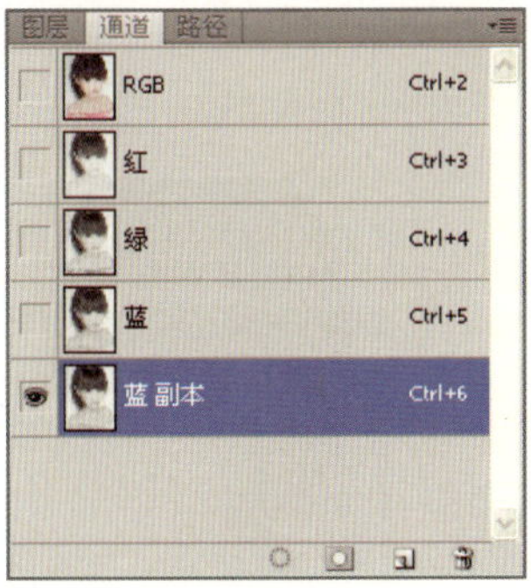

图1-57

2 在菜单栏中选择“图像”|“调整”|“色阶”命令，在弹出的对话框中设置参数如图1-58所示。设置完毕后单击“确定”按钮，图像效果如图1-59所示。按快捷键Ctrl+I反相图像。将前景色设置为白色，使用“画笔工具”在画面中涂抹，如图1-60所示。

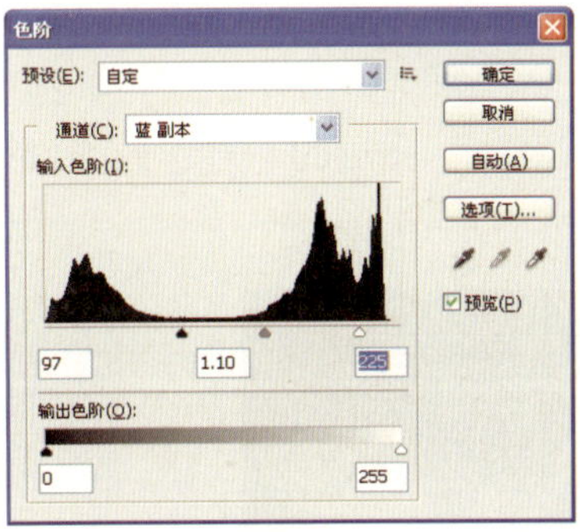

图1-58

图1-59

图1-60

3 按住Ctrl键提取选区。切换至“图层”面板，选择“背景”图层，按快捷键Ctrl+J复制选区内的图像，得到“图层1”，如图1-61所示。

4 打开随书所附光盘中的实例素材“素材图2.jpg”，如图1-62所示，将其拖曳至主文档，得到“图层2”。选择“图层2”，将其移至“图层1”下方，最终效果如图1-63所示。

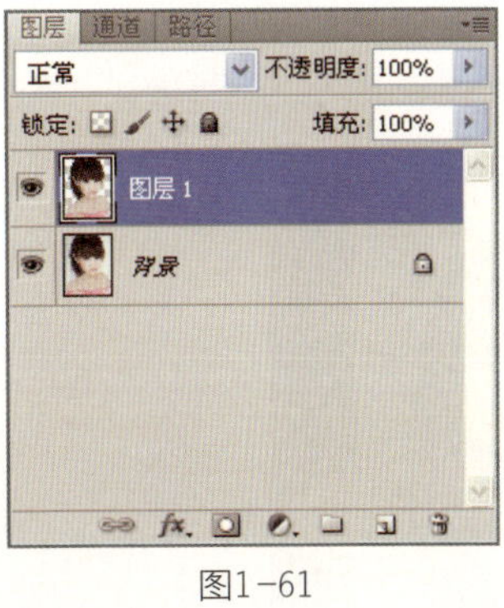

图1-61

图1-62

图1-63

第二种抠图方法

1 再次打开随书所附光盘中的实例素材“数码照片的三种不同抠图法素材图1.jpg”，如图1-64所示，将此图层拖曳至“图层”面板底部的“创建新图层”按钮上。

2 单击工具箱中的“背景橡皮擦工具”，设置其工具选项栏如图1-65所示。按D键恢复前景色和背景色的默认颜色，在画面中涂抹，效果如图1-66所示。

图1-64

图1-65

图1-66

3 再次打开随书所附光盘中的实例素材“素材图2.jpg”，如图1-67所示，将其拖曳至主文档，得到“图层1”。将“图层1”移至“背景 副本”图层的下方，最终效果如图1-68所示。

图1-67

图1-68

第三种抠图方法

1 再次打开随书所附光盘中的实例素材“素材图2.jpg”，如图1-69所示。单击工具箱中的“移动工具”，将人物素材（“数码照片的三种不同抠图法素材图1.jpg”）拖曳至背景素材画面中，如图1-70所示，同时得到“图层1”。

图1-69

图1-70

2 单击工具箱中的“套索工具”，沿着人物主体绘制选区，如图1-71所示。按快捷键Ctrl+J复制选区内的图像，得到“图层2”，并隐藏该图层，“图层”面板如图1-72所示。

图1-71

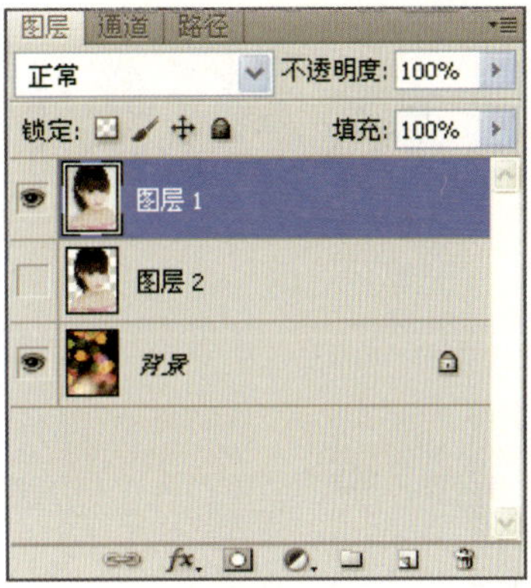

图1-72

3 双击并选择“图层1”，在弹出的“图层样式”对话框中设置参数如图1-73所示，设置完毕后单击“确定”按钮。显示“图层2”，如图1-74所示。最终效果如图1-75所示。

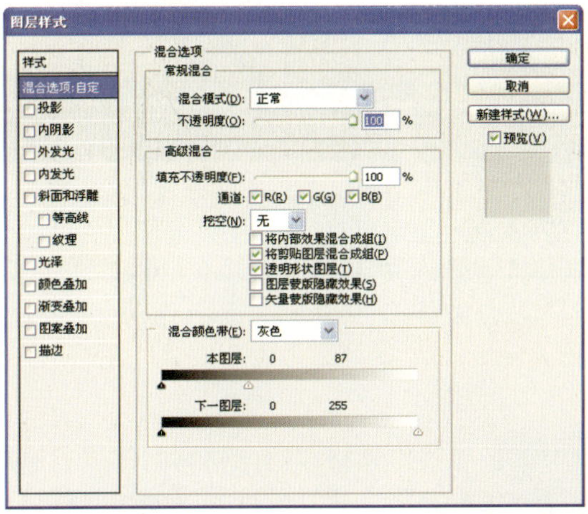

图1-73

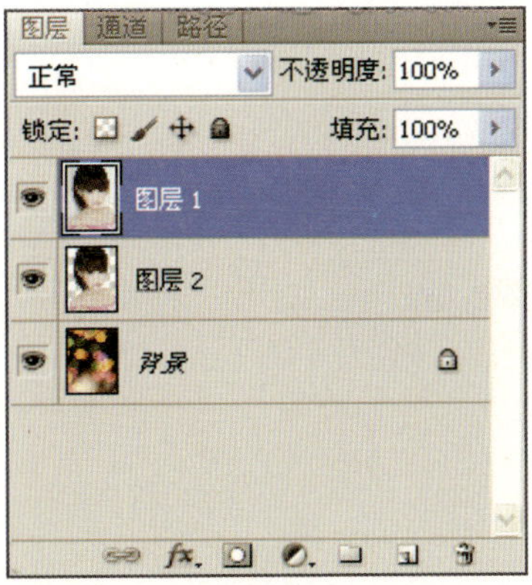

图1-74

图1-75

扩展实例8

难易度 ★★★★★

- 原始素材文件：书中实例素材\第1章\扩展实例8\抠出枯树制作风景照片素材图1.jpg、素材图2.jpg
- 最终效果文件：书中实例效果图\第1章\扩展实例8\抠出枯树制作风景照片.psd
- 视频教学文件：书中实例视频\第1章\扩展实例\1.8.flv

抠出枯树制作风景照片

重点提示 1 打开随书所附光盘中的扩展实例素材“抠出枯树制作风景照片素材图1.jpg”。切换至“通道”面板，选择“蓝”通道，将其拖曳至“通道”面板底部的“创建新通道”按钮上，得到“蓝 副本”通道。

重点提示 2 在菜单栏中选择“图像”|“调整”|“色阶”命令，在弹出的对话框中设置参数，设置完毕后单击“确定”按钮。

重点提示 3 使用“磁性套索工具”沿着枯树边缘绘制选区。选择“背景”图层，按快捷键Ctrl+J复制选区内的图像，得到“图层1”。

重点提示 4 打开随书所附光盘中的扩展实例素材“素材图2.jpg”，使用“移动工具”将抠出来的枯树拖曳至主文档，按快捷键Ctrl+T调整图像大小和位置。

原始素材文件：
书中实例素材\第1章\实例8\调出美女皮肤的粉嫩色调素材图.jpg

最终效果文件：
书中实例效果图\第1章\实例8\调出美女皮肤的粉嫩色调.psd

视频教学文件：
书中实例视频\第1章\实例\1.8.flv

实例8

难易度 ★★★★★

调出美女皮肤的粉嫩色调

例前导读

本例视频教程长度：3分48秒

- 使用调整图层调整图像颜色。
- 使用“滤镜”命令调整图像的柔和度。

1 打开随书所附光盘中的实例素材“调出美女皮肤的粉嫩色调素材图.jpg”，如图1-76所示，将此图层拖曳至“图层”面板底部的“创建新图层”按钮上，得到“背景 副本”图层，并将此图层的混合模式设置为“滤色”，如图1-77所示。

图1-76

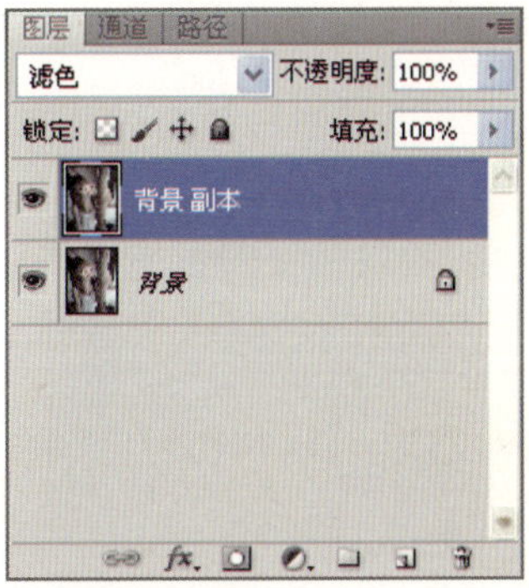

图1-77

2 单击“图层”面板底部的“创建新的填充或调整图层”按钮，在弹出的菜单中选择“可选颜色”选项，在弹出的面板中设置各项参数如图1-78和图1-79所示。设置完毕后单击关闭按钮，效果如图1-80所示。

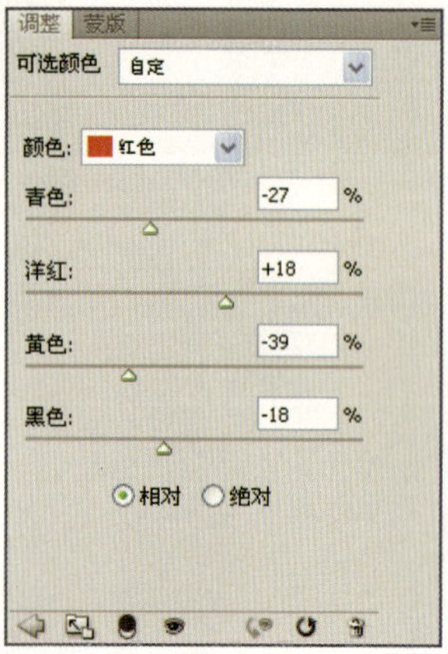

图1-78

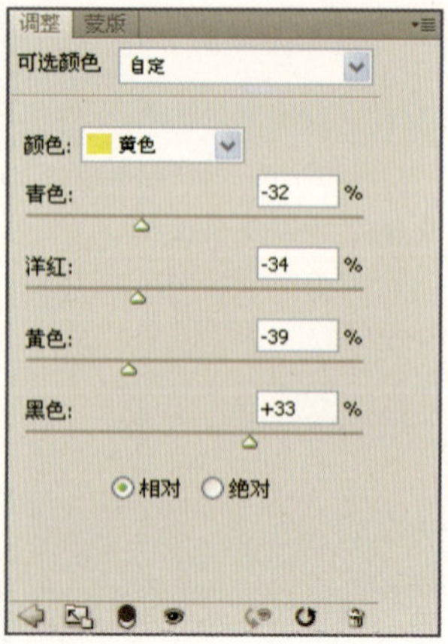

图1-79

图1-80

3 单击“图层”面板底部的“创建新的填充或调整图层”按钮，在弹出的菜单中选择“色彩平衡”选项，在弹出的面板中设置各项参数如图1-81所示。设置完毕后单击关闭按钮，效果如图1-82所示。

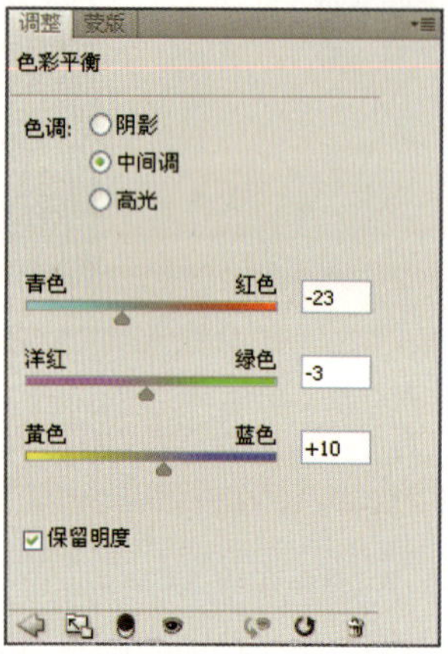

图1-81

图1-82

4 按快捷键Ctrl+Alt+Shift+E盖印所有可见图层，得到“图层1”，如图1-83所示。在菜单栏中选择“滤镜”|“模糊”|“高斯模糊”命令，在弹出的对话框中设置参数如图1-84所示，设置完毕后单击“确定”按钮。

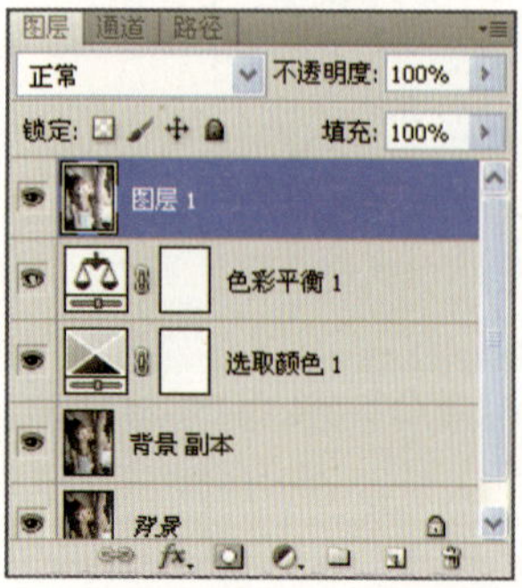

图1-83

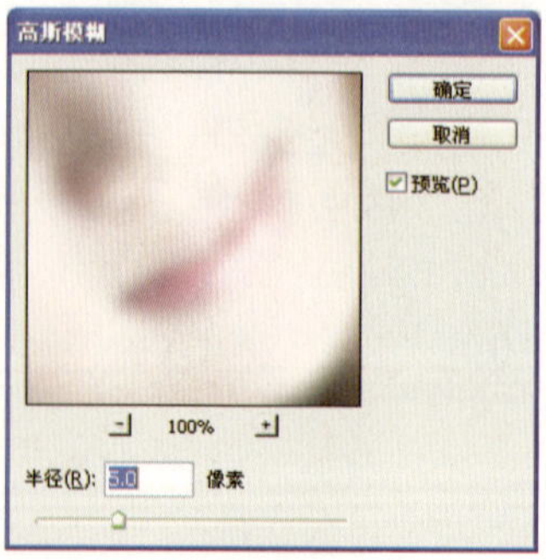

图1-84

5 选择“图层1”，将此图层的混合模式设置为“滤色”，“不透明度”设置为“18%”，如图1-85所示，效果如图1-86所示。

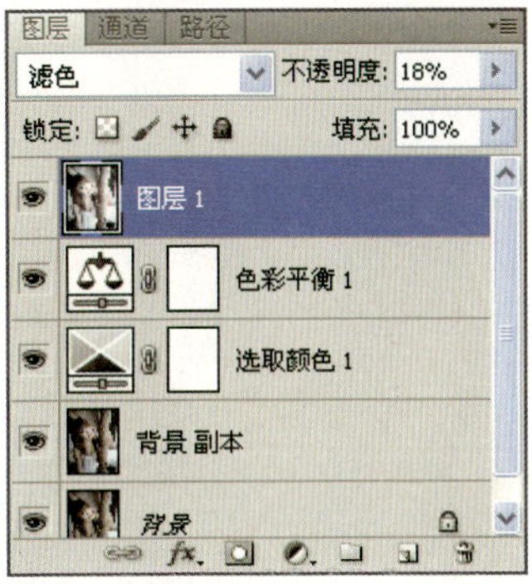

图1-85

图1-86

6 按快捷键Ctrl+Alt+Shift+E盖印所有可见图层，得到“图层2”，如图1-87所示。在菜单栏中选择“滤镜”|“模糊”|“高斯模糊”命令，在弹出的对话框中设置参数如图1-88所示，设置完毕后单击“确定”按钮。

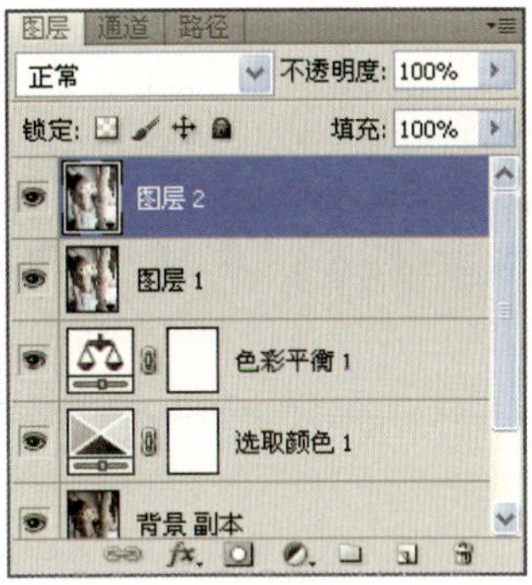

图1-87

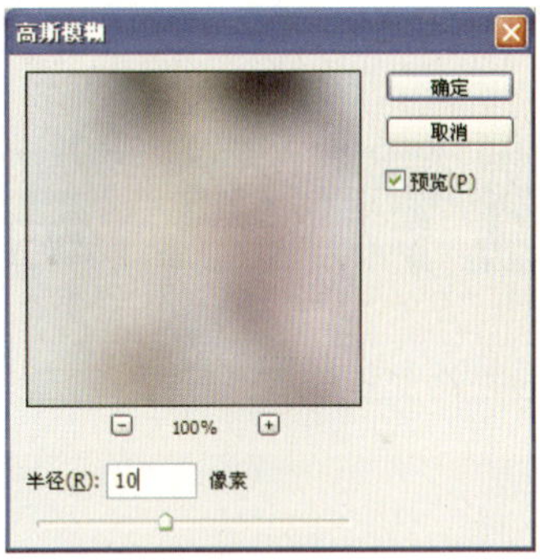

图1-88

7 选择“图层2”，并将此图层的混合模式设置为“柔光”，“不透明度”设置为“47%”，如图1-89所示，效果如图1-90所示。

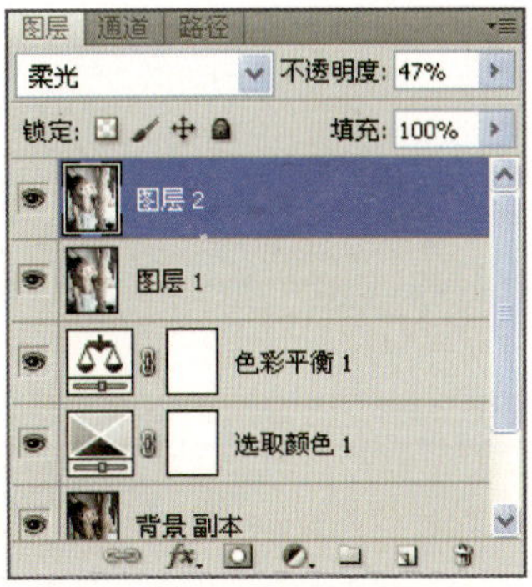

图1-89

图1-90

8 单击“图层”面板底部的“创建新的填充或调整图层”按钮，在弹出的菜单中选择“色阶”选项，在弹出的面板中设置各项参数如图1-91所示。设置完毕后单击关闭按钮，最终效果如图1-92所示。

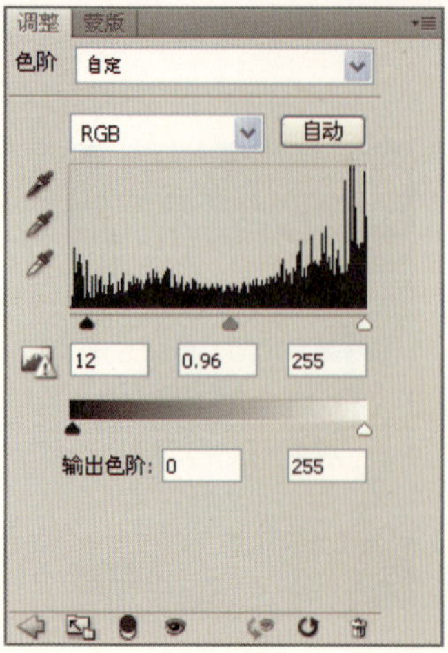

图1-91

图1-92

扩展实例9

难易度 ★★★★★

- 原始素材文件：书中实例素材\第1章\扩展实例9\打造青色高对比照片效果素材图.jpg
- 最终效果文件：书中实例效果图\第1章\扩展实例9\打造青色高对比照片效果.psd
- 视频教学文件：书中实例视频\第1章\扩展实例\1.9.flv

打造青色高对比照片效果

重点提示 **1** 打开随书所附光盘中的扩展实例素材“打造青色高对比照片效果素材图.jpg”，将此图层拖曳至“图层”面板底部的“创建新图层”按钮上，得到“背景 副本”图层。单击“图层”面板底部的“创建新的填充或调整图层”按钮，在弹出的菜单中选择“曲线”选项，在弹出的面板中设置参数，设置完毕后单击关闭按钮。

重点提示 2 按快捷键Ctrl+Alt+Shift+E盖印所有可见图层，得到“图层1”。在菜单栏中选择“滤镜”|“锐化”|“USM锐化”命令，在弹出的对话框中设置参数，设置完毕后单击“确定”按钮。

重点提示 3 使用工具箱中的“矩形选框工具”在图像中绘制选区。在菜单栏中选择“选择”|“修改”|“羽化”命令，在弹出的对话框中设置参数。

重点提示 4 单击“图层”面板底部的“创建新的填充或调整图层”按钮，在弹出的菜单中选择“可选颜色”选项，在弹出的面板中设置参数，设置完毕后单击关闭按钮。

扩展实例10

难易度 ★★★★★

- 原始素材文件：书中实例素材\第1章\扩展实例10\人物照片的美白调色素材图.jpg
- 最终效果文件：书中实例效果图\第1章\扩展实例10\人物照片的美白调色.psd
- 视频教学文件：书中实例视频\第1章\扩展实例\1.10.flv

人物照片的美白调色

重点提示 1 打开随书所附光盘中的扩展实例素材“人物照片的美白调色素材图.jpg”，将此图层拖曳至“图层”面板底部的“创建新图层”按钮上，得到“背景 副本”图层，并将此图层的混合模式设置为“滤色”，“不透明度”设置为“48%”。

重点提示 2 按快捷键Ctrl+Alt+Shift+E盖印所有可见图层，得到“图层1”，并将此图层的混合模式设置为“叠加”。在菜单栏中选择“滤镜”|“其它”|“高反差保留”命令，在弹出的对话框中设置参数，设置完毕后单击“确定”按钮。为“图层1”添加黑色蒙版，使用白色画笔在人物五官处涂抹。

原始素材文件：
书中实例素材\第1章\实例9\修正透视错误的照片素材图.jpg

最终效果文件：
书中实例效果图\第1章\实例9\修正透视错误的照片.psd

视频教学文件：
书中实例视频\第1章\实例\1.9.flv

实例9

难易度 ★★★★★

修正透视错误的照片

例前导读

本例视频教程长度：1分3秒

- 使用“透视”命令来调整图像的透视效果。
- 使用快捷键Ctrl+T 也可以调出自由变换框。

1 打开随书所附光盘中的实例素材“修正透视错误的照片素材图.jpg”，如图1-93所示，将此图层拖曳至“图层”面板底部的“创建新图层”按钮上，得到“背景 副本”图层，如图1-94所示。

2 在菜单栏中选择“编辑”|“变换”|“透视”命令，调出变换框，如图1-95所示，拖动变换点，按Enter键确认变换操作，得到的图像效果如图1-96所示。

图1-93

图1-94

图1-95

图1-96

技巧与提示

使用快捷键Ctrl+T也可以调出自由变换框，在该框中右击，即可在弹出的快捷菜单中选择所需的变换方式。变换完毕后按Enter键确认变换操作。

扩展实例11

难易度 ★★★★★

- 原始素材文件：书中实例素材\第1章\扩展实例11\调整透视变形的照片素材图.jpg
- 最终效果文件：书中实例效果图\第1章\扩展实例11\调整透视变形的照片.psd
- 视频教学文件：书中实例视频\第1章\扩展实例\1.11.flv

调整透视变形的照片

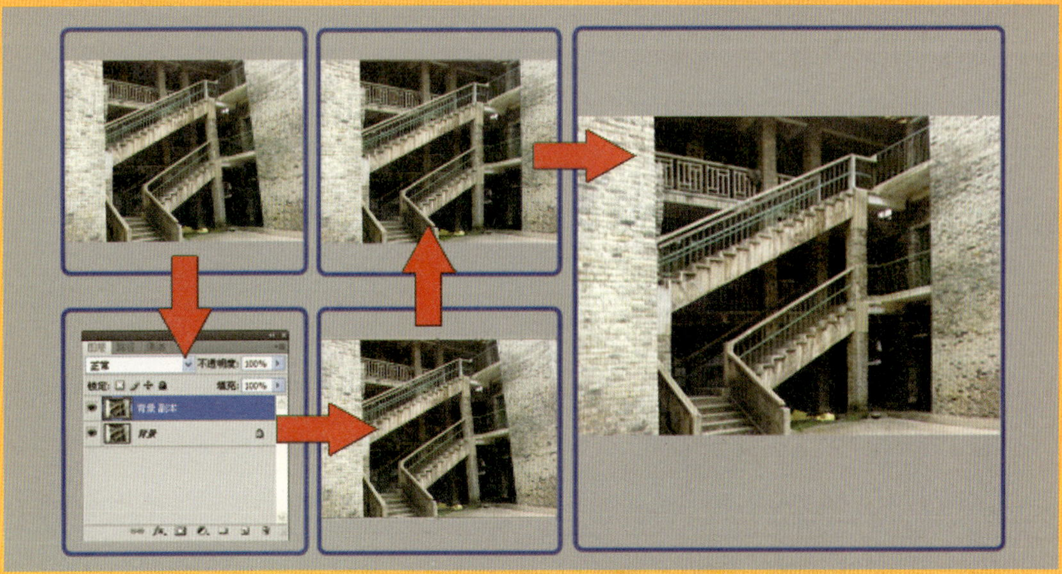

重点提示 1 打开随书所附光盘中的扩展实例素材“调整透视变形的照片素材图.jpg”，将此图层拖曳至“图层”面板底部的“创建新图层”按钮上，得到“背景 副本”图层。

重点提示 2 选择“背景 副本”图层，在菜单栏中选择“编辑”|“变换”|“扭曲”命令，调出变换框，拖动变换点，按Enter键确认变换操作。

原始素材文件：
书中实例素材\第1章\实例10\修正逆光照片素材图.jpg

最终效果文件：
书中实例效果图\第1章\实例10\修正逆光照片.psd

视频教学文件：
书中实例视频\第1章\实例\1.10.flv

实例10

难易度 ★★★★★

修正逆光照片

例前导读

本例视频教程长度：6分4秒

- 使用调整图层调整图像亮度。
- 使用调整图层调整图像色调。

1 打开随书所附光盘中的实例素材“修正逆光照片素材图.jpg”，如图1-97所示，将此图层拖曳至“图层”面板底部的“创建新图层”按钮上，得到“背景 副本”图层，如图1-98所示。

图1-97

图1-98

2 单击工具箱底部的“以快速蒙版模式编辑”按钮。选择“画笔工具”在人物处涂抹，如图1-99所示。再次单击“以标准模式编辑”按钮，得到选区。按快捷键Shift +Ctrl+I将选区反选，如图1-100所示。

3 单击“图层”面板底部的“创建新的填充或调整图层”按钮，在弹出的菜单中选择“曲线”选项，在弹出的面板中设置各项参数如图1-101所示。设置完毕后单击关闭按钮，效果如图1-102所示。

4 按住Ctrl键单击“曲线1”调整图层，提取选区。单击“图层”面板底部的“创建新的填充或调整图层”按钮，在弹出的菜单中选择“曲线”选项，在弹出的面板中设置各项参数如图1-103所示。设置完毕后单击关闭按钮，效果如图1-104所示。

图1-99

图1-100

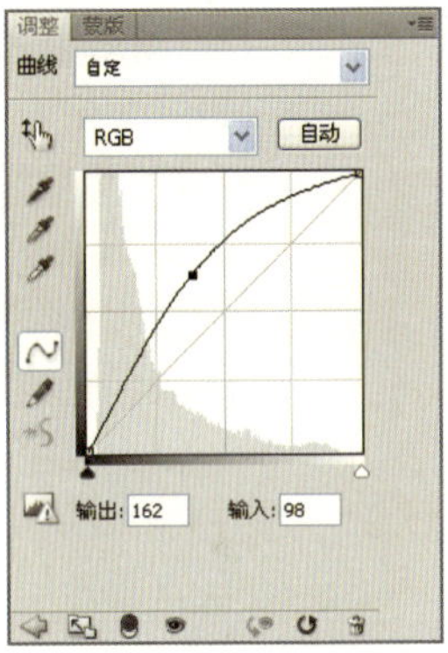

图1-101

图1-102

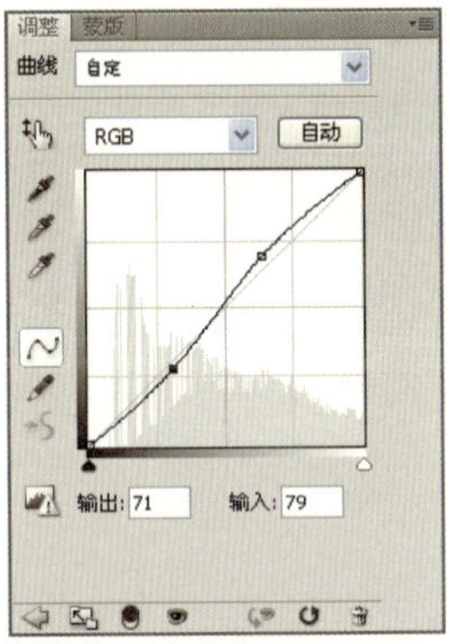

图1-103

图1-104

5 按住Ctrl键单击“曲线2”调整图层，以提取选区。单击“图层”面板底部的“创建新的填充或调整图层”按钮，在弹出的菜单中选择“色相/饱和度”选项，在弹出的面板中设置各项参数如图1-105所示。设置完毕后单击关闭按钮，效果如图1-106所示。

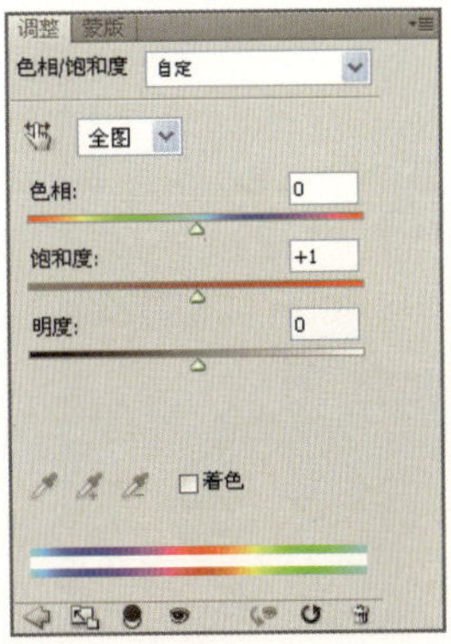

图1-105

图1-106

6 按住Ctrl键单击“色相/饱和度1”调整图层，以提取选区。单击“图层”面板底部的“创建新的填充或调整图层”按钮，在弹出的菜单中选择“色阶”选项，在弹出的面板中设置各项参数如图1-107所示。设置完毕后单击关闭按钮，效果如图1-108所示。

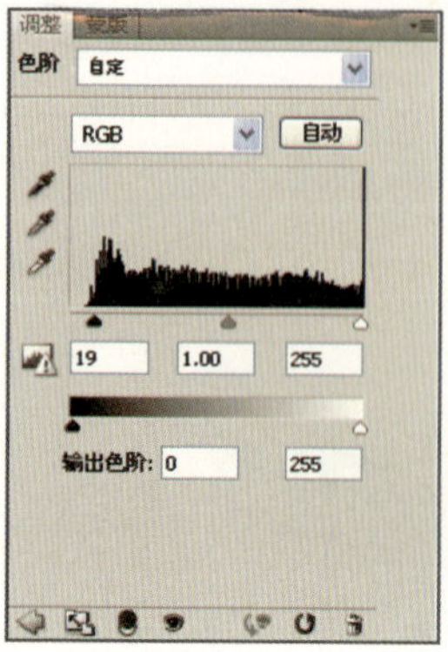

图1-107

图1-108

7 按住Ctrl键单击“色阶1”调整图层，以提取选区。单击“图层”面板底部的“创建新的填充或调整图层”按钮，在弹出的菜单中选择“可选颜色”选项，在弹出的面板中设置各项参数如图1-109和图1-110所示。设置完毕后单击关闭按钮，效果如图1-111所示。

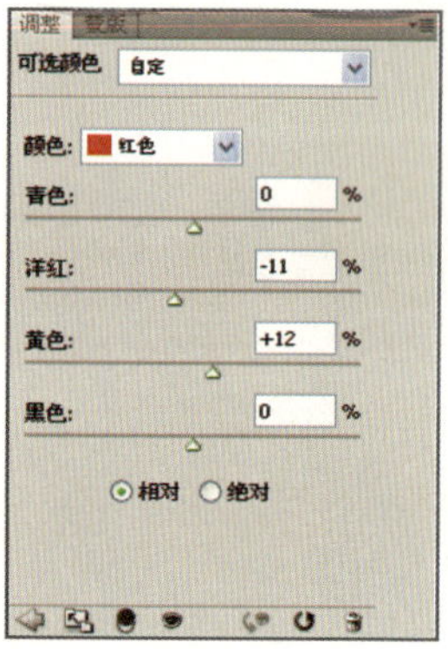

图1-109

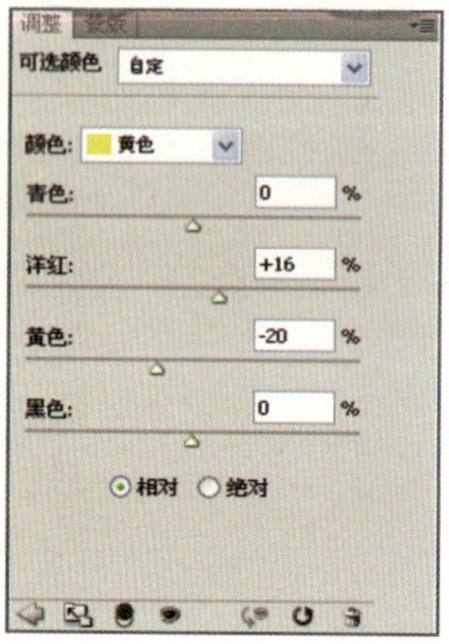

图1-110

图1-111

8 按住Ctrl键单击“选取颜色1”调整图层，以提取选区。单击“图层”面板底部的“创建新的填充或调整图层”按钮，在弹出的菜单中选择“曲线”选项，在弹出的面板中设置各项参数如图1-112所示。设置完毕后单击关闭按钮，效果如图1-113所示。

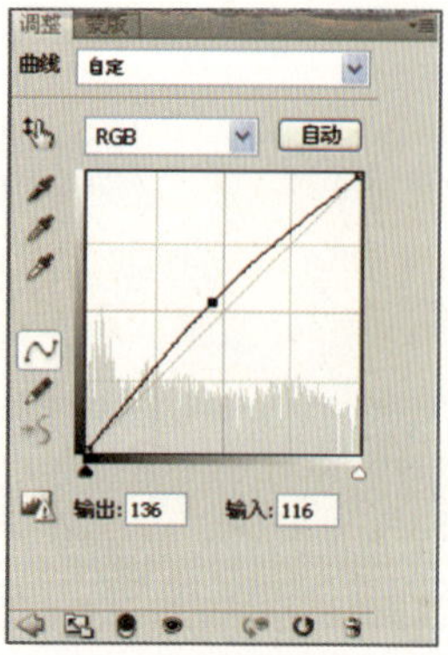

图1-112

图1-113

9 按住Ctrl键单击“曲线3”调整图层，以提取选区。单击“图层”面板底部的“创建新的填充或调整图层”按钮，在弹出的菜单中选择“色阶”选项，在弹出的面板中设置各项参数如图1-114所示。设置完毕后单击关闭按钮，效果如图1-115所示。

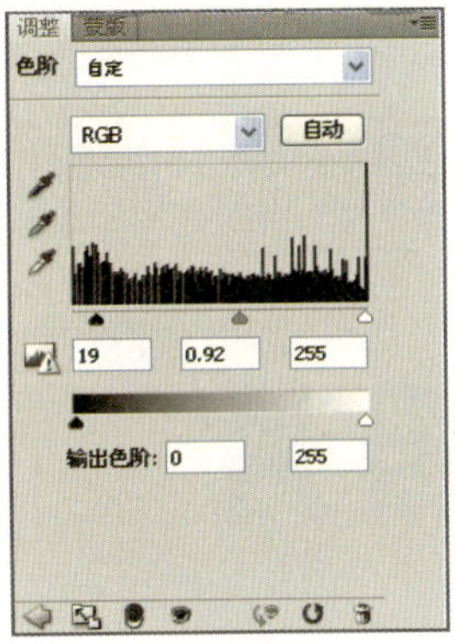

图1-114

图1-115

10 按住Ctrl键单击“色阶2”调整图层，以提取选区。单击“图层”面板底部的“创建新的填充或调整图层”按钮，在弹出的菜单中选择“色相/饱和度”选项，在弹出的面板中设置各项参数如图1-116所示。设置完毕后单击关闭按钮，效果如图1-117所示。

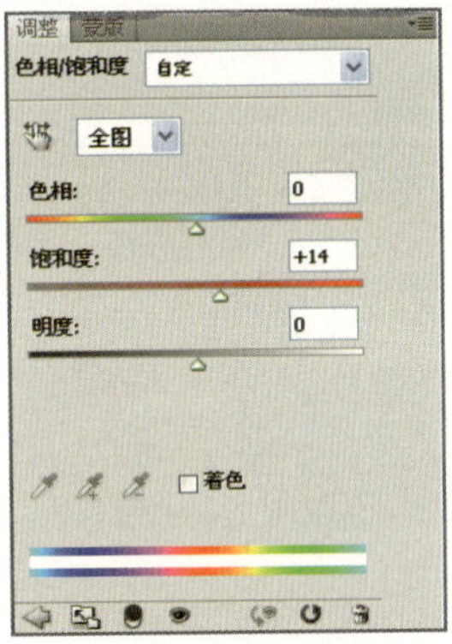

图1-116

图1-117

11 单击“图层”面板底部的“创建新的填充或调整图层”按钮，在弹出的菜单中选择“色阶”选项，在弹出的面板中设置各项参数如图1-118所示。设置完毕后单击关闭按钮，效果如图1-119所示。

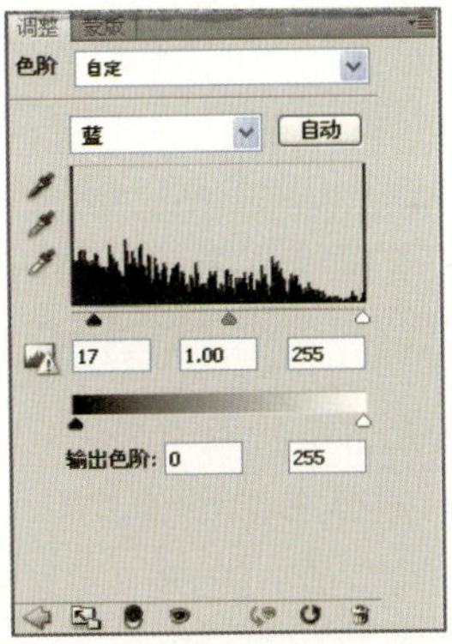

图1-118

图1-119

技巧与提示

在提亮人物的同时也会损失一部分暗调，需要再次调整增加照片的暗调，才会使照片更加清晰。

扩展实例12

难易度 ★★★★☆

- 原始素材文件：书中实例素材\第1章\扩展实例12\美化逆光拍摄的照片素材图.jpg
- 最终效果文件：书中实例效果图\第1章\扩展实例12\1.美化逆光拍摄的照片.psd
- 视频教学文件：书中实例视频\第1章\扩展实例\1.12.flv

美化逆光拍摄的照片

重点提示 1 打开随书所附光盘中的扩展实例素材“美化逆光拍摄的照片.jpg”，将此图层拖曳至“图层”面板底部的“创建新图层”按钮上，得到“背景 副本”图层。在菜单栏中选择“图像”|“调整”|“阴影/高光”命令，在弹出的对话框中设置参数，设置完毕后单击“确定”按钮。

重点提示 2 选择“背景 副本”图层，将其拖曳至“图层”面板底部的“创建新图层”按钮上，得到“背景 副本2”图层，将其图层混合模式设置为“正片叠底”。在菜单栏中选择“滤镜”|“模糊”|“高斯模糊”命令，在弹出的对话框中设置参数，设置完毕后单击“确定”按钮。单击“图层”面板底部的“创建新的填充或调整图层”按钮，在弹出的菜单中选择“色阶”选项，在弹出的面板中设置参数，设置完毕后单击关闭按钮。

重点提示 3 按快捷键Ctrl+Alt+Shift+E盖印所有可见图层，得到“图层1”。双击“图层1”，在弹出的“图层样式”对话框中勾选“投影”复选框，保持默认参数设置。将“背景”图层和“图层1”以外的图层隐藏。将“背景”图层填充为白色，选择“图层1”，按快捷键Ctrl+T自由变换，调整至合适大小。

原始素材文件：
书中实例素材\第1章\实例11\创造温馨的夕阳美景素材图.jpg

最终效果文件：
书中实例效果图\第1章\实例11\创造温馨的夕阳美景.psd

视频教学文件：
书中实例视频\第1章\实例\1.11.flv

实例11

难易度 ★★★★★

创造温馨的夕阳美景

例前导读

本例视频教程长度：4分34秒

- 使用调整图层渲染图像气息。
- 使用“色彩平衡”调整图层调整图像。

1 打开随书所附光盘中的实例素材“创造温馨的夕阳美景素材图.jpg”，如图1-120所示，将此图层拖曳至“图层”面板底部的“创建新图层”按钮 上，得到“背景 副本”图层，如图1-121所示。

图1-120

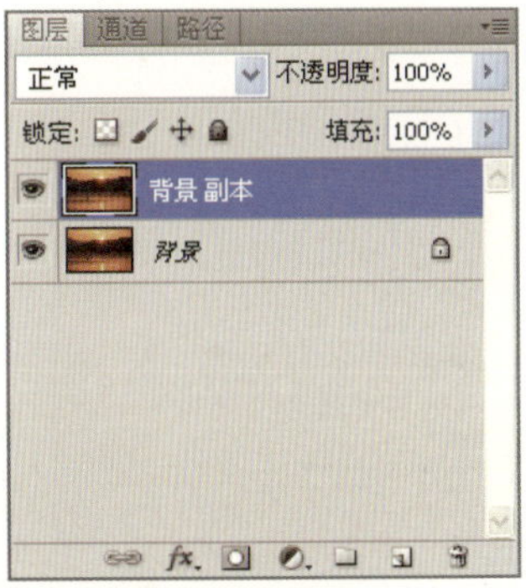

图1-121

2 单击“图层”面板底部的“创建新的填充或调整图层”按钮 ，在弹出的菜单中选择“色彩平衡”选项，在弹出的面板中设置各项参数如图1-122至图1-124所示。设置完毕后单击关闭按钮，效果如图1-125所示。

3 单击“图层”面板底部的“创建新的填充或调整图层”按钮，在弹出的菜单中选择“曲线”选项，在弹出的面板中设置各项参数如图1-126所示。设置完毕后单击关闭按钮，效果如图1-127所示。

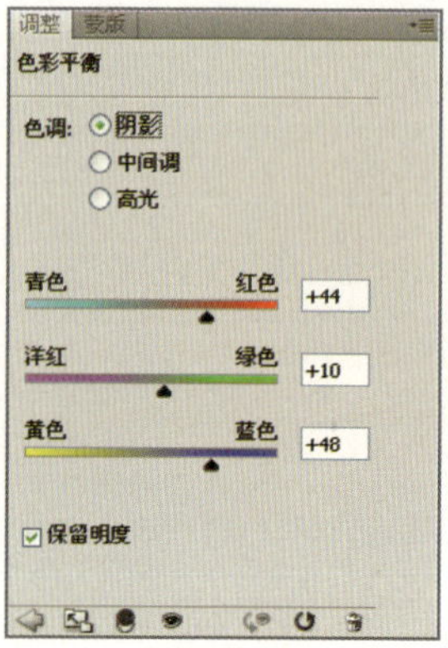

图1-122

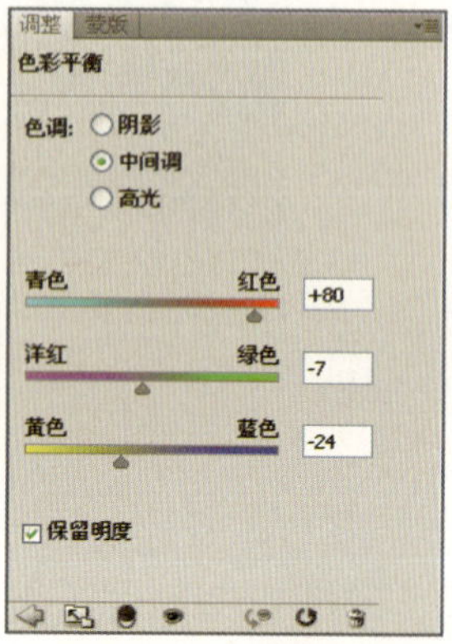

图1-123

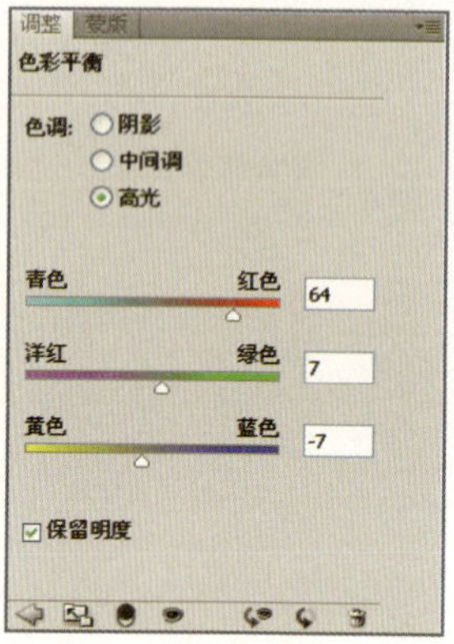

图1-124

图1-125

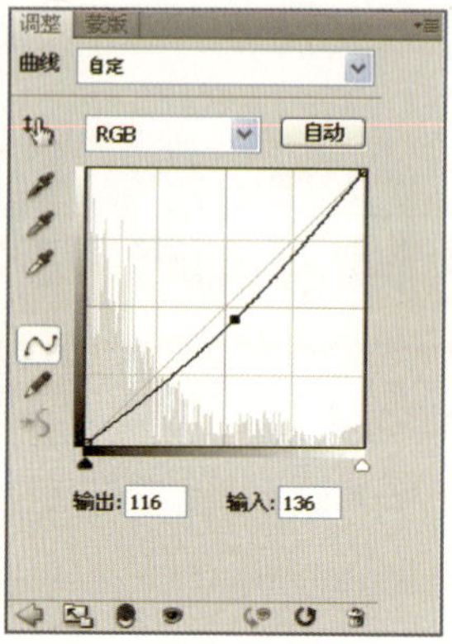

图1-126

图1-127

4 单击“图层”面板底部的“创建新的填充或调整图层”按钮，在弹出的菜单中选择“色相/饱和度”选项，在弹出的面板中设置各项参数如图1-128所示。设置完毕后单击关闭按钮，效果如图1-129所示。

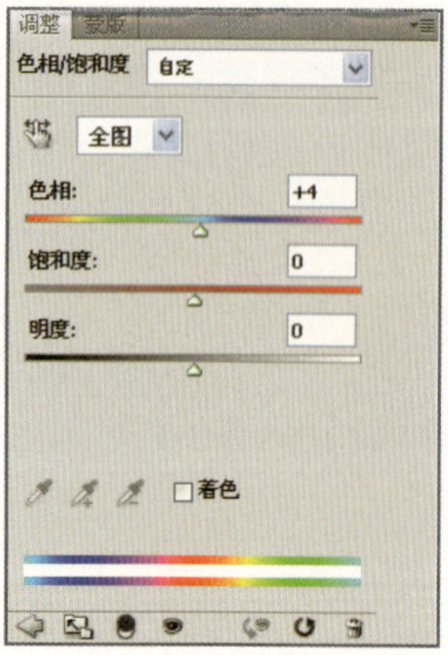

图1-128

图1-129

5 单击“图层”面板底部的“创建新的填充或调整图层”按钮，在弹出的菜单中选择“色阶”选项，在弹出的面板中设置各项参数如图1-130所示。设置完毕后单击关闭按钮，效果如图1-131所示。

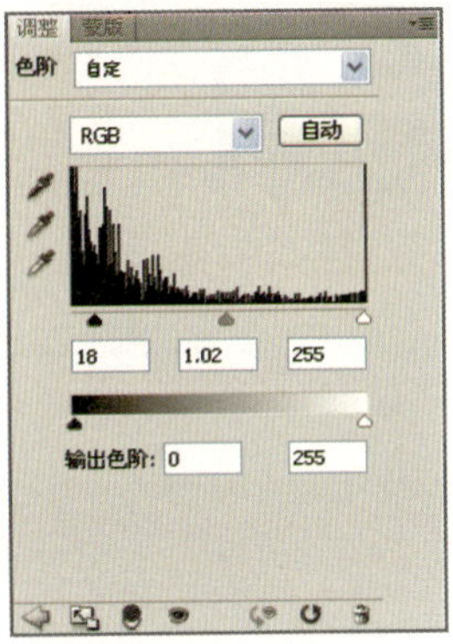

图1-130

图1-131

6 单击“图层”面板底部的“创建新的填充或调整图层”按钮，在弹出的菜单中选择“通道混合器”选项，在弹出的面板中设置各项参数如图1-132所示。设置完毕后单击关闭按钮，效果如图1-133所示。

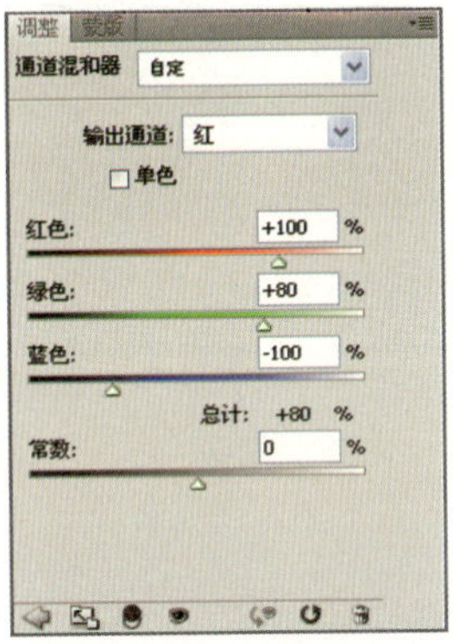

图1-132

图1-133

7 单击“图层”面板底部的“创建新的填充或调整图层”按钮，在弹出的菜单中选择“色彩平衡”选项，在弹出的面板中设置各项参数如图1-134所示，设置完毕后单击关闭按钮。单击工具箱中的“横排文字工具”T，在图像中输入文字，如图1-135所示。

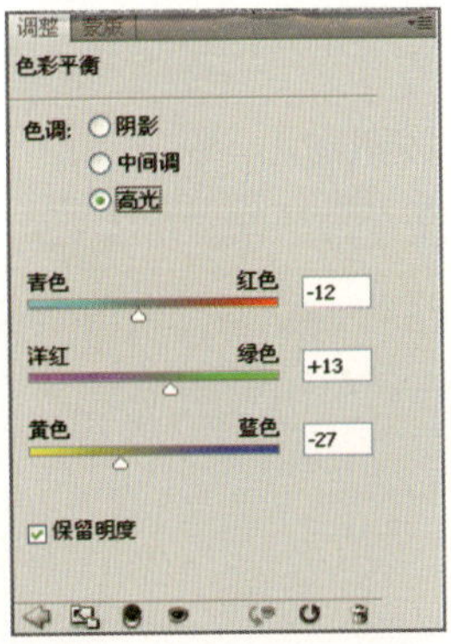

图1-134

图1-135

扩展实例13

难易度 ★★★★★

- 原始素材文件：书中实例素材\第1章\扩展实例13\调出家乡的夕阳美景素材图.jpg
- 最终效果文件：书中实例效果图\第1章\扩展实例13\调出家乡的夕阳美景.psd
- 视频教学文件：书中实例视频\第1章\扩展实例\1.13.flv

调出家乡的夕阳美景

重点提示 1 打开随书所附光盘中的扩展实例素材“调出家乡的夕阳美景.jpg”，将此图层拖曳至“图层”面板底部的“创建新图层”按钮上，得到“背景 副本”图层。单击“图层”面板底部的“创建新的填充或调整图层”按钮，在弹出的菜单中选择“色彩平衡”选项，在弹出的面板中设置参数，设置完毕后单击关闭按钮。

重点提示 2 单击“图层”面板底部的“创建新的填充或调整图层”按钮，在弹出的菜单中选择“色相/饱和度”选项，在弹出的面板中设置参数，设置完毕后单击关闭按钮。

重点提示 3 单击“图层”面板底部的“创建新的填充或调整图层”按钮，在弹出的菜单中选择“通道混合器”选项，在弹出的面板中设置参数，设置完毕后单击关闭按钮。

重点提示 4 单击“图层”面板底部的“创建新的填充或调整图层”按钮，在弹出的菜单中选择“色彩平衡”选项，在弹出的面板中设置参数，设置完毕后单击关闭按钮。

原始素材文件：
素材\第1章\实例12\保留图像中的某种颜色素材图.jpg

最终效果文件：
效果图\第1章\实例12\保留图像中的某种颜色.psd

视频教学文件：
视频\第1章\实例\1.12.flv

实例12

难易度 ★★★★★

保留图像中的某种颜色

例前导读

本例视频教程长度：2分34秒

- 使用调整图层去除部分颜色。
- 使用“色彩平衡”调整图层调整图像。

1 打开随书所附光盘中的实例素材“保留图像中的某种颜色素材图.jpg”，如图1-136所示。

2 单击“图层”面板底部的“创建新的填充或调整图层”按钮，在弹出的菜单中选择“色彩平衡”选项，在弹出的面板中设置各项参数如图1-137所示。设置完毕后单击关闭按钮，效果如图1-138所示。

图1-136

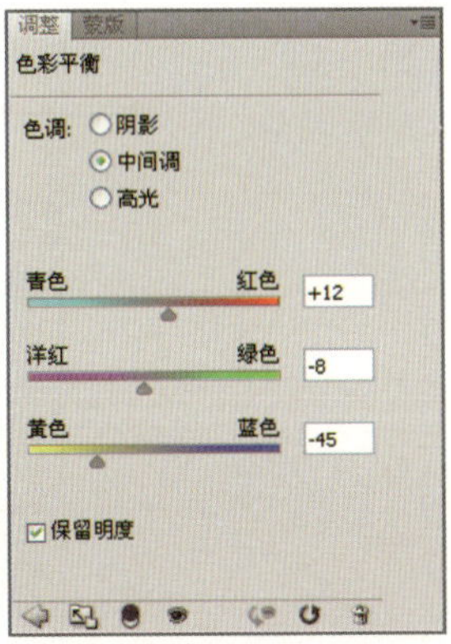

图1-137

图1-138

3 单击“图层”面板底部的“创建新的填充或调整图层”按钮，在弹出的菜单中选择“色相/饱和度”选项，在弹出的面板中设置各项参数如图1-139至图1-141所示。设置完毕后单击关闭按钮，效果如图1-142所示。

4 单击“图层”面板底部的“创建新的填充或调整图层”按钮，在弹出的菜单中选择“色阶”选项，在弹出的面板中设置各项参数如图1-143所示。设置完毕后单击关闭按钮，效果如图1-144所示。

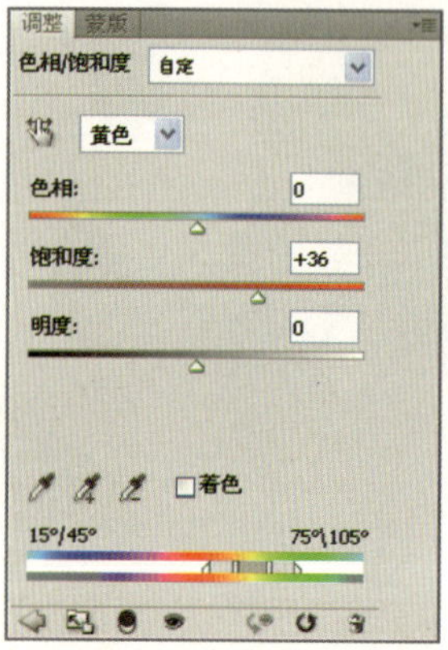

图1-139

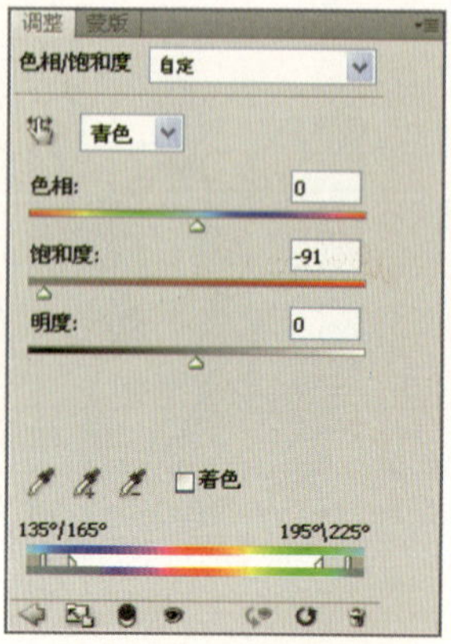

图1-140

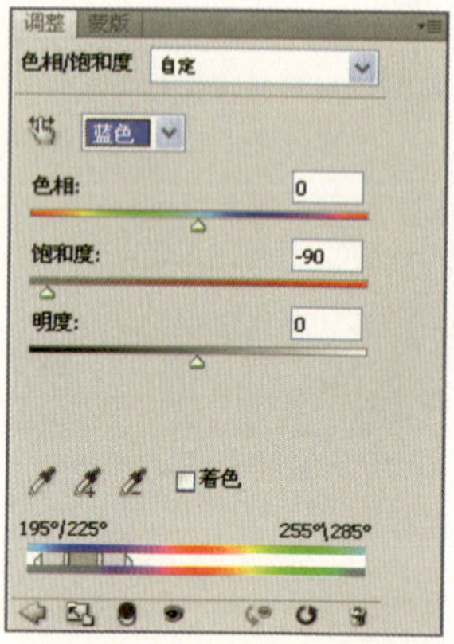

图1-141

图1-142

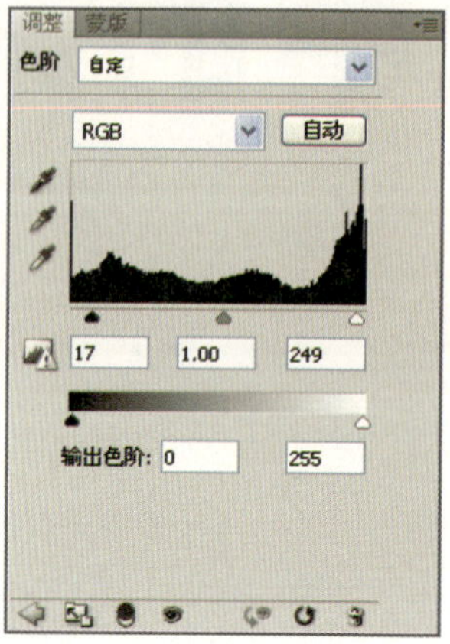

图1-143

图1-144

5 按快捷键Ctrl+Alt+Shift+E盖印所有可见图层，得到“图层1”，如图1-145所示。在菜单栏中选择“滤镜”|“模糊”|“高斯模糊”命令，在弹出的对话框中设置参数如图1-146所示，设置完毕后单击“确定”按钮。

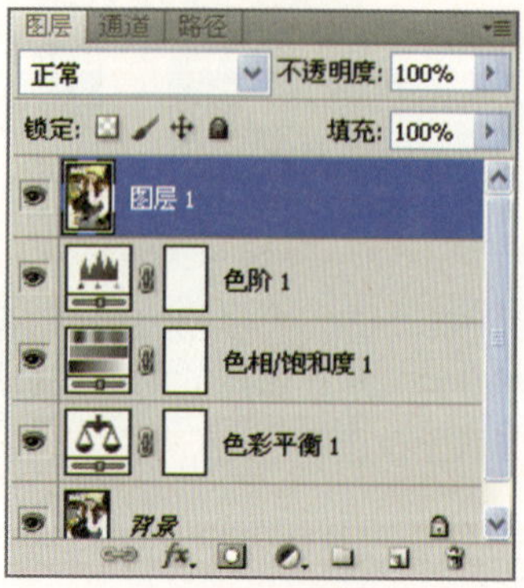

图1-145

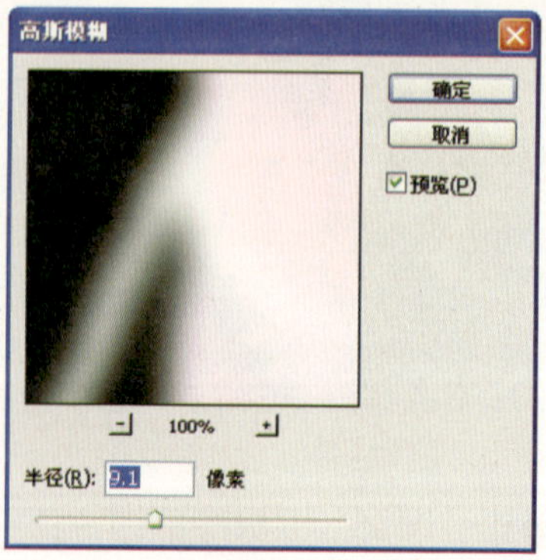

图1-146

6 选择“图层1”，将此图层的混合模式设置为“柔光”，“不透明度”设置为“54%”，如图1-147所示，效果如图1-148所示。

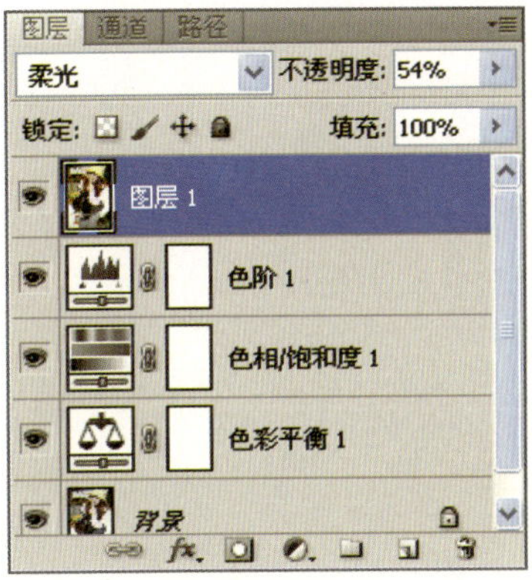

图1-147

图1-148

扩展实例14

难易度 ★★★★★

- 原始素材文件：书中实例素材\第1章\扩展实例14\保留图像中的主体颜色素材图.jpg
- 最终效果文件：书中实例效果图\第1章\扩展实例14\保留图像中的主体颜色.psd
- 视频教学文件：书中实例视频\第1章\扩展实例\1.14.flv

保留图像中的主体颜色

重点提示 1 打开随书所附光盘中的扩展实例素材“保留图像中的主体颜色素材图.jpg”，将此图层拖曳至“图层”面板底部的“创建新图层”按钮上，得到“背景 副本”图层。单击“图层”面板底部的“创建新的填充或调整图层”按钮，在弹出的菜单中选择“色相/饱和度”选项，在弹出的面板中设置参数，设置完毕后单击关闭按钮。

重点提示 2 单击“图层”面板底部的“创建新的填充或调整图层”按钮，在弹出的菜单中选择“色阶”选项，在弹出的面板中设置参数，设置完毕后单击关闭按钮。

重点提示 3 按快捷键Ctrl+Alt+Shift+E盖印所有可见图层，得到“图层1”，将此图层的混合模式设置为“柔光”。

原始素材文件：
书中实例素材\第1章\实例13\调整图像的局部色彩素材图.jpg

最终效果文件：
书中实例效果图\第1章\实例13\调整图像的局部色彩.psd

视频教学文件：
书中实例视频\第1章\实例\1.13.flv

实例13

难易度 ★★★★★

调整图像的局部色彩

例前导读

本例视频教程长度：4分11秒

- 使用调整图层调整图像颜色。
- 使用蒙版将不需要改变颜色的部分擦除。

1 打开随书所附光盘中的实例素材“调整图像的局部色彩素材图.jpg”，如图1-149所示，将此图层拖曳至“图层”面板底部的“创建新图层”按钮上，得到“背景 副本”图层，如图1-150所示。

图1-149

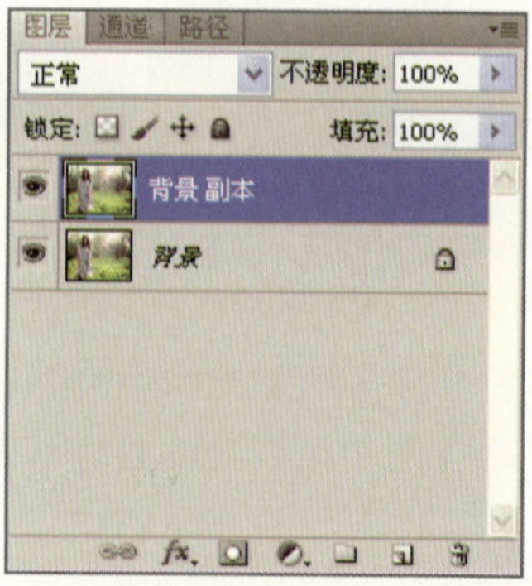

图1-150

2 单击“图层”面板底部的“创建新的填充或调整图层”按钮，在弹出的菜单中选择“可选颜色”选项，在弹出的面板中设置各项参数如图1-151所示，以调整人物衣服的颜色，设置完毕后单击关闭按钮。在“选取颜色1”调整图层中使用黑色画笔在图像中涂抹，将人物的头发、皮肤遮住，“图层”面板如图1-152所示，效果如图1-153所示。

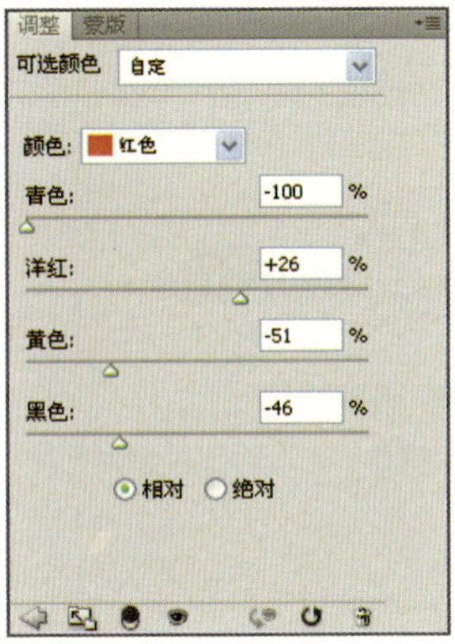

图1-151

图1-152

图1-153

3 单击“图层”面板底部的“创建新的填充或调整图层”按钮，在弹出的菜单中选择“曲线”选项，在弹出的面板中设置参数如图1-154和图1-155所示，以调整人物头发的颜色，设置完毕后单击关闭按钮。

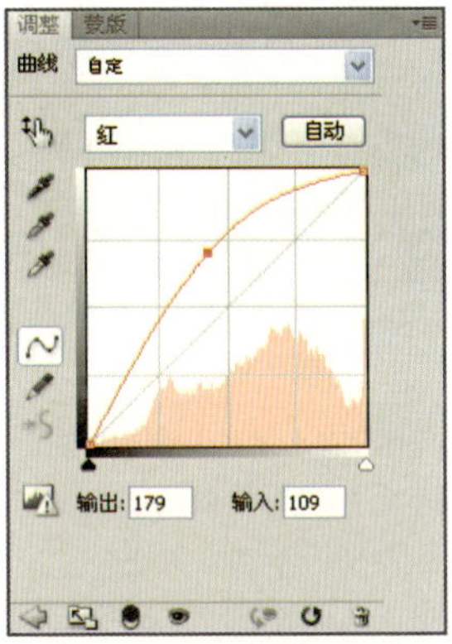

图1-154

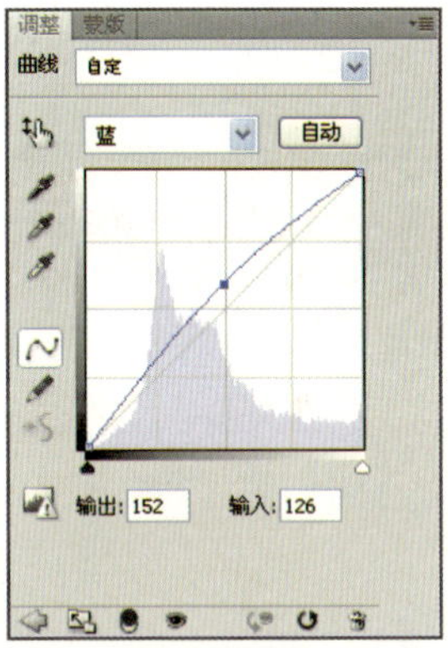

图1-155

4 选择“曲线1”调整图层并将其填充为黑色，使用白色画笔在图像中人物头发处涂抹，“图层”面板如图1-156所示，图像效果如图1-157所示。

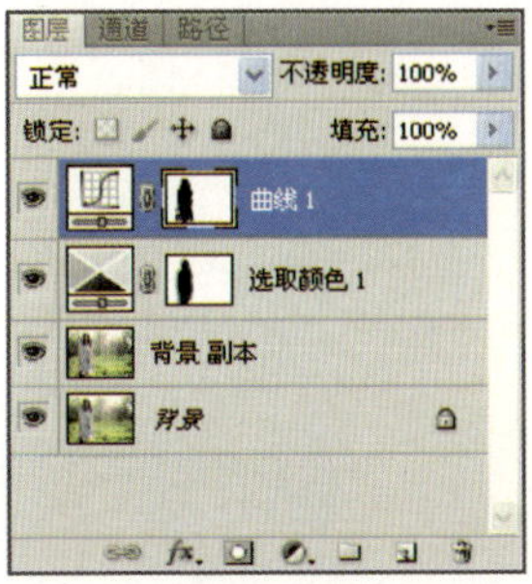

图1-156

图1-157

5 单击“图层”面板底部的“创建新的填充或调整图层”按钮，在弹出的菜单中选择“色阶”选项，在弹出的面板中设置各项参数如图1-158至图1-160所示，设置完毕后单击关闭按钮。

6 选择“色阶1”调整图层并填充为黑色，使用白色柔角画笔在图像中背景区域涂抹，“图层”面板如图1-161所示，图像效果如图1-162所示。

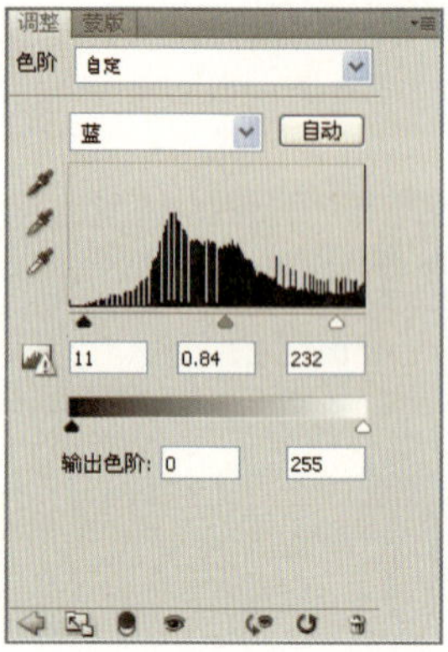

图1-158

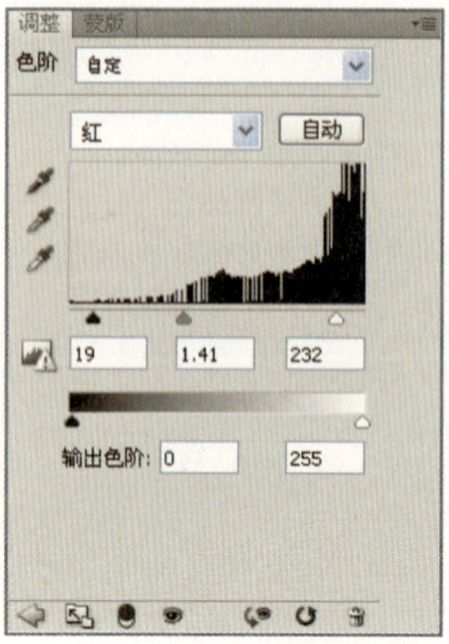

图1-159

图1-160

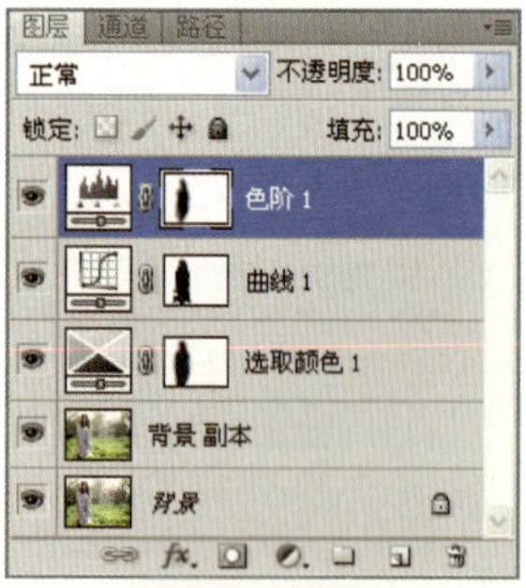

图1-161

图1-162

扩展实例15

难易度 ★★★★★

- 原始素材文件：书中实例素材\第1章\扩展实例15\调整照片的局部颜色素材图.jpg
- 最终效果文件：书中实例效果图\第1章\扩展实例15\调整照片的局部颜色.psd
- 视频教学文件：书中实例视频\第1章\扩展实例\1.15.flv

调整照片的局部颜色

重点提示 1 打开随书所附光盘中的扩展实例素材“调整照片的局部颜色素材图.jpg”，将此图层拖曳至“图层”面板底部的“创建新图层”按钮上，得到“背景 副本”图层。

重点提示 2 单击“图层”面板底部的“创建新的填充或调整图层”按钮，在弹出的菜单中选择“可选颜色”选项，在弹出的面板中设置参数，设置完毕后单击关闭按钮。

重点提示 3 单击“图层”面板底部的“创建新的填充或调整图层”按钮，在弹出的菜单中选择“曲线”选项，在弹出的面板中设置参数，设置完毕后单击关闭按钮。单击“曲线1”调整图层的蒙版缩览图，将前景色设置为黑色，使用“画笔工具”在人物处涂抹。

注意 除此之外还可以使用“色彩平衡”和“纯色”调整图层来调整图像的颜色。

原始素材文件：
书中实例素材\第1章\实例14\修整模糊的照片素材图.jpg

最终效果文件：
书中实例效果图\第1章\实例14\修整模糊的照片.psd

视频教学文件：
书中实例视频\第1章\实例\1.14.flv

实例14

难易度 ★★★★★

修整模糊的照片

例前导读

本例视频教程长度：3分17秒

- 使用“滤镜”命令调整图像清晰度。
- 使用调整图层调整图像亮度。

1 打开随书所附光盘中的实例素材“修整模糊的照片素材图.jpg”，如图1-163所示，将此图层拖曳至“图层”面板底部的“创建新图层”按钮上，得到“背景 副本”图层，如图1-164所示。

2 切换至“通道”面板，选择“绿”通道，将其拖曳至面板底部的“创建新通道”按钮上，得到“绿 副本”通道，如图1-165所示。

图1-163

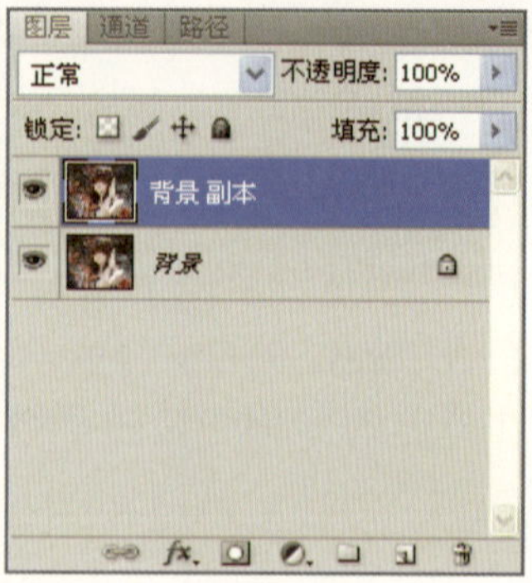

图1-164

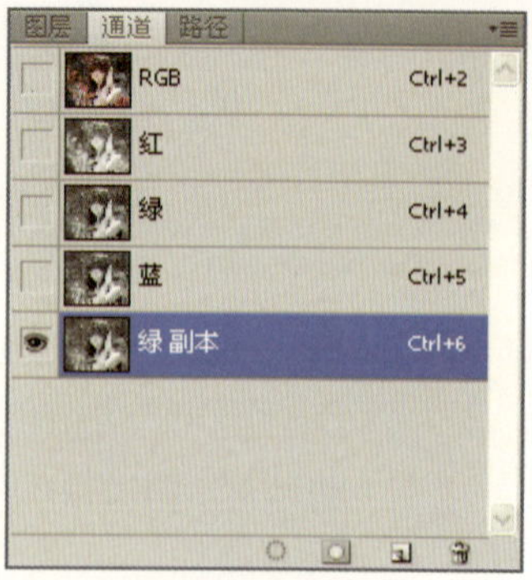

图1-165

3 选择“绿 副本”通道，在菜单栏中选择“滤镜”|“风格化”|“照亮边缘”命令，在弹出的对话框中设置参数如图1-166所示。设置完毕后单击“确定”按钮，效果如图1-167所示。

4 将前景色设置为黑色，使用工具箱中的“画笔工具”在图像中涂抹，如图1-168所示。

图1-166

图1-167

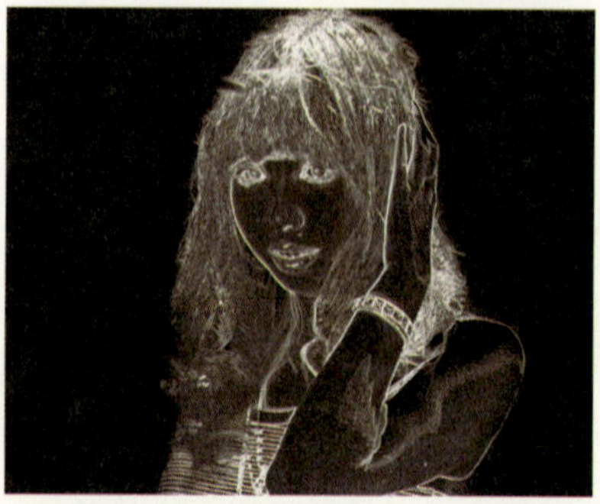

图1-168

5 在菜单栏中选择“图像”|“调整”|“色阶”命令，在弹出的对话框中设置参数如图1-169所示。设置完毕后单击“确定”按钮，效果如图1-170所示。

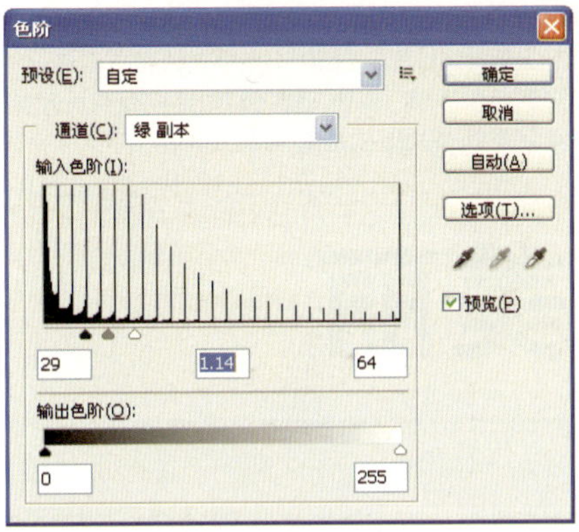

图1-169

图1-170

6 按住Ctrl键单击“绿 副本”通道，以提取选区。选择“RGB”通道后，切换至“图层”面板，效果如图1-171所示。

7 在菜单栏中选择“滤镜”|“锐化”|“USM锐化”命令，在弹出的对话框中设置参数如图1-172所示。设置完毕后单击“确定”按钮，效果如图1-173所示。

图1-171

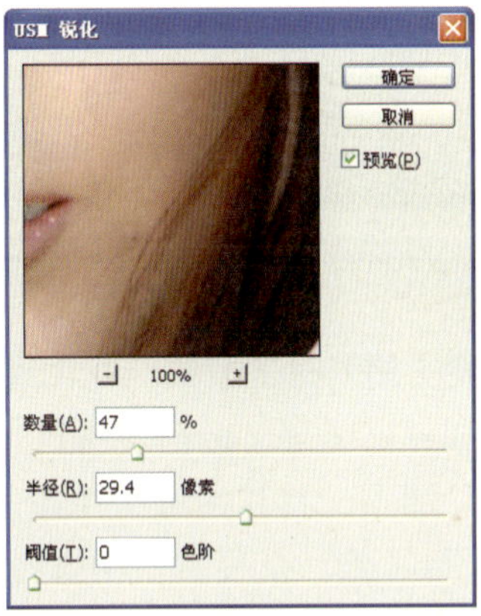

图1-172

图1-173

8 选择“背景 副本”图层，将其拖曳至“图层”面板底部的“创建新图层”按钮上，得到“背景 副本2”图层，按快捷键Ctrl+D取消选区，并将此图层的混合模式设置为“滤色”，“不透明度”设置为“31%”，如图1-174所示，效果如图1-175所示。

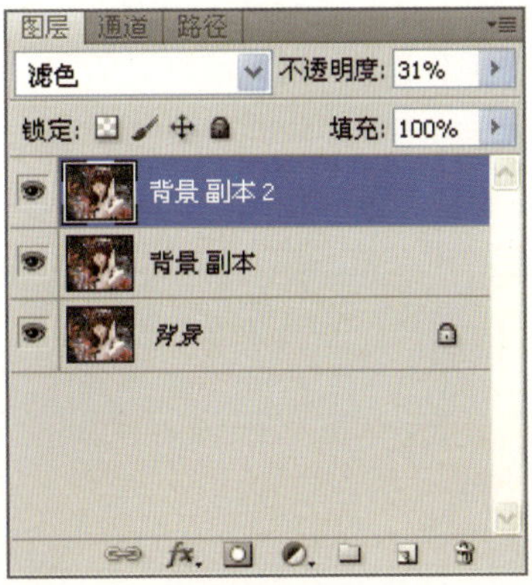

图1-174

图1-175

扩展实例16

难易度 ★★★★★

- 原始素材文件：书中实例素材\第1章\扩展实例16\模糊荷花再现美丽素材图.jpg
- 最终效果文件：书中实例效果图\第1章\扩展实例16\模糊荷花再现美丽.psd
- 视频教学文件：书中实例视频\第1章\扩展实例\1.16.flv

模糊荷花再现美丽

重点提示 1 打开随书所附光盘中的扩展实例素材“模糊荷花再现美丽素材图.jpg”，将此图层拖曳至“图层”面板底部的“创建新图层”按钮上，得到“背景 副本”图层。切换至“通道”面板，选择“红”通道，将其拖曳至“通道”面板底部的“创建新通道”按钮上，得到“红 副本”通道。在菜单栏中选择“滤镜”|“风格化”|“照亮边缘”命令，在弹出的对话框中设置参数，设置完毕后单击“确定”按钮。继续在菜单栏中选择“滤镜”|“模糊”|“高斯模糊”命令，在弹出的对话框中设置参数，设置完毕后单击“确定”按钮。

重点提示 2 选择“红 副本”通道，在菜单栏中选择“图像”|“调整”|“色阶”命令，在弹出的对话框中设置参数。按住Ctrl键单击“红 副本”通道作为选区载入。切换至“图层”面板，复制“背景 副本”图层，得到“背景 副本2”图层，不取消选区。在菜单栏中选择“滤镜”|“艺术效果”|“绘画涂抹”命令，在弹出的对话框中设置参数，设置完毕后单击“确定”按钮。

重点提示 3 单击“图层”面板底部的“创建新的填充或调整图层”按钮，在弹出的菜单中选择“色阶”选项，在弹出的面板中设置参数，设置完毕后单击关闭按钮。

注意

本扩展实例在使用“加深工具”时，应注意“不透明度”的设置，尽量将不透明度调低些，使过渡更柔和。

第2章

数码照片的特效处理

原始素材文件：
书中实例素材\第2章\实例1\制作LOMO特效素材图.jpg

最终效果文件：
书中实例效果图\第2章\实例1\制作LOMO特效.psd

视频教学文件：
书中实例视频\第2章\实例\2.1.flv

实例1

难易度 ★★★★★

制作LOMO特效

例前导读

本例视频教程长度：6分4秒

- 使用“色相/饱和度”调整图层对图像整体颜色进行调整。
- 使用“动感模糊”滤镜对图像做动感模糊处理。

1 打开随书所附光盘中的实例素材“制作LOMO特效素材图.jpg”，如图2-1所示，将此图层拖曳至“图层”面板底部的“创建新图层”按钮上，得到“背景 副本”图层，如2-2所示。

图2-1

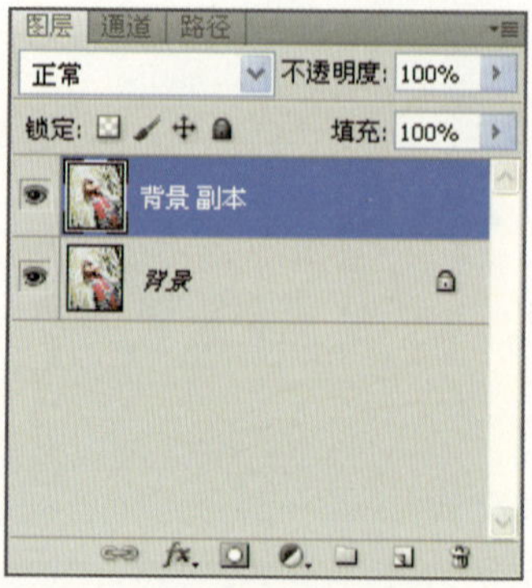

图2-2

2 单击“图层”面板底部的“创建新的填充或调整图层”按钮，在弹出的菜单中选择“色相/饱和度”选项，在弹出的面板中设置各项参数如图2-3所示。设置完毕后单击关闭按钮，效果如图2-4所示。单击“图层”面板底部的“创建新的填充或调整图层”按钮，在弹出的菜单中选择“色彩平衡”选项，在弹出的面板中设置各项参数如图2-5和图2-6所示。设置完毕后单击关闭按钮，效果如图2-7所示。

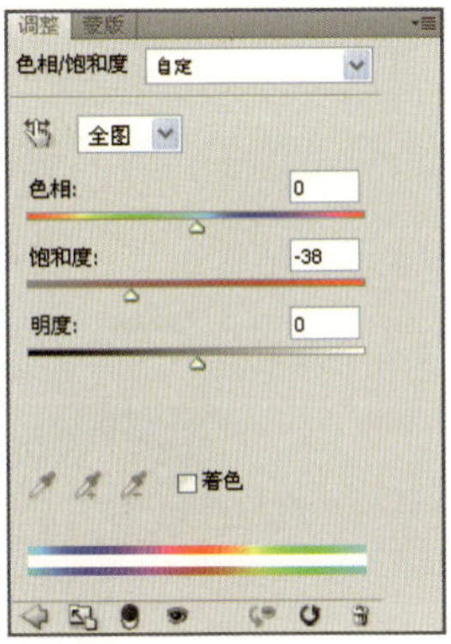

图2-3

图2-4

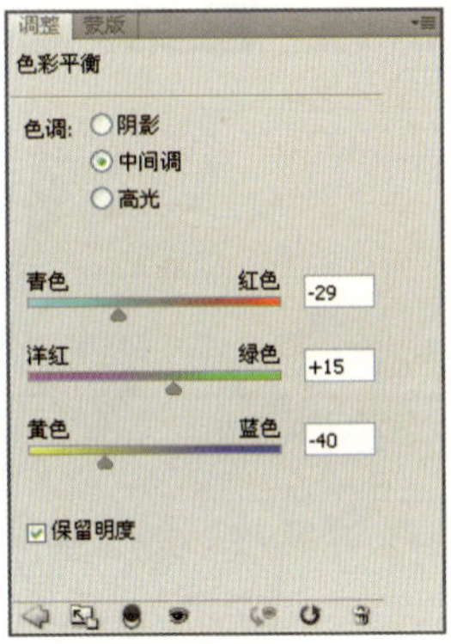

图2-5

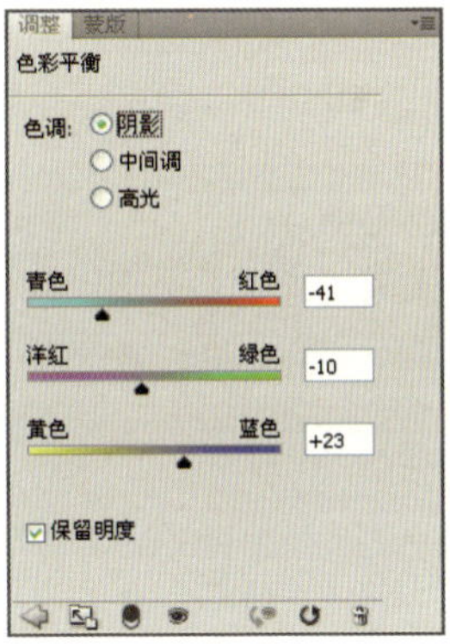

图2-6

图2-7

3 单击“图层”面板底部的“创建新的填充或调整图层”按钮，在弹出的菜单中选择“曲线”选项，在弹出的面板中设置各项参数如图2-8所示。设置完毕后单击关闭按钮，效果如图2-9所示。

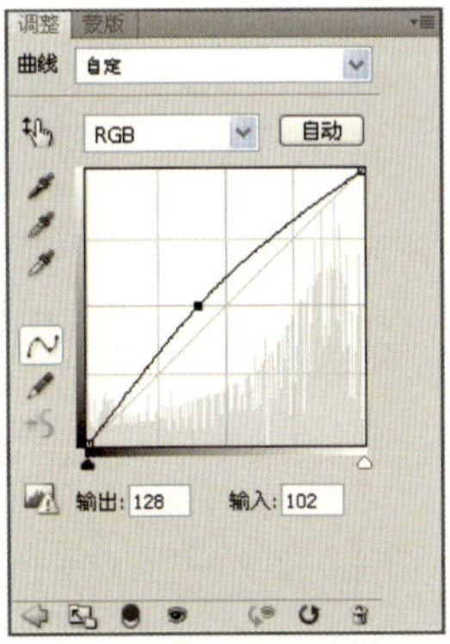

图2-8

图2-9

4 单击“图层”面板底部的“创建新的填充或调整图层”按钮，在弹出的菜单中选择“色彩平衡”选项，在弹出的面板中设置各项参数如图2-10和图2-11所示。设置完毕后单击关闭按钮，效果如图2-12所示。

5 按快捷键Ctrl+Alt+Shift+E盖印所有可见图层，得到“图层1”，如图2–13所示。

6 单击“图层”面板底部的“创建新的填充或调整图层”按钮，在弹出的菜单中选择“色相/饱和度”选项，在弹出的面板中设置各项参数如图2–14所示。设置完毕后单击关闭按钮，效果如图2–15所示。

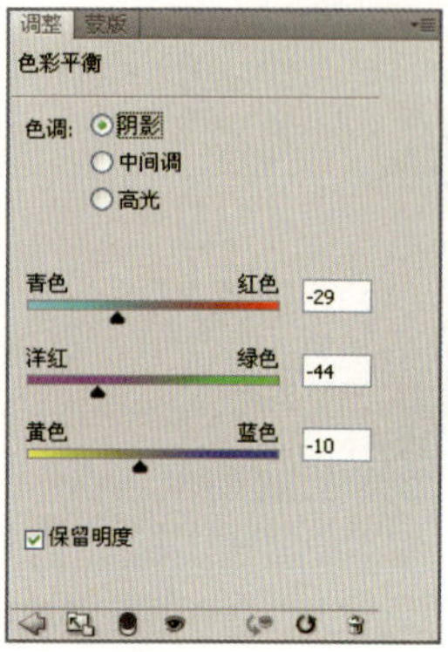

图2–10

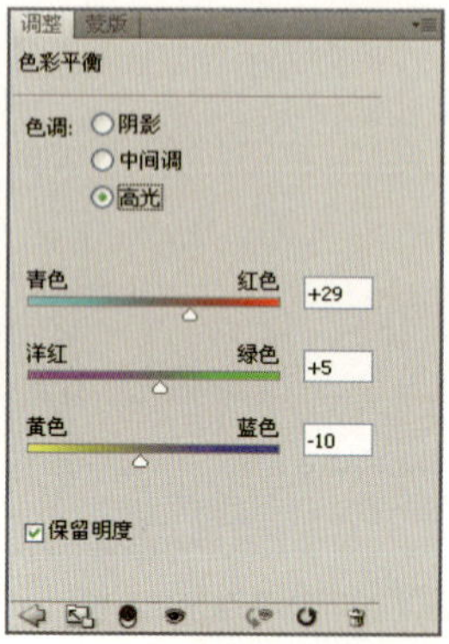

图2–11

图2–12

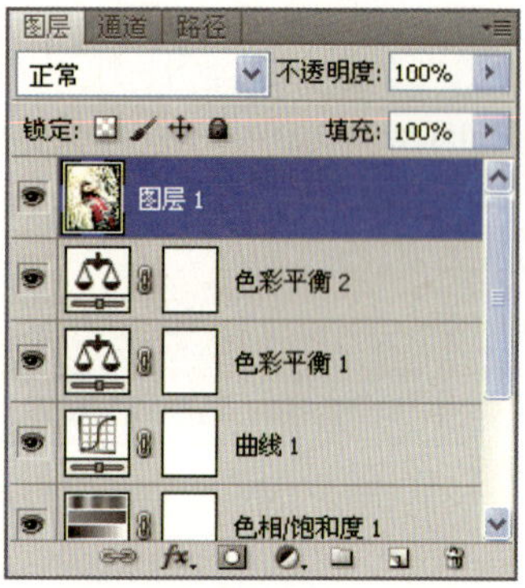

图2–13

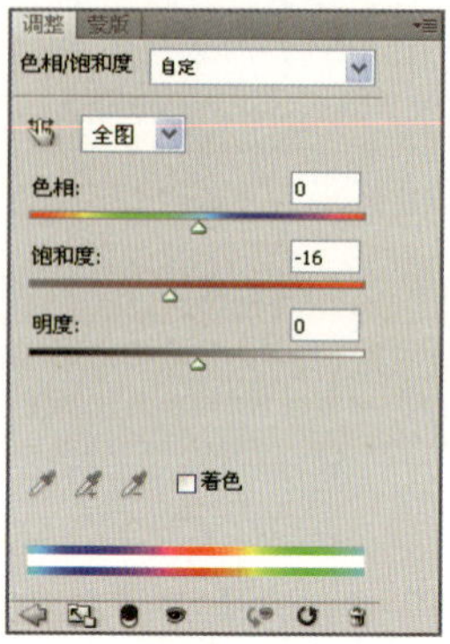

图2–14

图2–15

7 选择“图层1”，在菜单栏中选择“滤镜”|“模糊”|“动感模糊”命令，在弹出的对话框中设置参数如图2–16所示。设置完毕后单击“确定”按钮，效果如图2–17所示。

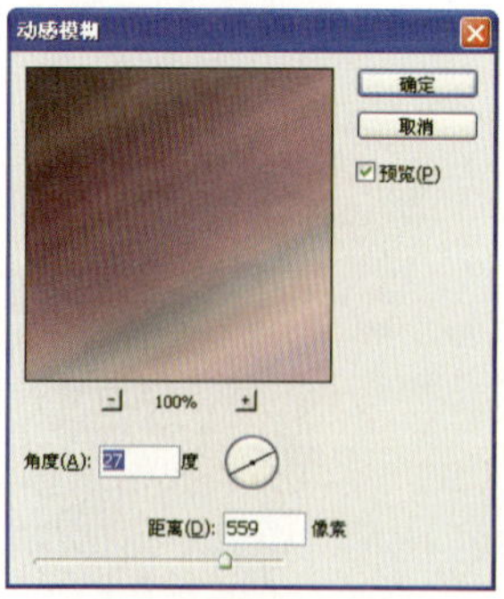

图2–16

图2–17

8 单击“图层”面板底部的“添加图层蒙版”按钮，为“图层1”添加图层蒙版。将前景色设置为黑色，背景色设置为白色，在菜单栏中选择“滤镜”|“渲染”|“云彩”命令。“图层”面板如图2–18所示。图像效果如图2–19所示。

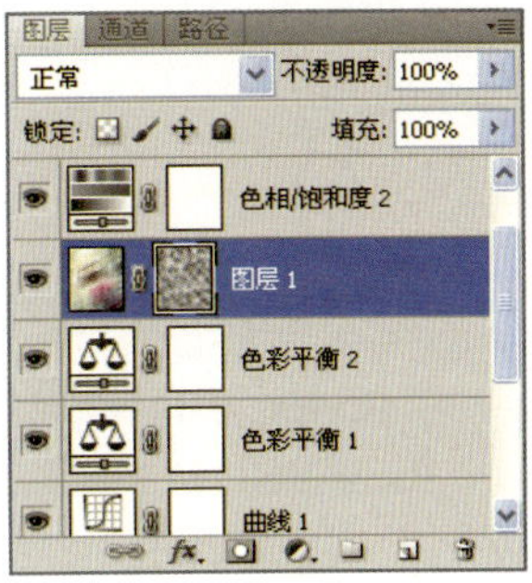

图2-18

图2-19

9 选择“图层1”，在菜单栏中选择“滤镜”|“艺术效果”|“胶片颗粒”命令，在弹出的对话框中设置各项参数如图2-20所示。设置完毕后单击“确定”按钮，效果如图2-21所示。

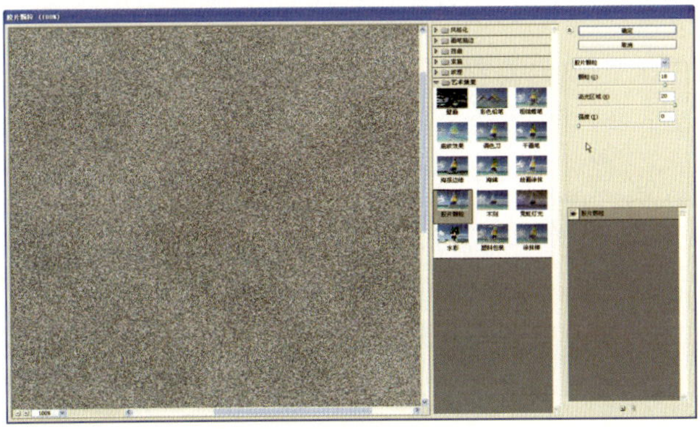
图2-20

图2-21

技巧与提示

在使用“胶片颗粒”滤镜时需注意，要在“图层1”而不是在“色相/饱和度”调整图层上进行操作。

10 选择“图层1”，将其“不透明度”设置为“59%”，如图2-22所示，图像效果如图2-23所示。

11 单击“图层”面板底部的“创建新图层”按钮，得到“图层2”，并为其填充黑色，“图层”面板如图2-24所示。

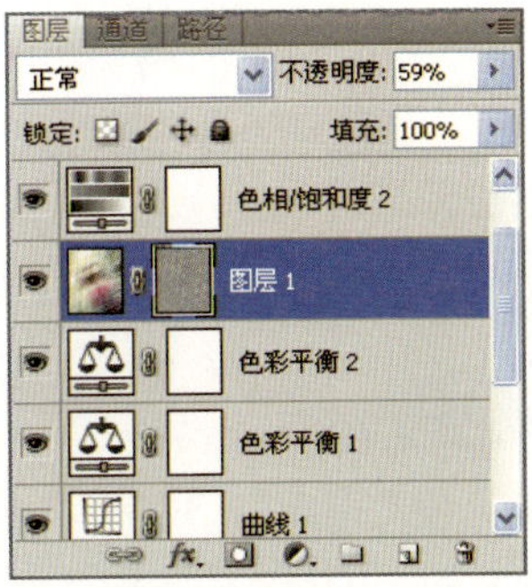

图2-22

图2-23

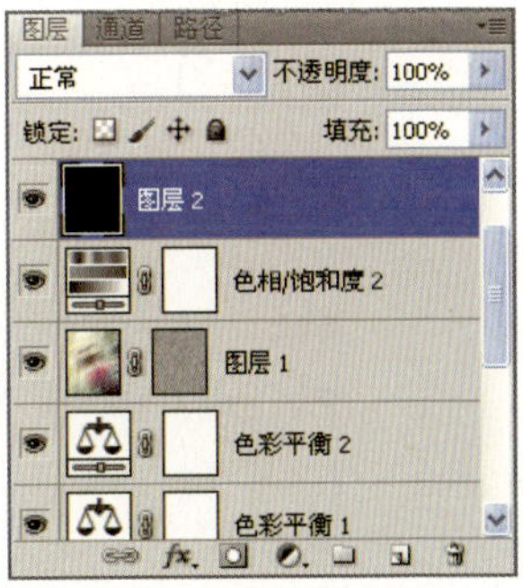

图2-24

12 单击工具箱中的“椭圆选框工具”，在画面中绘制选区，如图2-25所示。在菜单栏中选择“选择”|“修改”|“羽化”命令，在弹出的对话框中设置参数如图2-26所示。

图2-25

图2-26

13 选择“图层2”，按Delete键删除选区内的图像。按快捷键Ctrl+D取消选区。选择“图层2”，将此图层的“不透明度”设置为“75%”，如图2-27所示。图像效果如图2-28所示。

14 单击工具箱中的“横排文字工具”，在图像中输入文字，如图2-29所示。

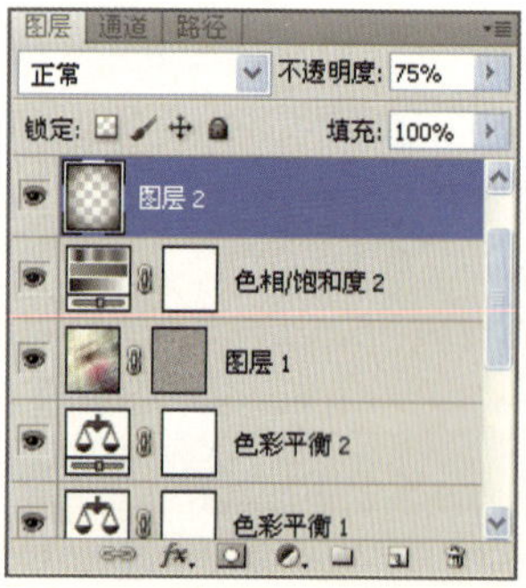

图2-27

图2-28

图2-29

扩展实例1

难易度 ★★★★★

- 原始素材文件：书中实例素材\第2章\扩展实例1\打造可爱绿色照片素材图.jpg
- 最终效果文件：书中实例效果图\第2章\扩展实例1\打造可爱绿色照片.psd
- 视频教学文件：书中实例视频\第2章\扩展实例\2.1.flv

打造可爱绿色照片

重点提示 1 打开随书所附光盘中的扩展实例素材“打造可爱绿色照片素材图.jpg”，将此图层拖曳至“图层”面板底部的“创建新图层”按钮上，得到“背景 副本”图层。在菜单栏中选择“滤镜”|“画笔描边”|“喷色描边”命令，在弹出的对话框中设置参数，设置完毕后单击“确定”按钮。为“背景 副本”图层添加图层蒙版，使用黑色、柔角、“不透明度”为“100%”的画笔在人物处涂抹。

重点提示 2 单击“图层”面板底部的“创建新的填充或调整图层”按钮，在弹出的菜单中选择“纯色”选项，在弹出的面板中设置参数。将“颜色填充1”调整图层的混合模式设置为“颜色加深”，“不透明度”设置为“37%”。

重点提示 3 按快捷键Ctrl+Alt+Shift+E盖印所有可见图层，得到“图层2”。在菜单栏中选择“滤镜”|“模糊”|“高斯模糊”命令，在弹出的对话框中设置参数，设置完毕后单击“确定”按钮。将“图层1”的混合模式设置为“柔光”，“不透明度”设置为“72%”。

重点提示 4 单击“图层”面板底部的“创建新的填充或调整图层”按钮，在弹出的菜单中选择“曲线”选项，在弹出的面板中设置参数，设置完毕后单击关闭按钮。选择“曲线1”调整图层的图层蒙版，使用黑色、柔角、“不透明度”为“50%”的画笔在人物处涂抹，使图像周围形成暗边。

注意　在盖印可见图层的时候，如有隐藏的图层，勿将隐藏图层处于选中状态。

扩展实例2

难易度 ★★★★☆

- 原始素材文件：书中实例素材\第2章\扩展实例2\调出写真色色调素材图.jpg
- 最终效果文件：书中实例效果图\第2章\扩展实例2\调出写真色色调.psd
- 视频教学文件：书中实例视频\第2章\扩展实例\2.2.flv

调出写真色色调

重点提示 1 打开随书所附光盘中的扩展实例素材“调出写真色色调素材图.jpg”，将此图层拖曳至“图层”面板底部的“创建新图层”按钮上，得到“背景 副本”图层。将“背景副本”图层的混合模式设置为“滤色”，“不透明度”设置为“57%”。

重点提示 2 单击“图层”面板底部的“创建新的填充或调整图层”按钮，在弹出的菜单中选择“纯色”选项，在弹出的对话框中设置参数，设置完毕后单击“确定”按钮。将“颜色填充1”调整图层的混合模式设置为“柔光”，“不透明度”设置为“62%”。

重点提示 3 单击“图层”面板底部的“创建新图层”按钮，得到“图层1”，并为其填充白色。将前景色设置为黑色，背景色设置为白色，在菜单栏中选择“滤镜”|“像素化”|“点状化”命令，在弹出的对话框中设置参数，设置完毕后单击“确定”按钮。按快捷键Ctrl+Shift+U去色，按快捷键Ctrl+I反相图像。

重点提示 4 在菜单栏中选择“滤镜”|“模糊”|“动感模糊”命令，在弹出的对话框中设置参数，设置完毕后单击“确定”按钮。将“图层1”的混合模式设置为“线性减淡（添加）”，并为其添加图层蒙版。将前景色设置为黑色，选择“画笔工具”在人物皮肤和衣服处涂抹。复制“图层1”，得到“图层1 副本”图层，以增强效果。

原始素材文件：
书中实例素材\第2章\实例2\为人物添加梦幻妆容素材图.jpg

最终效果文件：
书中实例效果图\第2章\实例2\为人物添加梦幻妆容.psd

视频教学文件：
书中实例视频\第2章\实例\2.2.flv

实例2

难易度 ★★★★★

为人物添加梦幻妆容

例前导读

本例视频教程长度：13分30秒

- 利用“高斯模糊”滤镜为人物“磨皮”。
- 人物彩妆的颜色主要用到了添加调整图层的方法，通过更改调整图层的“不透明度”及混合模式以融合图像。
- 蒙版在处理图像过程中经常会被用到。

1 打开随书所附光盘中的实例素材“为人物添加梦幻妆容素材图.jpg”，如图2-30所示。切换至“通道”面板，按住Ctrl键单击“红”通道，以提取选区。切换至“图层”面板，按快捷键Ctrl+J复制选区内的图像，得到“图层1”，如图2-31所示。

图2-30

图2-31

2 选择“图层1”，在菜单栏中选择“滤镜”|“模糊”|“高斯模糊”命令，在弹出的对话框中设置参数如图2-32所示。设置完毕后单击“确定”按钮，效果如图2-33所示。

3 单击“图层”面板底部的“添加图层蒙板”按钮，为“图层1”添加图层蒙版。将前景色设置为黑色，选择“画笔工具”在人物五官处涂抹，如图2-34所示。

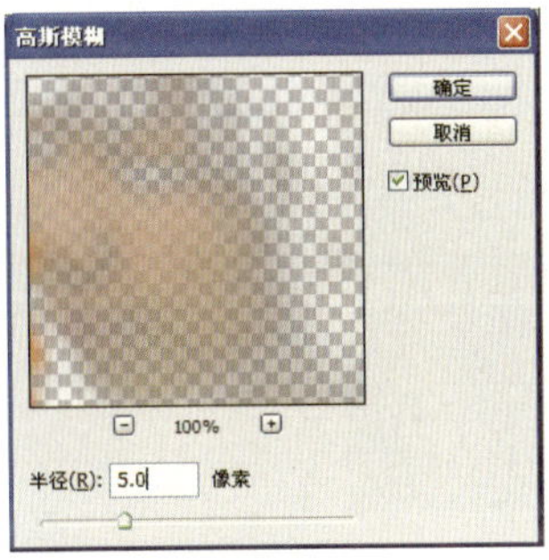

图2-32

图2-33

图2-34

4 按快捷键Ctrl+Alt+Shift+E盖印所有可见图层，得到“图层2”，将其图层混合模式设置为“柔光”，如图2-35所示。

5 选择“图层2”，在菜单栏中选择“滤镜”|“其它”|“高反差保留”命令，在弹出的对话框中设置参数如图2-36所示。设置完毕后单击“确定”按钮，效果如图2-37所示。

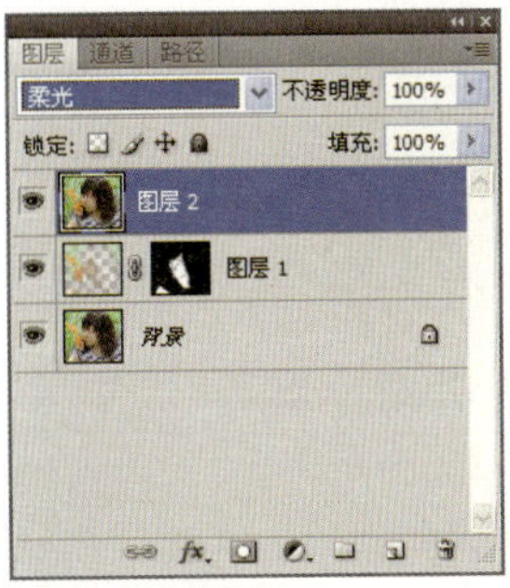

图2-35

图2-36

图2-37

6 单击“图层”面板底部的“创建新的填充或调整图层”按钮，在弹出的菜单中选择“曲线”选项，在弹出的面板中设置参数如图2-38所示。设置完毕后单击关闭按钮，效果如图2-39所示。

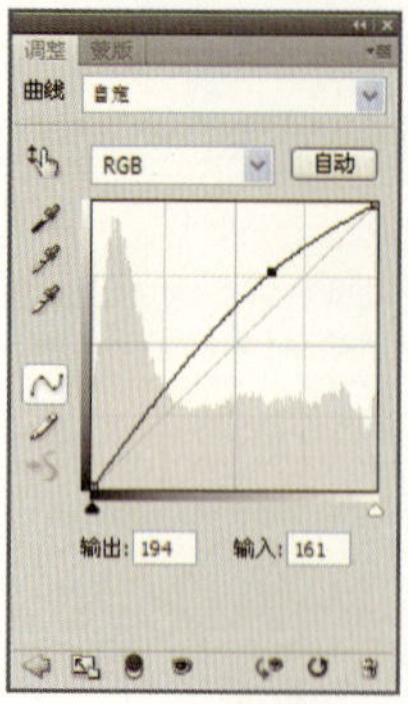

图2-38

图2-39

7 选择工具箱中的“钢笔工具”，在人物眼皮处绘制路径，如图2-40所示。按快捷键Ctrl+Enter将路径转换为选区。在菜单栏中选择“选择”|“修改”|“羽化”命令，在弹出的对话框中设置参数如图2-41所示。

8 单击“图层”面板底部的“创建新的填充或调整图层”按钮，在弹出的菜单中选择“纯色”选项，在弹出的对话框中设置参数如图2-42所示。

图2-40

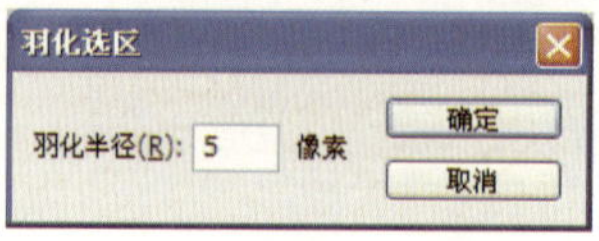

图2-41

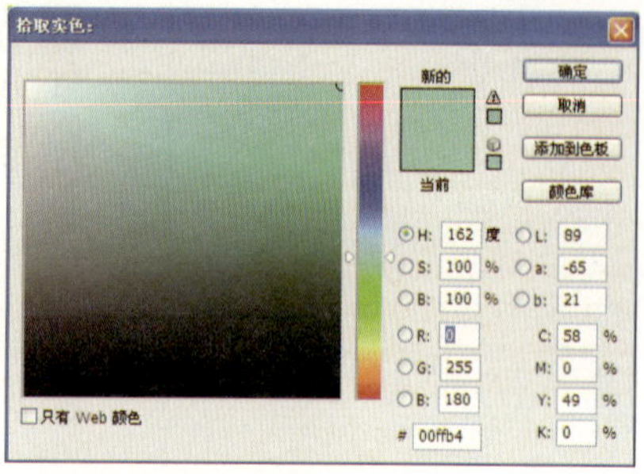

图2-42

9 将“颜色填充1”调整图层的混合模式设置为“颜色”，“不透明度”设置为“60%”，如图2-43所示，图像效果如图2-44所示。

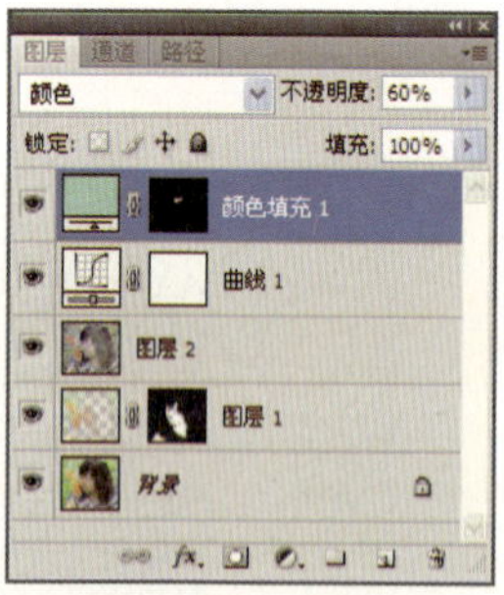

图2-43

图2-44

10 单击工具箱中的“钢笔工具”，在人物眼皮处绘制路径，如图2-45所示。按快捷键Ctrl+Enter将路径转换为选区。在菜单栏中选择“选择”|“修改”|“羽化”命令，在弹出的对话框中设置参数如图2-46所示。

11 单击“图层”面板底部的“创建新的填充或调整图层”按钮，在弹出的菜单中选择“纯色”选项，在弹出的对话框中设置参数如图2-47所示。

图2-45

图2-46

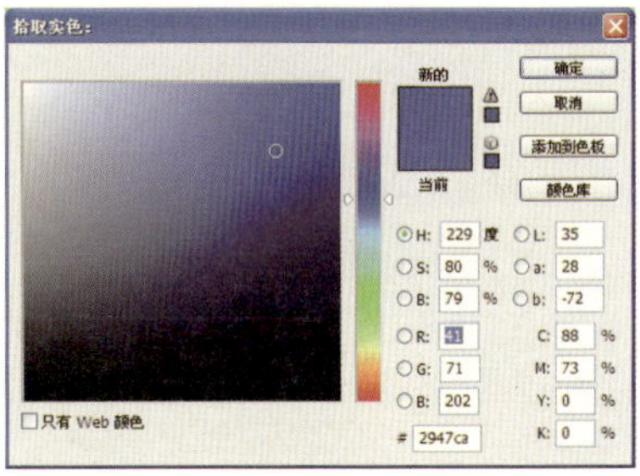

图2-47

12 将“颜色填充2”调整图层的混合模式设置为“颜色”，“不透明度”设置为“50%”，如图2-48所示，图像效果如图2-49所示。

13 单击“图层”面板底部的“创建新的填充或调整图层”按钮，在弹出的菜单中选择“纯色”选项，在弹出的对话框中设置参数如图2-50所示。

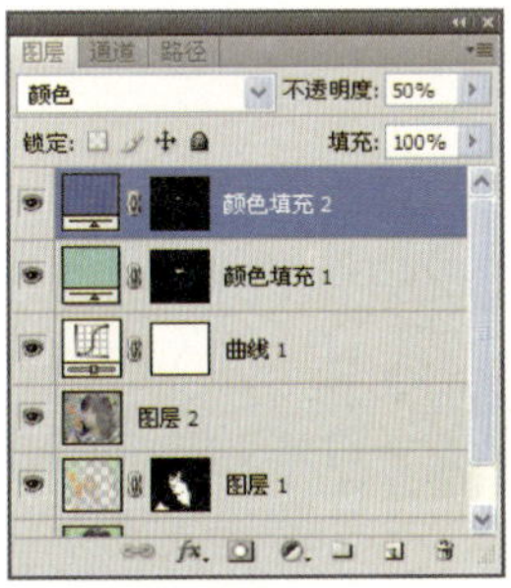

图2-48

图2-49

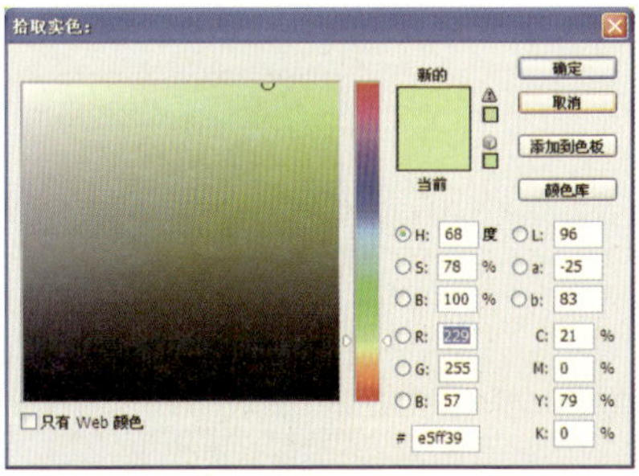

图2-50

14 将“颜色填充3”调整图层的混合模式设置为“颜色”，“不透明度”设置为“80%”，并将蒙版填充为黑色。将前景色设置为白色，选择“画笔工具”在人物眼皮上涂抹，“图层”面板如图2-51所示，图像效果如图2-52所示。

15 单击“图层”面板底部的“创建新的填充或调整图层”按钮，在弹出的菜单中选择“纯色”选项，在弹出的对话框中设置参数如图2-53所示。

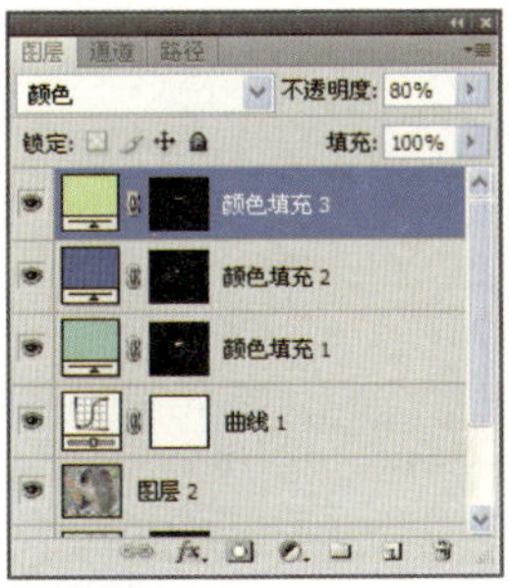

图2-51

图2-52

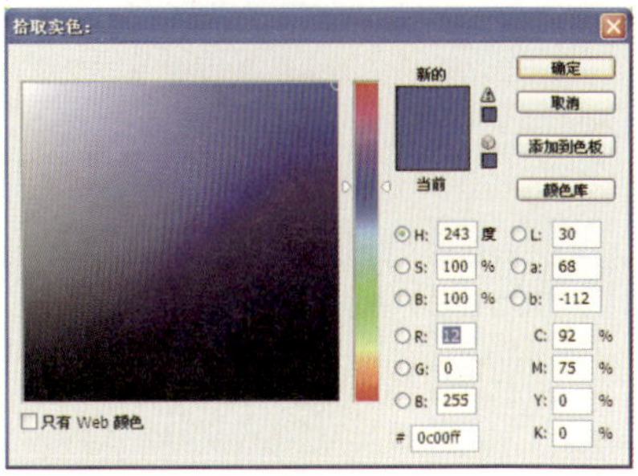

图2-53

16 将“颜色填充4”调整图层的混合模式设置为“颜色”，“不透明度”设置为“90%”，并将蒙版填充为黑色。将前景色设置为白色，选择“画笔工具”在人物眼皮上涂抹，“图层”面板如图2-54所示，图像效果如图2-55所示。

17 单击“图层”面板底部的“创建新的填充或调整图层”按钮，在弹出的菜单中选择“纯色”选项，在弹出的对话框中设置参数如图2-56所示。

图2-54

图2-55

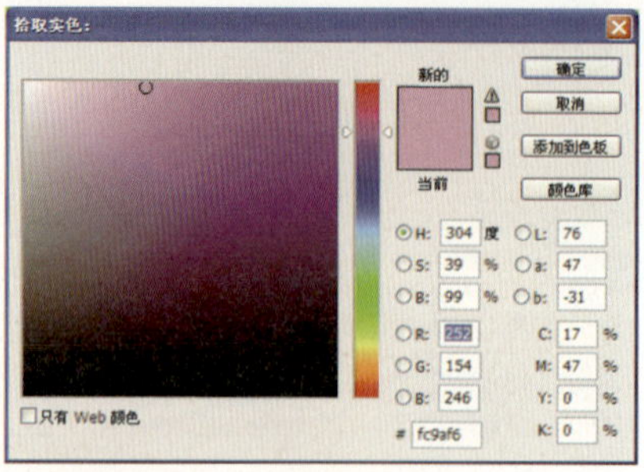

图2-56

18 将“颜色填充5”调整图层的混合模式设置为“颜色”，“不透明度”设置为“60%”，并将蒙版填充为黑色。将前景色设置为白色，选择“画笔工具”在人物眼皮上涂抹，“图层”面板如图2-57所示，图像效果如图2-58所示。

图2-57

图2-58

19 隐藏除“颜色填充1”调整图层至“颜色填充5”调整图层，按快捷键Ctrl+Alt+Shift+E盖印所有可见图层，得到“图层3”，并将此图层的混合模式设置为“颜色”，如图2-59所示。按快捷键Ctrl+J复制图层，得到“图层3 副本”图层，按快捷键Ctrl+T调整其大小及位置。单击“添加图层蒙版”按钮，为“图层3 副本”图层添加图层蒙版。将前景色设置为黑色，选择“画笔工具”在多余部分涂抹，“图层”面板如图2-60所示，图像效果如图2-61所示。

图2-59

图2-60

图2-61

20 单击“图层”面板底部的“创建新图层”按钮，得到“图层4”，如图2-62所示。单击工具箱中的“钢笔工具”，在图像中绘制路径并将其转换为选区，填充黑色，如图2-63所示。

21 单击“图层”面板底部的“创建新的填充或调整图层”按钮，在弹出的菜单中选择“纯色”选项，在弹出的对话框中设置参数如图2-64所示。

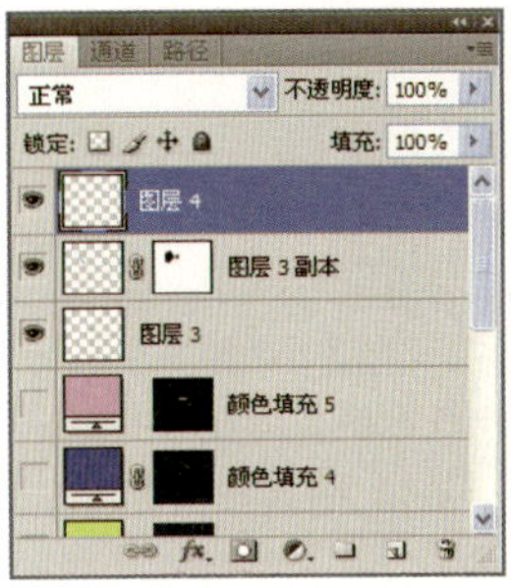

图2-62

图2-63

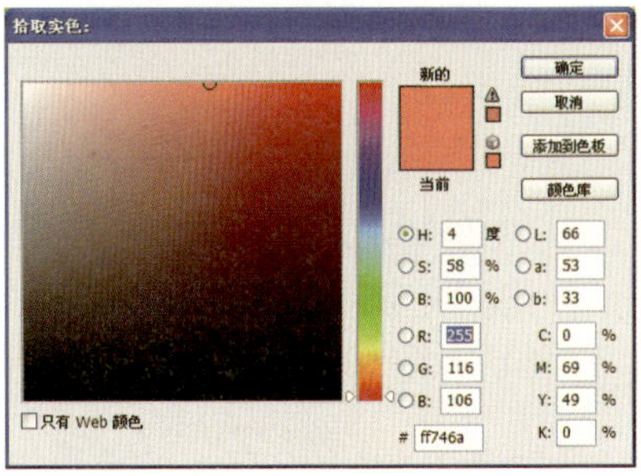

图2-64

22 将“颜色填充6”调整图层的混合模式设置为“颜色”，“不透明度”设置为“50%”，并将蒙版填充为黑色，如图2-65所示。将前景色设置为白色，选择“画笔工具”在人物脸颊上涂抹，图像效果如图2-66所示。

23 单击工具箱中的“钢笔工具”，在图像中沿着人物嘴唇绘制路径，如图2-67所示。

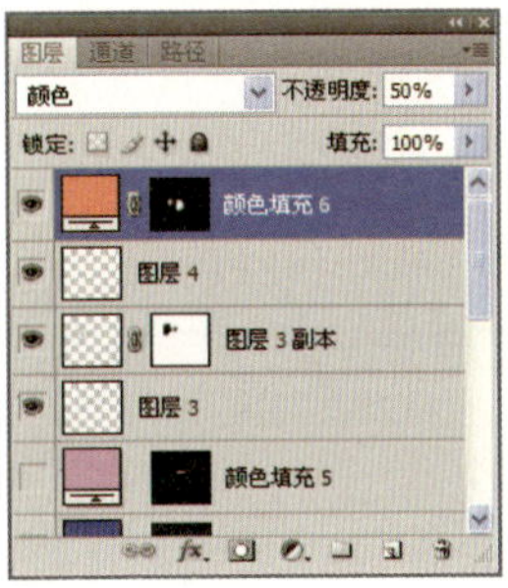

图2-65

图2-66

图2-67

24 单击“图层”面板底部的“创建新的填充或调整图层”按钮，在弹出的菜单中选择“纯色”选项，在弹出的对话框中设置参数如图2-68所示。

25 将“颜色填充7”调整图层的混合模式设置为“柔光”，“不透明度”设置为“60%”，如图2-69所示，图像效果如图2-70所示。

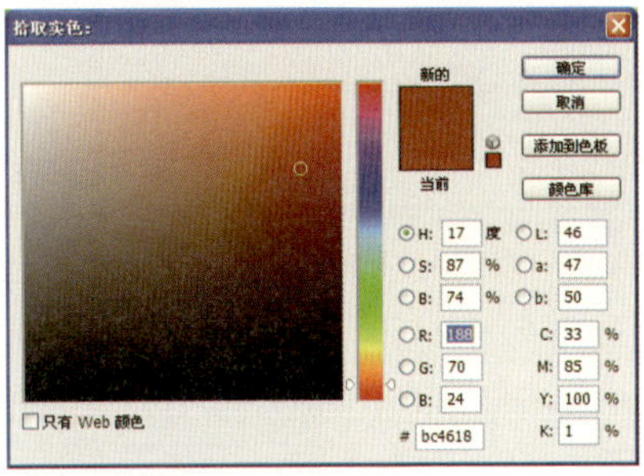

图2-68

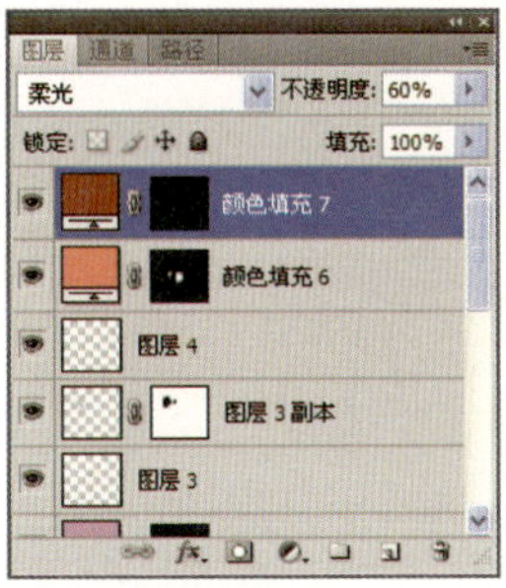

图2-69

图2-70

26 单击“图层”面板底部的“创建新的填充或调整图层”按钮，在弹出的菜单中选择“纯色”选项，在弹出的对话框中设置颜色为白色。将“颜色填充8”调整图层的混合模式设置为“叠加”，“不透明度”设置为“10%”，并将蒙版填充为黑色。将前景色设置为白色，选择“画笔工具”在嘴唇的高光部分涂抹，“图层”面板如图2-71所示，图像效果如图2-72所示。

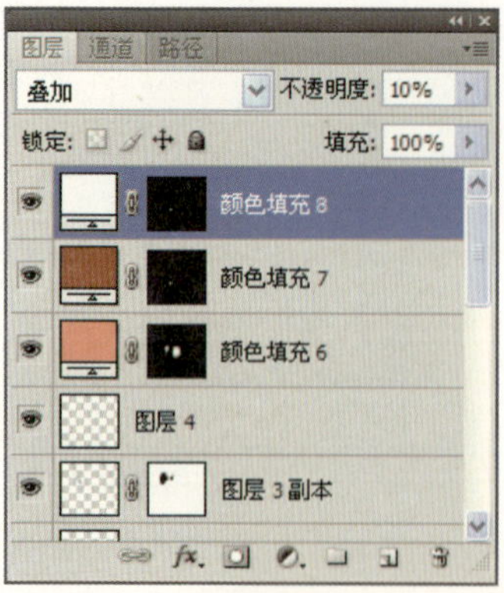

图2-71

图2-72

扩展实例3

难易度 ★★★★★

- 原始素材文件：书中实例素材\第2章\扩展实例3\画出时尚苹果妆素材图.jpg
- 最终效果文件：书中实例效果图\第2章\扩展实例3\画出时尚苹果妆.psd
- 视频教学文件：书中实例视频\第2章\扩展实例\2.3.flv

画出时尚苹果妆

重点提示 1 打开随书所附光盘中的扩展实例素材“画出时尚苹果妆素材图.jpg”。按住Ctrl键单击“通道”面板中的“红”通道，以调出选区。切换至“图层”面板，选择“背景”图层，按快捷键Ctrl+J复制选区内的图像，得到“图层1”。在菜单栏中选择“滤镜”|“模糊”|“高斯模糊”命令，在弹出的对话框中设置参数，设置完毕后单击“确定”按钮。

重点提示 2 单击工具箱中的“钢笔工具”，沿着人物嘴唇轮廓绘制路径，按快捷键Ctrl+Enter将路径转换为选区。在菜单栏中选择“选择”|“修改”|“羽化”命令，在弹出的对话框中设置参数，设置完毕后单击“确定”按钮。单击“图层”面板底部的“创建新的

填充或调整图层”按钮，在弹出的菜单中选择“色相/饱和度”选项，在弹出的面板中设置参数，设置完毕后单击关闭按钮。将“色相/饱和度1”调整图层的混合模式设置为“柔光”。

重点提示 3 使用工具箱中的“钢笔工具”在人物眼皮上绘制路径，按快捷键Ctrl+Enter将路径转换为选区。在菜单栏中选择“选择”|“修改”|“羽化”命令，在弹出的对话框中设置参数，设置完毕后单击“确定”按钮。单击“图层”面板底部的“创建新的填充或调整图层”按钮，在弹出的菜单中选择“色相/饱和度”选项，在弹出的面板中设置参数，设置完毕后单击关闭按钮。将“色相/饱和度1”调整图层的混合模式设置为“柔光”，“不透明度”设置为“70%”。

原始素材文件：
书中实例素材\第2章\实例3\制作水面倒影效果素材图.jpg

最终效果文件：
书中实例效果图\第2章\实例3\制作水面倒影效果.psd

视频教学文件：
书中实例视频\第2章\实例\2.3.flv

实例3

难易度 ★★★★★

制作水面倒影效果

例前导读

本例视频教程长度：4分5秒

- 使用“动感模糊”滤镜对图像倒影进行初步处理。
- 通过添加多个调整图层，使图像中的水面和天空分别呈现立体的色彩效果，以此丰富整个画面。
- 使用图层混合模式使水面与图像融合。

1 打开随书所附光盘中的实例素材“制作水面倒影效果素材图.jpg”，如图2-73所示，将此图层拖曳至“图层”面板底部的“创建新图层”按钮上，得到“背景 副本”图层，如图2-74所示。

2 单击“图层”面板底部的“创建新的填充或调整图层”按钮，在弹出的菜单中选择“色阶”选项，在弹出的面板中设置参数如图2-75所示。设置完毕后单击关闭按钮，效果如图2-76所示。

图2-73

图2-74

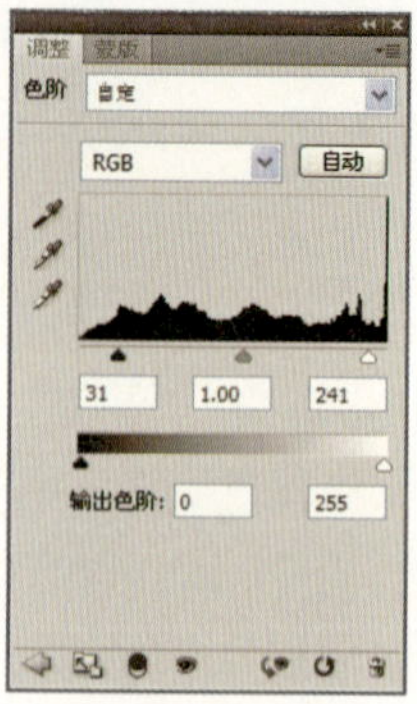

图2-75

图2-76

3 按快捷键Ctrl+Alt+Shift+E盖印所有可见图层，得到“图层1”，如图2-77所示。

4 选择“图层1”，在菜单栏中选择“滤镜”|“模糊”|“动感模糊”命令，在弹出的对话框中设置参数如图2-78所示。设置完毕后单击“确定”按钮，效果如图2-79所示。

图2-77

图2-78

图2-79

5 选择“图层1”，将此图层的混合模式设置为“叠加”，“不透明度”设置为“30%”。单击“图层”面板底部的“添加图层蒙版”按钮，为“图层1”添加图层蒙版，如图2-80所示。将前景色设置为黑色，选择“画笔工具”在图像中涂抹，图像效果如图2-81所示。

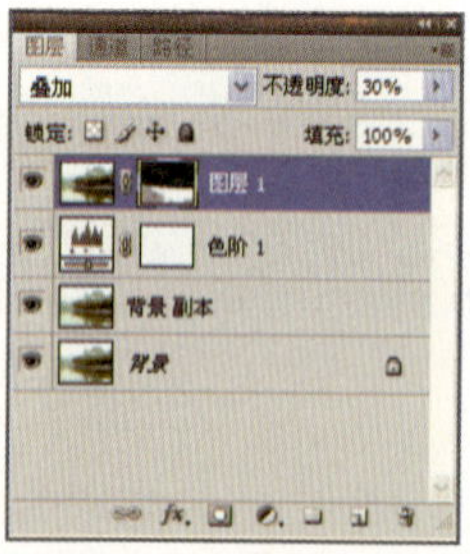

图2-80

图2-81

6 单击“图层”面板底部的“创建新的填充或调整图层”按钮，在弹出的菜单中选择“色彩平衡”选项，在弹出的面板中设置参数如图2-82所示。单击“色彩平衡1”调整图层的蒙版缩览图，将前景色设置为黑色，选择“画笔工具”在图像中涂抹，“图层”面板如图2-83所示，图像效果如图2-84所示。

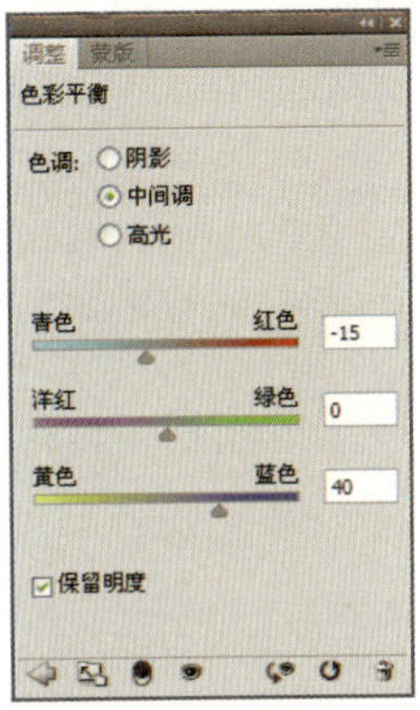

图2-82

图2-83

图2-84

7 单击“图层”面板底部的“创建新的填充或调整图层”按钮，在弹出的菜单中选择“色相/饱和度”选项，在弹出的面板中设置参数如图2-85所示，图像效果如图2-86所示。

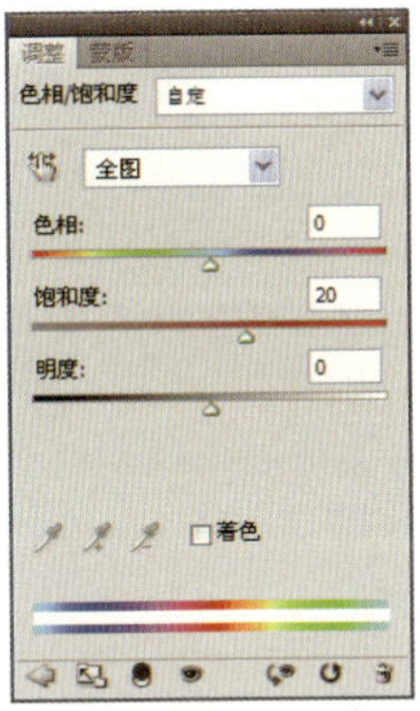

图2-85

图2-86

8 单击“图层”面板底部的“创建新的填充或调整图层”按钮，在弹出的菜单中选择“色彩平衡”选项，在弹出的面板中设置参数如图2-87所示。单击“色彩平衡1”调整图层的蒙版缩览图，将前景色设置为黑色，选择“画笔工具”在图像中涂抹，“图层”面板如图2-88所示，图像效果如图2-89所示。

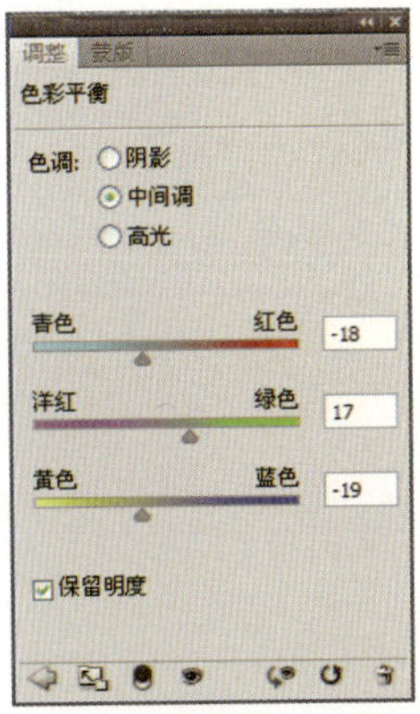

图2-87

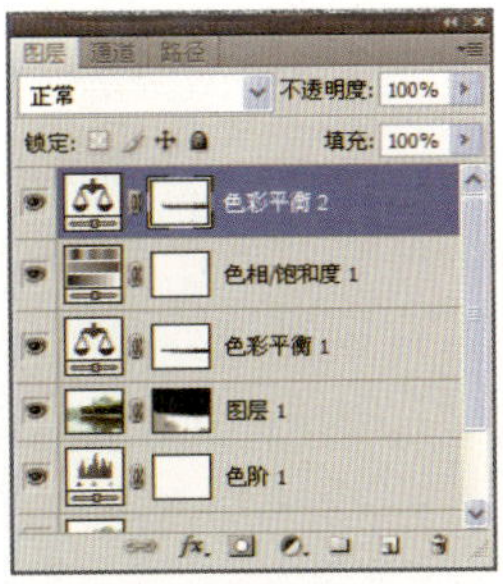

图2-88

图2-89

原始素材文件：
书中实例素材\第2章\实例4\制作网点照片特效素材图.jpg

最终效果文件：
书中实例效果图\第2章\实例4\制作网点照片特效.psd

视频教学文件：
书中实例视频\第2章\实例\2.4.flv

实例4

难易度 ★★★★★

制作网点照片特效

例前导读

本例视频教程长度：8分3秒

- 使用“高斯模糊”滤镜对图像进行初步调整。
- 使用不同的图层混合模式融合图像。

1 打开随书所附光盘中的实例素材“制作网点照片特效素材图.jpg”，如图2-90所示。在菜单栏中选择“图像”|“模式”|“灰度”命令，在弹出的对话框中单击“扔掉”按钮，效果如图2-91所示。

图2-90

图2-91

2 在菜单栏中选择“滤镜”|“模糊”|“高斯模糊”命令，在弹出的对话框中设置参数如图2-92所示。设置完毕后单击“确定”按钮，效果如图2-93所示。

3 在菜单栏中选择“图像”|“调整”|“色阶”命令，在弹出的对话框中设置参数如图2-94所示。设置完毕后单击“确定”按钮，效果如图2-95所示。

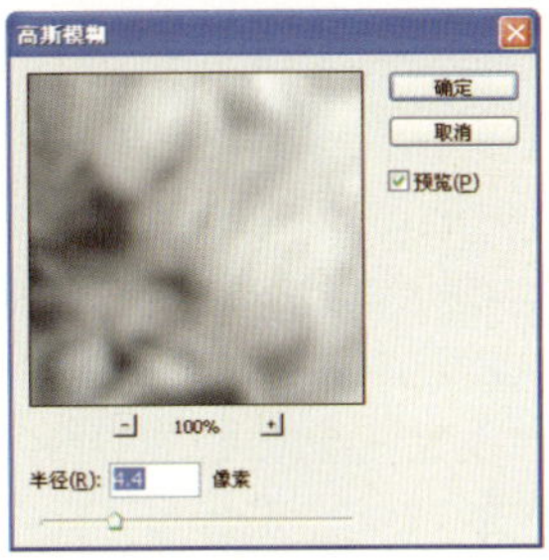

图2-92

图2-93

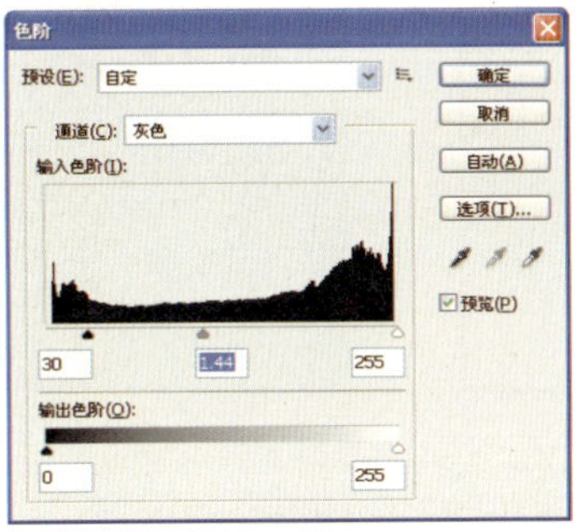

图2-94

图2-95

4 在菜单栏中选择“图像”|“模式”|“位图”命令，在弹出的对话框中设置参数如图2-96所示。设置完毕后单击“确定”按钮，在弹出的对话框中设置参数如图2-97所示。设置完毕后单击“确定”按钮，效果如图2-98所示。

图2-96

图2-97

图2-98

5 在菜单栏中选择“图像”|“模式”|“灰度”命令，在弹出的对话框中设置参数如图2-99所示。设置完毕后单击“确定”按钮，效果如图2-100所示。

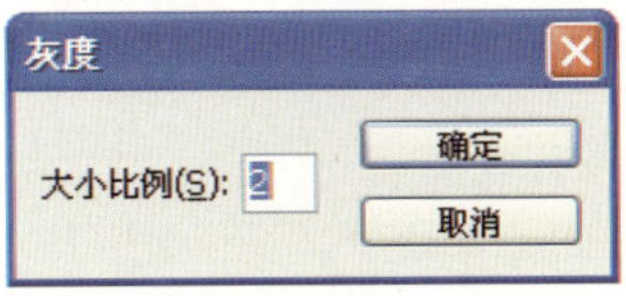

图2-99

图2-100

6 单击“图层”面板底部的“创建新图层”按钮，得到“图层1”，如图2-101所示。

7 单击工具箱中的“渐变工具”，在其工具选项栏中单击可编辑渐变色条，在弹出的“渐变编辑器”对话框中设置各项参数如图2-102所示。设置完毕后单击“确定”按钮，在画面中从左上至右下拖出渐变，效果如图2-103所示。

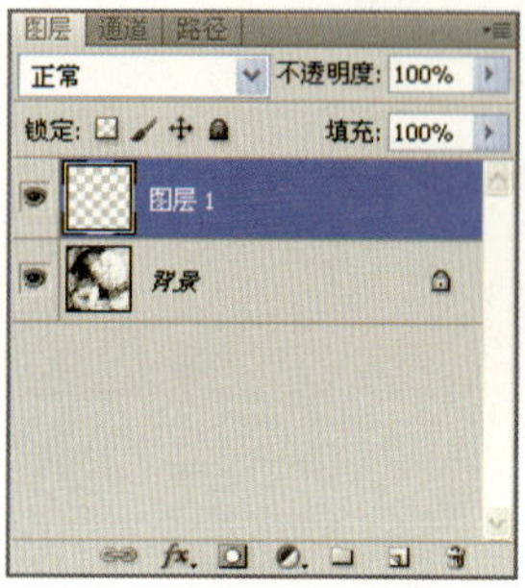

图2-101

图2-102

图2-103

8 选择“图层1”，将此图层的混合模式设置为“排除”，如图2-104所示，图像效果如图2-105所示。

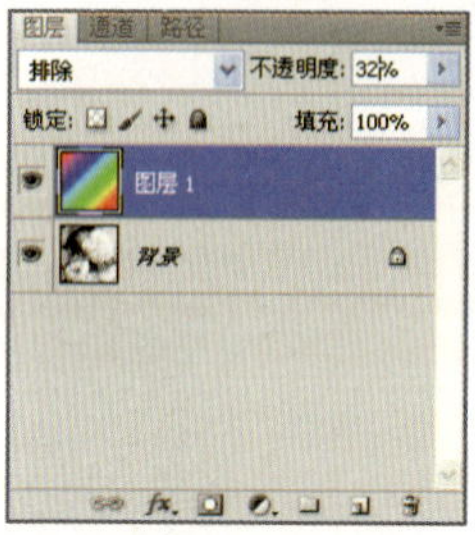

图2-104

图2-105

9 单击工具箱中的“矩形选框工具”，沿着图像边缘绘制选区。在菜单栏中选择“选择”|“修改”|“收缩”命令，在弹出的对话框中设置参数如图2-106所示，图像效果如图2-107所示。

10 单击工具箱底部的“以快速蒙版模式编辑”按钮，效果如图2-108所示。

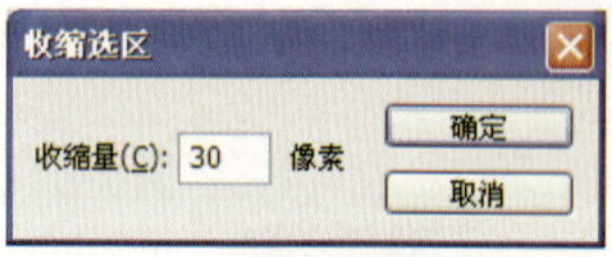

图2-106

图2-107

图2-108

11 在菜单栏中选择“滤镜”|“画笔描边”|“喷溅”命令，在弹出的对话框中设置参数如图2-109所示。设置完毕后单击“确定”按钮，效果如图2-110所示。

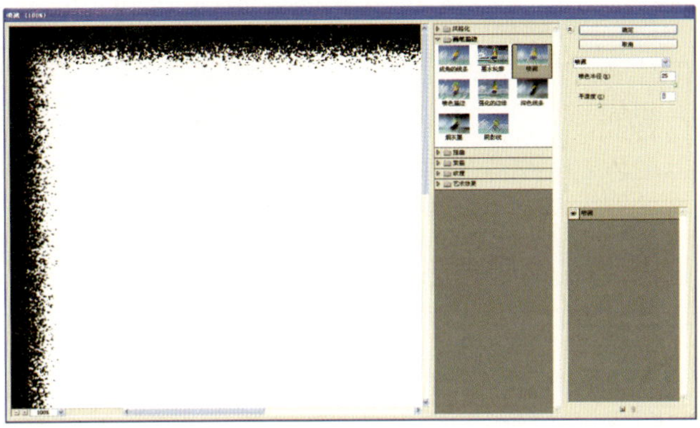

图2-109

图2-110

12 在菜单栏中选择“滤镜”|“画笔描边”|“喷色描边”命令，在弹出的对话框中设置参数如图2-111所示。设置完毕后单击“确定”按钮，效果如图2-112所示。

13 单击工具箱底部的“以标准模式编辑”按钮，按快捷键Shift+Ctrl+I反选选区，按Delete键删除所选内容，按快捷键Ctrl+D取消选区，效果如图2-113所示。

14 选择“背景”图层，将其拖曳至“图层”面板底部的“创建新图层”按钮上，得到“背景 副本”图层，如图2-114所示。

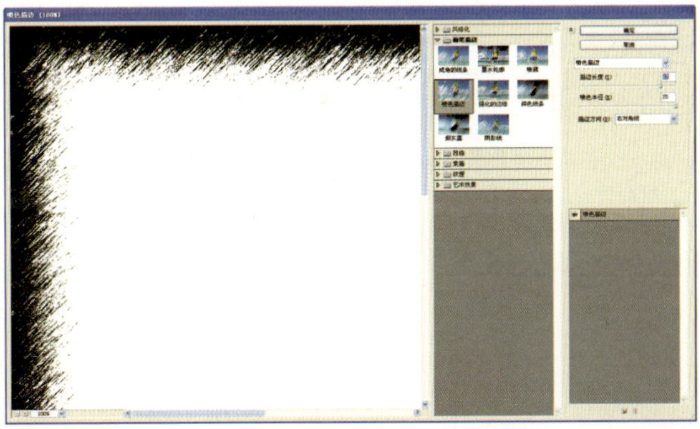

图2-111

图2-112

图2-113

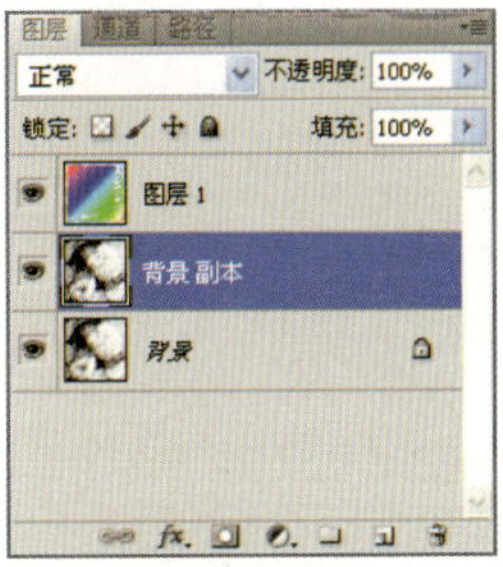

图2-114

15 在菜单栏中选择“图像”|“调整”|“色相/饱和度”命令，在弹出的对话框中设置参数如图2-115所示。设置完毕后单击“确定”按钮，图像效果如图2-116所示。

16 将前景色设置为白色，选择工具箱中的“直排文字工具”，在图像中输入文字，如图2-117所示。

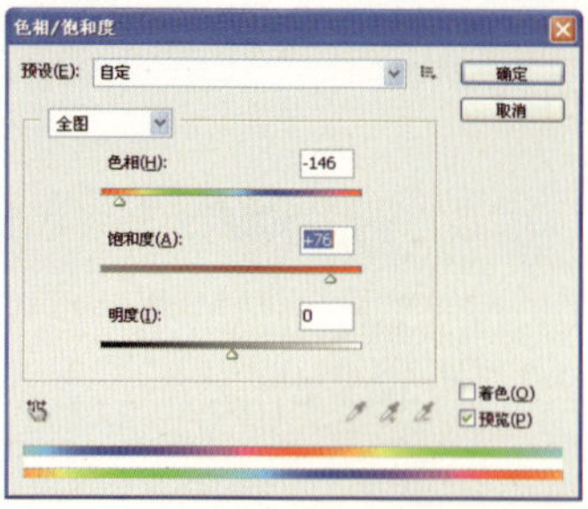

图2-115

图2-116

图2-117

17 按住Ctrl键单击文字图层，以提取选区。隐藏文字图层，选择“图层1”，如图2-118所示。按Delete键删除选区内的图像，效果如图2-119所示。

18 单击“图层”面板底部的“创建新图层”按钮，得到“图层2”，如图2-120所示。

19 选择“图层2”，在菜单栏中选择“编辑”|“描边”命令，在弹出的对话框中设置参数如图2-121所示。设置完毕后单击“确定”按钮，效果如图2-122所示。

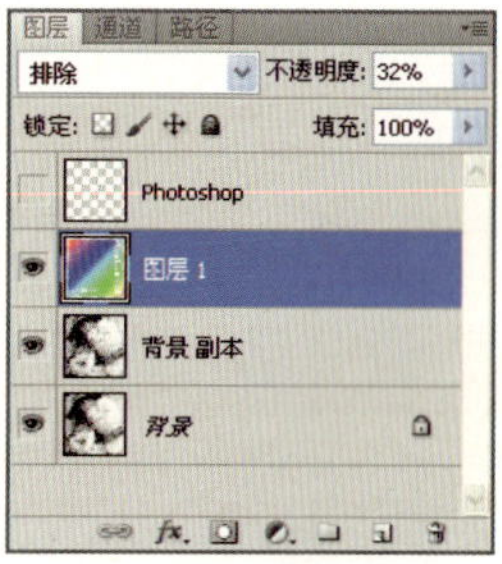

图2-118

图2-119

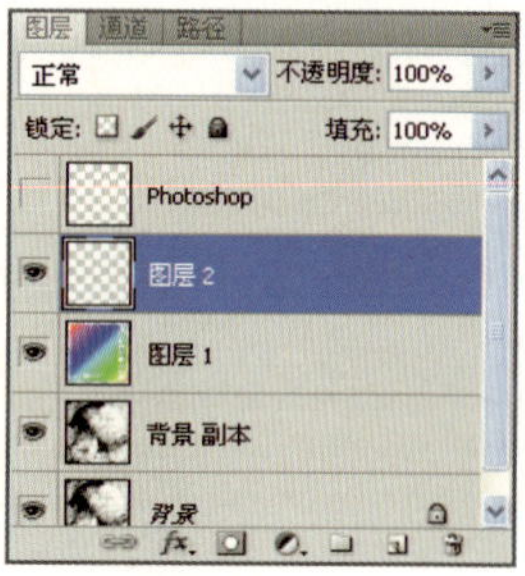

图2-120

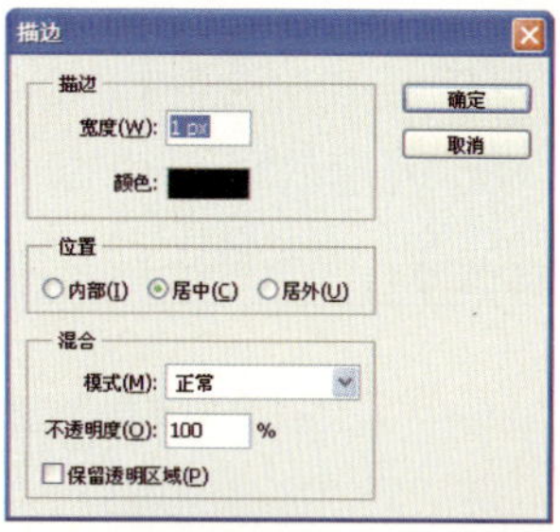

图2-121

图2-122

20 双击“图层2”，在弹出的对话框中勾选“投影”复选框，设置各项参数如图2-123所示。设置完毕后单击“确定”按钮，效果如图2-124所示。

21 将前景色设置为黑色，选择工具箱中的“横排文字工具”，在图像中输入文字，如图2-125所示。

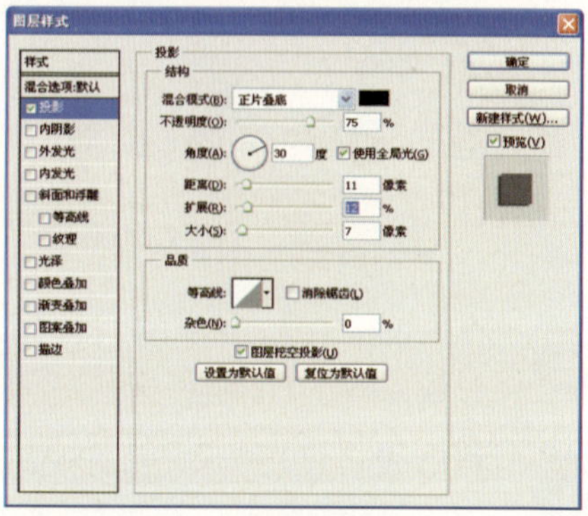

图2-123

图2-124

图2-125

扩展实例4

难易度 ★★★★★

- 原始素材文件：书中实例素材\第2章\扩展实例4\制作清新网格照片素材图.jpg
- 最终效果文件：书中实例效果图\第2章\扩展实例4\制作清新网格照片.psd
- 视频教学文件：书中实例视频\第2章\扩展实例\2.4.flv

制作清新网格照片

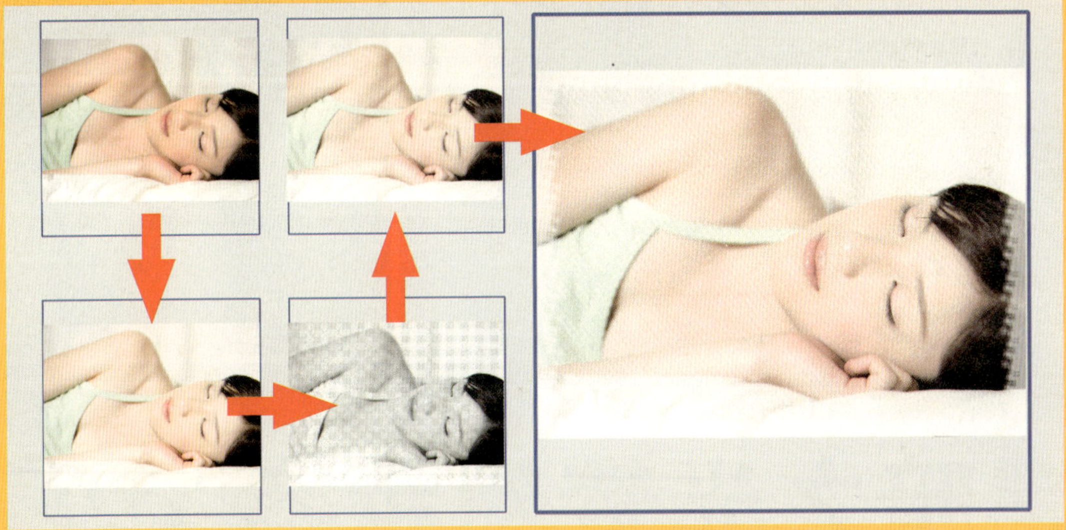

重点提示 1 打开随书所附光盘中的扩展实例素材“制作清新网格照片素材图.jpg”，将此图层拖曳至“图层”面板底部的“创建新图层”按钮上，得到“背景 副本”图层。单击“图层”面板底部的“创建新的填充或调整图层”按钮，在弹出的菜单中选择“曲线”选项，在弹出的面板中设置参数，设置完毕后单击关闭按钮。

重点提示 2 按快捷键Ctrl+Alt+Shift+E盖印所有可见图层，得到“图层1”。在菜单栏中选择“图像”|“复制”命令，得到文档副本。在菜单栏中选择“图像”|“模式”|“灰度”命令，在弹出的对话框中单击“拼合”按钮，再在弹出的对话框中单击“扔掉”按钮。在菜单栏中选择“图像”|“模式”|“位图”命令，在弹出的对话框中设置“输出”为“150像素/英寸”，“使用”为“半调网屏”，单击“确定”按钮，在弹出的对话

框中设置参数，设置完毕后单击“确定”按钮。

重点提示 3 按快捷键Ctrl+A全选图像，按快捷键Ctrl+C复制图像，切换至主文档，按快捷键Ctrl+V粘贴图像，得到“图层2”，并将此图层的混合模式设置为“变亮”，“不透明度”设置为“60%”。

重点提示 4 按快捷键Ctrl+A将图像全选。在菜单栏中选择“选择”|“修改”|“收缩”命令，在弹出的对话框中设置参数。进入快速蒙版模式，在菜单栏中选择“滤镜”|“像素化”|“彩色半调”命令，在弹出的对话框中保持其他数值不变，将“最大半径”设置为“15像素”，设置完毕后单击“确定”按钮。在菜单栏中选择“滤镜”|“像素化”|“碎片”命令，退出快速蒙版模式，按快捷键Shift+Ctrl+I反选选区。单击“图层”面板底部的“创建新图层”按钮，得到“图层3”，并为其填充白色。将“图层3”的“不透明度”设置为“70%”。

原始素材文件：
书中实例素材\第2章\实例5\黑暗之光梦幻妆容素材图.jpg

最终效果文件：
书中实例效果图\第2章\实例5\黑暗之光梦幻妆容.psd

视频教学文件：
书中实例视频\第2章\实例\2.5.flv

实例5

难易度 ★★★★★

黑暗之光梦幻妆容

例前导读

本例视频教程长度：3分7秒

- 利用“高斯模糊”滤镜使照片出现朦胧效果。
- 使用调整图层调整图像色调。

1 打开随书所附光盘中的实例素材“黑暗之光梦幻妆容素材图.jpg”，如图2-126所示，将此图层拖曳至“图层”面板底部的“创建新图层”按钮上，得到“背景 副本”图层，如图2-127所示。

2 在菜单栏中选择“滤镜”|“模糊”|“高斯模糊”命令，在弹出的对话框中设置参数如图2-128所示。设置完毕后单击“确定”按钮，效果如图2-129所示。

3 在菜单栏中选择“图像”|“调整”|“去色”命令。将“背景 副本”图层的混合模式设置为“正片叠底”，如图2-130所示，效果如图2-131所示。

图2-126

图2-127

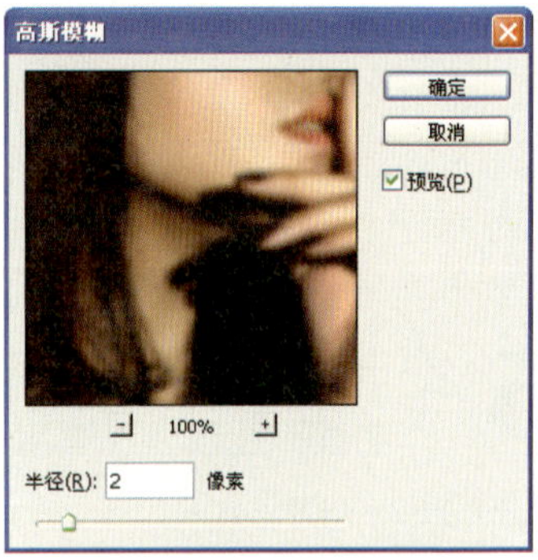

图2-128

图2-129

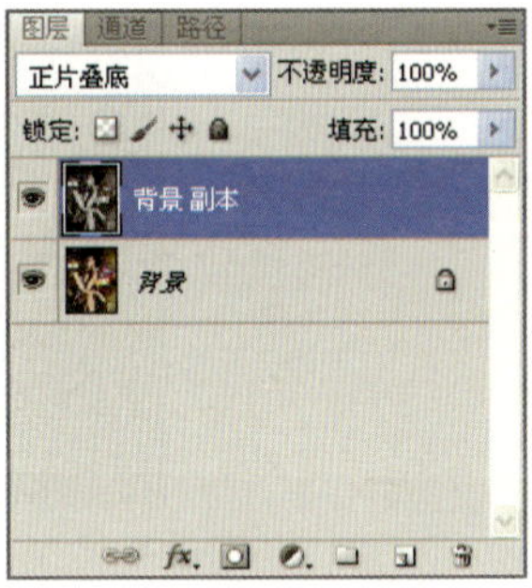

图2-130

图2-131

4 按快捷键Ctrl+E向下合并图层，得到“背景”图层，如图2-132所示。使用工具箱中的“减淡工具”在人物皮肤部分涂抹，效果如图2-133所示。

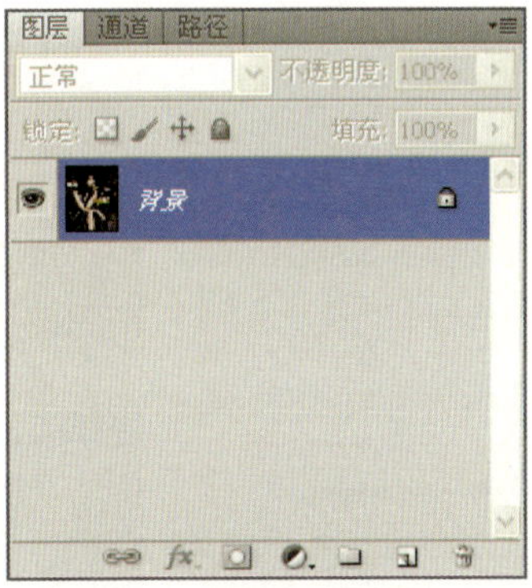

图2-132

图2-133

5 单击“图层”面板底部的“创建新的填充或调整图层”按钮，在弹出的菜单中选择“亮度/对比度”选项，在弹出的面板中设置参数如图2-134所示。设置完毕后单击关闭按钮，效果如图2-135所示。

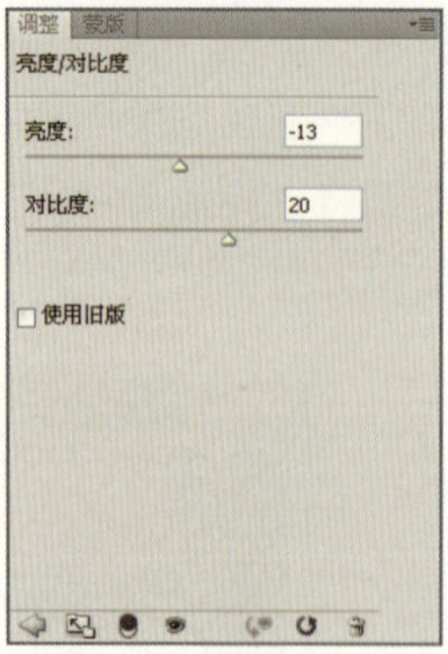

图2-134

图2-135

6 单击“图层”面板底部的“创建新的填充或调整图层”按钮，在弹出的菜单中选择“曲线”选项，在弹出的面板中设置参数如图2-136所示。设置完毕后单击关闭按钮，效果如图2-137所示。

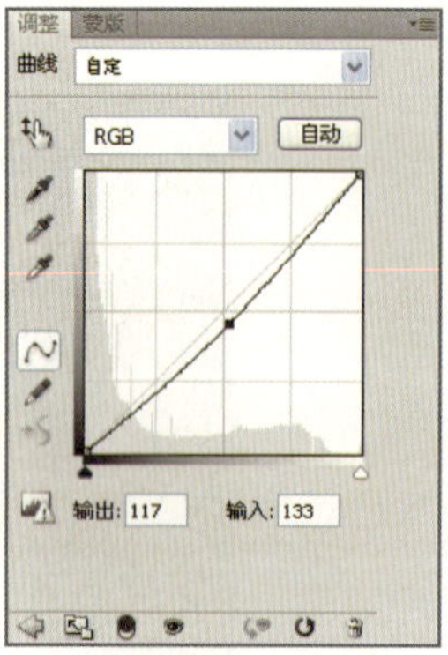

图2-136

图2-137

7 单击“图层”面板底部的“创建新的填充或调整图层”按钮，在弹出的菜单中选择“可选颜色”选项，在弹出的面板中设置参数如图2-138所示。设置完毕后单击关闭按钮，效果如图2-139所示。

8 单击“图层”面板底部的“创建新的填充或调整图层”按钮，在弹出的菜单中选择“色阶”选项，在弹出的面板中设置参数如图2-140所示。设置完毕后单击关闭按钮，效果如图2-141所示。

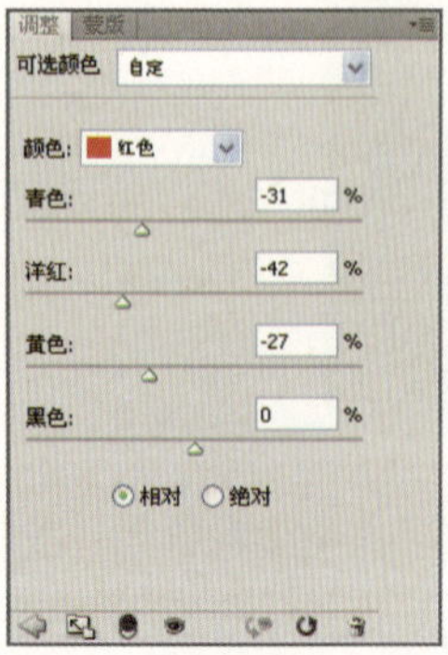

图2-138

图2-139

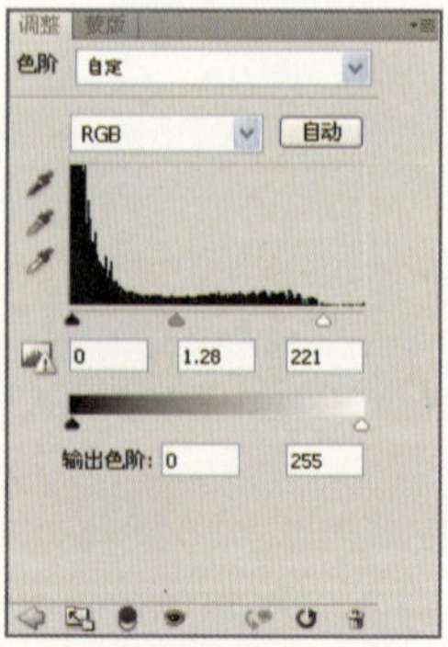

图2-140

图2-141

扩展实例5

难易度 ★★★★★

- 原始素材文件：书中实例素材\第2章\扩展实例5\调出梦幻色彩的人物照片素材图.jpg
- 最终效果文件：书中实例效果图\第2章\扩展实例5\调出梦幻色彩的人物照片.psd
- 视频教学文件：书中实例视频\第2章\扩展实例\2.5.flv

调出梦幻色彩的人物照片

重点提示 1 打开随书所附光盘中的扩展实例素材“调出梦幻色彩的人物照片素材图.jpg”，将此图层拖曳至“图层”面板底部的“创建新图层”按钮上，得到“背景 副本”图层。

重点提示 2 单击“图层”面板底部的“创建新的填充或调整图层”按钮，在弹出的菜单中选择“可选颜色”选项，在弹出的面板中设置参数，设置完毕后单击关闭按钮。

重点提示 3 按快捷键Ctrl+Alt+Shift+E盖印所有可见图层，得到“图层1”。将“图层1”的图层混合模式设置为“滤色”，“不透明度”设置为“50%”。

重点提示 4 按快捷键Ctrl+Alt+Shift+E盖印所有可见图层，得到“图层4”。在菜单栏中选择“滤镜”|“艺术效果”|“绘画涂抹”命令，在弹出的对话框中设置参数，设置完毕后单击“确定”按钮。

重点提示 5 单击“图层”面板底部的“添加图层蒙版”按钮，为“图层4”添加图层蒙版。设置前景色为黑色，在工具箱中选择“画笔工具”，设置适当的笔刷在人物区域涂抹，以突出人物。

重点提示 6 单击“图层”面板底部的“创建新图层”按钮，得到“图层5”。将前景色设置为白色，选择工具箱中的“画笔工具”，设置适当的画笔大小在画面中单击。使用工具箱中的“横排文字工具”为图像添加文字。

扩展实例6

难易度 ★★★★★

- 原始素材文件：书中实例素材\第2章\扩展实例6\制作数码照片的梦幻效果素材图.jpg
- 最终效果文件：书中实例效果图\第2章\扩展实例6\制作数码照片的梦幻效果.psd
- 视频教学文件：书中实例视频\第2章\扩展实例\2.6.flv

制作数码照片的梦幻效果

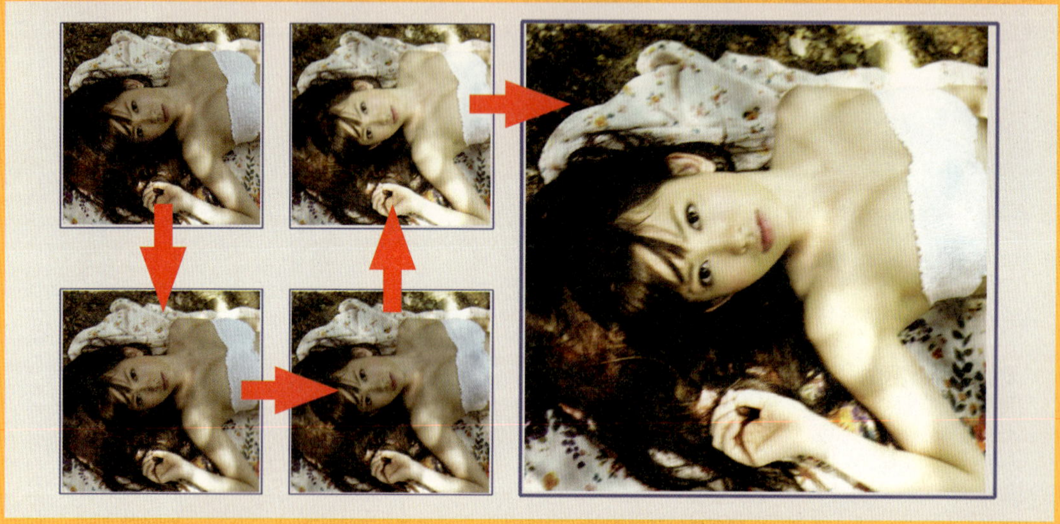

重点提示 1 打开随书所附光盘中的扩展实例素材“制作数码照片的梦幻效果素材图.jpg”，将此图层拖曳至“图层”面板底部的“创建新图层”按钮上，得到“背景 副本”图层。在菜单栏中选择“滤镜”|“模糊”|“动感模糊”命令，在弹出的对话框中设置参数，设置完毕后单击“确定”按钮。

重点提示 2 选择“背景”图层，将其拖曳至“图层”面板底部的“创建新图层”按钮上，得到“背景 副本2”图层。将“背景副本2”图层移至面板顶层。在菜单栏中选择“滤镜”|“模糊”|“动感模糊”命令，在弹出的对话框中设置参数，设置完毕后单击“确定”按钮。

注意

“叠加”混合模式能够在图像中的暗部部分以“正片叠底”模式混合。亮部部分使用“滤色”模式混合能够显示出更加清晰的效果。

重点提示 3 单击“图层”面板底部的“创建新图层”按钮，得到“图层1”。将前景色设置为黑色，背景色设置为白色，在菜单栏中选择“滤镜”|“渲染”|“云彩”命令。将“图层1”的图层混合模式设置为“叠加”。单击“图层”面板底部的“添加图层蒙版”按钮，为“图层1”添加图层蒙版。选择“画笔工具”在人物部位涂抹。

重点提示 4 按快捷键Ctrl+Alt+Shift+E盖印所有可见图层，得到“图层2”。将“图层2”的图层混合模式设置为“滤色”。按住Alt键单击“图层”面板底部的“添加图层蒙版”按钮，为“图层2”添加图层蒙版。将前景色设置为白色，选择“画笔工具”在人物脸部涂抹。

重点提示 5　按快捷键Ctrl+Alt+Shift+E盖印所有可见图层，得到“图层3”。在菜单栏中选择“滤镜”|“锐化”|“锐化”命令。将“图层3”的混合模式设置为“柔光”，“不透明度”设置为“50%”。

原始素材文件：
书中实例素材\第2章\实例6\制作超写实主义风格特效素材图.jpg

最终效果文件：
书中实例效果图\第2章\实例6\制作超写实主义风格特效.psd

视频教学文件：
书中实例视频\第2章\实例\2.6.flv

实例6

难易度 ★★★★★

制作超写实主义风格特效

例前导读

本例视频教程长度：3分40秒

- 通过对图像应用“渐变映射”调整图层和“色阶”调整图层等制作照片的另类色调效果。
- 使用“查找边缘”滤镜来强调照片边缘，使普通照片获得超写实主义风格的特殊艺术效果。

1 打开随书所附光盘中的实例素材“制作超写实主义风格特效素材图.jpg”，如图2-142所示，将此图层拖曳至“图层”面板底部的“创建新图层”按钮上，得到“背景 副本”图层，如图2-143所示。

图2-142

图2-143

2 单击“图层”面板底部的“创建新的填充或调整图层”按钮，在弹出的菜单中选择“渐变映射”选项，在弹出的面板中设置渐变颜色色值由左至右依次如图2-144至图2-146所示。设置完毕后单击“确定”按钮，如图2-147所示。单击关闭按钮，效果如图2-148所示。

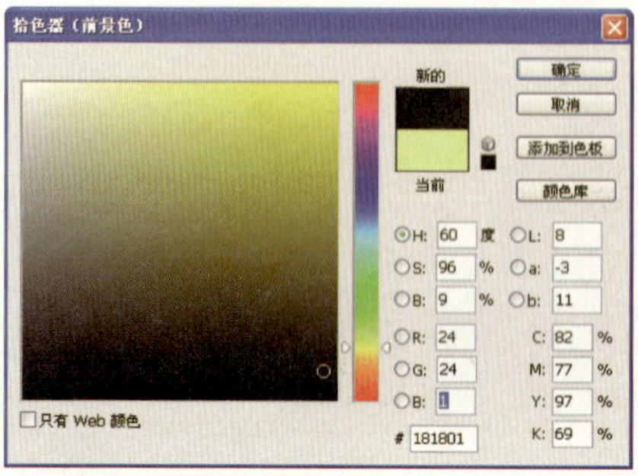

图2-144

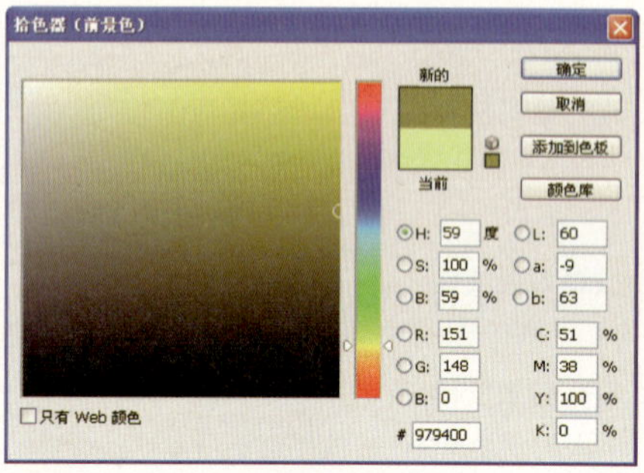

图2-145

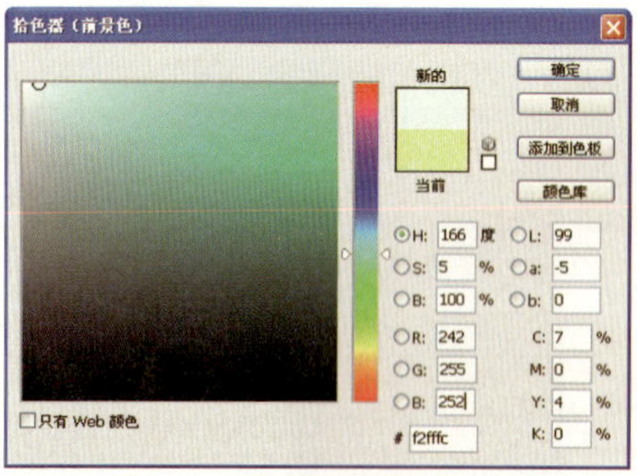

图2-146

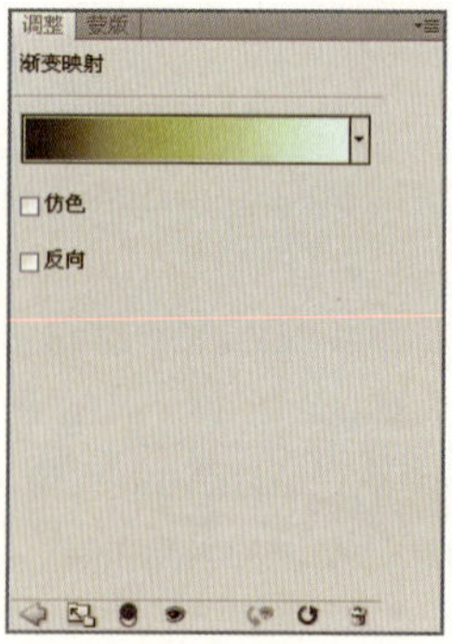

图2-147

图2-148

3 将“背景 副本”图层移至“图层”面板顶层，如图2-149所示。在菜单栏中选择“滤镜”|“风格化”|“查找边缘”命令。继续在菜单栏中选择“图像”|“调整”|“去色”命令，效果如图2-150所示。

4 选择“背景 副本”图层，将此图层的混合模式设置为“正片叠底”，如图2-151所示，图像效果如图2-152所示。

5 单击“图层”面板底部的“创建新的填充或调整图层”按钮，在弹出的菜单中选择“色阶”选项，在弹出的面板中设置参数如图2-153所示，设置完毕后单击关闭按钮。选择“色阶1”调整图层，按快捷键Ctrl+Alt+G创建剪贴蒙版，如图2-154所示。

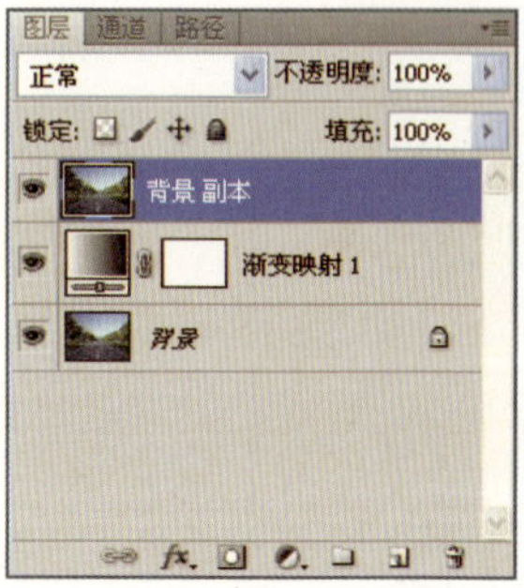

图2-149

图2-150

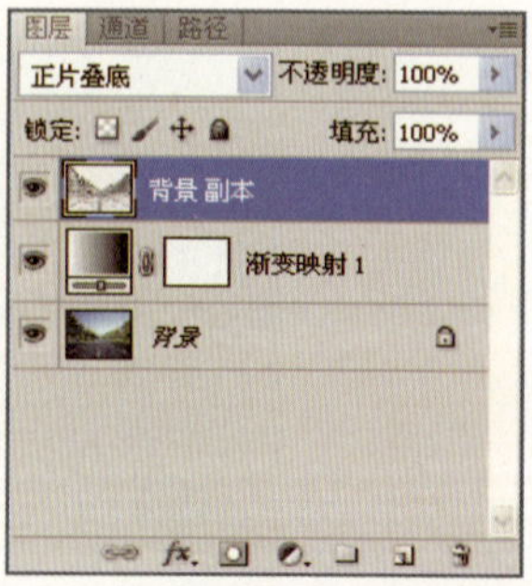

图2-151

图2-152

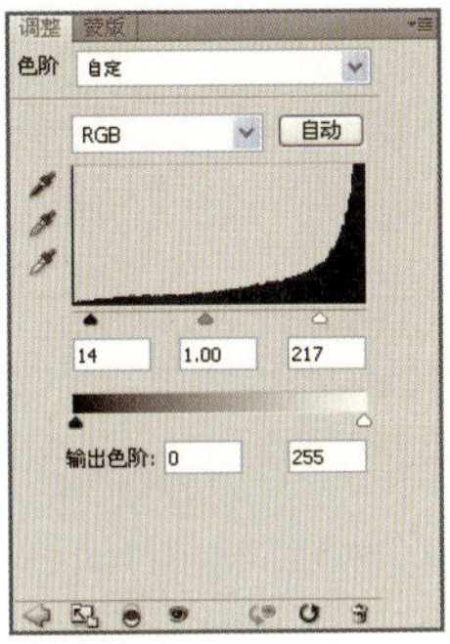

图2-153

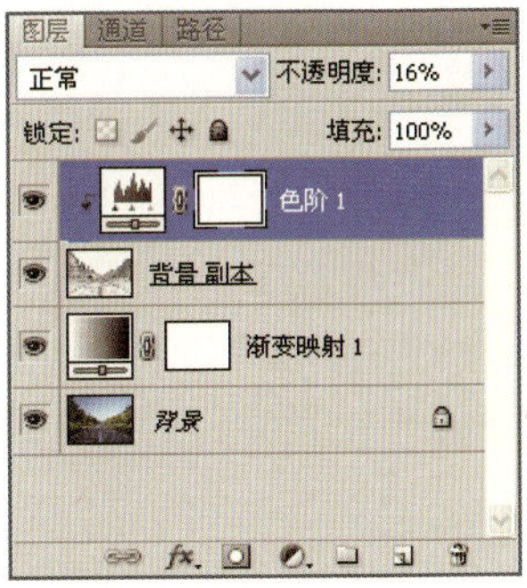

图2-154

6 单击“图层”面板底部的“创建新的填充或调整图层”按钮，在弹出的菜单中选择“色阶”选项，在弹出的面板中设置参数如图2-155所示。设置完毕后单击关闭按钮，效果如图2-156所示。

7 单击工具箱中的“横排文字工具”，在图像中输入文字，如图2-157所示。

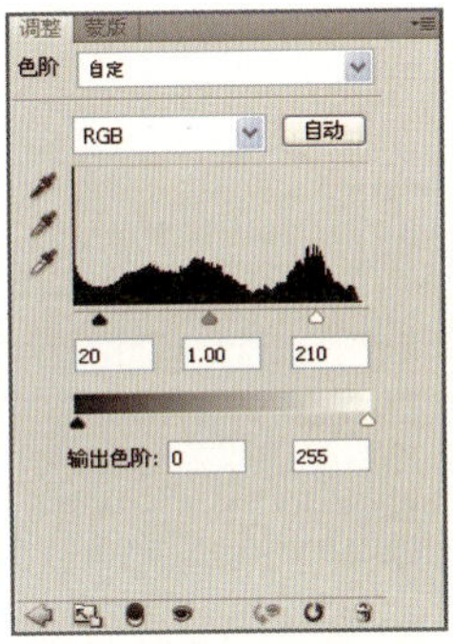

图2-155

图2-156

图2-157

扩展实例7

难易度 ★★★★☆

- 原始素材文件：书中实例素材\第2章\扩展实例7\制作超现实主义风格水乡素材图.jpg
- 最终效果文件：书中实例效果图\第2章\扩展实例7\制作超现实主义风格水乡.psd
- 视频教学文件：书中实例视频\第2章\扩展实例\2.7.flv

制作超现实主义风格水乡

重点提示 1 打开随书所附光盘中的扩展实例素材“制作超现实主义风格水乡素材图.jpg”。单击“图层”面板底部的“创建新的填充或调整图层”按钮，在弹出的菜单中选择“渐变映射”选项，在弹出的面板中设置参数从左至右为R24、G24、B1；R151、G148、B0；R224、G255、B252，设置完毕后单击关闭按钮。

重点提示 2 选择“背景”图层，将其拖曳至“图层”面板底部的“创建新图层”按钮上，得到“背景 副本”图层，并将该图层移至面板最顶层。在菜单栏中选择“滤镜”|“风格化”|“查找边缘”命令，按快捷键Ctrl+Shift+U将图像进行去色。将“背景 副本”图层的混合模式设置为“正片叠底”。

重点提示 3 单击“图层”面板底部的“创建新的填充或调整图层”按钮，在弹出的菜单中选择“色阶”选项，在弹出的面板中设置参数，设置完毕后单击关闭按钮。选择“色阶1”调整图层，按快捷键Ctrl+Alt+G创建剪贴蒙版。

重点提示 4 单击“图层”面板底部的“创建新的填充或调整图层”按钮，在弹出的菜单中选择“色阶”选项，在弹出的面板中设置参数，设置完毕后单击关闭按钮。

原始素材文件：
书中实例素材\第2章\实例7\为照片添加暴风雪效果素材图.jpg

最终效果文件：
书中实例效果图\第2章\实例7\为照片添加暴风雪效果.psd

视频教学文件：
书中实例视频\第2章\实例\2.7.flv

实例7

难易度 ★★★★★

为照片添加暴风雪效果

例前导读

本例视频教程长度：3分5秒

- 使用“变化”命令对图像的整体颜色进行调整。
- 使用不同的混合模式融合图像。

1 打开随书所附光盘中的实例素材“为照片添加暴风雪效果素材图.jpg”，如图2-158所示，将此图层拖曳至“图层”面板底部的“创建新图层”按钮上，得到“背景 副本”图层，如图2-159所示。

图2-158

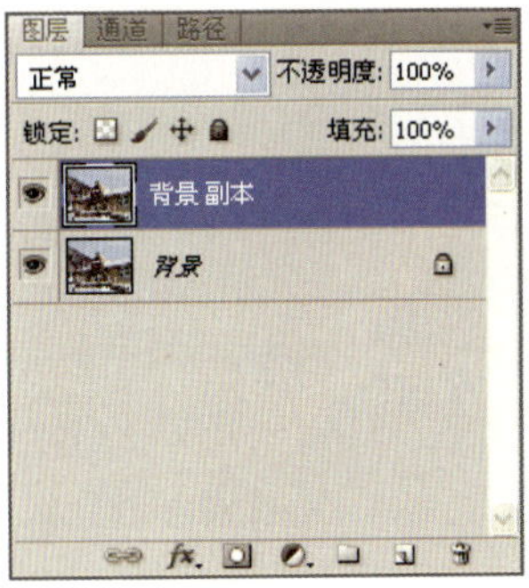

图2-159

2 选择“背景 副本”图层，在菜单栏中选择“图像”|“调整”|“变化”命令，在弹出的对话框中设置参数如图2-160所示。设置完毕后单击“确定”按钮，效果如图2-161所示。

3 单击“图层”面板底部的“创建新图层”按钮，得到“图层1”，并填充黑色，“图层”面板如图2-162所示。

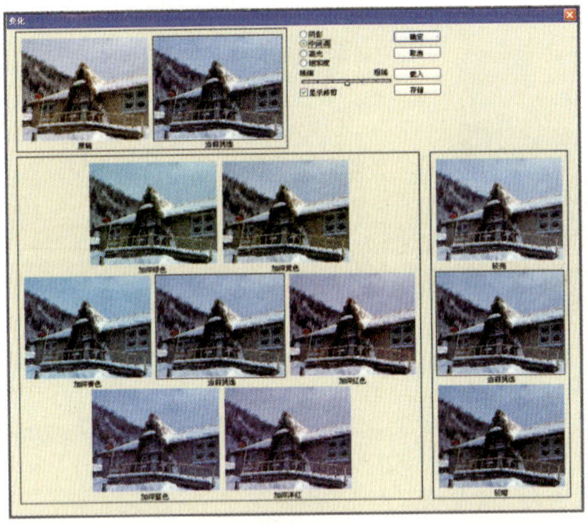

图2-160

图2-161

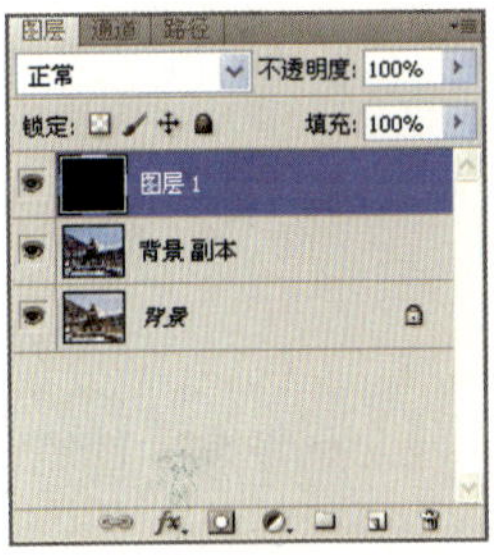

图2-162

4 将前景色设置为白色，选择“画笔工具”，单击其工具选项栏右侧的“画笔预设”按钮，在弹出的面板中设置参数如图2-163至图2-166所示。设置完毕后单击关闭按钮，在画面中涂抹，效果如图2-167所示。

5 选择“图层1”，将此图层的混合模式设置为“滤色”，如图2-168所示，效果如图2-169所示。

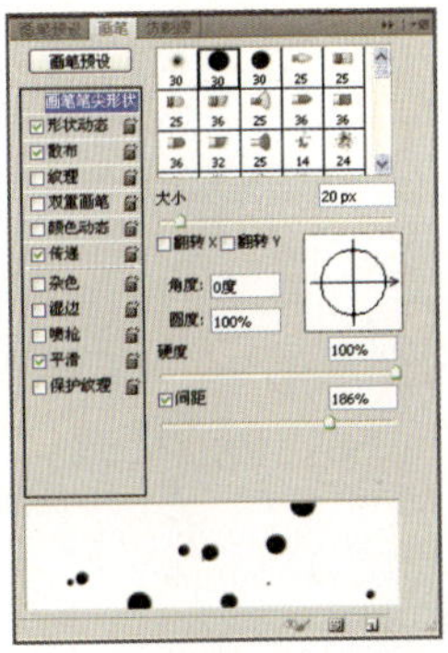

图2-163

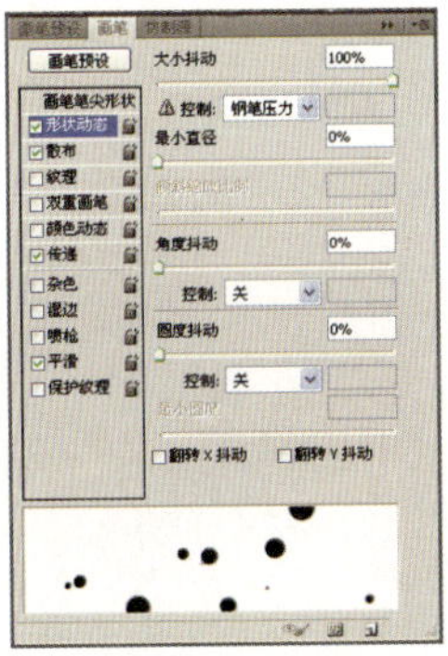

图2-164

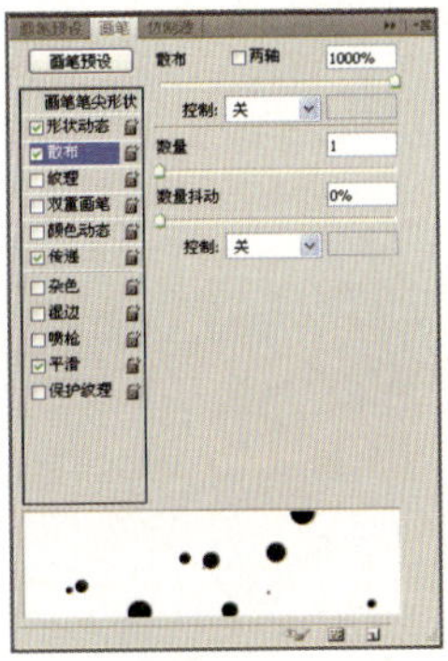

图2-165

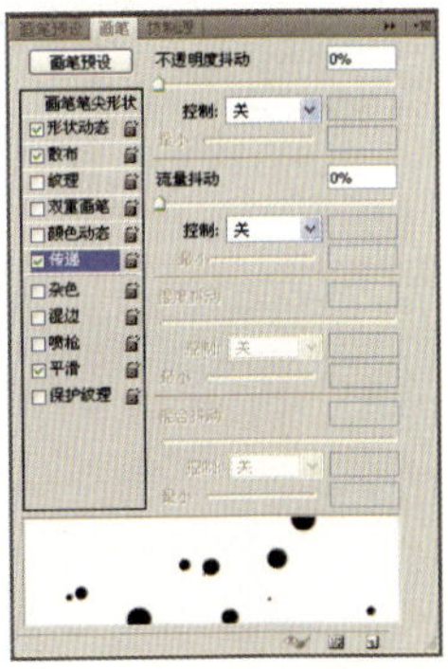

图2-166

图2-167

图2-168

图2-169

6 在菜单栏中选择“滤镜”|“模糊”|“动感模糊”命令，在弹出的对话框中设置参数如图2-170所示。设置完毕后单击“确定”按钮，效果如图2-171所示。

7 将“图层1”的图层“不透明度”设置为“75%”,如图2-172所示。

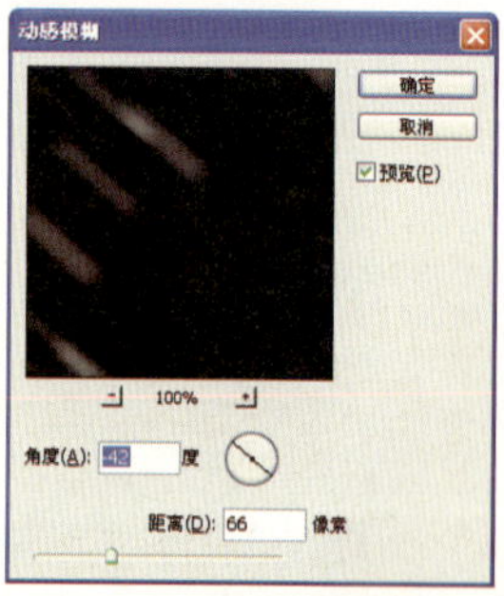

图2-170

图2-171

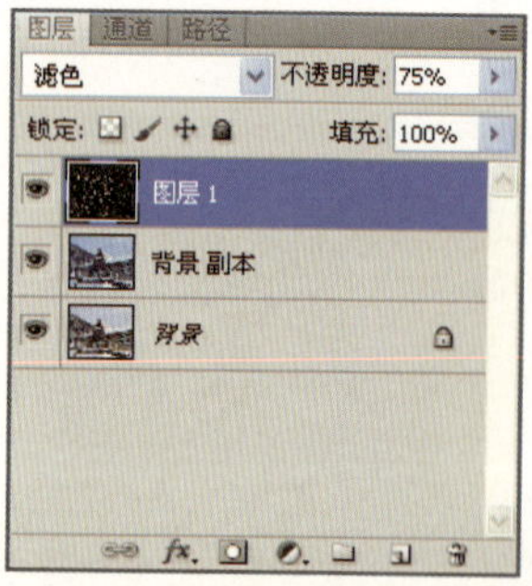

图2-172

扩展实例8

难易度 ★★★★★

- 原始素材文件：书中实例素材\第2章\扩展实例8\制作雪花飞扬效果素材图.jpg
- 最终效果文件：书中实例效果图\第2章\扩展实例8\制作雪花飞扬效果.psd
- 视频教学文件：书中实例视频\第2章\扩展实例\2.8.flv

制作雪花飞扬效果

重点提示 1 打开随书所附光盘中的扩展实例素材“制作雪花飞扬效果素材图.jpg”，将此图层拖曳至“图层”面板底部的“创建新图层”按钮上，得到“背景 副本”图层。在菜单栏中选择“图像”|“调整”|“变换”命令，在弹出的对话框中单击“加深青色”和“加深蓝色”。

重点提示 2 选择“背景 副本”图层，将其拖曳至“图层”面板底部的“创建新图层”按钮上，得到“背景 副本2”图层。在菜单栏中选择“图像”|“调整”|“去色”命令。将“背景 副本2”图层的混合模式设置为“滤色”，“不透明度”设置为“51%”。

重点提示 3 单击“图层”面板底部的“创建新图层”按钮，得到“图层1”，并为其填充黑色。将前景色设置为白色，选择“画笔工具”，设置柔角笔触，将“不透明度”设置为“100%”，在画面中单击，绘制雪花效果。将“图层1”的图层混合模式设置为“滤色”。

重点提示 4 使用工具箱中的“横排文字工具”为图像添加文字，其中文字颜色为R43、G79、B121。双击文字图层，在弹出的“图层样式”对话框中设置参数。

原始素材文件：
书中实例素材\第2章\实例8\制作照片拼图效果素材图.jpg

最终效果文件：
书中实例效果图\第2章\实例8\制作照片拼图效果.psd

视频教学文件：
书中实例视频\第2章\实例\2.8.flv

实例8

难易度 ★★★★★

制作照片拼图效果

例前导读

本例视频教程长度：6分54秒

- 使用“色阶”调整图层调整图像的对比度。
- 使用“拼贴”滤镜制作拼贴效果。

1 打开随书所附光盘中的实例素材“制作照片拼图效果素材图.jpg”，如图2-173所示，将此图层拖曳至“图层”面板底部的“创建新图层”按钮上，得到“背景 副本”图层，如图2-174所示。

图2-173

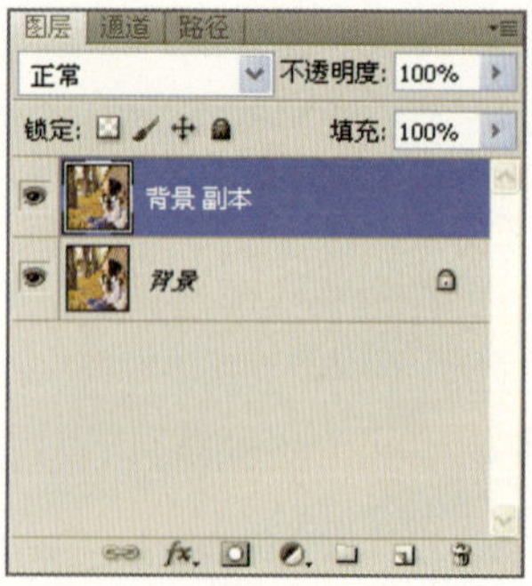

图2-174

2 在菜单栏中选择“滤镜”|“锐化”|“USM锐化”命令，在弹出的对话框中设置参数如图2-175所示。设置完毕后单击“确定”按钮，效果如图2-176所示。

3 单击“图层”面板底部的“创建新的填充或调整图层”按钮，在弹出的菜单中选择“色阶”选项，在弹出的面板中设置参数如图2-177所示，效果如图2-178所示。

4 按快捷键Ctrl+Alt+Shift+E盖印所有可见图层，得到“图层1”，如图2-179所示。单击“图层”面板底部的“创建新图层”按钮，得到“图层2”，并将此图层移至“图层1”下方，如图2-180所示。

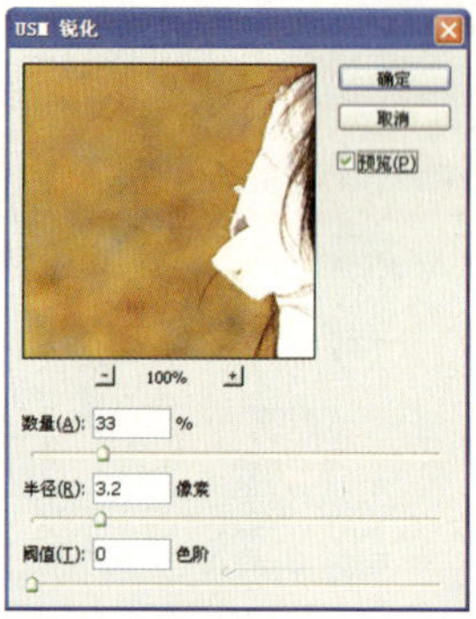

图2-175

图2-176

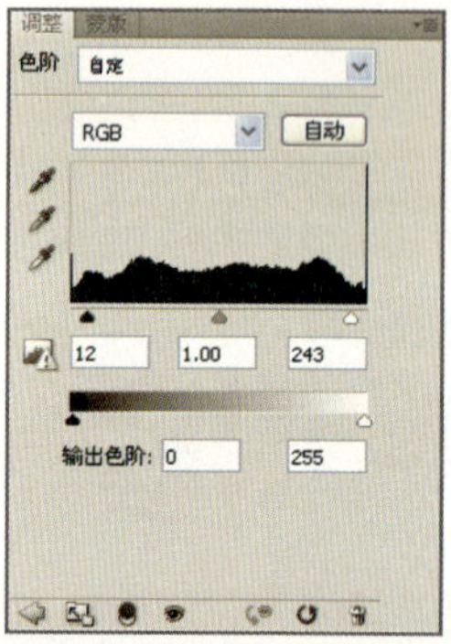

图2-177

图2-178

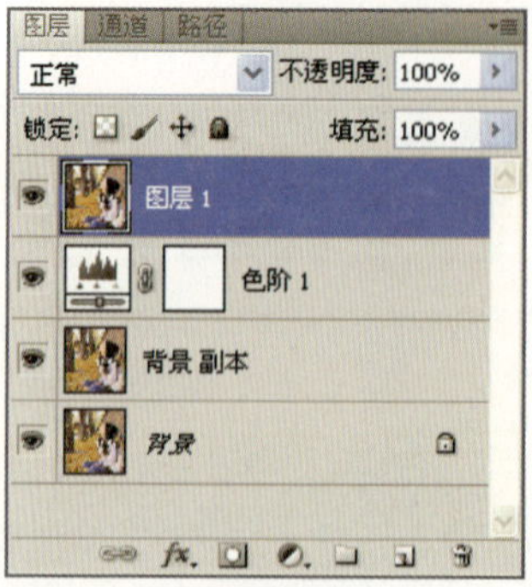

图2-179

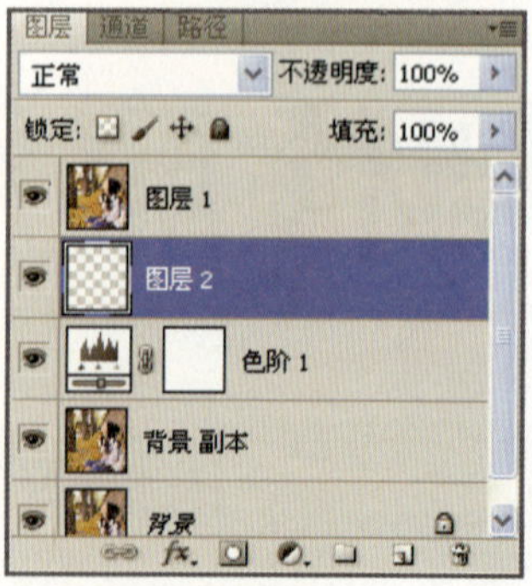

图2-180

5 单击工具箱底部的设置前景色色块，在弹出的“拾色器（前景色）”对话框中设置参数如图2-181所示。选择“图层2”，按快捷键Alt+Delete填充前景色。选择“图层1”，按快捷键Ctrl+T调整图像大小及位置，效果如图2-182所示。

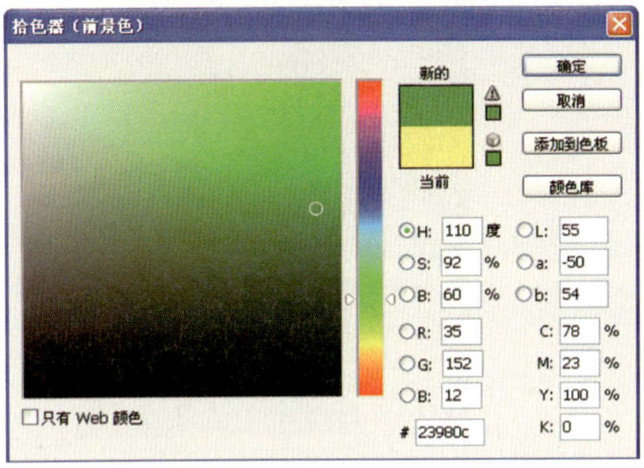

图2-181

图2-182

6 选择“图层2”，在菜单栏中选择“滤镜”|“艺术效果”|“海绵”命令，在弹出的对话框中设置参数如图2-183所示。设置完毕后单击“确定”按钮，效果如图2-184所示。

7 在菜单栏中选择“滤镜”|“渲染”|“光照效果”命令，在弹出的对话框中设置参数如图2-185所示。设置完毕后单击“确定”按钮，效果如图2-186所示。

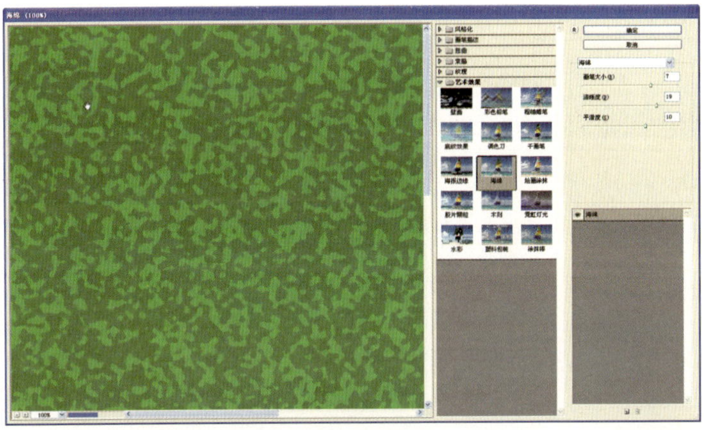

图2-183

图2-184

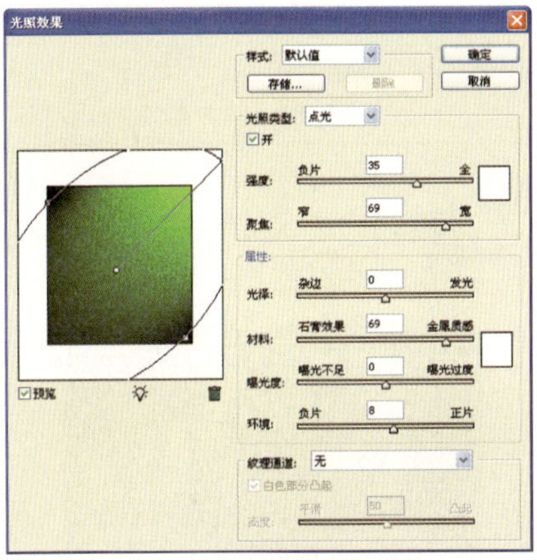

图2-185

图2-186

8 选择“图层1”，在菜单栏中选择“滤镜”|“风格化”|“拼贴”命令，在弹出的对话框中设置参数如图2-187所示。设置完毕后单击“确定”按钮，效果如图2-188所示。

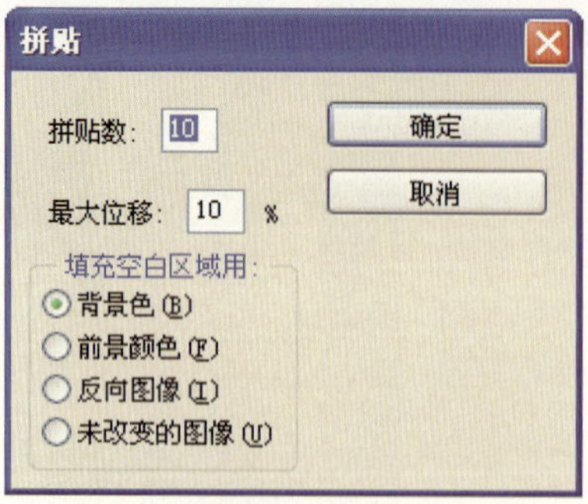

图2-187

图2-188

9 双击“图层1”，在弹出的“图层样式”对话框中勾选“投影”和“斜面和浮雕”复选框，设置各项参数如图2-189和图2-190所示。设置完毕后单击“确定”按钮，效果如图2-191所示。

技巧与提示

“拼贴”滤镜是将图像分裂成指定数目，并将这些方块从原位移动一定的距离。由于此滤镜没有预览功能，所以可能需要多次调试。

10 单击工具箱中的“矩形选框工具”，在图像中绘制选区。按快捷键Ctrl+Shift+J剪切选区中的图像，得到“图层3”。按快捷键Ctrl+T调出自由变换框，调整图像角度如图2-192所示。

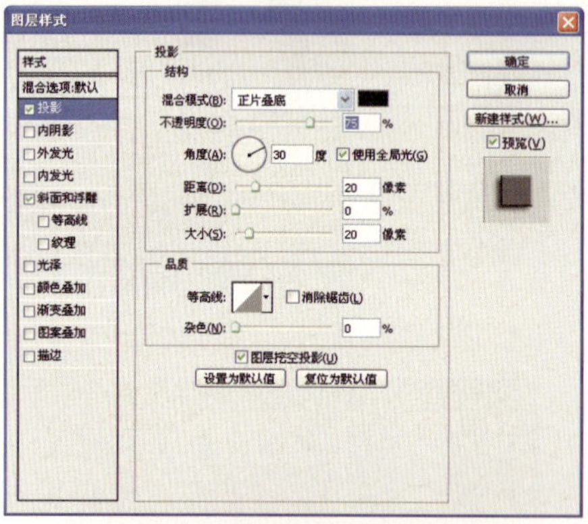

图2-189

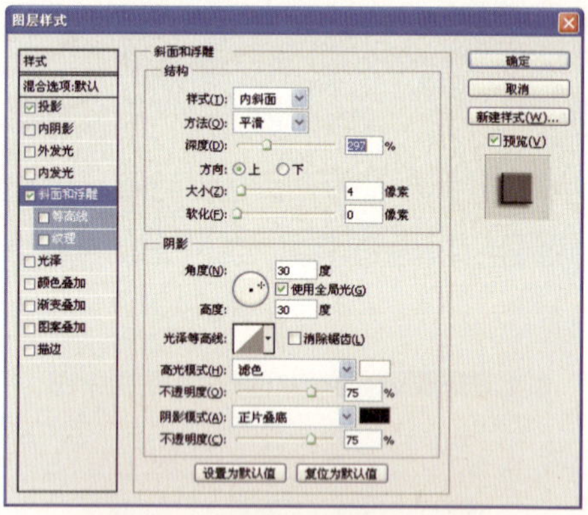

图2-190

图2-191

图2-192

技巧与提示

按快捷键Ctrl+J复制图层，原图保留；按快捷键Ctrl+Shift+J剪切图层，原图不保留。

11 使用同样的方法制作其他“拼图块”，效果如图2-193所示。

12 单击“图层”面板底部的“创建新图层”按钮，得到“图层17”，如图2-194所示。单击工具箱中的设置前景色色块，在弹出的“拾色器（前景色）”对话框中设置参数如图2-195所示，设置完毕后单击“确定”按钮。

图2-193

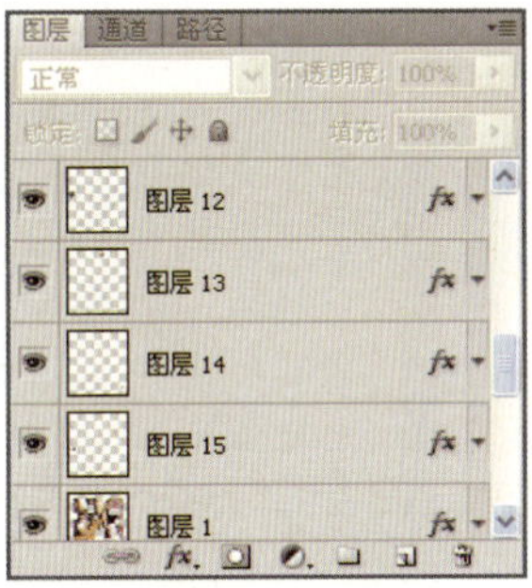

图2-194

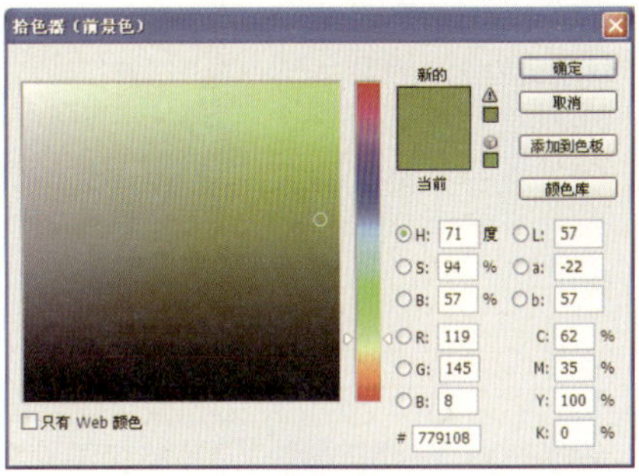

图2-195

13 在菜单栏中选择“滤镜”|“渲染”|“光照效果”命令，在弹出的对话框中设置参数如图2-196所示。设置完毕后单击“确定”按钮，效果如图2-197所示。

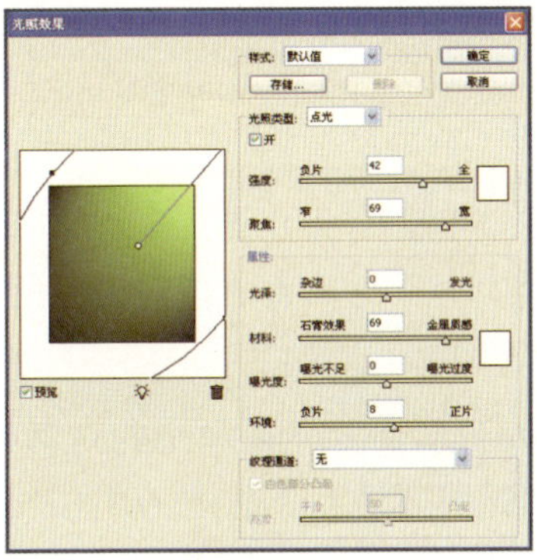
图2-196

图2-197

14 选择“图层17”，将此图层的混合模式设置为“颜色加深”，“不透明度”设置为“19%”，如图2-198所示。最终效果如图2-199所示。

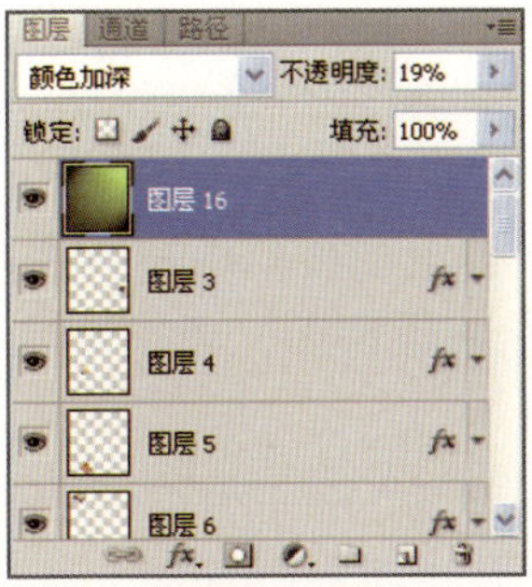

图2-198

图2-199

扩展实例9

难易度 ★★★★★

- 原始素材文件：书中实例素材\第2章\扩展实例9\制作缺失的拼图素材图.jpg
- 最终效果文件：书中实例效果图\第2章\扩展实例9\制作缺失的拼图.psd
- 视频教学文件：书中实例视频\第2章\扩展实例\2.9.flv

制作缺失的拼图

重点提示 **1** 按快捷键Ctrl+N创建一个10cm×7cm，分辨率为300像素/英寸的新文档。单击“图层”面板底部的“创建新图层”按钮，得到“图层1”。设置前景色的颜色值为R37、G118、B205，按快捷键Ctrl+E向下合并图层。

重点提示 **2** 在菜单栏中选择“滤镜”|“艺术效果”|“海绵”命令，在弹出的对话框中设置参数。再在菜单栏中选择“滤镜”|“渲染”|“光照效果”命令，在弹出的对话框中设置参数。

重点提示 **3** 打开随书所附光盘中的扩展实例素材“制作缺失的拼图素材图.jpg”，将其拖曳至主文挡，生成“图层1”，并将背景色设置为白色。在菜单栏中选择“滤镜”|“风格化”|“拼贴”命令，在弹出的对话框中设置参数。

重点提示 **4** 选择“图层1”，使用工具箱中的“矩形选框工具”在图像中绘制选区，按快捷键Ctrl+Shift+J剪切选区中的图像，得到新的图层“图层2”。使用“移动工具”将“图层3”移动到合适位置，按快捷键Ctrl+T自由变换，以调整图像角度。选择“图层2”，使用“矩形选框工具”再次抠选一块拼图，使用上述方法调整其位置和角度。

原始素材文件：
书中实例素材\第2章\实例9\制作电影蒙太奇画面素材图.jpg

最终效果文件：
书中实例效果图\第2章\实例9\制作电影蒙太奇画面.psd

视频教学文件：
书中实例视频\第2章\实例\2.9.flv

实例9

难易度 ★★★★★

制作电影蒙太奇画面

例前导读

本例视频教程长度：8分7秒

- 通过添加调整图层调整图像的色调。
- 使用“滤镜”命令结合图层混合模式制作颓废效果。

1 打开随书所附光盘中的实例素材“制作电影蒙太奇画面素材图.jpg”，如图2-200所示，将此图层拖曳至“图层”面板底部的“创建新图层”按钮上，得到“背景 副本”图层，如图2-201所示。

图2-200

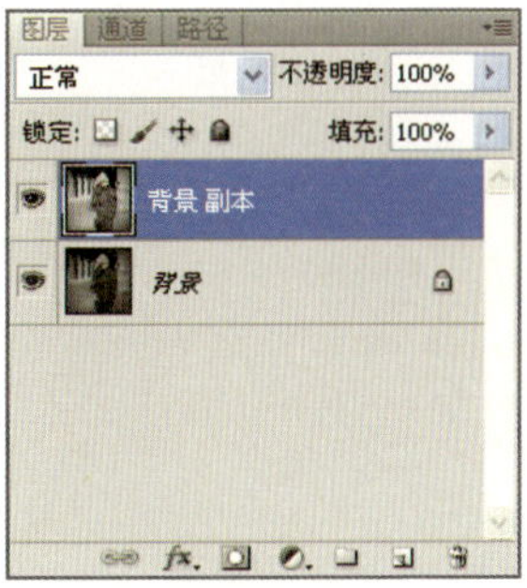

图2-201

2 在菜单栏中选择“图像”|“应用图像”命令，在弹出的对话框中设置参数如图2-202所示，效果如图2-203所示。

3 单击“图层”面板底部的“创建新的填充或调整图层”按钮，在弹出的菜单中选择“渐变映射”选项，在弹出的面板中设置渐变颜色色值从左至右为R41、G10、B89，R253、G125、B1，如图2-204所示，设置完毕后单击关闭按钮。

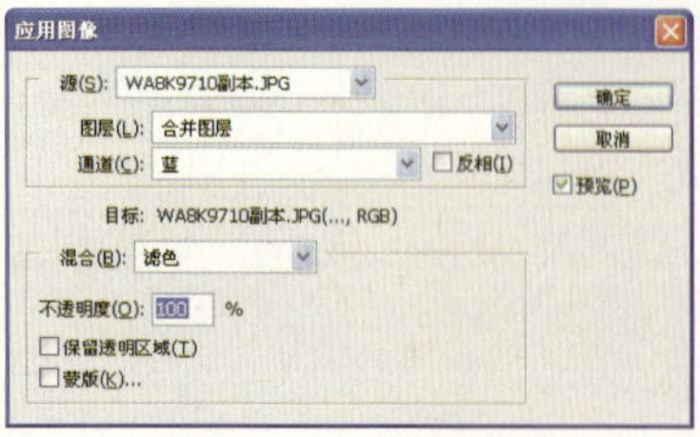

图2-202

图2-203

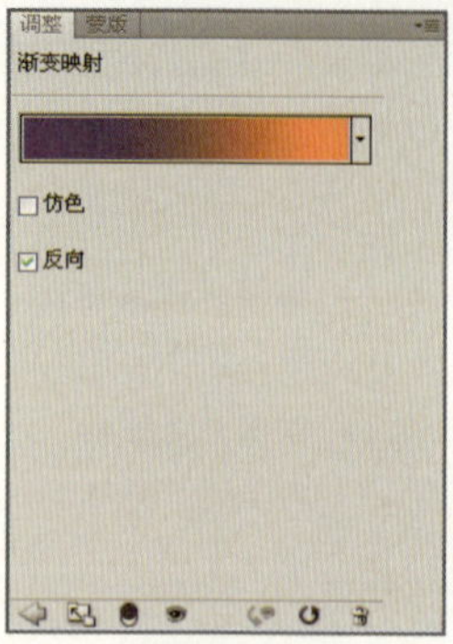

图2-204

4 将“渐变映射1”调整图层的混合模式设置为“强光”，“不透明度”为“39%”，如图2-205所示，效果如图2-206所示。

5 单击“图层”面板底部的“创建新的填充或调整图层”按钮，在弹出的菜单中选择“纯色”选项，在弹出的对话框中设置参数如图2-207所示，设置完毕后单击“确定”按钮。

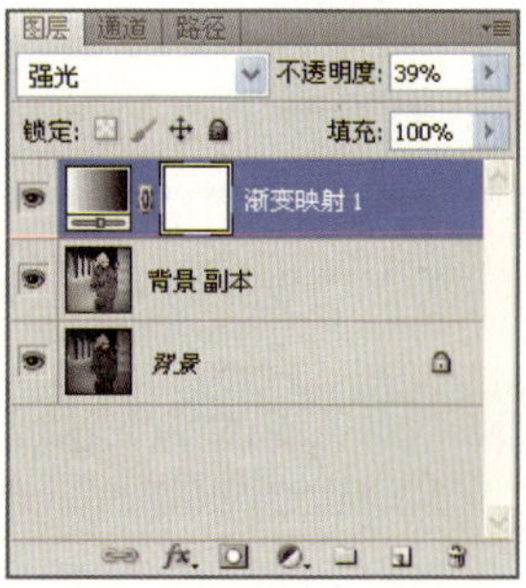

图2-205

图2-206

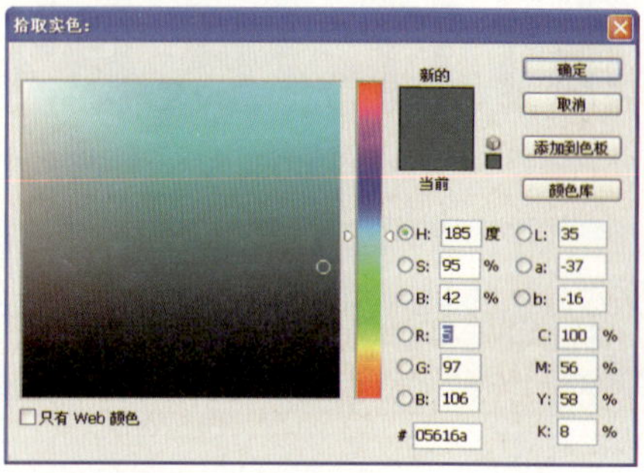

图2-207

6 将“颜色填充1”调整图层的混合模式设置为“叠加”，“不透明度”为“30%”，如图2-208所示，效果如图2-209所示。

7 单击“图层”面板底部的“创建新的填充或调整图层”按钮，在弹出的菜单中选择“色相/饱和度”选项，在弹出的面板中设置参数如图2-210所示。设置完毕后单击关闭按钮，效果如图2-211所示。

8 单击“图层”面板底部的“创建新图层”按钮，得到“图层1”，如图2-212所示。在菜单栏中选择“滤镜”|“渲染”|“云彩”命令，效果如图2-213所示。

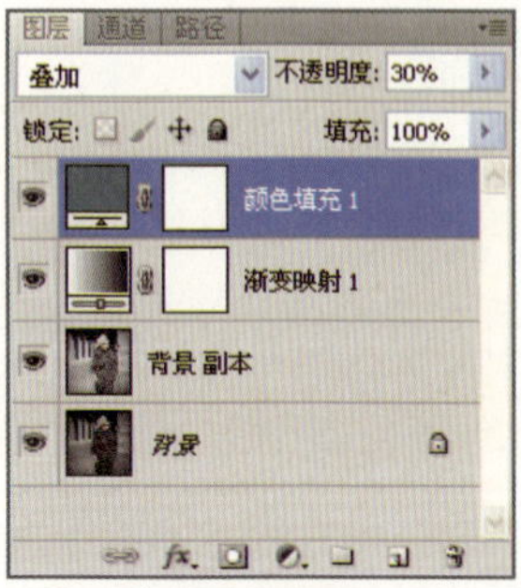

图2-208

图2-209

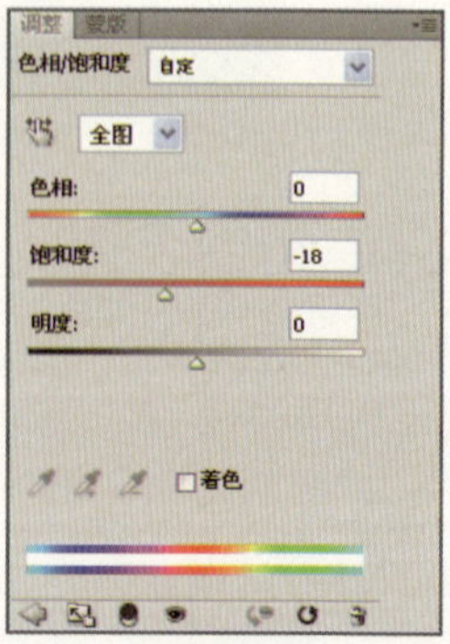

图2-210

图2-211

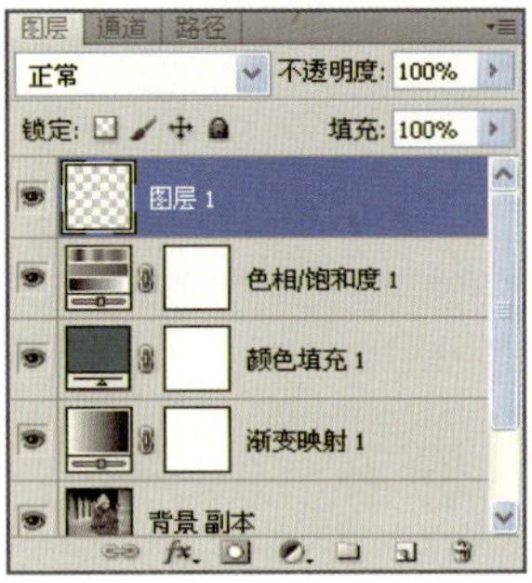

图2-212

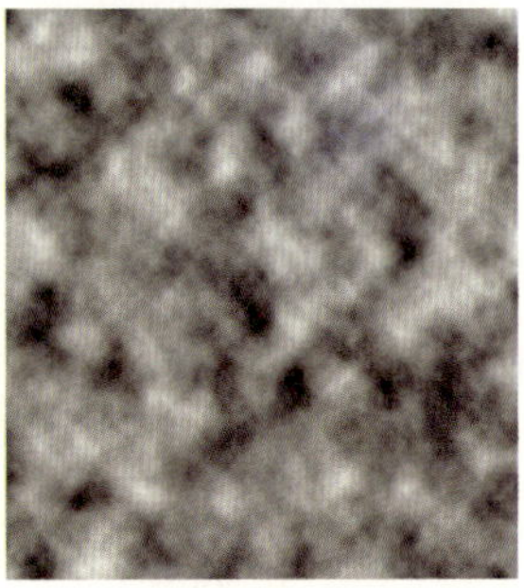

图2-213

9 在菜单栏中选择“滤镜”|“杂色”|“添加杂色”命令，在弹出的对话框中设置参数如图2-214所示。设置完毕后单击“确定”按钮，效果如图2-215所示。

10 在菜单栏中选择“滤镜”|“风格化”|“扩散”命令，在弹出的对话框中设置参数如图2-216所示。设置完毕后单击“确定”按钮，效果如图2-217所示。

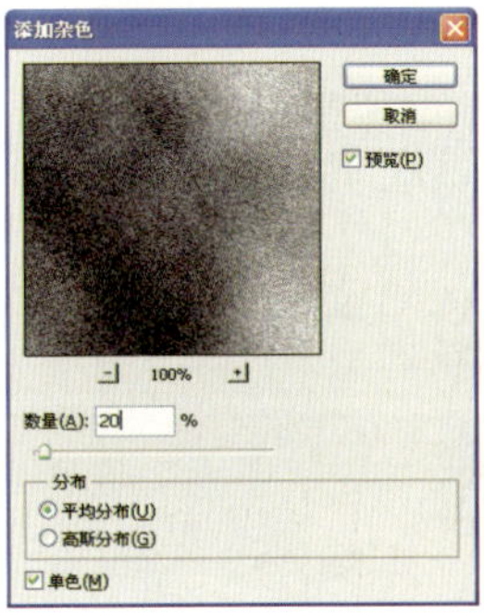

图2-214

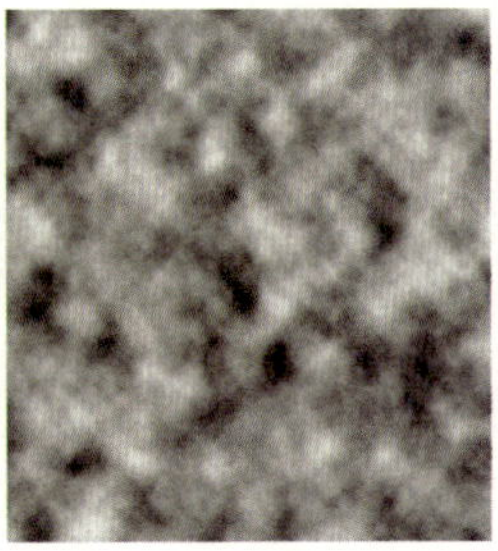

图2-215

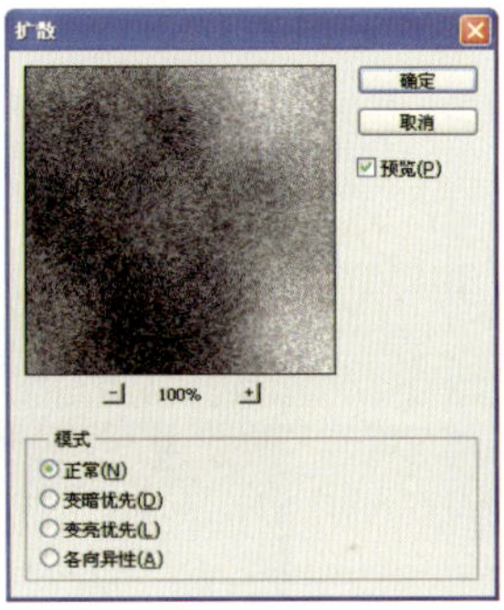

图2-216

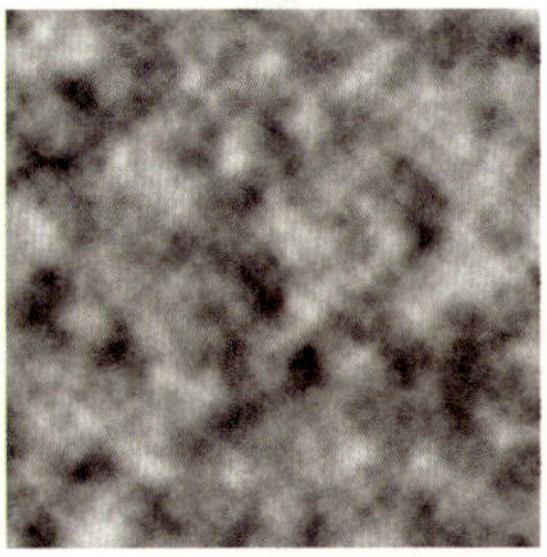

图2-217

11 在菜单栏中选择“滤镜”|“艺术效果”|“胶片颗粒”命令，在弹出的对话框中设置参数如图2-218所示。设置完毕后单击“确定”按钮，效果如图2-219所示。

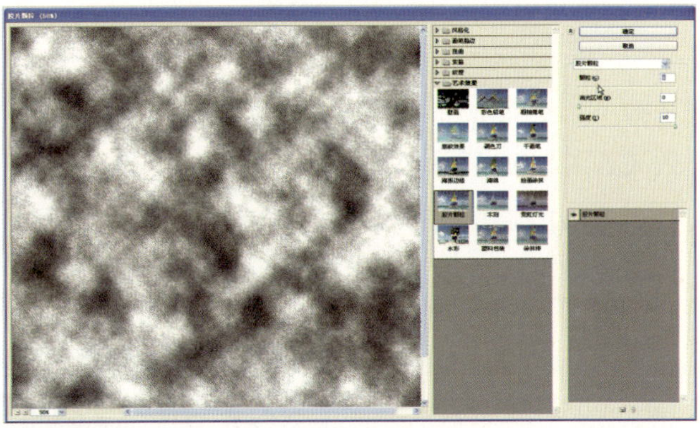

图2-218

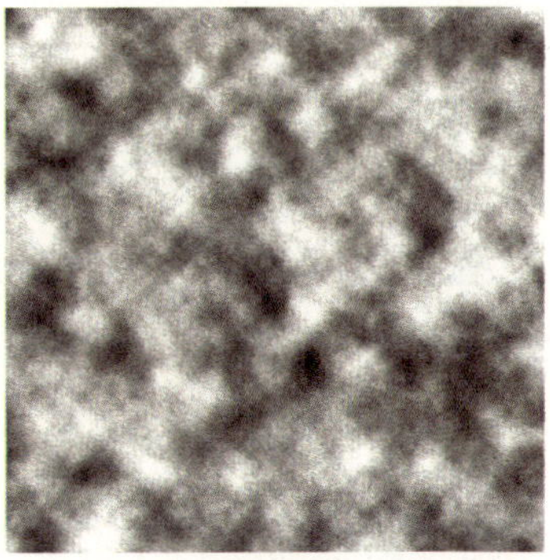

图2-219

12 在菜单栏中选择“滤镜”|“画笔描边”|“喷色描边”命令，在弹出的对话框中设置参数如图2-220所示。设置完毕后单击“确定”按钮，效果如图2-221所示。

13 选择“图层1”，将此图层的混合模式设置为“强光”，“图层”面板如图2-222所示，效果如图2-223所示。

14 选择“图层1”，单击“图层”面板底部的“添加图层蒙版”按钮，为其添加图层蒙版。将前景色设置为黑色，选择“画笔工具”在图像中人物部分涂抹，如图2-224所示。

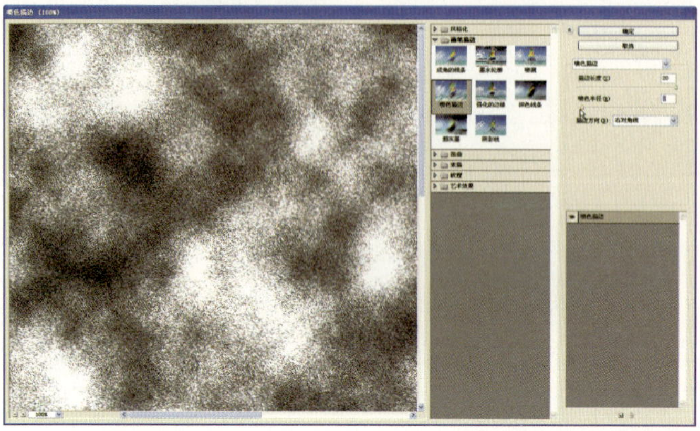

图2-220

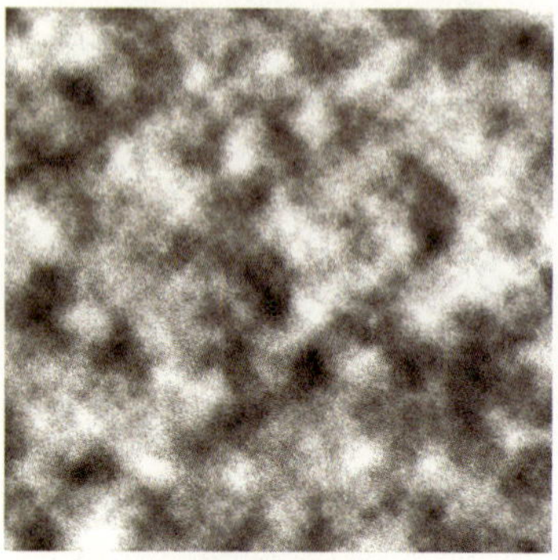

图2-221

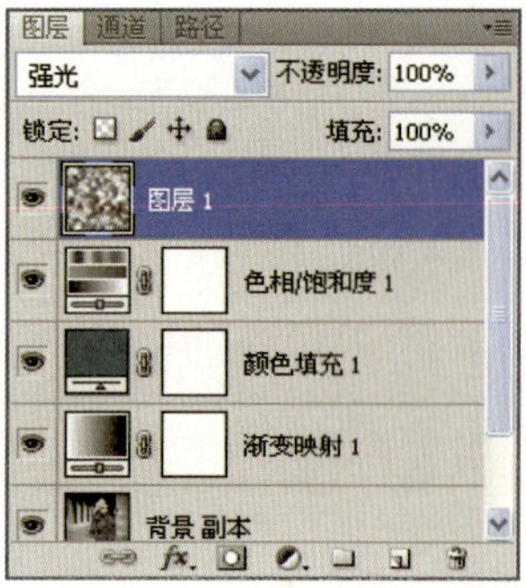

图2-222

图2-223

图2-224

15 单击“图层”面板底部的“创建新的填充或调整图层”按钮，在弹出的菜单中选择“纯色”选项，在弹出的对话框中设置参数如图2-225所示，设置完毕后单击“确定”按钮。

16 将“颜色填充2”调整图层的混合模式设置为“叠加”，“不透明度”设置为“35%”，如图2-226所示，效果如图2-227所示。

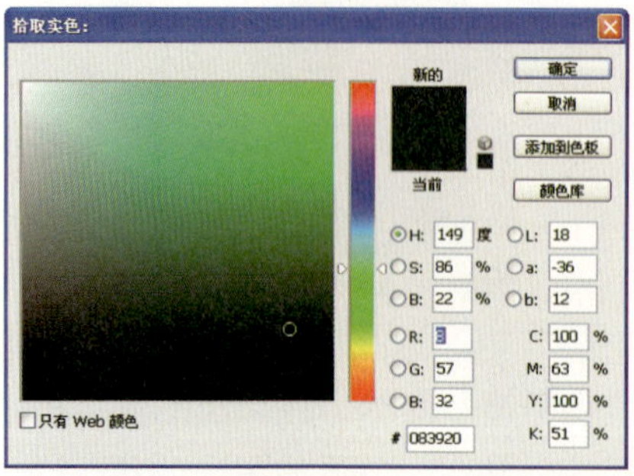

图2-225

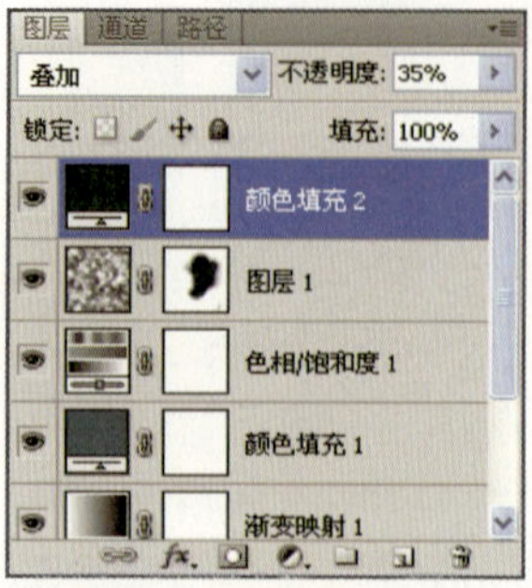

图2-226

图2-227

17 按快捷键Ctrl+Alt+Shift+E盖印所有可见图层，得到“图层2”，如图2-228所示。

18 在菜单栏中选择“滤镜”|“渲染”|“光照效果”命令，在弹出的对话框中设置参数如图2-229所示，效果如图2-230所示。

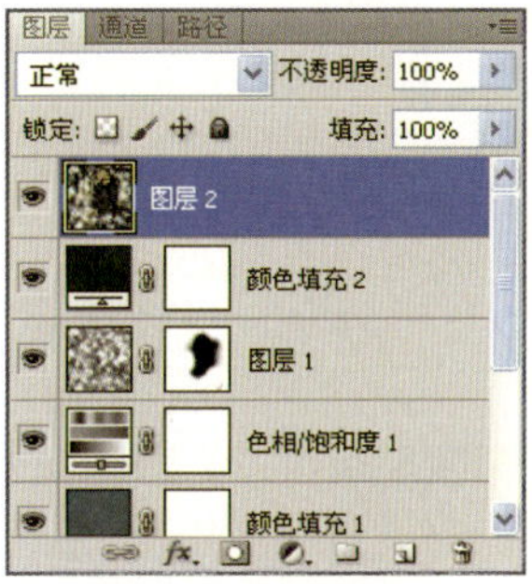

图2-228

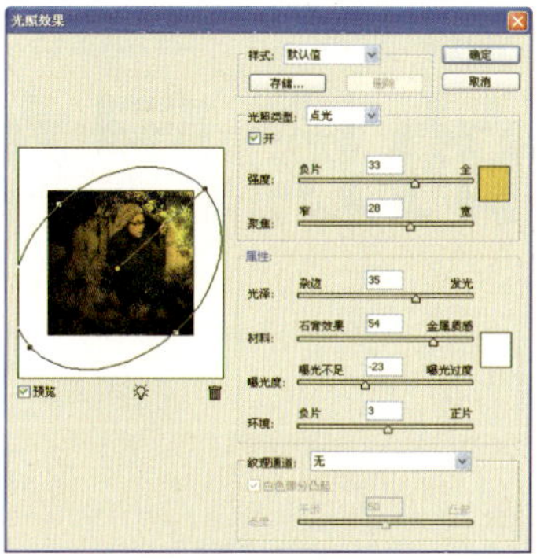

图2-229

图2-230

技巧与提示

在步骤18的操作中，“光照效果”的颜色值为R255、G254、B171。

19 选择“图层2”，单击“图层”面板底部的“添加图层蒙版”按钮，为其添加图层蒙版。将前景色设置为黑色，选择“画笔工具”，调整适当的“不透明度”，如图2-231所示，在图像人物部分涂抹，效果如图2-232所示。

20 将前景色设置为白色，单击工具箱中的“横排文字工具”T，在图像中输入文字，如图2-233所示。

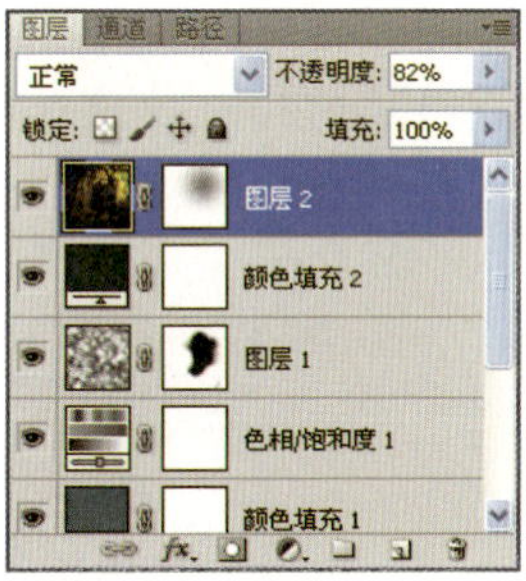

图2-231

图2-232

图2-233

21 双击文字图层，在弹出的“图层样式”对话框中设置各项参数如图2-234所示。设置完毕后单击“确定”按钮，最终效果如图2-235所示。

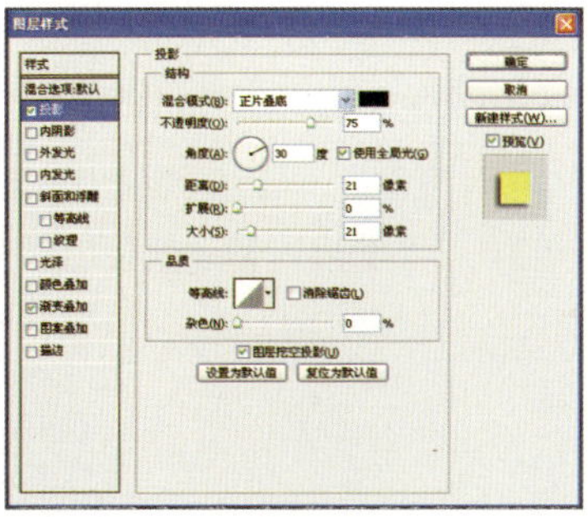

图2-234

图2-235

扩展实例10

难易度 ★★★★★

- 原始素材文件：书中实例素材\第2章\扩展实例10\制作燃烧的房屋效果素材图.jpg
- 最终效果文件：书中实例效果图\第2章\扩展实例10\制作燃烧的房屋效果.psd
- 视频教学文件：书中实例视频\第2章\扩展实例\2.10.flv

制作燃烧的房屋效果

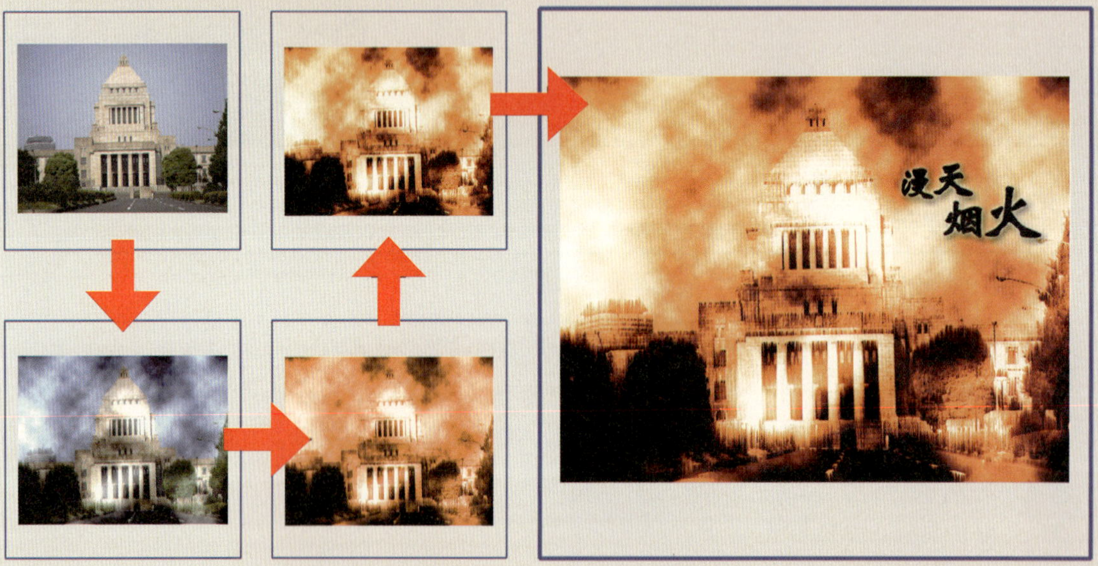

重点提示 1 打开随书所附光盘中的扩展实例素材“制作燃烧房屋的效果素材图.jpg”，将此图层拖曳至“图层”面板底部的“创建新图层”按钮上，得到“背景 副本”图层。在菜单栏中选择“图像”|“旋转画布”|“90度（顺时针）”命令，将画布旋转。在菜单栏中选择“滤镜”|“风格化”|“风”命令，在弹出的对话框中设置“方法”为“风”，“方向”为“从右”，设置完毕后单击“确定”按钮。

重点提示 2 单击“图层”面板底部的“创建新的填充或调整图层”按钮，在弹出的菜单中选择“色相/饱和度”选项，在弹出的面板中设置参数，设置完毕后单击关闭按钮。

重点提示 3 单击“图层”面板底部的“创建新的填充或调整图层”按钮，在弹出的菜单中选择“亮度/对比度”选项，在弹出的面板中设置参数，设置完毕后单击关闭按钮。

重点提示 4 使用工具箱中的“横排文字工具”T在图像中输入文字。双击文字图层，在弹出的“图层样式”对话框中勾选“投影”、“外发光”、“描边”复选框，并对各项参数进行设置。

原始素材文件：
书中实例素材\第2章\实例10\制作照片延伸画框效果素材图1.jpg、素材图2.psd

最终效果文件：
书中实例效果图\第2章\实例10\制作照片延伸画框效果.psd

视频教学文件：
书中实例视频\第2章\实例\2.10.flv

实例10

难易度 ★★★★★

制作照片延伸画框效果

例前导读

本例视频教程长度：2分47秒

- 使用“钢笔工具”抠选图像。
- 使用图层蒙版抠出图像。

1 打开随书所附光盘中的实例素材“制作照片延伸画框效果素材图1.jpg”，如图2-236所示，将此图层拖曳至“图层”面板底部的“创建新图层”按钮上，得到“背景 副本”图层，如图2-237所示。

2 打开随书所附光盘中的实例素材“素材图2.psd”，使用“移动工具”将素材拖曳至主文档，得到“图层1”，效果如图2-238所示。

图2-236

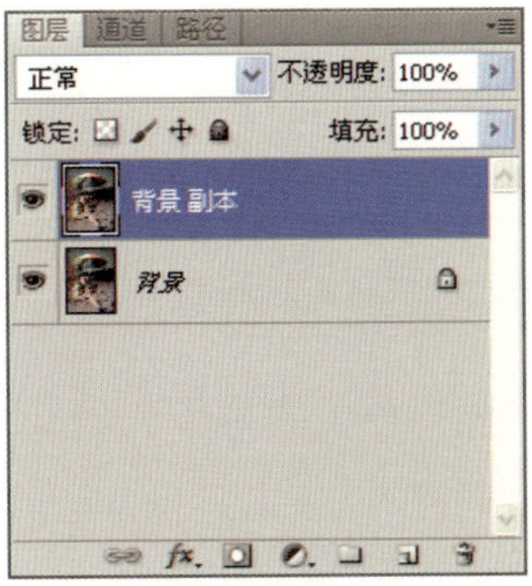

图2-237

图2-238

3 选择“图层1”，单击“图层”面板底部的“添加图层蒙版”按钮，为其添加图层蒙版，“图层”面板如图2-239所示。将前景色设置为黑色，选择“画笔工具”在人物脚部涂抹，效果如图2-240所示。

4 按快捷键Ctrl+Alt+Shift+E盖印所有可见图层，得到“图层2”，如图2-241所示。

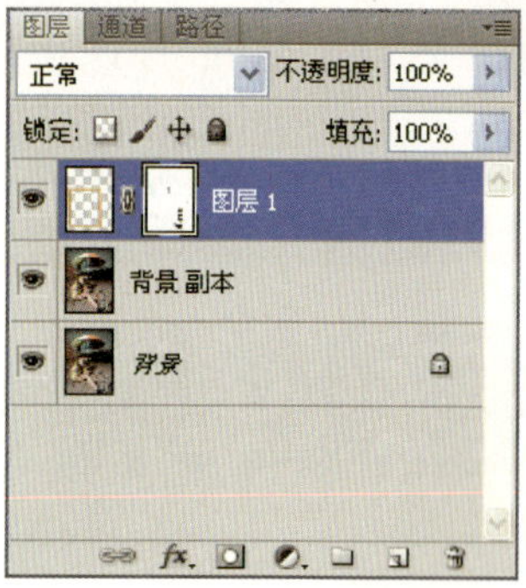

图2-239

图2-240

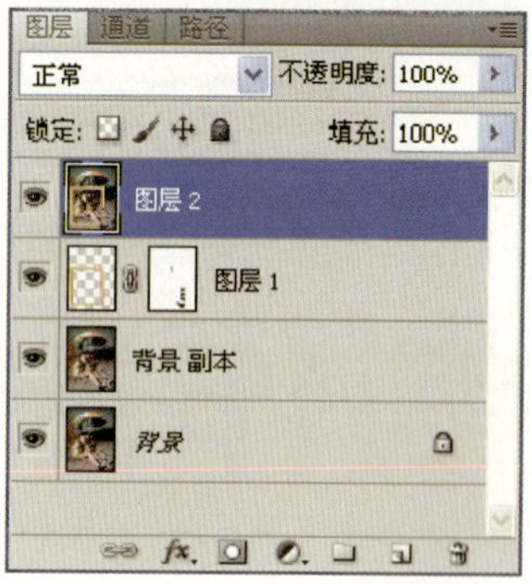

图2-241

5 单击工具箱中的“钢笔工具”，在图像中绘制路径，按快捷键Ctrl+Enter将路径转换为选区，按Delete键删除选区内的图像，如图2-242所示。

6 单击“图层”面板底部的“创建新图层”按钮，得到“图层2”，将其移至“背景”图层上方，如图2-243所示。选择“渐变工具”，设置渐变类型为黑、白渐变，从上至下拖出渐变，最终效果如图2-244所示。

图2-242

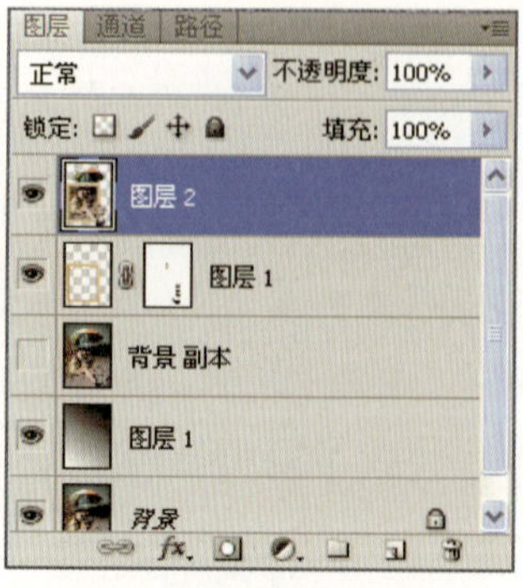

图2-243

图2-244

第3章

数码照片的色调处理

原始素材文件：
书中实例素材\第3章\实例1\制作炫美逆光效果素材图.jpg

最终效果文件：
书中实例效果图\第3章\实例1\制作炫美逆光效果.psd

视频教学文件：
书中实例视频\第3章\实例\3.1.flv

实例1

难易度 ★★★★★

制作炫美逆光效果

例前导读

本例视频教程长度：3分19秒

- 使用调整图层调整图像颜色。

1 打开随书所附光盘中的实例素材“制作炫美逆光效果素材图.jpg”，如图3-1所示，将此图层拖曳至“图层”面板底部的“创建新图层”按钮上，得到“背景 副本”图层，如图3-2所示。

图3-1

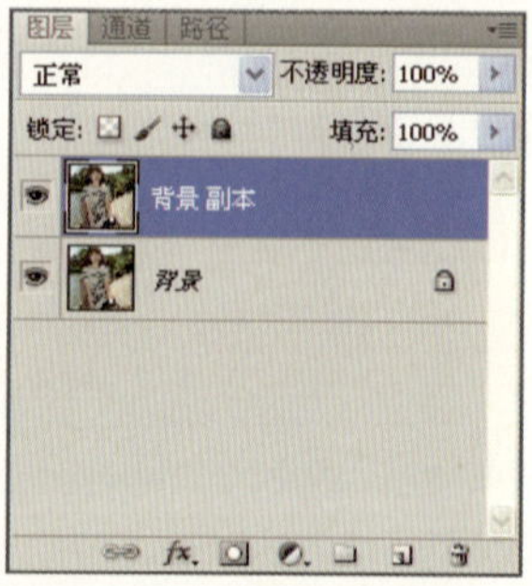

图3-2

2 单击“图层”面板底部的“创建新的填充或调整图层”按钮，在弹出的菜单中选择“通道混合器”选项，在弹出的面板中设置参数如图3-3所示，效果如图3-4所示。

3 按快捷键Ctrl+Alt+Shift+E盖印所有可见图层，得到“图层1”。按快捷键Ctrr+I反相图像，效果如图3-5所示。

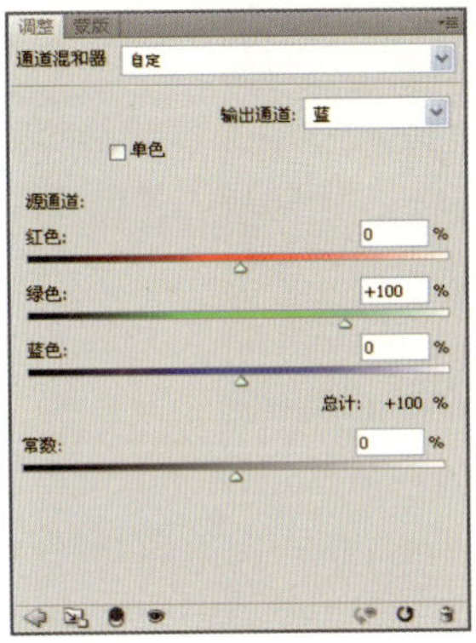

图3-3

图3-4

图3-5

4 选择“图层1”，将此图层的混合模式设置为“柔光”，如图3-6所示，效果如图3-7所示。

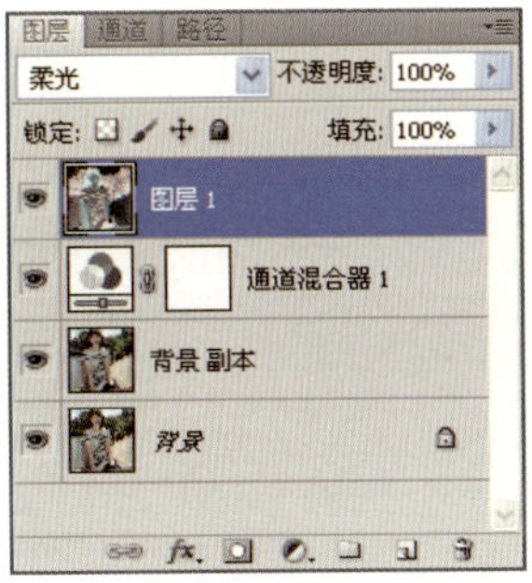

图3-6

图3-7

5 单击“图层”面板底部的“创建新的填充或调整图层”按钮，在弹出的菜单中选择“色阶”选项，在弹出的面板中设置参数如图3-8和图3-9所示。设置完毕后单击关闭按钮，效果如图3-10所示。

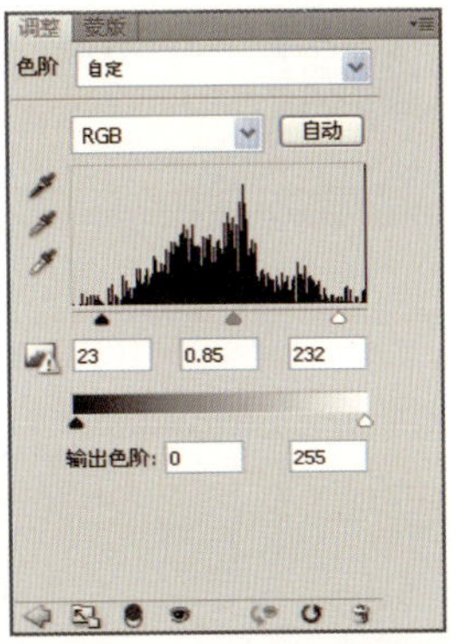

图3-8

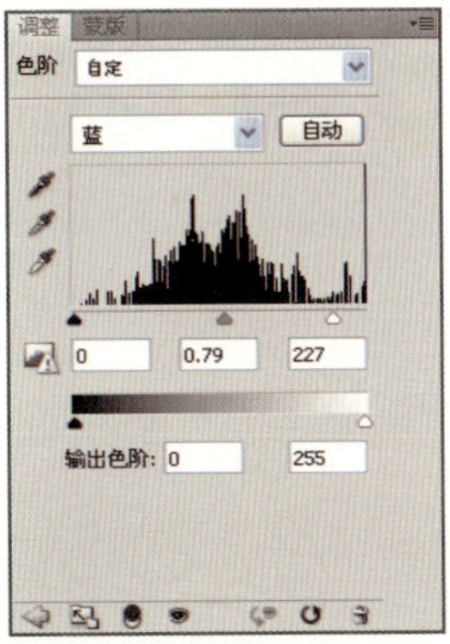

图3-9

图3-10

6 单击“图层”面板底部的“创建新的填充或调整图层”按钮，在弹出的菜单中选择“色相/饱和度”选项，在弹出的面板中设置参数如图3-11所示，效果如图3-12所示。

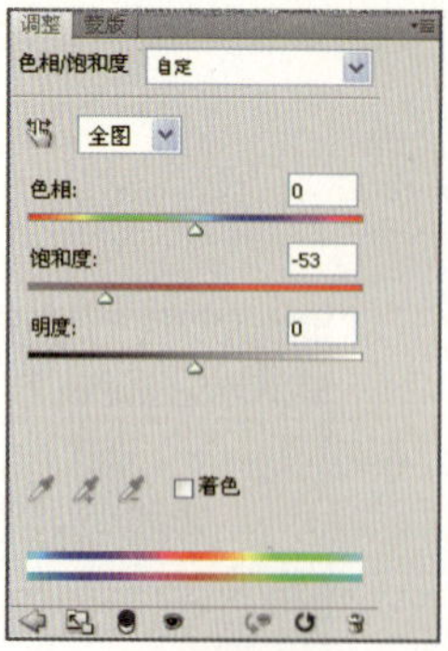

图3-11

图3-12

7 单击“图层”面板底部的“创建新的填充或调整图层”按钮，在弹出的菜单中选择“色阶”选项，在弹出的面板中设置参数如图3-13所示，效果如图3-14所示。

8 单击工具箱中的“横排文字工具”，在图像中输入文字，如图3-15所示。

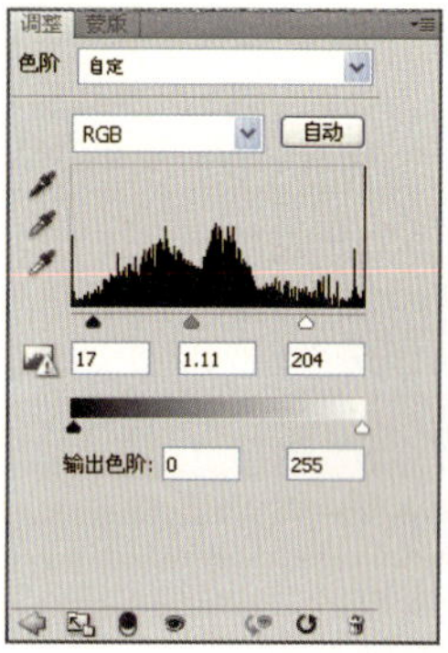

图3-13

图3-14

图3-15

扩展实例1

难易度 ★★★★★

- 原始素材文件：书中实例素材\第3章\扩展实例1\调出照片的青灰色色调素材图.jpg
- 最终效果文件：书中实例效果图\第3章\扩展实例1\调出照片的青灰色色调.psd
- 视频教学文件：书中实例视频\第3章\扩展实例\3.1.flv

调出照片的青灰色调

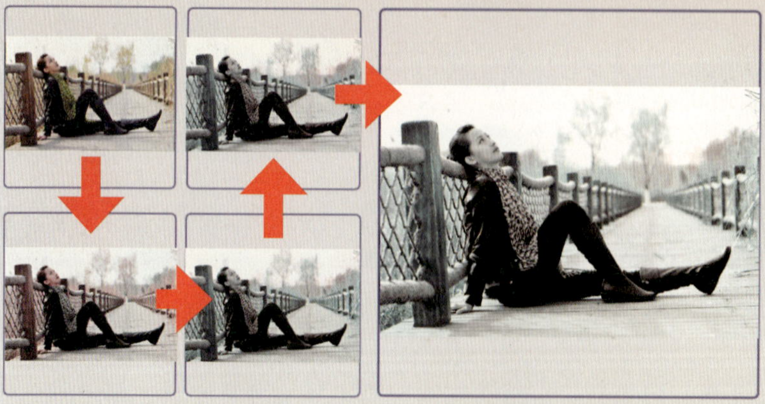

重点提示 1 打开随书所附光盘中的扩展实例素材“调出照片的青灰色色调素材图.jpg”，将此图层拖曳至“图层”面板底部的“创建新图层”按钮上，得到“背景 副本”图层。单击“图层”面板底部的“创建新的填充或调整图层”按钮，在弹出的菜单中选择“通道混合器”选项，在弹出的面板中设置参数，设置完毕后单击关闭按钮。

重点提示 2 按快捷键Ctrl+Alt+Shift+E盖印所有可见图层，得到“图层1”。按快捷键Ctrl+I反相图像。将“图层1”的图层混合模式设置为“颜色”，为其添加图层蒙版，并使用黑色画笔在人物皮肤处涂抹。

重点提示 3 按快捷键Ctrl+Alt+Shift+E盖印所有可见图层，得到“图层2”。单击“图层”面板底部的“创建新的填充或调整图层”按钮，在弹出的菜单中选择“色阶”选项，在弹出的面板中设置适当的参数。单击“图层”面板底部的“创建新的填充或调整图层”按钮，在弹出的菜单中选择“色相/饱和度”选项，在弹出的面板中设置适当的参数。

扩展实例2

难易度 ★★★★★

- 原始素材文件：书中实例素材\第3章\扩展实例2\调出伤感色调的人物照素材图.jpg
- 最终效果文件：书中实例效果图\第3章\扩展实例2\调出伤感色调的人物照.psd
- 视频教学文件：书中实例视频\第3章\扩展实例\3.2.flv

调出伤感色调的人物照

重点提示 1 打开随书所附光盘中的扩展实例素材“调出伤感色调的人物照素材图.jpg”，单击“图层”面板底部的“创建新的填充或调整图层”按钮，在弹出的菜单中选择“色相/饱和度”选项，在弹出的面板中设置相应的参数。将“背景”图层拖曳至“图层”面板底部的“创建新图层”按钮上，得到“背景 副本”图层。将“背景 副本”图层移至“色相/饱和度1”调整图层上方，并将其混合模式设置为“叠加”，“不透明度”设置为“70%”。

重点提示 2 单击“图层”面板底部的“创建新的填充或调整图层”按钮，在弹出的菜单中选择“色彩平衡”选项，在弹出的面板中设置适当的参数。单击“图层”面板底部的“创建新的填充或调整图层”按钮，在弹出的菜单中选择“亮度/对比度”选项，在弹出的面板中设置适当的参数。将“亮度/对比度1”调整图层拖曳至“图层”面板底部的“创建新图层”按钮上，得到“亮度/对比度1副本”调整图层。

重点提示 3 按快捷键Ctrl+Alt+Shift+E盖印所有可见图层，得到“图层1”，将此图层的混合模式设置为“滤色”，“不透明度”设置为“49%”。单击工具箱中的“横排文字工具”T，为图像添加文字。右击文字图层，在弹出的快捷菜单中选择“删除文字格式化”并设置“图层样式”。

扩展实例3

难易度 ★★★★★

- 原始素材文件：书中实例素材\第3章\扩展实例3\制作艺术春天效果素材图.jpg
- 最终效果文件：书中实例效果图\第3章\扩展实例3\制作艺术春天效果.psd
- 视频教学文件：书中实例视频\第3章\扩展实例\3.3.flv

制作艺术春天效果

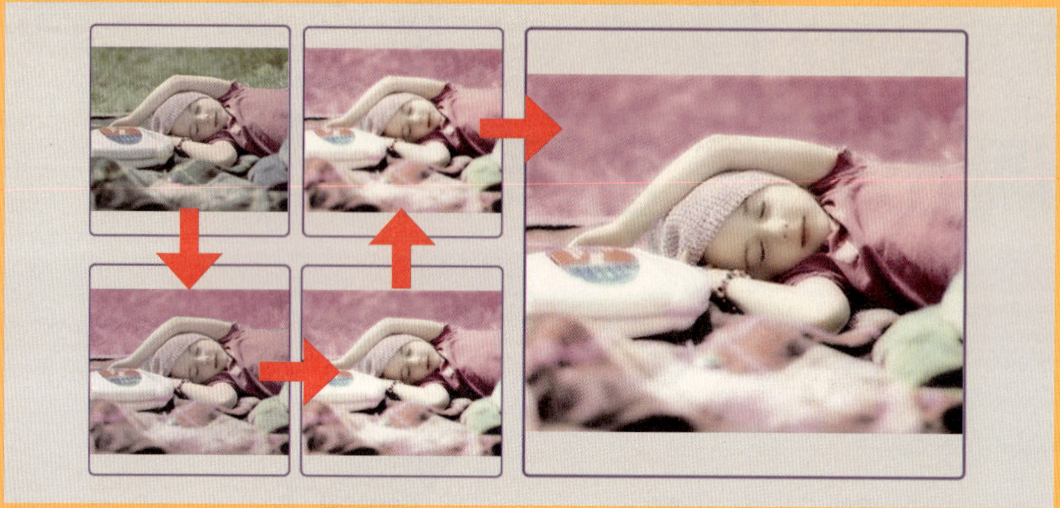

重点提示 1 打开随书所附光盘中的扩展实例素材“制作艺术春天效果素材图.jpg”，将此图层拖曳至“图层”面板底部的“创建新图层”按钮上，得到“背景 副本”图层。单击工具箱底部的“以快速蒙版模式编辑”按钮，将前景色设置为黑色，选择“画笔工具”，设置合适的笔刷大小，在人物部分涂抹。单击工具箱底部的“以标准模式编辑”按钮，将蒙版转换为选区。

重点提示 2 选择“背景 副本”图层，将此图层再复制一层，得到“背景 副本2”图层。将“背景副本2”图层的混合模式设置为“叠加”。单击“图层”面板底部的“创建新的填充或调整图层”按钮，在弹出的菜单中选择“色彩平衡”选项，在弹出的面板中设置适当的参数。单击“图层”面板底部的“创建新图层”按钮，得到“图层1”。将前景色设置为黑色并填充。

重点提示 3 选择工具箱中的“画笔工具”，单击其工具选项栏右侧的“画笔预设” 按钮，在弹出的面板中勾选“散布”、“其它动态”复选框，设置适当的参数，设置完毕后单击关闭按钮。将“图层1”的混合模式设置为“滤色”。

原始素材文件：
书中实例素材\第3章\实例2\调出金色的秋天效果素材图.jpg

最终效果文件：
书中实例效果图\第3章\实例2\调出金色的秋天效果.psd

视频教学文件：
书中实例视频\第3章\实例\3.2.flv

实例2

难易度 ★★★★★

调出金色的秋天效果

例前导读

本例视频教程长度：6分42秒

- 通过添加调整图层调整图像的色调。
- 使用文字工具为图像添加文字以增强效果。

1 打开随书所附光盘中的实例素材“调出金色的秋天效果素材图.jpg”，如图3-16所示，将此图层拖曳至“图层”面板底部的“创建新图层”按钮上，得到“背景 副本”图层，如图3-17所示。

图3-16

图3-17

2 单击“图层”面板底部的“创建新的填充或调整图层”按钮，在弹出的菜单中选择“通道混合器”选项，在弹出的面板中设置参数如图3-18所示。设置完毕后单击关闭按钮，使用黑色画笔在人物处涂抹，效果如图3-19所示。

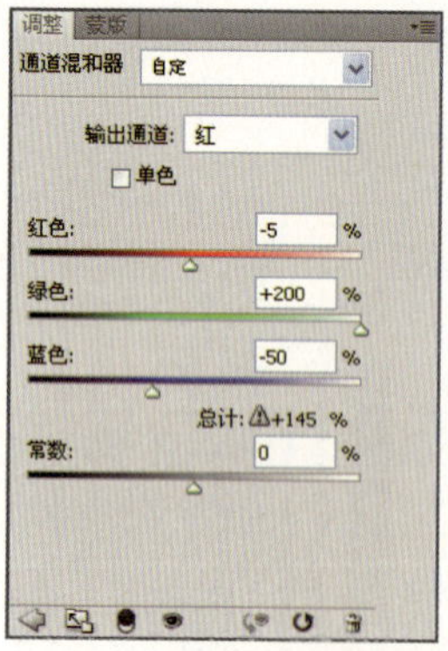

图3-18

图3-19

3 单击“图层”面板底部的“创建新的填充或调整图层”按钮，在弹出的菜单中选择“可选颜色”选项，在弹出的面板中设置参数如图3-20至图3-24所示。设置完毕后单击关闭按钮，使用黑色画笔在人物处涂抹，效果如图3-25所示。

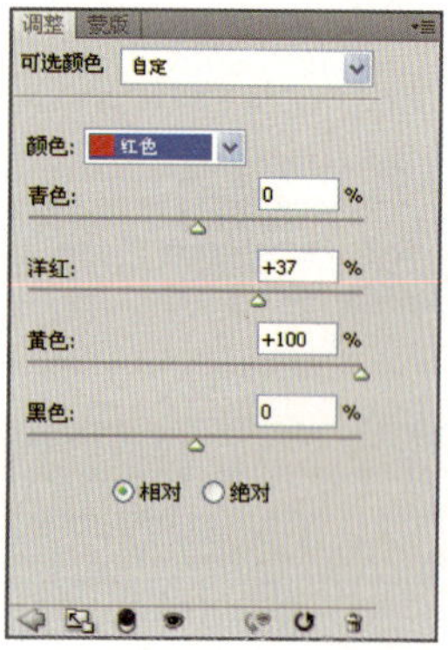

图3-20

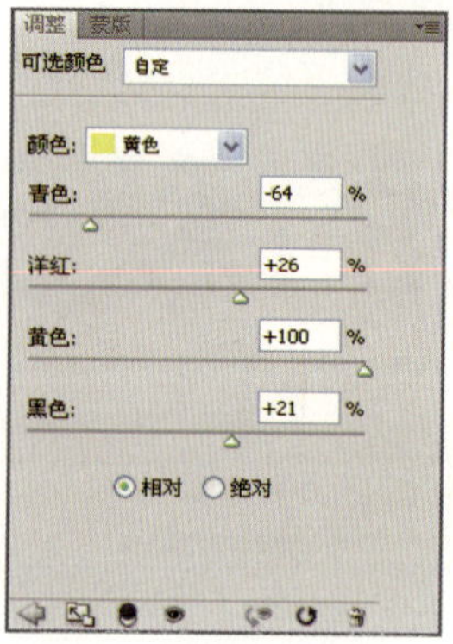

图3-21

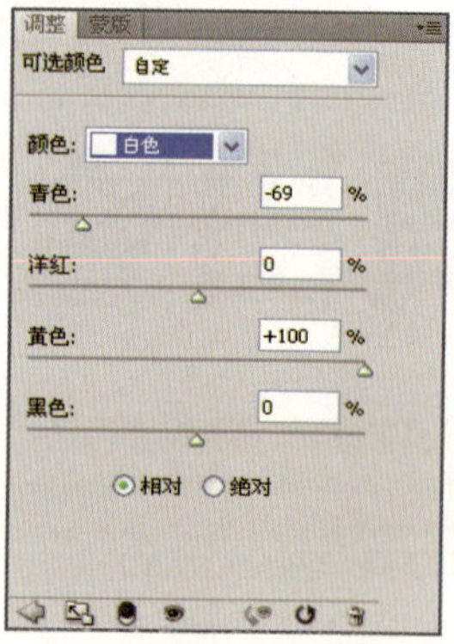

图3-22

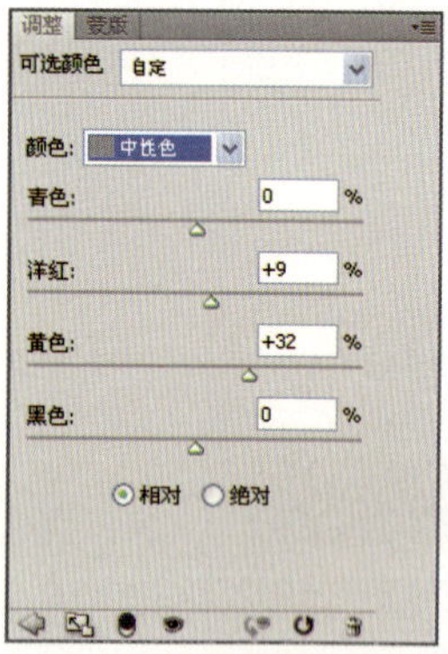

图3-23

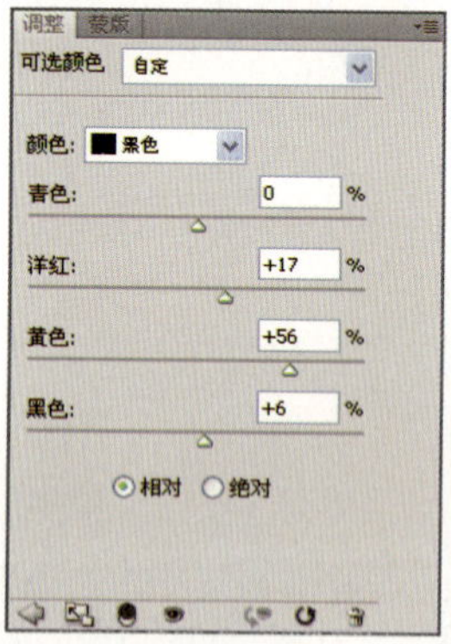

图3-24

图3-25

4 单击“图层”面板底部的“创建新的填充或调整图层”按钮，在弹出的菜单中选择“亮度/对比度”选项，在弹出的面板中设置参数如图3-26所示。设置完毕后单击关闭按钮，效果如图3-27所示。

5 单击“图层”面板底部的“创建新的填充或调整图层”按钮，在弹出的菜单中选择“色相/饱和度”选项，在弹出的面板中设置参数如图3-28所示。设置完毕后单击关闭按钮，效果如图3-29所示。

6 按快捷键Ctrl+Alt+Shift+E盖印所有可见图层，得到“图层1”，如图3-30所示。

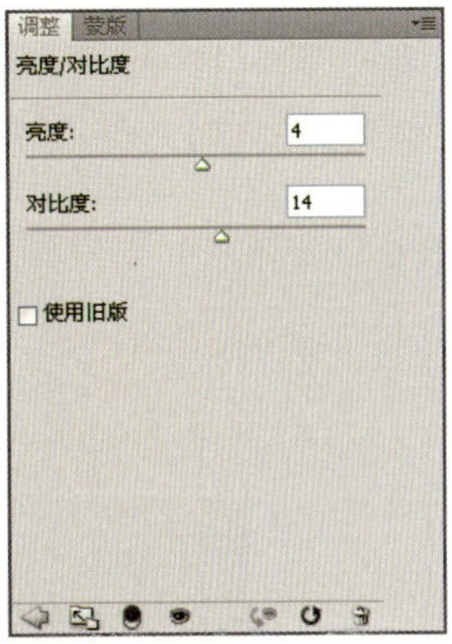

图3-26

图3-27

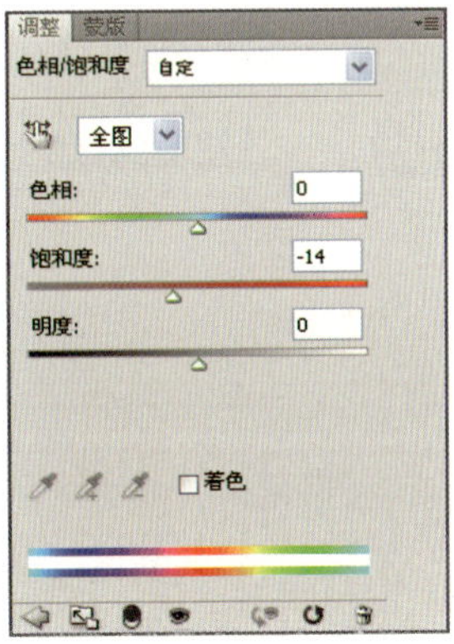

图3-28

图3-29

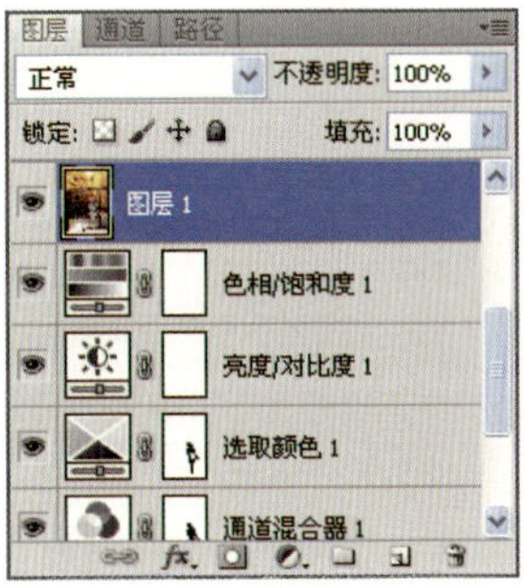

图3-30

7 在菜单栏中选择“滤镜”|“模糊”|“高斯模糊”命令，在弹出的对话框中设置参数如图3-31所示。

8 选择“图层1”，将此图层的混合模式设置为“柔光”，如图3-32所示，效果如图3-33所示。

图3-31

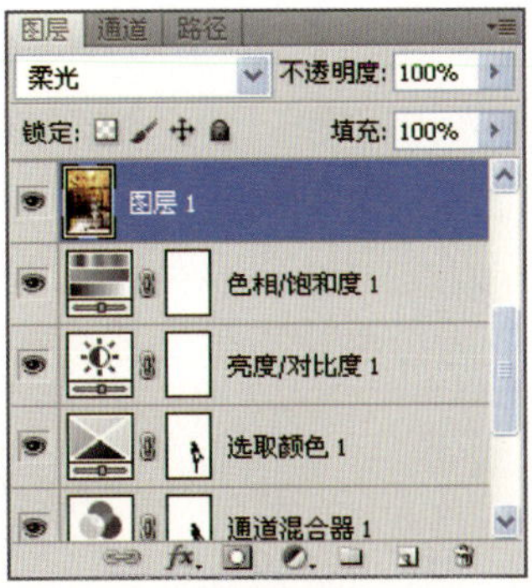

图3-32

图3-33

9 单击“图层”面板底部的“创建新的填充或调整图层”按钮，在弹出的菜单中选择“色彩平衡”选项，在弹出的面板中设置参数如图3-34和图3-35所示。设置完毕后单击关闭按钮，使用黑色画笔在人物处涂抹，效果如图3-36所示。

10 单击“图层”面板底部的“创建新的填充或调整图层”按钮，在弹出的菜单中选择“色阶”选项，在弹出的面板中设置参数如图3-37所示。设置完毕后单击关闭按钮，效果如图3-38所示。

11 单击工具箱中的“横排文字工具”，在图像中输入文字，如图3-39所示。

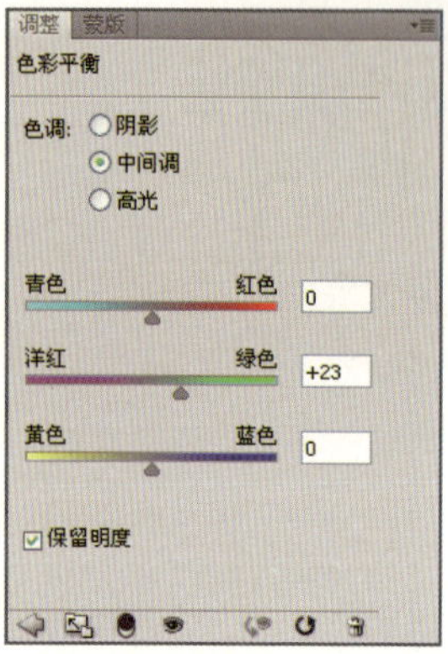

图3-34

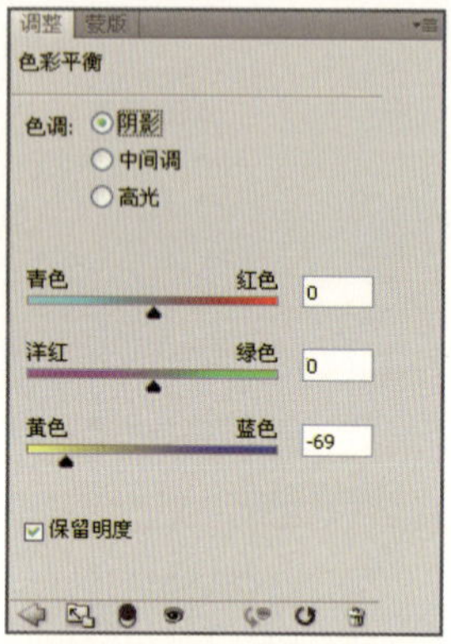

图3-35

图3-36

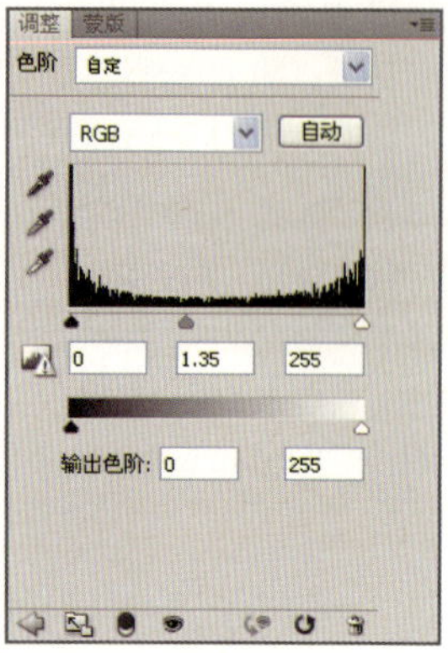

图3-37

图3-38

图3-39

12 双击文字图层，在弹出的“图层样式”对话框中设置各项参数如图3-40和图3-41所示。

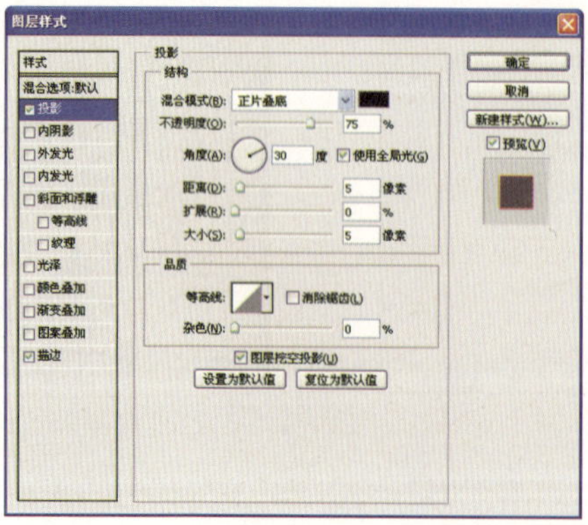

图3-40

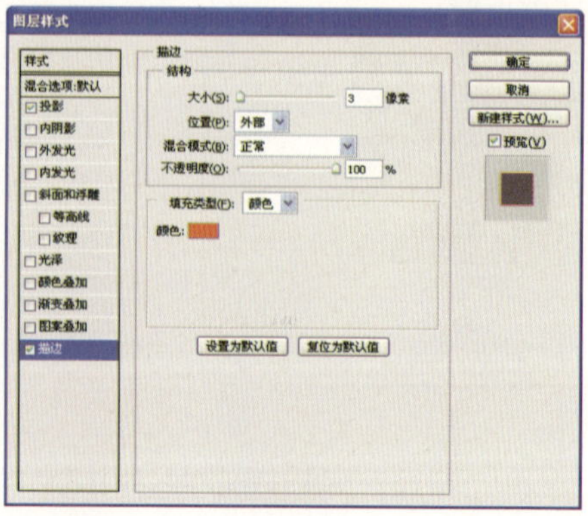

图3-41

13 选择有图层样式的文字图层右击，在弹出的快捷菜单中选择“拷贝图层样式”命令，选择另一个文字图层右击，在弹出的快捷菜单中选择“粘贴图层样式”命令。“图层”面板如图3-42所示。最终效果如图3-43所示。

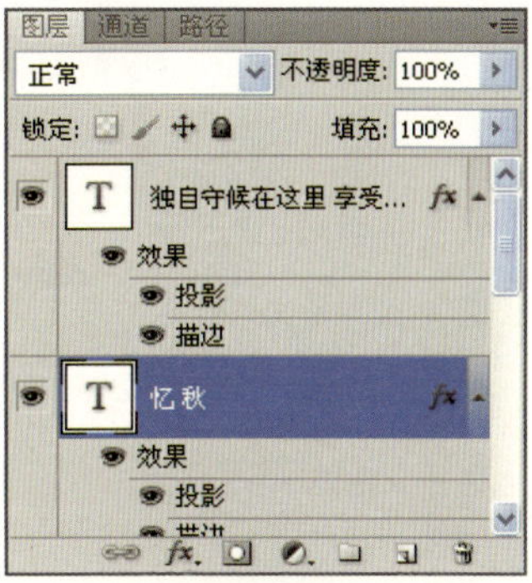

图3-42

图3-43

扩展实例4

难易度 ★★★★★

- 原始素材文件：书中实例素材\第3章\扩展实例4\制作浪漫金秋素材图.jpg
- 最终效果文件：书中实例效果图\第3章\扩展实例4\制作浪漫金秋.psd
- 视频教学文件：书中实例视频\第3章\扩展实例\3.4.flv

制作浪漫金秋

重点提示 1 打开随书所附光盘中的扩展实例素材“制作浪漫金秋素材图.jpg”，单击“图层”面板底部的“创建新的填充或调整图层”按钮，在弹出的菜单中选择“通道混合器”选项，在弹出的面板中设置适当的参数。单击“图层”面板底部的“创建新的填充或调整图层”按钮，在弹出的菜单中选择“可选颜色”选项，在弹出的面板中设置适当的参数。

重点提示 2 单击“图层”面板底部的“创建新的填充或调整图层”按钮，在弹出的菜单中选择“曲线”选项，在弹出的面板中设置适当的参数。单击“图层”面板底部的“创建新的填充或调整图层”按钮，在弹出的菜单中选择“色相/饱和度”选项，在弹出的面板中设置适当的参数。单击“图层”面板底部的“创建新的填充或调整图层”按钮，在弹出的菜单中选择“色阶”选项，在弹出的面板中设置适当的参数。

原始素材文件：
书中实例素材\第3章\实例3\打造冷艳风格特效素材图.jpg

最终效果文件：
书中实例效果图\第3章\实例3\打造冷艳风格特效.psd

视频教学文件：
书中实例视频\第3章\实例\3.3.flv

实例3

难易度 ★★★★★

打造冷艳风格特效

例前导读

本例视频教程长度：5分27秒

- 通过设置不同的图层混合模式营造不同的色调效果。
- 在Lab颜色模式下应用图像，制作光滑立体的肌肤。

1 打开随书所附光盘中的实例素材“打造冷艳风格特效素材图.jpg”，如图3-44所示，将此图层拖曳至“图层”面板底部的“创建新图层”按钮上，得到“背景 副本”图层，如图3-45所示。

2 单击工具箱底部的设置前景色色块，在弹出的“拾色器（前景色）”对话框中设置参数如图3-46所示。

图3-44

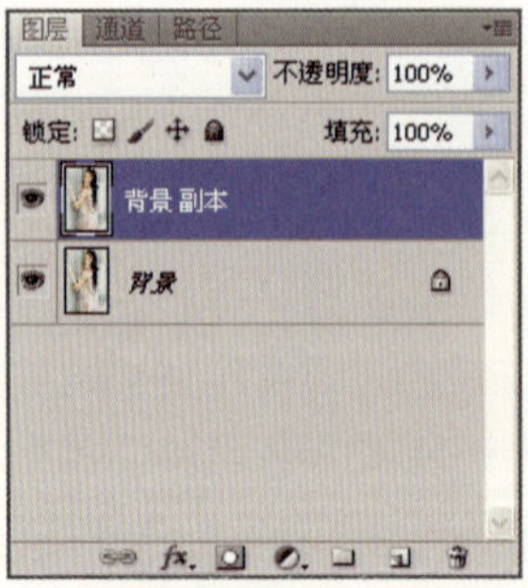

图3-45

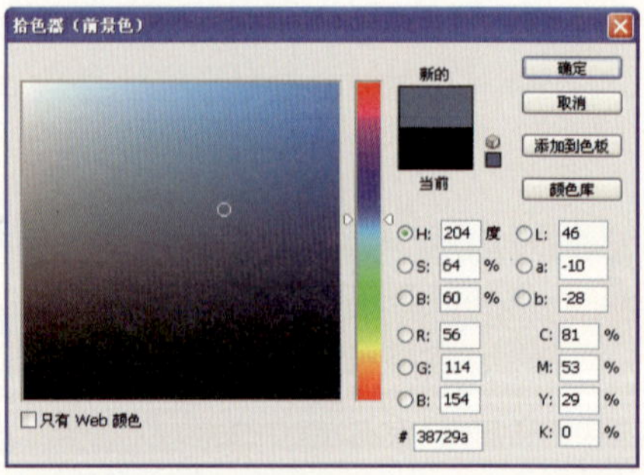

图3-46

3 单击“图层”面板底部的“创建新图层”按钮，得到“图层1”。按快捷键Alt+Delete填充前景色，并将“图层1”的图层混合模式设置为“叠加”，如图3-47所示，效果如图3-48所示。

4 切换至“通道”面板，按住Ctrl键单击“RGB”通道，提取选区，如图3-49所示。

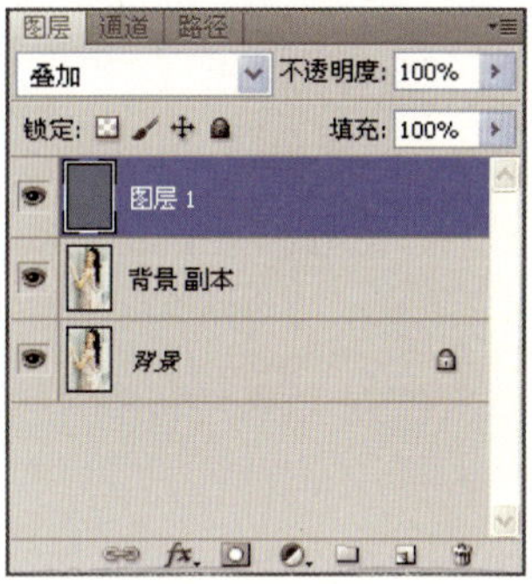

图3-47

图3-48

图3-49

5 单击工具箱底部的设置前景色色块，在弹出的“拾色器（前景色）”对话框中设置参数如图3-50所示。

6 单击“图层”面板底部的“创建新图层”按钮，得到“图层2”。按快捷键Alt+Delete填充前景色，将“图层2”的混合模式设置为“柔光”，“不透明度”设置为“51%”，如图3-51所示，效果如图3-52所示。

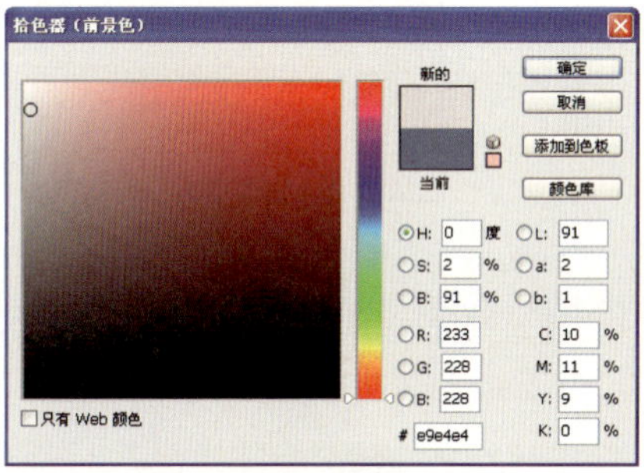

图3-50

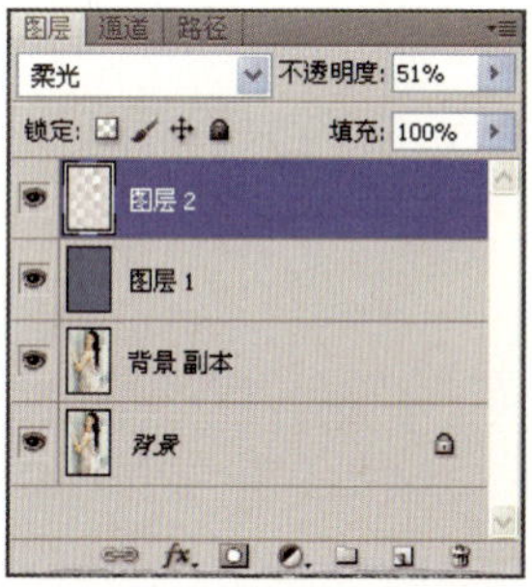

图3-51

图3-52

7 按快捷键Ctrl+Alt+Shift+E盖印所有可见图层，得到“图层3”。将“图层3”拖曳至“图层”面板底部的“创建新图层”按钮上，得到“图层3 副本”图层，如图3-53所示。

8 在菜单栏中选择“图像”|“模式”|“Lab颜色”命令，将图像转换为Lab颜色模式。选择“图层3 副本”图层，在菜单栏中选择“图像”|“应用图像”命令，在弹出的对话框中设置参数如图3-54所示。设置完毕后单击“确定”按钮，效果如图3-55所示。

技巧与提示

执行“应用图像”命令前先将图像转换为Lab颜色模式，为了使“应用图像”命令只针对于图像明度进行控制，应用后的图像不会改变色相。操作完毕后将图像转换回RGB模式，避免滤镜等一系列工具的使用受限制。

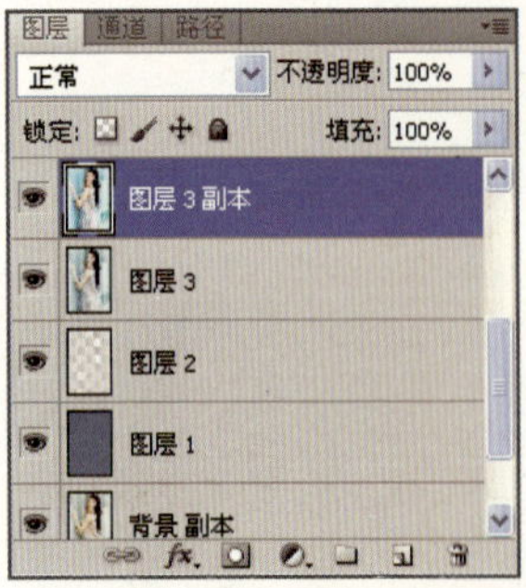

图3-53

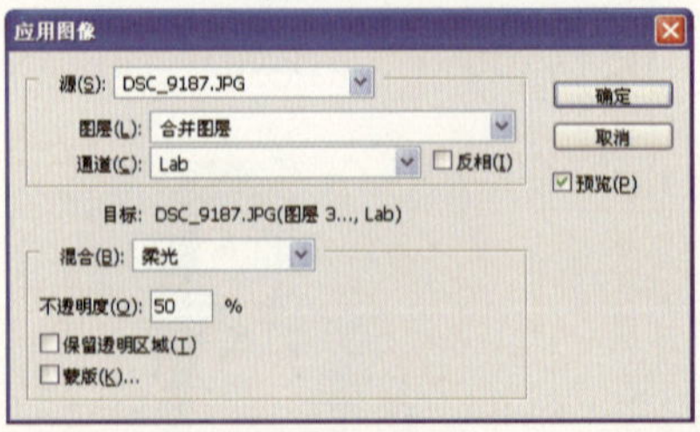

图3-54

图3-55

9 再次在菜单栏中选择“图像” | “应用图像”命令，在弹出的对话框中设置参数如图3-56所示。设置完毕后单击“确定”按钮，效果如图3-57所示。

10 选择“图层3 副本”图层，将其拖曳至“创建新图层”按钮上，得到“图层3 副本2”图层，如图3-58所示。

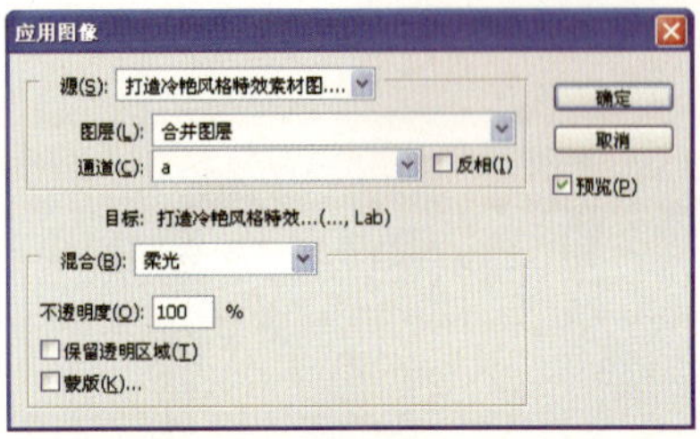

图3-56

图3-57

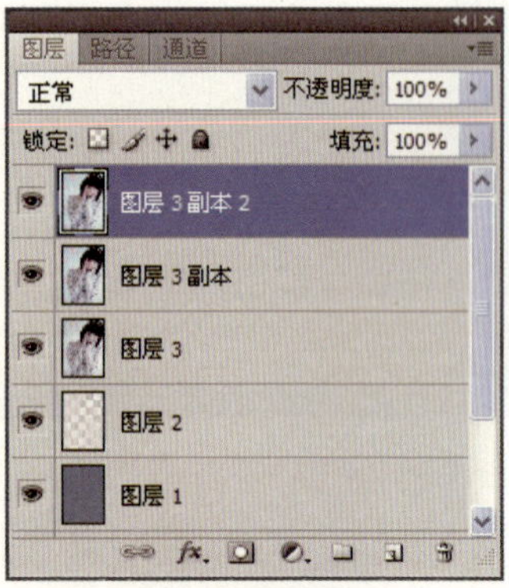

图3-58

11 在菜单栏中选择“滤镜” | “模糊” | “高斯模糊”命令，在弹出的对话框中设置参数如图3-59所示。设置完毕后单击“确定”按钮，效果如图3-60所示。

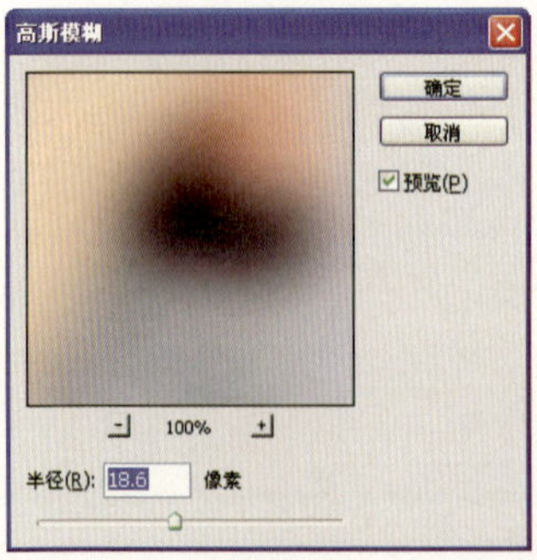

图3-59

图3-60

12 选择“图层3 副本2”图层，将此图层的混合模式设置为“柔光”，“不透明度”设置为“52%”，如图3-61所示，效果如图3-62所示。

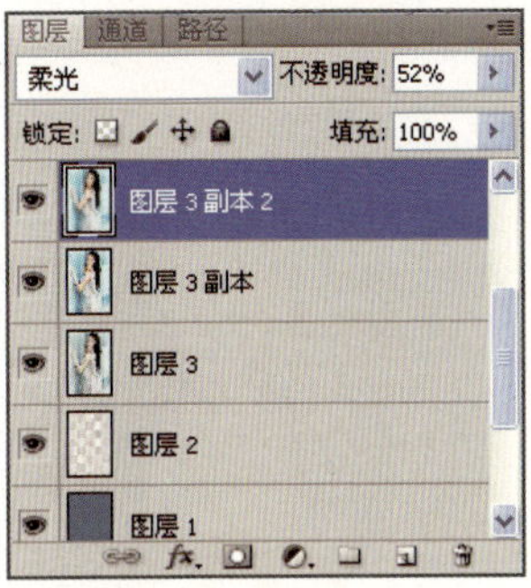

图3-61

图3-62

13 选择“背景”图层，将其拖曳至“图层”面板底部的“创建新图层”按钮上，得到“背景 副本2”图层，并将其移至面板顶层，如图3-63所示。

14 选择“背景 副本2”图层，将此图层的混合模式设置为“色相”，“不透明度”设置为“45%”，如图3-64所示，效果如图3-65所示。

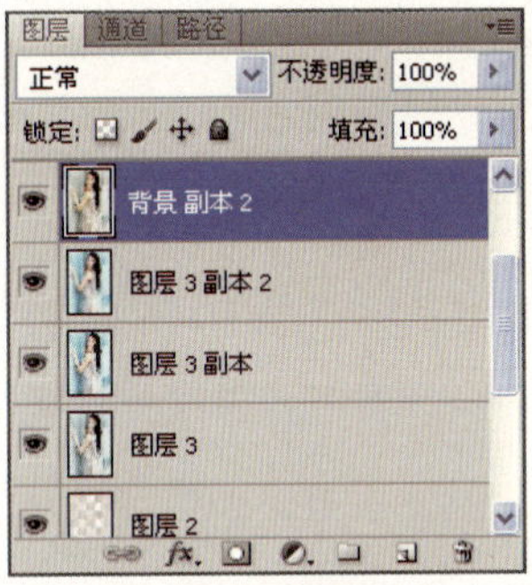

图3-63

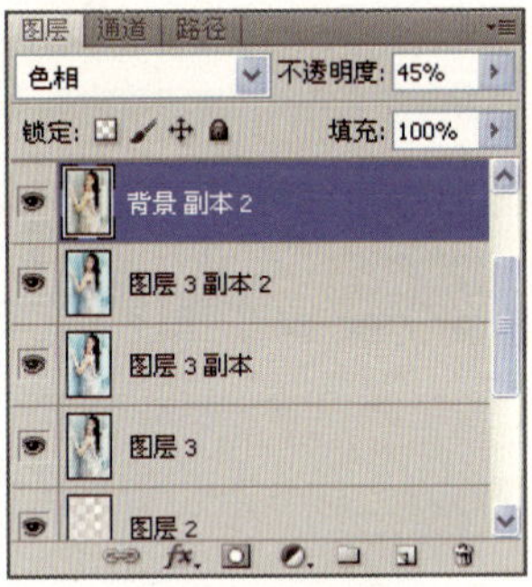

图3-64

图3-65

15 单击工具箱中的“横排文字工具”，在图像中输入文字，如图3-66所示。双击文字图层，在弹出的“图层样式”对话框中设置参数如图3-67所示，设置完毕后单击“确定”按钮。

图3-66

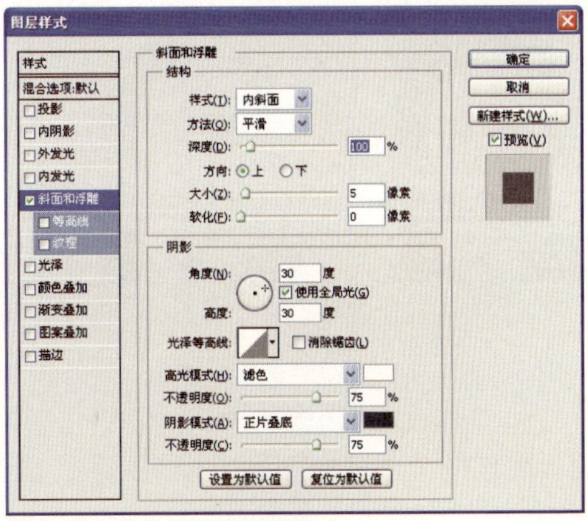

图3-67

16 选择文字图层右击，在弹出的快捷菜单中选择“拷贝图层样式”命令，选择另一个文字图层右击，在弹出的快捷菜单中选择“粘贴图层样式”命令。“图层”面板如图3-68所示。最终效果如图3-69所示。

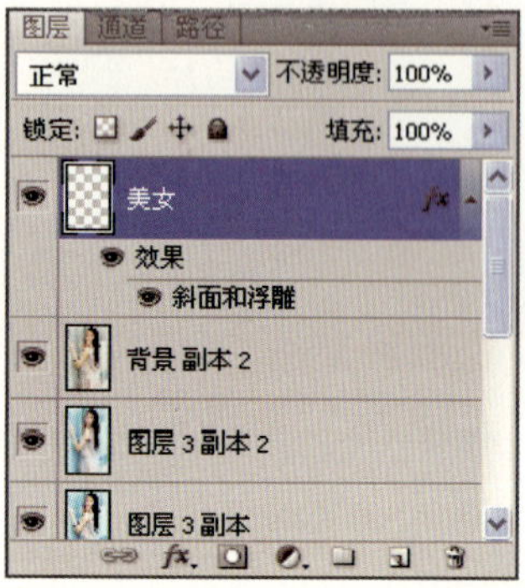

图3-68

图3-69

扩展实例5

难易度 ★★★★★

- 原始素材文件：书中实例素材\第3章\扩展实例5\打造冷艳美女风格素材图.jpg
- 最终效果文件：书中实例效果图\第3章\扩展实例5\打造冷艳美女风格.psd
- 视频教学文件：书中实例视频\第3章\扩展实例\3.5.flv

打造冷艳美女风格

重点提示 **1** 打开随书所附光盘中的扩展实例素材“打造冷艳美女风格素材图.jpg”，单击“图层”面板底部的“创建新图层”按钮，得到“图层1”，填充颜色并设置“图层1”的混合模式为“叠加”。切换至“通道”面板，按住Ctrl键单击“RGB”通道缩览图，调出

其选区。回到“图层”面板，新建一个“图层2”，设置前景色，按快捷键Alt+Delete填充，并将此图层的混合模式设置为“柔光”，“不透明度”设置为“55%”。

重点提示 2 按快捷键Ctrl+Alt+Shift+E盖印所有可见图层，得到“图层3”。将“图层3”复制一层，得到“图层3 副本”图层。在菜单栏中选择“图像”|“模式”|“Lab颜色”命令，将图像转换为Lab颜色模式。选择“图层3 副本”图层，在菜单栏中选择“图像”|“应用图像”命令，在弹出的对话框中设置各项参数。

重点提示 3 在菜单栏中选择“图像”|“模式”|“RGB颜色”命令，将图像转换回RGB颜色模式。按快捷键Ctrl+J复制“图层3 副本”图层，得到“图层3 副本2”图层。在菜单栏中选择“滤镜”|“模糊”|“高斯模糊”命令，在弹出的对话框中设置参数，设置完毕后单击“确定”按钮。将“图层3 副本2”图层的混合模式设置为“柔光”，“不透明度”设置为“65%”。复制“背景”图层，得到“背景 副本2”图层，将其移至所有图层的最上方。将“背景 副本2”图层的混合模式设置为“色相”，“不透明度”设置为“28%”。

原始素材文件：
书中实例素材\第3章\实例4\制作熏黄照片效果素材图.jpg

最终效果文件：
书中实例效果图\第3章\实例4\制作熏黄照片效果.psd

视频教学文件：
书中实例视频\第3章\实例\3.4.flv

实例4

难易度 ★★★★★

制作熏黄照片效果

例前导读

本例视频教程长度：5分49秒

- 通过添加调整图层调整图像色调。
- 使用“滤镜”命令结合混合模式制作熏黄特效。

1 打开随书所附光盘中的实例素材“制作熏黄照片效果素材图.jpg”，如图3-70所示。

2 将“背景”图层拖曳至“图层”面板底部的“创建新图层”按钮上，得到“背景副本”图层。按快捷键Ctrl+Shift+U去色，将“背景 副本”图层的混合模式设置为

“柔光”，如图3-71所示，效果如图3-72所示。

图3-70

图3-71

图3-72

3 单击“图层”面板底部的“创建新图层”按钮，得到“图层1”，并填充白色。将“图层1”的图层混合模式设置为“颜色”，如图3-73所示，效果如图3-74所示。

4 单击工具箱底部的设置前景色色块，在弹出的“拾色器（前景色）”对话框中设置参数如图3-75所示。

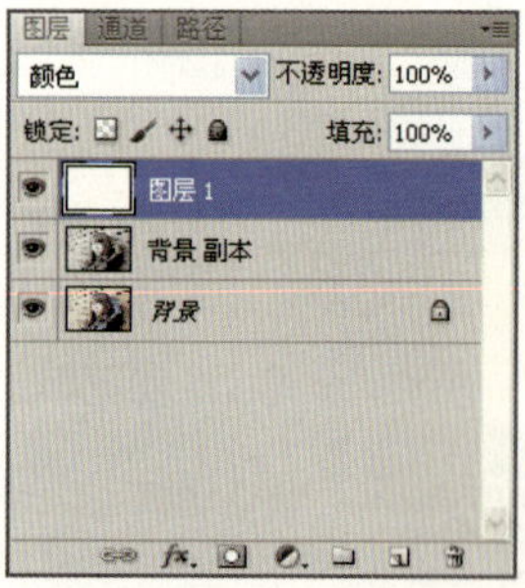

图3-73

图3-74

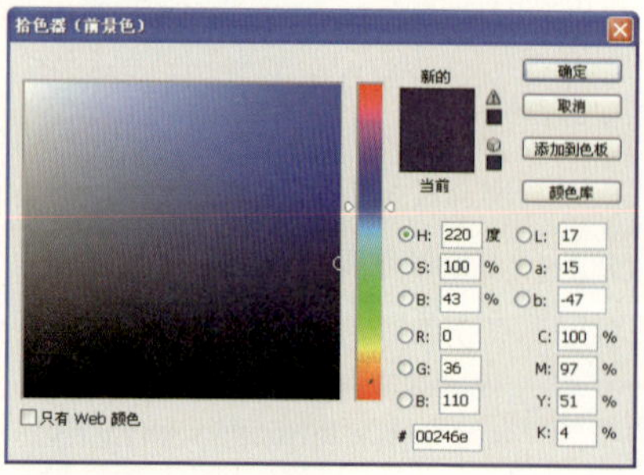

图3-75

5 单击“图层”面板底部的“创建新图层”按钮，得到“图层2”。按快捷键Alt+Detele填充前景色。将“图层2”的混合模式设置为“排除”，如图3-76所示，效果如图3-77所示。

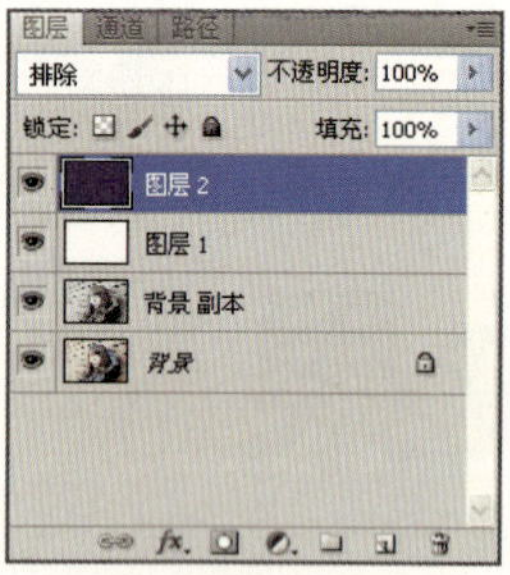

图3-76

图3-77

6 按快捷键Ctrl+Alt+Shift+E盖印所有可见图层，得到“图层3”，并将此图层的混合模式设置为“柔光”，如图3-78所示，效果如图3-79所示。

7 单击“图层”面板底部的“创建新的填充或调整图层”按钮，在弹出的菜单中选择“色阶”选项，在弹出的面板中设置参数如图3-80所示，效果如图3-81所示。

8 选择“色阶1”调整图层，按快捷键Ctrl+Alt+G创建剪贴蒙版，如图3-82所示，效果如图3-83所示。

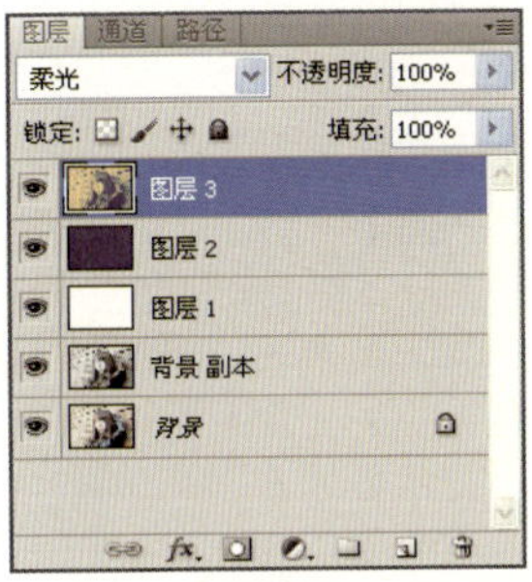

图3-78

图3-79

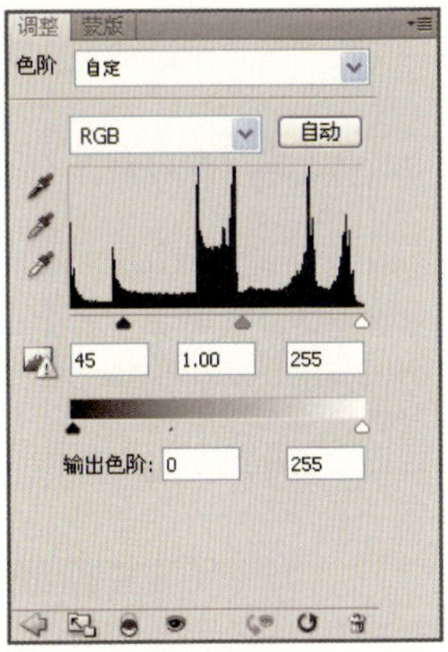

图3-80

图3-81

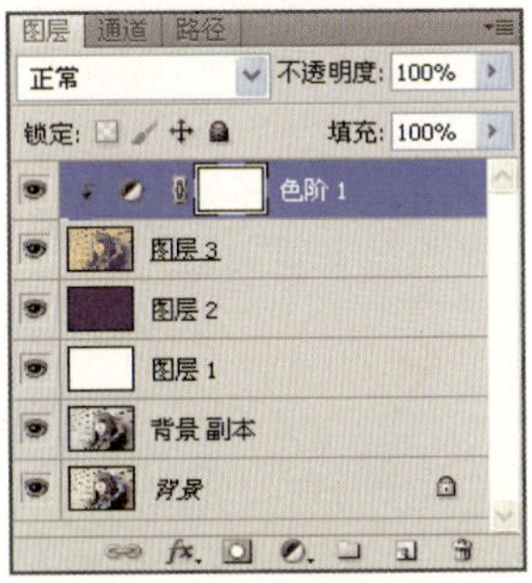

图3-82

图3-83

9 单击工具箱底部的设置前景色色块，在弹出的对话框中设置参数如图3-84所示。

10 单击“图层”面板底部的“创建新图层”按钮，得到“图层4”，如图3-85所示。

11 在菜单栏中选择“滤镜”|“渲染”|“云彩”命令，效果如图3-86所示。

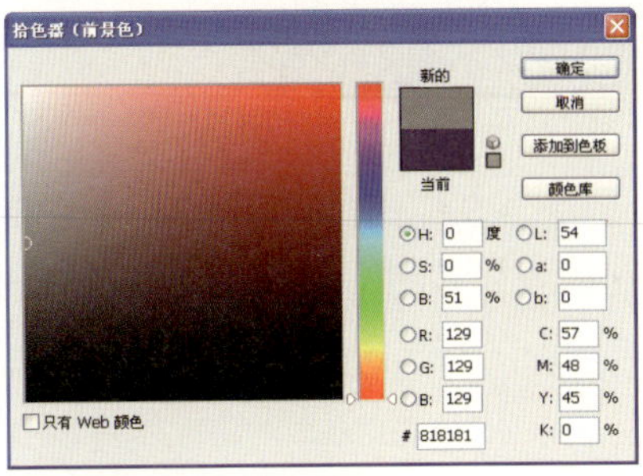

图3-84

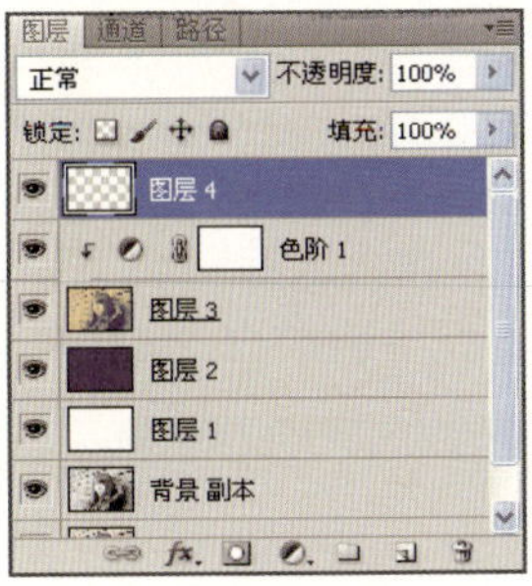

图3-85

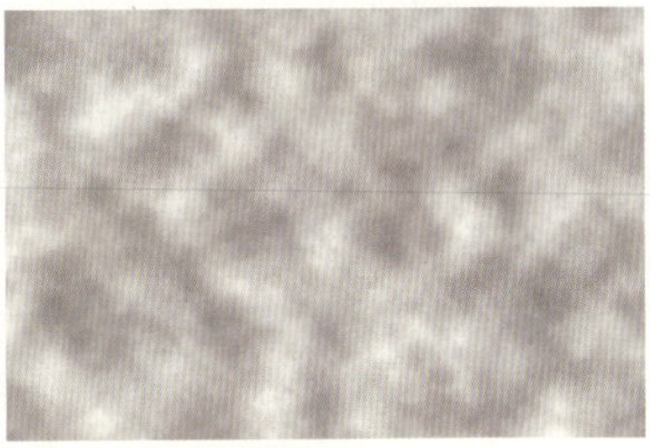

图3-86

12 选择“图层4”，将此图层的混合模式设置为“颜色加深”，并为其添加图层蒙版。使用黑色画笔在人物脸部涂抹，如图3-87所示，效果如图3-88所示。

13 按快捷键Ctrl+Alt+Shift+E盖印所有可见图层，得到“图层5”，如图3-89所示。

14 在菜单栏中选择“滤镜”|“杂色”|“添加杂色”命令，在弹出的对话框中设置参数如图3-90所示。设置完毕后单击“确定”按钮，效果如图3-91所示。

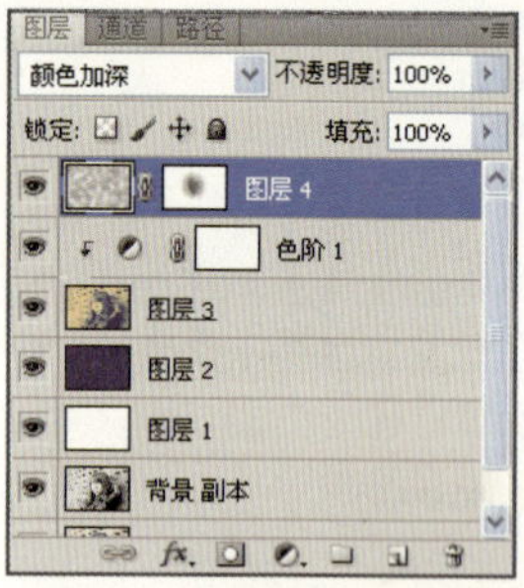

图3-87

图3-88

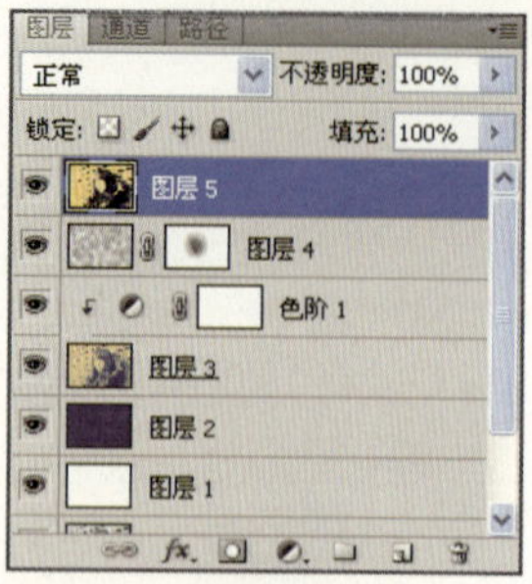

图3-89

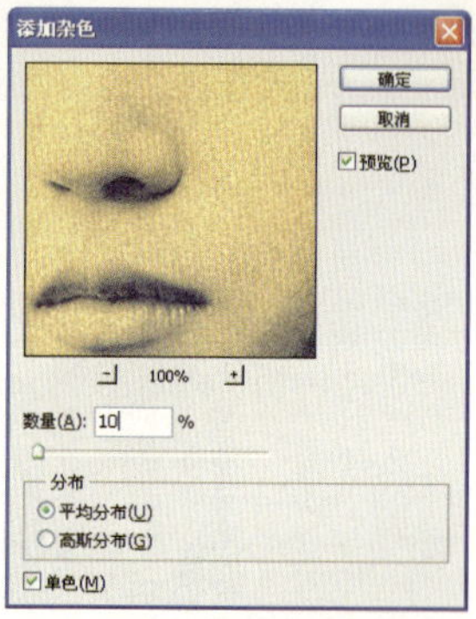

图3-90

图3-91

15 在菜单栏中选择“滤镜”|“杂色”|“中间值”命令，在弹出的对话框中设置参数如图3-92所示。设置完毕后单击“确定”按钮，效果如图3-93所示。

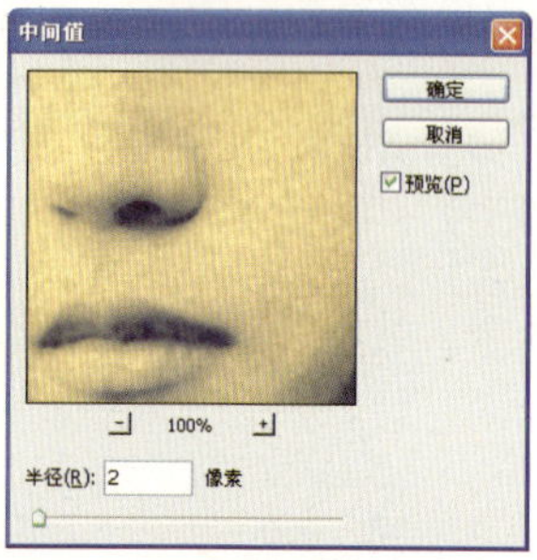

图3-92

图3-93

16 在菜单栏中选择“滤镜”|“纹理”|“颗粒”命令，在弹出的对话框中设置参数如图3-94所示。设置完毕后单击“确定”按钮，效果如图3-95所示。

图3-94

图3-95

17 选择“图层5”，将此图层的混合模式设置为“颜色减淡”，“不透明度”设置为“33%”，如图3-96所示，效果如图3-97所示。

18 按快捷键Ctrl+Alt+Shift+E盖印所有可见图层，得到“图层6”，如图3-98所示。

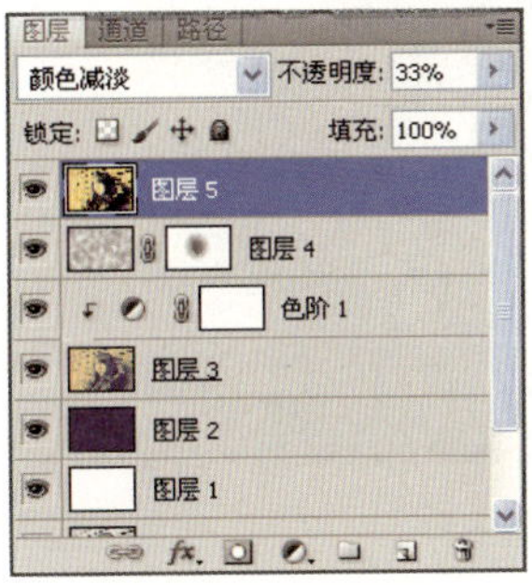

图3-96

图3-97

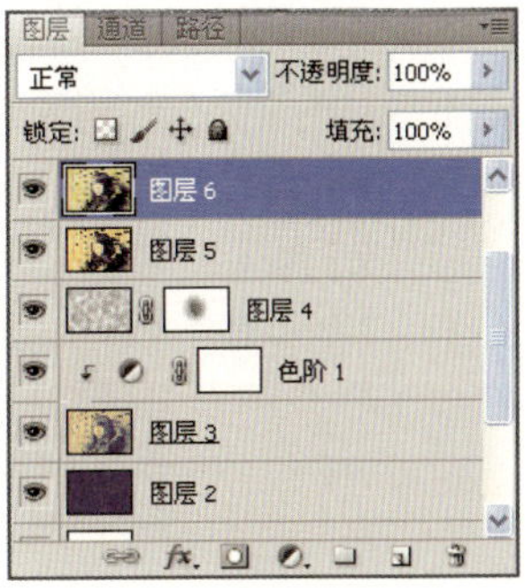

图3-98

19 在菜单栏中选择“滤镜”|“模糊”|“高斯模糊”命令，在弹出的对话框中设置参数如图3-99所示，设置完毕后单击“确定”按钮。

20 选择“图层6”，将此图层的混合模式设置为“柔光”，如图3-100所示，效果如图3-101所示。

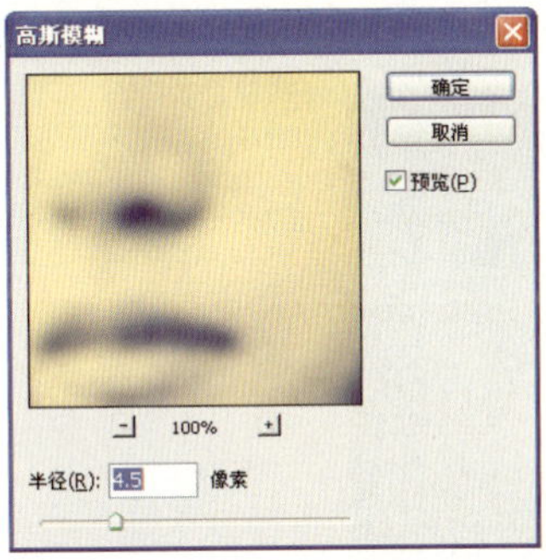

图3-99

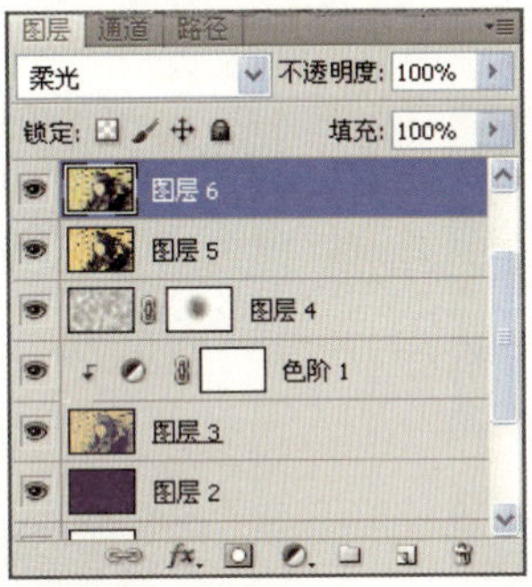

图3-100

图3-101

21 单击“图层”面板底部的“创建新的填充或调整图层”按钮，在弹出的菜单中选择“可选颜色”选项，在弹出的面板中设置参数如图3-102和图3-103所示，效果如图3-104所示。

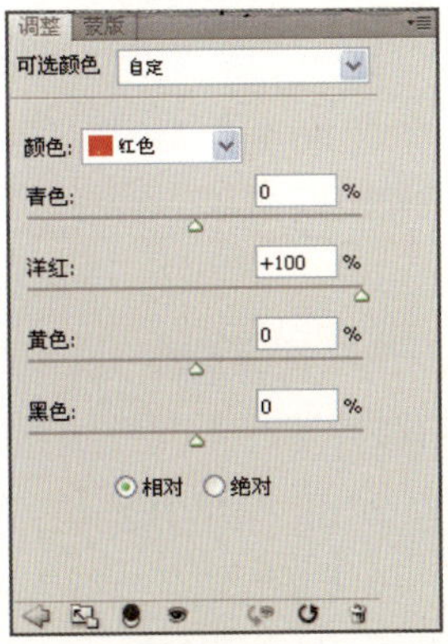

图3-102

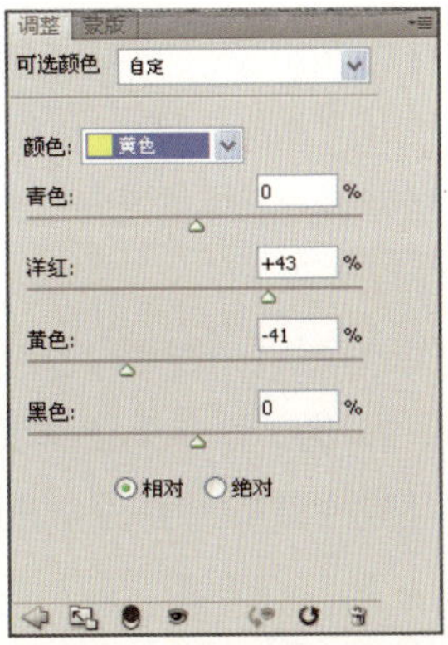

图3-103

图3-104

22 按快捷键Ctrl+Alt+Shift+E盖印所有可见图层，得到“图层7”，如图3-105所示。最终效果如图3-106所示。

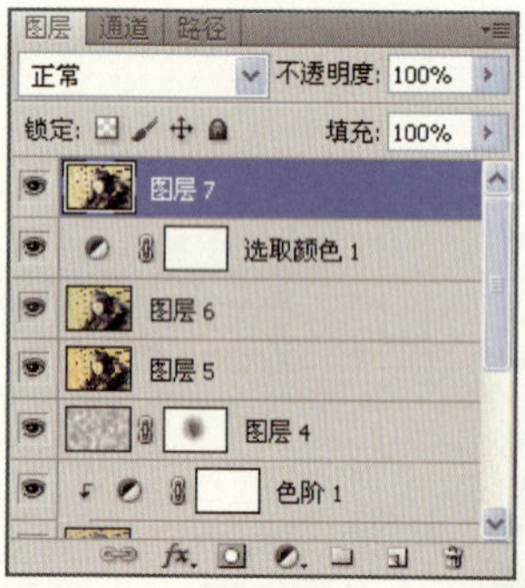

图3-105

图3-106

扩展实例6

难易度 ★★★★★

- 原始素材文件：书中实例素材\第3章\扩展实例6\调出照片的青红色调素材图.jpg
- 最终效果文件：书中实例效果图\第3章\扩展实例6\调出照片的青红色调.psd
- 视频教学文件：书中实例视频\第3章\扩展实例\3.6.flv

调出照片的青红色调

重点提示 1 打开随书所附光盘中的扩展实例素材“调出照片的青红色调素材图.jpg”，将此图层拖曳至“图层”面板底部的“创建新图层”按钮上，得到“背景 副本”图层。单击“图层“面板底部的“创建新的填充或调整图层”按钮，在弹出的菜单中选择“通道混合器”选项，在弹出的面板中设置参数。

重点提示 2 按快捷键Ctrl+Alt+Shift+E盖印所有可见图层，得到“图层1”。按快捷键Ctrl+I反相图像。将“图层1”的混合模式设置为“颜色”，“不透明度”设置为“28 %”。

重点提示 3 单击“图层”面板底部的“创建新的填充或调整图层”按钮，在弹出的菜单中选择“色阶”选项，在弹出的面板中设置参数。单击“图层”面板底部的“创建新的填充或调整图层”按钮，在弹出的菜单中选择“色相/饱和度”选项，在弹出的面板中设置参数。

原始素材文件：
书中实例素材\第3章\实例5\调出照片浪漫的暮色效果素材图.jpg

最终效果文件：
书中实例效果图\第3章\实例5\调出照片浪漫的暮色效果.psd

视频教学文件：
书中实例视频\第3章\实例\3.5.flv

实例5

难易度 ★★★★★

调出照片浪漫的暮色效果

例前导读

本例视频教程长度：4分19秒

- 通过添加调整图层调整图像色调。
- 为图像添加文字增强效果。

1 打开随书所附光盘中的实例素材“调出照片浪漫的暮色效果素材图.jpg”，如图3-107所示，将此图层拖曳至“图层”面板底部的“创建新图层”按钮上，得到“背景 副本”图层，如图3-108所示。

2 单击“图层”面板底部的“创建新的填充或调整图层”按钮，在弹出的菜单中选择“渐变”选项，在弹出的对话框中设置参数如图3-109所示。

图3-107

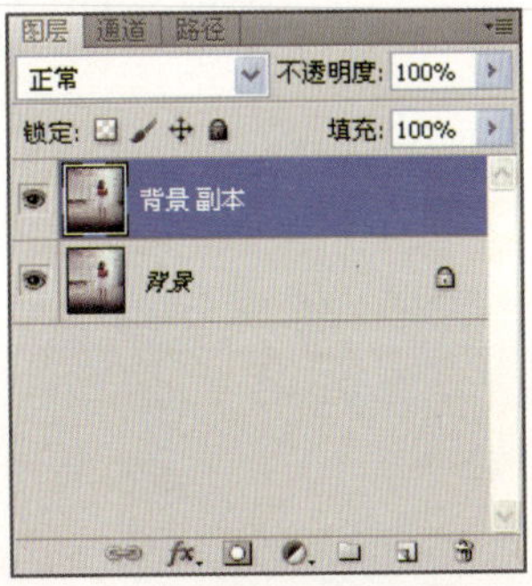

图3-108

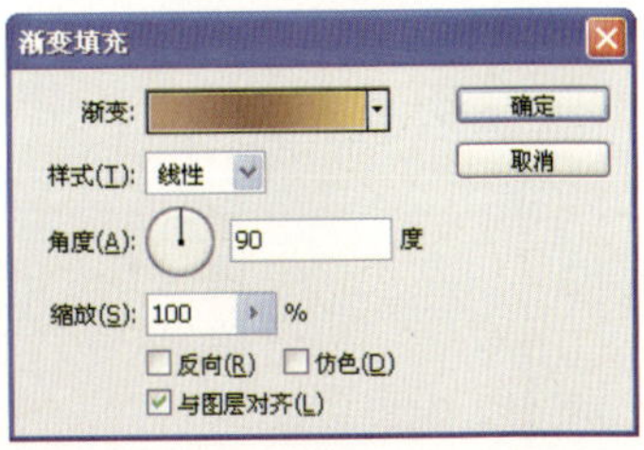

图3-109

3 选择“渐变填充1”调整图层，将此图层的混合模式设置为“强光”，“不透明度”设置为“45%”，如图3-110所示，效果如图3-111所示。

4 单击“图层”面板底部的“创建新的填充或调整图层”按钮，在弹出的菜单中选择“渐变映射”选项，在弹出的面板中设置参数如图3-112所示。

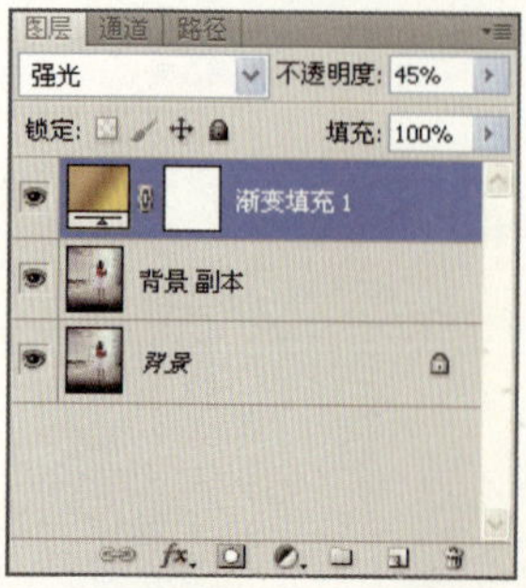

图3-110

图3-111

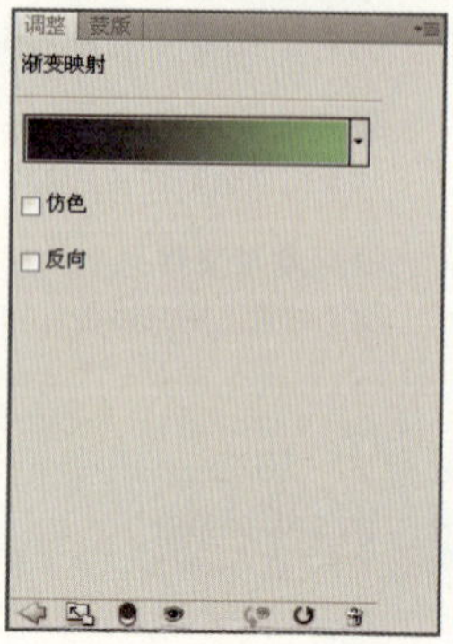

图3-112

5 选择“渐变映射1”调整图层，将此图层的混合模式设置为“颜色加深”，“不透明度”设置为“50%”，如图3-113所示，效果如图3-114所示。

6 单击“图层”面板底部的“创建新的填充或调整图层”按钮，在弹出的菜单中选择“色相/饱和度”选项，在弹出的面板中设置参数如图3-115所示，效果如图3-116所示。

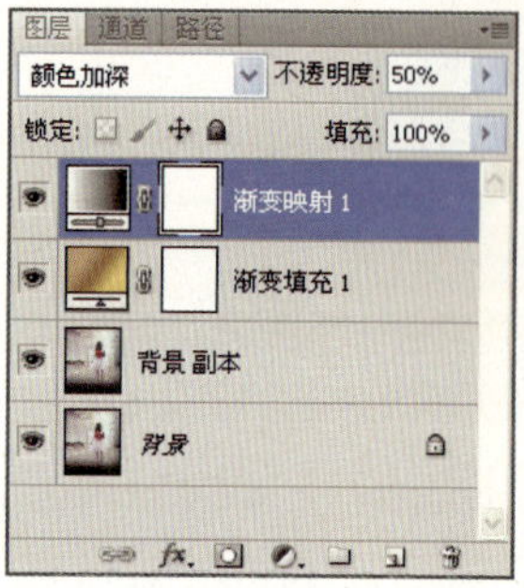

图3-113

图3-114

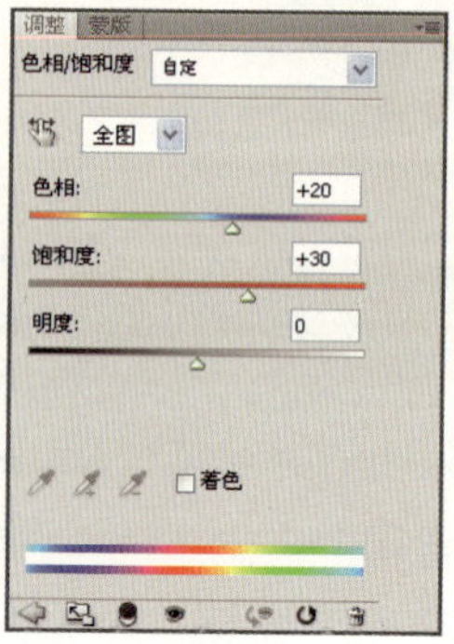

图3-115

图3-116

7 单击“图层”面板底部的“创建新的填充或调整图层”按钮，在弹出的菜单中选择“曲线”选项，在弹出的面板中设置参数如图3-117所示，效果如图3-118所示。

8 将前景色设置为白色，单击工具箱中的“横排文字工具”，在图像中输入文字，如图3-119所示。

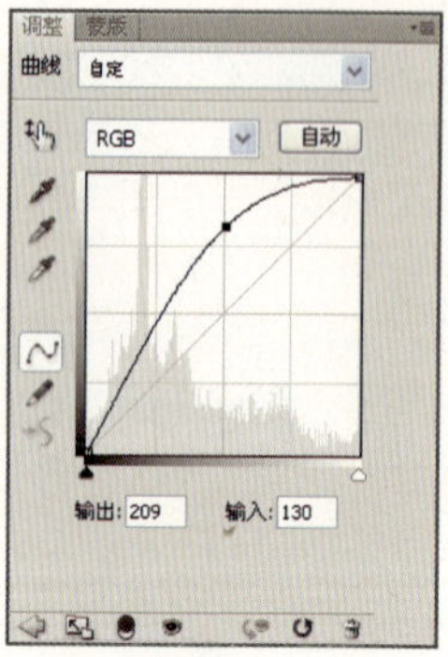

图3-117

图3-118

图3-119

9 选择文字图层，将其“不透明度”设置为“80%”，如图3-120所示。最终效果如图3-121所示。

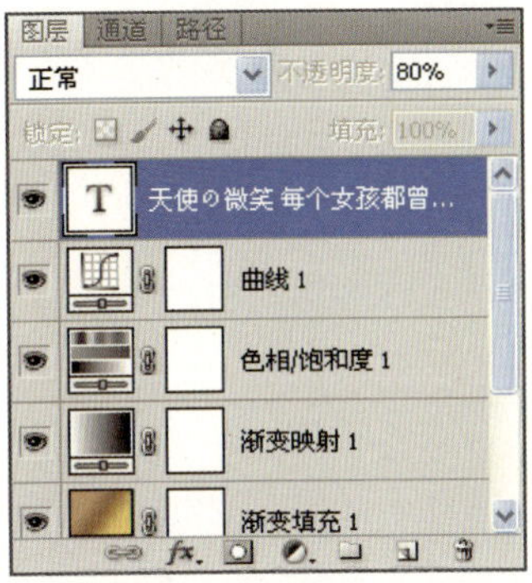

图3-120

图3-121

扩展实例7

难易度 ★★★★★

- 原始素材文件：书中实例素材\第3章\扩展实例7\调出照片唯美的紫色调素材图.jpg
- 最终效果文件：书中实例效果图\第3章\扩展实例7\调出照片唯美的紫色调.psd
- 视频教学文件：书中实例视频\第3章\扩展实例\3.7.flv

调出照片唯美的紫色调

重点提示 **1** 打开随书所附光盘中的扩展实例素材“调出照片唯美的紫色调素材图.jpg”，将此图层拖曳至“图层”面板底部的“创建新图层”按钮上，得到“背景 副本”图层。单击“图层”面板底部的“创建新的填充或调整图层”按钮，在弹出的菜单中选择“曲线”选项，在弹出的面板中自动调整曲线数值。

重点提示 **2** 单击“图层”面板底部的“创建新的填充或调整图层”按钮，在弹出的菜单中选择“色相/饱和度”选项，在弹出的面板中设置适当的参数。将前景色设置为黑色，选择“画笔工具”在人物区域涂抹。单击“图层”面板底部的“创建新的填充或调整图层”按钮，在弹出的菜单中选择“可选颜色”选项，在弹出的面板中设置适当的参数。

重点提示 3 按快捷键Ctrl+Alt+Shift+E盖印所有可见图层，得到“图层1”。在菜单栏中选择“滤镜”|“模糊”|“高斯模糊”命令，在弹出的对话框中设置参数。将“图层1”的混合模式设置为“滤色”，“不透明度”设置为“69%”。按快捷键Ctrl+Alt+Shift+E盖印所有可见图层，得到“图层2”。在菜单栏中选择“滤镜”|“模糊”|“高斯模糊”命令，在弹出的对话框中设置参数。将“图层2”的混合模式设置为“柔光”，“不透明度”设置为“75%”。

原始素材文件：
书中实例素材\第3章\实例6\制作反负冲效果素材图.jpg

最终效果文件：
书中实例效果图\第3章\实例6\制作反负冲效果.psd

视频教学文件：
书中实例视频\第3章\实例\3.6.flv

实例6

难易度 ★★★★★

制作反负冲效果

例前导读

本例视频教程长度：3分17秒

- 使用“应用图像”命令调整各通道色值。
- 使用调整图层调整图像色调。

1 打开随书所附光盘中的实例素材“制作反负冲效果素材图.jpg”，如图3-122所示，将此图层拖曳至“图层”面板底部的“创建新图层”按钮 上，得到“背景 副本”图层，如图3-123所示。

图3-122

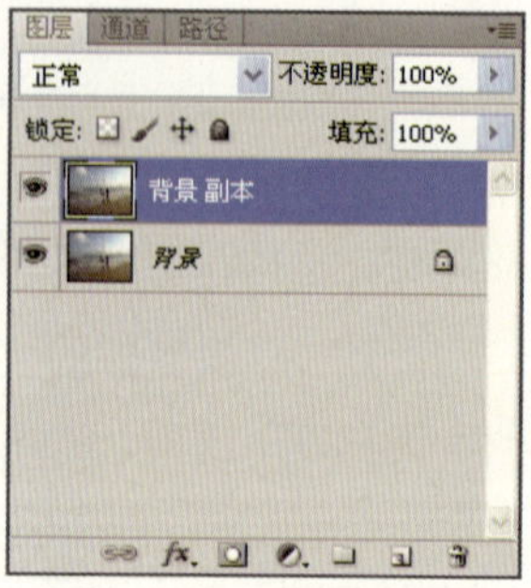

图3-123

2 切换至“通道”面板，选择“蓝”通道，在菜单栏中选择“图像”|“应用图像”命令，在弹出的对话框中设置参数如图3-124所示，效果如图3-125所示。

图3-124

图3-125

3 切换至“通道”面板，选择“绿”通道，在菜单栏中选择“图像”|“应用图像”命令，在弹出的对话框中设置参数如图3-126所示，效果如图3-127所示。

图3-126

图3-127

4 切换至“通道”面板，选择“红”通道，在菜单栏中选择“图像”|“应用图像”命令，在弹出的对话框中设置参数如图3-128所示，效果如图3-129所示。

图3-128

图3-129

5 切换至“图层”面板，图像效果如图3-130所示。

6 在菜单栏中选择“图像”|“调整”|“亮度/对比度”命令，在弹出的对话框中设置参数如图3-131所示，效果如图3-132所示。

图3-130

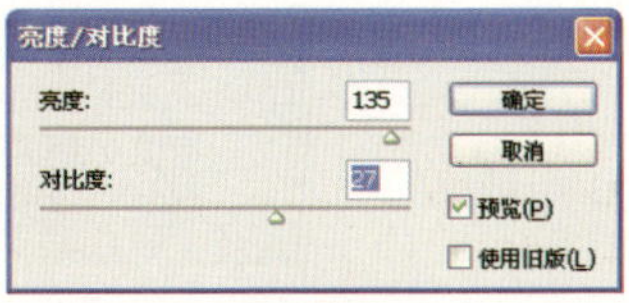

图3-131

图3-132

7 单击“图层”面板底部的“创建新的填充或调整图层”按钮，在弹出的菜单中选择“色相/饱和度”选项，在弹出的面板中设置参数如图3-133所示，效果如图3-134所示。

8 单击工具箱中的“横排文字工具”T，在图像中输入文字，如图3-135所示。

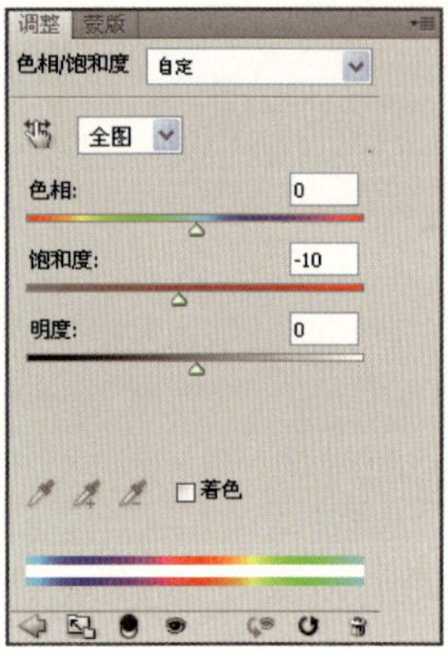

图3-133

图3-134

图3-135

9 选择文字图层右击，在弹出的快捷菜单中选择“栅格化文字图层”命令。将文字图层的混合模式设置为“叠加”，如图3-136所示，效果如图3-137所示。

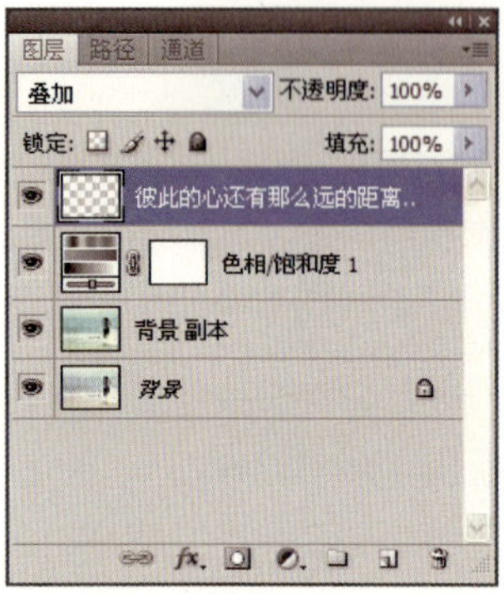

图3-136

图3-137

10 选择文字图层，将其拖曳至“图层”面板底部的“创建新图层”按钮上，得到其副本图层，如图3-138所示。最终效果如图3-139所示。

图3-138

图3-139

原始素材文件：
书中实例素材\第3章\实例7\调出照片的电影特效素材图.jpg

最终效果文件：
书中实例效果图\第3章\实例7\调出照片的电影特效.psd

视频教学文件：
书中实例视频\第3章\实例\3.7.flv

实例7

难易度 ★★★★★

调出照片的电影特效

例前导读

本例视频教程长度：5分6秒

- 使用调整图层调整图像色调。
- 使用“高斯模糊”滤镜模糊图像。

1 打开随书所附光盘中的实例素材“调出照片的电影特效素材图.jpg”，如图3-140所示，将此图层拖曳至“图层”面板底部的“创建新图层”按钮上，得到“背景 副本”图层，如图3-141所示。

2 单击“图层”面板底部的“创建新的填充或调整图层”按钮，在弹出的菜单中选择“曲线”选项，在弹出的面板中设置参数如图3-142所示，效果如图3-143所示。

图3-140

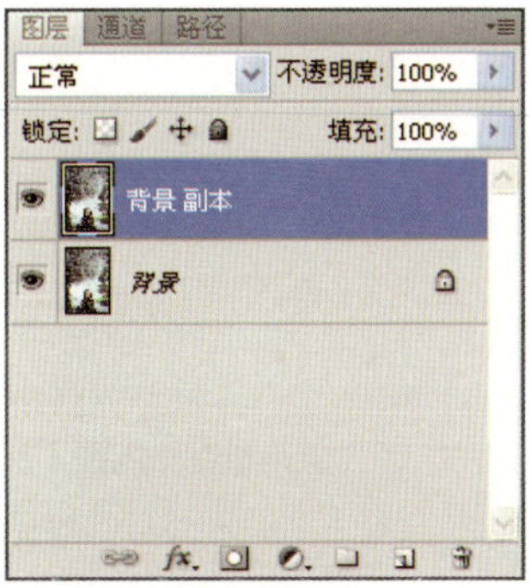

图3-141

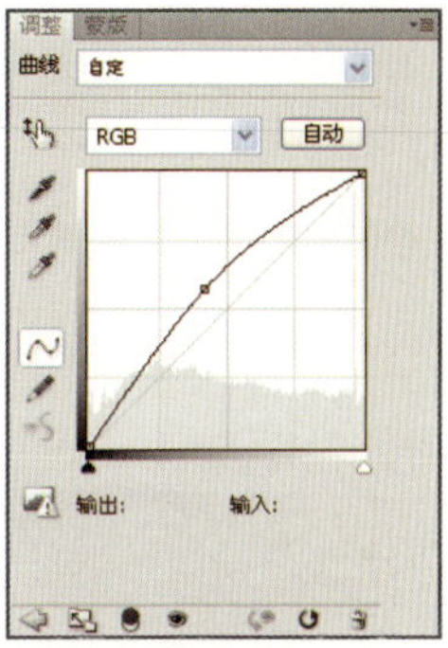

图3-142

图3-143

3 单击“图层”面板底部的“创建新的填充或调整图层”按钮，在弹出的菜单中选择“可选颜色”选项，在弹出的面板中设置参数如图3-144和图3-145所示，效果如图3-146所示。

4 按快捷键Ctrl+Alt+Shift+E盖印所有可见图层，得到“图层1”，如图3-147所示。

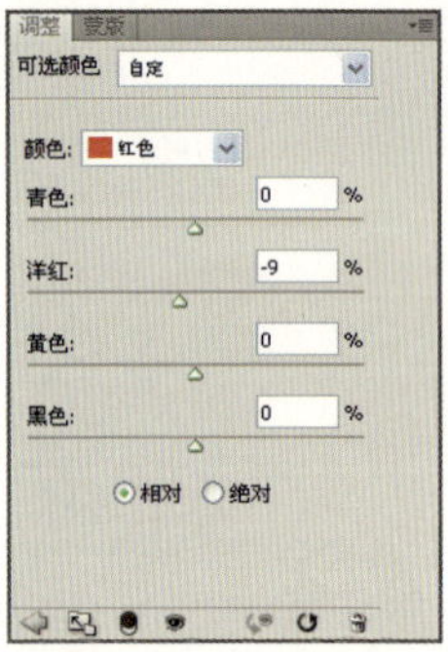

图3-144

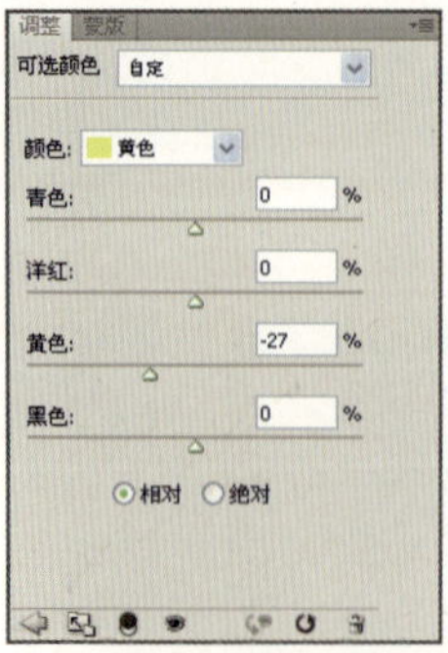

图3-145

图3-146

图3-147

5 在菜单栏中选择“滤镜”|“模糊”|“高斯模糊”命令，在弹出的对话框中设置参数如图3-148所示，效果如图3-149所示。

6 选择“图层1”，单击“图层”面板底部的“添加图层蒙版”按钮，为其添加图层蒙版。将前景色设置为黑色，选择“画笔工具”在人物部分涂抹，效果如图3-150所示。

图3-148

图3-149

图3-150

7 单击“图层”面板底部的“创建新的填充或调整图层”按钮，在弹出的菜单中选择“色阶”选项，在弹出的对话框中设置参数如图3-151至图3-153所示，效果如图3-154所示。

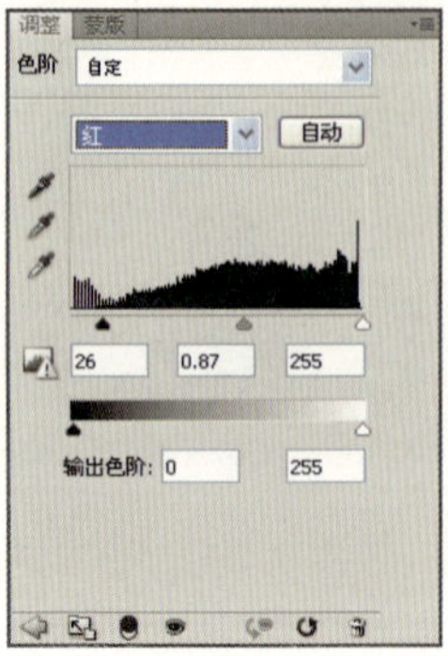

图3-151

图3-152

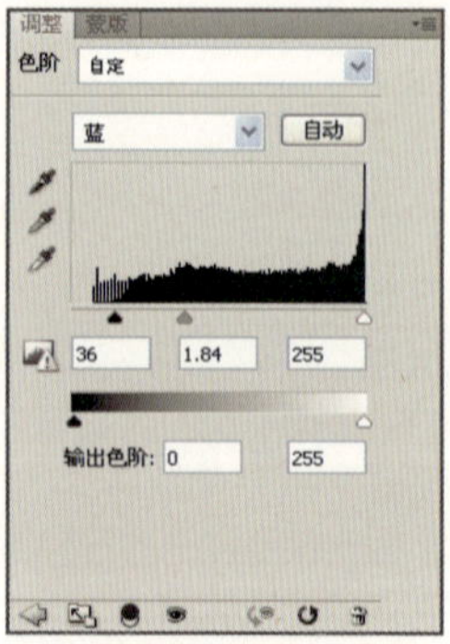

图3-153

图3-154

8 单击“图层”面板底部的“创建新的填充或调整图层”按钮，在弹出的菜单中选择“曲线”选项，在弹出的面板中设置参数如图3-155所示，效果如图3-156所示。

9 单击“图层”面板底部的“创建新的填充或调整图层”按钮，在弹出的菜单中选择“色彩平衡”选项，在弹出的面板中设置参数如图3-157所示，效果如图3-158所示。

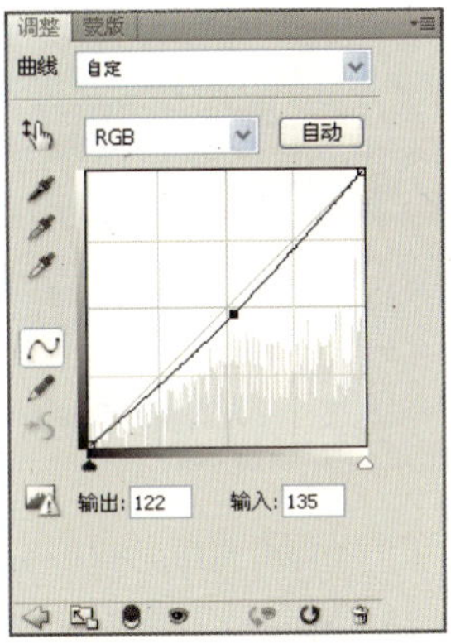

图3-155

图3-156

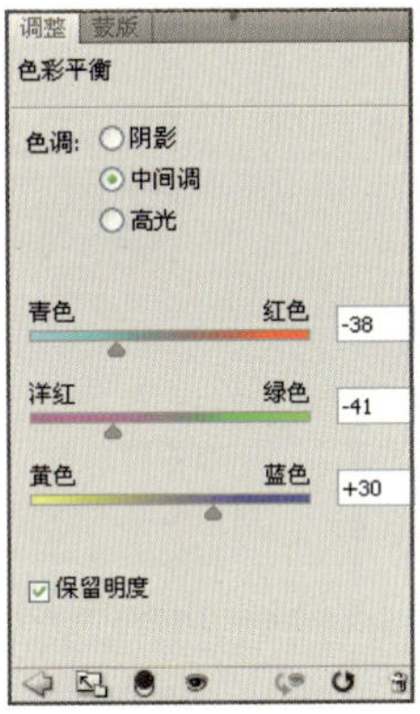

图3-157

图3-158

10 单击“图层”面板底部的“创建新的填充或调整图层”按钮，在弹出的菜单中选择“色相/饱和度”选项，在弹出的面板中设置参数如图3-159所示，效果如图3-160所示。

11 选择“色相/饱和度1”调整图层，将前景色设置为黑色，选择“画笔工具”在人物部分涂抹，如图3-161所示。

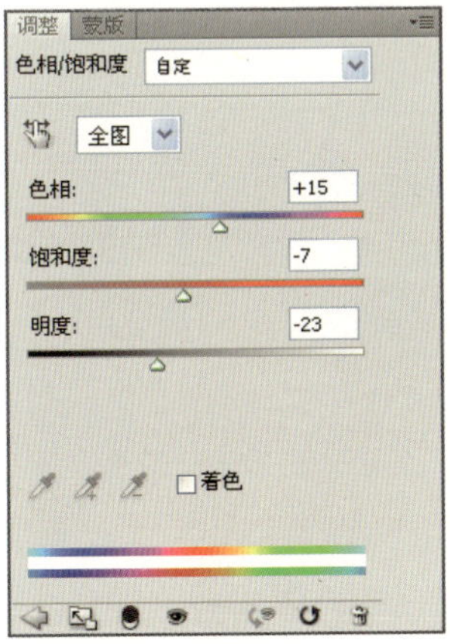

图3-159

图3-160

图3-161

12 单击“图层”面板底部的“创建新的填充或调整图层”按钮，在弹出的菜单中选择“色阶”选项，在弹出的面板中设置参数如图3-162所示，效果如图3-163所示。

13 单击工具箱中的“横排文字工具”，在图像中输入文字。最终效果如图3-164所示。

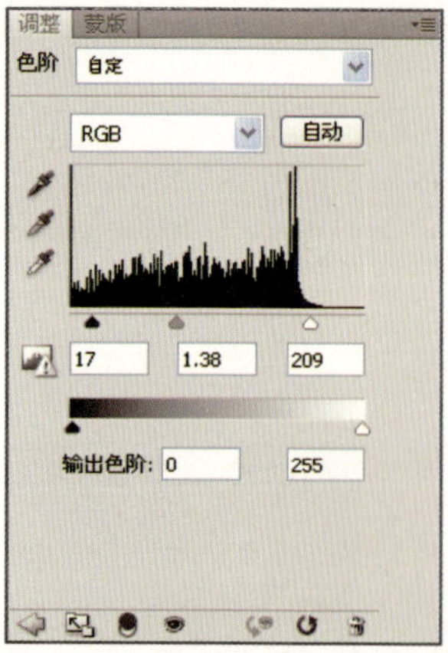

图3-162

图3-163

图3-164

扩展实例8

难易度 ★★★★★

- 原始素材文件：书中实例素材\第3章\扩展实例8\快速调出照片的青灰色素材图.jpg
- 最终效果文件：书中实例效果图\第3章\扩展实例8\快速调出照片的青灰色.psd
- 视频教学文件：书中实例视频\第3章\扩展实例\3.8.flv

快速调出照片的青灰色

重点提示 1 打开随书所附光盘中的扩展实例素材“快速调出照片的青灰色素材图.jpg”，将此图层拖曳至“图层”面板底部的“创建新图层”按钮上，得到“背景 副本”图层。单击“图层”面板底部的“创建新的填充或调整图层”按钮，在弹出的菜单中选择“色相/饱和度”选项，在弹出的面板中设置适当的参数。

重点提示 2 单击“图层”面板底部的“创建新的填充或调整图层”按钮，在弹出的菜单中选择“色阶”选项，在弹出的面板中设置适当的参数。将前景色设置为黑色，选择“画笔工具”，设置画笔的“不透明度”为“10%”，在图像中人物面部涂抹。

原始素材文件：
书中实例素材\第3章\实例8\调出淡雅的色彩素材图.jpg

最终效果文件：
书中实例效果图\第3章\实例8\调出淡雅的色彩.psd

视频教学文件：
书中实例视频\第3章\实例\3.8.flv

实例8

难易度 ★★★★★

调出淡雅的色彩

例前导读

本例视频教程长度：3分48秒

- 通过添加颜色图层并更改图层混合模式制作淡雅效果。
- 使用“智能锐化”滤镜锐化图像。

1 打开随书所附光盘中的实例素材“调出淡雅的色彩素材图.jpg”，如图3-165所示。

2 单击“图层”面板底部的“创建新的填充或调整图层”按钮，在弹出的菜单中选择“曲线”选项，在弹出的面板中设置参数如图3-166所示，效果如图3-167所示。

图3-165

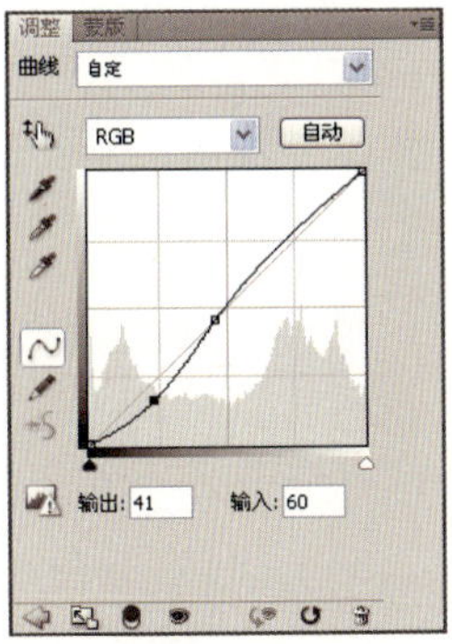

图3-166

图3-167

3 选择“背景”图层，将其拖曳至“图层”面板底部的“创建新图层”按钮上，得到“背景 副本”图层，并将此图层移至面板顶层，设置其图层混合模式为“颜色”，如图3-168所示，效果如图3-169所示。

4 单击“图层”面板底部的“创建新图层”按钮，得到“图层1”，如图3-170所示。

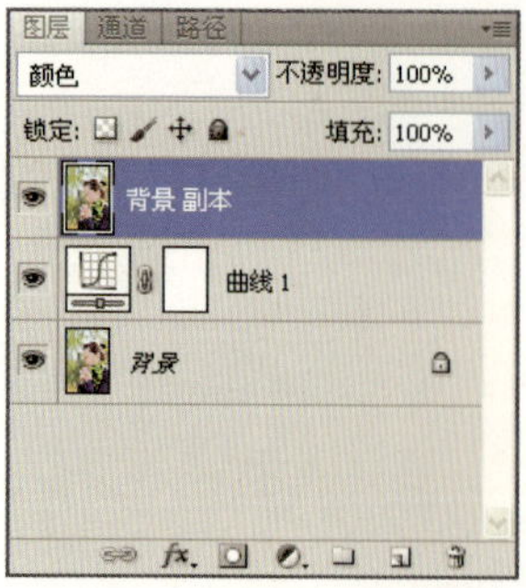

图3-168

图3-169

图3-170

5 单击工具箱底部的设置前景色色块，在弹出的“拾色器（前景色）”对话框中设置参数如图3-171所示。

6 选择“图层2”，将此图层的混合模式设置为“颜色”，“不透明度”设置为“34%”，如图3-172所示，效果如图3-173所示。

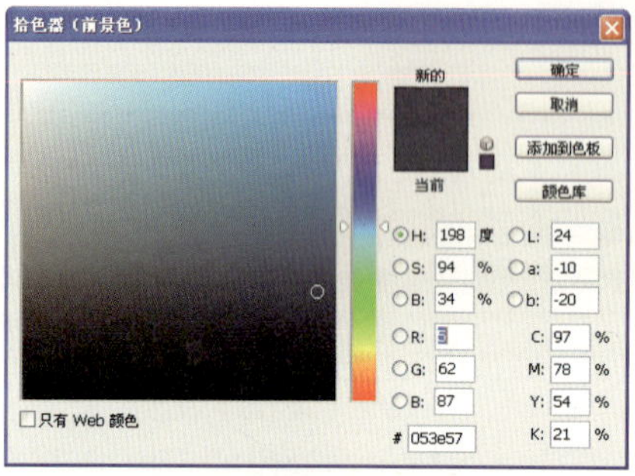

图3-171

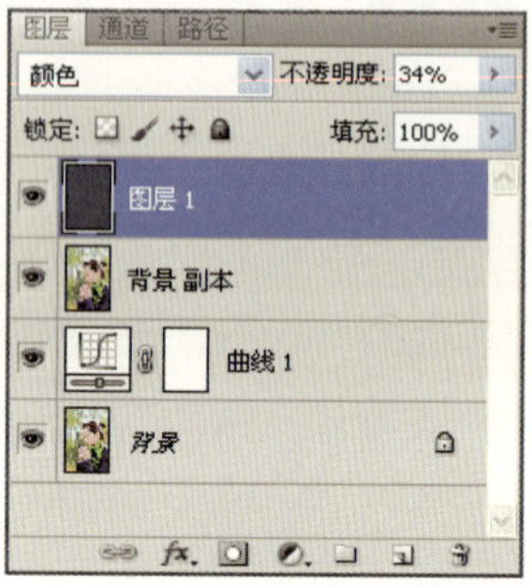

图3-172

图3-173

7 单击“图层”面板底部的“创建新图层”按钮，得到“图层3”，如图3-174所示。

8 单击工具箱底部的设置前景色色块，在弹出的“拾色器（前景色）”对话框中设置参数如图3-175所示。

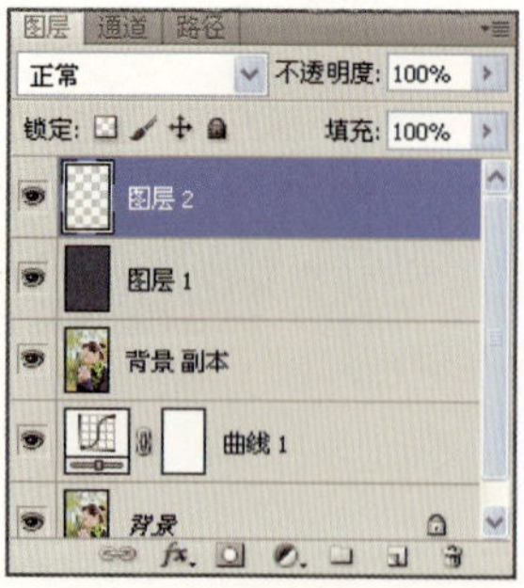

图3-174

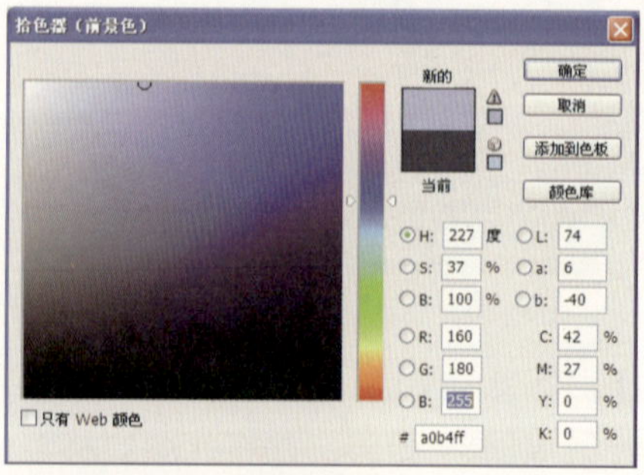

图3-175

9 选择“图层3”，将此图层的混合模式设置为“颜色”，“不透明度”设置为“48%”，如图3-176所示，效果如图3-177所示。

图3-176

图3-177

10 单击“图层”面板底部的“创建新的填充或调整图层”按钮，在弹出的菜单中选择“色阶”选项，在弹出的面板中设置参数如图3-178所示，效果如图3-179所示。

11 按快捷键Ctrl+Alt+Shift+E盖印所有可见图层，得到“图层3”，如图3-180所示。

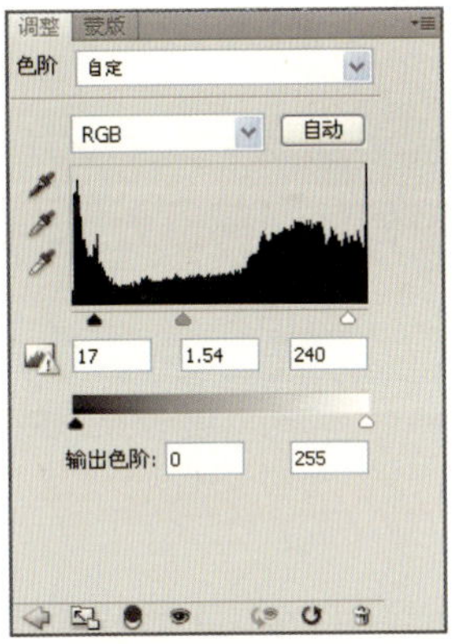

图3-178

图3-179

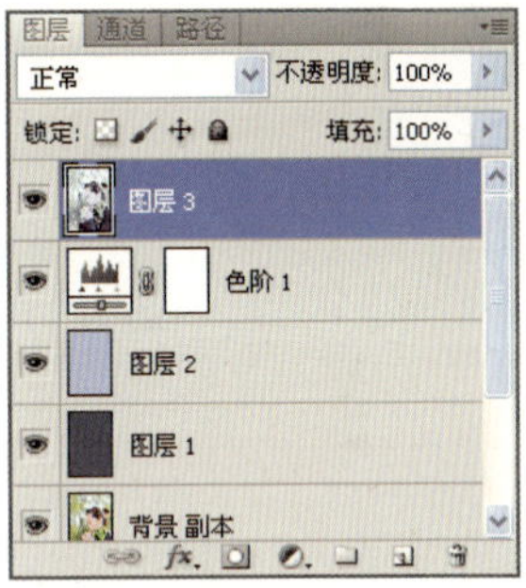

图3-180

12 在菜单栏中选择“滤镜”|“锐化”|“智能锐化”命令，在弹出的对话框中设置参数如图3-181所示。最终效果如图3-182所示。

图3-181

图3-182

扩展实例9

难易度 ★★★★★

- 原始素材文件：书中实例素材\第3章\扩展实例9\制作淡雅色调的照片素材图.jpg
- 最终效果文件：书中实例效果图\第3章\扩展实例9\制作淡雅色调的照片.psd
- 视频教学文件：书中实例视频\第3章\扩展实例\3.9.flv

制作淡雅色调的照片

重点提示 1 打开随书所附光盘中的扩展实例素材“制作淡雅色调的照片素材图.jpg”，将此图层拖曳至“图层”面板底部的“创建新图层”按钮上，得到“背景 副本”图层。单击“图层”面板底部的“创建新的填充或调整图层”按钮，在弹出的菜单中选择“曲线”选项，在弹出的面板中设置曲线参数。将“背景 副本”图层移至面板顶层，将其混合模式设置为“颜色”。

重点提示 2 单击“图层”面板底部的“创建新图层”按钮，得到“图层1”，设置前景色填充。将“图层1”的混合模式设置为“颜色”，“不透明度”设置为“38%”。单击“图层”面板底部的“创建新图层”按钮，得到“图层2”，设置前景色填充。将“图层2”的混合模式设置为“颜色”，“不透明度”设置为“38%”。单击“图层”面板底部的“创建新的填充或调整图层”按钮，在弹出的菜单中选择“色阶”选项，在弹出的面板中设置适当的参数。

重点提示 3 按快捷键Ctrl+Alt+Shift+E盖印所有可见图层，得到“图层3”。在菜单栏中选择“滤镜”|“锐化”|“智能锐化”命令，在弹出的对话框中设置适当的参数。

原始素材文件：
书中实例素材\第3章\实例9\制作相交卡纸效果素材图.jpg

最终效果文件：
书中实例效果图\第3章\实例9\制作相交卡纸效果.psd

视频教学文件：
书中实例视频\第3章\实例\3.9.flv

实例9

难易度 ★★★★★

制作相交卡纸效果

例前导读

本例视频教程长度：3分42秒

- 将图像分割并错位排列。
- 适当地添加调整图层，以创造不同的色调风格。

1 打开随书所附光盘中的实例素材“制作相交卡纸效果素材图.jpg”，如图3-183所示。

2 单击“图层”面板底部的“创建新的填充或调整图层”按扭，在弹出的菜单中选择“渐变映射”选项，在弹出的面板中设置参数如图3-184所示。

图3-183

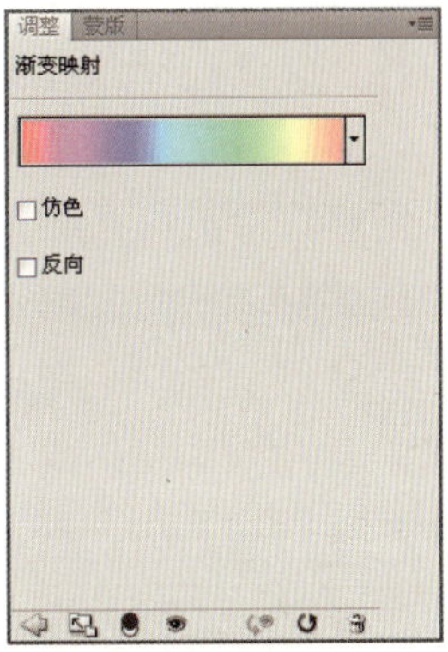

图3-184

3 选择“渐变映射1”调整图层，将此图层的混合模式设置为“颜色”，“不透明度”设置为“23%”，如图3-185所示，效果如图3-186所示。

4 按快捷键Ctrl+Alt+Shift+E盖印所有可见图层，得到“图层1”，如图3-187所示。

图3-185

图3-186

图3-187

5 单击工具箱中的“矩形选框工具”，在画面中绘制选区，如图3-188所示。

6 按快捷键Ctrl+J复制选区内的图像，得到“图层2”，如图3-189所示。按快捷键Ctrl+T调整位置如图3-190所示。

图3-188

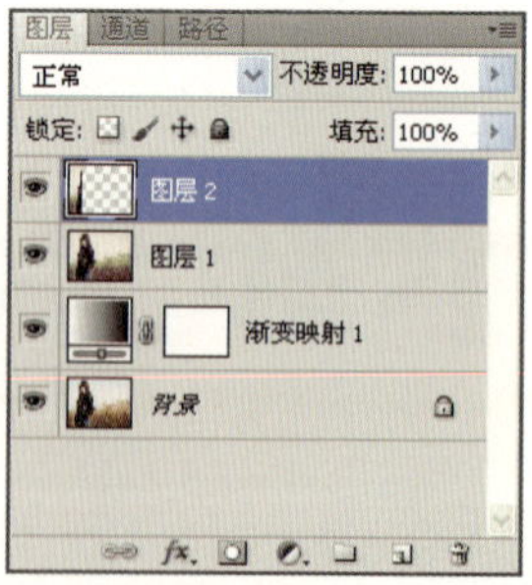

图3-189

图3-190

7 双击“图层2”，在弹出的“图层样式”对话框中设置参数如图3-191至图3-193所示。设置完毕后单击“确定”按钮，效果如图3-194所示。

8 隐藏“图层2”，选择“图层1”。单击工具箱中的“矩形选框工具”，在画面中绘制选区。按快捷键Ctrl+J复制选区内的图像，得到“图层3”，如图3-195所示。按Ctrl+T调整位置如图3-196所示。

9 选择“图层2”并右击，在弹出的快捷菜单中选择“拷贝图层样式”命令，选择“图层3”右击，在弹出的快捷菜单中选择“粘贴图层样式”命令。“图层”面板如图3-197所示。效果如图3-198所示。

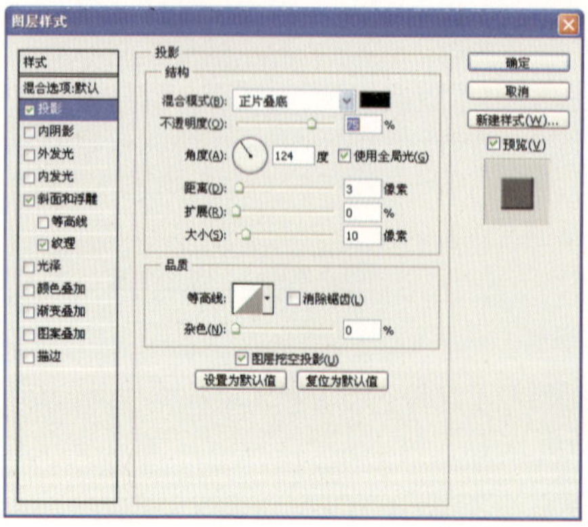

图3-191

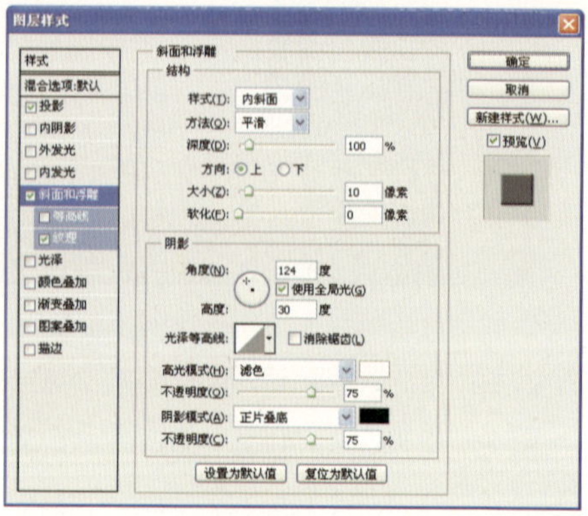

图3-192

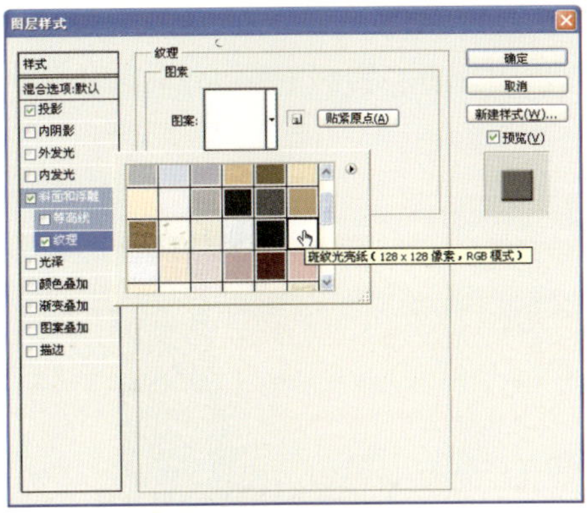

图3-193

图3-194

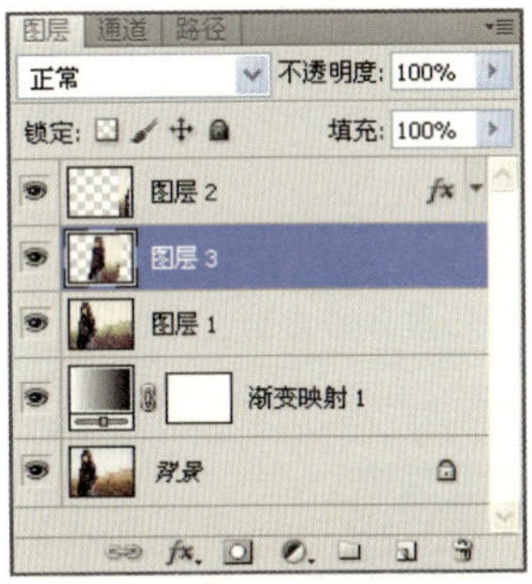

图3-195

图3-196

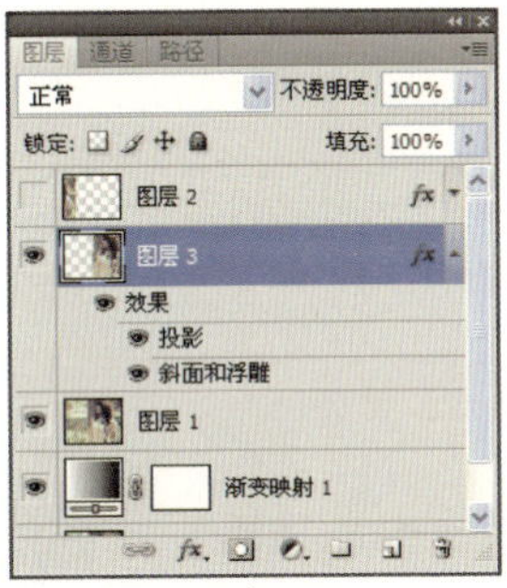

图3-197

图3-198

10 选择“图层1”，单击工具箱中的“矩形选框工具”，在画面中绘制选区。按快捷键Ctrl+J复制选区内的图像，得到“图层4”，如图3-199所示。按快捷键Ctrl+T调整位置如图3-200所示。

11 单击工具箱中的“横排文字工具”T，在图像中输入文字，如图3-201所示。

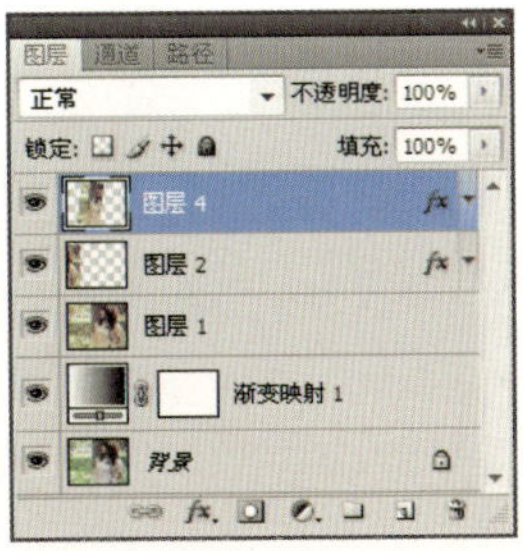

图3-199

图3-200

图3-201

12 单击“图层”面板底部的“创建新的填充或调整图层”按钮，在弹出的菜单中选择“色彩平衡”选项，在弹出的面板中设置参数如图3-202至图3-204所示。设置完毕后单击关闭按钮，效果如图3-205所示。

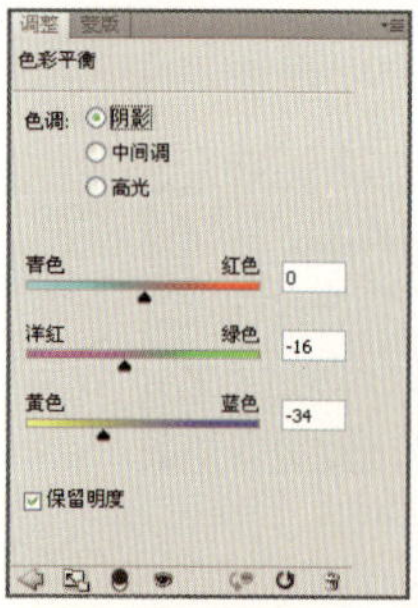
图3-202

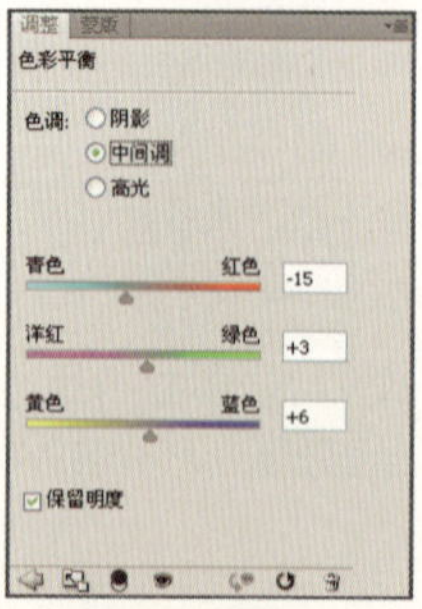
图3-203

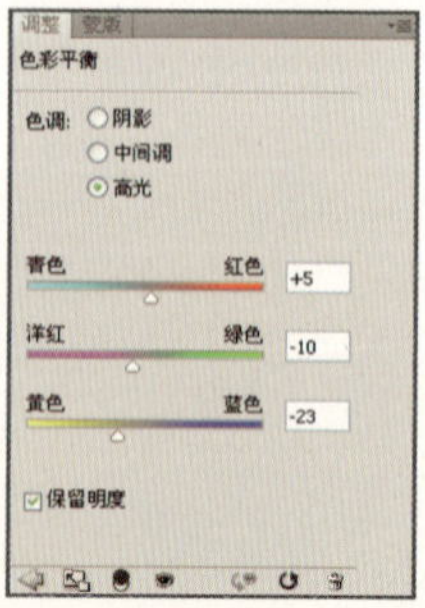
图3-204

图3-205

扩展实例10

难易度 ★★★★★

- 原始素材文件：书中实例素材\第3章\扩展实例10\制作拼合照片效果素材图.jpg
- 最终效果文件：书中实例效果图\第3章\扩展实例10\制作拼合照片效果.psd
- 视频教学文件：书中实例视频\第3章\扩展实例\3.10.flv

制作拼合照片效果

重点提示 1 打开随书所附光盘中的扩展实例素材“制作拼合照片效果素材图.jpg”，将此图层拖曳至“图层”面板底部的“创建新图层”按钮上，得到“背景 副本”图层。单击工具箱中的“矩形选框工具”，按快捷键Alt+S+T变换选区。按快捷键Ctrl+J复制选区内的图像，得到“图层1”。单击“图层”面板底部的“添加图层样式”按钮，为“图层1”添加图层样式。

重点提示 2 选择“背景 副本”图层，单击“图层”面板底部的“创建新的填充或调整图层”按钮，在弹出的菜单中选择“曲线”选项，在弹出的面板中设置曲线参数值。单击“图层”面板底部的“创建新的填充或调整图层”按钮，在弹出的菜单中选择“渐变”选项，在弹出的对话框中设置渐变参数。将“渐变填充1”调整图层的混合模式设置为“色相”，并将该图层移至“图层1”下方。选择“渐变填充1”调整图层的蒙版缩览图，将前景色设置为黑色，选择“画笔工具”在人物面部涂抹。

重点提示 3 单击工具箱中的“横排文字工具”，为图像添加文字，并为文字添加“投影”图层样式。单击“图层”面板底部的“创建新的填充或调整图层”按钮，在弹出的菜单中选择“亮度/对比度”选项，在弹出的面板中设置适当的参数。

原始素材文件：
书中实例素材\第3章\实例10\制作相片底片效果素材图.jpg

最终效果文件：
书中实例效果图\第3章\实例10\制作相片底片效果.psd

视频教学文件：
书中实例视频\第3章\实例\3.10.flv

实例10

难易度 ★★★★★

制作相片底片效果

例前导读

本例视频教程长度：9分39秒

- 使用“定义图案”命令定义图案并填充选区，以制作胶片。
- 使用“差值”混合模式将照片变为底片效果。

1 按快捷键Ctrl+N，在弹出的对话框中设置各项参数如图3-206所示。

2 单击工具箱中的“圆角矩形工具”，在其工具选项栏中设置“半径”为“5像素”，单击“路径”按钮，在图像中绘制路径，按快捷键Ctrl+Enter将路径转换为路径。按快捷键Shift + Ctrl +I反选选区并填充黑色，如图3-207所示。

3 在菜单栏中选择“编辑” | “定义图案”命令，在弹出的对话框中单击“确定”按钮，如图3-208所示。

4 打开随书所附光盘中的实例素材“制作相片底片效果素材图.jpg”，如图3-209所示。

5 将“背景”图层拖曳至“图层”面板底部的“创建新图层”按钮上，得到“背景副本”图层。选择“背景”图层，将前景色设置为白色，按快捷键Alt+Delete填充前景色，如图3-210所示。

6 选择“背景 副本”图层，单击工具箱中的“矩形选框工具”，在图像中绘制选区如图3-211所示。

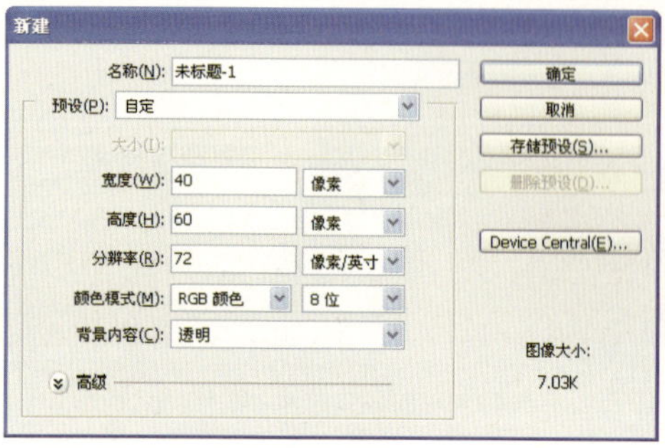

图3-206

图3-207

图3-208

图3-209

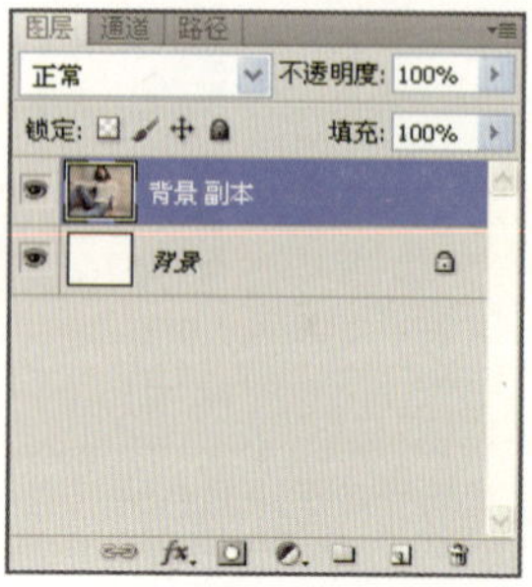

图3-210

图3-211

7 选择“背景 副本”图层，单击“图层”面板底部的“创建新的填充或调整图层”按钮，在弹出的菜单中选择“图案”选项，在弹出的对话框中设置各项参数如图3-212所示。

8 将“图案填充1”调整图层拖曳至“图层”面板底部的“创建新图层”按钮上，得到“图案填充1 副本”调整图层，并将其移至下方，效果如图3-213所示。

9 选择“背景 副本”图层，按快捷键Ctrl+T调出自由变换框调整图像的大小。调整完毕后按Enter键确认变换操作，效果如图3-214所示。

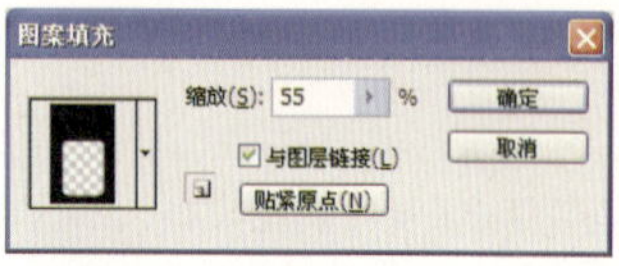

图3-212

图3-213

图3-214

10 单击“图层”面板底部的“创建新图层”按钮，得到“图层1”，如图3-215所示。

11 按住Ctrl键单击“背景 副本”图层，以提取选区，如图3-216所示。

12 选择“图层1”，将前景色设置为白色，按快捷键Alt+Delete填充前景色。将“图层1”的混合模式设置为“差值”，如图3-217所示，效果如图3-218所示。

13 单击“图层”面板底部的“创建新的填充或调整图层”按钮，在弹出的菜单中选择“色相/饱和度”选项，在弹出的面板中设置参数如图3-219所示。效果如图3-220所示。

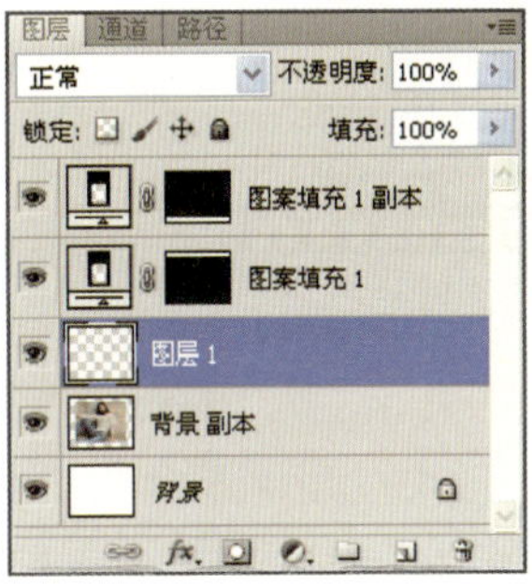

图3-215

图3-216

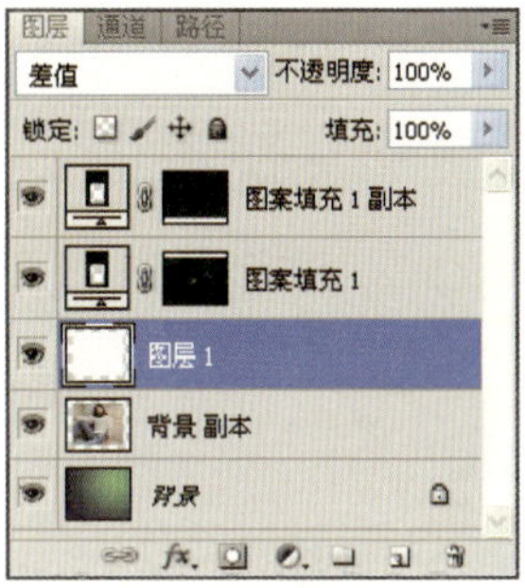

图3-217

图3-218

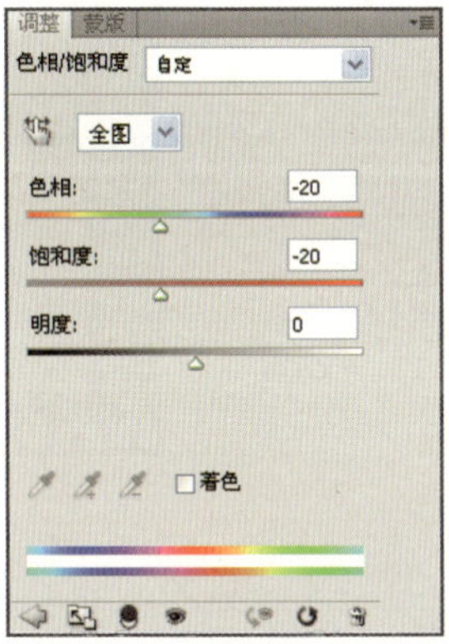

图3-219

图3-220

14 单击“图层”面板底部的“创建新图层”按钮，得到“图层2”，如图3-221所示。

15 将前景色设置为黑色，单击工具箱中的“矩形选框工具”，按快捷键Alt+Delete填充前景色，如图3-222所示。

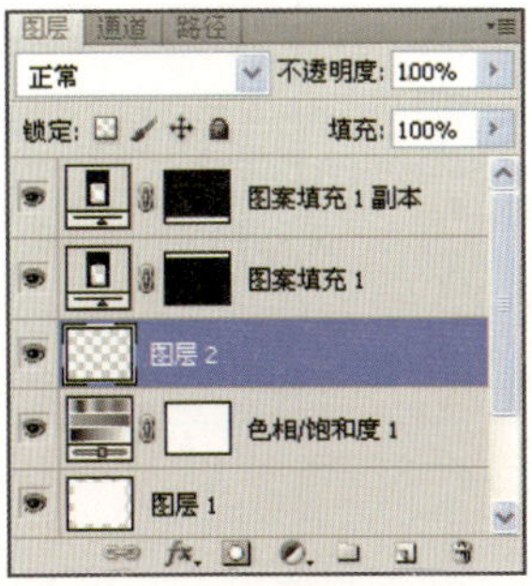

图3-221

图3-222

16 按住Ctrl键分别单击“背景 副本”图层、“图层1”和“色相/饱和度1”调整图层，按快捷键Ctrl+Alt+E盖印图层，得到“色相/饱和度1（合并）”图层，如图3-223所示，选择“移动工具”将此图层中的图像移至画面左边，如图3-224所示。

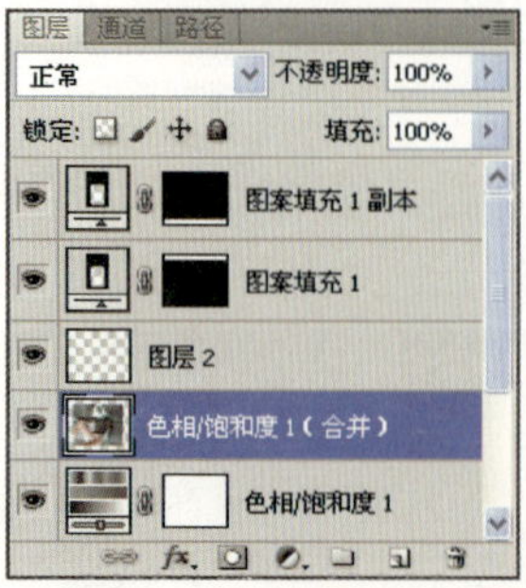

图3-223

图3-224

17 选择“图层2”，将其拖曳至“图层”面板底部的“创建新图层”按钮上，得到“图层2 副本”图层，如图3-225所示，选择“移动工具”，将其移至适当位置，效果如图3-226所示。

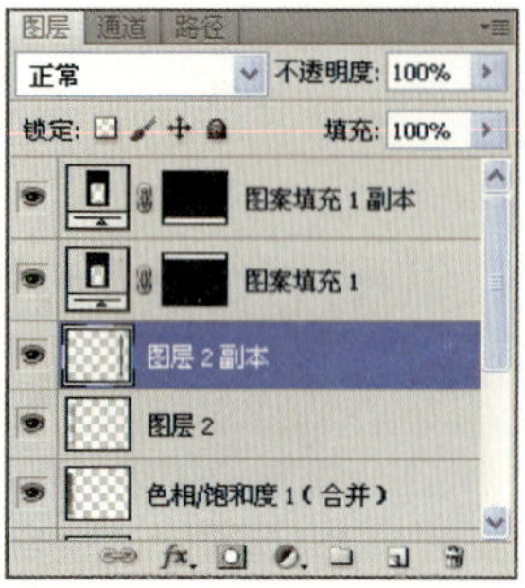

图3-225

图3-226

18 选择“色相/饱和度1（合并）”图层，将其拖曳至“图层”面板底部的“创建新图层”按钮上，得到“色相/饱和度1（合并）副本”图层，如图3-227所示，选择“移动工具”将其移至右边，效果如图3-228所示。

19 隐藏“背景”图层，按快捷键Ctrl+Alt+Shift+E盖印所有可见图层，得到“图层3”。隐藏“图层3”和“背景”图层除外的所有图层，如图3-229所示。

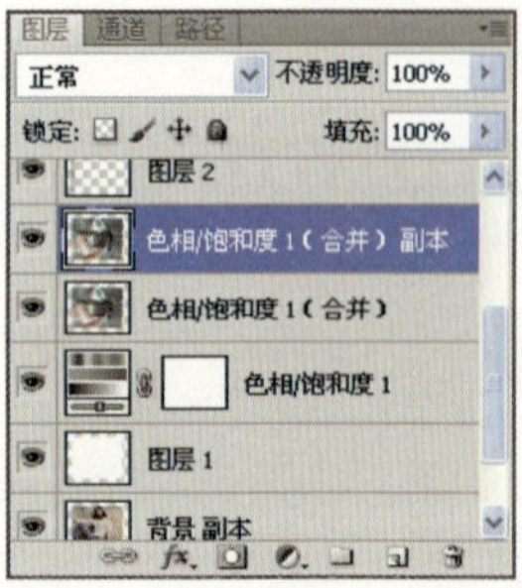

图3-227

图3-228

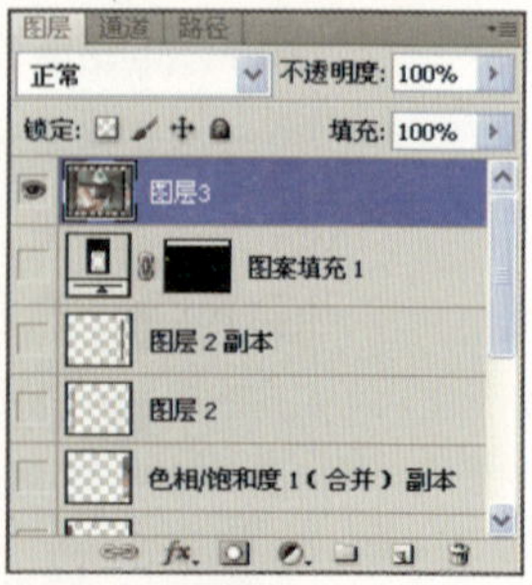

图3-229

20 按快捷键Ctrl+T调出自由变换框，调整图像的角度如图3-230所示，调整完毕后按Enter键确认变换操作。

21 双击“图层3”，在弹出的对话框中设置各项参数如图3-231所示，设置完毕后单击“确定”按钮。

图3-230

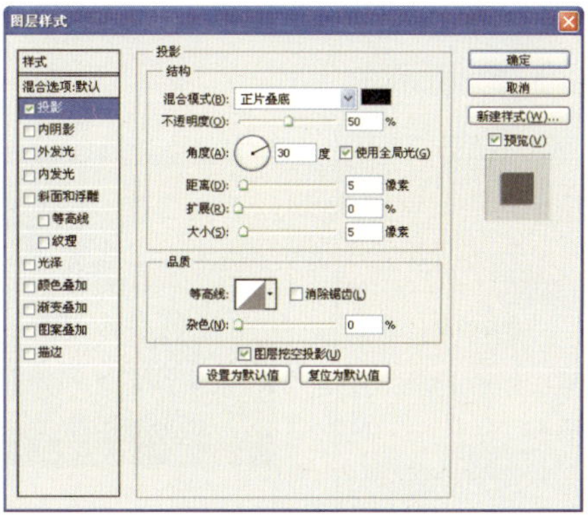

图3-231

22 在“图层”面板上右击“图层3”的“投影”图层样式，在弹出的快捷菜单中选择“创建图层”命令，得到“‘图层3’的投影”图层，如图3-232所示。按快捷键Ctrl+T调出自由变换框，调整图像的角度如图3-233所示，调整完毕后按Enter键确认变换操作。

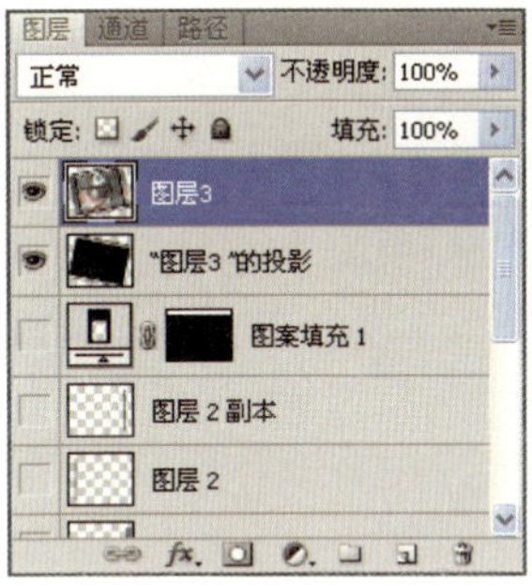

图3-232

图3-233

23 双击“图层3”，在弹出的“图层样式”对话框中设置各项参数如图3-234所示，设置完毕后单击“确定”按钮，效果如图3-235所示。

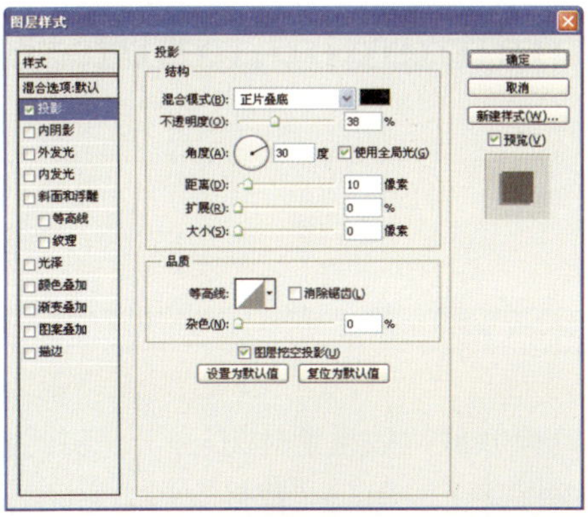

图3-234

图3-235

24 选择“背景”图层，如图3-236所示，单击工具箱底部的设置前景色色块，在弹出的“拾色器（前景色）”对话框中设置参数如图3-237所示，设置完毕后单击“确定”

按钮。

25 单击工具箱中的“渐变工具”，在其工具选项栏中编辑渐变条为“前景色到背景色的渐变”，单击工具属性栏上的“径向渐变”按钮，在图像中拖出渐变，最终效果如图3-238所示。

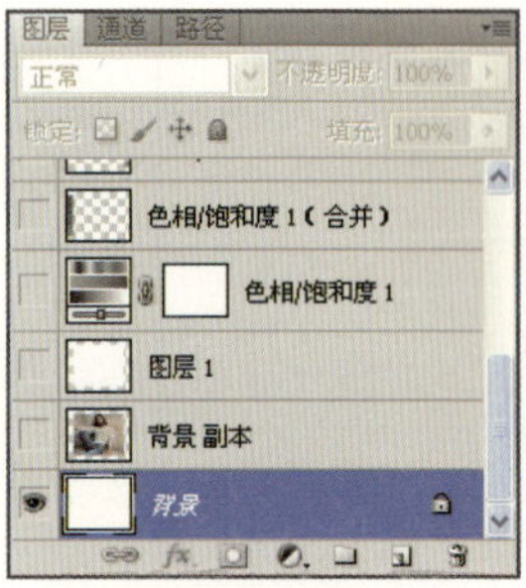

图3-236

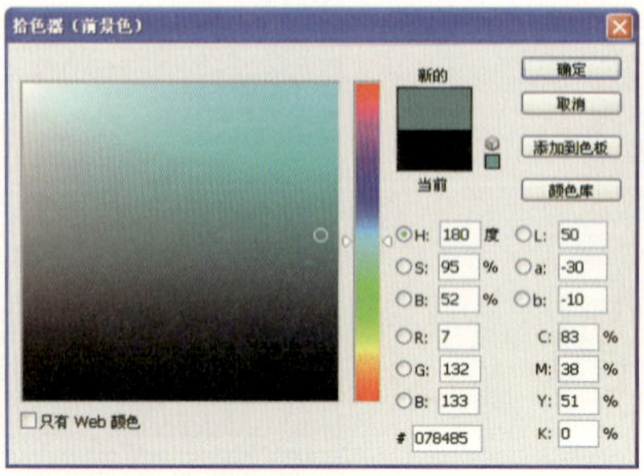

图3-237

图3-238

扩展实例11

难易度 ★★★★★

- 原始素材文件：书中实例素材\第3章\扩展实例11\制作全景底片效果素材图.jpg
- 最终效果文件：书中实例效果图\第3章\扩展实例11\制作全景底片效果.psd
- 视频教学文件：书中实例视频\第3章\扩展实例\3.11.flv

制作全景底片效果

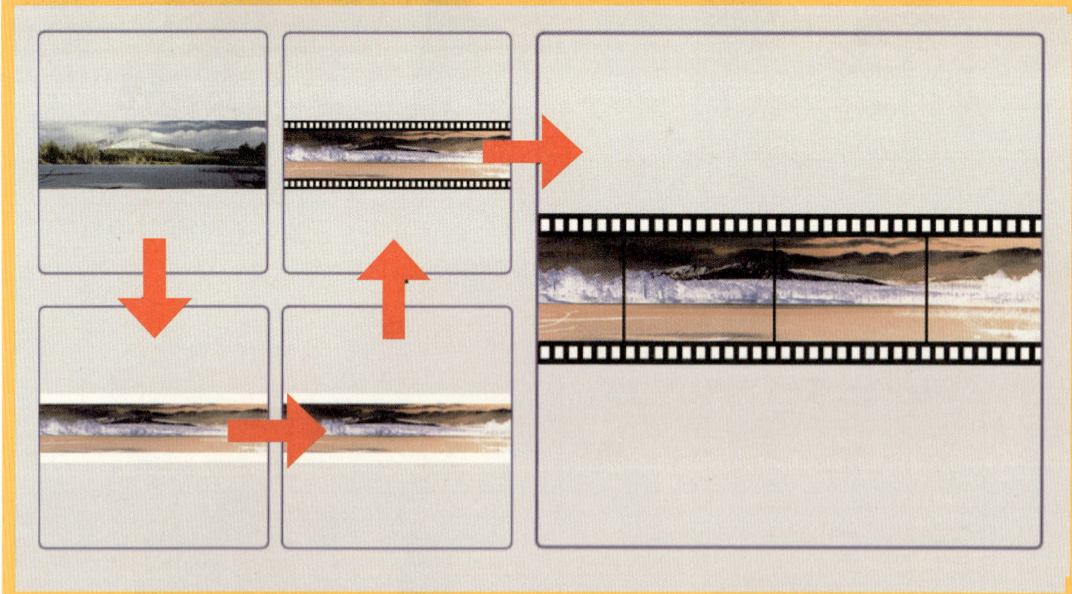

重点提示 1 打开随书所附光盘中的扩展实例素材“制作全景底片效果素材图.jpg”，将此图层拖曳至“图层”面板底部的“创建新图层”按钮上，得到“背景 副本”图层，并将此图层的混合模式设置为“差值”。新建一个图层，得到“图层1”，并填充白色。选择“背景 副本”图层，单击“图层”面板底部的“创建新的填充或调整图层”按钮，在弹出的菜单中选择“亮度/对比度”选项，在弹出的面板中设置参数。

重点提示 2 按快捷键Ctrl+N，创建一个新文档（7cm×9cm，分辨率150像素/英寸，背景透明），在画面中绘制图形。在主文档中选择"背景 副本"图层，在菜单栏中选择"编辑"|"自由变换"命令，将图像缩小。选择"亮度/对比度"调整图层，使用"矩形选框工具"在图像上方空白处创建选区。添加"图案填充1"调整图层，在对话框中选择刚定义的图案，并调整图案至合适大小。

重点提示 3 复制"图案填充1"调整图层，得到"图案填充1副本"图层，使用"移动工具"将其移至图像下方空白处。新建一个图层，得到"图层2"，使用"直线工具"绘制垂直黑色直线，并摆放在合适位置。复制"图层2"两次，并分别置于合适位置。

原始素材文件：
书中实例素材\第3章\实例11\制作双面佳丽素材图1.jpg、素材图2.jpg

最终效果文件：
书中实例效果图\第3章\实例11\制作双面佳丽.psd

视频教学文件：
书中实例视频\第3章\实例\3.11.flv

实例11

难易度 ★★★★★

制作双面佳丽

例前导读

本例视频教程长度：5分4秒

- 使用"套索工具"选取人物。
- 使用"滤镜"命令在通道中制作网点特效。

1 打开随书所附光盘中的实例素材"制作双面佳丽素材图1.jpg"，如图3-239所示。单击工具箱中的"套索工具"，沿着人物边缘绘制选区。按快捷键Ctrl+J复制选区内的图像，得到"图层1"，如图3-240所示。

2 切换至"通道"面板，单击"通道"面板底部的"将选区存储为通道"按钮，得到"Alpha1"通道。按快捷键Ctrl+D取消选区，如图3-241所示。

3 在菜单栏中选择"滤镜"|"其它"|"最大值"命令，在弹出的对话框中设置参数如图3-242所示。设置完毕后单击"确定"按钮，效果如图3-243所示。

图3-239

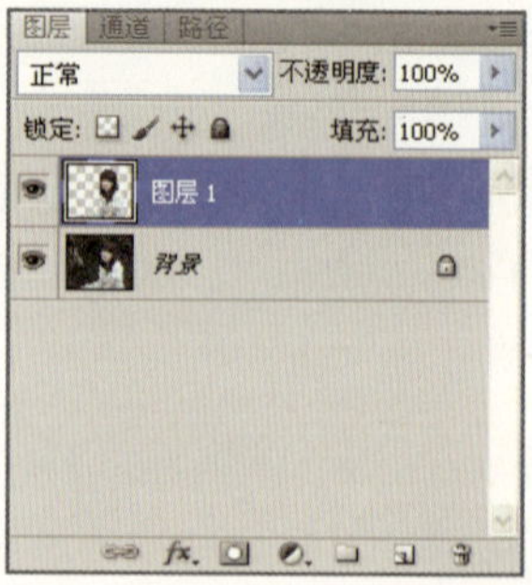

图3-240

图3-241

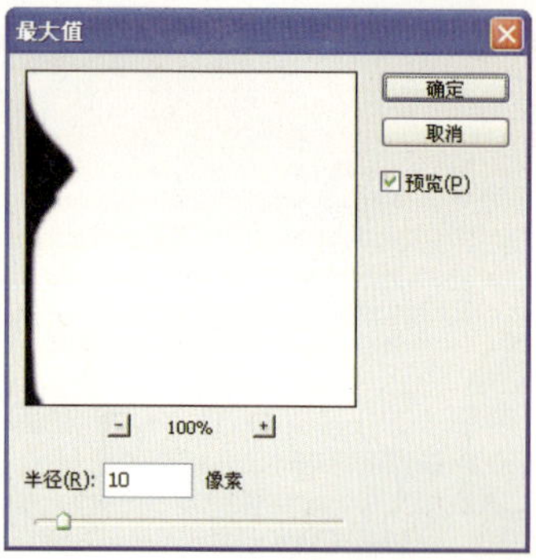

图3-242

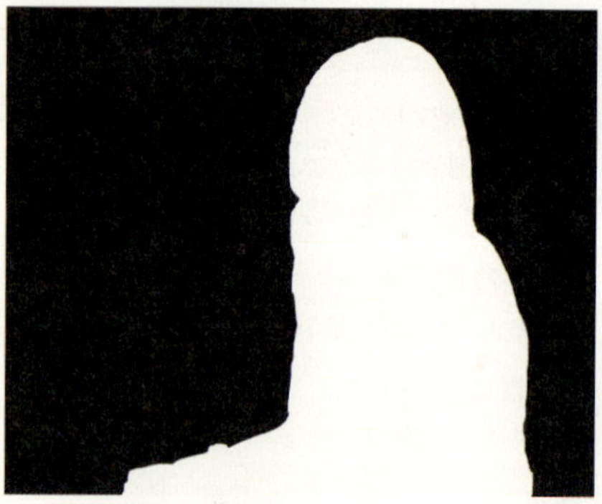

图3-243

技巧与提示

“最大值”滤镜通过提亮暗区边缘像素，将图像中的亮区放大，以消减暗区。“半径”参数决定了提亮边缘像素的数量。

4 在菜单栏中选择“滤镜”|“模糊”|“高斯模糊”命令，在弹出的对话框中设置参数如图3-244所示。设置完毕后单击“确定”按钮，效果如图3-245所示。

5 按快捷键Ctrl+I反相图像，如图3-246所示。

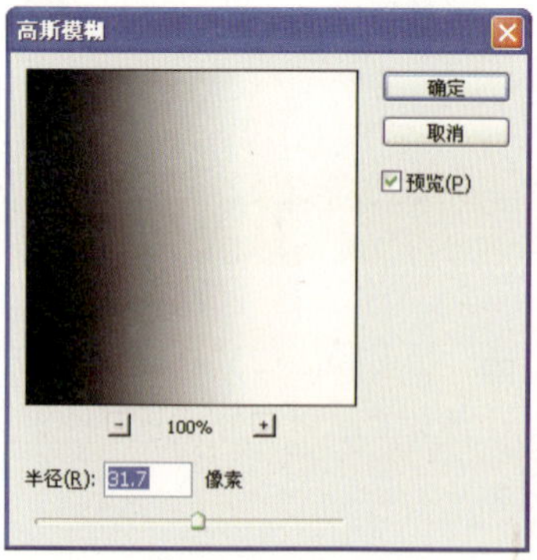

图3-244

图3-245

图3-246

6 在菜单栏中选择“滤镜”|“像素化”|“彩色半调”命令，在弹出的对话框中设置参数如图3-247所示，设置完毕后单击“确定”按钮。按快捷键Ctrl+I反相图像，如图3-248所示。

技巧与提示

“彩色半调”滤镜模拟在图像的每个通道上使用放大的半调网屏效果。对于每个通道，滤镜将图像划分为矩形，并用图形替换每个矩形，图形的大小与矩形的亮度成比例。

7 按住Ctrl键单击“Alpha1”通道，调出其选区。切换至“图层”面板，单击“图层”面板底部的“创建新图层”按钮，得到“图层2”，如图3-249所示。

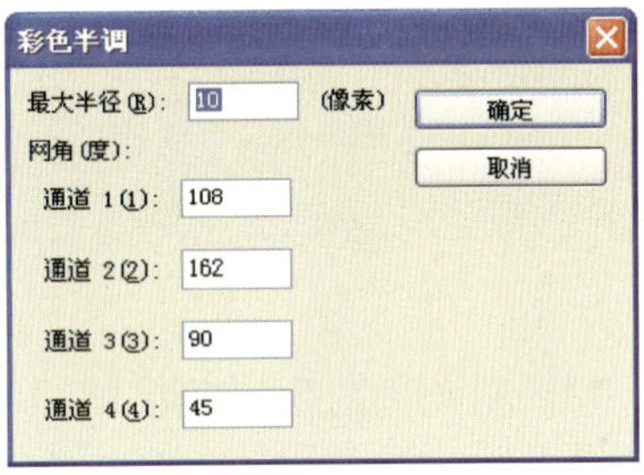

图3-247

图3-248

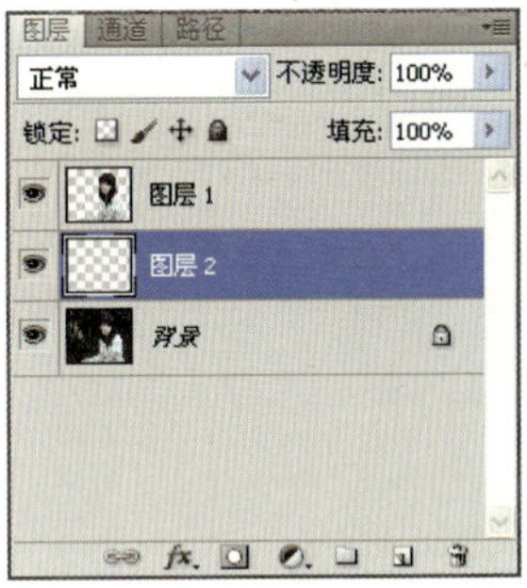

图3-249

8 将前景色设置为白色， 按快捷键Alt+Delete填充前景色，如图3-250所示。

9 保持选区不变，单击“图层”面板底部的“创建新的填充或调整图层”按钮，在弹出的菜单中选择“渐变”选项，在弹出的对话框中设置各项参数如图3-251和图3-252所示。设置完毕后单击“确定”按钮。

图3-250

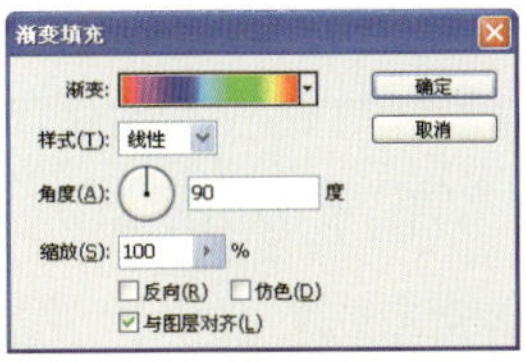

图3-251

图3-252

技巧与提示

在系统默认状态下，“渐变编辑器”的“预设”选项中设有名称为“橙色、黄色、红色”的渐变，将其调出需要单击“预设”选项右侧的扩展按钮，在弹出的下拉菜单中选择“协调色2”选项，选择完毕后在“预设”窗口中的最下方可以找到名称为“橙色、黄色、红色”的渐变。

10 隐藏“背景”图层和“图层2”，按快捷键Ctrl+Alt+Shift+E盖印所有可见图层，得到“图层3”，如图3-253所示，效果如图3-254所示。

11 打开随书所附光盘中的实例素材“素材图2.jpg”，如图3-255所示。

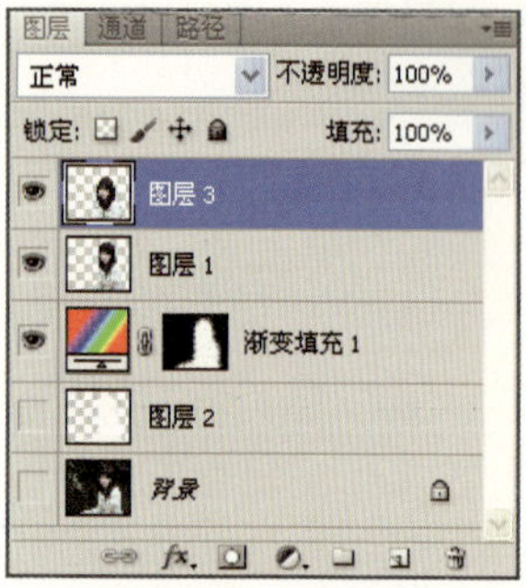

图3-253

图3-254

图3-255

12 将原文档的“图层3”拖曳至新打开的文档中，得到“图层1”，效果如图3-256所示。

13 选择“图层1”，将其拖曳至“图层”面板底部的“创建新图层”按钮上，得到“图层1 副本”图层。选择“移动工具”，在菜单栏中选择“编辑”|“变换”|“水平翻转”命令，将图像移至适当位置，如图3-257所示。

图3-256

图3-257

14 单击工具箱中的“裁剪工具”，在图像中拖动，如图3-258所示，按Enter键确认裁剪操作，最终效果如图3-259所示。

图3-258

图3-259

原始素材文件：
书中实例素材\第3章\实例12\将照片调整为反转片效果素材图.jpg

最终效果文件：
书中实例效果图\第3章\实例12\将照片调整为反转片效果.psd

视频教学文件：
书中实例视频\第3章\实例\3.12.flv

实例12

难易度 ★★★★★

将照片调整为反转片效果

例前导读

本例视频教程长度：3分22秒

- 使用“应用图像”命令调整各通道色值。
- 使用调整图层调整图像色调。

1 打开随书所附光盘中的实例素材“将照片调整为反转片效果素材图.jpg”，如图3-260所示，将此图层拖曳至“图层”面板底部的“创建新图层”按钮 上，得到“背景 副本”图层，如图3-261所示。

图3-260

图3-261

2 切换至“通道”面板，选择“蓝”通道，在菜单栏中选择“图像”|“应用图像”命令，在弹出的对话框中设置各项参数如图3-262所示。设置完毕后单击“确定”按钮，效果如图3-263所示。

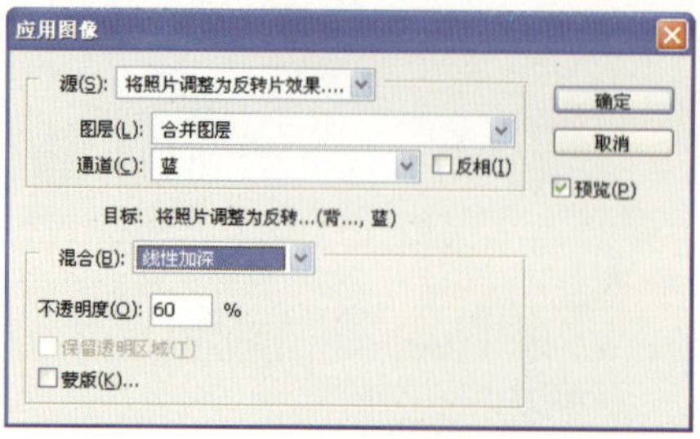

图3-262

图3-263

3 选择“绿”通道，在菜单栏中选择“图像”|“应用图像”命令，在弹出的对话框中设置各项参数如图3-264所示。设置完毕后单击“确定”按钮，效果如图3-265所示。

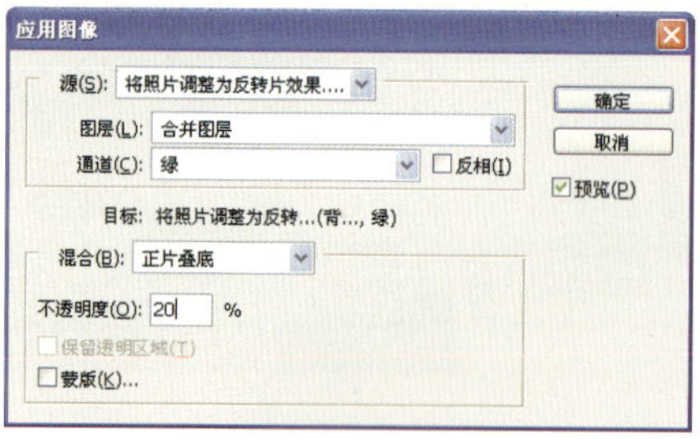

图3-264

图3-265

4 选择“红”通道，在菜单栏中选择“图像”|“应用图像”命令，在弹出的对话框中设置各项参数如图3-266所示，设置完毕后单击“确定”按钮，效果如图3-267所示。

图3-266

图3-267

5 切换至“图层”面板，此时的图像效果如图3-268所示。

6 单击“图层”面板底部的“创建新的填充或调整图层”按钮，在弹出的菜单中选择“色阶”选项，在弹出的面板中设置参数如图3-269至图3-271所示，设置完毕后单击关闭按钮，效果如图3-272所示。

图3-268

7 将前景色设置为白色，单击工具箱中的“横排文字工具”T，在图像中输入文字，如图3-273所示，“图层”面板如图3-274所示。

8 单击工具箱中的“横排文字工具”T，在图像中再次输入文字，效果如图3-275所示。

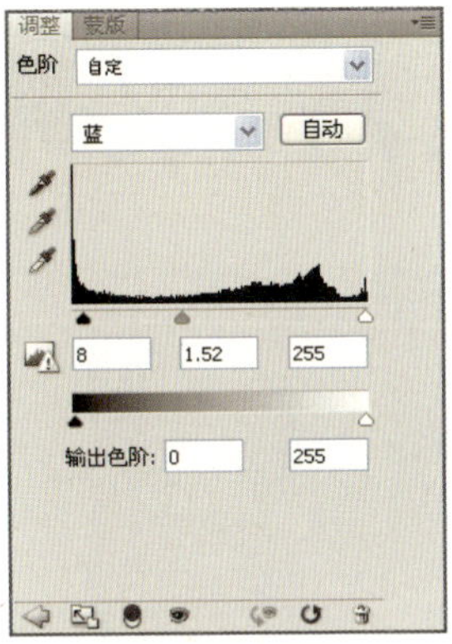

图3-269

图3-270

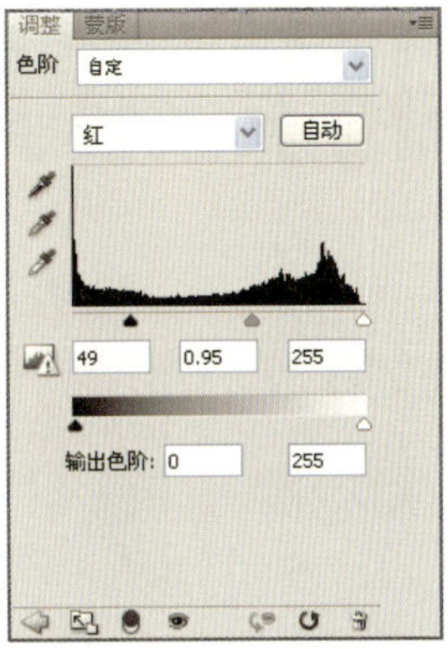

图3-271

图3-272

图3-273

图3-274

图3-275

9 同时选中所有文字图层，使用“移动工具”移至适当位置，最终效果如图3-276所示。

图3-276

扩展实例12

难易度 ★★★★★

- 原始素材文件：书中实例素材\第3章\扩展实例12\制作照片的反转底片效果素材图.jpg
- 最终效果文件：书中实例效果图\第3章\扩展实例12\制作照片的反转底片效果.psd
- 视频教学文件：书中实例视频\第3章\扩展实例\3.12.flv

制作照片的反转底片效果

重点提示 **1** 打开随书所附光盘中的扩展实例素材“制作照片的反转底片效果素材图.jpg”，将此图层拖曳至“图层”面板底部的“创建新图层”按钮上，得到“背景 副本”图层。切换至“通道”面板，选择“蓝”通道，在菜单栏中选择“图像”|“应用图像”命令，在弹出的对话框中的“混合”下拉列表中选择“正片叠底”选项，设置“不透明度”为“60%”，设置完毕后单击“确定”按钮。

重点提示 **2** 选择“绿”通道，在菜单栏中选择“图像”|“应用图像”命令，在弹出的对话框中的“混合”下拉列表中选择“正片叠底”选项，设置“不透明度”为“20%”。选择“红”通道，在菜单栏中选择“图像”|“应用图像”命令，在弹出的对话框中的“混合”下拉列表中选择“颜色加深”选项，设置“不透明度”为“30%”，设置完毕后单击“确定”按钮。

重点提示 **3** 单击“图层”面板底部的“创建新的填充或调整图层”按钮，在弹出的菜单中选择“色阶”选项，在弹出的面板中设置参数。单击工具箱中的“横排文字工具”，设置前景色为白色，在画面右边输入文字，并添加“外发光”图层样式。

原始素材文件：
书中实例素材\第3章\实例13\制作单色调照片特效素材图.jpg

最终效果文件：
书中实例效果图\第3章\实例13\制作单色调照片特效.psd

视频教学文件：
书中实例视频\第3章\实例\3.13.flv

实例13

难易度 ★★★★★

制作单色调照片特效

例前导读

本例视频教程长度：3分34秒

- 使用调整图层为图像添加单一的色调。
- 使用“色彩平衡”调整图层调整图像。

1 打开随书所附光盘中的实例素材“制作单色调照片特效素材图.jpg”，如图3-277所示。选择“背景”图层，将其拖曳至“图层”面板底部的“创建新图层”按钮上，得到“背景 副本”图层，如图3-278所示。

图3-277

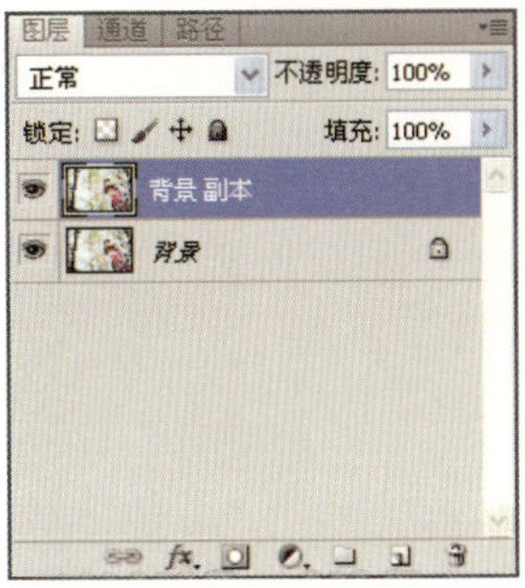

图3-278

2 单击“图层”面板底部的“创建新的填充或调整图层”按钮，在弹出的菜单中选择“渐变映射”选项，在弹出的面板中设置参数如图3-279所示，设置完毕后单击“确定”按钮，效果如图3-280所示。

3 按快捷键Ctrl+Alt+Shift+E 盖印所有可见图层，得到“图层1”，如图3-281所示。

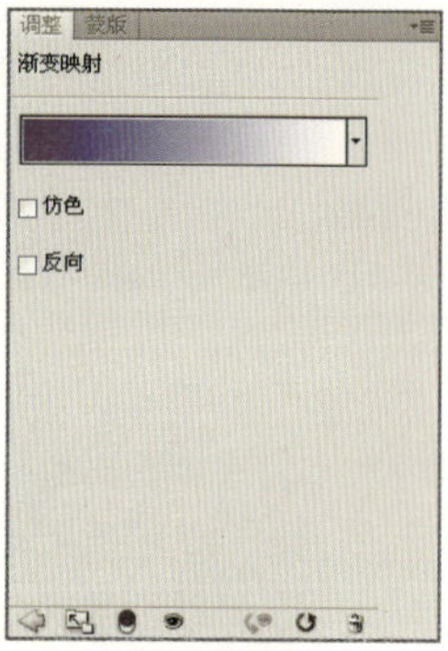

图3-279

图3-280

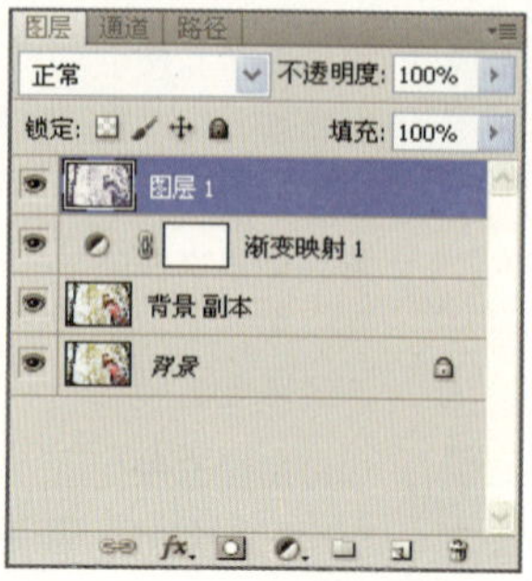

图3-281

4 单击“图层”面板底部的“创建新的填充或调整图层”按钮，在弹出的菜单中选择“纯色”选项，在弹出的对话框中设置参数如图3-282所示，设置完毕后单击“确定”按钮，效果如图3-283所示。

5 将前景色设置为黑色，单击“颜色填充1”调整图层的蒙版缩览图，选择“画笔工具”在图像中涂抹。“图层”面板如图3-284所示。效果如图3-285所示。

6 单击“图层”面板底部的“创建新的填充或调整图层”按钮，在弹出的菜单中选择“曲线”选项，在弹出的面板中设置参数如图3-286所示，设置完毕后单击关闭按钮，效果如图3-287所示。

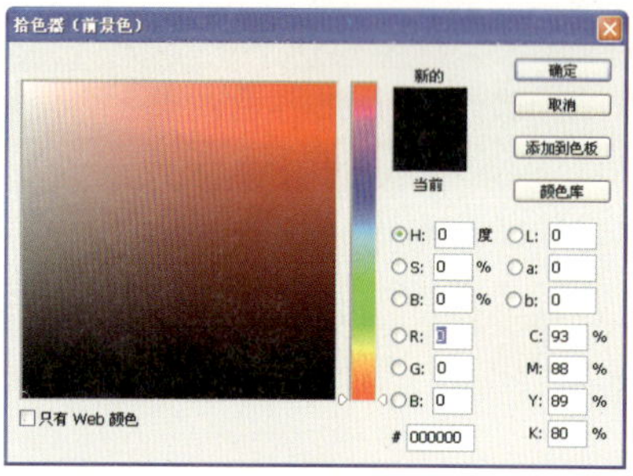

图3-282

图3-283

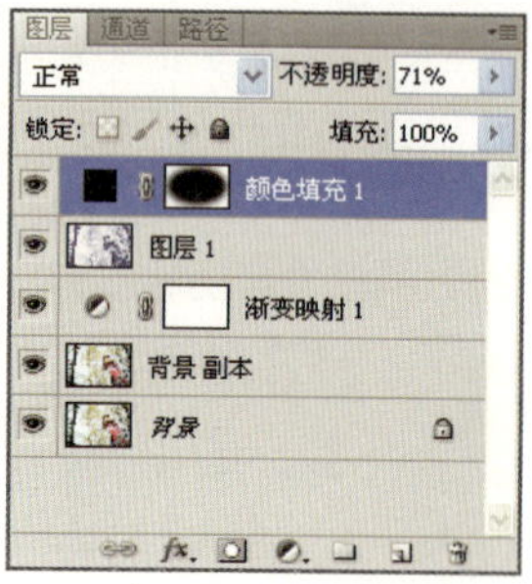

图3-284

图3-285

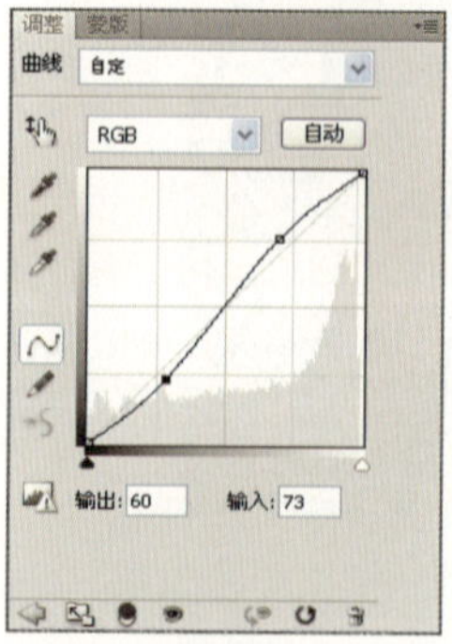

图3-286

图3-287

7 单击“图层”面板底部的“创建新的填充或调整图层”按钮，在弹出的菜单中选择“色彩平衡”选项，在弹出的面板中设置参数如图3-288所示。设置完毕后单击关闭按钮，效果如图3-289所示。

8 单击工具箱中的“横排文字工具”T，在图像中输入文字，如图3-290所示。

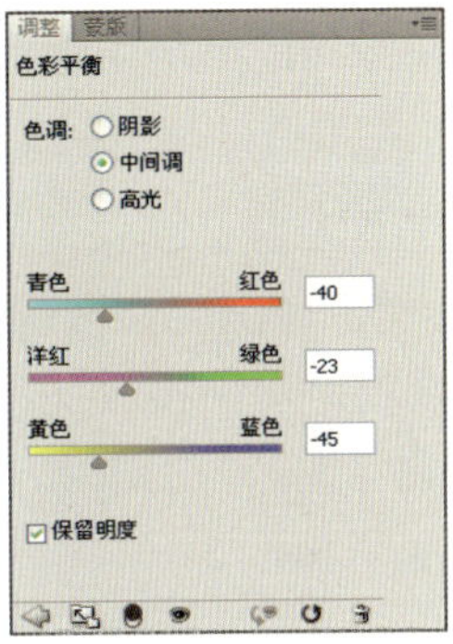

图3-288

图3-289

图3-290

9 双击文字图层，在弹出的“图层样式”对话框中设置各项参数如图3-291所示，设置完毕后单击“确定”按钮，最终效果如图3-292所示。

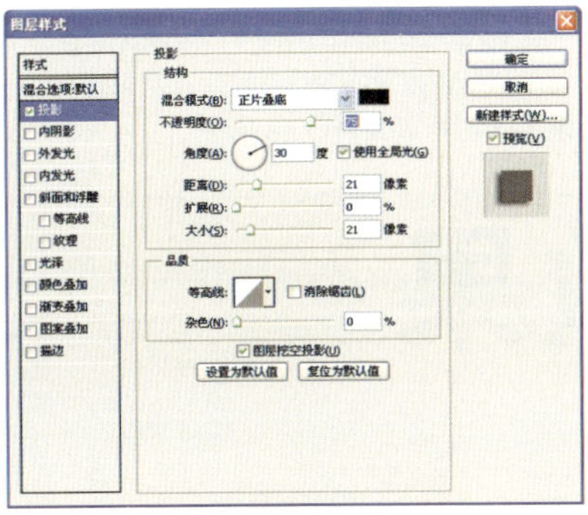

图3-291

图3-292

扩展实例13

难易度 ★★★★★

- 原始素材文件：书中实例素材\第3章\扩展实例13\调出传统单一色调效果素材图.jpg
- 最终效果文件：书中实例效果图\第3章\扩展实例13\调出传统单一色调效果.psd
- 视频教学文件：书中实例视频\第3章\扩展实例\3.13.flv

调出传统单一色调效果

重点提示 1 打开随书所附光盘中的扩展实例素材“调出传统单一色调效果素材图.jpg”，将此图层拖曳至“图层”面板底部的“创建新图层”按钮上，得到“背景 副本”图层。单击“图层”面板底部的“创建新的填充或调整图层”按钮，在弹出的菜单中选择“渐变映射”选项，在弹出的面板中设置自己喜欢的颜色。

重点提示 2 按快捷键Ctrl+Alt+Shift+E盖印所有可见图层，得到“图层1”，将其图层混合模式设置为“颜色加深”，“不透明度”设置为“34%”。新建一个图层，得到“图层2”，将前景色设置为黑色并填充。选择“矩形选框工具”在画面中绘制矩形。按快捷键Shift+F6，在弹出的“羽化选区”对话框中设置参数。按Delete键删除选区内的图像，并将“图层2”的混合模式设置为“线性光”，“不透明度”设置为“60%”。

重点提示 3 单击“图层”面板底部的“创建新的填充或调整图层”按钮，在弹出的菜单中选择“曲线”选项，在弹出的面板中设置适当的参数。单击工具箱中的“横排文字工具”，将前景色设置为白色，在图像中输入文字。

扩展实例14

难易度 ★★★★★

- 原始素材文件：书中实例素材\第3章\扩展实例14\制作照片光影效果素材图.jpg
- 最终效果文件：书中实例效果图\第3章\扩展实例14\制作照片光影效果.psd
- 视频教学文件：书中实例视频\第3章\扩展实例\3.14.flv

制作照片光影效果

重点提示 1 打开随书所附光盘中的扩展实例素材“制作照片光影效果素材图.jpg”，将此图层拖曳至“图层”面板底部的“创建新图层”按钮上，得到“背景 副本”图层。在工具箱中选择“画笔工具”，设置适当的笔刷大小和“不透明度”，将前景色设置为黑色，在图像四周进行绘制，以将图像调暗。

注意 使用黑色画笔在图像中涂抹，图像变暗；使用白色画笔在图像中涂抹，图像将变亮。

重点提示 2 单击“图层”面板底部的“创建新的填充或调整图层”按钮，在弹出的菜单中选择“曲线”选项，在弹出的面板中设置参数。

原始素材文件：
书中实例素材\第3章\实例14\调出橙色柔美色调素材图.jpg

最终效果文件：
书中实例效果图\第3章\实例14\调出橙色柔美色调.psd

视频教学文件：
书中实例视频\第3章\实例\3.14.flv

实例14

难易度 ★★★★★

调出橙色柔美色调

例前导读

本例视频教程长度：6分55秒

- 使用调整图层变换图像色调。
- 使用“滤镜”命令渲染图像效果。

1 打开随书所附光盘中的实例素材“调出橙色柔美色调素材图.jpg”，如图3-293所示，将此图层拖曳至“图层”面板底部的“创建新图层”按钮上，得到“背景 副本”图层，如图3-294所示。

图3-293

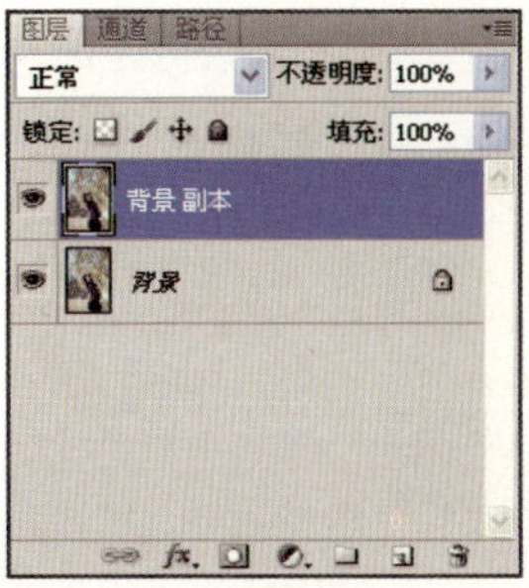

图3-294

2 单击“图层”面板底部的“创建新的填充或调整图层”按钮，在弹出的菜单中选择“亮度/对比度”选项，在弹出的面板中设置参数如图3-295所示，设置完毕后单击关闭按钮，效果如图3-296所示。

3 单击“亮度/对比度”调整图层的蒙版缩览图，将前景色设置为黑色，选择工具箱中的“画笔工具”在图像人物以外的部分涂抹，效果如图3-297所示。

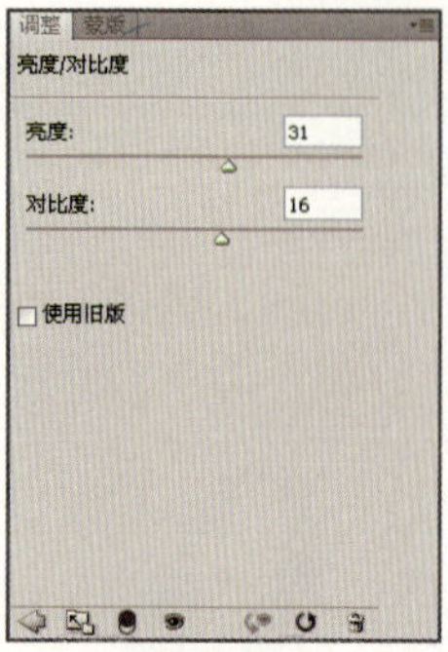

图3-295

图3-296

图3-297

4 按快捷键Ctrl+Alt+Shift+E盖印所有可见图层，得到“图层1”，如图3-298所示。

5 在菜单栏中选择“图像”｜“调整”｜“色相/饱和度”命令，在弹出的对话框中设置参数如图3-299所示，设置完毕后单击“确定”按钮，效果如图3-300所示。

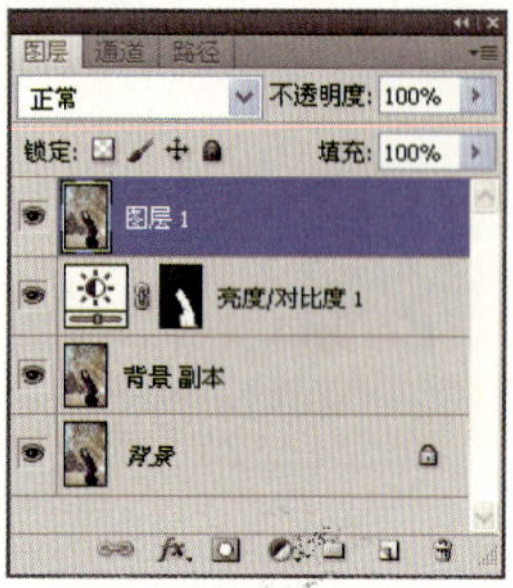

图3-298

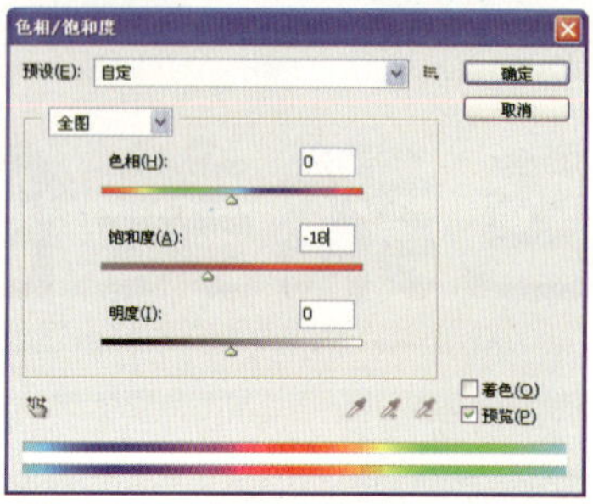

图3-299

图3-300

6 单击“图层”面板底部的“创建新的填充或调整图层”按钮，在弹出的菜单中选择“纯色”选项，在弹出的对话框中设置参数如图3-301所示。

7 选择“颜色填充1”调整图层，将此图层的混合模式设置为“排除”，如图3-302所示，效果如图3-303所示。

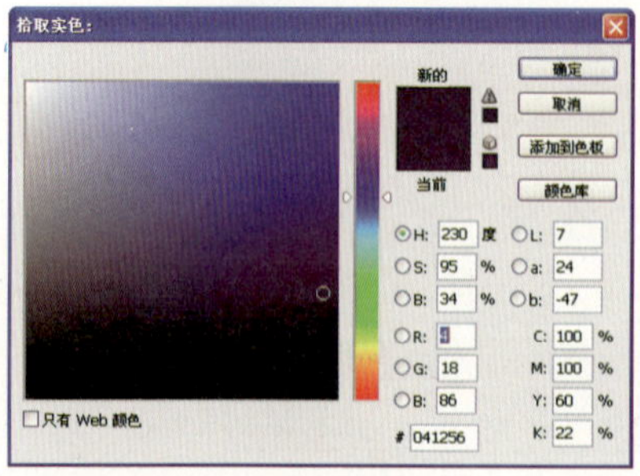

图3-301

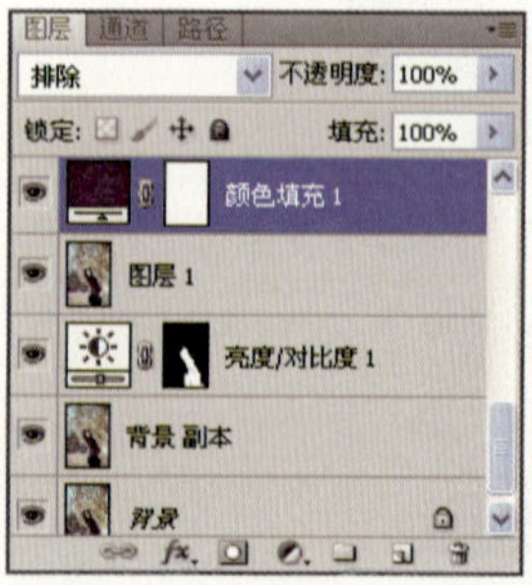

图3-302

图3-303

8 单击“图层”面板底部的“创建新的填充或调整图层”按钮，在弹出的菜单中选择“曲线”选项，在弹出的面板中设置参数如图3-304所示，设置完毕后单击关闭按钮，效果如图3-305所示。

9 按快捷键Ctrl+Alt+Shift+E盖印所有可见图层，得到“图层2”，如图3-306所示。

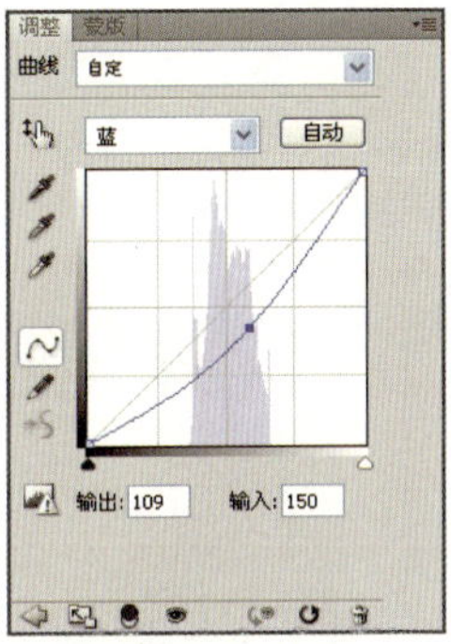

图3-304

图3-305

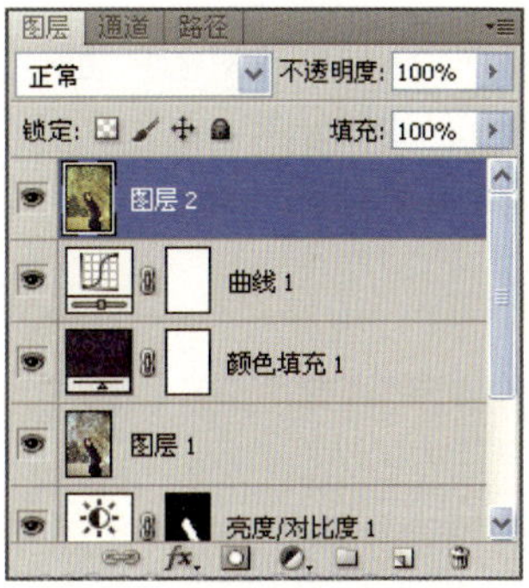

图3-306

10 在菜单栏中选择“滤镜”|“模糊”|“动感模糊”命令，在弹出的对话框中设置参数如图3-307所示，设置完毕后单击“确定”按钮。

11 选择“图层2”，将此图层的混合模式设置为“柔光”，“图层”面板如图3-308所示，效果如图3-309所示。

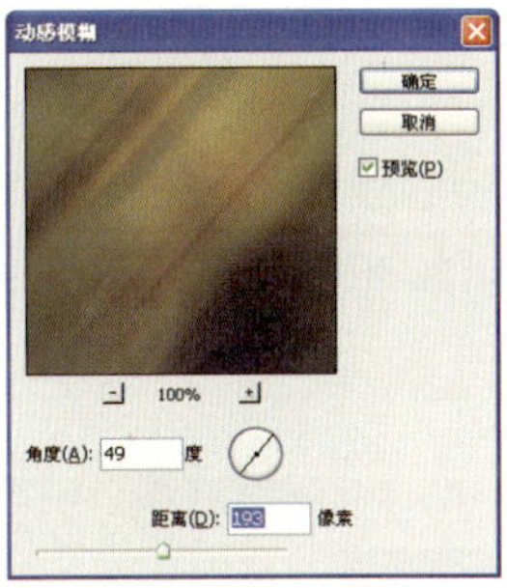

图3-307

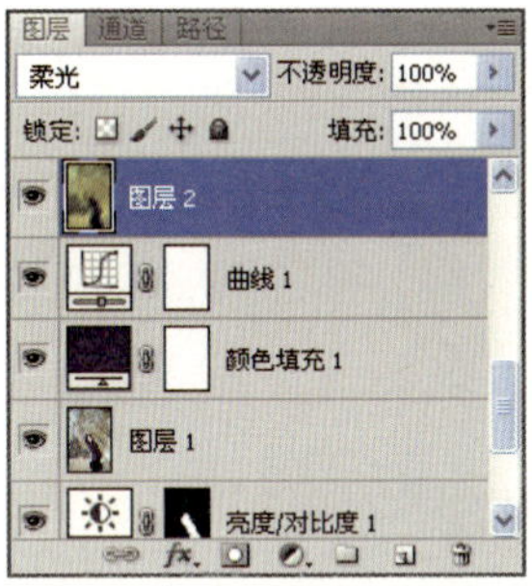

图3-308

图3-309

12 单击“图层”面板底部的“创建新的填充或调整图层”按钮，在弹出的菜单中选择“通道混合器”选项，在弹出的面板中设置参数如图3-310所示，设置完毕后单击关闭按钮，效果如图3-311所示。

13 单击“图层”面板底部的“创建新的填充或调整图层”按钮，在弹出的菜单中选择“渐变”选项，在弹出的对话框中设置参数如图3-312所示。

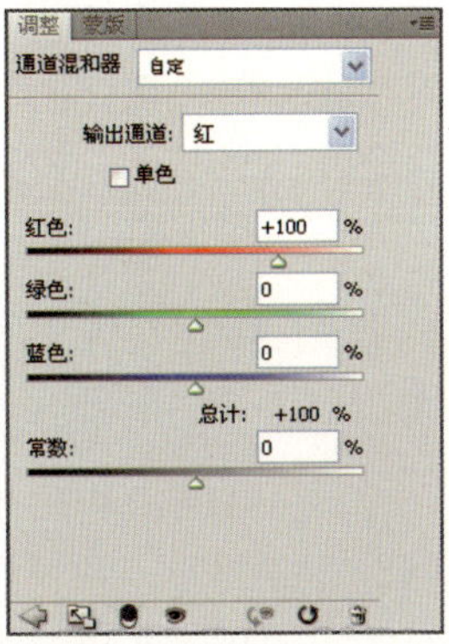

图3-310

图3-311

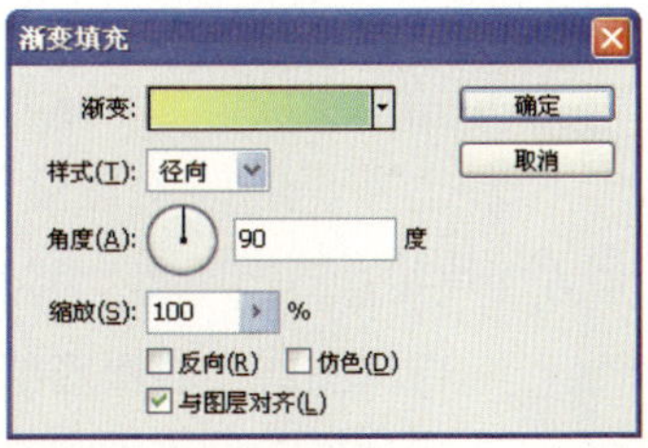

图3-312

14 选择“渐变填充1”调整图层，将此图层的混合模式设置为“颜色加深”，如图3-313所示，效果如图3-314所示。

15 单击“图层”面板底部的“创建新的填充或调整图层”按钮，在弹出的菜单中选择“色相/饱和度”选项，在弹出的面板中设置参数如图3-315所示，设置完毕后单击关闭按钮，效果如图3-316所示。

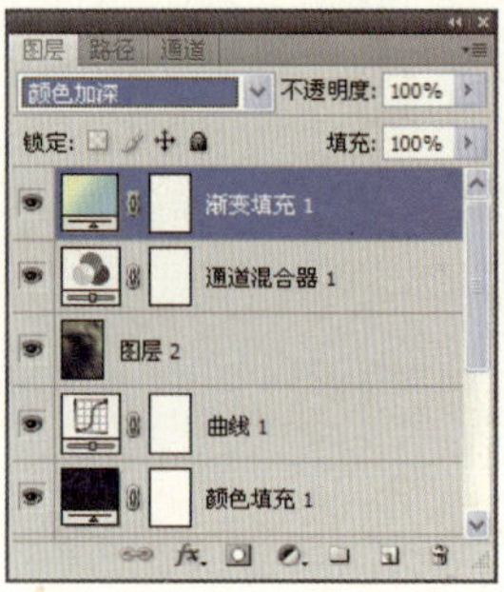

图3-313

图3-314

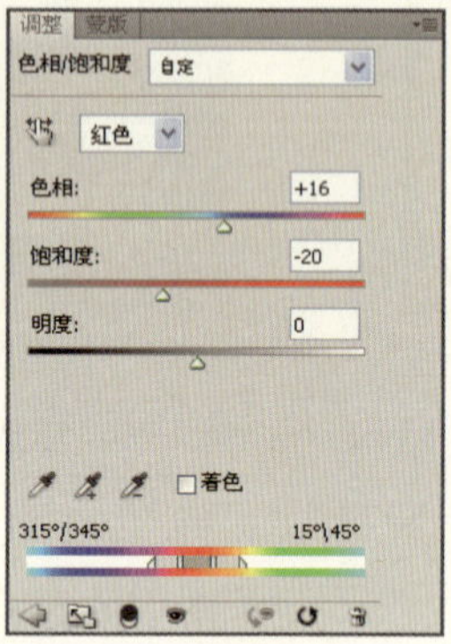

图3-315

图3-316

16 按快捷键Ctrl+Alt+Shift+E盖印所有可见图层，得到“图层3”，如图3-317所示，效果如图3-318所示。

17 选择“图层3”，将其拖曳至“图层”面板底部的“创建新图层”按钮上，得到“图层3 副本”图层。将“图层3 副本”图层的混合模式设置为“柔光”，如图3-319所示，效果如图3-320所示。

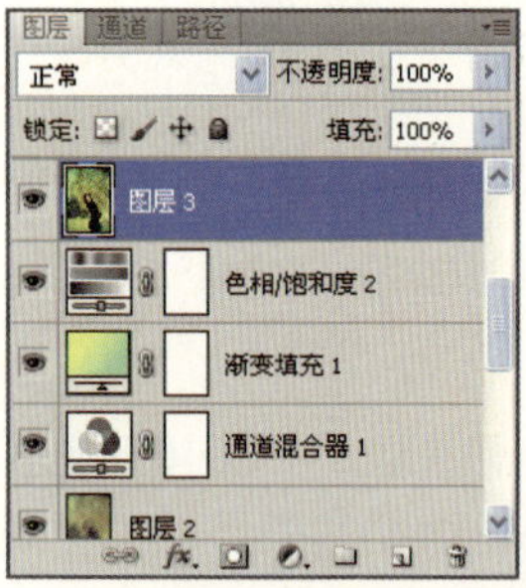

图3-317

图3-318

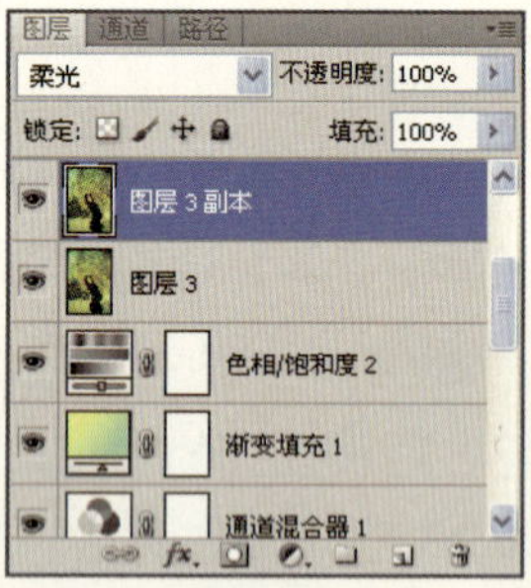

图3-319

图3-320

18 单击“图层”面板底部的“创建新的填充或调整图层”按钮，在弹出的菜单中选择“可选颜色”选项，在弹出的面板中设置参数如图3-321所示，设置完毕后单击关闭按钮，效果如图3-322所示。

19 单击“图层”面板底部的“创建新的填充或调整图层”按钮，在弹出的菜单中选择“亮度/对比度”选项，在弹出的面板中设置参数如图3-323所示。设置完毕后单击关闭按钮，效果如图3-324所示。

20 单击“图层”面板底部的“创建新图层”按钮，得到“图层4”，并将此图层的混合模式设置为“柔光”。将前景色设置为R251、G157、B10，选择“画笔工具”在图像中涂抹。“图层”面板如图3-325所示。最终效果如图3-326所示。

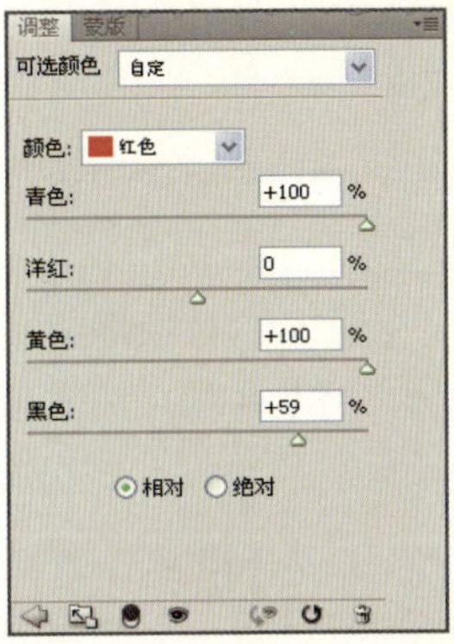

图3-321

图3-322

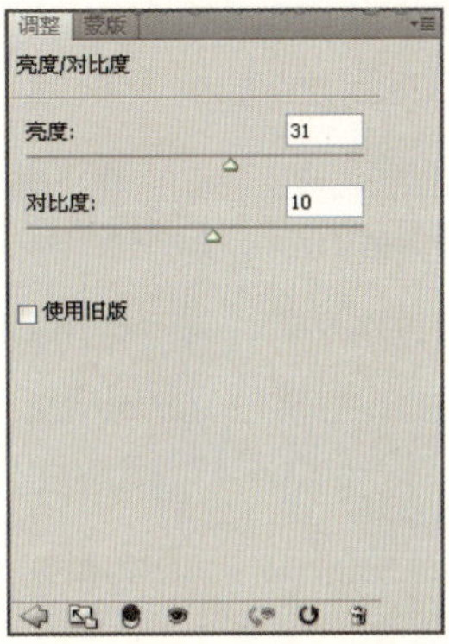

图3-323

图3-324

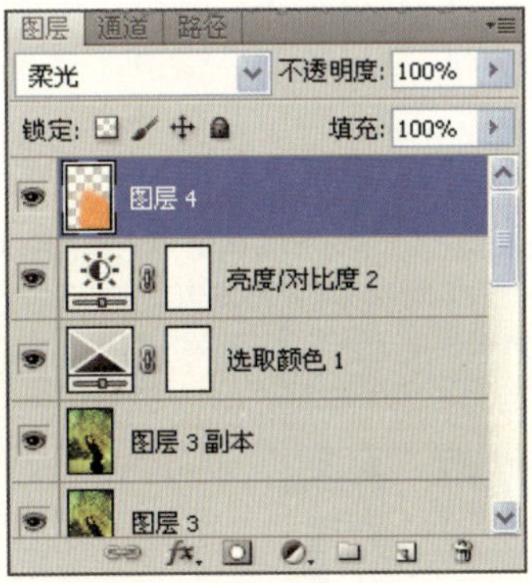

图3-325

图3-326

扩展实例15

难易度 ★★★★★

- 原始素材文件：书中实例素材\第3章\扩展实例15\制作聚集光效果素材图.jpg
- 最终效果文件：书中实例效果图\第3章\扩展实例15\制作聚集光效果.psd
- 视频教学文件：书中实例视频\第3章\第3章\扩展实例\3.15.flv

制作聚焦光效果

重点提示 **1** 打开随书所附光盘中的扩展实例素材“制作聚集光效果素材图.jpg”，将此图层拖曳至“图层”面板底部的“创建新图层”按钮上，得到“背景 副本”图层。将“背景副本”图层的混合模式设置为“滤色”，“不透明度”设置为“40%”。

重点提示 **2** 单击“图层”面板底部的“创建新的填充或调整图层”按钮，在弹出的菜单中选择“曲线”选项，在弹出的面板中设置各项参数。单击“图层”面板底部的“创建新的填充或调整图层”按钮，在弹出的菜单中选择“渐变”选项，在弹出的对话框中设置渐变颜色从左至右为白色，R30、G105、B176，“缩放”设置为“143%”，其他参数保持默认。将“渐变填充1”调整图层的混合模式设置为“柔光”。

重点提示 **3** 按快捷键Ctrl+Alt+Shift+E盖印所有可见图层，得到“图层1”，将其混合模式设置为“线性加深”，“不透明度”设置为“36%”。单击“图层”面板底部的“创建新的填充或调整图层”按钮，在弹出的菜单中选择“色阶”选项，在弹出的面板中设置适当的参数。选择“色阶2”调整图层，按快捷键Alt+Ctrl+G为“色阶2”调整图层创建剪贴蒙版。按快捷键Ctrl+Alt+Shift+E盖印所有可见图层，得到“图层2”。在菜单栏中选择“滤镜”|“锐化”|“USM锐化”命令，在弹出的对话框中设置参数。

扩展实例16

难易度 ★★★★★

- 原始素材文件：书中实例素材\第3章\扩展实例16\调出橙色效果照片素材图.jpg
- 最终效果文件：书中实例效果图\第3章\扩展实例16\调出橙色效果照片.psd
- 视频教学文件：书中实例视频\第3章\扩展实例\3.16.flv

调出橙色效果照片

重点提示 **1** 打开随书所附光盘中的扩展实例素材“调出橙色效果照片素材图.jpg”，将此图层拖曳至“图层”面板底部的“创建新图层”按钮上，得到“背景 副本”图层。单击“图层”面板底部的“创建新的填充或调整图层”按钮，在弹出的菜单中选择“亮度/对比度”选项，在弹出的面板中设置参数。选择“亮度/对比度1”调整图层，将前景色设置为黑色，选择“画笔工具”，设置“不透明度”为“100%”，在图像中人物以外的部分涂抹。

重点提示 2 按快捷键Ctrl+Alt+Shift+E盖印所有可见图层，得到“图层1”。在菜单栏中选择“图像”|“调整”|“色相/饱和度”命令，在弹出的对话框中设置适当的参数。

重点提示 3 按快捷键Ctrl+Alt+Shift+E盖印所有可见图层，得到“图层2”。将“图层2”的混合模式设置为“柔光”。单击“图层”面板底部的“创建新的填充或调整图层”按钮，在弹出的菜单中选择“通道混合器”选项，在弹出的面板中设置参数。

重点提示 4 按快捷键Ctrl+Alt+Shift+E盖印所有可见图层，得到“图层3”，单击“图层”面板底部的“创建新的填充或调整图层”按钮，在弹出的菜单中选择“可选颜色”命令，在弹出的面板中设置适当的参数。单击“图层”面板底部的“创建新图层”按钮，得到“图层4”，填充橙色，设置图层混合模式为“柔光”。

原始素材文件：
书中实例素材\第3章\实例15\制作焦点照片特效素材图.jpg

最终效果文件：
书中实例效果图\第3章\实例15\制作焦点照片特效.psd

视频教学文件：
书中实例视频\第3章\实例\3.15.flv

实例15

难易度 ★★★★★

制作焦点照片特效

例前导读

本例视频教程长度：6分52秒

- 使用“径向模糊”滤镜模糊图像。
- 通过添加调整图层调整图像的色调。

1 打开随书所附光盘中的实例素材“制作焦点照片特效素材图.jpg”，如图3-327所示，将此图层拖曳至“图层”面板底部的“创建新图层”按钮上，得到“背景 副本”图层，如图3-328所示。

图3-327

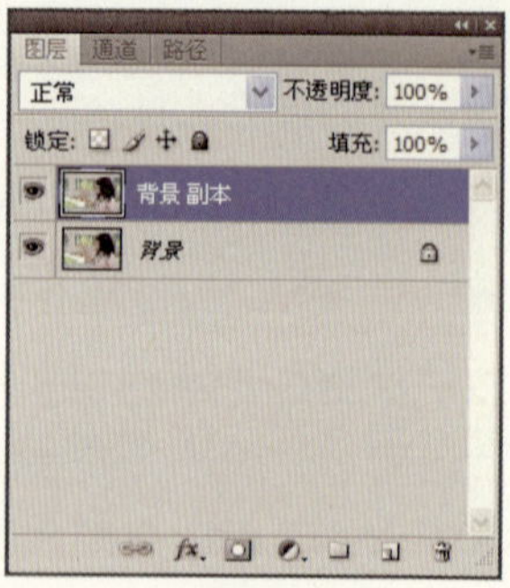

图3-328

2 在菜单栏中选择“滤镜”|“模糊”|“径向模糊”命令，在弹出的对话框中设置参数如图3-329所示，设置完毕后单击“确定”按钮，效果如图3-330所示。

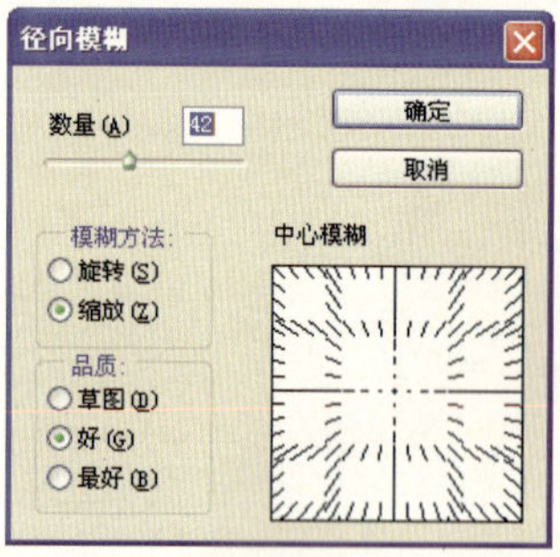

图3-329

图3-330

3 将前景色设置为黑色，选择“画笔工具”在人物处涂抹。“图层”面板如图3-331所示。效果如图3-332所示。

4 按快捷键Ctrl+Alt+Shift+E盖印所有可见图层，得到“图层1”，如图3-333所示。

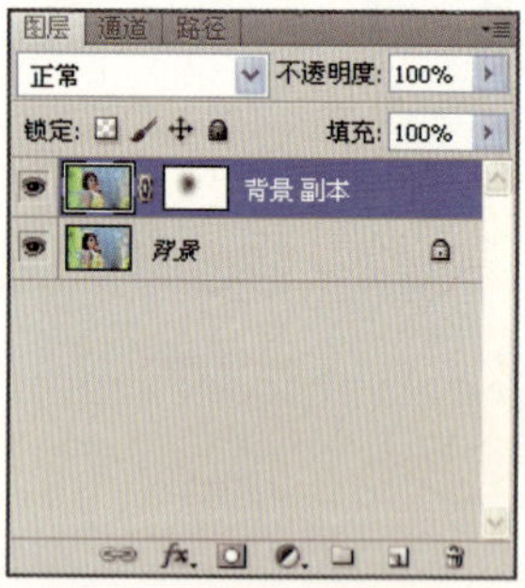

图3-331

图3-332

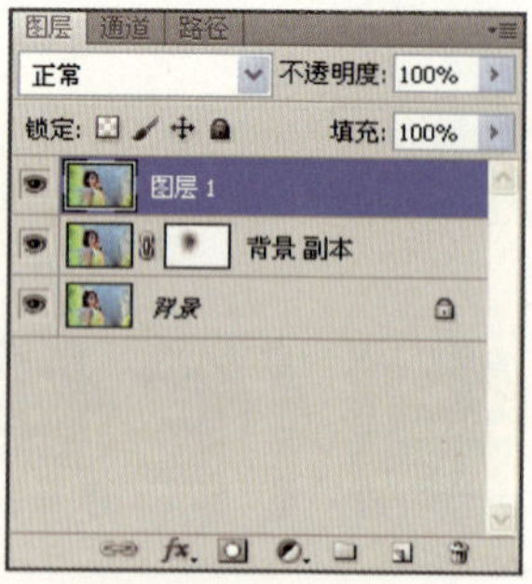

图3-333

5 单击“图层”面板底部的“创建新的填充或调整图层”按钮，在弹出的菜单中选择“色阶”选项，在弹出的面板中设置参数如图3-334所示，设置完毕后单击关闭按钮，效果如图3-335所示。

6 单击“图层”面板底部的“创建新的填充或调整图层”按钮，在弹出的菜单中选择“可选颜色”选项，在弹出的面板中设置参数如图3-336所示，设置完毕后单击关闭按钮，效果如图3-337所示。

7 按快捷键Ctrl+Alt+Shift+E盖印所有可见图层，得到“图层2”，将此图层的混合模式设置为“柔光”，如图3-338所示，效果如图3-339所示。

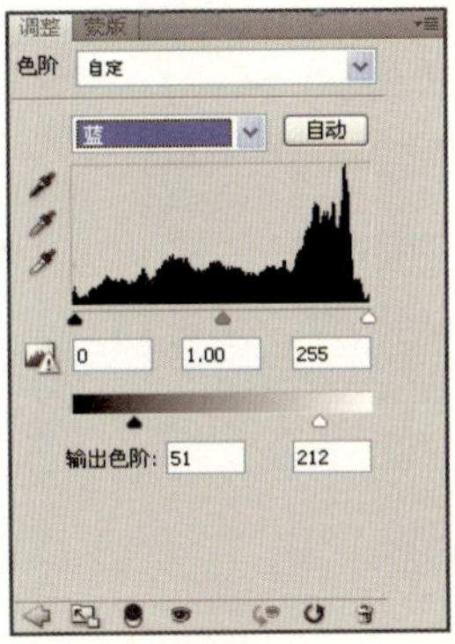

图3-334

图3-335

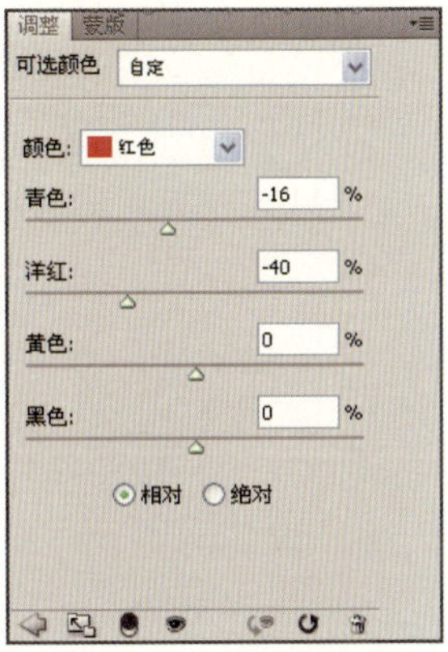

图3-336

图3-337

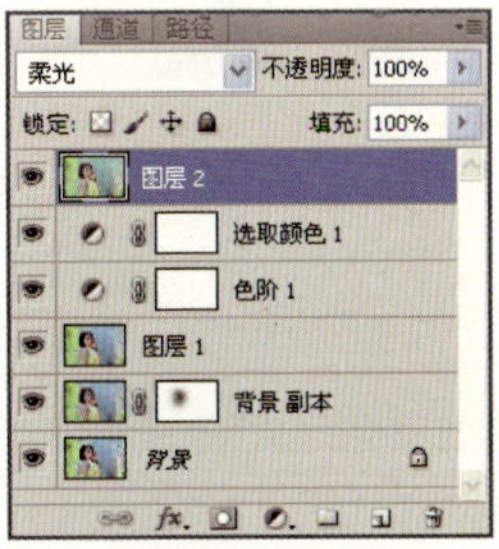

图3-338

图3-339

8 选择“图层2”，单击“图层”面板底部的“添加图层蒙版”按钮，为其添加图层蒙版。将前景色设置为黑色，选择“画笔工具”在图像中涂抹。“图层”面板如图3-340所示。效果如图3-341所示。

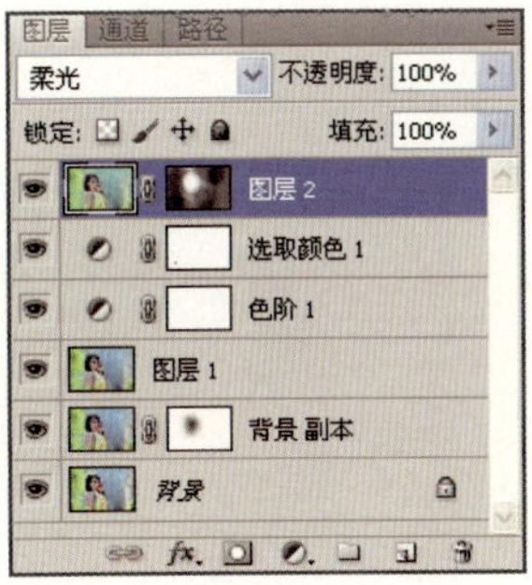

图3-340

图3-341

9 单击“图层”面板底部的“创建新的填充或调整图层”按钮，在弹出的菜单中选择“通道混合器”选项，在弹出的面板中设置参数如图3-342至图3-344所示，设置完毕后单击关闭按钮，效果如图3-345所示。

10 单击“图层”面板底部的“创建新的填充或调整图层”按钮，在弹出的菜单中选择“色阶”选项，在弹出的面板中设置参数如图3-346所示，设置完毕后单击关闭按钮，效果如图3-347所示。

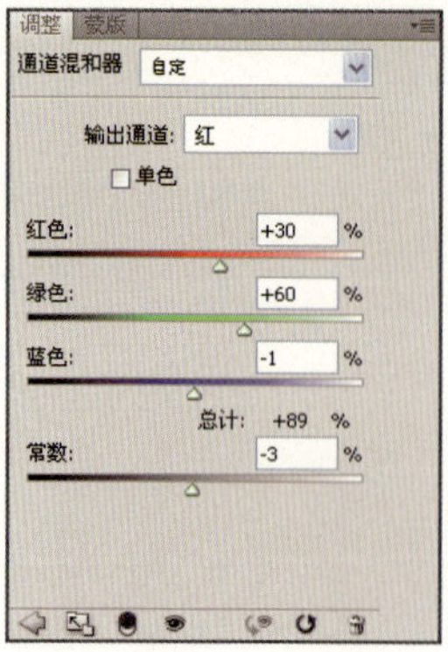

图3-342

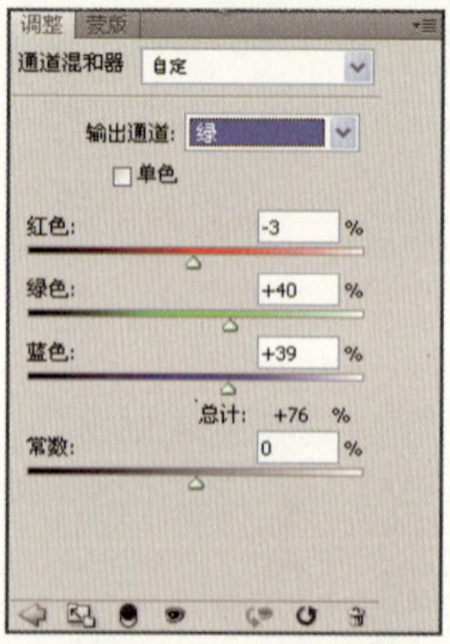

图3-343

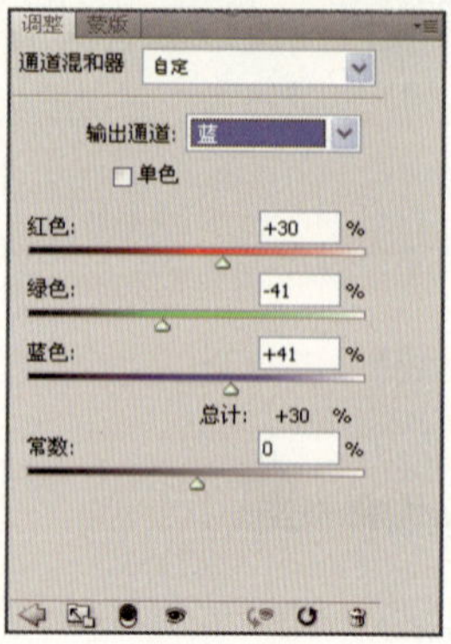

图3-344

图3-345

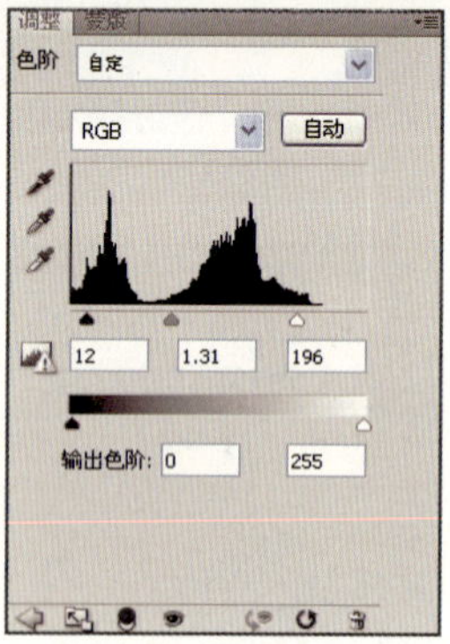

图3-346

图3-347

11 单击“图层”面板底部的“创建新的填充或调整图层”按钮，在弹出的菜单中选择“纯色”选项，在弹出的对话框中设置参数如图3-348所示。

12 选择“颜色填充1”调整图层，将此图层的混合模式设置为“变暗”，如图3-349所示，效果如图3-350所示。

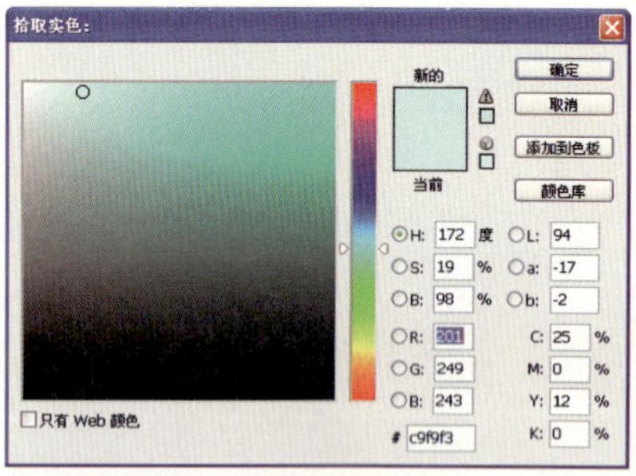

图3-348

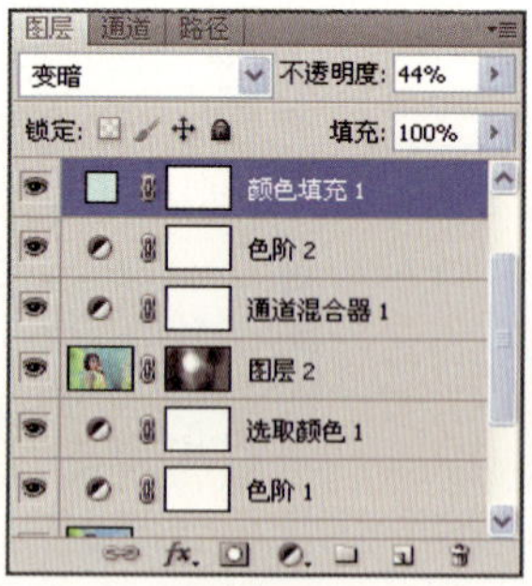

图3-349

图3-350

13 单击“图层”面板底部的“创建新图层”按钮，得到“图层3”，如图3-351所示。

14 单击工具箱底部的设置前景色色块，在弹出的“拾色器（前景色）”对话框中设置参数如图3-352所示。

15 选择“图层3”，将此图层的“填充”设置为“37%”。单击工具箱中的“矩形选框工具”，在图像中绘制选区，填充前景色，并拖出渐变效果。“图层”面板如图3-353所示。效果如图3-354所示。

16 单击工具箱中的“横排文字工具”T，在图像中输入文字，如图3-355所示。

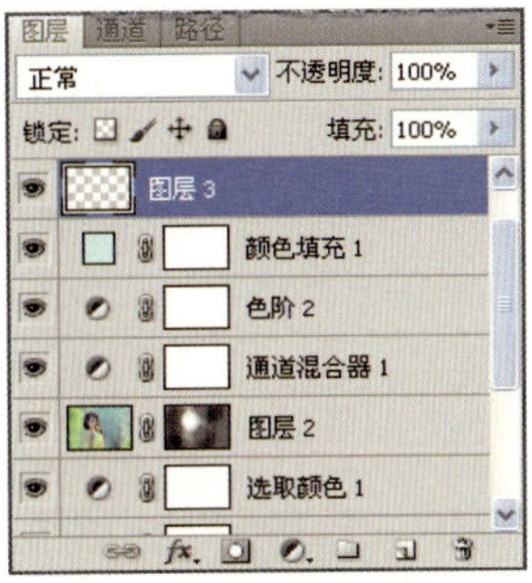

图3-351

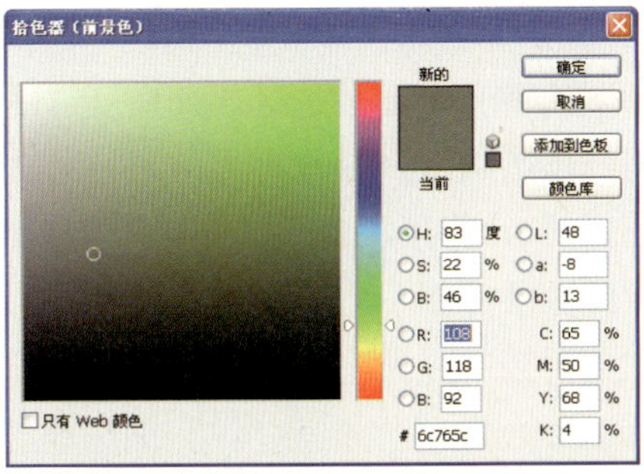

图3-352

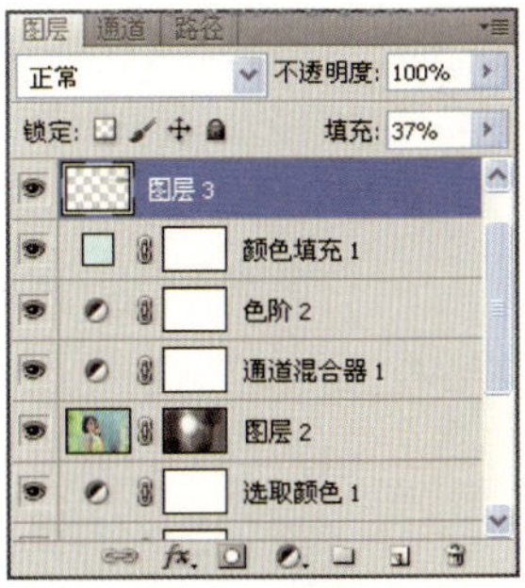

图3-353

图3-354

图3-355

扩展实例17

难易度 ★★★★★

- 原始素材文件：书中实例素材\第3章\扩展实例17\制作勿忘我卡片素材图.jpg
- 最终效果文件：书中实例效果图\第3章\扩展实例17\制作勿忘我卡片.psd
- 视频教学文件：书中实例视频\第3章\扩展实例\3.17.flv

制作勿忘我卡片

重点提示 1 打开随书所附光盘中的扩展实例素材“制作勿忘我卡片素材图.jpg”，将此图层拖曳至“图层”面板底部的“创建新图层”按钮上，得到“背景 副本”图层。设置前景色为黑色，选择“画笔工具”，设置“不透明度”为“100%”，在人物处涂抹。

重点提示 2 按快捷键Ctrl+Alt+Shift+E盖印所有可见图层，得到“图层1”。切换至“通道”面板，按住Ctrl键单击“RGB”通道，调出其选区。切换至“图层”面板，新建“图层2”，将选区填充为白色，将“不透明度”设置为“50%”。按快捷键Ctrl+Alt+Shift+E盖印所有可见图层，得到“图层5”，将其混合模式设置为“柔光”。

重点提示 3 选择“背景”图层，将此图层复制一层，得到“背景 副本2”图层，并将此图层移至面板顶层，将其混合模式设置为“强光”，“不透明度”设置为“50%”。按住Alt键单击“添加图层蒙版”按钮，为“背景 副本2”图层添加图层蒙版。单击工具箱中的“横排文字工具”，为图像添加文字，并为文字添加“描边”图层样式。

原始素材文件：
书中实例素材\第3章\实例16\调出唯美的黄色色调素材图.jpg

最终效果文件：
书中实例效果图\第3章\实例16\调出唯美的黄色色调.psd

视频教学文件：
视频\第3章\实例\3.16.flv

实例16

难易度 ★★★★★

调出唯美的黄色色调

例前导读

本例视频教程长度：1分49秒

- 使用通道改变图像色调。
- 使用“滤镜”命令调整图像。

1 打开随书所附光盘中的实例素材“调出唯美的黄色色调素材图.jpg”，如图3-356所示，将此图层拖曳至“图层”面板底部的“创建新图层”按钮上，得到“背景 副本”图层，如图3-357所示。

2 单击“图层”面板底部的“创建新的填充或调整图层”按钮，在弹出的菜单中选择“亮度/对比度”选项，在弹出的面板中设置参数如图3-358所示，设置完毕后单击关闭按钮，效果如图3-359所示。

3 单击“图层”面板底部的“创建新的填充或调整图层”按钮，在弹出的菜单中选择“色彩平衡”选项，在弹出的面板中设置参数如图3-360所示，设置完毕后单击关闭按钮，效果如图3-361所示。

图3-356

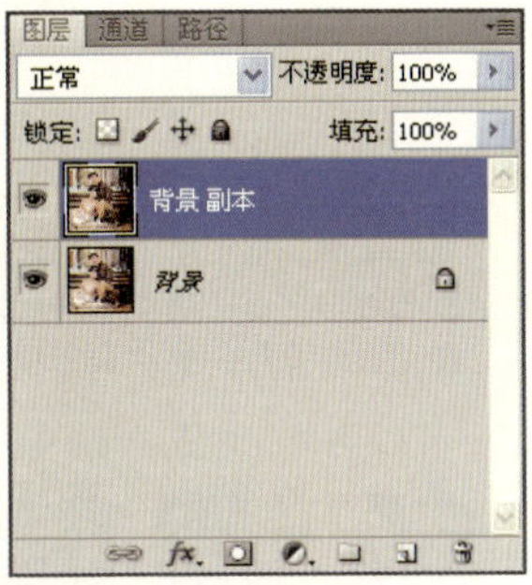

图3-357

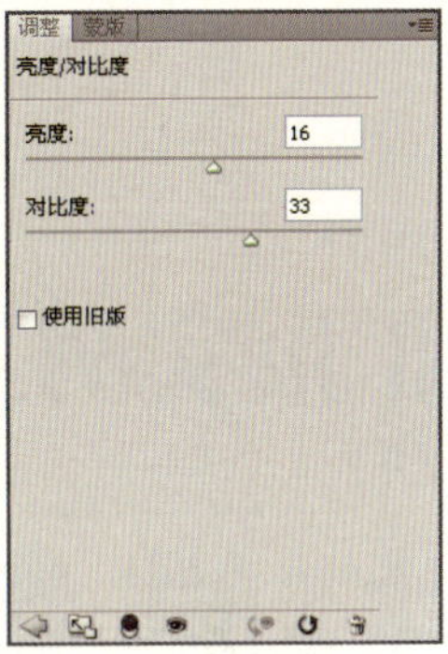

图3-358

图3-359

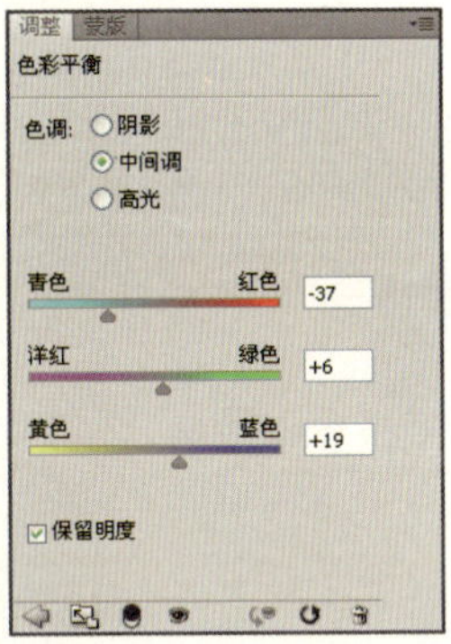

图3-360

图3-361

4 按快捷键Ctrl+Alt+Shift+E盖印所有可见图层，得到“图层1”，如图3-362所示。

5 切换至“通道”面板，选择“蓝”通道，如图3-363所示。在菜单栏中选择“滤镜”|“风格化”|“曝光过度”命令，效果如图3-364所示。

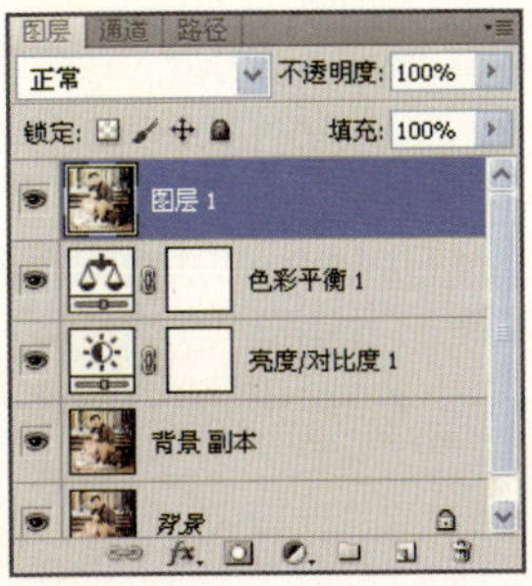

图3-362

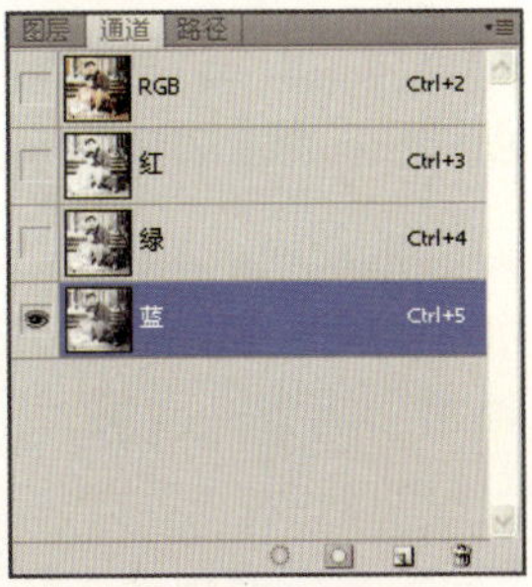

图3-363

图3-364

6 选择“图层1”，将此图层的混合模式设置为“颜色加深”，“不透明度”设置为“58%”，如图3-365所示。最终效果如图3-366所示。

图3-365

图3-366

扩展实例18

难易度 ★★★★★

- 原始素材文件：书中实例素材\第3章\扩展实例18\打造黄色色调效果素材图.jpg
- 最终效果文件：书中实例效果图\第3章\扩展实例18\打造黄色色调效果.psd
- 视频教学文件：书中实例视频\第3章\扩展实例\3.18.flv

打造黄色色调效果

重点提示 1 打开随书所附光盘中的扩展实例素材“打造黄色色调效果素材图.jpg”，将此图层拖曳至“图层”面板底部的“创建新图层”按钮上，得到“背景 副本”图层。

重点提示 2 单击“图层”面板底部的“创建新的填充或调整图层”按钮，在弹出的菜单中选择“可选颜色”选项，在弹出的面板中设置参数。按快捷键Ctrl+Alt+Shift+E盖印所有可见图层，得到“图层1”。切换至“通道”面板，选择“蓝”通道，在菜单栏中选择“滤镜”|“风格化”|“曝光过度”命令。

重点提示 3 切换至“图层”面板，将“图层1”的混合模式设置为“颜色加深”，“不透明度”设置为“38%”。单击工具箱中的“横排文字工具”，将前景色设置为“白色”，输入文字，并将此图层的“不透明度”设置为“52%”。

原始素材文件：
书中实例素材\第3章\实例17\制作多彩风格的照片特效素材图.jpg

最终效果文件：
书中实例效果图\第3章\实例17\制作多彩风格的照片特效.psd

视频教学文件：
书中实例视频\第3章\实例\3.17.flv

实例17

难易度 ★★★★★

制作多彩风格的照片特效

例前导读

本例视频教程长度：5分42秒

- 使用“画笔工具”绘制彩色图像。
- 使用“动感模糊”滤镜模糊图像。
- 通过更改图层混合模式制作图像效果。
- 使用“色彩平衡”调整图层调整图像颜色。

1 打开随书所附光盘中的实例素材“制作多彩风格的照片特效素材图.jpg”，如图3-367所示。

2 在菜单栏中选择“图像”|“调整”|“色相/饱和度”命令，在弹出的对话框中设置参数如图3-368所示，设置完毕后单击“确定”按钮，效果如图3-369所示。

3 单击工具箱底部的设置前景色色块，在弹出的“拾色器（前景色）”对话框中设置参数如图3-370所示。

图3-367

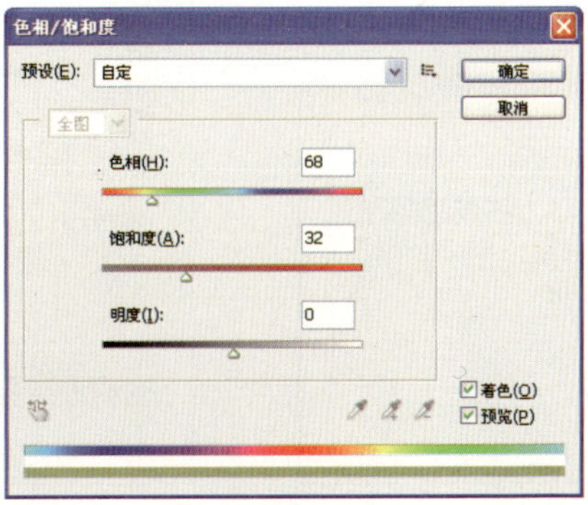

图3-368

图3-369

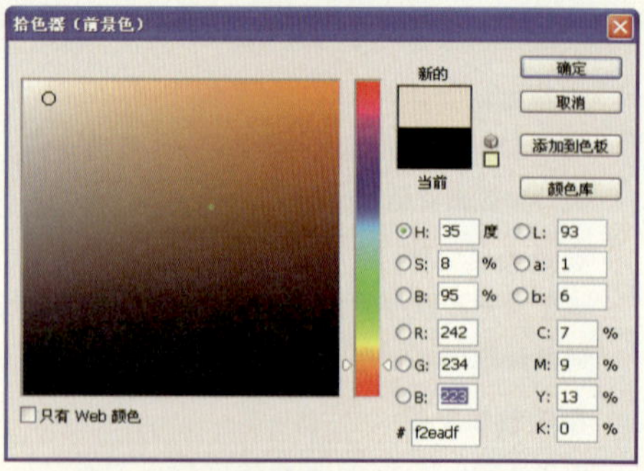

图3-370

4 选择“背景”图层，按快捷键Alt+Delete填充前景色，“图层”面板如图3-371所示。

5 选择“背景 副本”图层，单击“图层”面板底部的“添加图层蒙版”按钮，为其添加图层蒙版。将前景色设置为黑色，选择“画笔工具”在图像中涂抹，效果如图3-372所示。

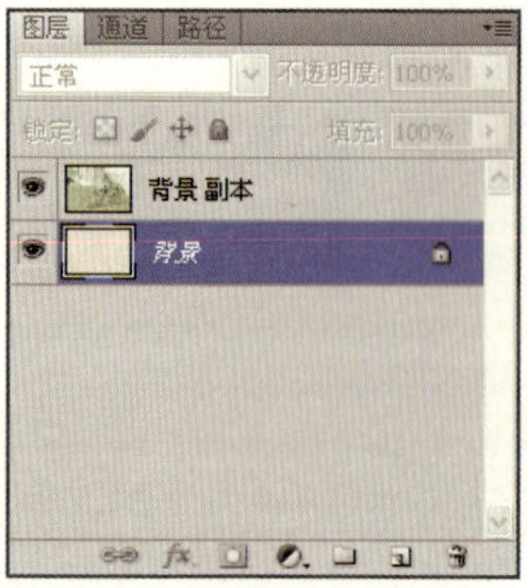

图3-371

图3-372

6 单击“图层”面板底部的“创建新图层”按钮，得到“图层1”，如图3-373所示。

7 选择“画笔工具”，单击其工具选项栏右侧的“画笔预设”按钮，在弹出的面板中设置参数如图3-374至图3-377所示，在图像中涂抹，效果如图3-378所示。

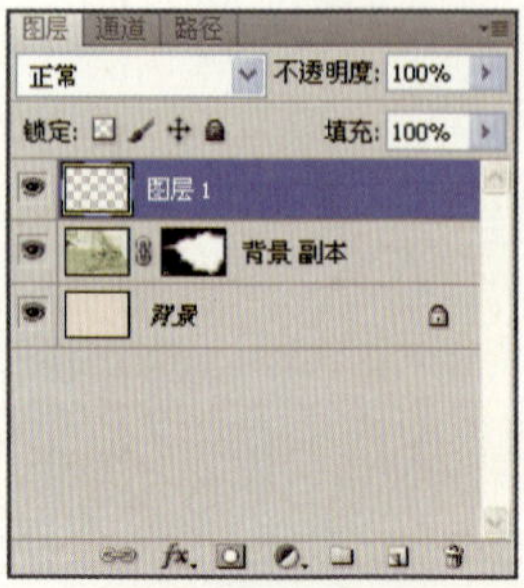

图3-373

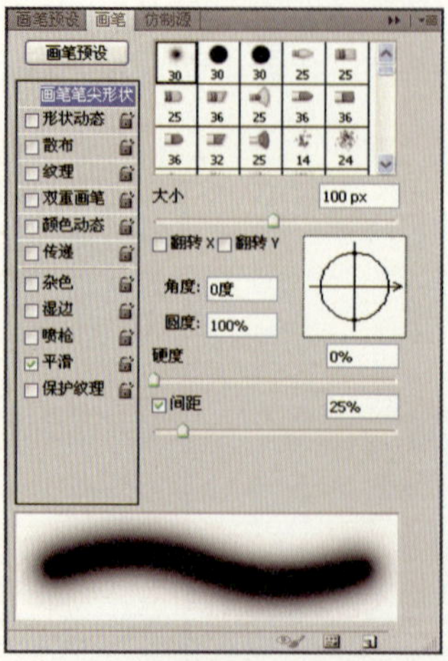

图3-374

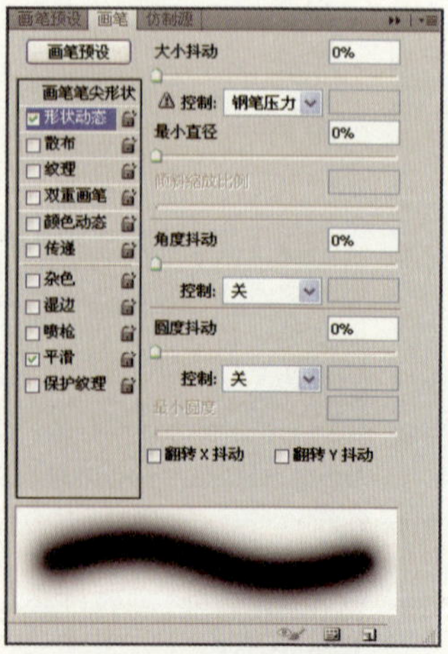

图3-375

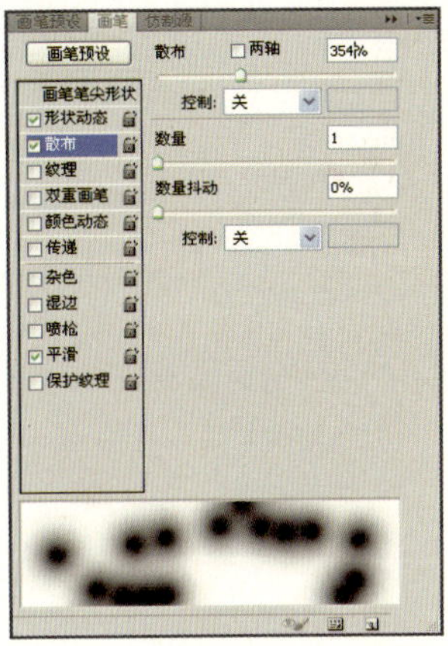

图3-376

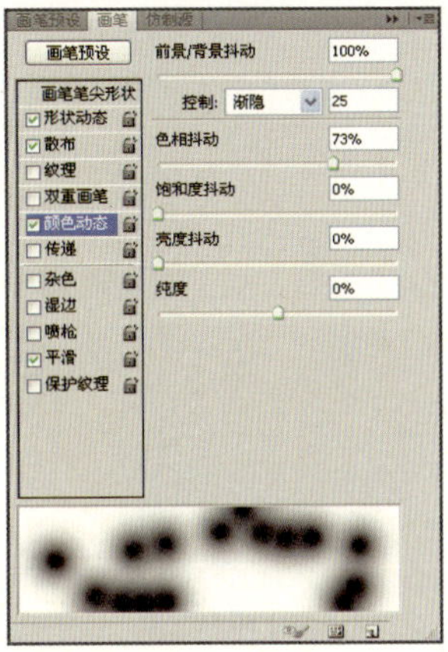

图3-377

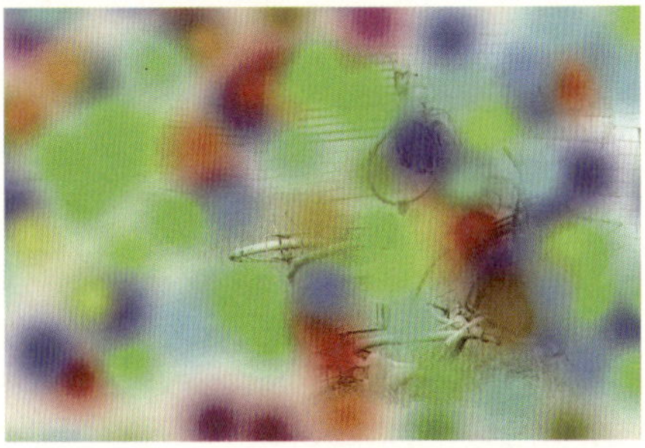

图3-378

8 在菜单栏中选择“滤镜”|“模糊”|“动感模糊”命令，在弹出的对话框中设置参数如图3-379所示，设置完毕后单击“确定”按钮，效果如图3-380所示。

9 选择“图层1”，单击“图层”面板底部的“添加图层蒙版”按钮，为其添加图层蒙版。将前景色设置为黑色，选择“画笔工具”在图像中涂抹，效果如图3-381所示。

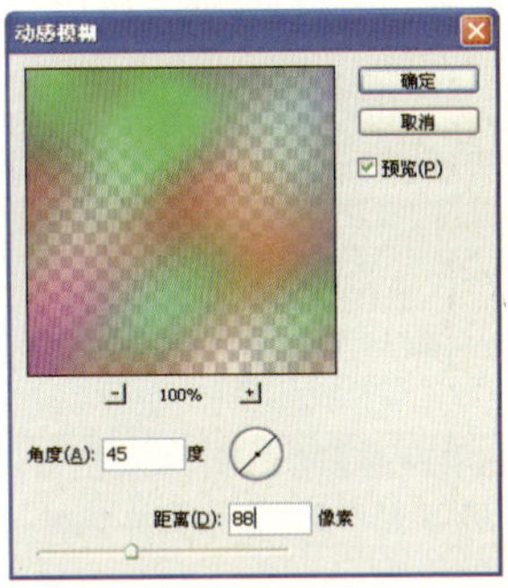

图3-379

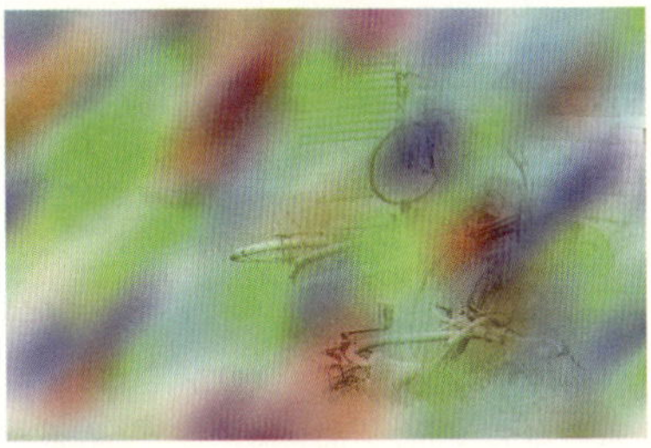

图3-380

图3-381

10 选择“图层1”，将此图层的混合模式设置为“滤色”，如图3-382所示。效果如图3-383所示。

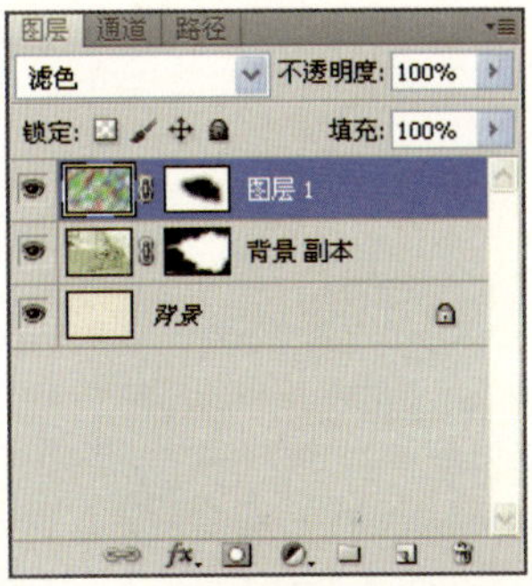

图3-382

图3-383

11 单击“图层”面板底部的“创建新的填充或调整图层”按钮，在弹出的菜单中选择“色彩平衡”选项，在弹出的面板中设置参数如图3-384所示，设置完毕后单击关闭按钮，效果如图3-385所示。

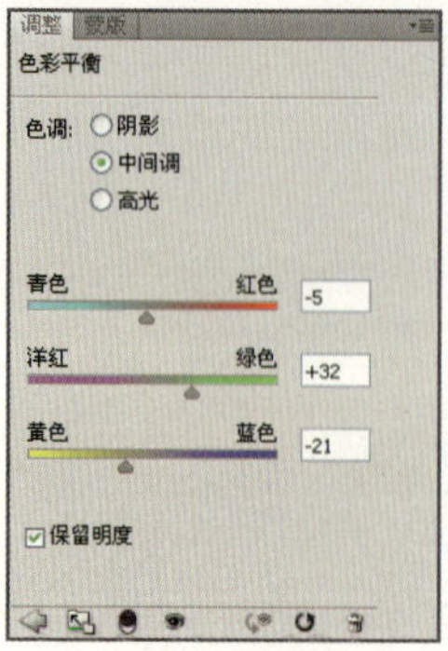

图3-384

图3-385

12 按快捷键Ctrl+Alt+Shift+E盖印所有可见图层，得到“图层2”，将此图层的混合模式设置为“柔光”，如图3-386所示，效果如图3-387所示。

13 单击工具箱中的“横排文字工具” T，在图像中输入文字，如图3-388所示。

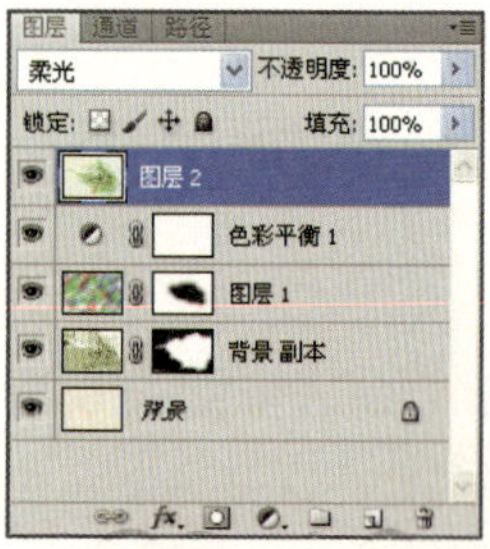

图3-386

图3-387

图3-388

扩展实例19

难易度 ★★★★★

- 原始素材文件：书中实例素材\第3章\扩展实例19\制作多彩梦幻照片素材图.jpg
- 最终效果文件：书中实例效果图\第3章\扩展实例19\制作多彩梦幻照片.psd
- 视频教学文件：书中实例视频\第3章\扩展实例\3.19.flv

制作多彩梦幻照片特效

重点提示 1 打开随书所附光盘中的扩展实例素材“制作多彩梦幻照片素材图.jpg”，将此图层拖曳至“图层”面板底部的“创建新图层”按钮上，得到“背景 副本”图层，单击“图层”面板底部的“添加图层蒙版”按钮，为其添加图层蒙版。将前景色设置为黑色，使用“画笔工具”在图像周围涂抹。

重点提示 2 新建“图层1”，单击“图层”面板底部的“添加图层蒙版”按钮，为其添加图层蒙版。将前景色设置为黑色，使用“画笔工具”在图像上涂抹。将“图层1”的混合模式设置为“滤色”。

重点提示 3 按快捷键Ctrl+Alt+Shift+E盖印所有可见图层，得到“图层2”，将其混合模式设置为“柔光”。单击工具箱中的“横排文字工具”，在图像中输入文字，并为文字添加“外发光”图层样式。

原始素材文件：
书中实例素材\第3章\实例18\制作中性色调照片特效素材图.jpg

最终效果文件：
书中实例效果图\第3章\实例18\最终中性色调照片特效.psd

视频教学文件：
书中实例视频\第3章\实例\3.18.flv

实例18

难易度 ★★★★★

制作中性色调照片特效

例前导读

本例视频教程长度：4分58秒

- 通过设置不同的图层混合模式营造不同的色调效果。
- 在Lab颜色模式下应用图像，制作光滑立体的肌肤。

1 打开随书所附光盘中的实例素材“制作中性色调照片特效素材图.jpg”，如图3-389所示。

2 选择“背景”图层，将其拖曳至“图层”面板底部的“创建新图层”按钮上，得到“背景 副本”图层，并将此图层的混合模式设置为“滤色”，“不透明度”设置为

“68%”，如图3-390所示，效果如图3-391所示。

图3-389

图3-390

图3-391

3 按快捷键Ctrl+Alt+Shift+E盖印所有可见图层，得到“图层1”，将其拖曳至“图层”面板底部的“创建新图层”按钮上，得到“图层1 副本”图层，如图3-392所示。

4 在菜单栏中选择“滤镜”|“模糊”|“高斯模糊”命令，在弹出的对话框中设置参数如图3-393所示，设置完毕后单击“确定”按钮，效果如图3-394所示。

图3-392

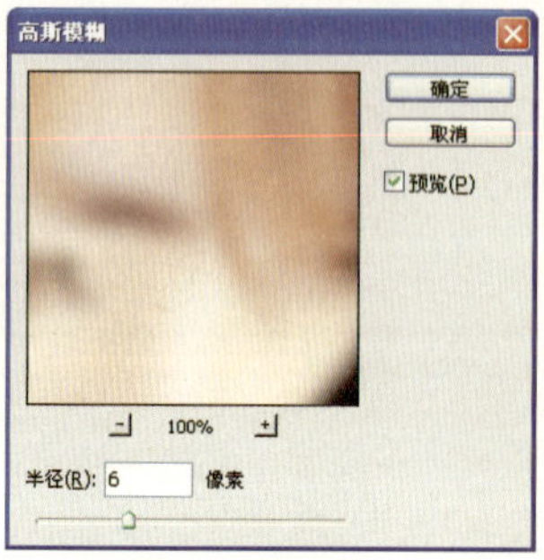

图3-393

图3-394

5 选择“图层1 副本”图层，单击“图层”面板底部的“添加图层蒙版”按钮，为其添加图层蒙版。将前景色设置为黑色，选择“画笔工具”在人物以外部分涂抹。“图层”面板如图3-395所示。效果如图3-396所示。

6 按快捷键Ctrl+Alt+Shift+E盖印所有可见图层，得到“图层2”，如图3-397所示。

图3-395

图3-396

图3-397

7 在菜单栏中选择“滤镜”|“模糊”|“高斯模糊”命令，在弹出的对话框中设置参数如图3-398所示，设置完毕后单击“确定”按钮，效果如图3-399所示。

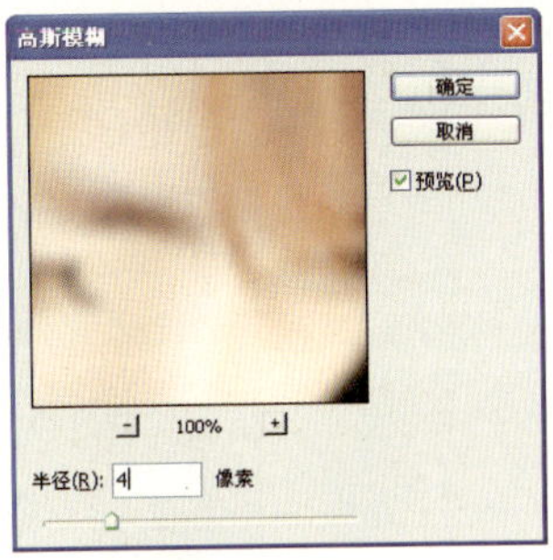

图3-398

图3-399

8 选择“图层2”，单击“图层”面板底部的“添加图层蒙版”按钮，为其添加图层蒙版。将前景色设置为黑色，使用“画笔工具”在除人物以外的部分涂抹。“图层”面板如图3-400所示。效果如图3-401所示。

9 单击“图层”面板底部的“创建新的填充或调整图层”按钮，在弹出的菜单中选择“渐变映射”选项，在弹出的面板中设置参数如图3-402所示。

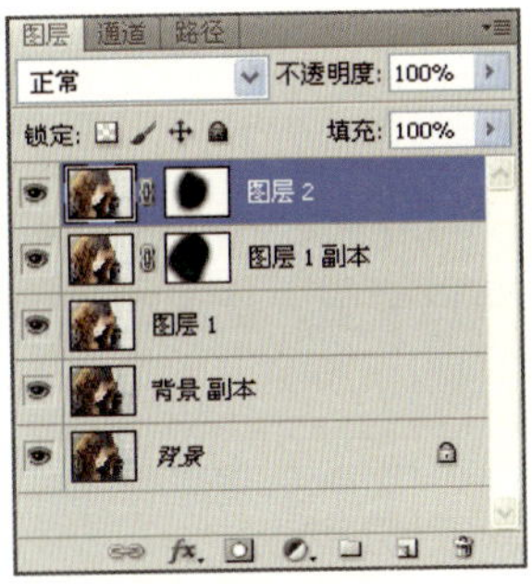

图3-400

图3-401

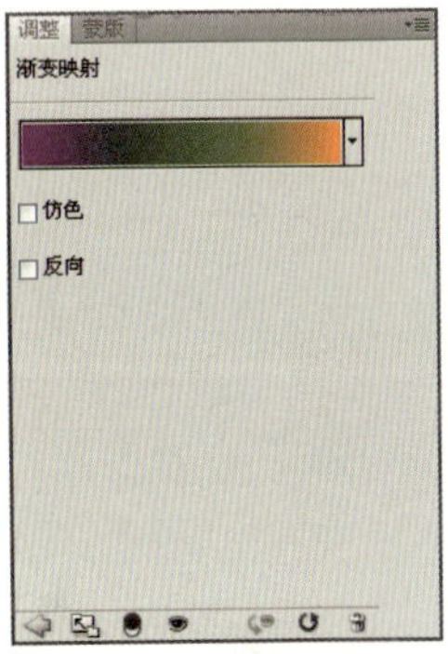

图3-402

10 选择“渐变映射1”调整图层，将此图层的“不透明度”设置为“22%”，如图3-403所示。效果如图3-404所示。

11 单击“图层”面板底部的“创建新的填充或调整图层”按钮，在弹出的菜单中选择“渐变映射”选项，在弹出的面板中设置参数如图3-405所示。

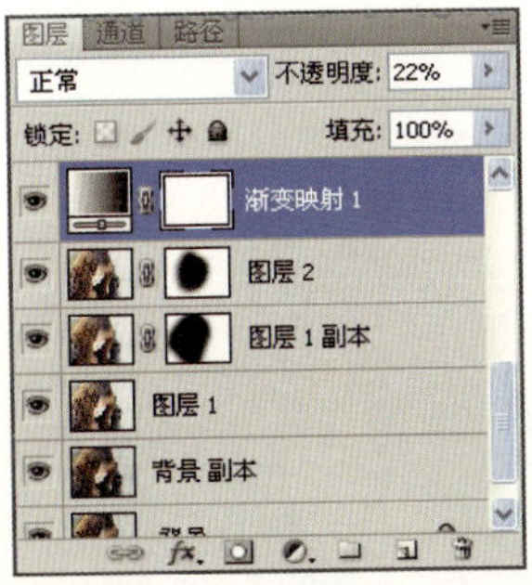

图3-403

图3-404

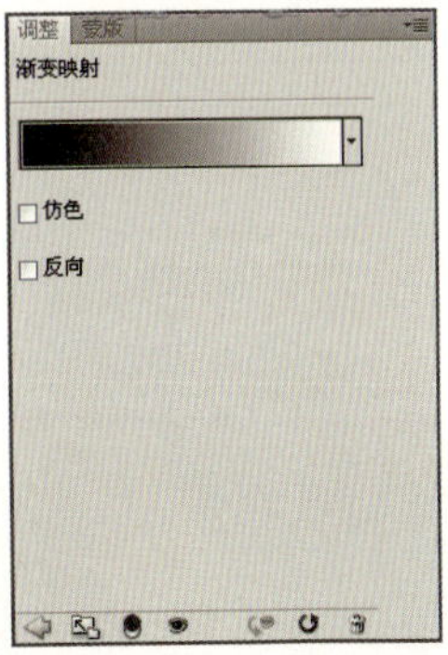

图3-405

12 选择“渐变映射2”调整图层，将此图层的“不透明度”设置为“21%”，如图3-406所示，效果如图3-407所示。

13 单击“图层”面板底部的“创建新的填充或调整图层”按钮，在弹出的菜单中选择“渐变映射”选项，在弹出的面板中设置参数如图3-408所示。

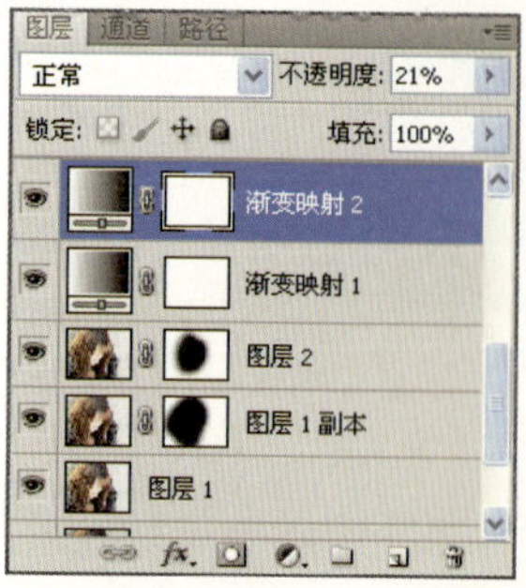

图3-406

图3-407

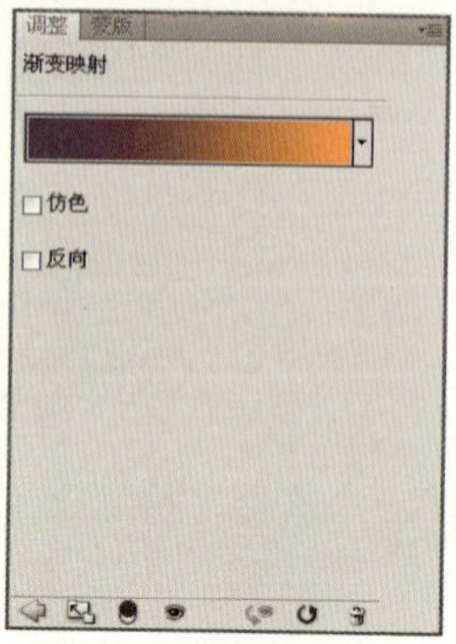

图3-408

14 选择“渐变映射3”调整图层，将此图层的“不透明度”设置为“52%”，如图3-409所示，效果如图3-410所示。

15 单击“图层”面板底部的“创建新的填充或调整图层”按钮，在弹出的菜单中选择“曲线”选项，在弹出的面板中设置参数如图3-411所示，设置完毕后单击关闭按钮，效果如图3-412所示。

16 单击“图层”面板底部的“创建新的填充或调整图层”按钮，在弹出的菜单中选择“色阶”选项，在弹出的面板中设置参数如图3-413所示，设置完毕后单击关闭按钮，效果如图3-414所示。

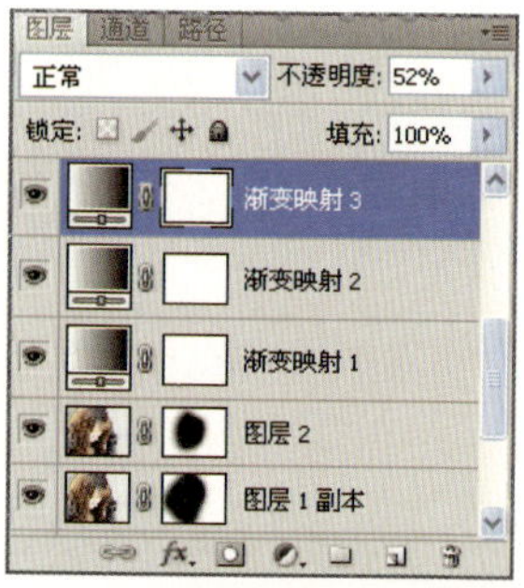

图3-409

图3-410

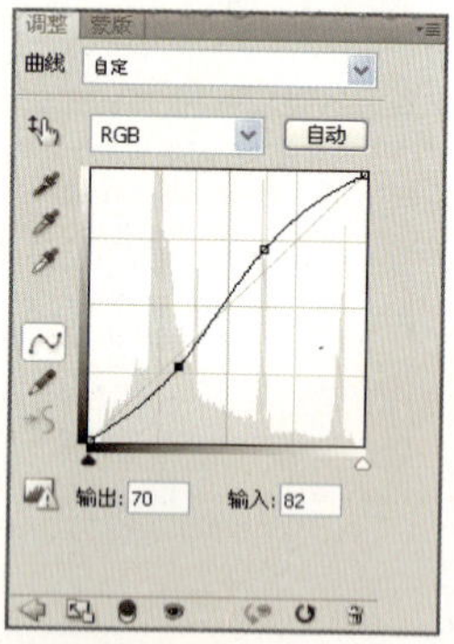

图3-411

图3-412

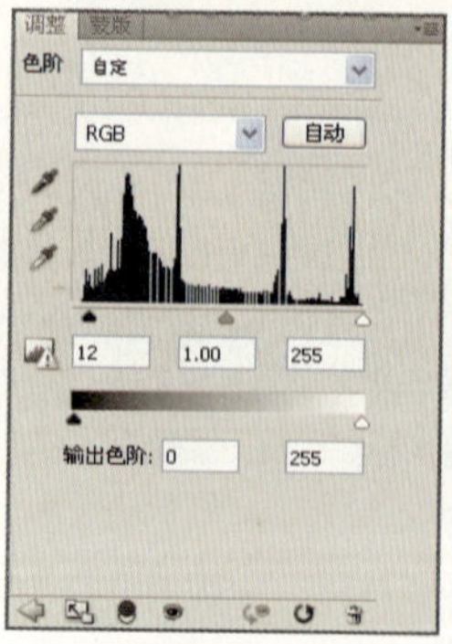

图3-413

图3-414

17 按快捷键Ctrl+Alt+Shift+E盖印所有可见图层，得到“图层3”，如图3-415所示。

18 按快捷键Ctrl+Alt+Shift+2提取高光部分，效果如图3-416所示。

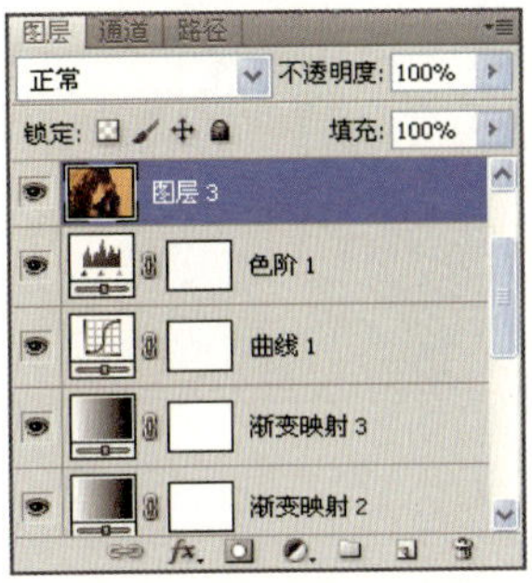

图3-415

图3-416

19 单击“图层”面板底部的“创建新图层”按钮，得到“图层4”，如图3-417所示。效果如图3-418所示。

20 按快捷键Ctrl+Alt+Shift+E盖印所有可见图层，得到“图层5”，如图3-419所示。

图3-417

图3-418

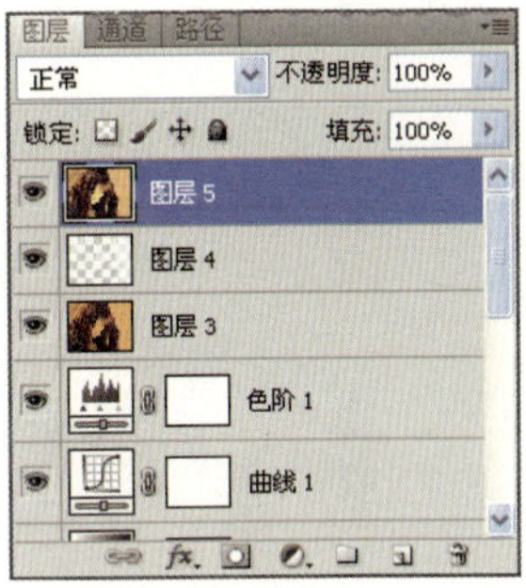

图3-419

21 在菜单栏中选择“滤镜”|“锐化”|“USM锐化”命令，在弹出的对话框中设置参数如图3-420所示。设置完毕后单击“确定”按钮，效果如图3-421所示。

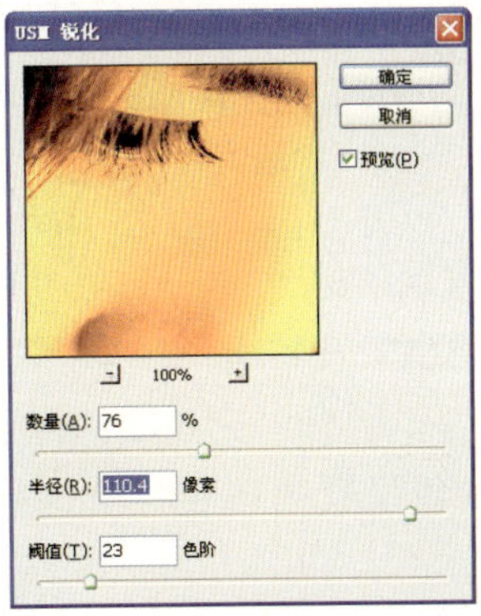

图3-420

图3-421

22 选择“图层5”，将此图层的“不透明度”设置为“47%”，如图3-422所示。最终效果如图3-423所示。

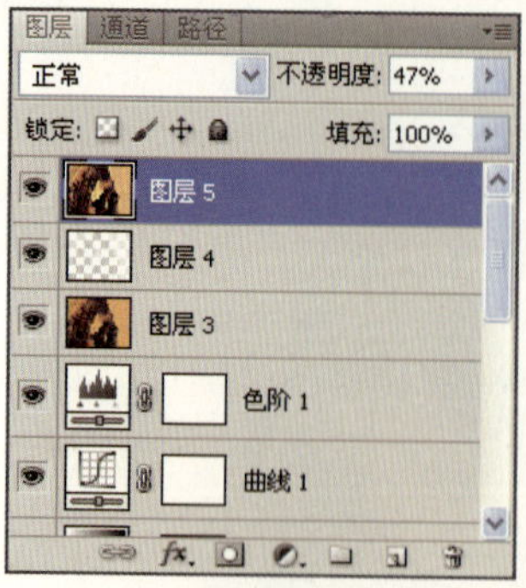

图3-422

图3-423

扩展实例20

难易度 ★★★★★

- 原始素材文件：书中实例素材\第3章\扩展实例20\调出中性色调效果素材图.jpg
- 最终效果文件：书中实例效果图\第3章\扩展实例20\调出中性色调效果.psd
- 视频教学文件：书中实例视频\第3章\扩展实例\3.20.flv

调出中性色调效果

重点提示 1 打开随书所附光盘中的扩展实例素材“调出中性色调效果素材图.jpg”，将此图层拖曳至“图层”面板底部的“创建新图层”按钮上，得到“背景 副本”图层，将其混合模式设置为“滤色”。按快捷键Ctrl+Alt+Shift+E盖印所有可见图层，得到“图层1”。按住Alt键为“图层1”添加图层蒙版。将前景色设置为白色，选择“画笔工具”在人物皮肤处涂抹（五官除外）。

重点提示 2 单击“图层”面板底部的“创建新的填充或调整图层”按钮，在弹出的菜单中选择“渐变映射”选项，在弹出的面板中设置参数。将“渐变映射1”调整图层的“不透明度”设置为“28%”。再次制作“渐变映射”效果，将“渐变映射2”调整图层的“不透明度”设置为“25%”，再次制作“渐变映射”效果，将“渐变映射3”调整图层的“不透明度”设置为“38%”。单击“图层”面板底部的“创建新的填充或调整图层”按钮，在弹出的菜单中选择“曲线”选项，在弹出的面板中设置参数。

重点提示 3 按快捷键Ctrl+Alt+Shift+E盖印所有可见图层，得到“图层2”。按快捷键Ctrl+Alt+Shift+2调出亮光区域。新建“图层3”，在选区内填充白色，将此图层的“不透明度”设置为“48%”。按快捷键Ctrl+Alt+Shift+E盖印所有可见图层，得到“图层4”，将其混合模式设置为“线性光”，“不透明度”设置为“22%”。在菜单栏中选择“滤镜”|“锐化”|“USM锐化”命令，在弹出的对话框中设置参数。

扩展实例21

难易度 ★★★★★

- 原始素材文件：书中实例素材\第3章\扩展实例21\调出另类特殊效果素材图.jpg
- 最终效果文件：书中实例效果图\第3章\扩展实例21\调出另类特殊效果.psd
- 视频教学文件：视频\第3章\扩展实例\3.21.flv

调出另类特殊效果

重点提示 1 打开随书所附光盘中的扩展实例素材“调出另类特殊效果素材图.jpg”，将此图层拖曳至“图层”面板底部的“创建新图层”按钮上，得到“背景 副本”图层。按快捷键Ctrl+Shift+U去色。单击“图层”面板底部的“创建新的填充或调整图层”按钮，在弹出的菜单中选择“色阶”选项，在弹出的面板中设置适当的参数。

重点提示 2 单击“图层”面板底部的“创建新的填充或调整图层”按钮，在弹出的菜单中选择“色彩平衡”选项，在弹出的面板中设置参数。

重点提示 3 单击“图层”面板底部的“创建新的填充或调整图层”按钮，在弹出的菜单中选择“曲线”选项，在弹出的面板中设置参数。

原始素材文件：
书中实例素材\第3章\实例19\制作被损坏的照片
素材图1.jpg、素材图2.jpg

最终效果文件：
书中实例效果图\第3章\实例19\制作被损坏的照片.psd

视频教学文件：
书中实例视频\第3章\实例\3.19.flv

实例19

难易度 ★★★★★

制作被损坏的照片

例前导读

本例视频教程长度：9分36秒

- 使用“计算”命令制作折叠过的纸张效果。
- 使用调整图层调整图像的色调。

1 打开随书所附光盘中的实例素材“制作被损坏的照片素材图1.jpg”，如图3-424所示。

2 单击“图层”面板底部的“创建新的填充或调整图层”按钮，在弹出的菜单中选择“亮度/对比度”选项，在弹出的面板中设置参数如图3-425所示，设置完毕后单击关闭按钮，效果如图3-426所示。

图3-424

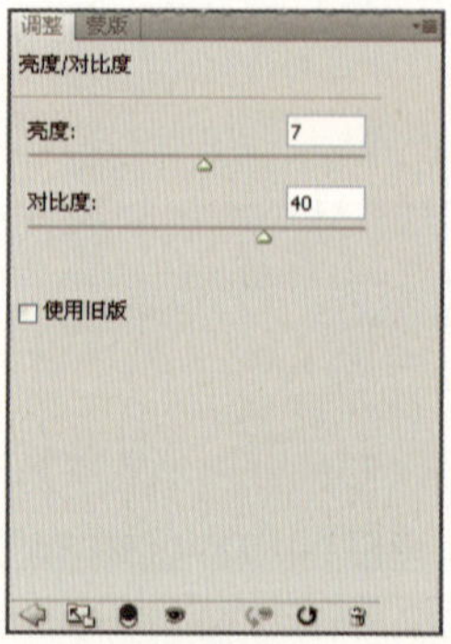

图3-425

图3-426

3 按快捷键Ctrl+Alt+Shift+E盖印所有可见图层，得到“图层1”，如图3-427所示。效果如图3-428所示。

4 切换至“通道”面板，单击面板底部的“创建新通道”按钮，得到“Alpha 1”通道，如图3-429所示。

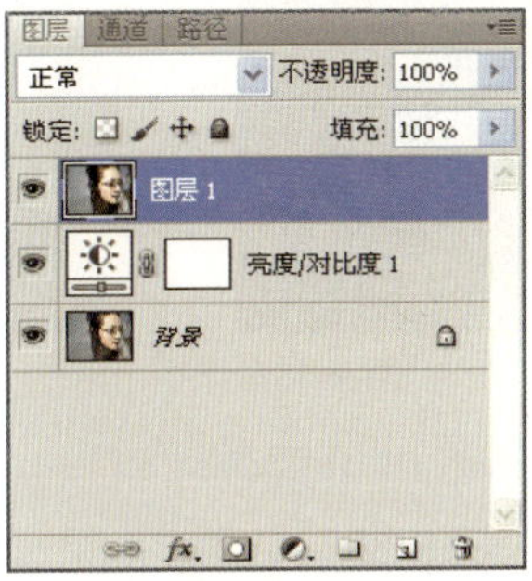

图3-427

图3-428

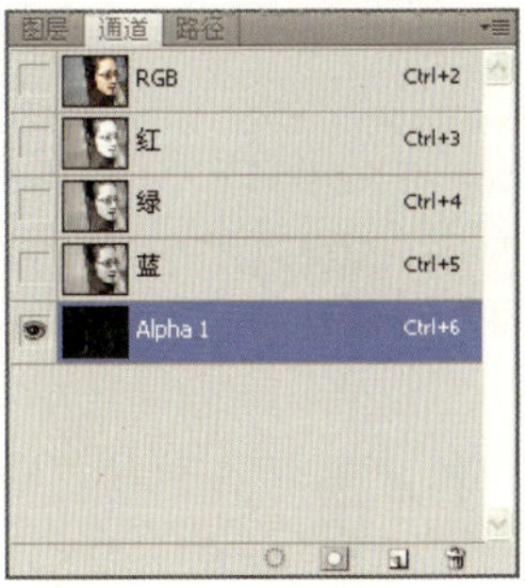

图3-429

5 按快捷键Ctrl+R显示标尺，使用“移动工具”从标尺中拖出两条纵向参考线，如图3-430所示。

6 单击工具箱中的“矩形选框工具”，在参考线一侧纵向绘制一个窄一些的矩形选区。使用“渐变工具”在选区中绘制渐变（黑色、白色，线性渐变），如图3-431所示。

图3-430

图3-431

7 单击“通道”面板底部的“创建新通道”按钮，得到“Alpha 2”通道，如图3-432所示。使用同样的方法在该参考线的另一侧绘制渐变，如图3-433所示。

8 单击“通道”面板底部的“创建新通道”按钮，得到“Alpha 3”通道，如图3-434所示。使用同样的方法在另一条参考线一侧纵向绘制一个窄一些的矩形选区，选择“渐变工具”在选区中绘制渐变，如图3-435所示。

9 单击“通道”面板底部的“创建新通道”按钮，得到“Alpha 4”通道，如图3-436所示。使用同样的方法在该参考线的另一侧绘制渐变，如图3-437所示。

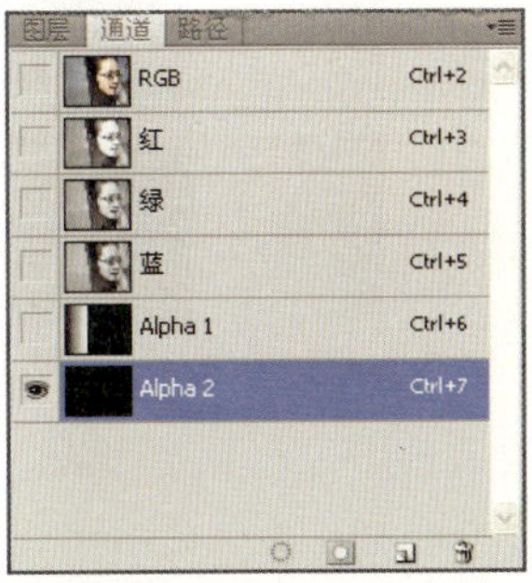

图3-432

图3-433

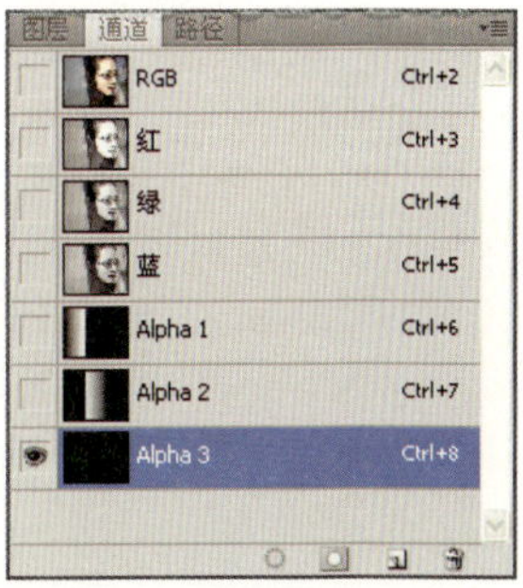

图3-434

图3-435

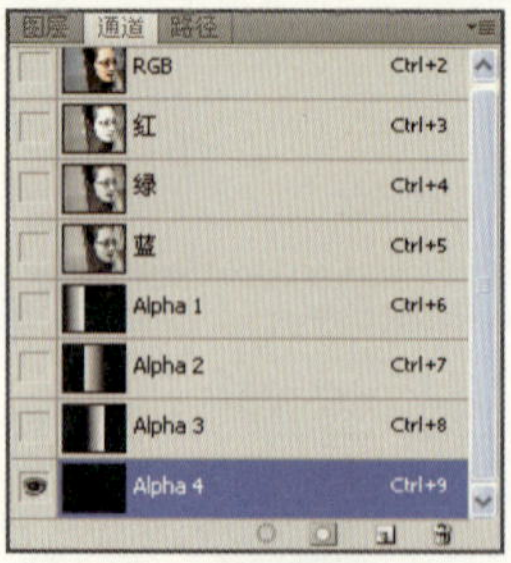

图3-436

图3-437

10 在菜单栏中选择“编辑”|“计算”命令，在弹出的对话框中设置各项参数如图3-438所示。设置完毕后单击“确定”按钮，得到“Alpha 5”通道，效果如图3-439所示。

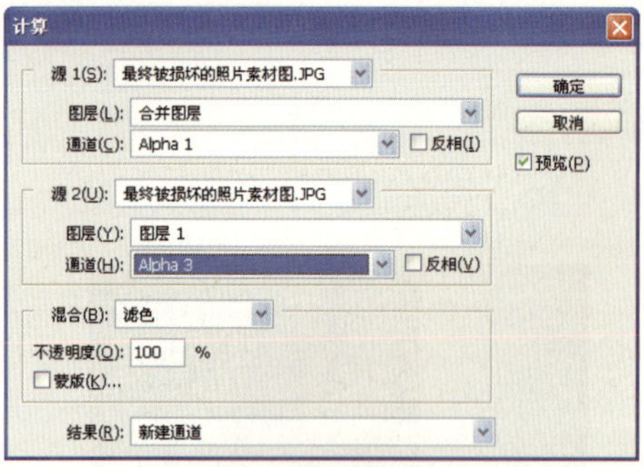

图3-438

图3-439

技巧与提示

要将渐变中白色一面贴近参考线。

11 在菜单栏中选择“编辑”|“计算”命令，在弹出的对话框中设置各项参数如图3-440所示。设置完毕后单击“确定”按钮，得到“Alpha 6”通道，效果如图3-441所示。

12 按住Ctrl键单击“Alpha 5”通道，以提取选区，如图3-442所示。

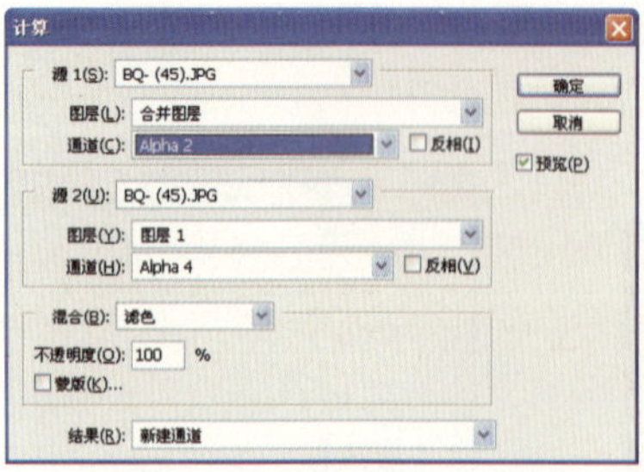

图3-440

图3-441

图3-442

13 切换至“图层”面板，单击面板底部的“创建新的填充或调整图层”按钮，在弹出的菜单中选择“曲线”选项，在弹出的面板中设置参数如图3-443所示，设置完毕后单击关闭按钮，效果如图3-444所示。

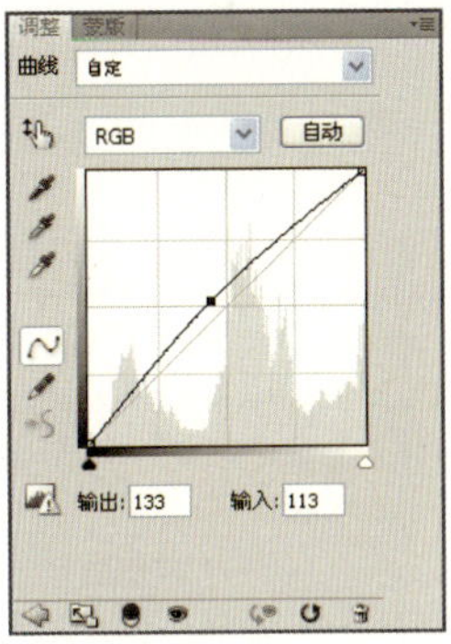

图3-443

图3-444

14 使用同样的方法为“Alpha 6”通道创建选区。单击“图层”面板底部的“创建新的填充或调整图层”按钮，在弹出的菜单中选择“曲线”选项，在弹出的面板中设置参数如图3-445所示，设置完毕后单击关闭按钮，效果如图3-446所示。

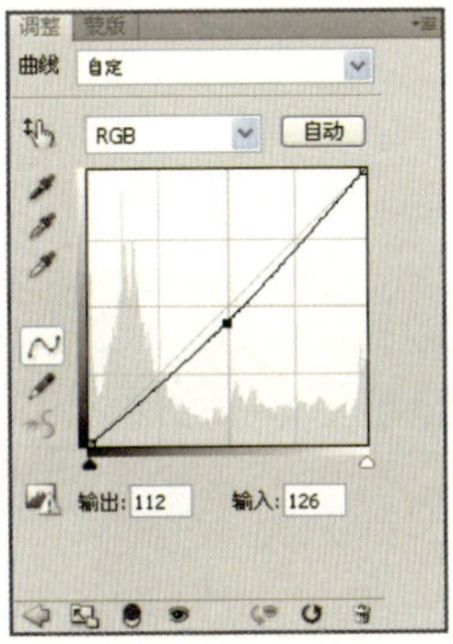

图3-445

图3-446

15 单击“图层”面板底部的“创建新的填充或调整图层”按钮，在弹出的菜单中选择“色相/饱和度”选项，在弹出的面板中设置参数如图3-447所示，设置完毕后单击关闭按钮，效果如图3-448所示。

16 单击“图层”面板底部的“创建新图层”按钮，得到“图层2”，如图3-449所示。

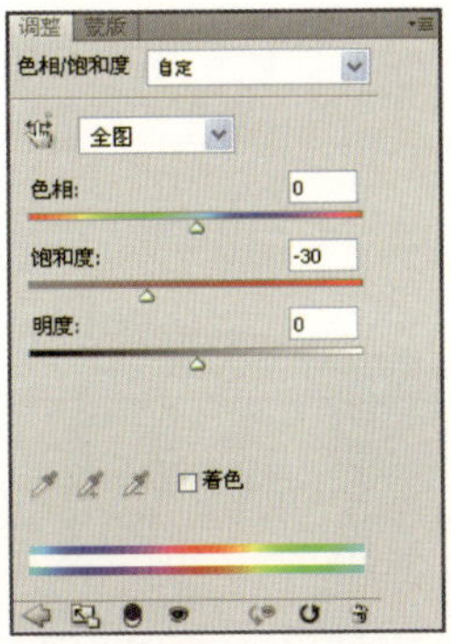

图3-447

图3-448

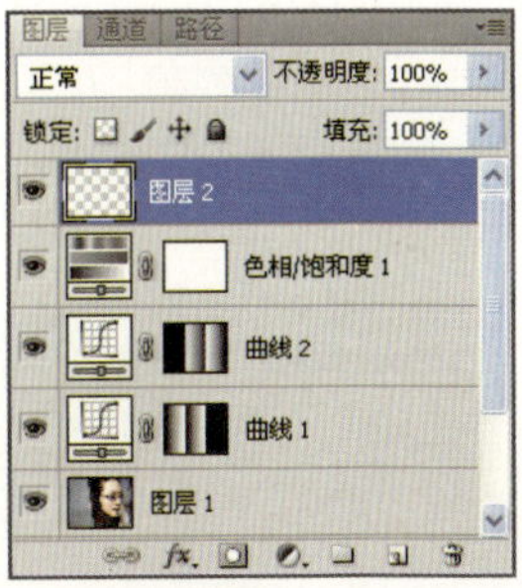

图3-449

17 将前景色和背景色设置为黑色和白色，在菜单栏中选择“滤镜”|“渲染”|“云彩”命令，效果如图3-450所示。在菜单栏中选择“滤镜”|“风格化”|“查找

边缘”命令，效果如图3-451所示。

18 选择“图层2”，将此图层的混合模式设置为“正片叠底”，如图3-452所示，效果如图3-453所示。

19 单击“图层”面板底部的“创建新的填充或调整图层”按钮，在弹出的菜单中选择“亮度/对比度”选项，在弹出的面板中设置参数如图3-454所示，设置完毕后单击关闭按钮，效果如图3-455所示。

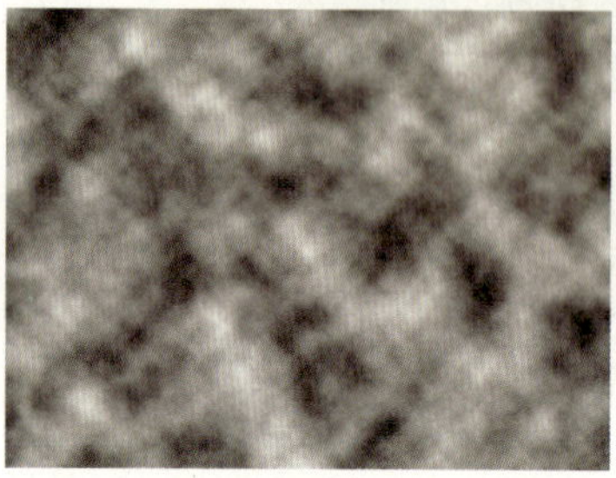
图3-450

图3-451

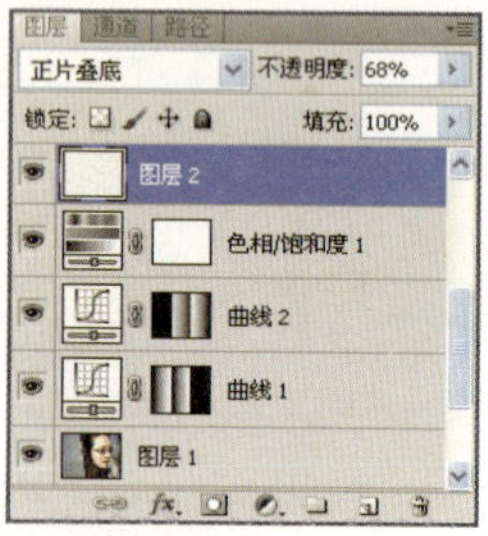

图3-452

图3-453

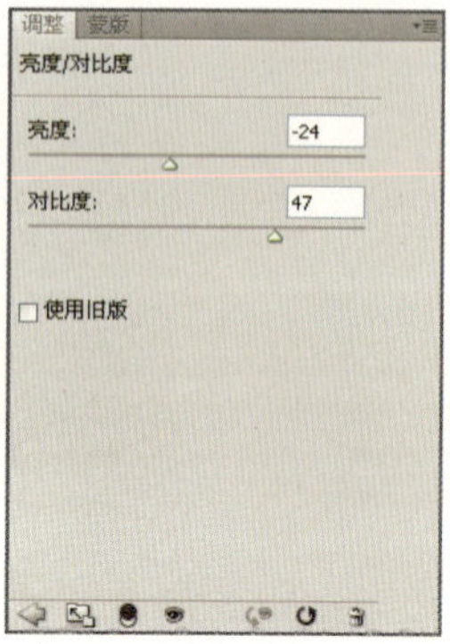

图3-454

图3-455

20 按快捷键Ctrl+Alt+Shift+E盖印所有可见图层，得到“图层3”，如图3-456所示。

21 隐藏除“图层3”以外的所有图层，按快捷键Ctrl+T自由变换，调整图像大小及角度如图3-457所示。

22 打开随书所附光盘中的实例素材“素材图2.jpg”，将其拖曳至主文档，移至“图层3”下方，效果如图3-458所示。

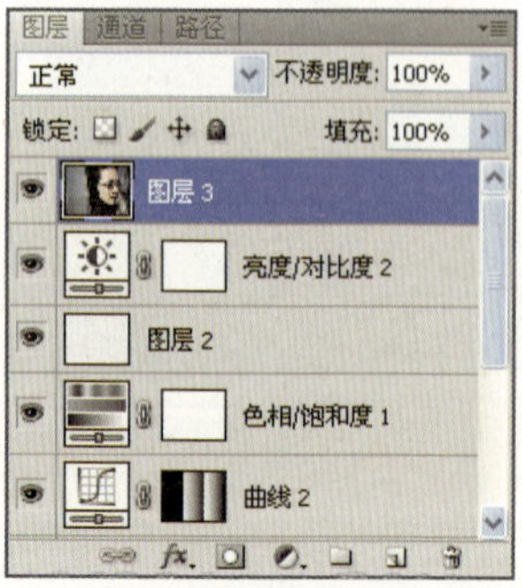

图3-456

图3-457

图3-458

23 按住Ctrl键单击“图层3”，提取其选区。单击工具箱中的“套索工具”，按住Alt键在图像左边减去不规则选区，如图3-459所示。

24 单击“图层”面板底部的“创建新图层”按钮，得到“图层5”。选择“画笔工具”，设置白色、粉笔笔刷，沿选区边缘绘制，效果如图3-460所示。

图3-459

图3-460

25 选择“图层3”，按快捷键Ctrl+Shift+I反选选区，按Delete键删除选区内的图像，按快捷键Ctrl+D取消选区。在菜单栏中选择“编辑”|“变换”|“变形”命令，双击“图层5”，在弹出的“图层样式”对话框中设置各项参数如图3-461所示，设置完毕后单击“确定”按钮，效果如图3-462所示。

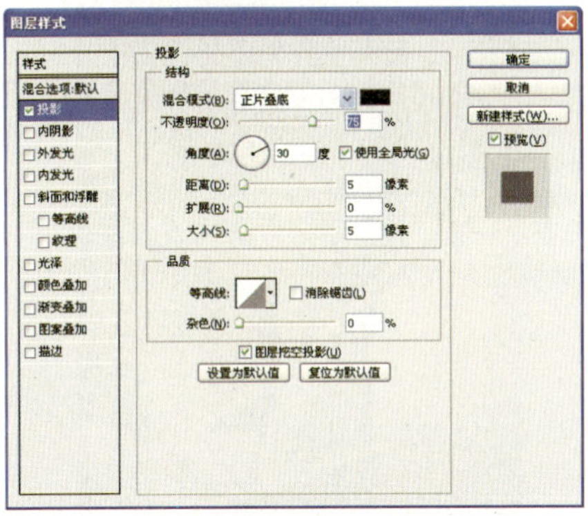

图3-461

图3-462

26 双击“图层3”，在弹出的“图层样式”对话框中设置各项参数如图3-463所示，设置完毕后单击“确定”按钮，效果如图3-464所示。

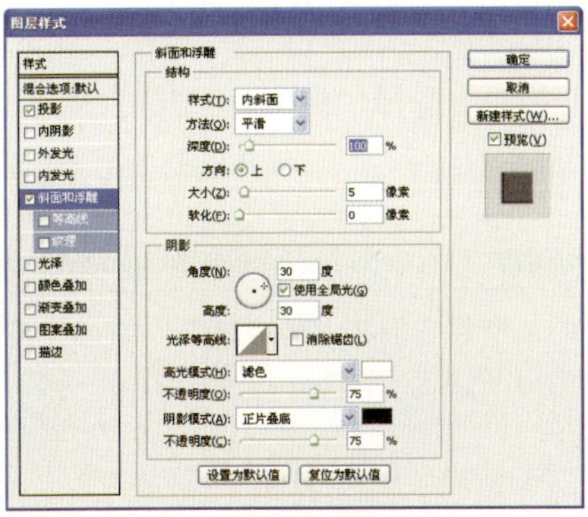

图3-463

图3-464

27 单击“图层”面板底部的“创建新图层”按钮，得到“图层6”，将其移至“图层3”下方。使用黑色画笔绘制阴影，最终效果如图3-465所示。

图3-465

扩展实例22

难易度 ★★★★★

- 原始素材文件：书中实例素材\第3章\扩展实例22\打造折叠撕纸特效素材图1.jpg 素材图2.jpg
- 最终效果文件：书中实例效果图\第3章\扩展实例22\打造折叠撕纸特效.psd
- 视频教学文件：书中实例视频\第3章\扩展实例\3.22.flv

打造折叠撕纸特效

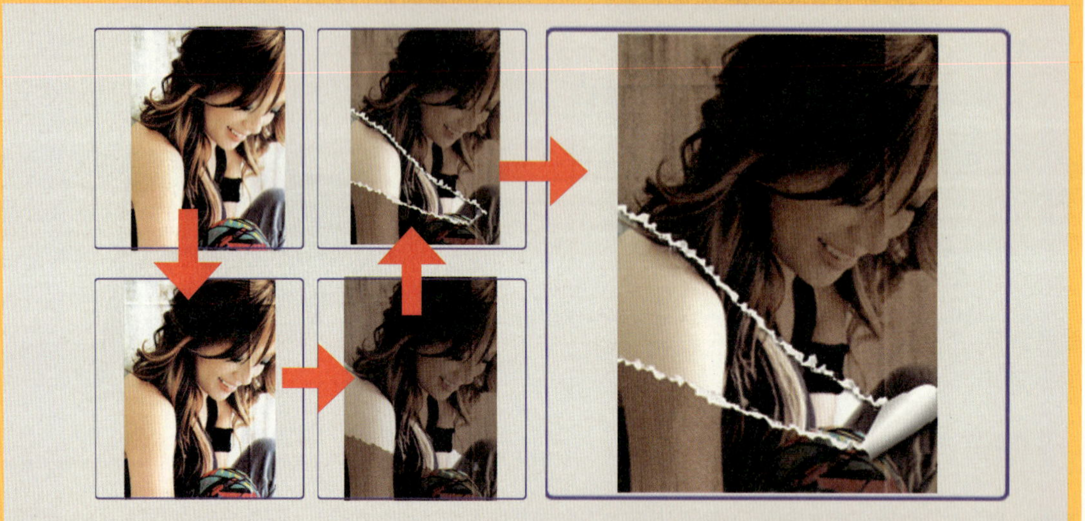

重点提示 1 打开随书所附光盘中的扩展实例素材“打造折叠撕纸特效素材图1.jpg”，将此图层拖曳至“图层”面板底部的“创建新图层”按钮上，得到“背景 副本”图层。切换至“通道”面板，新建“Alpha 1”通道。在菜单栏中选择“视图”|“标尺”命令，显示标尺，使用“移动工具”分别在横向标尺和纵向标尺上拖出垂直的两条辅助线。

技巧与提示

标尺、辅助线和网络线都是用于辅助处理图像操作的，使用它们将大大提高工作效率。显示标尺和隐藏标尺的快捷键是Ctrl+R。隐藏辅助线的快捷键为Ctrl+H。

重点提示 2 在菜单栏中选择“图像”|“计算”命令，在弹出的对话框中设置各项参数。在“通道”下拉列表中选择“Alpha 1”，在“混合”下拉列表中选择“滤色”，得到“Alpha

5”通道。切换至“图层”面板，选择“背景 副本”图层。单击“图层”面板底部的“创建新的填充或调整图层”按钮，在弹出的菜单中选择“曲线”选项，在弹出的面板中设置参数。

重点提示 3 新建“图层1”，将其混合模式设置为“正片叠底”。将前景色和背景色设置为默认的黑色和白色。在菜单栏中选择“滤镜”|“渲染”|“云彩”命令。在菜单栏中选择“图像”|“调整”|“色阶”命令，在弹出的对话框中设置适当的参数。

原始素材文件：
书中实例素材\第3章\实例20\制作华丽风格照片特效素材图.jpg

最终效果文件：
书中实例效果图\第3章\实例20\制作华丽风格照片特效.psd

视频教学文件：
书中实例视频\第3章\实例\3.20.flv

实例20

难易度 ★★★★★

制作华丽风格照片特效

例前导读

本例视频教程长度：7分50秒

- 通过添加调整图层调出古典风格色调。
- 使用“查找边缘”滤镜和“动感模糊”滤镜制作华丽特效。

1 打开随书所附光盘中的实例素材“制作华丽风格照片特效素材图.jpg”，如图3-466所示，将此图层拖曳至“图层”面板底部的“创建新图层”按钮上，得到“背景 副本”图层，如图3-467所示。

图3-466

2 单击“图层”面板底部的“创建新的填充或调整图层”按钮，在弹出的菜单中选择“曲线”选项，在弹出的面板中设置参数如图3-468所示，设置完毕后单击关闭按钮。将前景色设置为黑色，选择“画笔工具”在图像中涂抹，效果如图3-469所示。

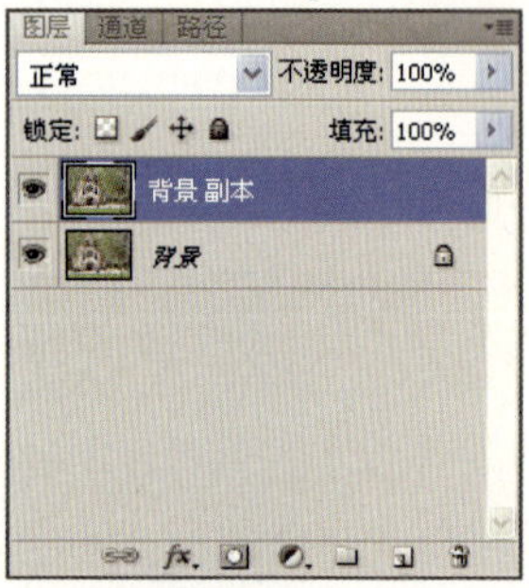

图3-467

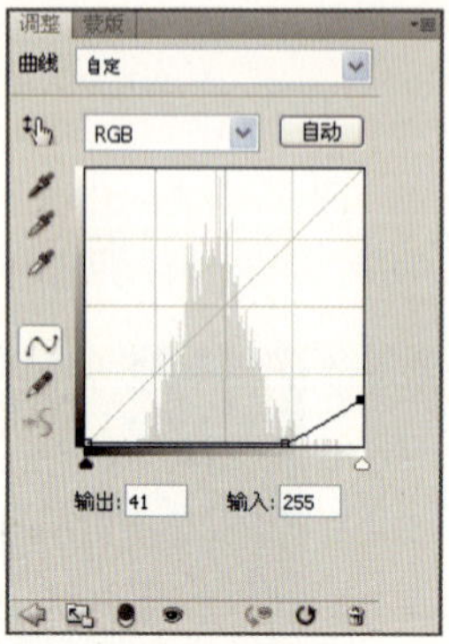

图3-468

图3-469

3 单击“图层”面板底部的“创建新的填充或调整图层”按钮，在弹出的菜单中选择“可选颜色”选项，在弹出的面板中设置参数如图3-470至图3-475所示，设置完毕后单击关闭按钮，效果如图3-476所示。

4 单击“图层”面板底部的“创建新的填充或调整图层”按钮，在弹出的菜单中选择“照片滤镜”选项，在弹出的面板中设置参数如图3-477所示，设置完毕后单击关闭按钮，效果如图3-478所示。

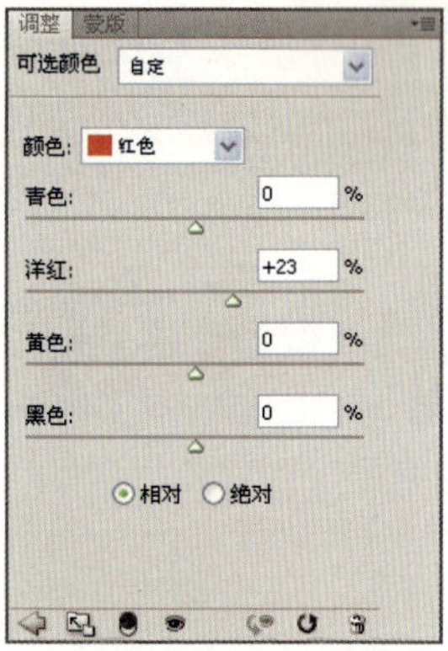

图3-470

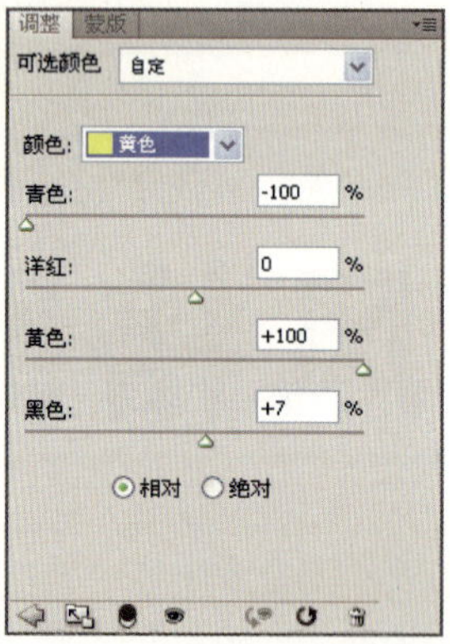

图3-471

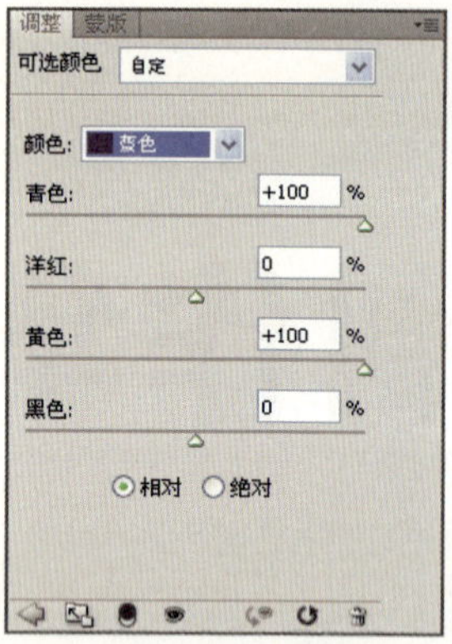

图3-472

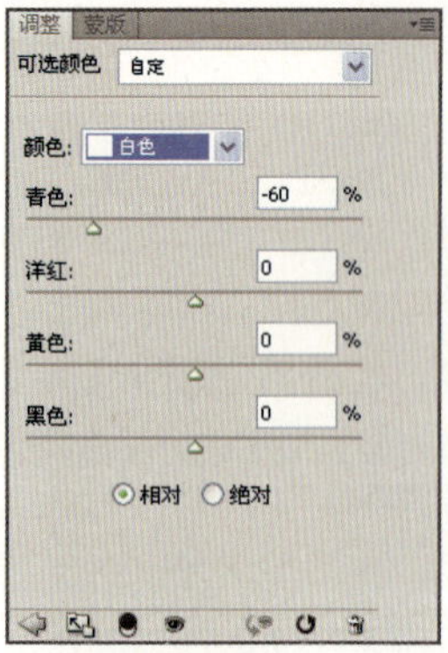

图3-473

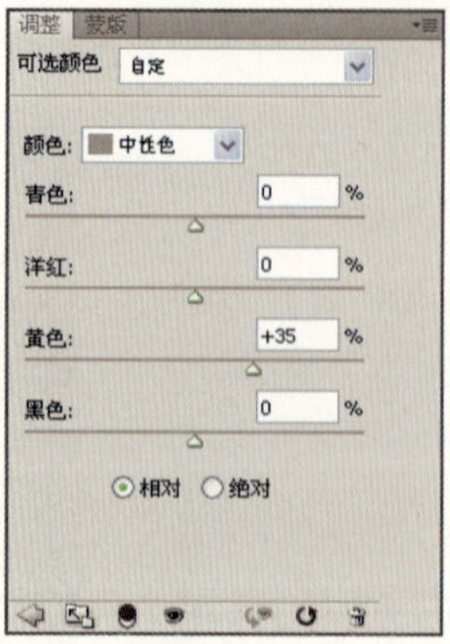

图3-474

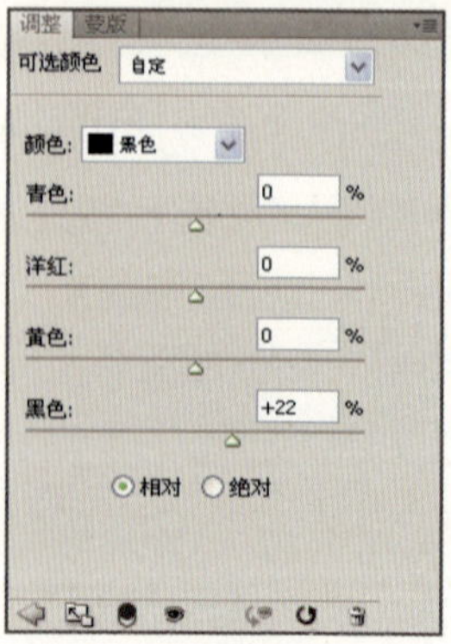

图3-475

图3-476

图3-477

图3-478

5 单击“图层”面板底部的“创建新的填充或调整图层”按钮，在弹出的菜单中选择“亮度/对比度”选项，在弹出的面板中设置参数如图3-479所示，设置完毕后单击关闭按钮，效果如图3-480所示。

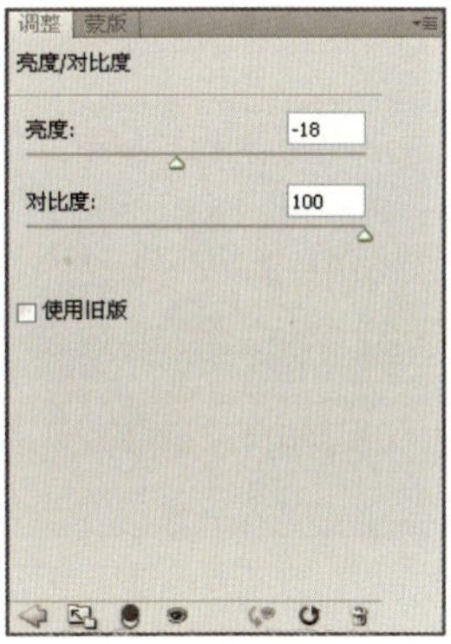

图3-479

图3-480

6 单击“图层”面板底部的“创建新的填充或调整图层”按钮，在弹出的菜单中选择“色彩平衡”选项，在弹出的面板中设置参数如图3-481至图3-483所示，设置完毕后单击关闭按钮，效果如图3-484所示。

7 按快捷键Ctrl+Alt+Shift+E盖印所有可见图层，得到“图层1”，如图3-485所示。

8 在菜单栏中选择“滤镜”|“风格化”|“查找边缘”命令，效果如图3-486所示。

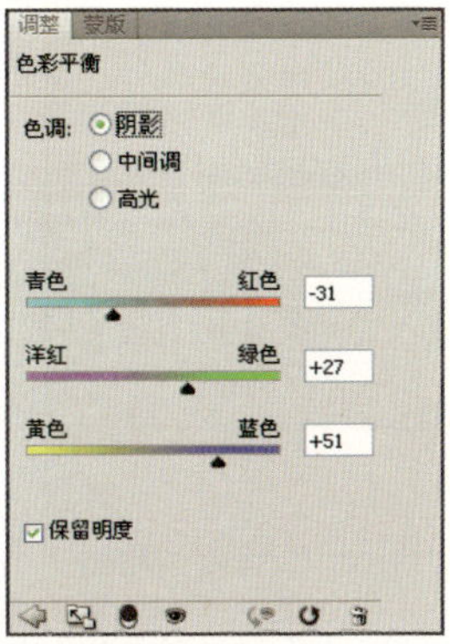

图3-481

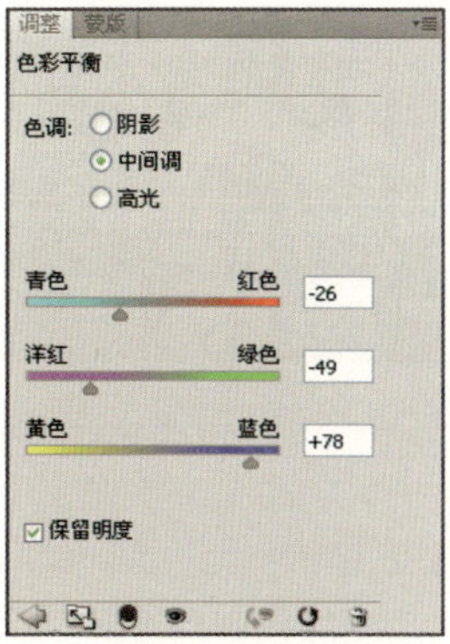

图3-482

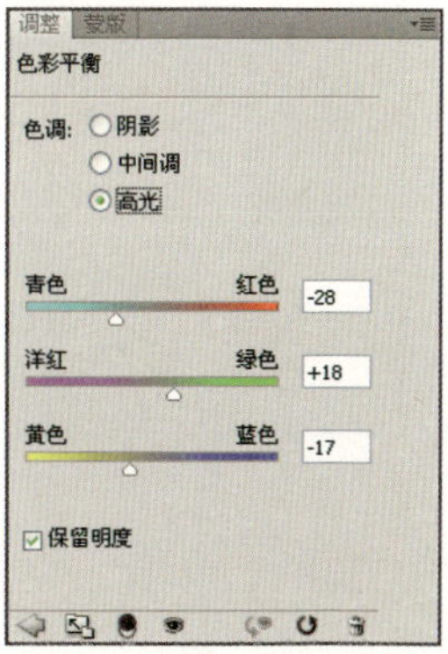

图3-483

图3-484

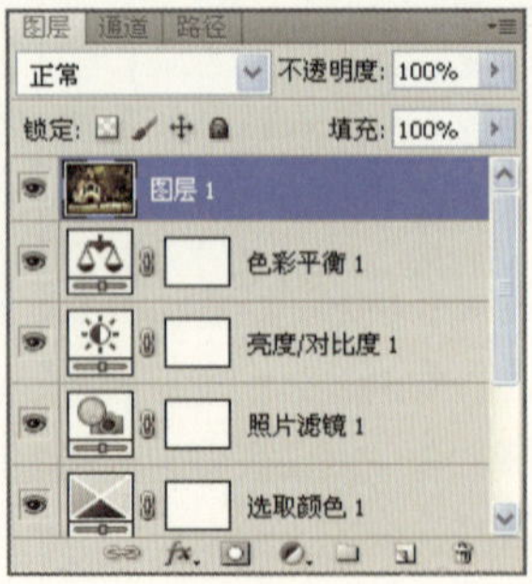

图3-485

图3-486

9 将“图层1”的混合模式设置为“正片叠底”，“不透明度”设置为“80%”，如图3-487所示。在菜单栏中选择“图像”|“调整”|“去色”命令，效果如图3-488所示。

10 将前景色设置为黑色，选择“画笔工具”，将“不透明度”设置为“50%”，在图像中涂抹，效果如图3-489所示。

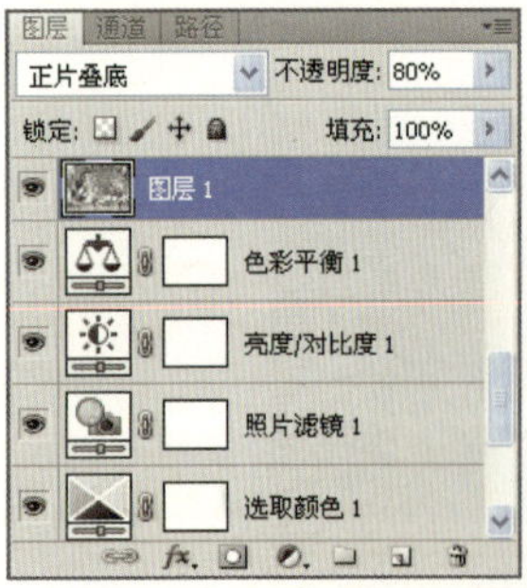

图3-487

图3-488

图3-489

11 按快捷键Ctrl+Alt+Shift+E盖印所有可见图层，得到“图层2”，如图3-490所示。

12 在菜单栏中选择“滤镜”|“锐化”|“智能锐化”命令，在弹出的对话框中设置参数如图3-491所示。

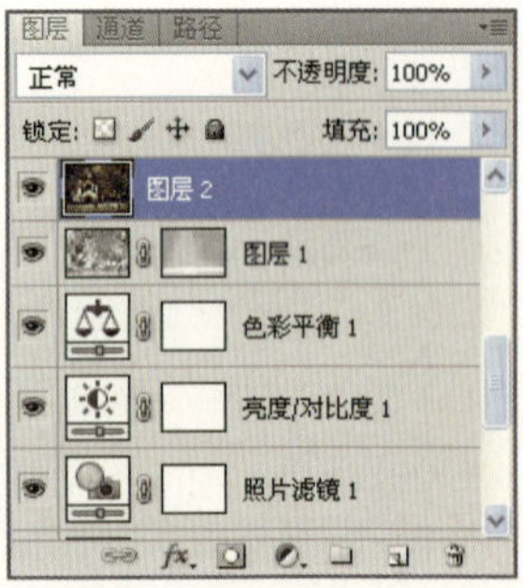

图3-490

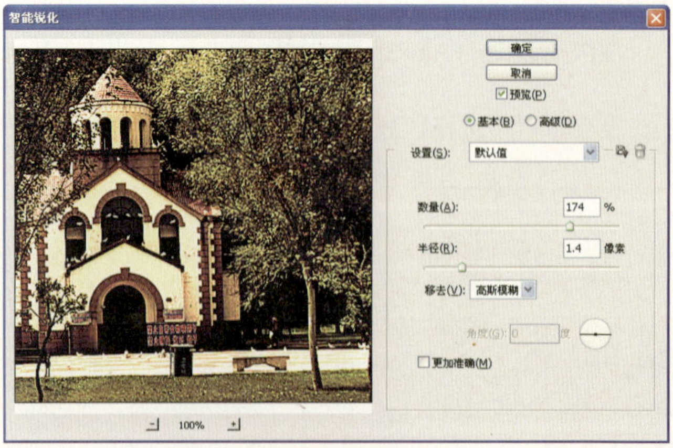

图3-491

13 选择“图层2”，将其拖曳至“图层”面板底部的“创建新图层”按钮上，得到“图层2 副本”图层，如图3-492所示。

14 在菜单栏中选择“滤镜”|“模糊”|“动感模糊”命令，在弹出的对话框中设置参数如图3-493所示，设置完毕后单击“确定”按钮，效果如图3-494所示。

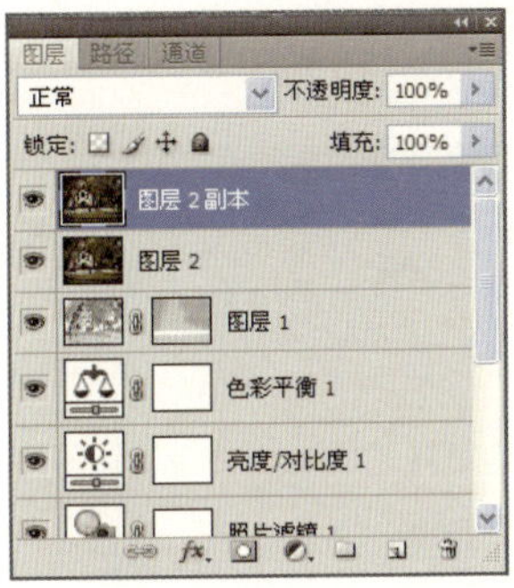

图3-492

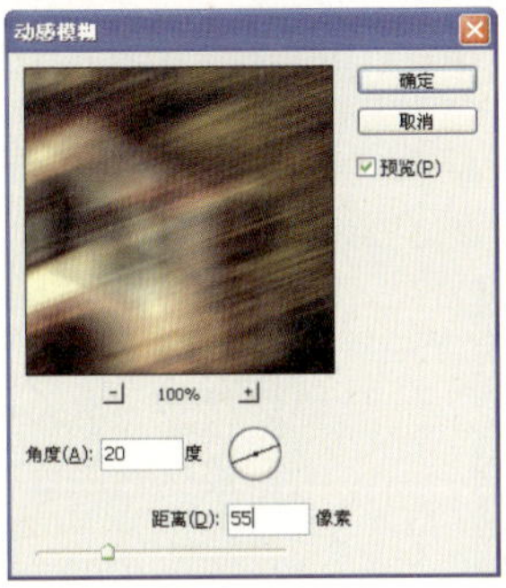

图3-493

图3-494

15 选择“图层2 副本”图层，单击“图层”面板底部的“添加图层蒙版”按钮，为其添加图层蒙版。将前景色设置为黑色，选择“画笔工具”在图像中涂抹，效果如图3-495所示。

16 单击“图层”面板底部的“创建新的填充或调整图层”按钮，在弹出的菜单中选择“色阶”选项，在弹出的面板中设置参数如图3-496所示，设置完毕后单击关闭按钮，效果如图3-497所示。

图3-495

图3-496

图3-497

17 单击工具箱中的“裁剪工具”，在图像中拖出选框，如图3-498所示，按Enter键确认裁剪操作，效果如图3-499所示。

图3-498

图3-499

18 单击工具箱中的“横排文字工具” T，在图像中输入文字，如图3-500所示。

19 双击文字图层，在弹出的“图层样式”对话框中设置各项参数如图3-501和图3-502所示，设置完毕后单击“确定”按钮，效果如图3-503所示。

图3-500

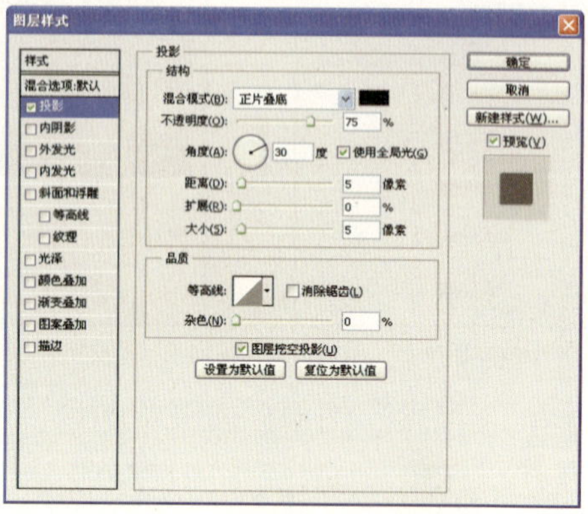

图3-501

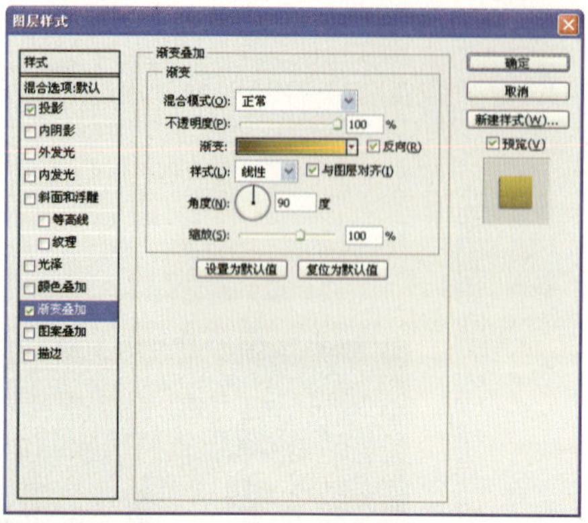

图3-502

图3-503

20 单击工具箱中的“横排文字工具” T，在图像中输入文字，如图3-504所示。

21 双击文字图层，在弹出的“图层样式”对话框中设置各项参数如图3-505所示，设置完毕后单击“确定”按钮，效果如图3-506所示。

图3-504

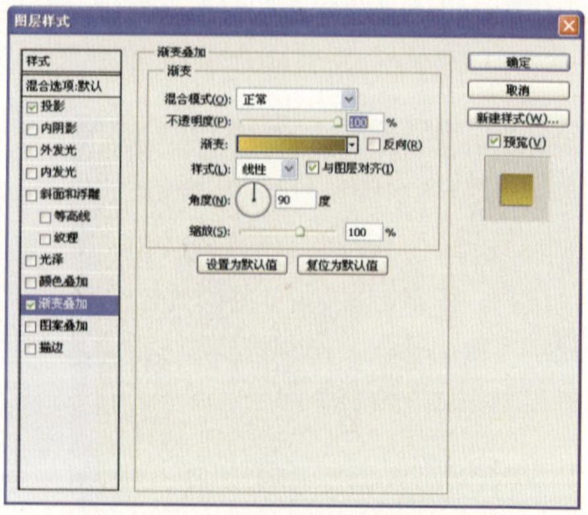

图3-505

图3-506

扩展实例23

难易度 ★★★★★

- 原始素材文件：书中实例素材\第3章\扩展实例23\制作古典华丽城堡效果素材图.jpg
- 最终效果文件：书中实例效果图\第3章\扩展实例23\制作古典华丽城堡效果.psd
- 视频教学文件：书中实例视频\第3章\扩展实例\3.23.flv

制作古典华丽城堡效果

重点提示 **1** 打开随书所附光盘中的扩展实例素材“制作古典华丽城堡效果素材图.jpg”，将此图层拖曳至“图层”面板底部的“创建新图层”按钮上，得到“背景 副本”图层。将前景色设置为黑色，选择“画笔工具”在图像中涂抹，使周围产生暗边。

重点提示 **2** 在菜单栏中选择“滤镜”|“风格化”|“查找边缘”命令。在菜单栏中选择“图像”|“调整”|“去色”命令，在弹出的对话框中设置参数。将“图层1”的混合模式设置为“正片叠底”，“不透明度”设置为“80%”。单击“图层”面板底部的

"添加图层蒙版"按钮，为"图层1"添加图层蒙版。将前景色设置为黑色，选择"画笔工具"，将笔刷"不透明度"设置为"50%"，在图像中的建筑和天空部分涂抹。

重点提示 3 按快捷键Ctrl+Alt+Shift+E盖印所有可见图层，得到"图层2"。在菜单栏中选择"滤镜"|"锐化"|"智能锐化"命令，在弹出的对话框中设置参数。复制"图层2"，得到"图层2副本"图层，并为其添加图层蒙版。将前景色设置为黑色，选择"画笔工具"，将笔刷"不透明度"设置为"50%"，在图像中涂抹。

扩展实例24

难易度 ★★★★☆

- 原始素材文件：书中实例素材\第3章\扩展实例24\制作复古城堡效果素材图.jpg
- 最终效果文件：书中实例效果图\第3章\扩展实例24\制作复古城堡效果.psd
- 视频教学文件：书中实例视频\第3章\扩展实例\3.24.flv

制作复古城堡效果

重点提示 1 打开随书所附光盘中的扩展实例素材"制作复古城堡效果素材图.jpg"，将此图层拖曳至"图层"面板底部的"创建新图层"按钮上，得到"背景 副本"图层，并为其添加图层蒙版。将前景色设置为黑色，选择"画笔工具"，将笔刷"不透明度"设置为"40%"，在图像中涂抹。

重点提示 2 新建"图层1"，将前景色设置为黑色，背景色设置为白色，在菜单栏中选择"滤镜"|"渲染"|"云彩"命令。在菜单栏中选择"滤镜"|"杂色"|"添加杂色"命令，在弹出的对话框中设置参数。选择"图层1"，将此图层的混合模式设置为"叠加"，"不透明度"设置为"50%"。

重点提示 3 单击工具箱中的"横排文字工具"，为图像输入文字。双击文字图层，在弹出的"图层样式"对话框中勾选"投影"复选框，并设置各项参数。

原始素材文件：
书中实例素材\第3章\实例21\制作炫美逆光效果素材图.jpg

最终效果文件：
书中实例效果图\第3章\实例21\制作炫美逆光效果.psd

视频教学文件：
书中实例视频\第3章\实例\3.21.flv

实例21

难易度 ★★★★★

制作炫美逆光效果

例前导读

本例视频教程长度：3分21秒

- 使用调整图层调整色调。
- 使用通道混合器调整各项参数。

1 打开随书所附光盘中的实例素材“制作炫美逆光效果素材图.jpg”，如图3-507所示，将此图层拖曳至“图层”面板底部的“创建新图层”按钮上，得到“背景副本”图层，如图3-508所示。

图3-507

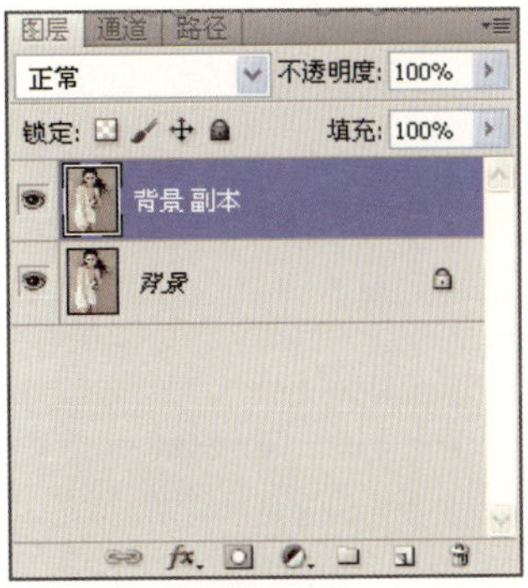

图3-508

2 单击“图层”面板底部的“创建新的填充或调整图层”按钮，在弹出的菜单中选择“通道混合器”选项，在弹出的面板中勾选“单色”复选框，将图像转换为黑白色，如图3-509所示，设置完毕后单击关闭按钮，效果如图3-510所示。

3 按快捷键Ctrl+Alt+Shift+E盖印所有可见图层，得到“图层1”，如图3-511所示。

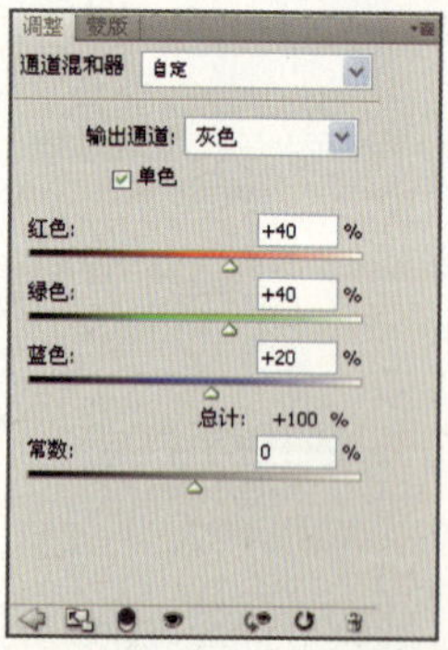

图3-509

图3-510

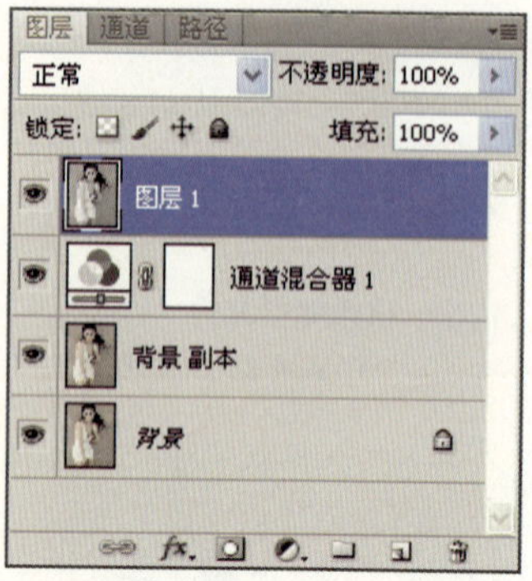

图3-511

4 单击“图层”面板底部的“创建新的填充或调整图层”按钮，在弹出的菜单中选择“渐变映射”选项，在弹出的面板中设置参数为R255、G235、B155，R65、G98、B65，R0、G2、B49，如图3-512所示，设置完毕后单击“确定”按钮，效果如图3-513所示。

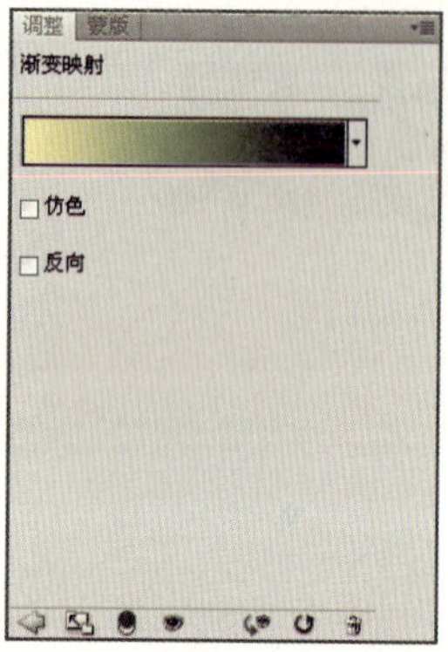

图3-512

图3-513

5 按快捷键Ctrl+Alt+Shift+E盖印所有可见图层，得到“图层2”，如图3-514所示。按快捷键Ctrl+I反相图像，效果如图3-515所示。

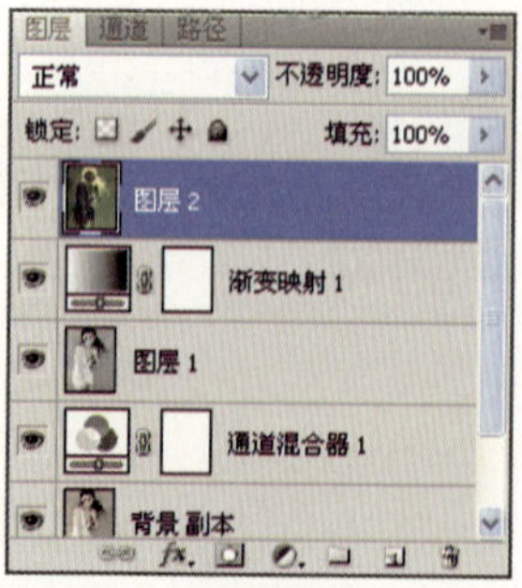

图3-514

图3-515

6 单击“图层”面板底部的“创建新的填充或调整图层”按钮，在弹出的菜单中选择“色阶”选项，在弹出的面板中设置参数如图3-516所示，设置完毕后单击关闭按钮，效果如图3-517所示。

7 单击“图层”面板底部的“创建新图层”按钮，得到“图层3”，如图3-518所示，将此图层的混合模式设置为“正片叠底”。将前景色设置为白色，背景色设置为黑色，在图像中从右上至左下绘制径向渐变，最终效果如图3-519所示。

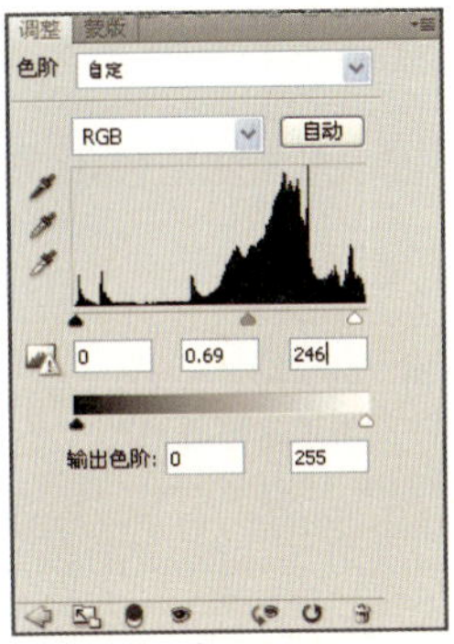

图3-516

图3-517

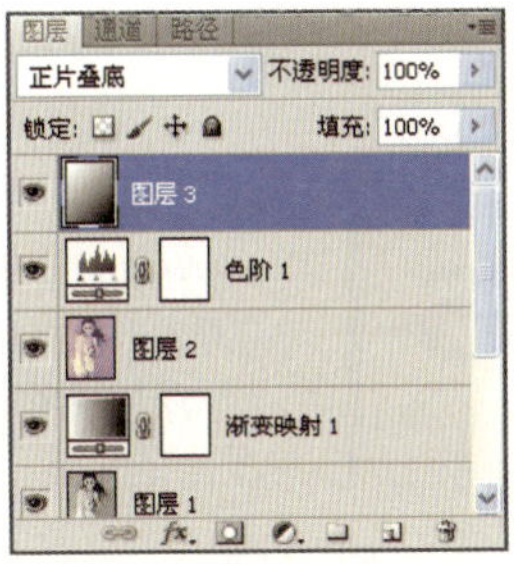

图3-518

图3-519

扩展实例25

难易度 ★★★★★

- 原始素材文件：书中实例素材\第3章\扩展实例25\制作暗紫色色调照片特效素材图.jpg
- 最终效果文件：书中实例效果图\第3章\扩展实例25\制作暗紫色色调照片特效.psd
- 视频教学文件：书中实例视频\第3章\扩展实例\3.25.flv

制作暗紫色色调照片特效

重点提示 1 打开随书所附光盘中的扩展实例素材“制作暗紫色色调照片特效素材图.jpg”，单击“图层”面板底部的“创建新的填充或调整图层”按钮，在弹出的菜单中选择“通道混合器”选项，在弹出的面板中设置参数。

重点提示 2 按快捷键Ctrl+Alt+Shift+E盖印所有可见图层，得到“图层1”，按快捷键Shift+Ctrl+U去色图像。单击“图层”面板底部的“创建新的填充或调整图层”按钮，在弹出的菜单中选择“渐变映射”选项，在弹出的面板中设置参数。按快捷键Ctrl+Alt+Shift+E盖印所有可见图层，得到“图层2”，按快捷键Ctrl+I反相图像。单击“图层”面板底部的“创建新的填充或调整图层”按钮，在弹出的菜单中选择“色阶”选项，在弹出的面板中设置参数。

重点提示 3 单击“图层”面板底部的“创建新图层”按钮，得到“图层3”，将其混合模式设置为“正片叠底”，“不透明度”设置为“50%”。将前景色设置为白色，背景色设置为黑色，在图像中从右上至左下绘制径向渐变。

扩展实例26

难易度 ★★★☆☆

- 原始素材文件：书中实例素材\第3章\扩展实例26\调出黑暗色调素材图.jpg
- 最终效果文件：书中实例效果图\第3章\扩展实例26\调出黑暗色调.psd
- 视频教学文件：书中实例视频\第3章\扩展实例\3.26.flv

调出黑暗色调

重点提示 1 打开随书所附光盘中的扩展实例素材“调出黑暗色调素材图.jpg”，将此图层复制一层，得到“背景 副本”图层，将其“不透明度”设置为“66%”。按快捷键Ctrl+Alt+Shift+U去色。

重点提示 2 单击“图层”面板底部的“创建新的填充或调整图层”按钮，在弹出的菜单中选择“可选颜色”选项，在弹出的面板中设置参数。单击“图层”面板底部的“创建新的填充或调整图层”按钮，在弹出的菜单中选择“色相/饱和度”选项，在弹出的面板中设置参数。

重点提示 3 按快捷键Ctrl+Alt+Shift+E盖印所有可见图层，得到“图层1”。在菜单栏中选择“滤镜”|“渲染”|“光照效果”命令，在弹出的对话框中设置各项参数。选择“画笔工具”，将笔刷“不透明度”设置为“20%”，在人物面部高光部分涂抹。

原始素材文件：
书中实例素材\第3章\实例22\在Lab模式下为风景照片调色素材图.jpg

最终效果文件：
书中实例效果图\第3章\实例22\在Lab模式下为风景照片调色.psd

视频教学文件：
书中实例视频\第3章\实例\3.22.flv

实例22

难易度 ★★★★★

在Lab模式下为风景照片调色

例前导读

本例视频教程长度：3分18秒

- 使用调整图层调整图像色调。
- 使用图层蒙版增加图像层次感。

1 打开随书所附光盘中的实例素材“在Lab模式下为风景照片调色素材图.jpg”，如图3-520所示。

2 选择“背景”图层，将其拖曳至“图层”面板底部的“创建新图层”按钮上，得到“背景 副本”图层，将此图层的混合模式设置为“柔光”，如图3-521所示，效果如图3-522所示。

图3-520

图3-521

图3-522

技巧与提示

将图像转换为Lab颜色模式的方法是在菜单栏中选择“图像”|“模式”|“Lab颜色”命令。

3 单击“图层”面板底部的“创建新的填充或调整图层”按钮，在弹出的菜单中选择“曲线”选项，在弹出的面板中设置参数如图3-523至图3-525所示，设置完毕后单击关闭按钮。

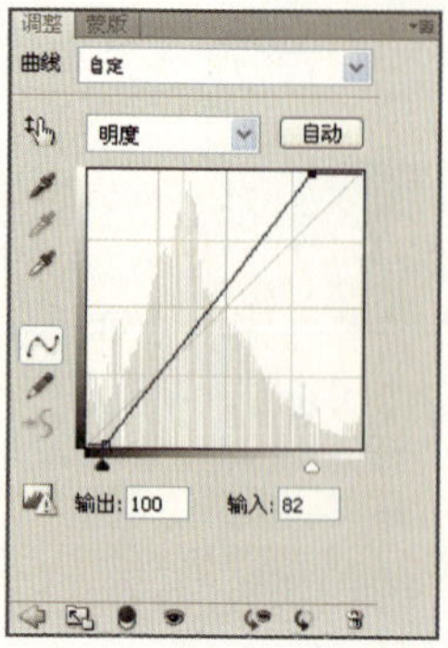

图3-523

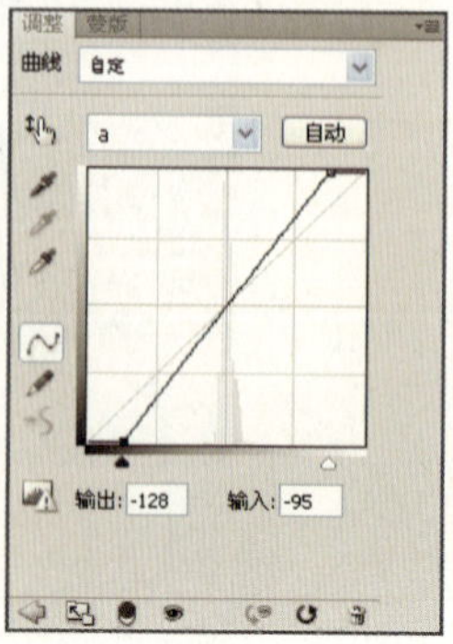

图3-524

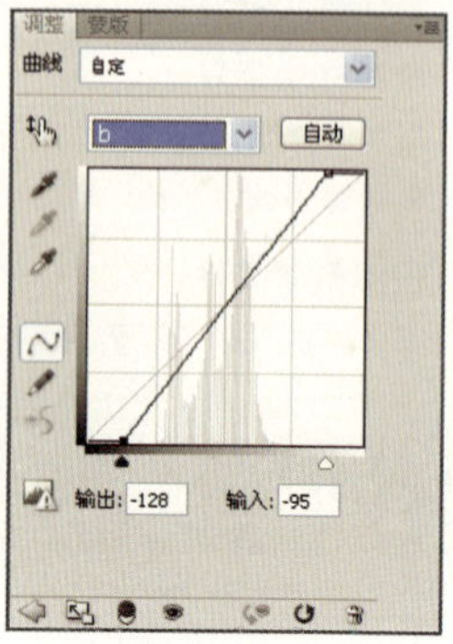

图3-525

4 单击“曲线1”调整图层的蒙版缩览图，选择“画笔工具”，将笔刷“不透明度”设置为“50%”，“图层”面板如图3-526所示。在天空部分涂抹，效果如图3-527所示。

5 单击“图层”面板底部的“创建新的填充或调整图层”按钮，在弹出的菜单中选择“色阶”选项，在弹出的面板中设置参数如图3-528所示，设置完毕后单击关闭按钮，效果如图3-529所示。

6 按快捷键Ctrl+Alt+Shift+E盖印所有可见图层，得到“图层1”，效果如图3-530所示。单击工具箱中的“加深工具”，修饰图像的四个角边并进行涂抹，最终效果如图3-531所示。

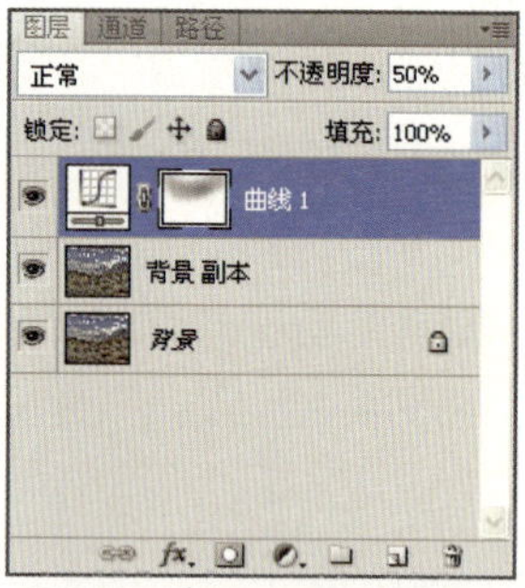

图3-526

图3-527

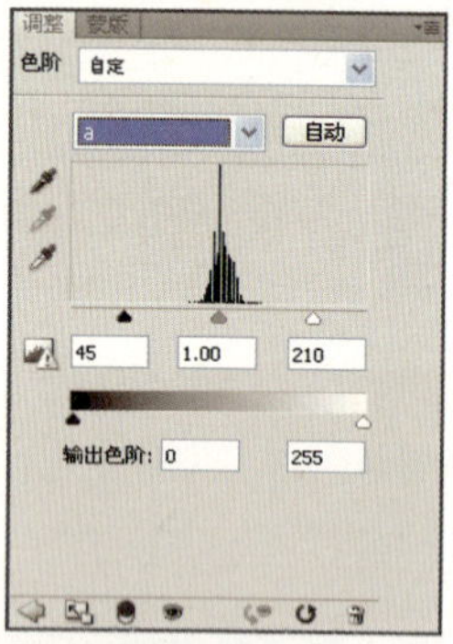

图3-528

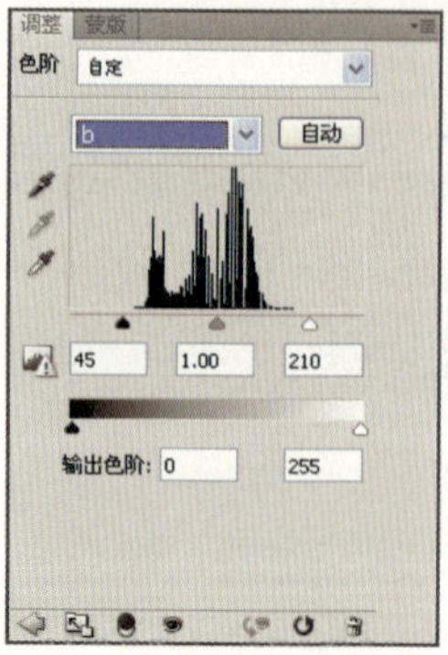

图3-529

图3-530

图3-531

扩展实例27

难易度 ★★★★★

- 原始素材文件：书中实例素材\第3章\扩展实例27\在Lab模式下为鲜花照片调色素材图.jpg
- 最终效果文件：书中实例效果图\第3章\扩展实例27\在Lab模式下为鲜花照片调色.psd
- 视频教学文件：书中实例视频\第3章\扩展实例\3.27.flv

在Lab模式下为鲜花照片调色

重点提示 1 打开随书所附光盘中的扩展实例素材“在Lab模式下为鲜花照片调色素材图.jpg”，将此图层拖曳至“图层”面板底部的“创建新图层”按钮上，得到“背景 副本”图层。将“背景 副本”图层的混合模式设置为“柔光”。按快捷键Ctrl+Alt+Shift+E盖印所有可见图层，得到“图层1”。

重点提示 2 单击“图层”面板底部的“创建新的填充或调整图层”按钮，在弹出的菜单中选择“曲线”选项，在弹出的面板中设置各项参数。

重点提示 3 单击“图层”面板底部的“创建新的填充或调整图层”按钮，在弹出的菜单中选择“色阶”选项，在弹出的面板中设置各项参数。

原始素材文件：
书中实例素材\第3章\实例23\增强人物照片的色彩素材图.jpg

最终效果文件：
书中实例效果图\第3章\实例23\增强人物照片的色彩.psd

视频教学文件：
书中实例视频\第3章\实例\3.23.flv

实例23

难易度 ★★★★★

增强人物照片的色彩

例前导读

本例视频教程长度：4分52秒

- 使用调整图层调整图像色调。
- 使用“高斯模糊”滤镜调整皮肤。

1 打开随书所附光盘中的实例素材“增强人物照片的色彩素材图.jpg”，如图3–532所示。

2 选择“背景”图层，将其拖曳至“图层”面板底部的“创建新图层”按钮上，得到“背景 副本”图层，并将此图层的混合模式设置为“滤色”，“不透明度”设置为“64%”。选择“背景 副本”图层，单击“图层”面板底部的“添加图层蒙版”按钮，为其添加图层蒙版。使用黑色画笔（笔刷“不透明度”为“50%”）在人物背后的景物处涂抹。“图层”面板如图3–533所示。

3 按快捷键Ctrl+Alt+Shift+E盖印图层，得到“图层1”，如图3–534所示。

图3–532

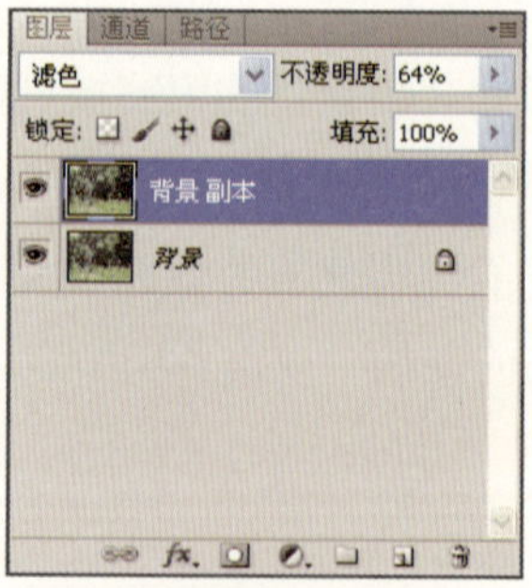

图3–533

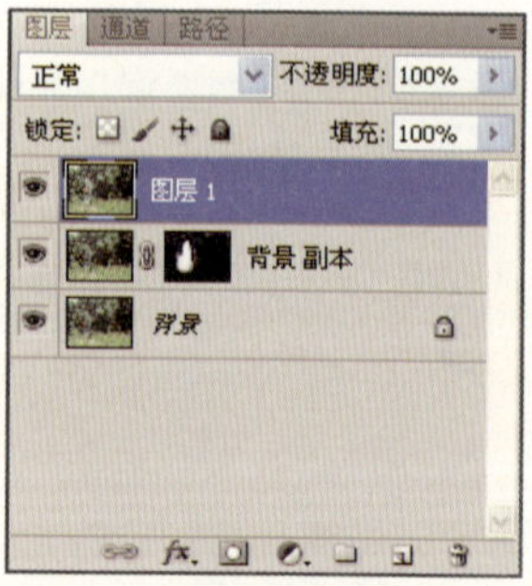

图3–534

4 按快捷键Ctrl+Alt+Shift+2调出图像中的亮部区域，如图3-535所示。

5 单击“图层”面板底部的“创建新图层”按钮，得到“图层2”，并填充白色。选择“图层2”，单击“图层”面板底部的“添加图层蒙版”按钮，为其添加图层蒙版。使用黑色画笔（笔刷“不透明度”为“50%”）在人物皮肤处涂抹。“图层”面板如图3-536所示。效果如图3-537所示。

图3-535

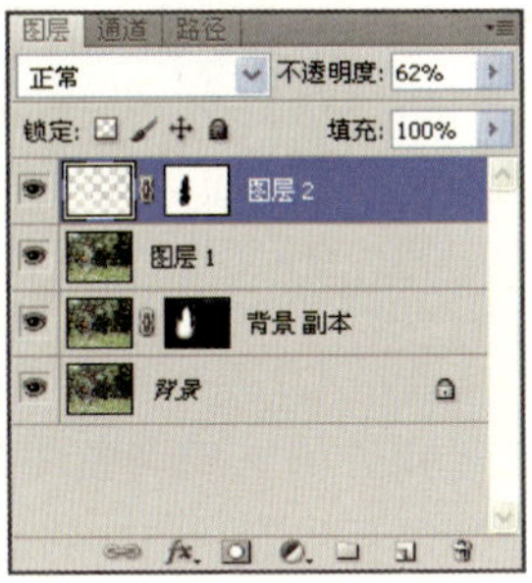

图3-536

图3-537

6 单击“图层”面板底部的“创建新的填充或调整图层”按钮，在弹出的菜单中选择“可选颜色”选项，在弹出的面板中设置参数如图3-538至图3-541所示，设置完毕后单击关闭按钮，效果如图3-542所示。

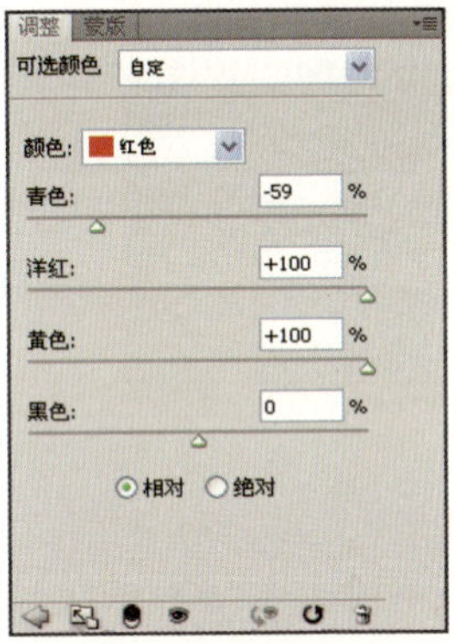

图3-538

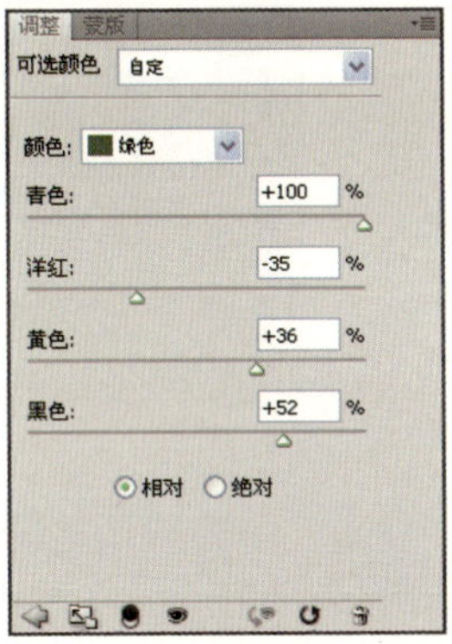

图3-539

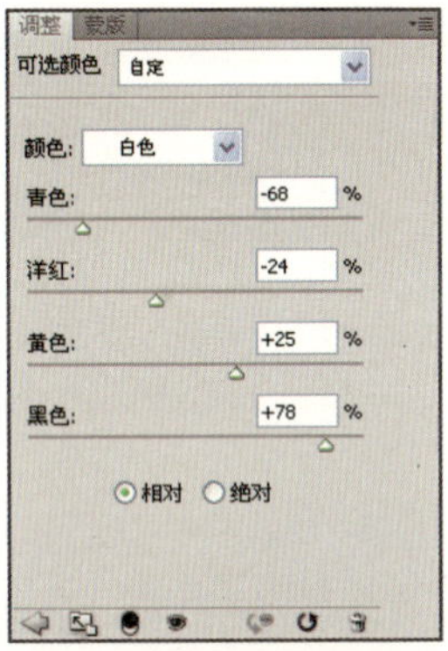

图3-540

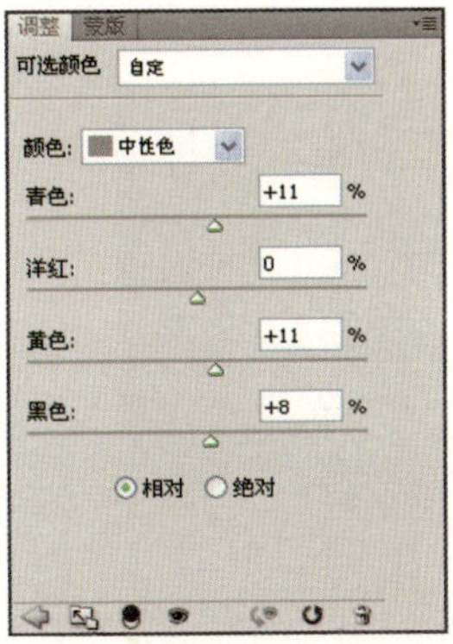

图3-541

图3-542

7 单击“图层”面板底部的“创建新的填充或调整图层”按钮，在弹出的菜单中选择“曲线”选项，在弹出的面板中设置参数如图3-543所示，设置完毕后单击关闭按钮，效果如图3-544所示。

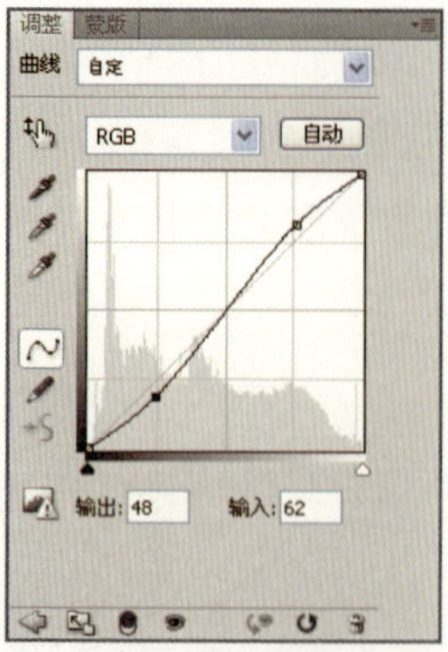

图3-543

图3-544

8 单击“图层”面板底部的“创建新的填充或调整图层”按钮，在弹出的菜单中选择“色阶”选项，在弹出的面板中设置参数如图3-545所示，设置完毕后单击关闭按钮，效果如图3-546所示。

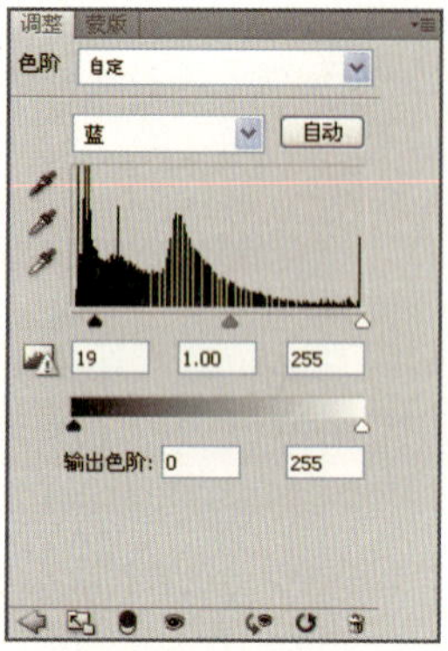

图3-545

图3-546

9 单击“图层”面板底部的“创建新的填充或调整图层”按钮，在弹出的菜单中选择“色相/饱和度”选项，在弹出的面板中设置参数如图3-547所示，设置完毕后单击关闭按钮，效果如图3-548所示。

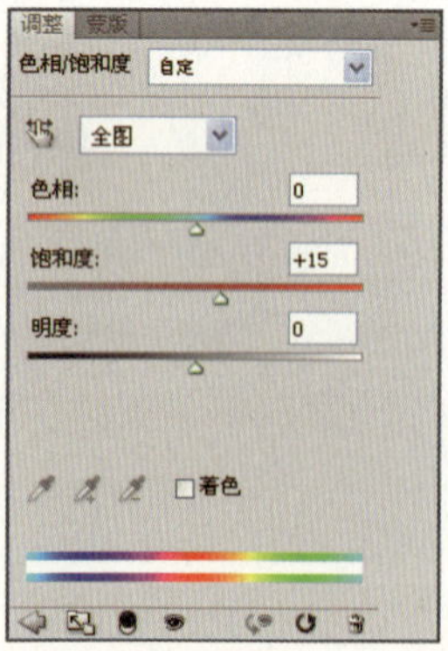

图3-547

图3-548

10 按快捷键Ctrl+Alt+Shift+E盖印所有可见图层，得到“图层3”，如图3-549所示。

11 在菜单栏中选择“滤镜”|“模糊”|“高斯模糊”命令，在弹出的对话框中设置参数如图3-550所示，设置完毕后单击“确定”按钮，效果如图3-551所示。

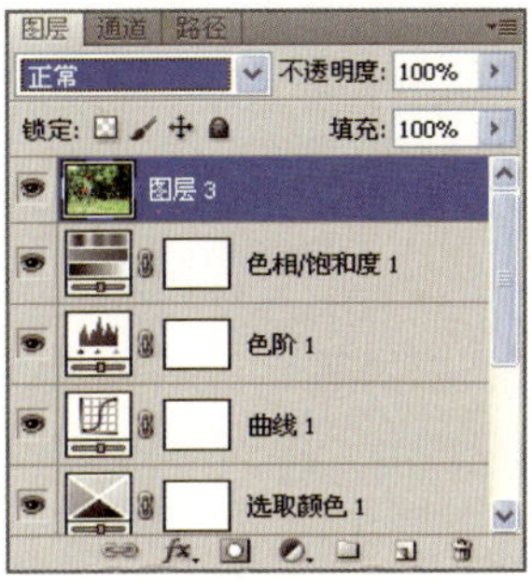

图3-549

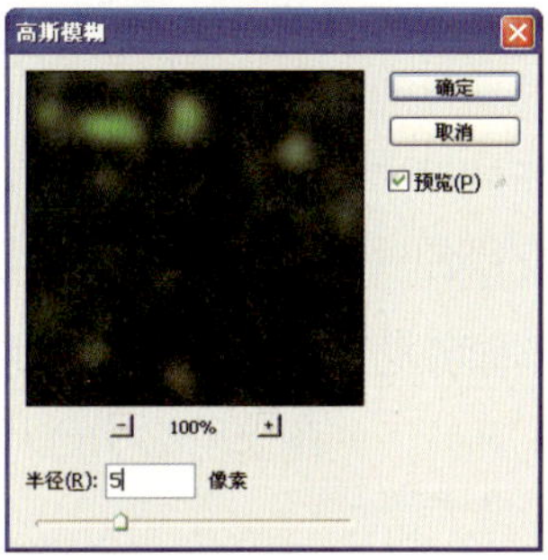

图3-550

图3-551

12 选择“图层 3”，将此图层的混合模式设置为“滤色”，如图 3-552 所示。最终效果如图 3-553 所示。

图3-552

图3-553

扩展实例28

难易度 ★★★★★

- 原始素材文件：书中实例素材\第3章\扩展实例28\增强风景照片的色彩素材图.jpg
- 最终效果文件：书中实例效果图\第3章\扩展实例28\增强风景照片的色彩.psd
- 视频教学文件：书中实例视频\第3章\扩展实例\3.28.flv

增强风景照片的色彩

重点提示 1 打开随书所附光盘中的扩展实例素材“增强风景照片的色彩素材图.jpg”，将此图层拖曳至“图层”面板底部的“创建新图层”按钮上，得到“背景 副本”图层。单击“图层”面板底部的“创建新的填充或调整图层”按钮，在弹出的菜单中选择“可选颜色”选项，在弹出的面板中设置各项参数。

重点提示 2 单击“图层”面板底部的“创建新的填充或调整图层”按钮，在弹出的菜单中选择“曲线”选项，在弹出的面板中设置各项参数。

重点提示 3 按快捷键Ctrl+Alt+Shift+E盖印所有可见图层，得到“图层1”，将其混合模式设置为“滤色”，“不透明度”设置为“30%”。在菜单栏中选择“滤镜”|“模糊”|“高斯模糊”命令，在弹出的对话框中设置参数。

扩展实例29

难易度 ★★★★★

- 原始素材文件：书中实例素材\第3章\扩展实例29\增强城市风景照片的流动感素材图.jpg
- 最终效果文件：书中实例效果图\第3章\扩展实例29\增强城市风景照片的流动感.psd
- 视频教学文件：书中实例视频\第3章\扩展实例3.29.flv

增强城市风景照片的流动感

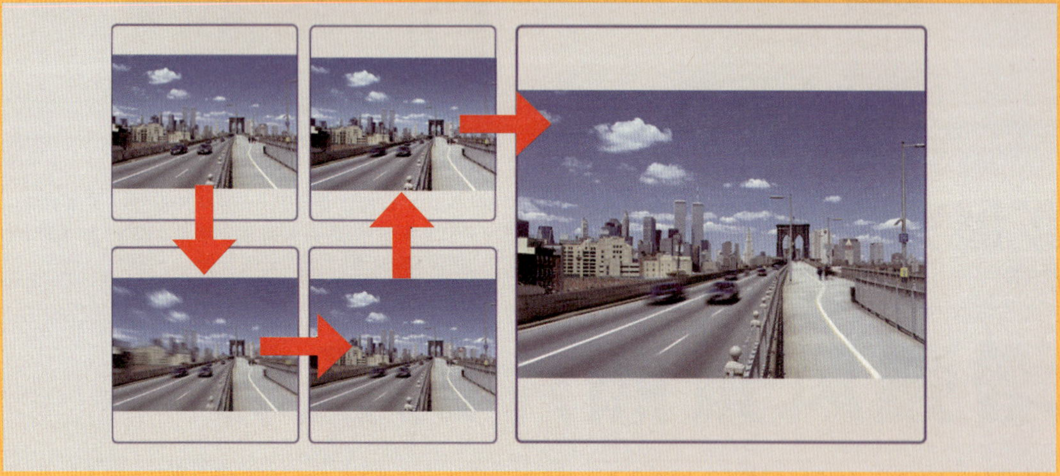

重点提示 1 打开随书所附光盘中的扩展实例素材“增强城市风景照片的流动感素材图.jpg”，将此图层拖曳至“图层”面板底部的“创建新图层”按钮上，得到“背景 副本”图层。在菜单栏中选择“滤镜”|“模糊”|“径向模糊”命令，在弹出的对话框中设置参数。

重点提示 2 选择“背景 副本”图层，单击“图层”面板底部的“添加图层蒙版”按钮，为其添加图层蒙版。将前景色设置为黑色，选择“画笔工具”擦除马路车流以外的径向效果。

重点提示 3 选择“背景 副本”图层，将其拖曳至“图层”面板底部的“创建新图层”按钮上，得到“背景副本2”图层，将此图层的混合模式设置为“叠加”，“不透明度”设置为“36%”。

原始素材文件：
书中实例素材\第3章\实例24\制作淡紫色忧郁照片素材图.jpg

最终效果文件：
书中实例效果图\第3章\实例24\制作淡紫色忧郁照片.psd

视频教学文件：
书中实例视频\第3章\实例\3.24.flv

实例24

难易度 ★★★★★

制作淡紫色忧郁照片

例前导读

本例视频教程长度：6分12秒

- 通过添加调整图层调整图像的色调。
- 使用“滤镜”命令结合图层混合模式制作忧郁效果。

1 打开随书所附光盘中的实例素材“制作淡紫色忧郁照片素材图.jpg”，如图3-554所示，将此图层拖曳至“图层”面板底部的“创建新图层”按钮 上，得到“背景 副本”图层，并将其混合模式设置为“滤色”，如图3-555所示。

2 单击“图层”面板底部的“创建新的填充或调整图层”按钮 ，在弹出的菜单中选择“渐变映射”选项，在弹出的面板中单击可编辑渐变色条，在弹出的对话框中选择“紫、橙渐变”样式，如图3-556所示，设置完毕后单击“确定”按钮。将“渐变映射1”调整图层的混合模式设置为“柔光”，效果如图3-557所示。

3 单击“图层”面板底部的“创建新的填充或调整图层”按钮 ，在弹出的菜单中选择“纯色”选项，在弹出的对话框中设置参数如图3-558所示。将“颜色填充1”调整图层的混合模式设置为“叠加”，效果如图3-559所示。

图3-554

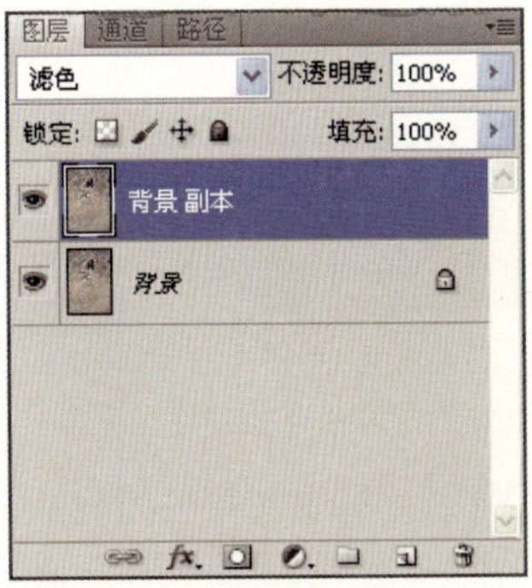

图3-555

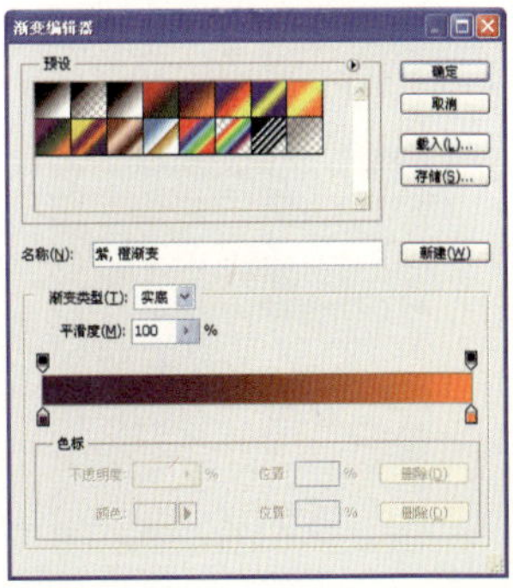

图3-556

图3-557

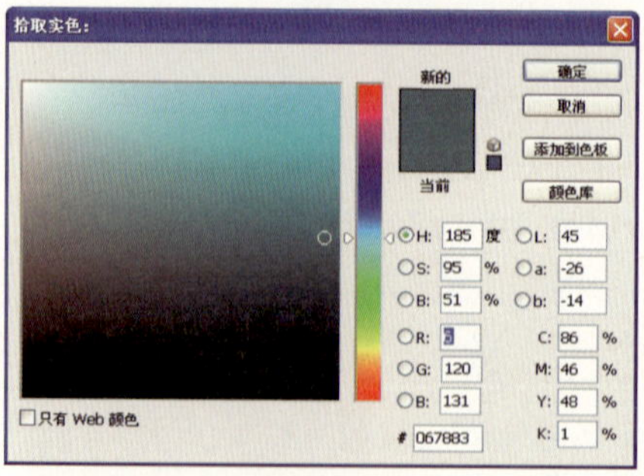

图3-558

图3-559

4 单击“图层”面板底部的“创建新的填充或调整图层”按钮，在弹出的菜单中选择“可选颜色”选项，在弹出的面板中设置参数如图3-560所示，设置完毕后单击关闭按钮，效果如图3-561所示。

5 单击“图层”面板底部的“创建新图层”按钮，得到“图层1”，如图3-562所示。

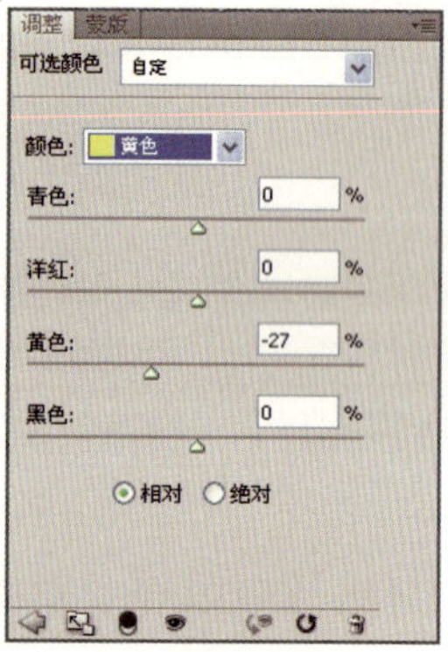

图3-560

图3-561

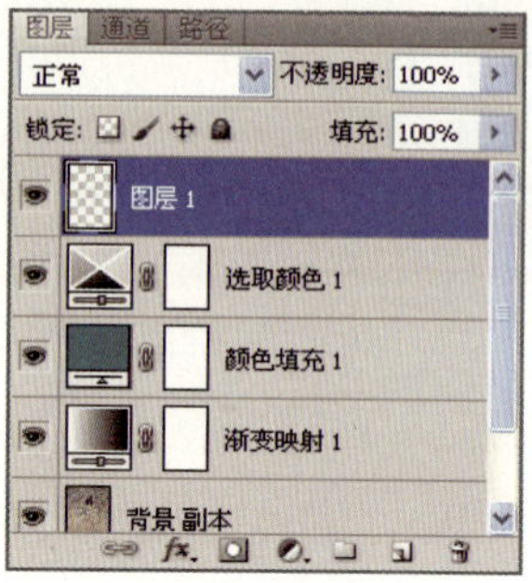

图3-562

6 将前景色和背景色设置为黑色和白色，在菜单栏中选择“滤镜”|“渲染”|“云彩”命令，效果如图3-563所示。

7 在菜单栏中选择“滤镜”|“杂色”|“添加杂色”命令，在弹出的对话框中设置参数如图3-564所示，设置完毕后单击“确定”按钮，效果如图6-565所示。

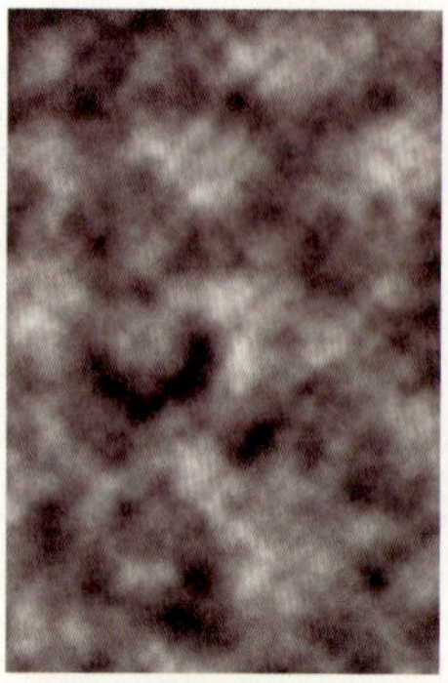

图3-563

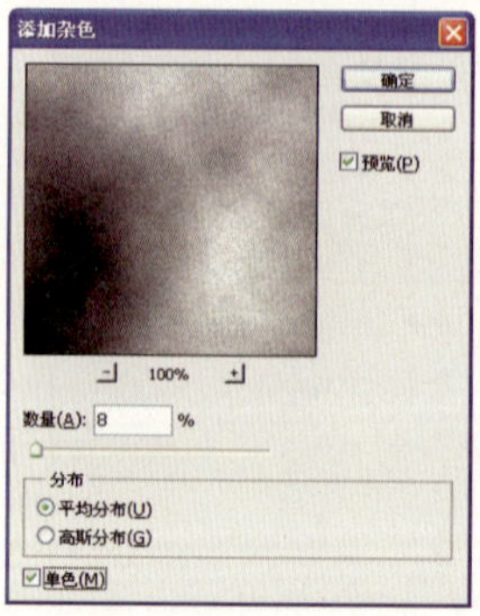

图3-564

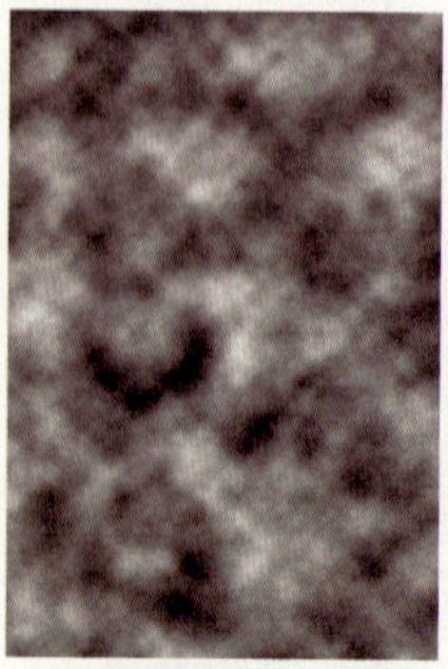

图3-565

8 在菜单栏中选择“滤镜”|“风格化”|“扩散”命令，在弹出的对话框中单击“正常”单选按钮，如图3-566所示，设置完毕后单击“确定”按钮，效果如图3-567所示。

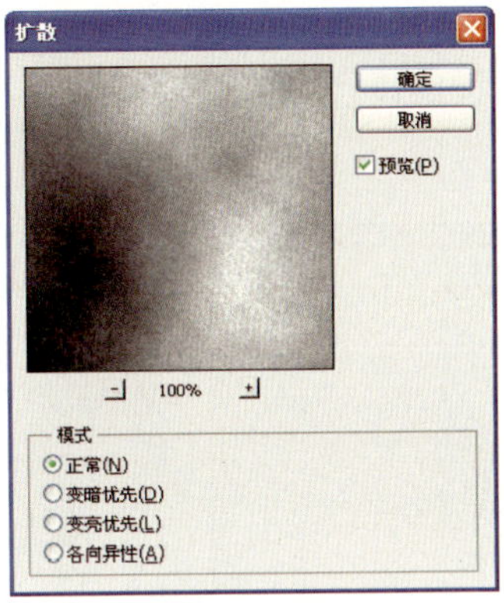

图3-566

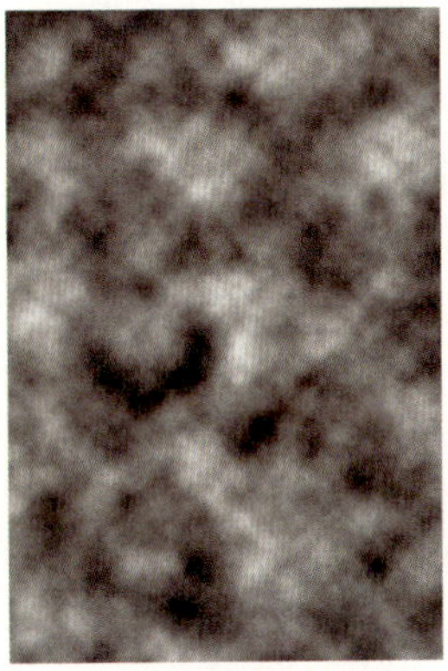
图3-567

9 在菜单栏中选择“滤镜”|“艺术效果”|“胶片颗粒”命令，在弹出的对话框中设置参数如图3-568所示，设置完毕后单击“确定”按钮，效果如图3-569所示。

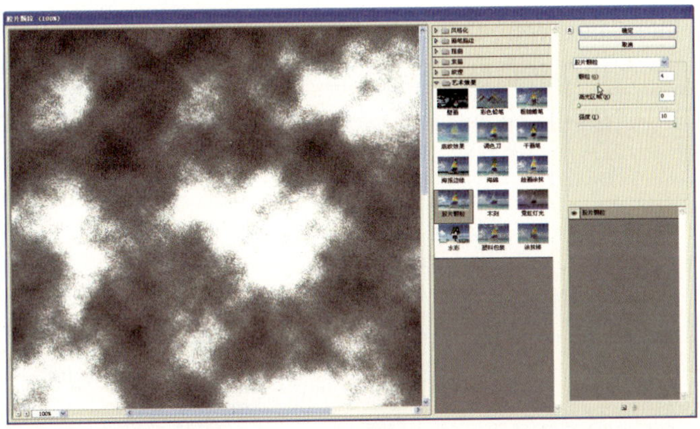
图3-568

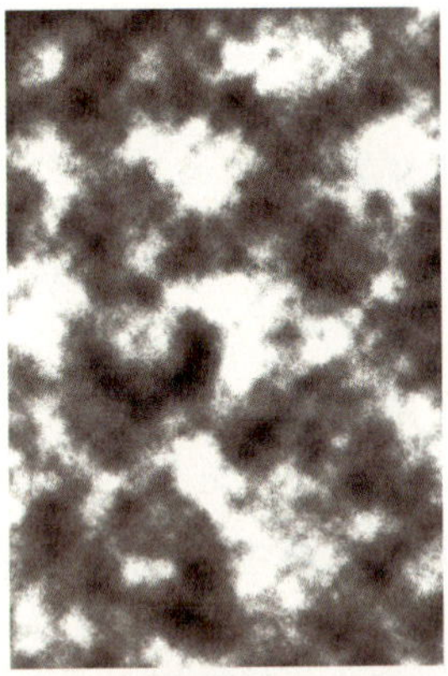
图3-569

10 在菜单栏中选择“滤镜”|“画笔描边”|“喷色描边”命令，在弹出的对话框中设置参数如图3-570所示，设置完毕后单击“确定”按钮，效果如图3-571所示。

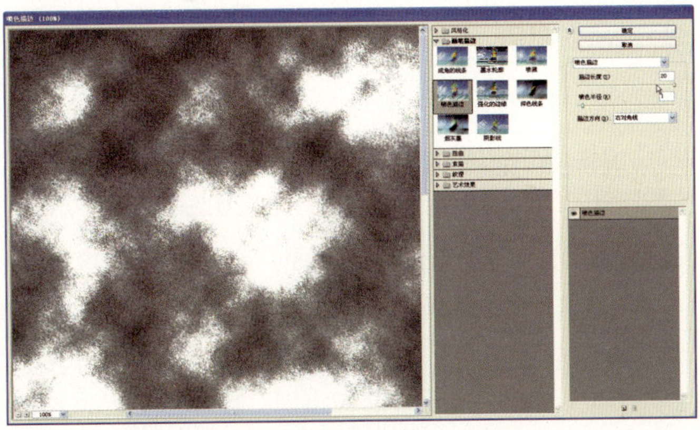
图3-570

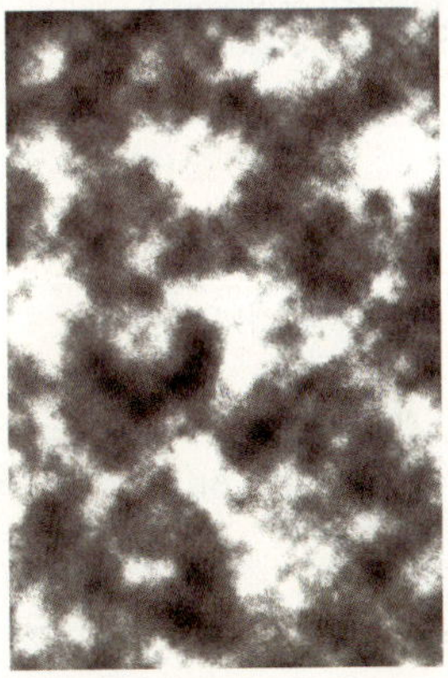
图3-571

11 选择“图层1”，将此图层的混合模式设置为“强光”。单击“图层”面板底部的“添加图层蒙版”按钮，为“图层1”添加图层蒙版，如图3-572所示。使用黑色、柔角、“不透明度”为“100%”的画笔在图像中人物部分涂抹，效果如图3-573所示。

12 单击“图层”面板底部的“创建新的填充或调整图层”按钮，在弹出的菜单中选择“亮度/对比度”选项，在弹出的面板中设置参数如图3-574所示，设置完毕后单击关闭按钮，效果如图3-575所示。

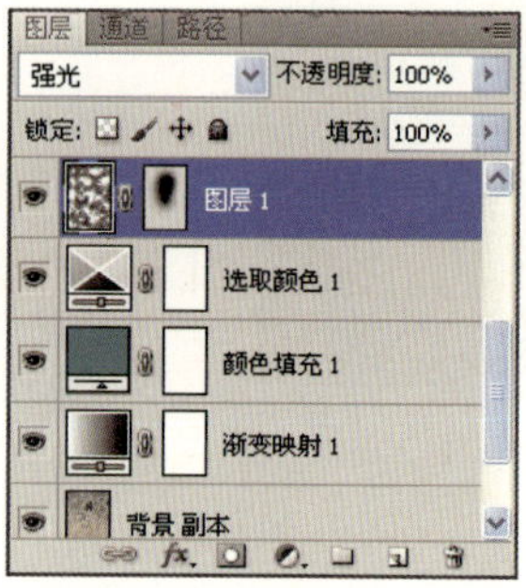

图3-572

图3-573

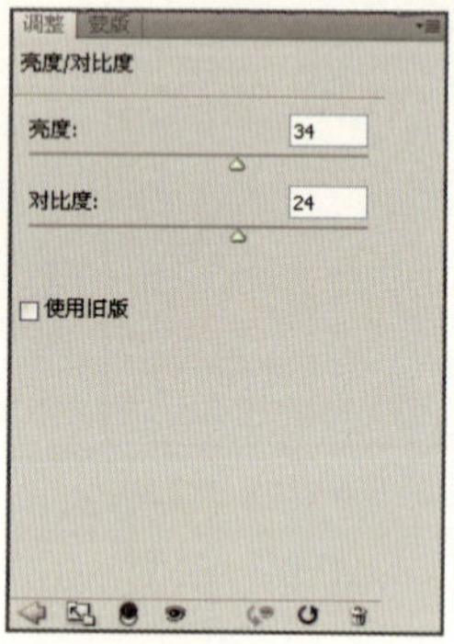

图3-574

图3-575

13 单击“图层”面板底部的“创建新的填充或调整图层”按钮，在弹出的菜单中选择“纯色”选项，在弹出的对话框中设置参数如图3-576所示，设置完毕后单击“确定”按钮。将“颜色填充2”调整图层的混合模式设置为“滤色”，“不透明度”设置为“93%”，效果如图3-577所示。

14 按快捷键Ctrl+Alt+Shift+E盖印所有可见图层，得到“图层2”，如图3-578所示。

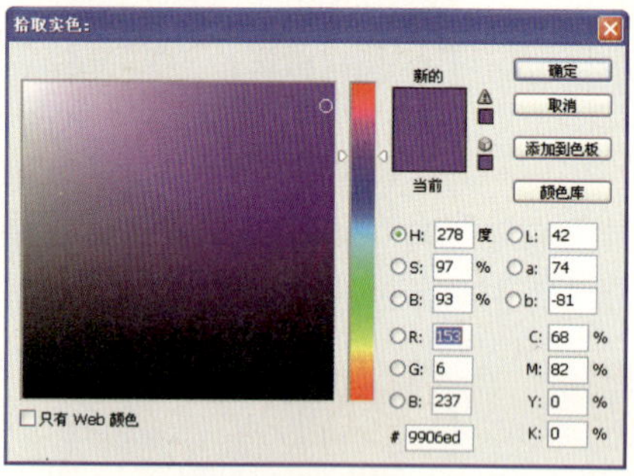

图3-576

图3-577

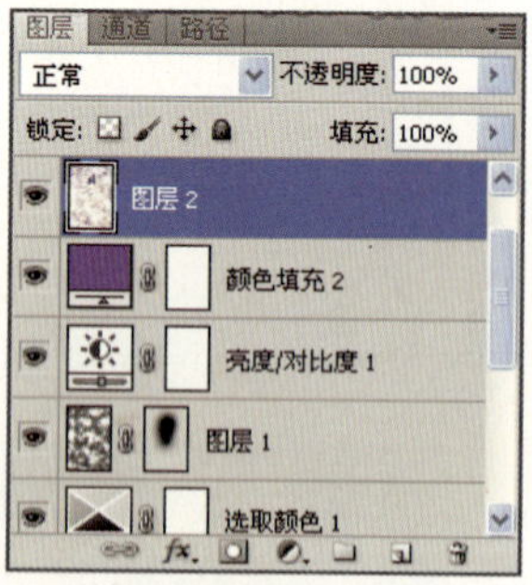

图3-578

15 在菜单栏中选择“滤镜”|“模糊”|“高斯模糊”命令，在弹出的对话框中设置参数如图3-579所示，设置完毕后单击“确定”按钮，效果如图3-580所示。

16 选择“图层2”，并将此图层的混合模式设置为“柔光”，“不透明度”设置为“66%”，如图3-581所示，效果如图3-582所示。

17 选择“背景”图层，将其拖曳至“图层”面板底部的“创建新图层”按钮上，得到“背景 副本2”图层，将此图层移至面板顶层，并将此图层的混合模式设置为“颜色”，“不透明度”设置为“45%”，如图3-583所示，效果如图3-584所示。

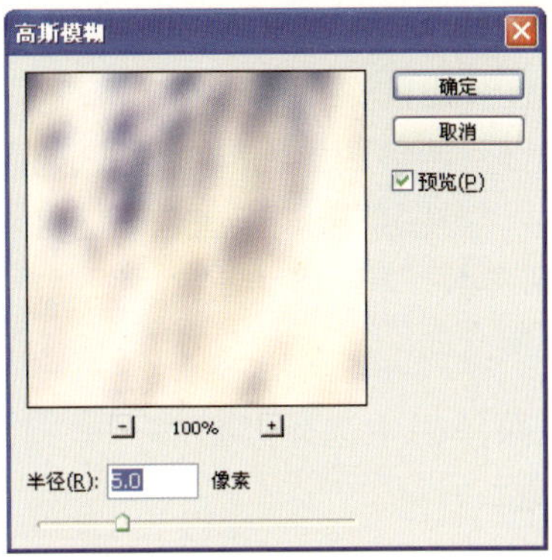

图3-579

图3-580

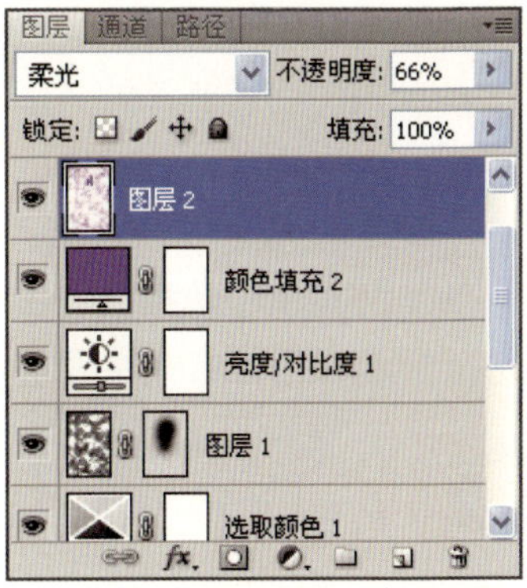

图3-581

图3-582

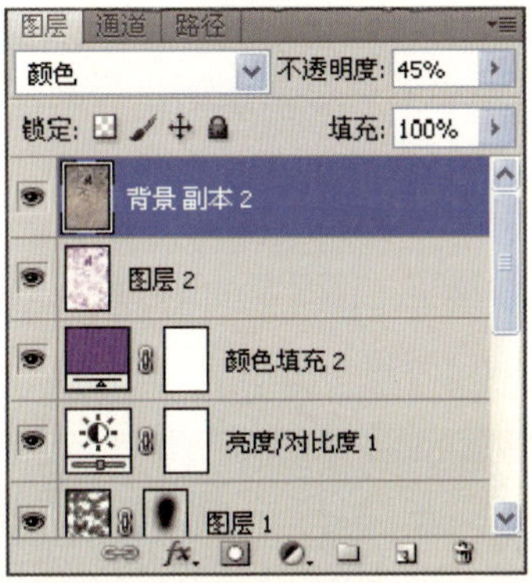

图3-583

图3-584

扩展实例30

难易度 ★★★★★

- 原始素材文件：书中实例素材\第3章\扩展实例30\制作淡蓝色清冷效果素材图.jpg
- 最终效果文件：书中实例效果图\第3章\扩展实例30\制作淡蓝色清冷效果.psd
- 视频教学文件：书中实例视频\第3章\扩展实例\3.30.flv

制作淡蓝色清冷效果

重点提示 1 打开随书所附光盘中的扩展实例素材“制作淡蓝色清冷效果素材图.jpg”，单击“图层”面板底部的“创建新的填充或调整图层”按钮，在弹出的菜单中选择“渐变映射”选项，在弹出的面板中设置各项参数。将“渐变映射1”调整图层的混合模式设置为“柔光”。单击“图层”面板底部的“创建新的填充或调整图层”按钮，在弹出的菜单中选择“纯色”选项，在弹出的对话框中设置各项参数。将“颜色填充1”调整图层的混合模式设置为“叠加”。

重点提示 2 在菜单栏中选择“滤镜”|“渲染”|“云彩”命令。在菜单栏中选择“滤镜”|“杂色”|“添加杂色”命令，在弹出的对话框中设置各项参数。

重点提示 3 新建“图层1”，将前景色和背景色分别设置为黑色和白色，将其混合模式设置为“强光”，并为此图层添加图层蒙版。将前景色设置为黑色，选择“画笔工具”在人物处涂抹。

重点提示 4 按快捷键Ctrl+Alt+Shift+E盖印所有可见图层，得到“图层2”，将其图层混合模式设置为“柔光”，“不透明度”设置为“77%”。在菜单栏中选择“滤镜”|“模糊”|“高斯模糊”命令，在弹出的对话框中设置各项参数。将“背景”图层复制一层，得到“背景 副本2”图层，将其移至“图层”面板顶层，并将此图层的混合模式设置为“颜色”，“不透明度”设置为“47%”。

原始素材文件：
书中实例素材\第3章\实例25\制作黄绿怀旧色调的照片素材图.jpg

最终效果文件：
书中实例效果图\第3章\实例25\制作黄绿怀旧色调的照片.psd

视频教学文件：
书中实例视频\第3章\实例\3.25.flv

实例25

难易度 ★★★★★

制作黄绿怀旧色调的照片

例前导读

本例视频教程长度：5分3秒

- 通过添加调整图层调整图像的色调。
- 使用“画笔工具”修饰调整图层的蒙版，限定调整的范围。

1 打开随书所附光盘中的实例素材“制作黄绿怀旧色调的照片素材图.jpg”，如图3-585所示，将此图层拖曳至“图层”面板底部的“创建新图层”按钮上，得到“背景 副本”图层，如图3-586所示。

图3-585

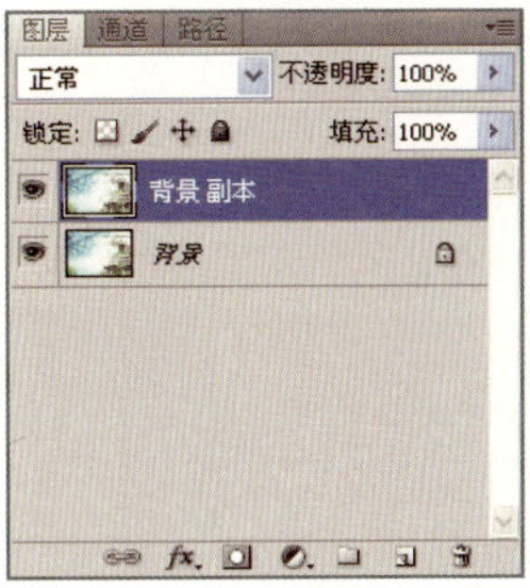

图3-586

2 选择“背景 副本”图层，在菜单栏中选择“滤镜”|“锐化”|“USM锐化”命令，在弹出的对话框中设置参数如图3-587所示，设置完毕后单击“确定”按钮，效果如图3-588所示。

3 单击“图层”面板底部的“创建新的填充或调整图层”按钮，在弹出的菜单中选择“纯色”选项，在弹出的对话框中设置参数如图3-589所示。

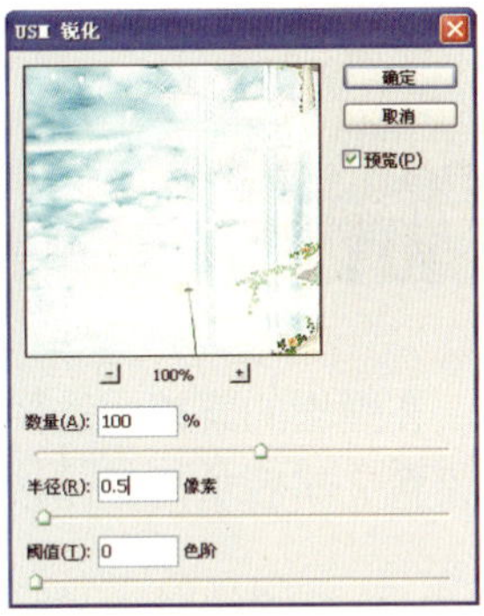

图3-587

图3-588

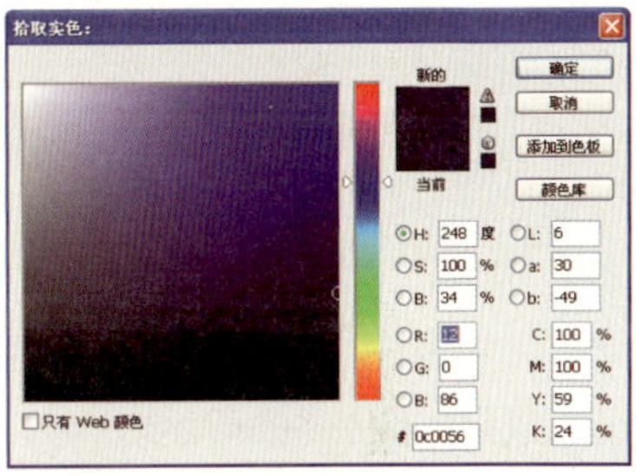

图3-589

4 选择“颜色填充1”调整图层，并将此图层的混合模式设置为“排除”，如图3-590所示，效果如图3-591所示。

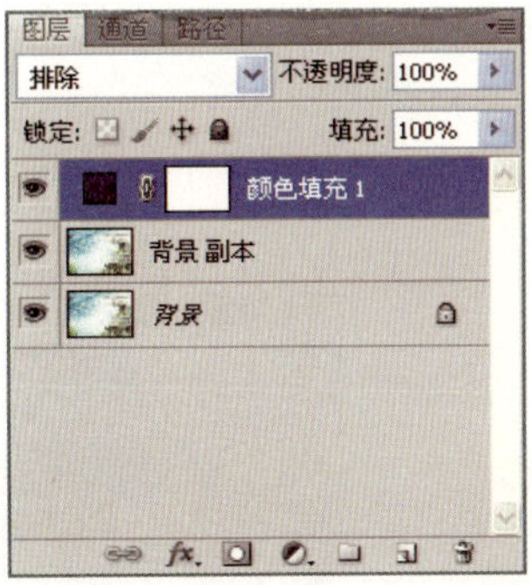

图3-590

图3-591

5 单击“图层”面板底部的“创建新的填充或调整图层”按钮，在弹出的菜单中选择“曲线”选项，在弹出的面板中分别设置各个通道的参数如图3-592至图3-595所示，设置完毕后单击关闭按钮，效果如图3-596所示。

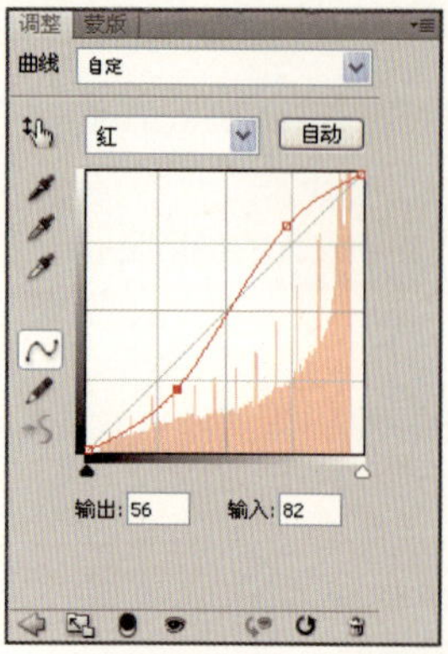

图3-592

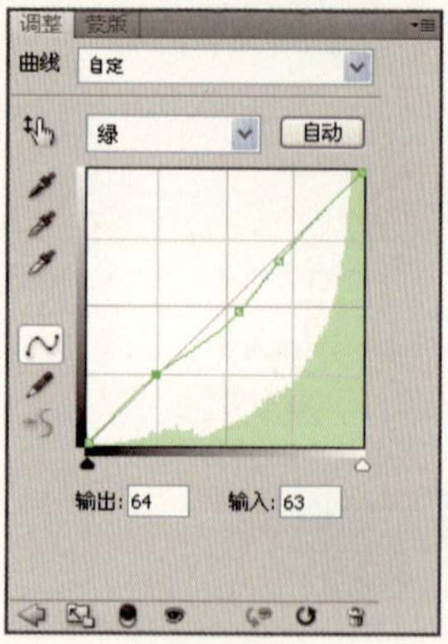

图3-593

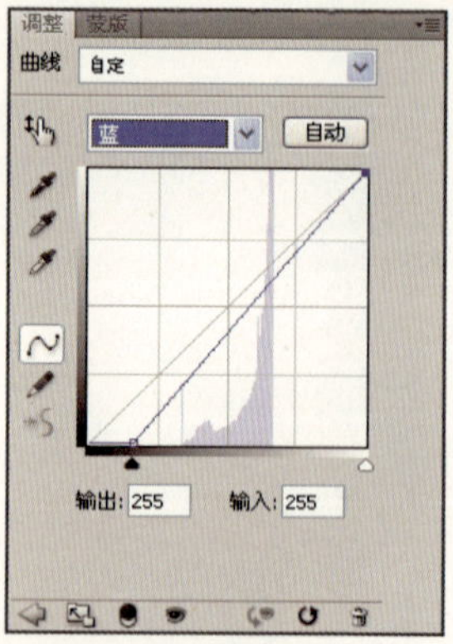

图3-594

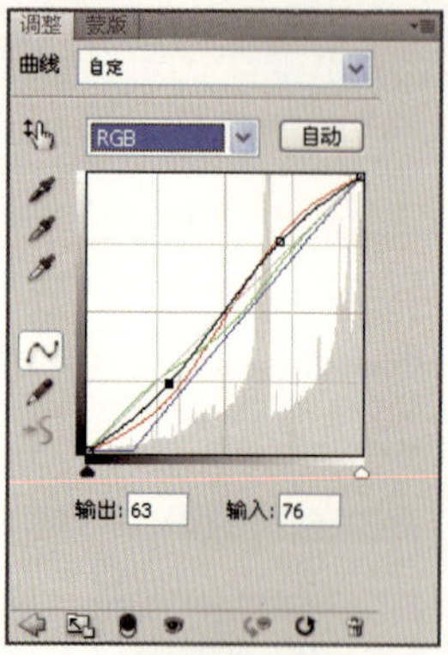

图3-595

图3-596

6 单击“图层”面板底部的“创建新的填充或调整图层”按钮，在弹出的菜单中选择“照片滤镜”选项，在弹出的面板中设置参数如图3-597所示，设置完毕后单击关闭按钮，效果如图3-598所示。

7 按快捷键Ctrl+Alt+Shift+E盖印所有可见图层，得到“图层1”，并将此图层的混合模式设置为“柔光”，如图3-599所示，效果如图3-600所示。

8 单击“图层”面板底部的“创建新的填充或调整图层”按钮，在弹出的菜单中选择“色相/饱和度”选项，在弹出的面板中设置参数如图3-601所示，设置完毕后单击关闭按钮，效果如图3-602所示。

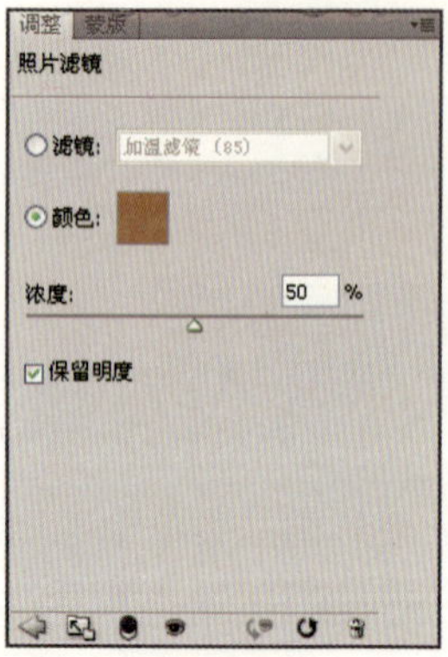

图3-597

图3-598

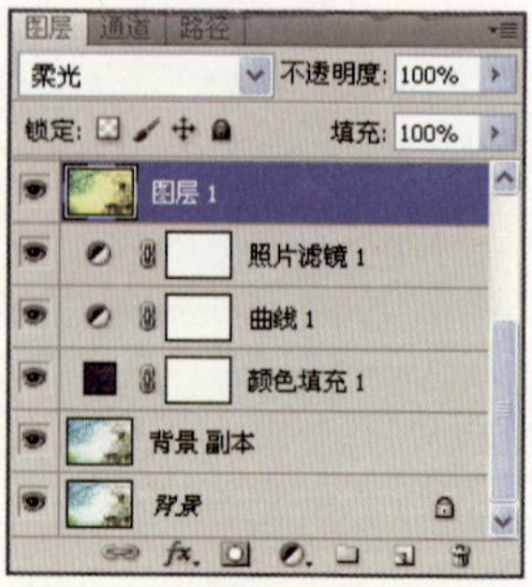

图3-599

图3-600

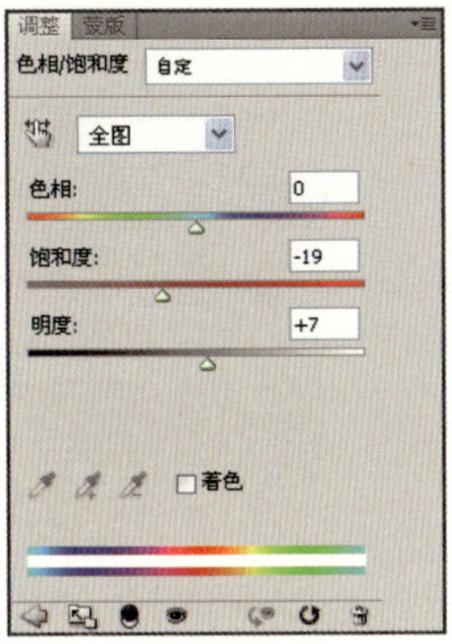

图3-601

图3-602

9 单击“图层”面板底部的“创建新的填充或调整图层”按钮，在弹出的菜单中选择“色阶”选项，在弹出的面板中设置参数如图3-603所示，设置完毕后单击关闭按钮，效果如图3-604所示。

10 单击“图层”面板底部的“创建新图层”按钮，得到“图层2”，如图3-605所示。在菜单栏中选择“编辑”|“填充”命令，在弹出的对话框中设置参数如图3-606所示，设置完毕后单击“确定”按钮。

11 将“图层2”的混合模式设置为“柔光”，使用黑色画笔（笔刷“不透明度”设置为“80%”）在“建筑物”较亮区域涂抹，使其变暗。“图层”面板如图3-607所示。效果如图3-608所示。

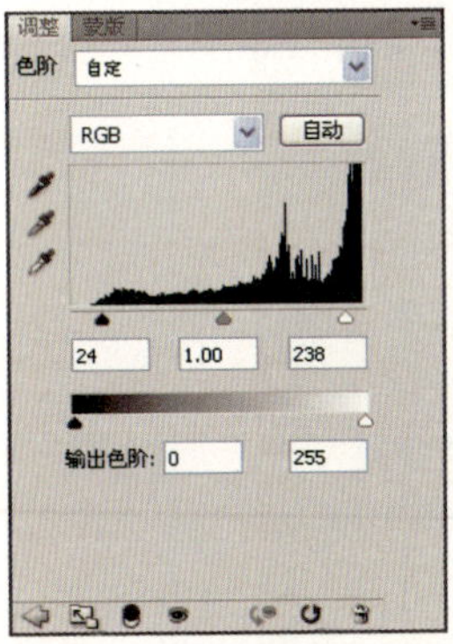

图3-603

图3-604

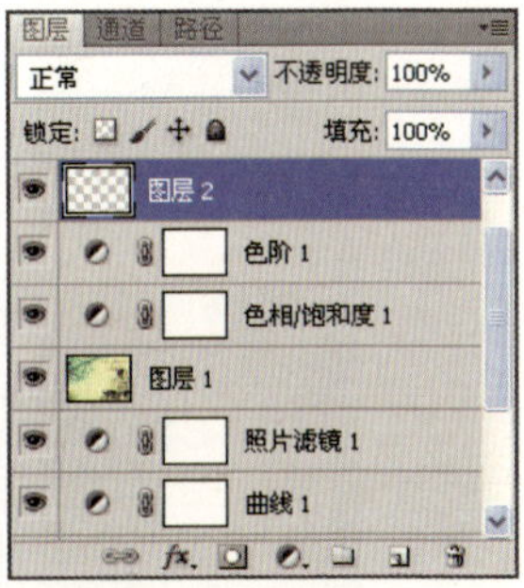

图3-605

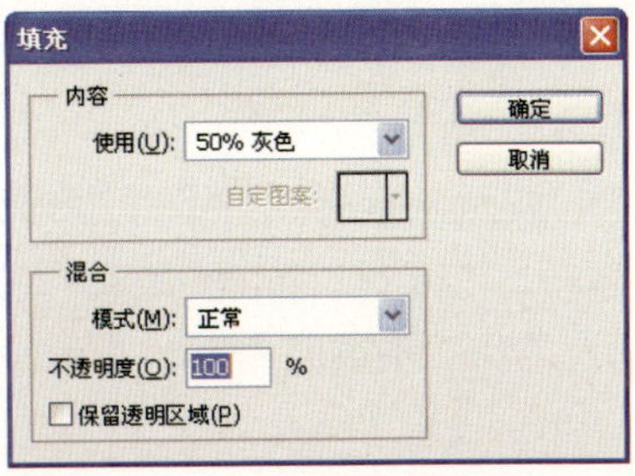

图3-606

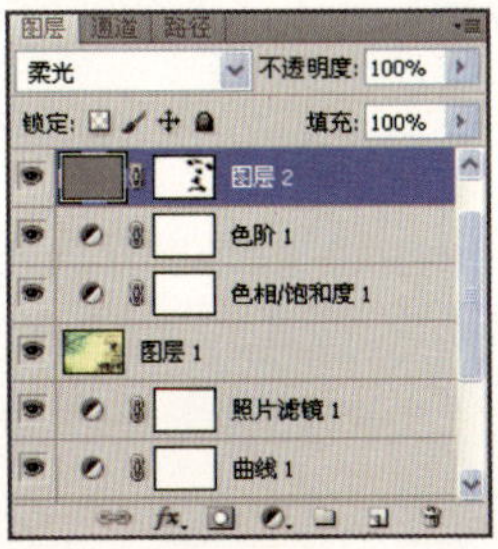

图3-607

图3-608

12 单击“图层”面板底部的“创建新的填充或调整图层”按钮，在弹出的菜单中选择“色彩平衡”选项，在弹出的面板中设置参数如图3-609所示，设置完毕后单击关闭按钮，效果如图3-610所示。

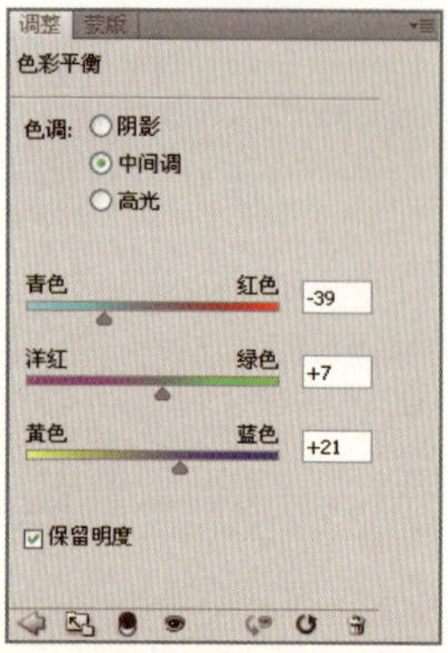

图3-609

图3-610

扩展实例31

难易度 ★★★★★

- 原始素材文件：书中实例素材\第3章\扩展实例31\将照片调成沉稳的波西色素材图.jpg
- 最终效果文件：书中实例效果图\第3章\扩展实例31\将照片调成沉稳的波西色.psd
- 视频教学文件：书中实例视频\第3章\扩展实例\3.31.flv

将照片调成沉稳的波西色

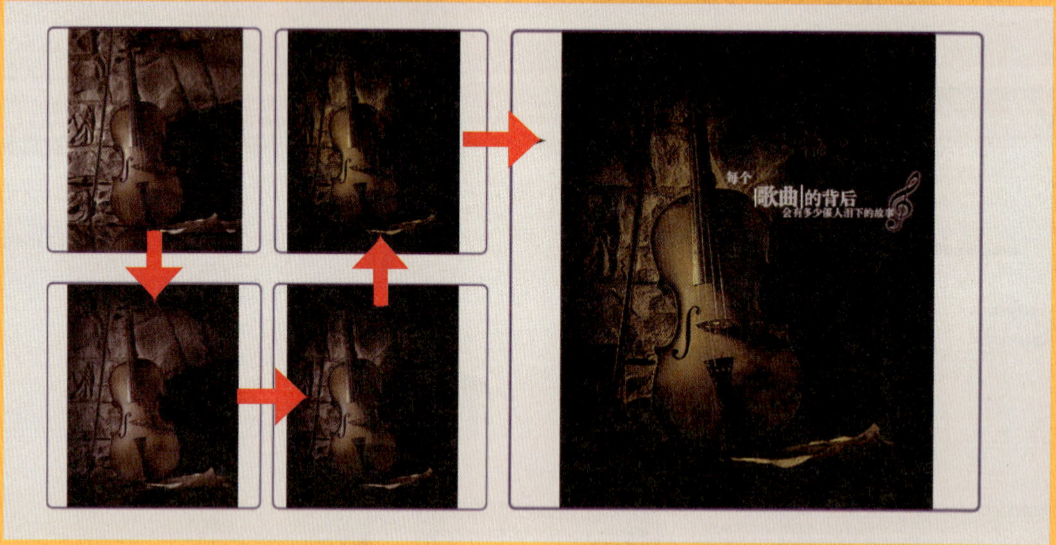

重点提示 1 打开随书所附光盘中的扩展实例素材“将照片调成沉稳的波西色素材图.jpg”，将此图层拖曳至“图层”面板底部的“创建新图层”按钮上，得到“背景 副本”图层。在工具箱中选择“画笔工具”，调整适当的笔刷大小和“不透明度”，在图像中心涂抹。

重点提示 2 单击“图层”面板底部的“创建新的填充或调整图层”按钮，在弹出的菜单中选择“可选颜色”选项，在弹出的面板中设置各项参数。将“选取颜色1”调整图层拖曳至“图层”面板底部的“创建新图层”按钮上，得到“选取颜色2”调整图层。选择

"选取颜色2"调整图层的蒙版缩览图，选择"画笔工具"，调整适当的笔刷大小和"不透明度"，在图像中心涂抹。

重点提示 3 单击"图层"面板底部的"创建新的填充或调整图层"按钮，在弹出的菜单中选择"照片滤镜"选项，在弹出的面板中设置各项参数。单击工具箱中的"横排文字工具"，在图像中输入文字。新建"图层1"，单击工具箱中的"自定形状工具"，在其工具选项栏中的"形状"下拉列表中选择"高音谱号"，在画面中绘制路径，按快捷键Ctrl+Enter将路径转换为选区，并填充黑色。双击"图层1"，为其设置适当的图层样式。

扩展实例32

难易度 ★★★★★

- 原始素材文件：书中实例素材\第3章\扩展实例32\调出黄绿色色调素材图.jpg
- 最终效果文件：书中实例效果图\第3章\扩展实例32\调出黄绿色色调.psd
- 视频教学文件：书中实例视频\第3章\扩展实例\3.32.flv

调出黄绿色色调

重点提示 1 打开随书所附光盘中的扩展实例素材"调出黄绿色色调素材图.jpg"，将此图层拖曳至"图层"面板底部的"创建新图层"按钮上，得到"背景 副本"图层。单击"图层"面板底部的"创建新的填充或调整图层"按钮，在弹出的菜单中选择"纯色"选项，在弹出的对话框中设置各项参数。将"颜色填充1"调整图层的混合模式设置为"排除"，"不透明度"设置为"80%"。

重点提示 2 单击"图层"面板底部的"创建新的填充或调整图层"按钮，在弹出的菜单中选择"曲线"选项，在弹出的面板中设置各项参数。

重点提示 3 按快捷键Ctrl+Alt+Shift+E盖印所有可见图层，得到“图层1”。隐藏除“背景”图层和“图层1”之外的所有图层。选择“图层1”，单击“图层”面板底部的“添加图层蒙版”按钮，为“图层1”添加图层蒙版。将前景色设置为黑色，在工具箱中选择“画笔工具”，将“不透明度”设置为“25%”，在人物处涂抹。

扩展实例33

难易度 ★★★★★

- 原始素材文件：书中实例素材\第3章\扩展实例33\打造手绘效果的画像素材图.jpg
- 最终效果文件：书中实例效果图\第3章\扩展实例33\打造手绘效果的画像.psd
- 视频教学文件：书中实例视频\第3章\扩展实例\3.33.flv

打造手绘效果的画像

重点提示 1 打开随书所附光盘中的扩展实例素材“打造手绘效果的画像素材图.jpg”，将此图层拖曳至“图层”面板底部的“创建新图层”按钮上，得到“背景 副本”图层。单击“图层”面板底部的“创建新的填充或调整图层”按钮，在弹出的菜单中选择“照片滤镜”选项，在弹出的面板中选择“滤镜”下拉列表中的“深褐”，“浓度”设置为“50%”，设置完毕后单击关闭按钮。

重点提示 2 按快捷键Ctrl+Alt+Shift+E盖印所有可见图层，得到“图层1”。将“图层1”的混合模式设置为“柔光”。单击“图层”面板底部的“添加图层蒙板”按钮，为“图层1”添加图层蒙版。将前景色设置为黑色，选择“画笔工具”，在其工具选项栏中设置“不透明度”，在人物处涂抹。

重点提示 3 单击“图层”面板底部的“创建新的填充或调整图层”按钮，在弹出的菜单中选择“色彩平衡”选项，在弹出的面板中设置参数，设置完毕后单击关闭按钮。

原始素材文件：
书中实例素材\第3章\实例26\调出照片的清冷色调素材图.jpg

最终效果文件：
书中实例效果图\第3章\实例26\调出照片的清冷色调.psd

视频教学文件：
书中实例视频\第3章\实例\3.26.flv

实例26

难易度 ★★★★★

调出照片的清冷色调

例前导读

本例视频教程长度：5分17秒

- 使用“镜头模糊”滤镜模糊图像。
- 使用“色彩平衡”调整图层调整图像颜色。

1 打开随书所附光盘中的实例素材“调出照片的清冷色调素材图.jpg”，如图3-611所示，将此图层拖曳至“图层”面板底部的“创建新图层”按钮上，得到“背景副本”图层，如图3-612所示。

2 单击“图层”面板底部的“创建新的填充或调整图层”按钮，在弹出的菜单中选择“渐变”选项，在弹出的对话框中设置参数为R250、G246、B183，R211、G232、B209，R166、G218、B230，R121、G188、B211，R81、G159、B187，如图3-613所示，设置完毕后单击“确定”按钮。

图3-611

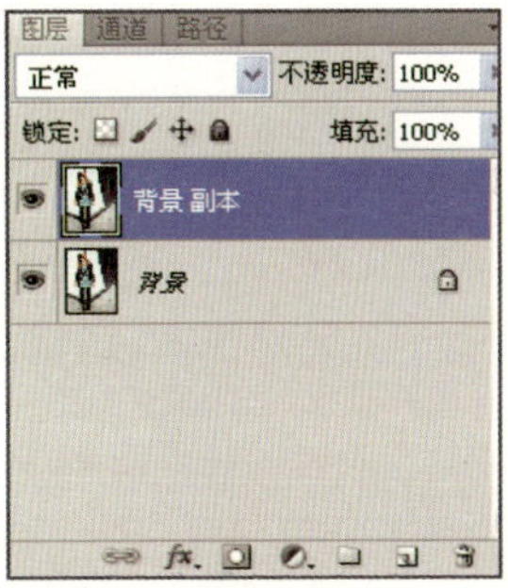

图3-612

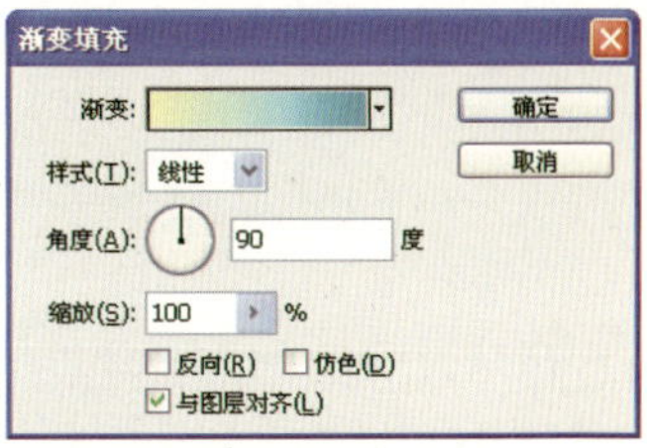

图3-613

3 选择“渐变填充1”调整图层，将此图层的混合模式设置为“柔光”，如图3-614所示，效果如图3-615所示。

4 单击“图层”面板底部的“创建新的填充或调整图层”按钮，在弹出的菜单中选择“色彩平衡”选项，在弹出的面板中设置参数如图3-616至图3-618所示，设置完毕后单击关闭按钮，效果如图3-619所示。

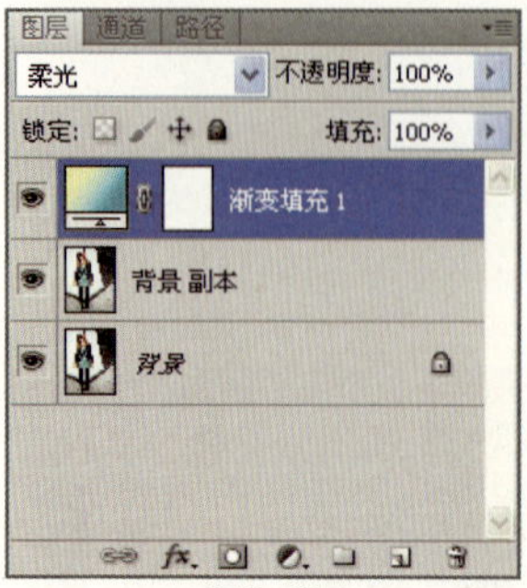

图3-614

图6-615

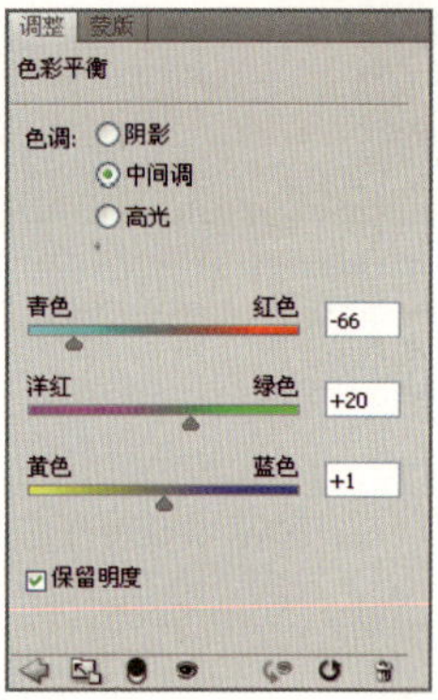

图3-616

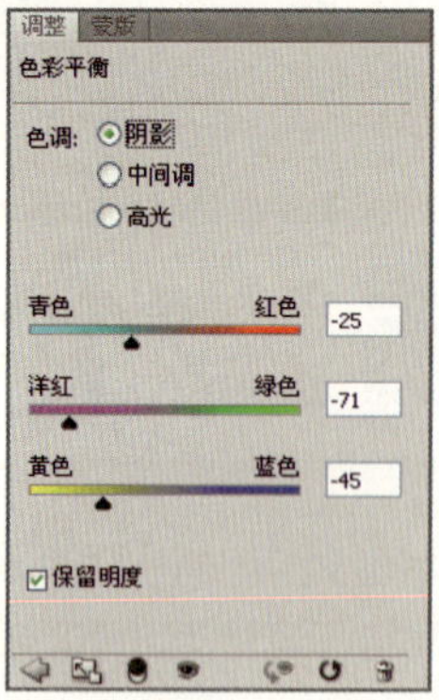

图3-617

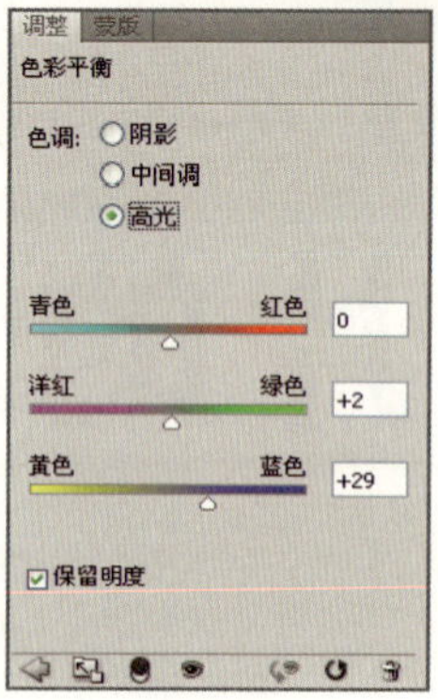

图3-618

图3-619

5 单击“图层”面板底部的“创建新的填充或调整图层”按钮，在弹出的菜单中选择“曲线”选项，在弹出的面板中设置参数如图3-620至图3-622所示，设置完毕后单击关闭按钮，效果如图3-623所示。

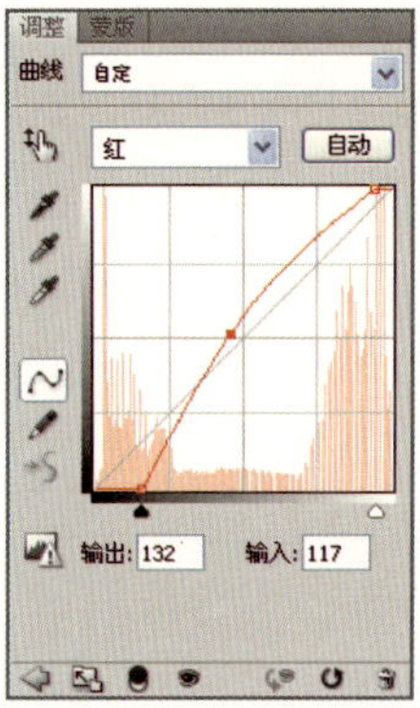

图3-620

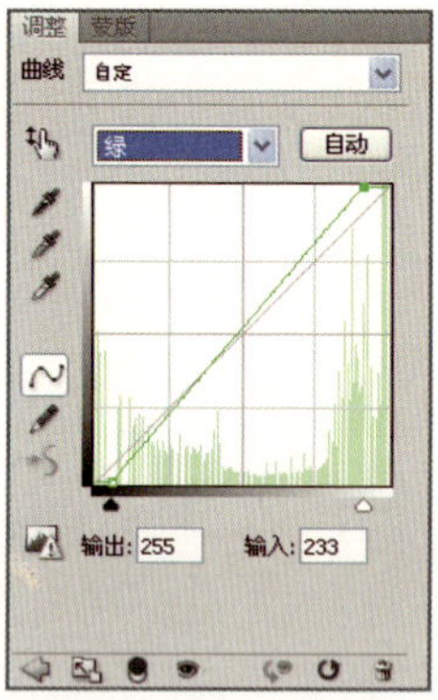

图3-621

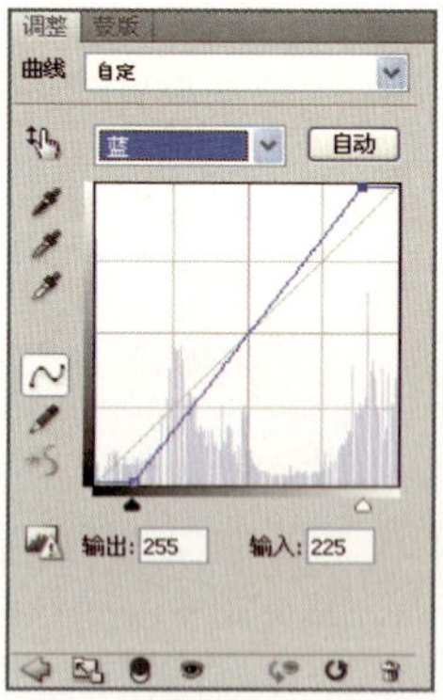

图3-622

图3-623

6 按快捷键Ctrl+Alt+Shift+E盖印所有可见图层，得到“图层1”，如图3-624所示。

7 在菜单栏中选择“滤镜”|“模糊”|“镜头模糊”命令，在弹出的对话框中设置参数如图3-625所示。

8 选择“图层1”，单击“图层”面板底部的“添加图层蒙版”按钮，为其添加图层蒙版，如图3-626所示。使用黑色画笔在图像中人物处涂抹，然后调整笔刷的“不透明度”，再在图像中地面部分涂抹。最终效果如图3-627所示。

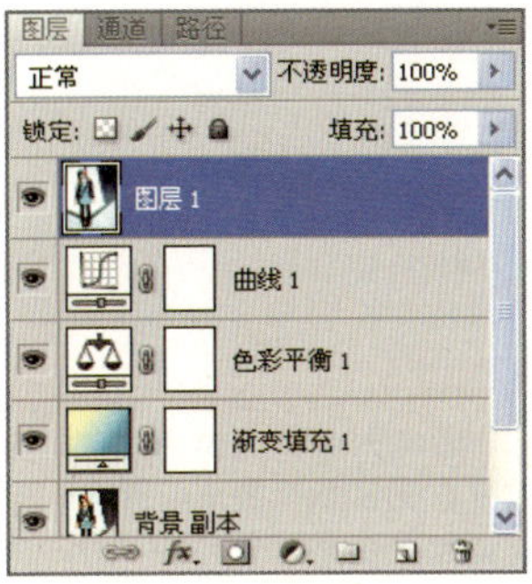

图3-624

图3-625

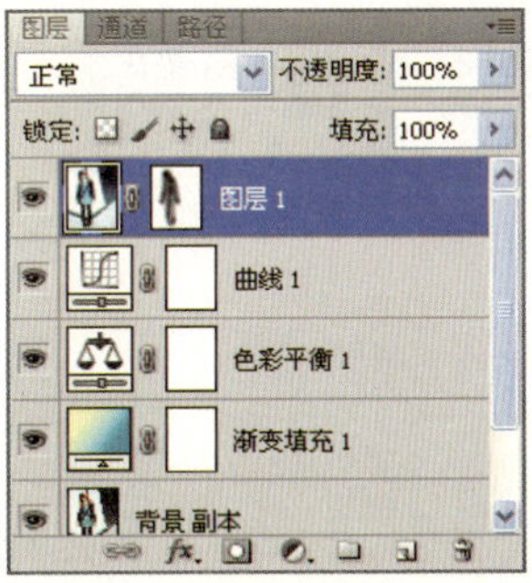

图3-626

图3-627

扩展实例34

难易度 ★★★★★

- 原始素材文件：书中实例素材\第3章\扩展实例34\调出冷色调的照片效果素材图.jpg
- 最终效果文件：书中实例效果图\第3章\扩展实例34\调出冷色调的照片效果.psd
- 视频教学文件：书中实例视频\第3章\扩展实例\3.34.flv

调出冷色调的照片效果

重点提示 **1** 打开随书所附光盘中的扩展实例素材“调出冷色调的照片效果素材图.jpg”，将此图层拖曳至“图层”面板底部的“创建新图层”按钮上，得到“背景 副本”图层。将“背景 副本”图层的混合模式设置为“柔光”。单击“图层”面板底部的“创建新的填充或调整图层”按钮，在弹出的菜单中选择“渐变”选项，在弹出的对话框中设置各项参数。将“渐变填充1”调整图层的混合模式设置为“柔光”。

重点提示 2 单击“图层”面板底部的“创建新的填充或调整图层”按钮，在弹出的菜单中选择“色彩平衡”选项，在弹出的面板中设置各项参数。

重点提示 3 按快捷键Ctrl+Alt+Shift+E盖印所有可见图层，得到“图层1”。在菜单栏中选择“滤镜”|“模糊”|“镜头模糊”命令，在弹出的对话框中设置参数。将“图层1”的混合模式设置为“滤色”，“不透明度”设置为“71%”。

扩展实例35

难易度 ★★★★★

- 原始素材文件：书中实例素材\第3章\扩展实例35\制作照片的清冷色调素材图.jpg
- 最终效果文件：书中实例效果图\第3章\扩展实例35\制作照片的清冷色调.psd
- 视频教学文件：书中实例视频\第3章\扩展实例\3.35.flv

制作照片的清冷色调

重点提示 1 打开随书所附光盘中的扩展实例素材“制作照片的清冷色调素材图.jpg”，将此图层拖曳至“图层”面板底部的“创建新图层”按钮上，得到“背景 副本”图层。单击“图层”面板底部的“创建新的填充或调整图层”按钮，在弹出的菜单中选择“曲线”选项，在弹出的面板中设置各项参数。

重点提示 2 新建一个图层，得到“图层1”，使用前景色填充。将“图层1”的混合模式设置为“叠加”。按快捷键Ctrl+Alt+Shift+E盖印所有可见图层，得到“图层2”，将其合成模式设置为“柔光”，“不透明度”设置为“50%”。按住Alt 键单击“图层”面板底部的“添加图层蒙版”按钮，为“图层2”添加图层蒙版。在菜单栏中选择“滤镜”|“模糊”|“高斯模糊”命令，在弹出的对话框中设置参数。设置前景色为白色，选择“画笔工具”在人物处涂抹。

重点提示 3 按快捷键Ctrl+Alt+Shift+E盖印所有可见图层，得到“图层3”。在菜单栏中选择“滤镜”|“锐化”|“USM锐化”命令，在弹出的对话框中设置参数，设置完毕后单击“确定”按钮。

扩展实例36

难易度 ★★★★★

- 原始素材文件：书中实例素材\第3章\扩展实例36\调出照片的暖色调素材图.jpg
- 最终效果文件：书中实例效果图\第3章\扩展实例36\调出照片的暖色调.psd
- 视频教学文件：书中实例视频\第3章\扩展实例\3.36.flv

调出照片的暖色调

重点提示 1 打开随书所附光盘中的扩展实例素材“调出照片的暖色调素材图.jpg”，将此图层拖曳至“图层”面板底部的“创建新图层”按钮上，得到“背景 副本”图层。单击“图层”面板底部的“创建新的填充或调整图层”按钮，在弹出的菜单中选择“可选颜色”选项，在弹出的面板中设置各项参数，设置完毕后单击关闭按钮。

重点提示 2 单击“图层”面板底部的“创建新的填充或调整图层”按钮，在弹出的菜单中选择“色彩平衡”选项，在弹出的面板中设置各项参数，设置完毕后单击关闭按钮。

重点提示 3 单击“图层”面板底部的“创建新的填充或调整图层”按钮，在弹出的菜单中选择“色相/饱和度”选项，在弹出的面板中设置参数，设置完毕后单击关闭按钮。

扩展实例37

难易度 ★★★★★

- 原始素材文件：书中实例素材\第3章\扩展实例37\打造暖色调婚纱照素材图.jpg
- 最终效果文件：书中实例效果图\第3章\扩展实例37\打造暖色调婚纱照.psd
- 视频教学文件：书中实例视频\第3章\扩展实例\3.37.flv

打造暖色调婚纱照

重点提示 1 打开随书所附光盘中的扩展实例素材“打造暖色调婚纱照素材图.jpg”，将此图层拖曳至“图层”面板底部的“创建新图层”按钮上，得到“背景 副本”图层。在菜单栏中选择“图像”|“应用图像”命令，在弹出的对话框中设置各项参数。选择“背景副本”图层，按快捷键Ctrl+Alt+Shift+2调出高光。再按快捷键Ctrl+J复制选区内的图像，得到“图层1”。

重点提示 2 选择“背景 副本”图层，单击“图层”面板底部的“创建新的填充或调整图层”按钮，在弹出的菜单中选择“色彩平衡”选项，在弹出的面板中设置各项参数，设置完毕后单击关闭按钮。

重点提示 3 按快捷键Ctrl+Alt+Shift+E盖印所有可见图层，得到“图层2”，将其混合模式设置为“柔光”。在菜单栏中选择“滤镜”|“模糊”|“高斯模糊”命令，在弹出的对话框中设置各项参数。按快捷键Ctrl+Alt+Shift+E盖印所有可见图层，得到“图层3”。在菜单栏中选择“滤镜”|“模糊”|“高斯模糊”命令，在弹出的对话框中设置各项参数。设置“图层2”的混合模式为“滤色”。

原始素材文件：
书中实例素材\第3章\实例27\高精度人像调色技法素材图.jpg

最终效果文件：
书中实例效果图\第3章\实例27\高精度人像调色技法.psd

视频教学文件：
书中实例视频\第3章\实例\3.27.flv

实例27

难易度 ★★★★★

高精度人像调色技法

例前导读

本例视频教程长度：6分41秒

- 使用“蒙尘与划痕”滤镜对人物磨皮。
- 使用“渐变工具”结合图层混合模式将整个图像的主体聚焦到人物面部。
- 使用“高反差保留”滤镜打造通透的肌肤效果。

1 打开随书所附光盘中的实例素材“高精度人像调色技法素材图.jpg”，如图3-628所示，将此图层拖曳至“图层”面板底部的“创建新图层”按钮上，得到“背景 副本”图层，如图3-629所示。

2 在菜单栏中选择“图像” | “调整” | “匹配颜色”命令，在弹出的对话框中设置参数如图3-630所示，设置完毕后单击“确定”按钮，效果如图3-631所示。

3 在菜单栏中选择“图像” | “调整” | “曲线”命令，在弹出的对话框中设置参数如图3-632所示，设置完毕后单击“确定”按钮，效果如图3-633所示。

图3-628

图3-629

图3-630

图3-631

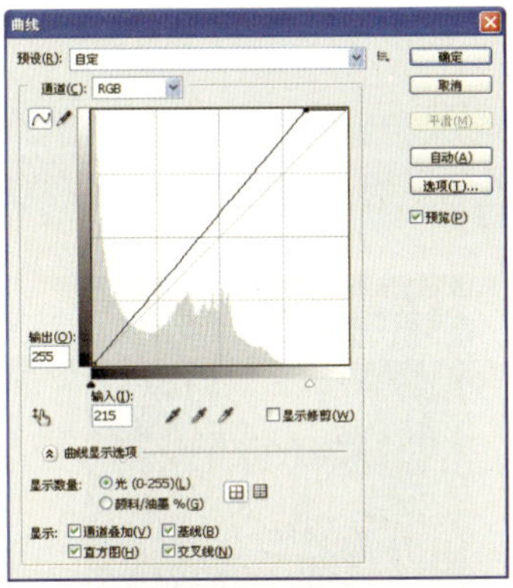

图3-632

图3-633

4 选择“背景 副本”图层，将其拖曳至“图层”面板底部的“创建新图层”按钮上，得到“背景 副本2”图层，如图3-634所示。

5 在菜单栏中选择“滤镜” | “杂色” | “蒙尘与划痕”命令，在弹出的对话框中设置参数如图3-635所示，设置完毕后单击“确定”按钮，效果如图3-636所示。

图3-634

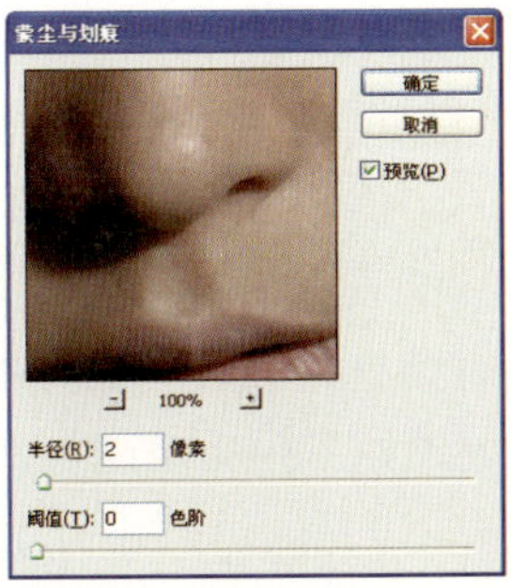

图3-635

图3-636

6 选择“背景 副本2”图层，单击“图层”面板底部的“添加图层蒙版”按钮，为其添加图层蒙版，如图3-637所示。将前景色设置为黑色，选择“画笔工具”在五官及头发处涂抹，效果如图3-638所示。

7 单击“图层”面板底部的“创建新图层”按钮，得到“图层1”。选择“渐变工具”在图像中拖出渐变，效果如图3-639所示。

图3-637

图3-638

图3-639

8 选择“图层1”，将此图层的混合模式设置为“正片叠底”，并为其添加图层蒙版。将前景色设置为黑色，选择“画笔工具”在图像中涂抹。“图层”面板如图3-640所示。效果如图3-641所示。

9 按快捷键Ctrl+Alt+Shift+E盖印所有可见图层，得到“图层2”，如图3-642所示。

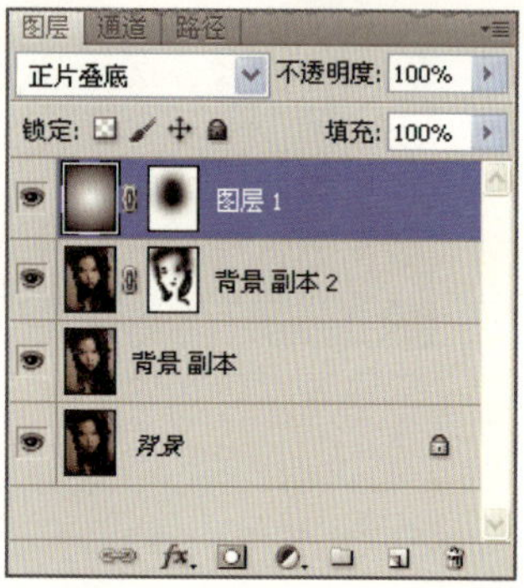

图3-640

图3-641

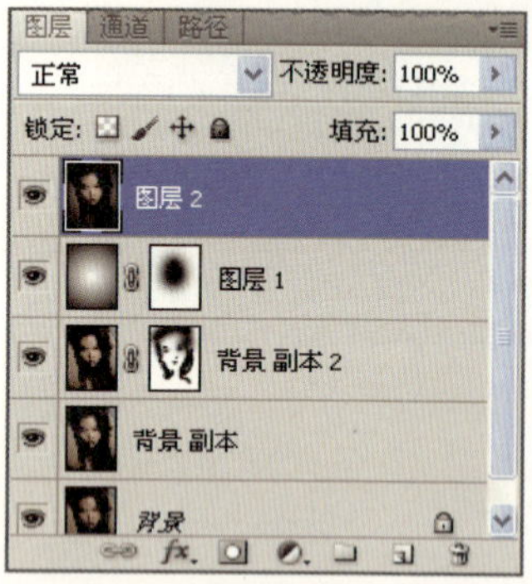

图3-642

10 在菜单栏中选择“图像”|“模式”|“Lab颜色”命令。切换至“通道”面板，选择“明度”通道，如图3-643所示。

11 在菜单栏中选择“滤镜”|“锐化”|“USM锐化”命令，在弹出的对话框中设置参数如图3-644所示。设置完毕后单击“确定”按钮，效果如图3-645所示。

12 分别选择“a”通道、“b”通道，在菜单栏中选择“滤镜”|“模糊”|“高斯模糊”命令，在弹出的对话框中设置参数如图3-646所示，设置完毕后单击“确定”按钮。切换至“图层”面板，效果如图3-647所示。

13 在菜单栏中选择“图像”|“模式”|“RGB颜色”命令。按快捷键Ctrl+Alt+Shfit+E盖印所有可见图层，得到“图层3”，如图3-648所示。

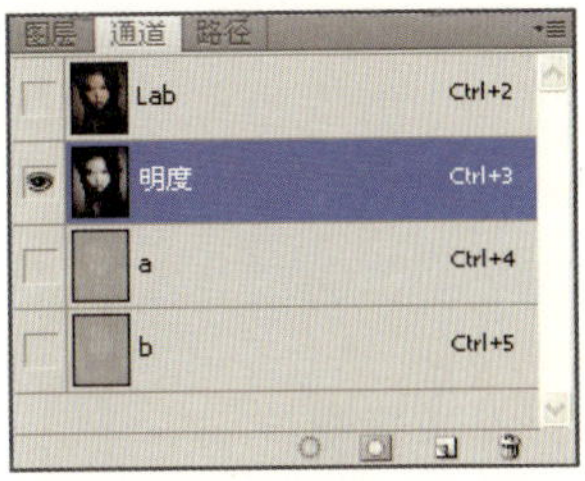

图3-643

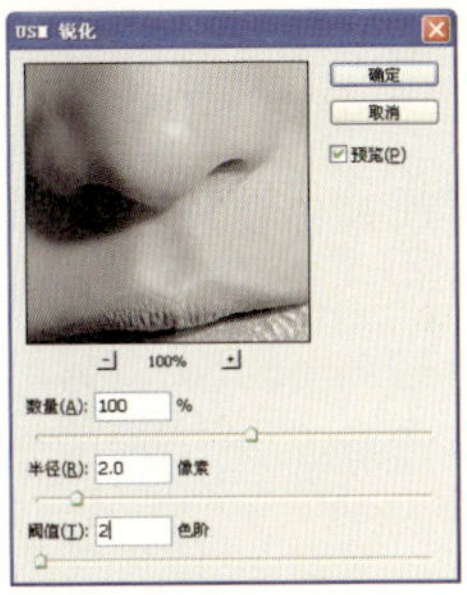

图3-644

图3-645

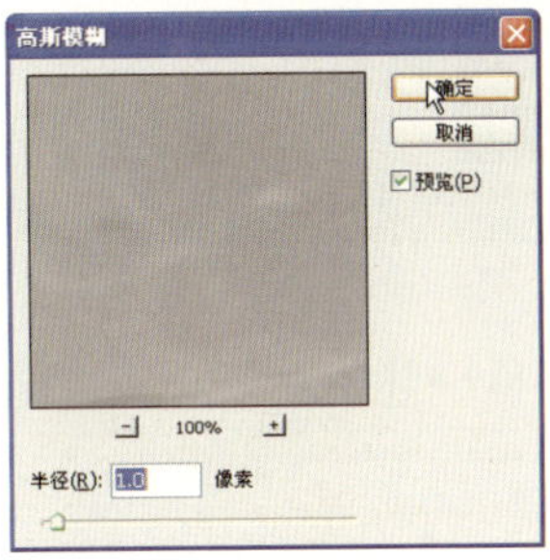

图3-646

图3-647

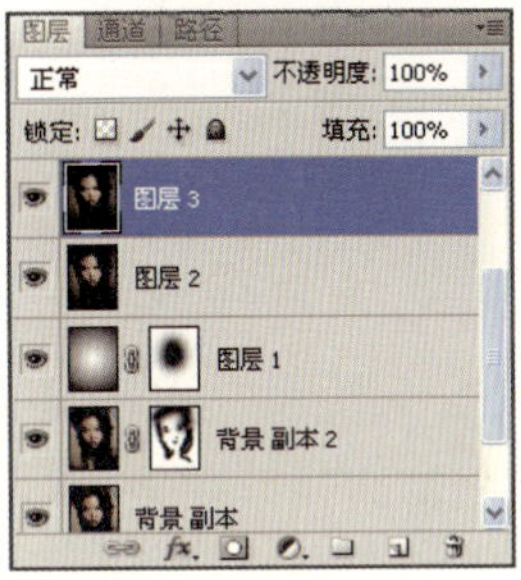

图3-648

14 在菜单栏中选择“滤镜”|“其它”|“高反差保留”命令，在弹出的对话框中设置参数如图3-649所示，设置完毕后单击“确定”按钮，效果如图3-650所示。

15 选择“图层3”，将此图层的混合模式设置为“柔光”，如图3-651所示。效果如图3-652所示。

16 单击“图层”面板底部的“创建新的填充或调整图层”按钮，在弹出的菜单中选择“色相/饱和度”选项，在弹出的面板中设置参数如图3-653所示，设置完毕后单击关闭按钮，效果如图3-654所示。

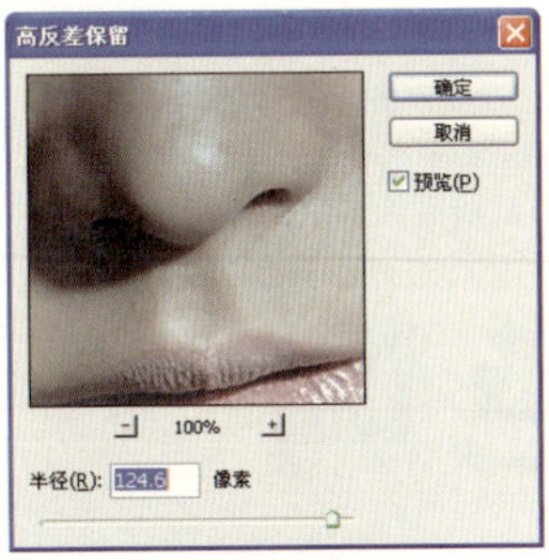

图3-649

图3-650

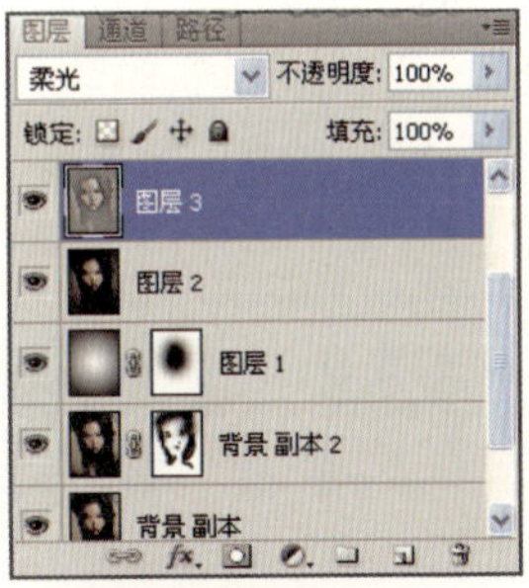

图3-651

图3-652

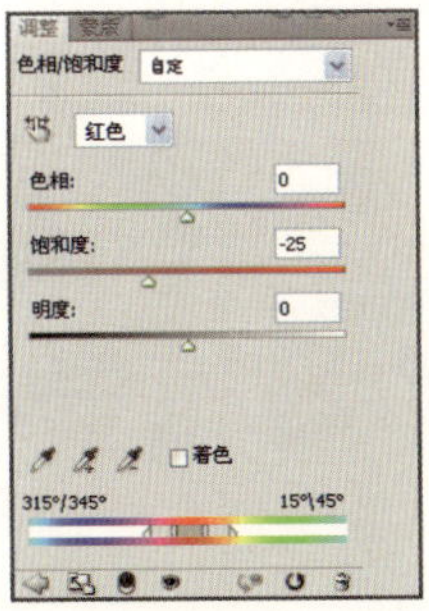

图3-653

图3-654

17 单击“图层”面板底部的“创建新图层”按钮，得到“图层4”，如图3-655所示。

18 单击工具箱底部的设置前景色色块，在弹出的“拾色器（前景色）”对话框中设置参数如图3-656所示。

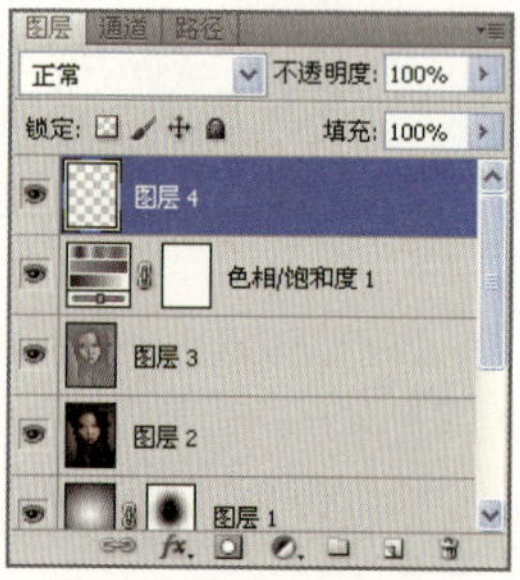

图3-655

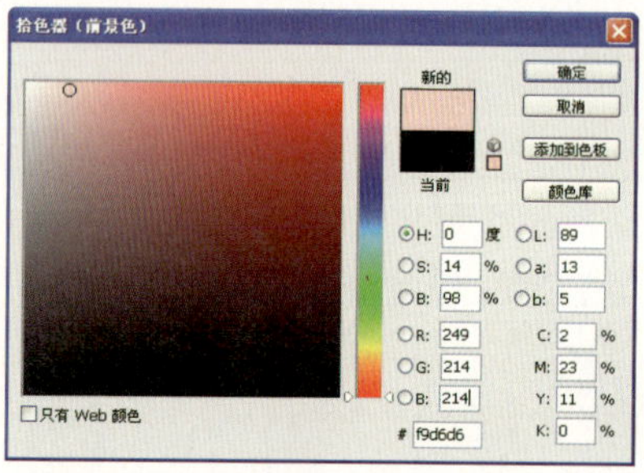

图3-656

19 使用“画笔工具”在图像中为人物添加腮红，以体现健康肤色。将“图层4”的混合模式设置为“颜色”，“不透明度”设置为“78%”，如图3-657所示。最终效果如图3-658所示。

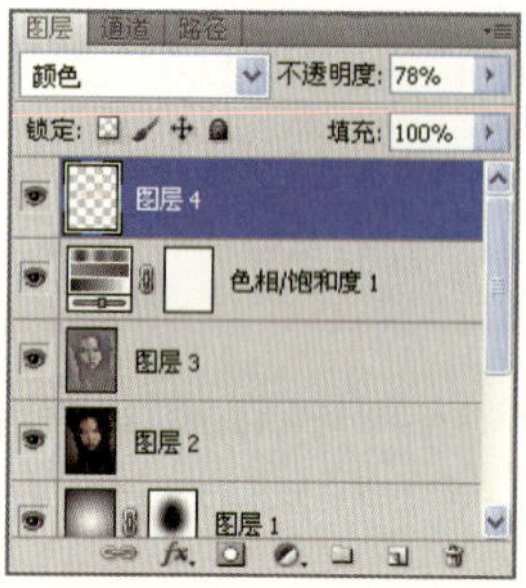

图3-657

图3-658

扩展实例38

难易度 ★★★★★

- 原始素材文件：书中实例素材\第3章\扩展实例38\调出人物的美白色调素材图.jpg
- 最终效果文件：书中实例效果图\第3章\扩展实例38\调出人物的美白色调.psd
- 视频教学文件：书中实例视频\第3章\扩展实例\3.38.flv

调出人物的美白色调

重点提示 1 打开随书所附光盘中的扩展实例素材“调出人物的美白色调素材图.jpg”，将此图层拖曳至“图层”面板底部的“创建新图层”按钮上，得到“背景 副本”图层。将“背景 副本”图层的混合模式设置为“滤色”，“不透明度”设置为“50%”。按快捷键Ctrl+Alt+Shift+E盖印所有可见图层，得到“图层1”。

重点提示 2 按快捷键Ctrl+Alt+Shift+2调出图像中的亮部区域。新建“图层2”，填充白色，将“不透明度”设置为“15%”。单击“图层”面板底部的“创建新的填充或调整图层”按钮，在弹出的菜单中选择“可选颜色”选项，在弹出的面板中设置各项参数。单击工具箱中的“套索工具”，在人物嘴唇处绘制选区。按快捷键Shift+F6，在弹出的“羽化选区”对话框中设置参数。

重点提示 3 按住Ctrl键单击“色相/饱和度1”调整图层的蒙版缩览图，以调出选区。单击“图层”面板底部的“创建新的填充或调整图层”按钮，在弹出的菜单中选择“曲线”选项，在弹出的面板中设置参数，设置完毕后单击关闭按钮。

原始素材文件：
书中实例素材\第3章\实例28\打造多重光照效果素材图.jpg

最终效果文件：
书中实例效果图\第3章\实例28\打造多重光照效果.psd

视频教学文件：
书中实例视频\第3章\实例\3.28.flv

实例28

难易度 ★★★★★

打造多重光照效果

例前导读

本例视频教程长度：5分40秒

- 通过添加渐变调整图层使图像色彩更加丰富。
- 通过更改图层混合模式融合图像。
- 通过添加“斜纹”纹理以增强图像质感。

1 打开随书所附光盘中的实例素材“打造多重光照效果素材图.jpg”，如图3-659所示，将此图层拖曳至“图层”面板底部的“创建新图层”按钮上，得到“背景 副本”图层，如图3-660所示。

图3-659

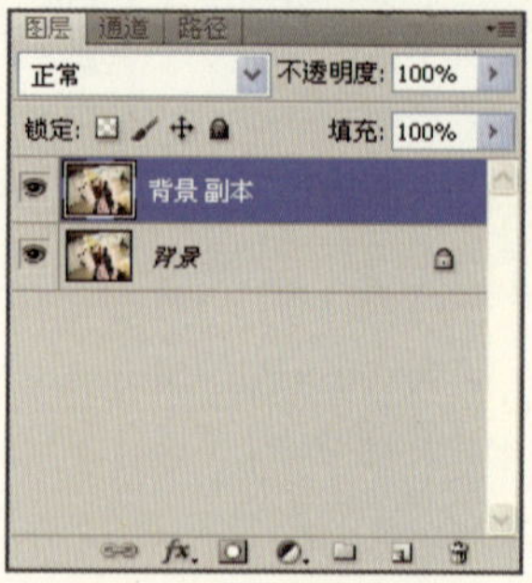

图3-660

2 单击"图层"面板底部的"创建新的填充或调整图层"按钮，在弹出的菜单中选择"亮度/对比度"选项，在弹出的面板中设置参数如图3-661所示，设置完毕后单击关闭按钮，效果如图3-662所示。

3 单击"图层"面板底部的"创建新的填充或调整图层"按钮，在弹出的菜单中选择"渐变"选项，在弹出的对话框中设置参数如图3-663所示。

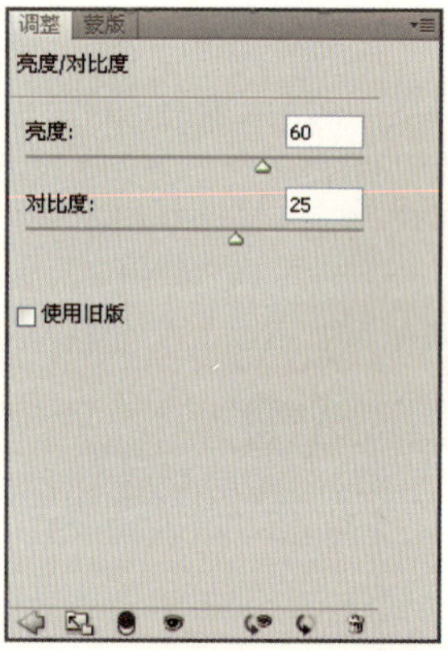

图3-661

图3-662

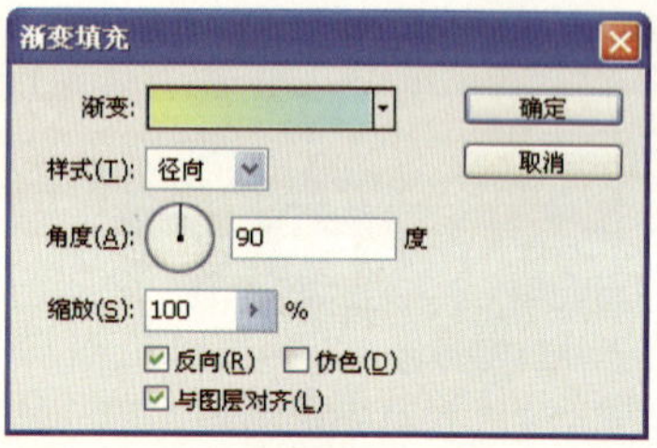

图3-663

4 选择"渐变填充1"调整图层，将此图层的混合模式设置为"柔光"，如图3-664所示，效果如图3-665所示。

5 按快捷键Ctrl+Alt+Shift+E盖印所有可见图层，得到"图层1"，如图3-666所示。

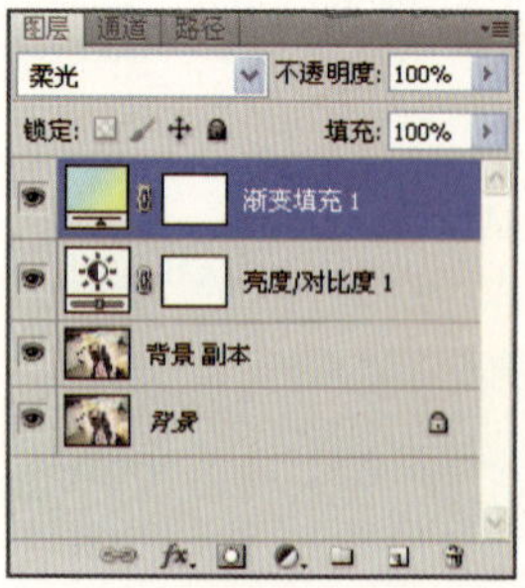

图3-664

图3-665

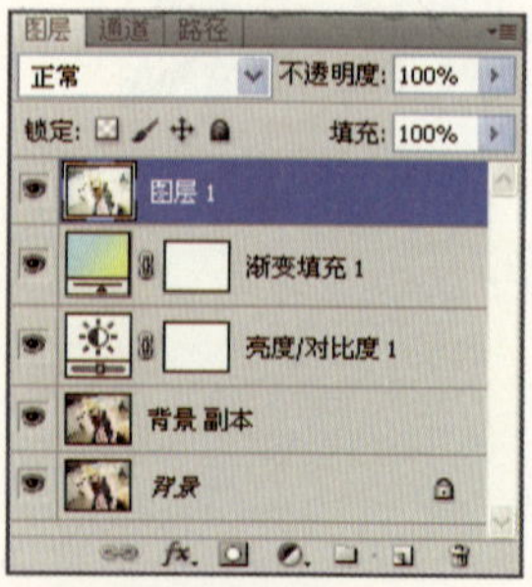

图3-666

6 在菜单栏中选择"滤镜"|"渲染"|"光照效果"命令，在弹出的对话框中设置参数如图3-667所示，设置完毕后单击"确定"按钮，效果如图3-668所示。

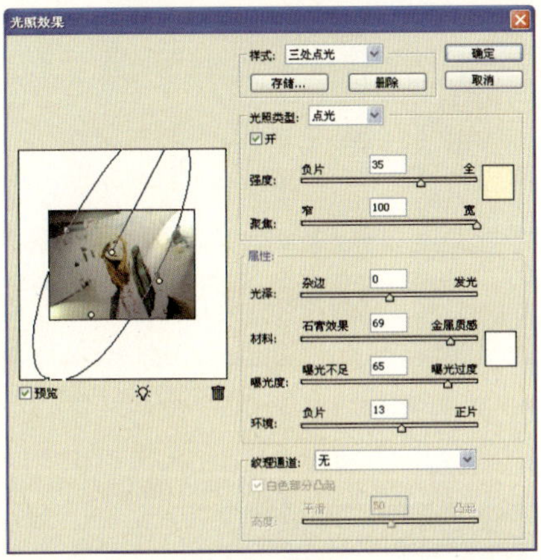

图3-667

图3-668

7 单击“图层”面板底部的“创建新的填充或调整图层”按钮，在弹出的菜单中选择“渐变”选项，在弹出的对话框中设置参数如图3-669所示。

8 选择“渐变填充2”调整图层，将此图层的混合模式设置为“柔光”，如图3-670所示，效果如图3-671所示。

9 单击“图层”面板底部的“创建新的填充或调整图层”按钮，在弹出的菜单中选择“图案”选项，在弹出的对话框中设置参数如图3-672所示。

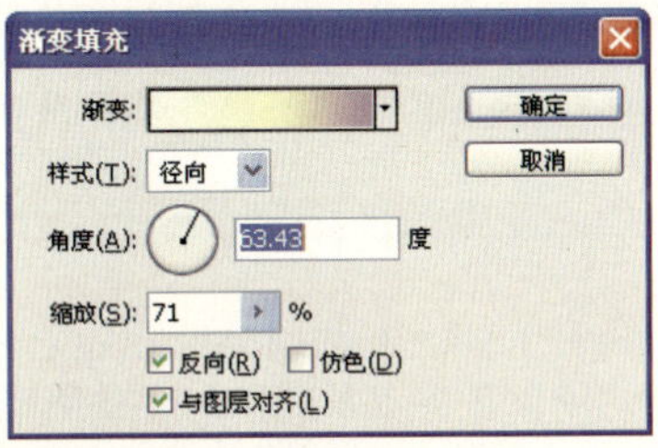

图3-669

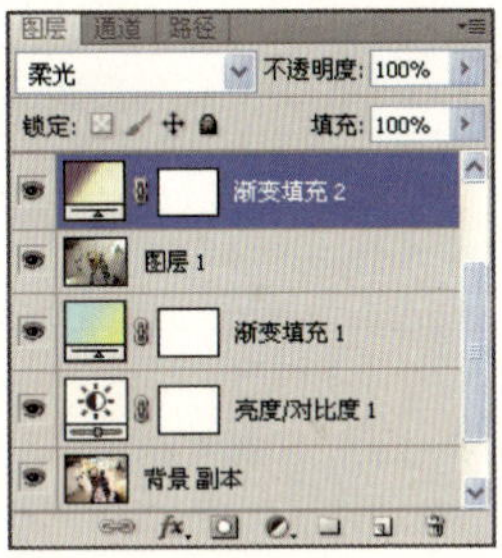

图3-670

图3-671

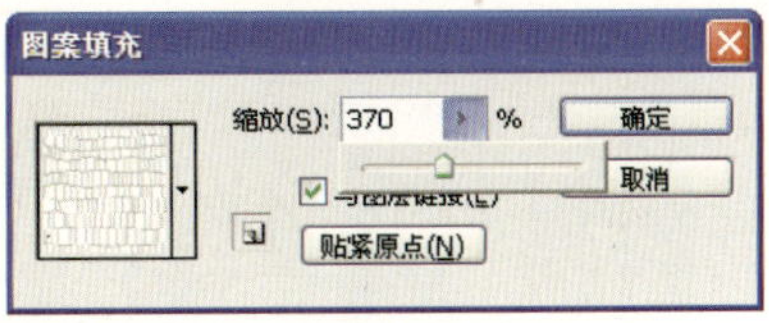

图3-672

10 选择“图案填充1”调整图层，将此图层的混合模式设置为“颜色加深”，如图3-673所示，效果如图3-674所示。

11 单击工具箱中的“横排文字工具”T，为图像添加文字，如图3-675所示。

12 双击文字图层，在弹出的“图层样式”对话框中勾选“投影”复选框，设置各项参数如图3-676所示，设置完毕后单击“确定”按钮，最终效果如图3-677所示。

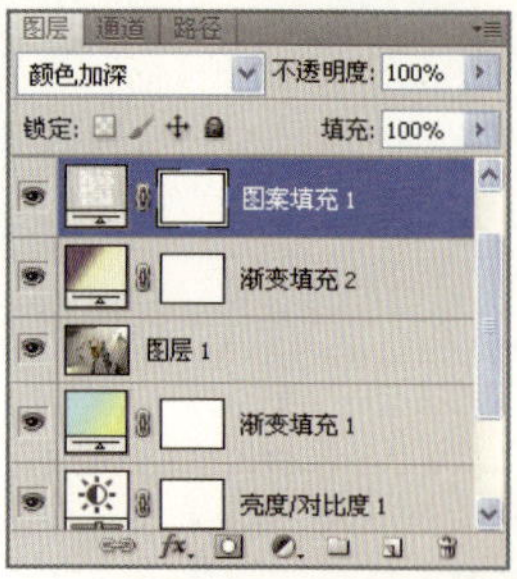

图3-673

图3-674

图3-675

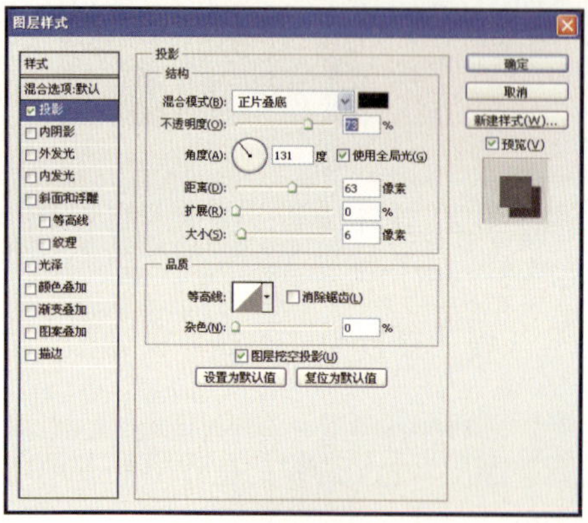

图3-676

图3-677

技巧与提示

两个“渐变填充”调整图层所使用的渐变类型分别为“黄色、绿色、蓝色”和“黄色、粉红、紫红”。

扩展实例39

难易度 ★★★★★

- 原始素材文件：书中实例素材\第3章\扩展实例39\制作多源光照特效素材图.jpg
- 最终效果文件：书中实例效果图\第3章\扩展实例39\制作多源光照特效.psd
- 视频教学文件：书中实例视频\第3章\扩展实例\3.39.flv

制作多源光照特效

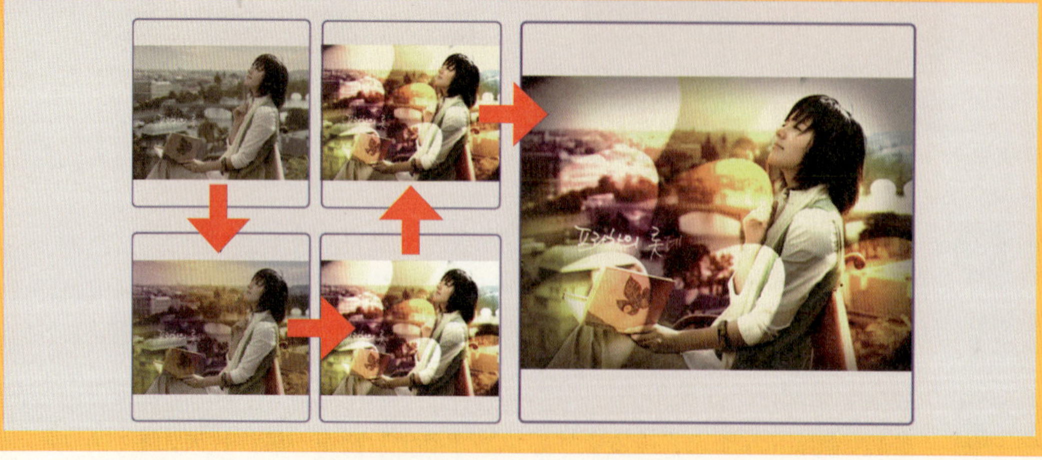

重点提示 1 打开随书所附光盘中的扩展实例素材“制作多源光照特效素材图.jpg”，将此图层拖曳至“图层”面板底部的“创建新图层”按钮上，得到“背景 副本”图层。将前景色设置为黑色，选择“画笔工具”在人物处涂抹。按快捷键Ctrl+Alt+Shift+E盖印所有可见图层，得到“图层1”。在菜单栏中选择“滤镜”|“渲染”|“光照效果”命令，在弹出的对话框中设置各项参数。

重点提示 2 新建“图层2”，将其混合模式设置为“变暗”。按快捷键Ctrl+N，在弹出的对话框中设置各项参数，设置完毕后单击“确定”按钮。

重点提示 3 将“图层3”的混合模式设置为“柔光”，“不透明度”设置为“50%”。新建“图层4”，将前景色设置为黑色，按快捷键Alt+Delete填充前景色。单击“图层”面板底部的“添加图层蒙版”按钮，为“图层4”添加图层蒙版。

原始素材文件：
书中实例素材\第3章\实例29\打造具有古典美的照片素材图.jpg

最终效果文件：
书中实例效果图\第3章\实例29\打造具有古典美的照片.psd

视频教学文件：
书中实例视频\第3章\实例\3.29.flv

实例29

难易度 ★★★★★

打造具有古典美的照片

例前导读

本例视频教程长度：4分56秒

- 使用调整图层调整图像色调。
- 使用“滤镜”命令结合图层混合模式制作古典效果。

1 打开随书所附光盘中的实例素材“打造具有古典美的照片素材图.jpg”，如图3-678所示，将此图层拖曳至“图层”面板底部的“创建新图层”按钮上，得到“背景副本”图层，如图3-679所示。在菜单栏中选择“图像”|“模式”|“CMYK颜色”命令。

2 单击“图层”面板底部的“创建新图层”按钮，得到“图层1”，如图3-680所示。

图3-678

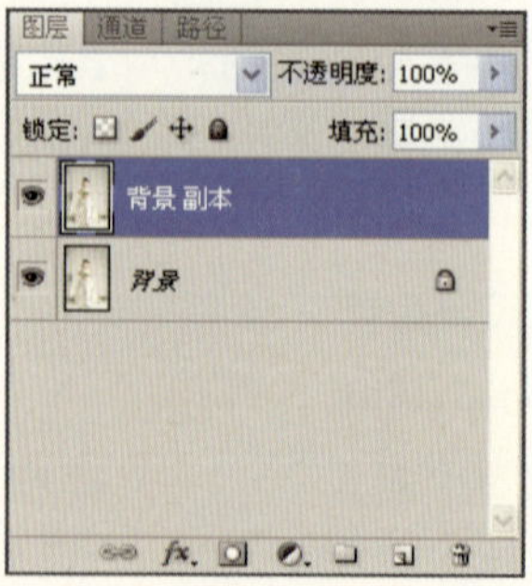

图3-679

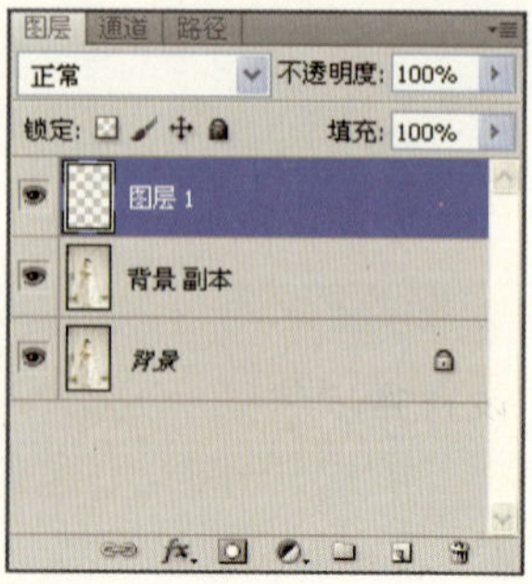

图3-680

3 在菜单栏中选择“编辑”|“填充”命令，在弹出的对话框中设置参数如图3-681所示，设置完毕后单击“确定”按钮，效果如图3-682所示。

4 选择“图层1”，将此图层的混合模式设置为“颜色”，如图3-683所示，效果如图3-684所示。

图3-681

图3-682

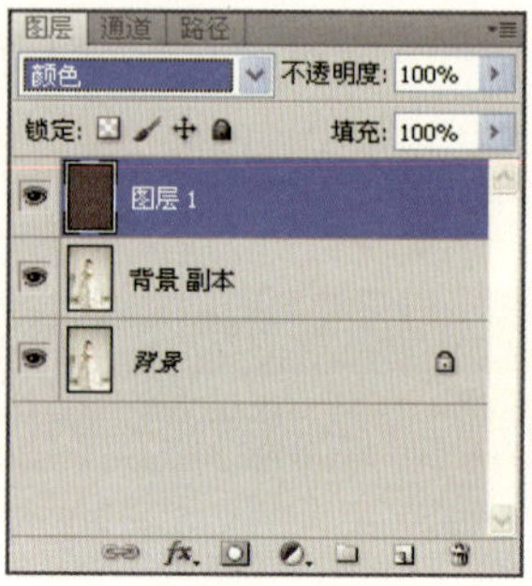

图3-683

图3-684

5 双击“图层1”，在弹出的“图层样式”对话框中取消勾选“M”复选框，如图3-685所示，设置完毕后单击“确定”按钮。

6 按住Ctrl键选择“背景 副本”图层和“图层1”，单击“图层”面板右边的小三角，在弹出的菜单中选择“从图层新建组”命令，创建“组1”，并将其混合模式设置为“饱和度”，如图3-686所示，效果如图3-687所示。

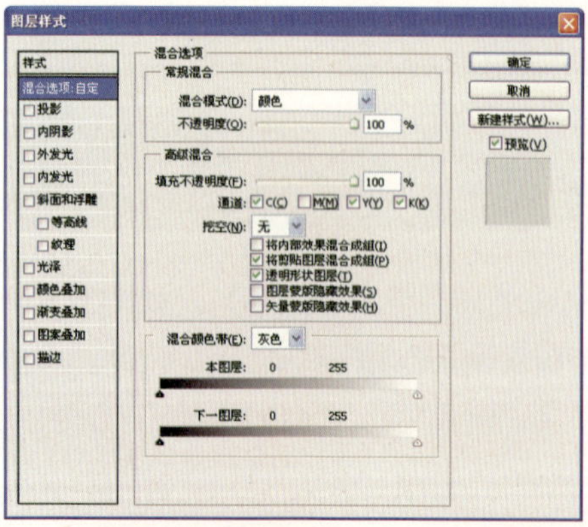

图3-685

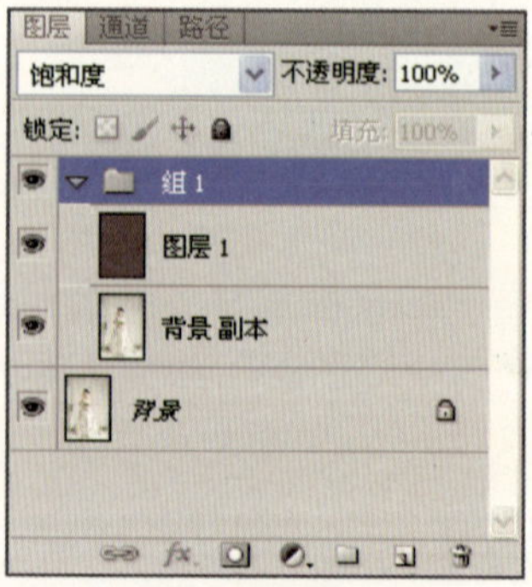

图3-686

图3-687

7 按快捷键Ctrl+Alt+Shift+E盖印所有可见图层，得到“图层2”，并将此图层拖曳至“图层”面板底部的“创建新图层”按钮上，得到“图层2 副本”图层，如图3-688所示。

8 选择“图层2 副本”图层，在菜单栏中选择“滤镜”|“模糊”|“表面模糊”命令，在弹出的对话框中设置参数如图3-689所示，设置完毕后单击“确定”按钮，效果如图3-690所示。

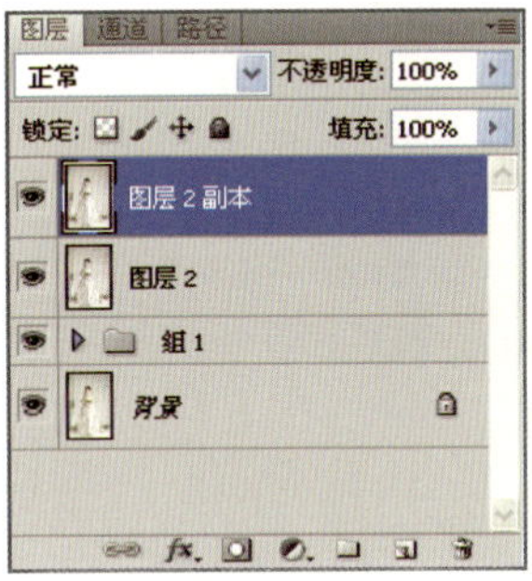

图3-688

图3-689

图3-690

9 选择“图层2 副本”图层，按住Alt 键单击“图层”面板底部的“添加图层样式”按钮，为其添加图层样式。将前景色设置为白色，选择“画笔工具”在人物皮肤处涂抹。“图层”面板如图3-691所示。效果如图3-692所示。

10 按快捷键Ctrl+Alt+Shift+E盖印所有可见图层，得到“图层3”，如图3-693所示。

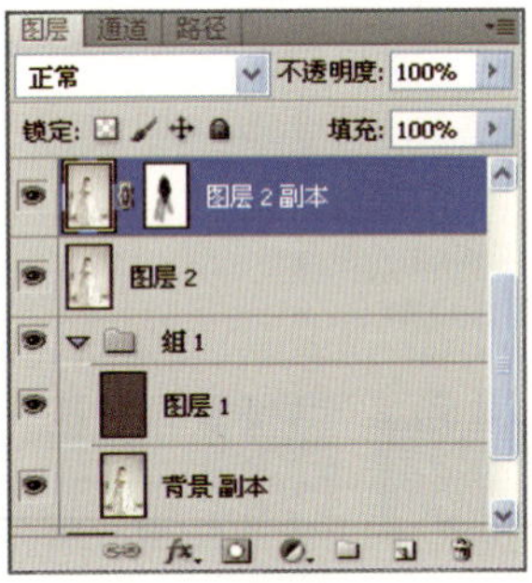

图3-691

图3-692

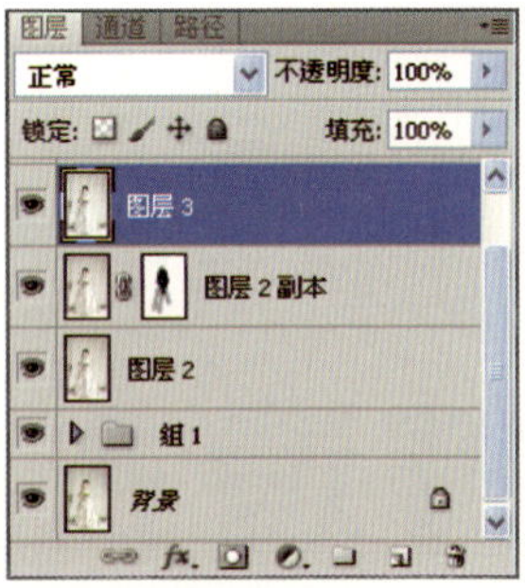

图3-693

11 在菜单栏中选择“滤镜”|“其它”|“自定”命令，在弹出的对话框中设置参数如图3-694所示，设置完毕后单击“确定”按钮，效果如图3-695所示。

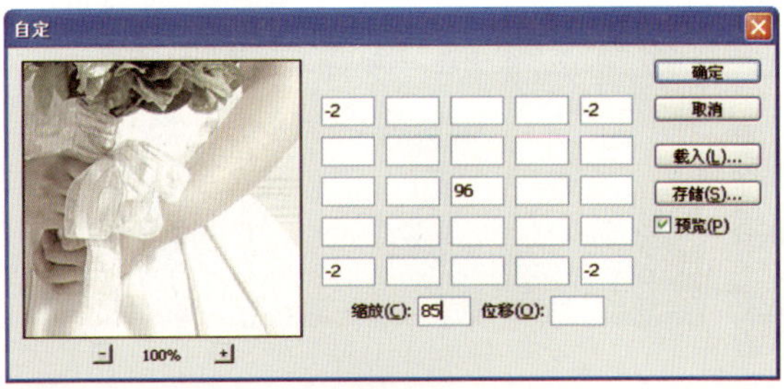

图3-694

图3-695

12 单击“图层”面板底部的“创建新的填充或调整图层”按钮，在弹出的菜单中选择“色阶”选项，在弹出的面板中设置参数如图3-696所示，设置完毕后单击关闭按钮，效果如图3-697所示。

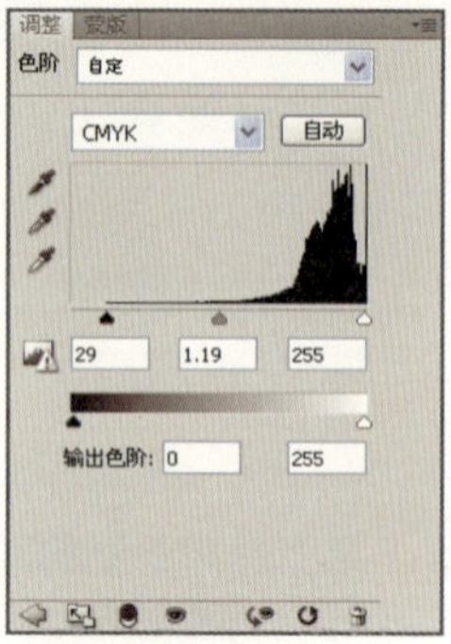

图3-696

图3-697

13 单击“图层”面板底部的“创建新的填充或调整图层”按钮，在弹出的菜单中选择“色彩平衡”选项，在弹出的面板中设置参数如图3-698至图3-700所示，设置完毕后单击关闭按钮，效果如图3-701所示。

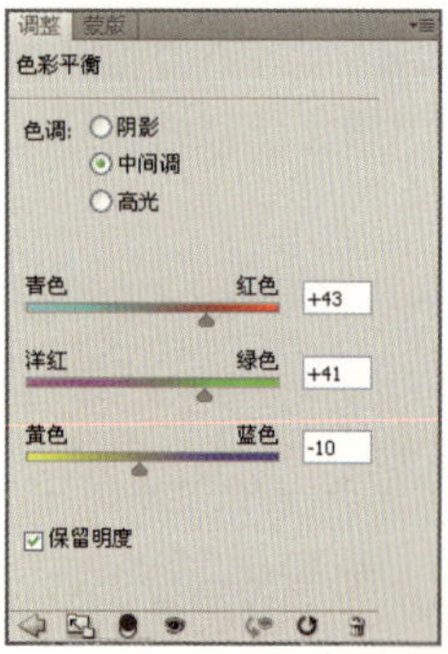

图3-698

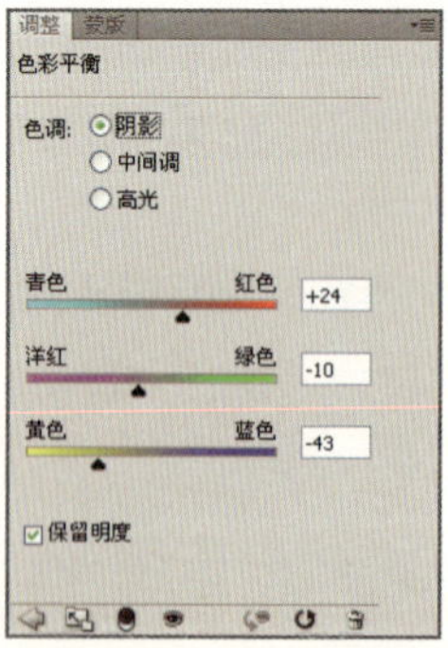

图3-699

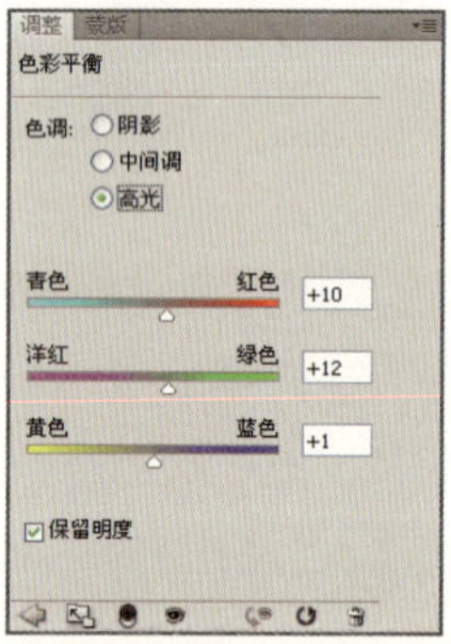

图3-700

图3-701

扩展实例40

难易度 ★★★★★

- 原始素材文件：书中实例素材\第3章\扩展实例40\打造古典色彩的人物照片素材图.jpg
- 最终效果文件：书中实例效果图\第3章\扩展实例40\打造古典色彩的人物照片.psd
- 视频教学文件：书中实例视频\第3章\扩展实例\3.40.flv

打造古典色彩的人物照片

重点提示 1 打开随书所附光盘中的扩展实例素材“打造古典色彩的人物照片素材图.jpg”。在菜单栏中选择“图像”|“模式”|“CMYK颜色”命令。将“背景”图层复制一层，得到“背景 副本”图层。新建“图层1”，在菜单栏中选择“编辑”|“填充”命令，在弹出的对话框中的“使用”下拉列表中选择“50%灰色”，图像呈现一片灰色。将“图层1”的混合模式设置为“颜色”。双击“图层1”，在弹出的“图层样式”对话框中取消勾选“M”复选框。

重点提示 2 按住Ctrl键选择“背景 副本”图层和“图层1”，单击“图层”面板右边的小三角，在弹出的菜单中选择“从图层新建组”命令，创建“组1”。将“组1”的混合模式设置为“饱和度”。按快捷键Ctrl+Alt+Shift+E盖印所有可见图层，得到“图层2”。在菜单栏中选择“滤镜”|“模糊”|“表面模糊”命令，在弹出的对话框中设置各项参数。将前景色设置为白色，使用“画笔工具”在人物皮肤处涂抹，使皮肤更为光滑。

重点提示 3 按快捷键Ctrl+Alt+Shift+E盖印所有可见图层，得到“图层3”。在菜单栏中选择“滤镜”|“其它”|“自定”命令，在弹出的对话框中设置参数。

扩展实例41

难易度 ★★★★★

- 原始素材文件：书中实例素材\第3章\扩展实例41\使照片具有古典艺术色彩素材图.jpg
- 最终效果文件：书中实例效果图\第3章\扩展实例41\使照片具有古典艺术色彩.psd
- 视频教学文件：书中实例视频\第3章\扩展实例\3.41.flv

使照片具有古典艺术色彩

重点提示 1 打开随书所附光盘中的扩展实例素材“使照片具有古典艺术色彩素材图.jpg”，将此图层拖曳至“图层”面板底部的“创建新图层”按钮上，得到“背景 副本”图层，将其混合模式设置为“柔光”。在菜单栏中选择“图像”|“调整”|“阴影/高光”命令，在弹出的对话框中设置参数。在菜单栏中选择“图像”|“调整”|“去色”命令，在弹出的对话框中设置参数。

重点提示 2 单击“图层”面板底部的“创建新的填充或调整图层”按钮，在弹出的菜单中选择“纯色”命令，在弹出的对话框中设置参数。将“颜色填充1”调整图层的混合模式设置为“排除”。再次选择“纯色”选项，在弹出的对话框中设置各项参数。将“颜色填充2”调整图层的混合模式设置为“颜色加深”。

重点提示 3 选择“颜色填充1”和“颜色填充2”调整图层，单击“图层”面板右边的三角，在弹出的菜单中选择“从图层新建组”命令，得到“组1”。把“组1”图层拖动到“背景副本”图层上方。

原始素材文件：
书中实例素材\第3章\实例30\调出清凉明快的艺术色调素材图.jpg

最终效果文件：
书中实例效果图\第3章\实例30\调出清凉明快的艺术色调.psd

视频教学文件：
书中实例视频\第3章\实例\3.30.flv

实例30

难易度 ★★★★★

调出清凉明快的艺术色调

例前导读

本例视频教程长度：3分52秒

- 使用调整图层调整图像色调。
- 使用“滤镜”命令结合图层混合模式制作古典效果。

1 打开随书所附光盘中的实例素材“调出清凉明快的艺术色调素材图.jpg”，如图3-702所示，将此图层拖曳至“图层”面板底部的“创建新图层”按钮上，得到“背景 副本”图层，如图3-703所示。

图3-702

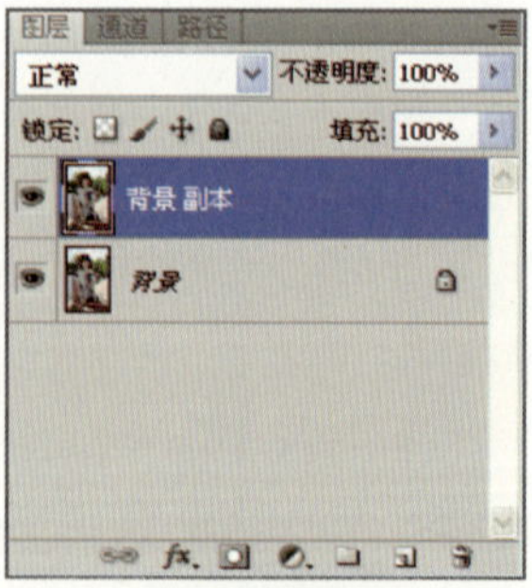

图3-703

2 单击“图层”面板底部的“创建新的填充或调整图层”按钮，在弹出的菜单中选择“曲线”选项，在弹出的面板中设置参数如图3-704所示，设置完毕后单击关闭按钮，效果如图3-705所示。

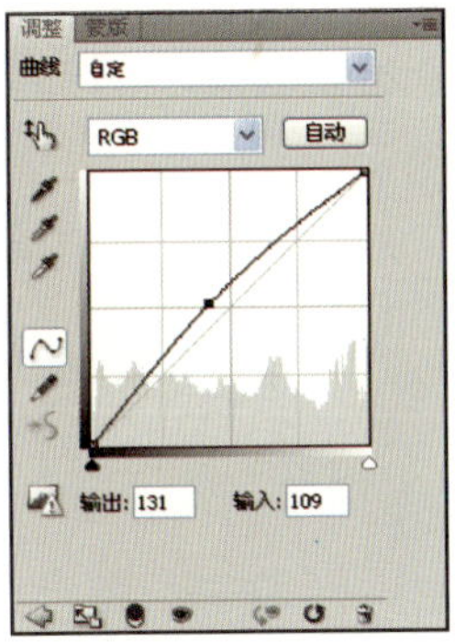

图3-704

图3-705

3 单击“图层”面板底部的“创建新的填充或调整图层”按钮，在弹出的菜单中选择“可选颜色”选项，在弹出的面板中设置参数如图3-706至图3-708所示，设置完毕后单击关闭按钮，效果如图3-709所示。

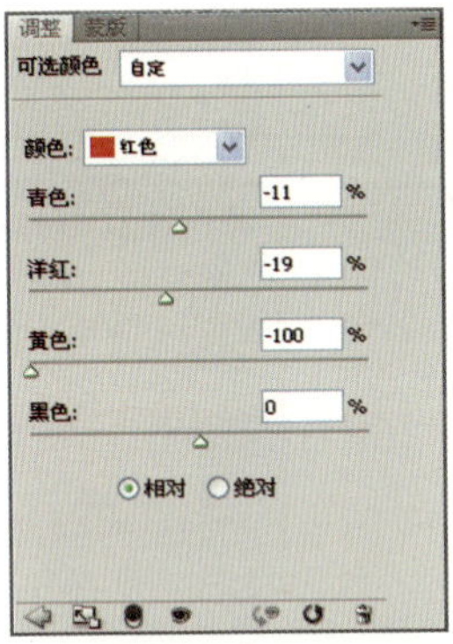

图3-706

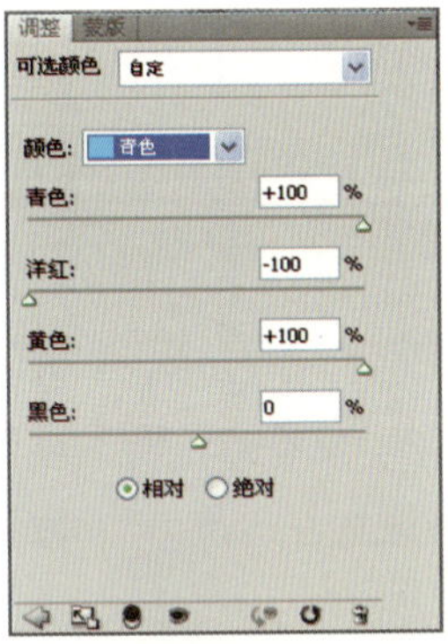

图3-707

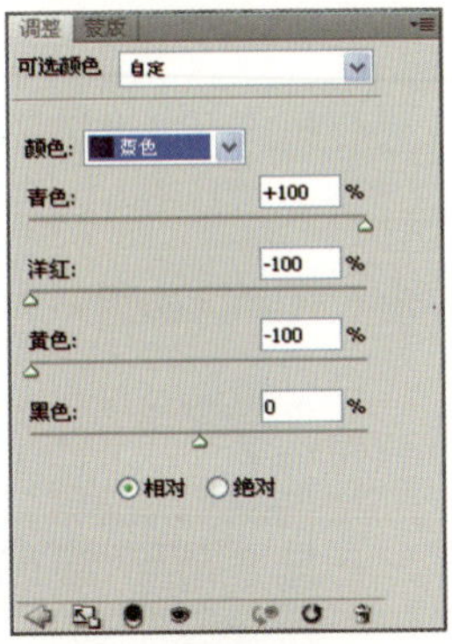

图3-708

图3-709

4 单击“图层”面板底部的“创建新的填充或调整图层”按钮，在弹出的菜单中选择“可选颜色”选项，在弹出的面板中设置参数如图3-710所示，设置完毕后单击关闭按钮。单击“选取颜色1”调整图层的蒙版缩览图，将前景色设置为黑色，选择“画笔工具”在人物背景副本上涂抹，“图层”面板如图3-711所示，效果如图3-712所示。

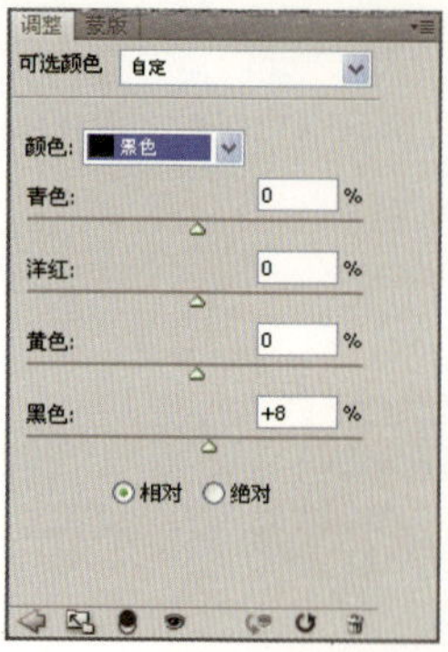

图3-710

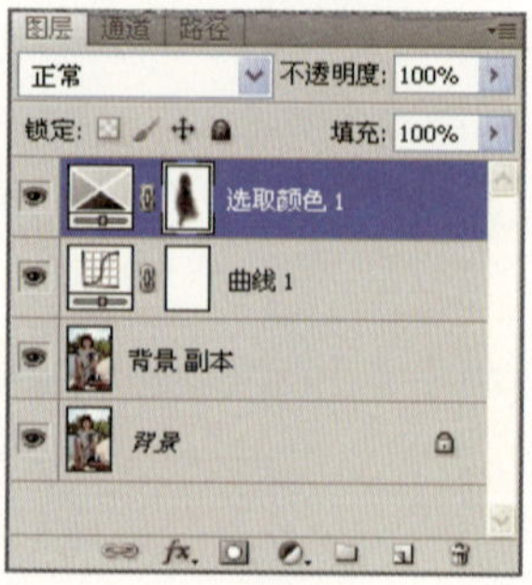

图3-711

图3-712

5 单击“图层”面板底部的“创建新的填充或调整图层”按钮，在弹出的菜单中选择“可选颜色”选项，在弹出的面板中设置参数如图3-713所示，设置完毕后单击关闭按钮，效果如图3-714所示。

6 单击“图层”面板底部的“创建新图层”按钮，得到“图层1”，如图3-715所示。

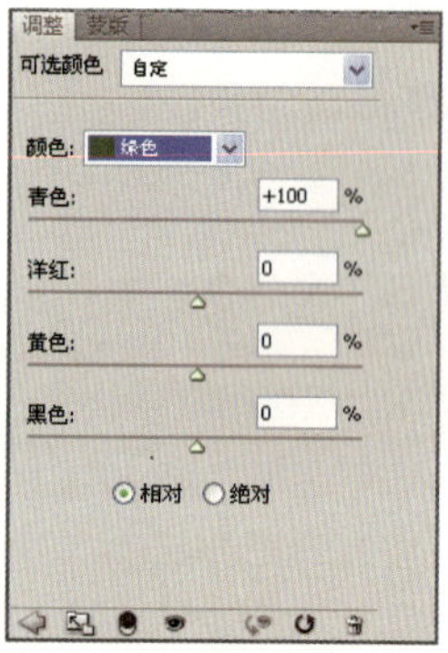

图3-713

图3-714

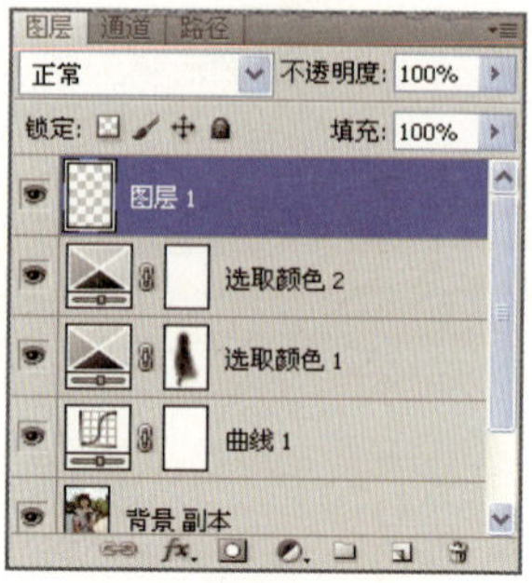

图3-715

7 单击工具箱底部的设置前景色色块，在弹出的“拾色器（前景色）”对话框中设置参数如图3-716所示。

8 按快捷键Alt+Delete填充前景色。选择“图层1”，将此图层的混合模式设置为“叠加”，如图3-717所示，效果如图3-718所示。

9 单击工具箱中的“横排文字工具”，在图像中输入文字，如图3-719所示。

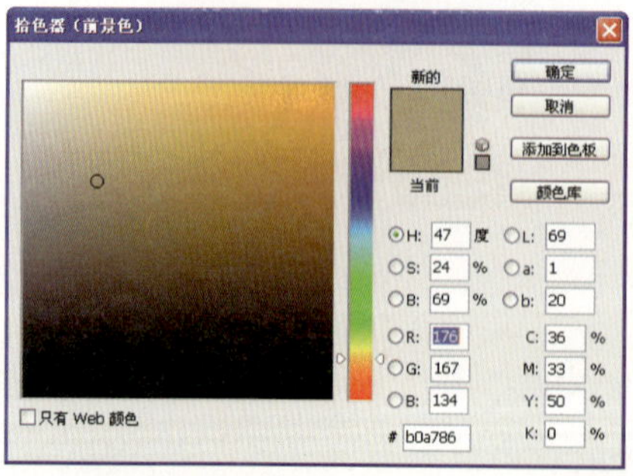

图3-716

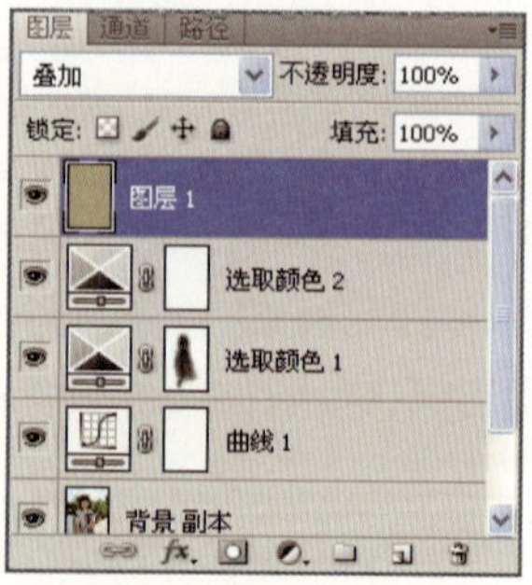

图3-717

图3-718

图3-719

扩展实例42

难易度 ★★★★★

- 原始素材文件：书中实例素材\第3章\扩展实例42\调出华丽中苍凉风格照片素材图.jpg
- 最终效果文件：书中实例效果图\第3章\扩展实例42\调出华丽中苍凉风格照片.psd
- 视频教学文件：书中实例视频\第3章\扩展实例\3.42.flv

调出华丽中苍凉风格照片

重点提示 1 打开随书所附光盘中的扩展实例素材“调出华丽中苍凉风格照片素材图.jpg”，将此图层拖曳至“图层”面板底部的“创建新图层”按钮上，得到“背景 副本”图层。单击“图层”面板底部的“创建新的填充或调整图层”按钮，在弹出的菜单中选择“色彩平衡”选项，在弹出的面板中设置各项参数。

重点提示 2 单击“图层”面板底部的“创建新图层”按钮，得到“图层1”。将前景色设置为R4、G14、B53，为“图层1”填充前景色。将“图层1”的混合模式设置为“差值”。

重点提示 3 单击“图层”面板底部的“创建新的填充或调整图层”按钮，在弹出的菜单中选择“色阶”选项，在弹出的面板中设置参数，设置完毕后单击关闭按钮。

原始素材文件：
书中实例素材\第3章\实例31\调出超酷的暗色调素材图.jpg

最终效果文件：
书中实例效果图\第3章\实例31\调出超酷的暗色调.psd

视频教学文件：
书中实例视频\第3章\实例\4.31.flv

实例31

难易度 ★★★★★

调出超酷的暗色调

例前导读

本例视频教程长度：5分46秒

- 使用调整图层调整图像色调。
- 使用“滤镜”命令结合图层混合模式制作暗色调效果。

1 打开随书所附光盘中的实例素材“调出超酷的暗色调素材图.jpg”，如图3-720所示，将此图层拖曳至“图层”面板底部的“创建新图层”按钮上，得到“背景副本”图层，如图3-721所示。

2 按快捷键Ctrl+Alt+Shift+2调出图像中的高光区域，如图3-722所示。

图3-720

图3-721

图3-722

3 单击“图层”面板底部的“创建新的填充或调整图层”按钮，在弹出的菜单中选择“曲线”选项，在弹出的面板中设置参数如图3-723所示，设置完毕后单击关闭按钮，效果如图3−724所示。

4 单击“图层”面板底部的“创建新图层”按钮，得到“图层1”，如图3−725所示。

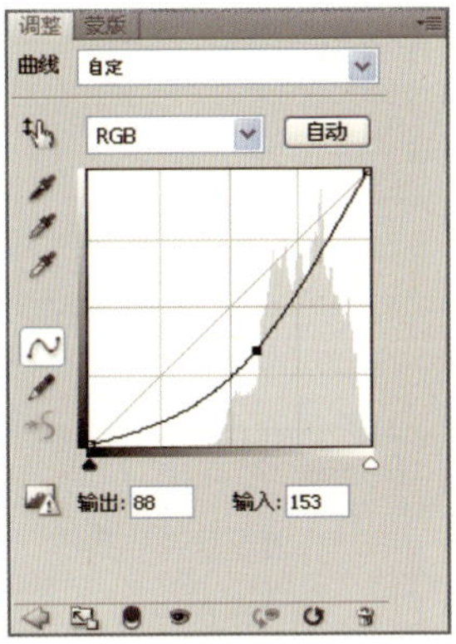

图3−723

图3−724

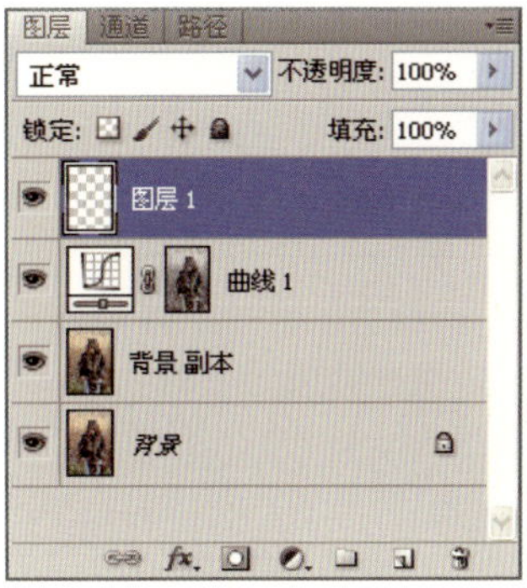

图3−725

5 在菜单栏中选择“编辑”|“填充”命令，在弹出的对话框中设置“使用”为“50%灰色”，如图3−726所示，设置完毕后单击“确定”按钮。

6 选择“图层1”，将此图层的混合模式设置为“正片叠底”。隐藏“图层1”，按快捷键Ctrl+Alt+Shift+2调出图像中的高光区域，按快捷键Shift+Ctrl+I反选选区。显示并选择“图层1”，单击“图层”面板底部的“添加图层蒙版”按钮，为其添加图层蒙版，如图3−727所示，效果如图3−728所示。

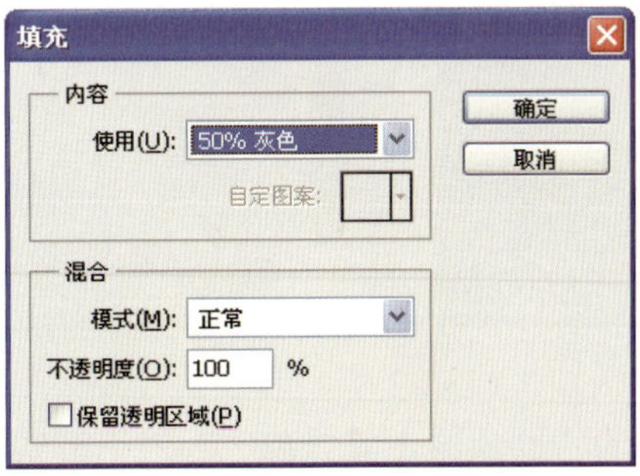

图3−726

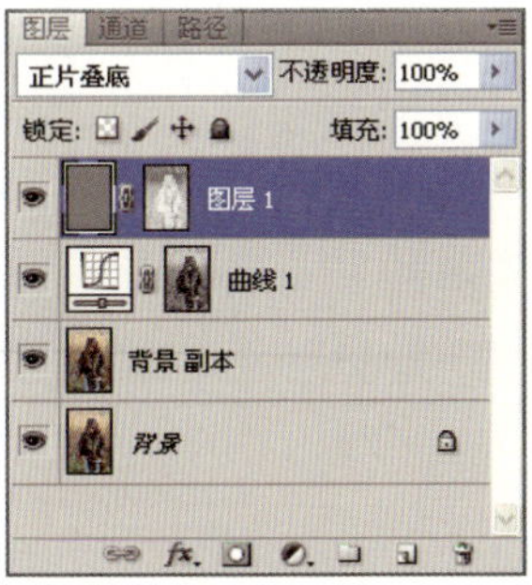

图3−727

图3−728

7 单击“图层”面板底部的“创建新的填充或调整图层”按钮，在弹出的菜单中选择“色相/饱和度”选项，在弹出的对话框中设置参数如图3−729至图3−734所示，调整完毕后单击关闭按钮，效果如图3−735所示。

8 按快捷键Ctrl+Alt+Shift+E盖印所有可见图层，得到“图层2”。将“图层2”的混合模式设置为“正片叠底”，“不透明度”设置为“35%”，如图3−736所示，效果如图3−737所示。

9 单击“图层”面板底部的“创建新图层”按钮，得到“图层3”，如图3−738所示。

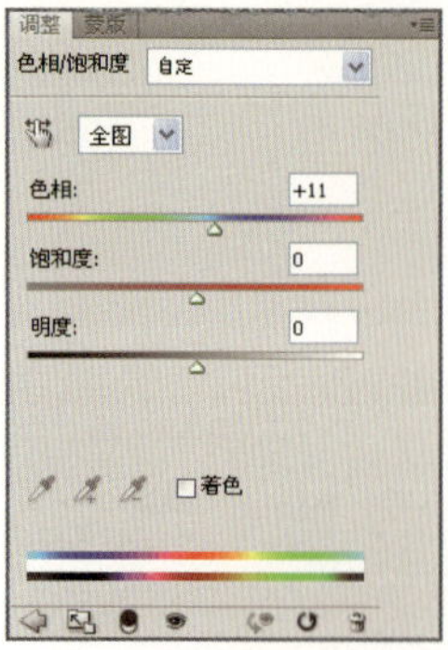

图3-729

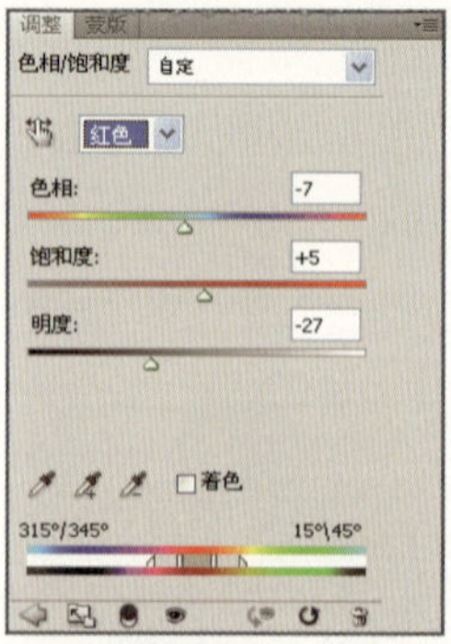

图3-730

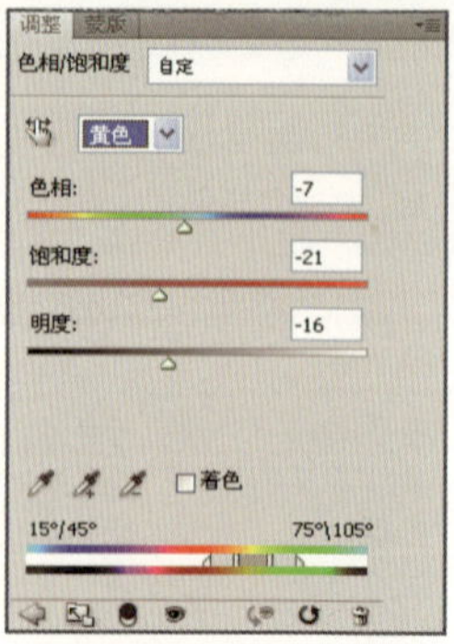

图3-731

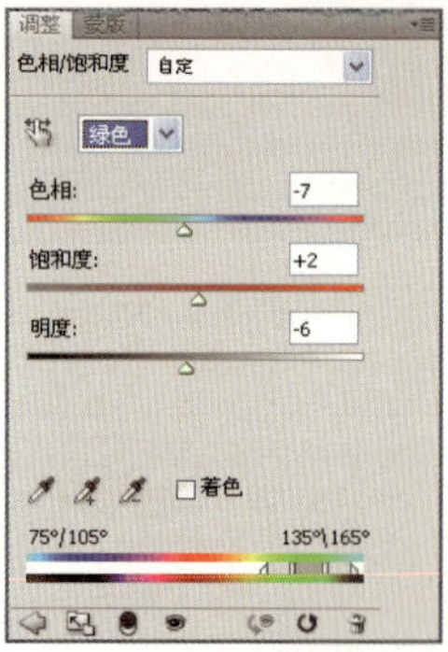

图3-732

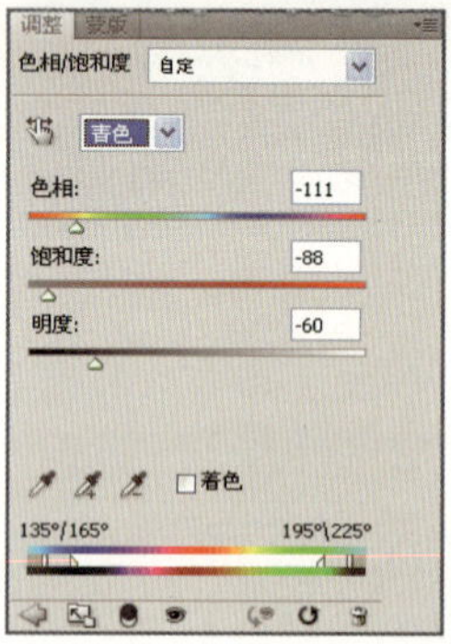

图3-733

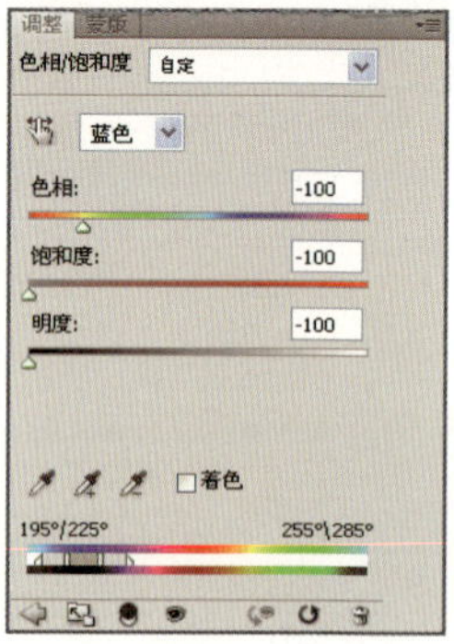

图3-734

图3-735

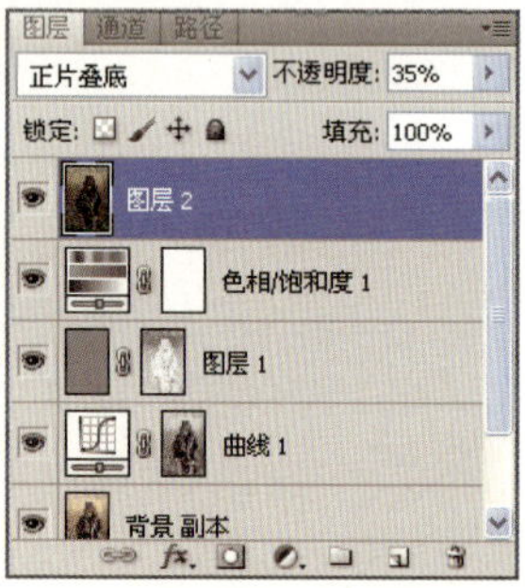

图3-736

图3-737

图3-738

10 单击工具箱底部的设置前景色色块，在弹出的“拾色器（前景色）”对话框中设置参数如图3-739所示。设置完毕后单击“确定”按钮，按快捷键Alt+Delete填充前景色。

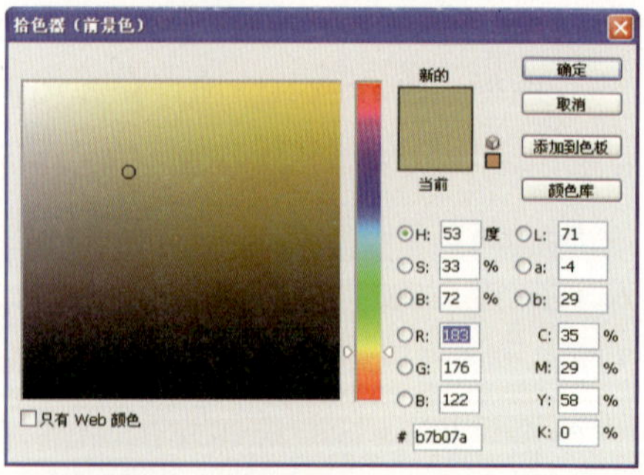

图3-739

11 选择“图层3”，将此图层的混合模式设置为“叠加”，如图3-740所示，效果如图3-741所示。

12 按快捷键Ctrl+Alt+Shift+E盖印所有可见图层，得到“图层4”，如图3-742所示。

图3-740

图3-741

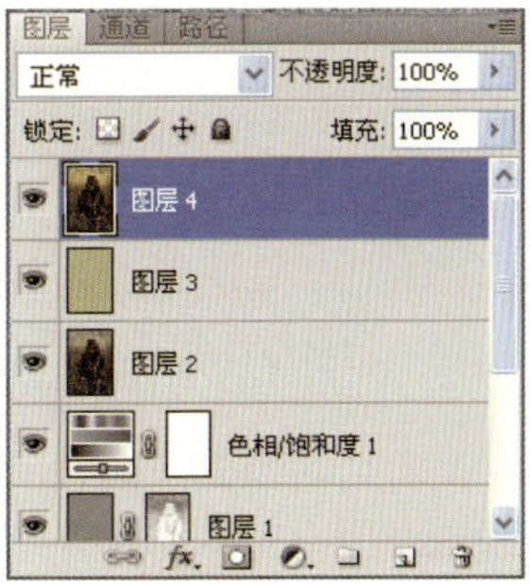

图3-742

13 在菜单栏中选择"滤镜"|"渲染"|"光照效果"命令，在弹出的对话框中设置参数如图3-743所示。设置完毕后单击"确定"按钮，最终效果如图3-744所示。

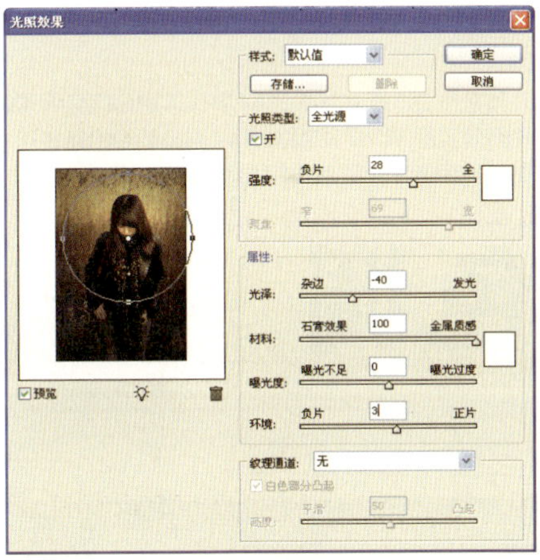

图3-743

图3-744

扩展实例43

难易度 ★★★★★

- 原始素材文件：书中实例素材\第3章\扩展实例43\调出孤寂的暗色调素材图.jpg
- 最终效果文件：书中实例效果图\第3章\扩展实例43\调出孤寂的暗色调.psd
- 视频教学文件：书中实例视频\第3章\扩展实例\3.43.flv

调出孤寂的暗色调

重点提示 1 打开随书所附光盘中的扩展实例素材“调出孤寂的暗色调素材图.jpg”，将此图层拖曳至“图层”面板底部的“创建新图层”按钮上，得到“背景 副本”图层。单击“图层”面板底部的“创建新的填充或调整图层”按钮，在弹出的菜单中选择“亮度/对比度”选项，在弹出的面板中设置各项参数。

重点提示 2 单击“图层”面板底部的“创建新的填充或调整图层”按钮，在弹出的菜单中选择“色相/饱和度”选项，在弹出的面板中设置各项参数。单击“图层”面板底部的“创建新的填充或调整图层”按钮，在弹出的菜单中选择“照片滤镜”选项，在弹出的面板中设置各项参数。

重点提示 3 单击“图层”面板底部的“创建新的填充或调整图层”按钮，在弹出的菜单中选择“色相/饱和度”选项，在弹出的面板中设置各项参数。单击工具箱中的“横排文字工具”，为图像输入文字。

扩展实例44

难易度 ★★★★★

- 原始素材文件：书中实例素材\第3章\扩展实例44\调出沉稳的暗色调素材图.jpg
- 最终效果文件：书中实例效果图\第3章\扩展实例44\调出沉稳的暗色调.psd
- 视频教学文件：书中实例视频\第3章\扩展实例\3.44.flv

调出沉稳的暗色调

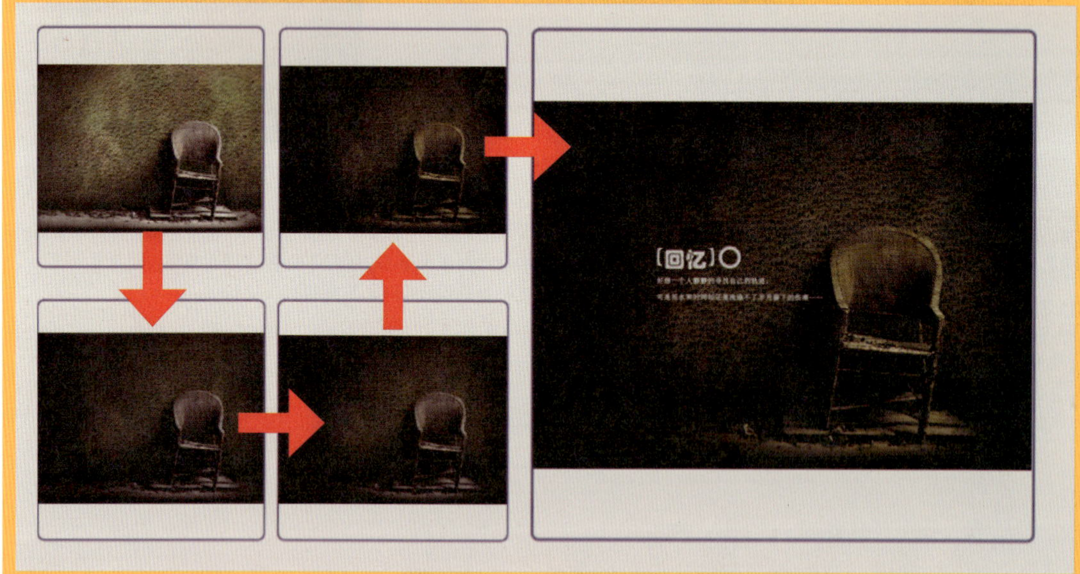

重点提示 1 打开随书所附光盘中的扩展实例素材“调出沉稳的暗色调素材图.jpg”，将此图层拖曳至“图层”面板底部的“创建新图层”按钮上，得到“背景 副本”图层。单击“图层”面板底部的“创建新的填充或调整图层”按钮，在弹出的菜单中选择“亮度/对比度”选项，在弹出的面板中设置参数。

重点提示 2 单击“图层”面板底部的“创建新的填充或调整图层”按钮，在弹出的菜单中选择“色相/饱和度”选项，在弹出的面板中设置参数。将前景色设置为黑色，选择“画笔工具”在图像主体处涂抹。

重点提示 3 单击“图层”面板底部的“创建新的填充或调整图层”按钮，在弹出的菜单中选择“照片滤镜”选项，在弹出的面板中的“滤镜”下拉列表中选择“加温滤镜（85）”，“浓度”设置为“90%”。单击“图层”面板底部的“创建新的填充或调整图层”按钮，在弹出的菜单中选择“色阶”选项，在弹出的面板中设置参数。单击工具箱中的“横排文字工具”T，为图像输入文字。

原始素材文件：
书中实例素材\第3章\实例32\调出人物照片的清凉色调素材图.jpg

最终效果文件：
书中实例效果图\第3章\实例32\调出人物照片的清凉色调.psd

视频教学文件：
书中实例视频\第3章\实例\3.32.flv

实例32

难易度 ★★★★★

调出人物照片的清凉色调

例前导读

本例视频教程长度：3分59秒

- 使用调整图层调整图像色调。
- 使用“USM锐化”滤镜清晰图像。

1 打开随书所附光盘中的实例素材“调出人物照片的清凉色调素材图.jpg”，如图3-745所示，将此图层拖曳至“图层”面板底部的“创建新图层”按钮上，得到“背景 副本”图层，如图3-746所示。

图3-745

图3-746

2 单击“图层”面板底部的“创建新的填充或调整图层”按钮，在弹出的菜单中选择“曲线”选项，在弹出的面板中设置参数如图3-747所示，设置完毕后单击关闭按钮，效果如图3-748所示。

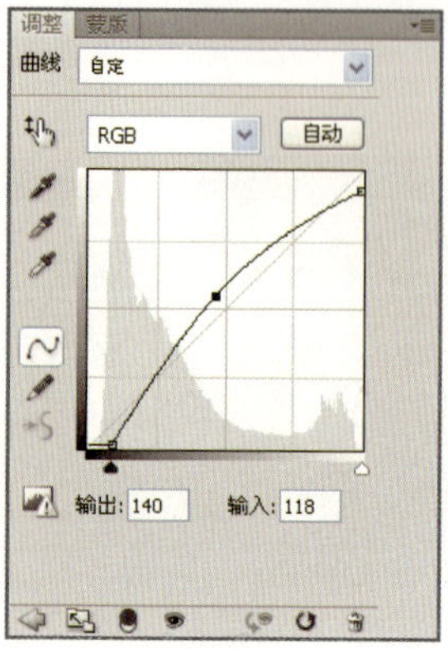

图3-747

图3-748

3 单击“图层”面板底部的“创建新的填充或调整图层”按钮，在弹出的菜单中选择“通道混合器”选项，在弹出的面板中设置参数如图3-749至图3-751所示，设置完毕后单击关闭按钮，效果如图3-752所示。

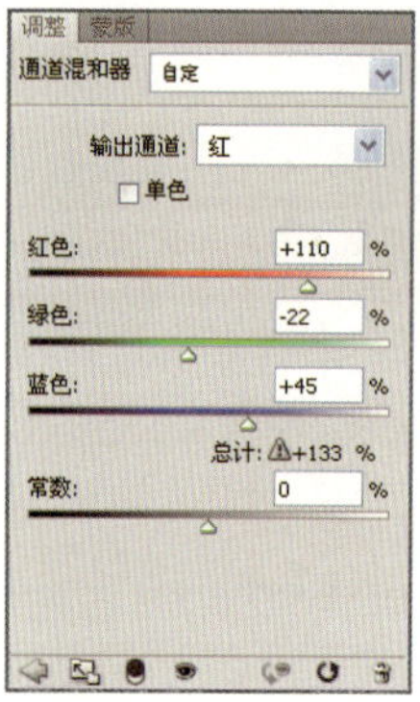

图3-749

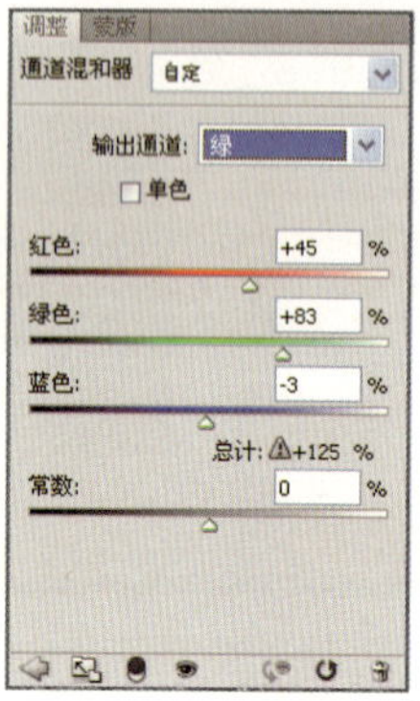

图3-750

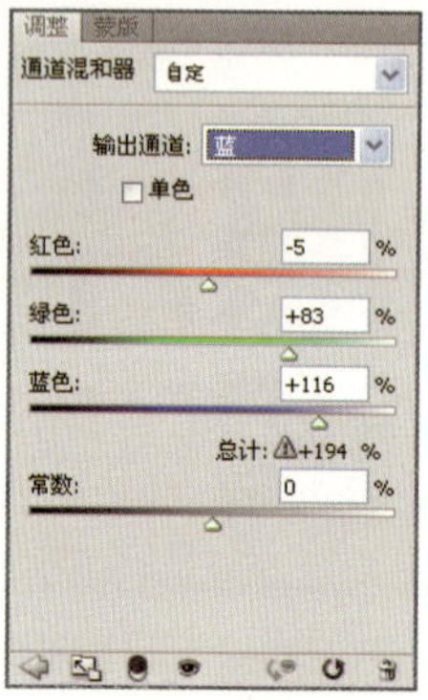

图3-751

图3-752

4 单击“通道混合器1”调整图层的蒙版缩览图，选择“画笔工具”在人物面部涂抹。“图层”面板如图3-753所示。效果如图3-754所示。

5 按快捷键Ctrl+Alt+Shit+E盖印所有可见图层，得到“图层1”，如图3-755所示。

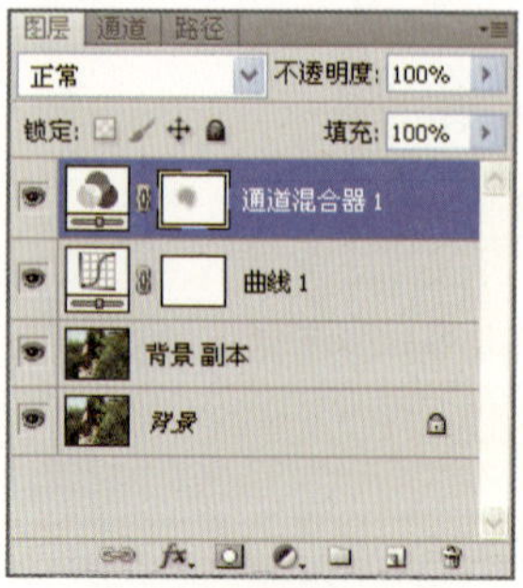

图3-753

图3-754

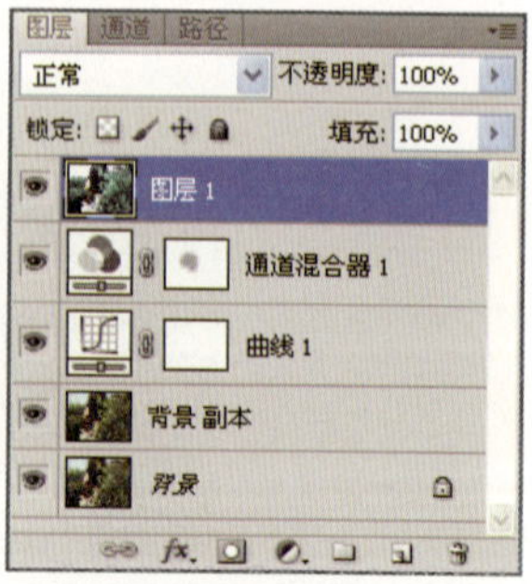

图3-755

6 在菜单栏中选择“滤镜”|“锐化”|“USM锐化”命令，在弹出的对话框中设置参数如图3-756所示。设置完毕后单击“确定”按钮，效果如图3-757所示。

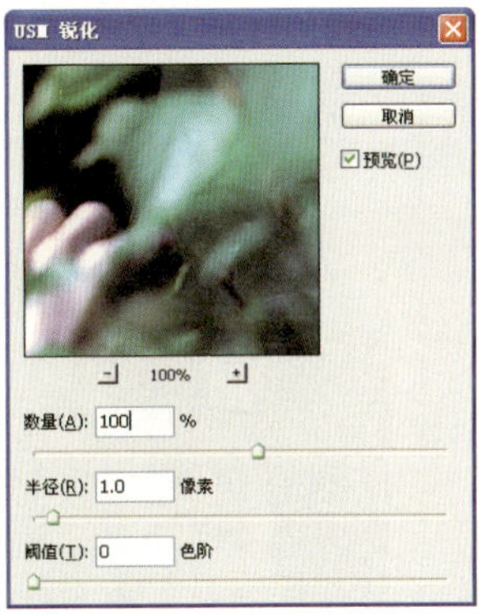

图3-756

图3-757

7 单击“图层”面板底部的“创建新的填充或调整图层”按钮，在弹出的菜单中选择“色彩平衡”选项，在弹出的面板中设置参数如图3-758所示。设置完毕后单击关闭按钮，效果如图3-759所示。

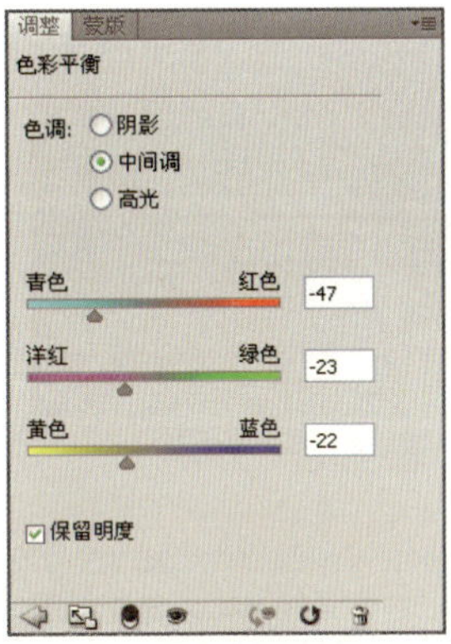

图3-758

图3-759

8 单击“图层”面板底部的“创建新的填充或调整图层”按钮，在弹出的菜单中选择“色相/饱和度”选项，在弹出的面板中设置参数如图3-760所示，设置完毕后单击关闭按钮，效果如图3-761所示。

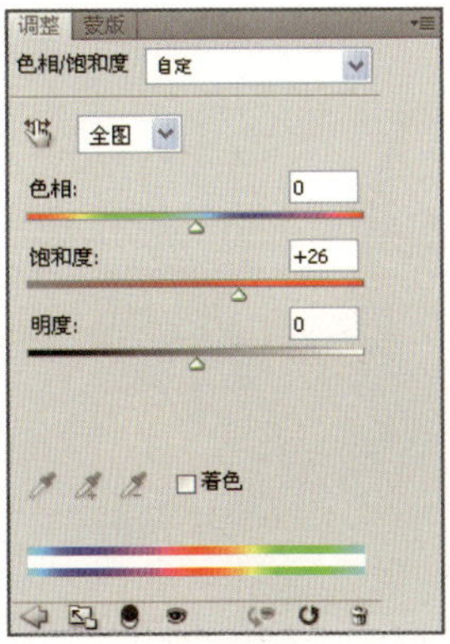

图3-760

图3-761

9 单击“图层”面板底部的“创建新的填充或调整图层”按钮，在弹出的菜单中选择“可选颜色”选项，在弹出的面板中设置参数如图3-762至图3-764所示，设置完毕后单击关闭按钮，效果如图3-765所示。

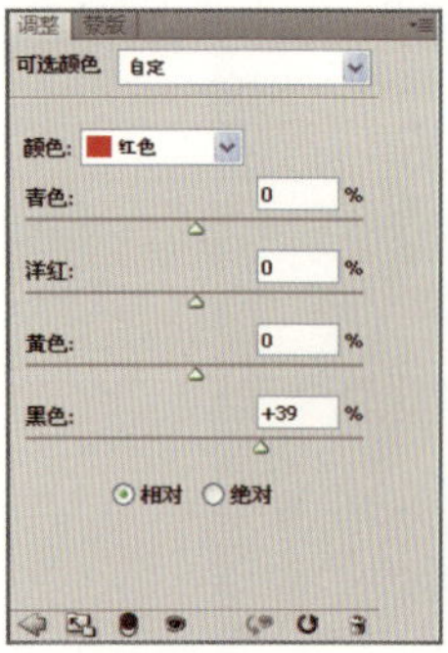

图3-762

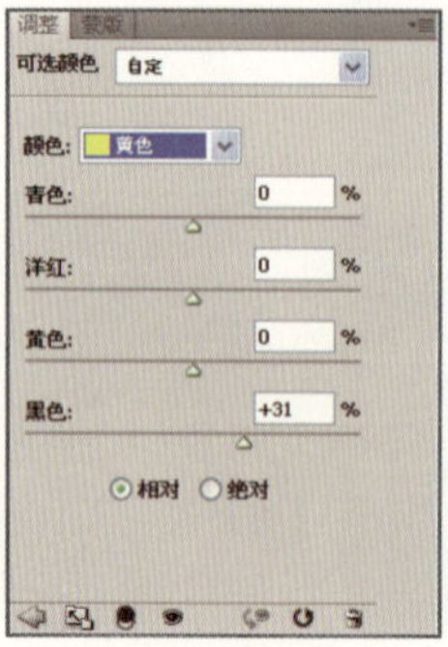

图3-763

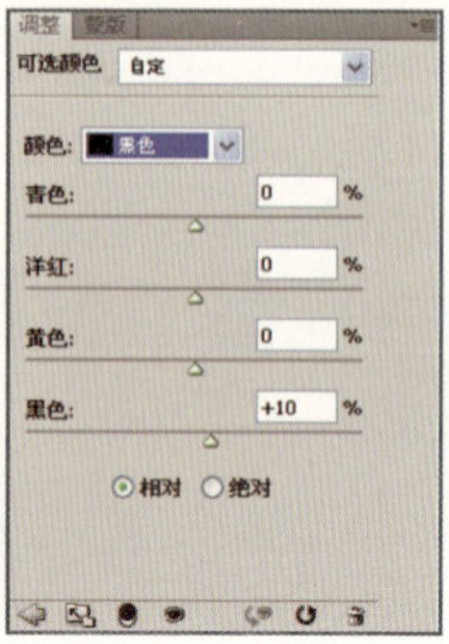

图3-764

图3-765

10 按快捷键Ctrl+Alt+Shift+E盖印所有可见图层，得到“图层2”，并将此图层的混合模式设置为“柔光”，如图3-766所示。最终效果如图3-767所示。

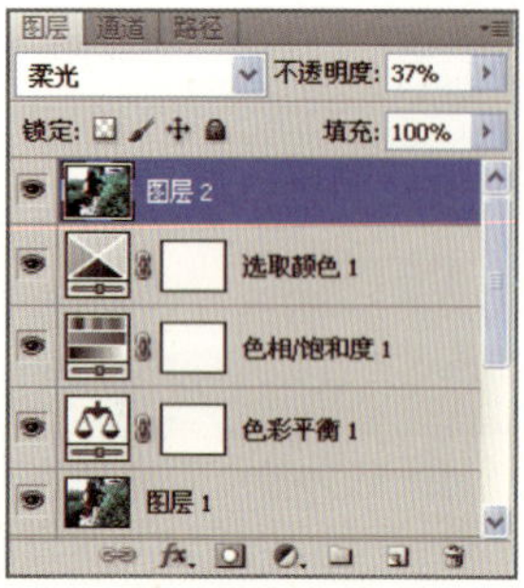

图3-766

图3-767

扩展实例45

难易度 ★★★★★

- 原始素材文件：书中实例素材\第3章\扩展实例45\调出清凉照片效果素材图.jpg
- 最终效果文件：书中实例效果图\第3章\扩展实例45\调出清凉照片效果.psd
- 视频教学文件：书中实例视频\第3章\扩展实例\3.45.flv

调出清亮照片效果

重点提示 1 打开随书所附光盘中的扩展实例素材“调出清凉照片效果素材图.jpg”，将此图层拖曳至“图层”面板底部的“创建新图层”按钮上，得到“背景 副本”图层。单击“图层”面板底部的“创建新的填充或调整图层”按钮，在弹出的菜单中选择“曲线”选项，在弹出的面板中设置参数。

重点提示 2 按快捷键Ctrl+Alt+Shift+E盖印所有可见图层，得到“图层1”。在菜单栏中选择“滤镜”|“锐化”|“USM锐化”命令，在弹出的对话框中设置参数。单击“图层”面板底部的“创建新的填充或调整图层”按钮，在弹出的菜单中选择“色彩平衡”选项，在弹出的面板中设置参数。

重点提示 3 单击“图层”面板底部的“创建新的填充或调整图层”按钮，在弹出的菜单中选择“可选颜色”选项，在弹出的面板中设置各项参数。按快捷键Ctrl+Alt+Shift+E盖印所有可见图层，得到“图层2”。单击工具箱中的“模糊工具”，将笔刷“不透明度”设置为“50%”，在人物皮肤处涂抹。

原始素材文件：
书中实例素材\第3章\实例33\调出人物照片的柔美色调素材图.jpg

最终效果文件：
书中实例效果图\第3章\实例33\调出人物照片的柔美色调.psd

视频教学文件：
书中实例视频\第3章\实例\3.33.flv

实例33

难易度 ★★★★★

调出人物照片的柔美色调

例前导读

本例视频教程长度：3分35秒

- 使用调整图层调整图像色调。
- 使用“滤镜”命令结合图层混合模式制作柔美效果。

1 打开随书所附光盘中的实例素材“调出人物照片的柔美色调素材图.jpg”，如图3-768所示，将此图层拖曳至“图层”面板底部的“创建新图层”按钮上，得到“背景 副本”图层，如图3-769所示。

图3-768

图3-769

2 切换至“通道”面板，按住Ctrl键单击“红”通道，调出选区。单击“图层”面板底部的“创建新的填充或调整图层”按钮，在弹出的菜单中选择“色阶”选项，在弹出的面板中设置参数如图3-770所示，设置完毕后单击关闭按钮，效果如图3-771所示。

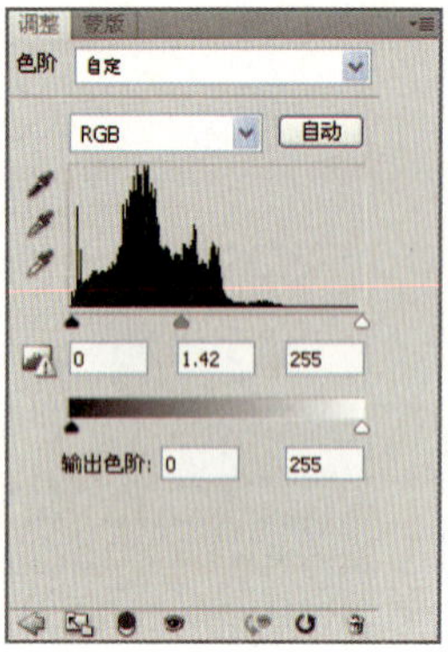

图3-770

图3-771

3 单击“图层”面板底部的“创建新的填充或调整图层”按钮，在弹出的菜单中选择“色阶”选项，在弹出的面板中设置参数如图3-772所示，设置完毕后单击关闭按钮，效果如图3-773所示。

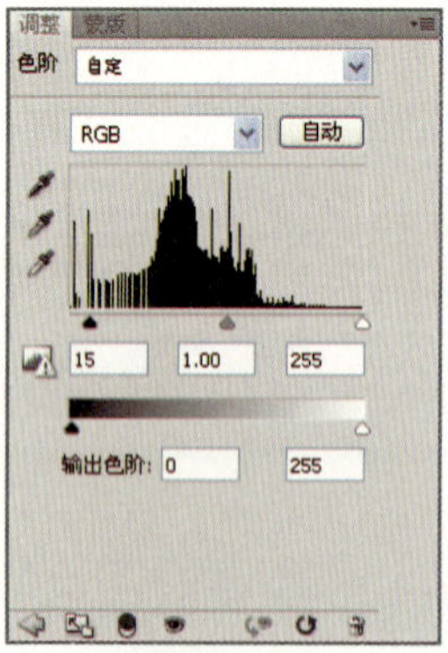

图3-772

图3-773

4 单击“图层”面板底部的“创建新的填充或调整图层”按钮，在弹出的菜单中选择“色彩平衡”选项，在弹出的面板中设置参数如图3-774所示，设置完毕后单击关闭按钮，效果如图3-775所示。

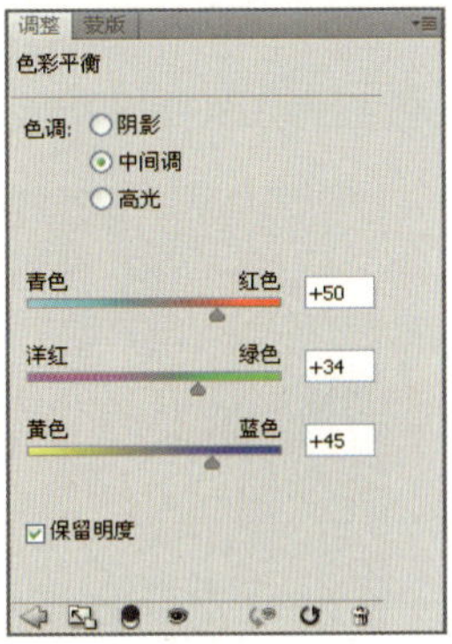

图3-774

图3-775

5 单击“图层”面板底部的“创建新的填充或调整图层”按钮，在弹出的菜单中选择“色相/饱和度”选项，在弹出的面板中设置参数如图3-776所示，设置完毕后单击关闭按钮，效果如图3-777所示。

6 单击“图层”面板底部的“创建新的填充或调整图层”按钮，在弹出的菜单中选择“渐变”选项，在弹出的对话框中设置渐变颜色从左至右为R255、H0、B25，R0、G96、B27，如图3-778所示，设置完毕后单击“确定”按钮。

图3-776

图3-777

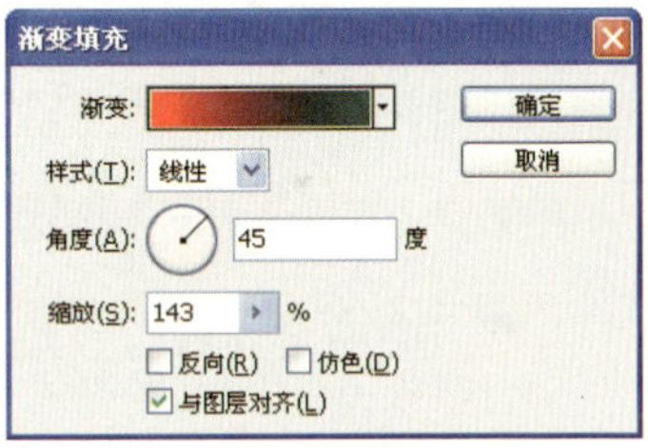

图3-778

7 选择“渐变填充1”调整图层，将此图层的混合模式设置为“柔光”，“不透明度”设置为“54%”，如图3-779所示，效果如图3-780所示。

8 按快捷键Ctrl+Alt+Shift+E盖印所有可见图层，得到“图层1”，如图3-781所示。

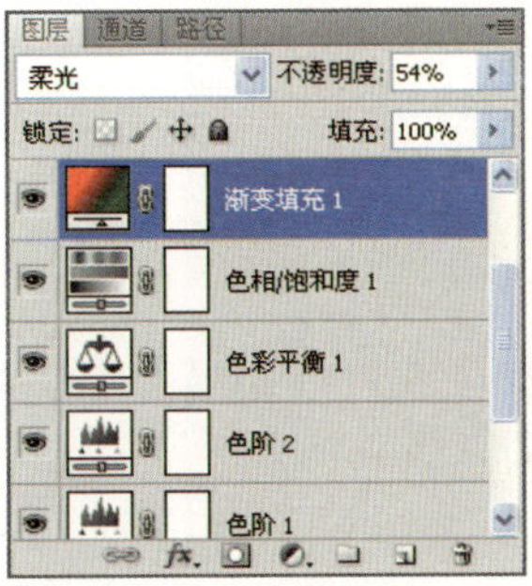

图3-779

图3-780

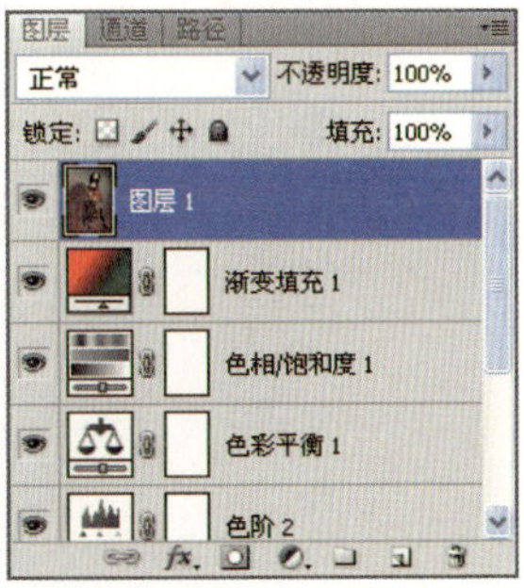

图3-781

9 在菜单栏中选择“滤镜”|“模糊”|“高斯模糊”命令，在弹出的对话框中设置参数如图3-782所示，设置完毕后单击“确定”按钮，效果如图3-783所示。

图3-782

图3-783

10 选择“图层1”，将此图层的混合模式设置为“叠加”，“不透明度”设置为“53%”，如图3-784所示，效果如图3-785所示。

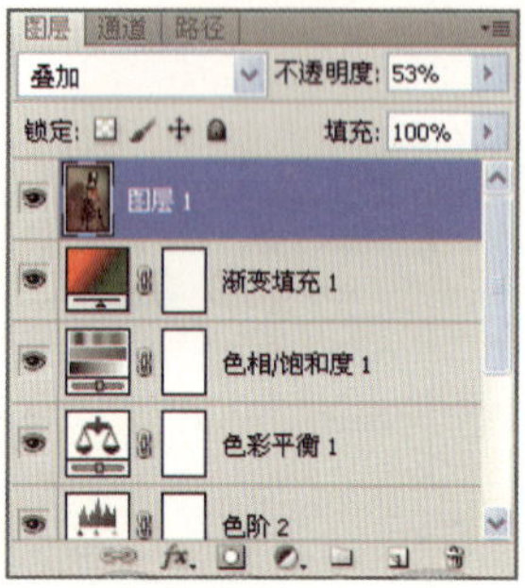

图3-784

图3-785

11 选择“图层1”，将其拖曳至“图层”面板底部的“创建新图层”按钮上，得到“图层1 副本”图层，将此图层的混合模式设置为“柔光”，“不透明度”设置为“83%”，如图3-786所示，效果如图3-787所示。

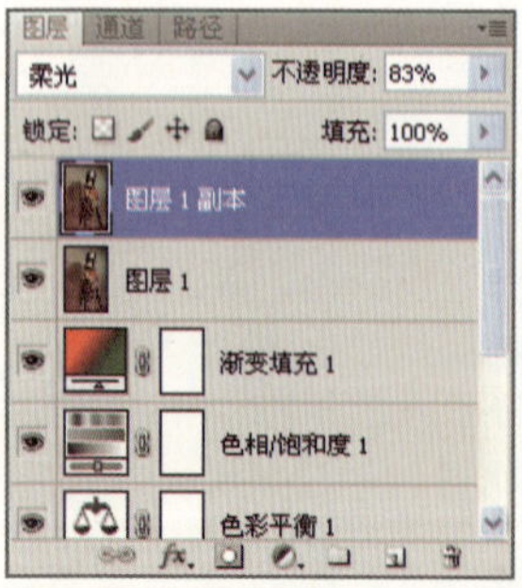

图3-786

图3-787

第4章

数码照片的艺术加工

原始素材文件：
书中实例素材\第4章\实例1\制作壁纸效果素材图.jpg

最终效果文件：
书中实例效果图\第4章\实例1\制作壁纸效果.psd

视频教学文件：
书中实例视频\第4章\实例\4.1.flv

实例1

难易度 ★★★★★

制作壁纸效果

例前导读

本例视频教程长度：4分48秒

- 使用“色彩平衡”调整图层对图像进行色彩调整。
- 使用“自定形状工具”绘制装饰图形。
- 使用“滤镜”命令进行纹理化处理，得到壁纸效果。

1 打开随书所附光盘中的实例素材“制作壁纸效果素材图.jpg”，如图4-1所示，将此图层拖曳至“图层”面板底部的“创建新图层”按钮上，得到“背景 副本”图层，如图4-2所示。

图4-1

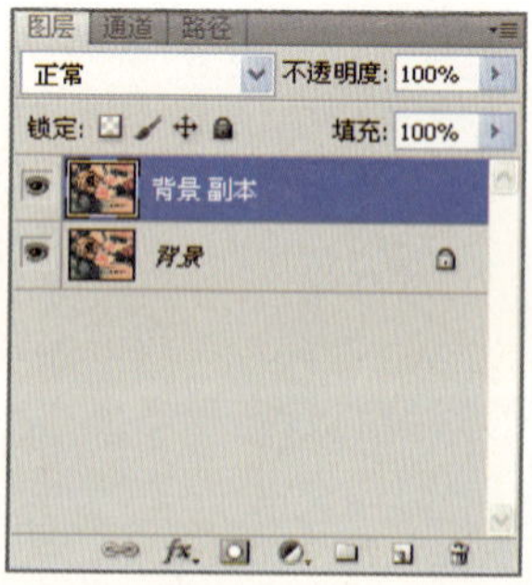

图4-2

2 单击“图层”面板底部的“创建新的填充或调整图层”按钮，在弹出的菜单中选择“色彩平衡”选项，在弹出的面板中设置参数如图4-3至图4-5所示。设置完毕后单击关闭按钮，效果如图4-6所示。

3 单击工具箱底部的设置前景色色块，在弹出的“拾色器（前景色）”对话框中设置参数如图4-7所示，设置完毕后单击“确定”按钮。

4 单击“图层”面板底部的“创建新图层”按钮，得到“图层1”，将此图层的混合模式设置为“颜色减淡”，如图4-8所示。

5 单击工具箱中的“自定形状工具”，在其工具选项栏中单击“形状扩展”按钮，在弹出的形状列表中单击“窄边圆形边框”，如图4-9所示。单击工具选项栏中的“填充像素”按钮，在图像中绘制圆形，并将“图层1” 的混合模式设置为“颜色减淡”，效果如图4-10所示。

6 单击“图层”面板底部的“创建新图层”按钮，得到“图层2”，如图4-11所示。

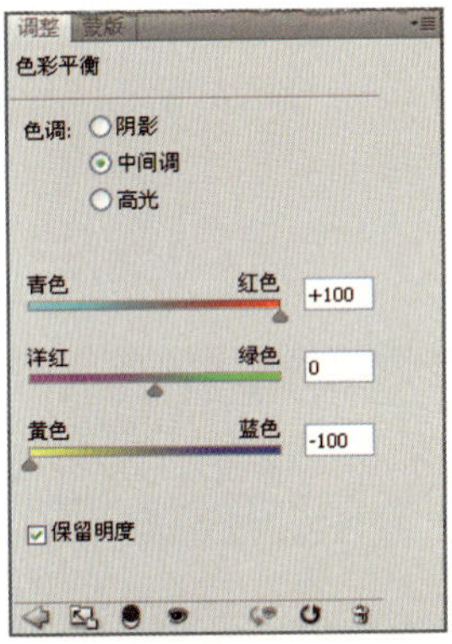

图4-3

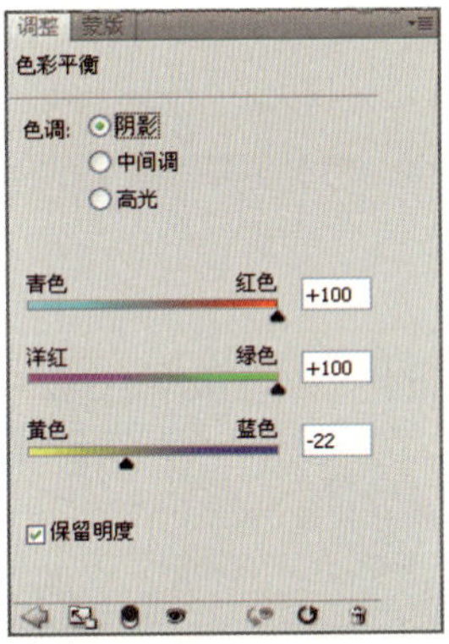

图4-4

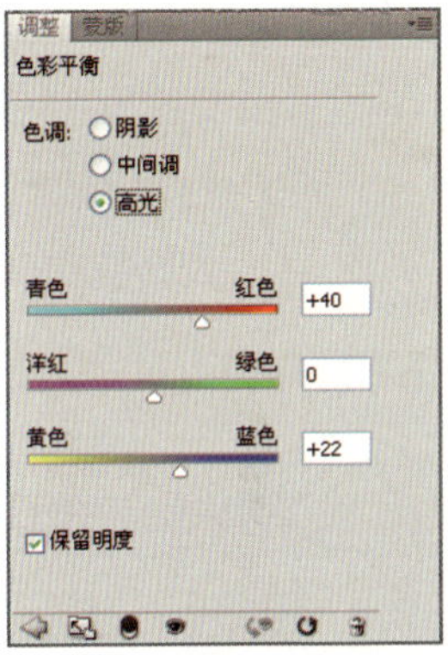

图4-5

图4-6

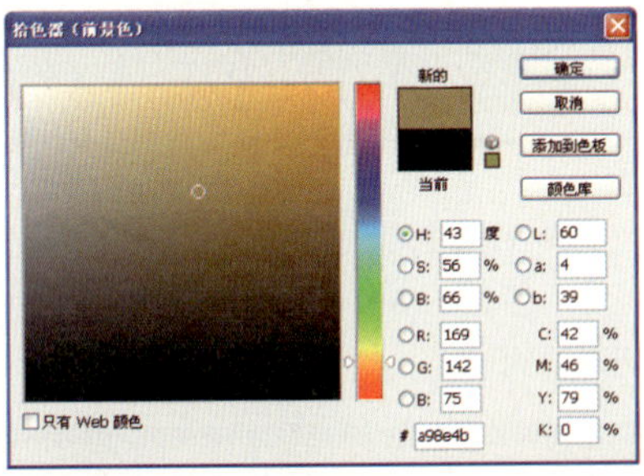

图4-7

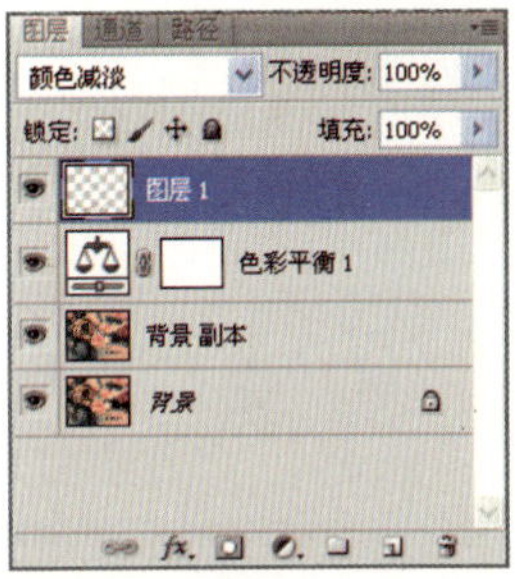

图4-8

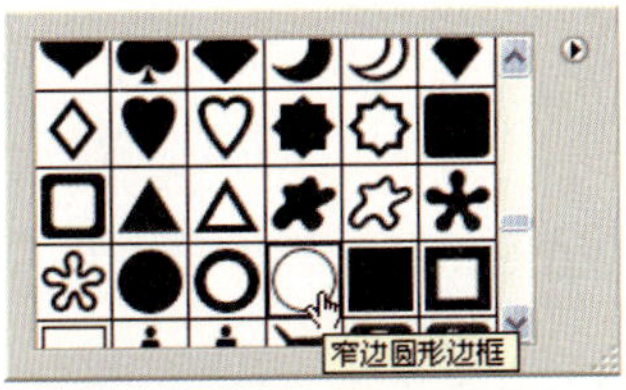

图4-9

图4-10

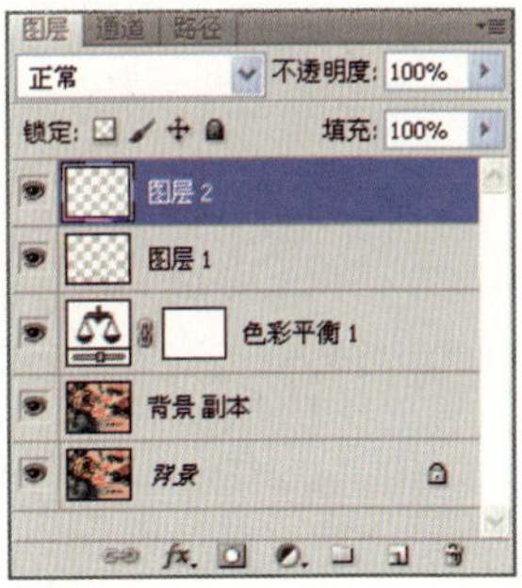

图4-11

7 单击工具箱中的“钢笔工具”，在图像中绘制路径如图4-12所示。

8 切换至“路径”面板，单击面板底部的“用画笔描边路径”按钮，效果如图4-13所示。

图4-12

图4-13

9 单击“图层”面板底部的“创建新图层”按钮，得到“图层3”，将此图层的混合模式设置为“颜色减淡”，如图4-14所示。在画面中绘制图像如图4-15所示。

10 按快捷键Ctrl+Alt+Shift+E盖印所有可见图层，得到“图层4”，如图4-16所示。

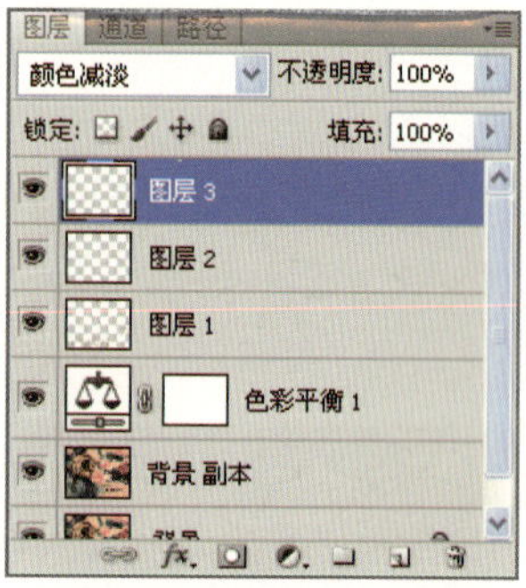

图4-14

图4-15

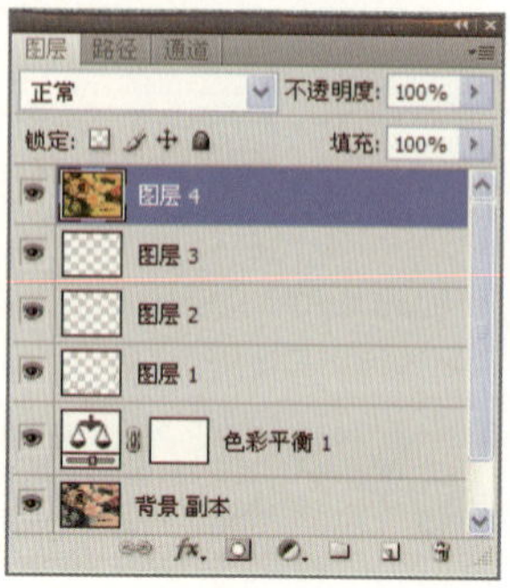

图4-16

11 在菜单栏中选择“滤镜”|“纹理”|“纹理化”命令，在弹出的对话框中设置参数如图4-17所示，设置完毕后单击“确定”按钮，效果如图4-18所示。

图4-17

图4-18

12 再次在菜单栏中选择“滤镜”|“纹理”|“纹理化”命令，在弹出的对话框中设置参数如图4-19所示，设置完毕后单击“确定”按钮，最终效果如图4-20所示。

图4-19

图4-20

扩展实例1

难易度 ★★★★★

- 原始素材文件：书中实例素材\第4章\扩展实例1\制作海边风景壁纸效果素材图.jpg
- 最终效果文件：书中实例效果图\第4章\扩展实例1\制作海边风景壁纸效果.psd
- 视频教学文件：书中实例视频\第4章\扩展实例\4.1.flv

制作海边风景壁纸效果

重点提示 1 打开随书所附光盘中的扩展实例素材“制作海边风景壁纸效果素材图.jpg”，将此图层拖曳至“图层”面板底部的“创建新图层”按钮上，得到“背景 副本”图层。单击“图层”面板底部的“创建新的填充或调整图层”按钮，在弹出的菜单中选择“色彩平衡”选项，在弹出的面板中设置参数。

重点提示 2 按快捷键Ctrl+Alt+Shift+E盖印所有可见图层，得到“图层1”。在菜单栏中选择“滤镜”|“纹理”|“纹理化”命令，在弹出的对话框中设置参数。

重点提示 3 在菜单栏中选择“滤镜”|“纹理”|“龟裂缝”命令，在弹出的对话框中设置参数。

原始素材文件：
书中实例素材\第4章\实例2\为数码照片添加边框素材图.jpg

最终效果文件：
书中实例效果图\第4章\实例2\为数码照片添加边框.psd

视频教学文件：
书中实例视频\第4章\实例\4.2.flv

实例2

难易度 ★★★★★

为数码照片添加边框

例前导读

本例视频教程长度：5分15秒

- 使用“矩形选框工具”在图像中绘制选区。
- 使用“高斯模糊”滤镜制作图像模糊效果。
- 使用“彩色半调”滤镜制作图像边框。
- 使用“强化的边缘”滤镜制作图像效果。

1 打开随书所附光盘中的实例素材“为数码照片添加边框素材图.jpg”，如图4-21所示，将此图层拖曳至“图层”面板底部的“创建新图层”按钮上，得到“背景 副本”图层，如图4-22所示。选择“背景”图层并填充白色。

图4-21

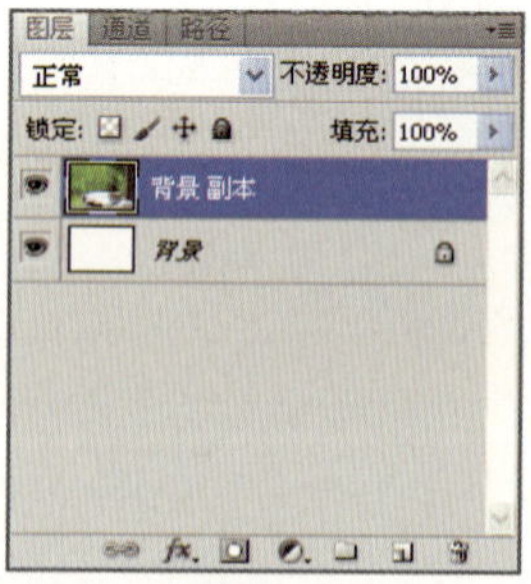

图4-22

2 单击“图层”面板底部的“创建新的填充或调整图层”按钮，在弹出的菜单中选择“色相/饱和度”选项，在弹出的面板中设置参数如图4-23所示，设置完毕后单击关闭按钮，效果如图4-24所示。

3 选择工具箱中的“矩形选框工具”，在图像中绘制比图像小的矩形选区。在菜单栏中选择“选择”|“修改”|“平滑”命令，在弹出的对话框中设置参数如图4-25所示，设置完毕后单击“确定”按钮，效果如图4-26所示。

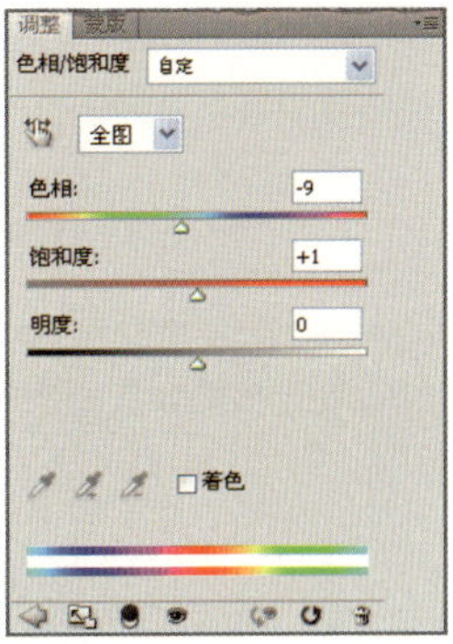

图4-23

图4-24

图4-25

图4-26

4 单击工具箱底部的“以快速蒙版模式编辑”按钮，进入快速蒙版编辑状态，如图4-27所示。

5 在菜单栏中选择“滤镜”|“模糊”|“高斯模糊”命令，在弹出的对话框中设置参数如图4-28所示，设置完毕后单击“确定”按钮，效果如图4-29所示。

图4-27

图4-28

图4-29

6 在菜单栏中选择“滤镜”|“像素化”|“彩色半调”命令，在弹出的对话框中设置参数如图4-30所示，设置完毕后单击“确定”按钮，效果如图4-31所示。

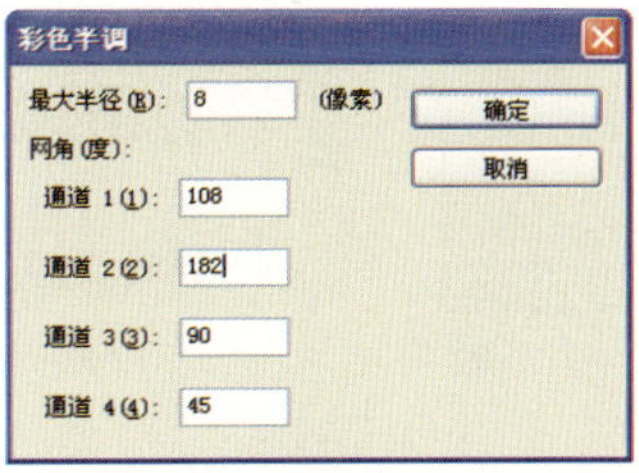

图4-30

图4-31

7 在菜单栏中选择“滤镜”|“画笔描边”|“强化的边缘”命令，在弹出的对话框中设置参数如图4-32所示，设置完毕后单击“确定”按钮，效果如图4-33所示。

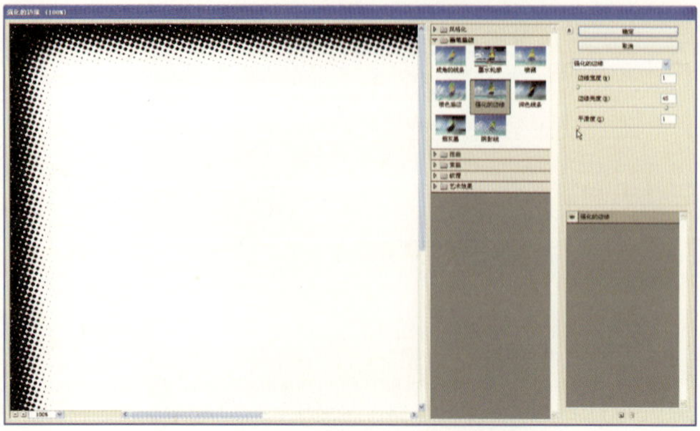

图4-32

图4-33

8 在菜单栏中选择“滤镜”|“锐化”|“锐化”命令，连续执行此命令三次，效果如图4-34所示。单击工具箱底部的“以标准模式编辑”按钮，退出蒙版编辑状态，如图4-35所示。

图4-34

图4-35

9 按快捷键Shift+Ctrl+I反选选区。选择“背景 副本”图层，按Delete键删除选区内的图像，按快捷键Ctrl+D取消选区，效果如图4-36所示。

10 双击“背景 副本”图层，在弹出的“图层样式”对话框中设置参数如图4-37所示，设置完毕后单击“确定”按钮，效果如图4-38所示。

图4-36

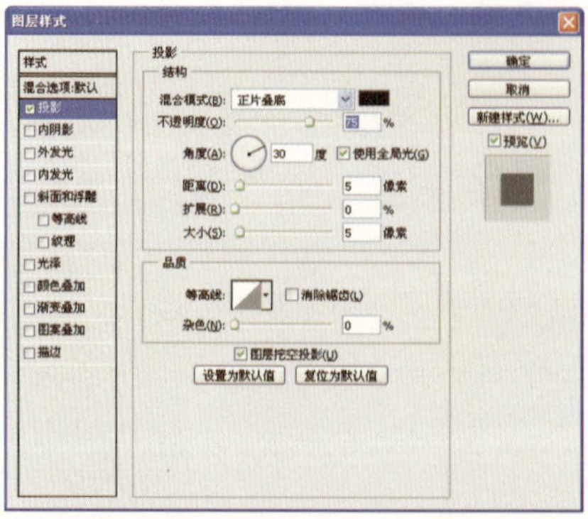

图4-37

图4-38

11 单击工具箱中的“横排文字工具”，在图像中输入文字，如图4-39所示。

12 单击“图层”面板底部的“创建新图层”按钮，得到“图层1”，如图4-40所示。

13 单击工具箱中的“画笔工具”，调整合适的笔刷在图像中绘制一条直线，效果如图4-41所示。

图4-39

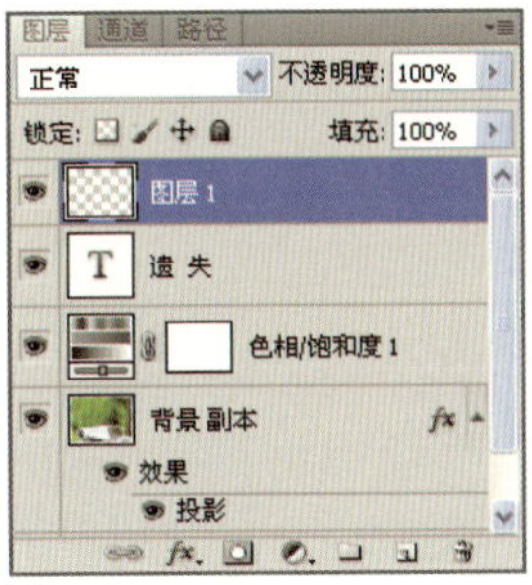

图4-40

图4-41

14 选择“图层1”，将此图层的混合模式设置为“溶解”，如图4-42所示。最终效果如图4-43所示。

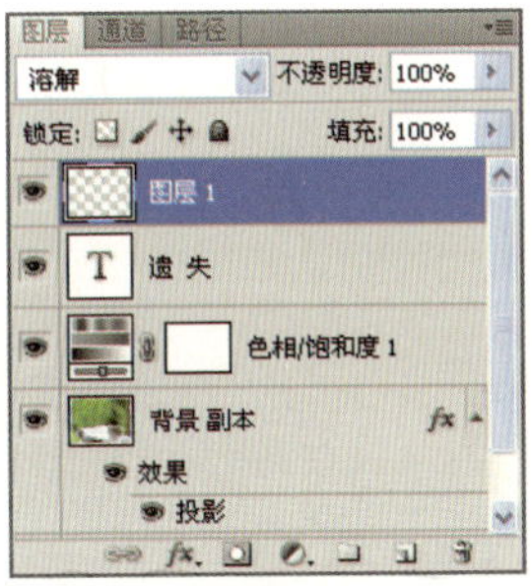

图4-42

图4-43

扩展实例2

难易度 ★★★☆☆

- 原始素材文件：书中实例素材\第4章\扩展实例2\为风景照片添加边框素材图.jpg
- 最终效果文件：书中实例效果图\第4章\扩展实例2\为风景照片添加边框.psd
- 视频教学文件：书中实例视频\第4章\扩展实例\4.2.flv

为风景照片添加边框

重点提示 **1** 打开随书所附光盘中的扩展实例素材“为风景照片添加边框素材图.jpg”，将此图层拖曳至“图层”面板底部的“创建新图层”按钮上，得到“背景 副本”图层。隐藏“背景”图层，单击面板底部的“创建新的填充或调整图层”按钮，在弹出的菜单中选择“亮度/对比度”选项，在弹出的面板中设置参数。单击面板底部的“创建新的填充或调整图层”按钮，在弹出的菜单中选择“色相/饱和度”选项，在弹出的面板中设置参数。选择“背景 副本”图层，单击工具箱中的“矩形选框工具”，在图像中绘制比图像小的矩形选区。在菜单栏中选择“选择”|“修改”|“平滑”命令，在弹出的对话框中设置各项参数。

重点提示 **2** 单击工具箱中的“以快速蒙版模式编辑”按钮。在菜单栏中选择“滤镜”|“模糊”|“高斯模糊”命令，在弹出的对话框中设置参数。在菜单栏中选择“滤镜”|“像素化”|“彩色半调”命令，在弹出的对话框中设置参数。在菜单栏中选择“滤镜”|“画笔描边”|“强化的边缘”命令，在弹出的对话框中设置参数。

重点提示 **3** 在菜单栏中选择“滤镜”|“锐化”|“锐化”命令，连续执行此命令三次。单击工具箱底部的“以标准模式编辑”按钮，退出快速蒙版编辑模式。按快捷键Shift+Ctrl+I反选选区。选择“背景 副本”图层，按Delete键删除选区内的图像。选择“背景”图层，单击“图层”面板底部的“创建新图层”按钮，得到“图层1”，并填充白色。选择并双击“背景副本”图层，在弹出的“图层样式”对话框中勾选“外发光”复选框，并设置各项参数。

原始素材文件：
书中实例素材\第4章\实例3\制作照片的水彩画效果素材图.jpg

最终效果文件：
书中实例效果图\第4章\实例3\制作照片的水彩画效果.psd

视频教学文件：
书中实例视频\第4章\实例\4.3.flv

实例3

难易度 ★★★★★

制作照片的水彩画效果

例前导读

本例视频教程长度：2分59秒

- 使用“色阶”调整图层调整图像亮度。
- 使用“水彩”滤镜制作图像水彩效果。
- 使用“特殊模糊”滤镜模糊图像。
- 使用“纹理化”滤镜制作图像的纹理效果。

1 打开随书所附光盘中的实例素材“制作照片的水彩画效果素材图.jpg”，如图4-44所示，将此图层拖曳至“图层”面板底部的“创建新图层”按钮上，得到“背景 副本”图层，如图4-45所示。

2 单击“图层”面板底部的“创建新的填充或调整图层”按钮，在弹出的菜单中选择“色阶”选项，在弹出的面板中设置参数如图4-46所示，设置完毕后单击关闭按钮，效果如图4-47所示。

3 在菜单栏中选择“滤镜”|“模糊”|“特殊模糊”命令，在弹出的对话框中设置参数如图4-48所示，设置完毕后单击“确定”按钮，效果如图4-49所示。

图4-44

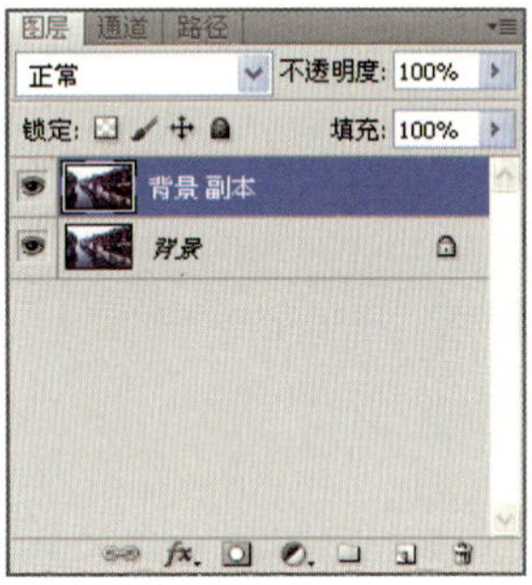

图4-45

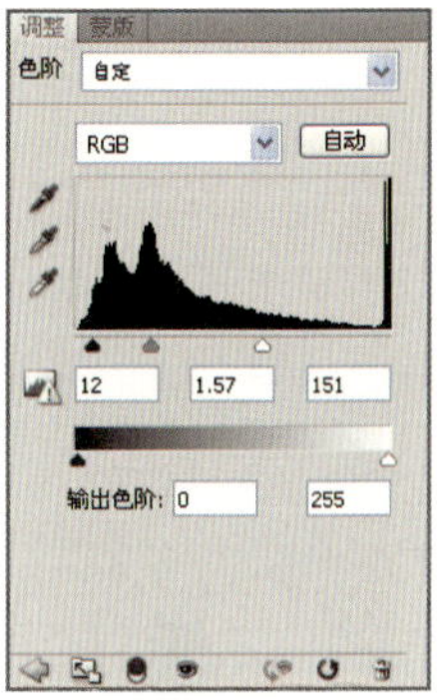

图4-46

图4-47

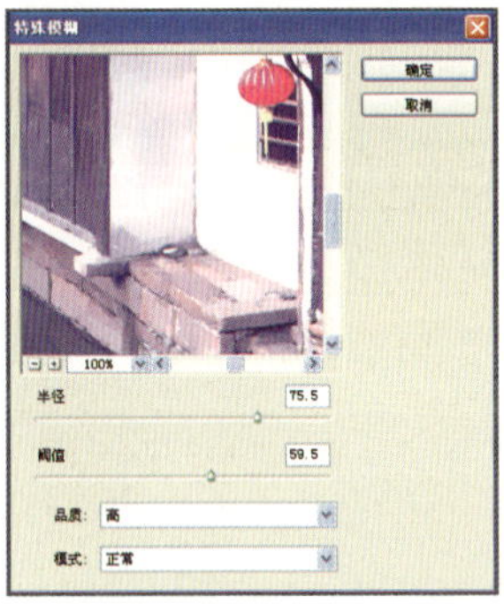

图4-48

图4-49

4 在菜单栏中选择“滤镜”|“艺术效果”|“水彩”命令，在弹出的对话框中设置参数如图4-50所示，设置完毕后单击“确定”按钮，效果如图4-51所示。

5 在菜单栏中选择“编辑”|“渐隐”命令，在弹出的对话框中设置参数如图4-52所示，设置完毕后单击“确定”按钮，效果如图4-53所示。

图4-50

图4-51

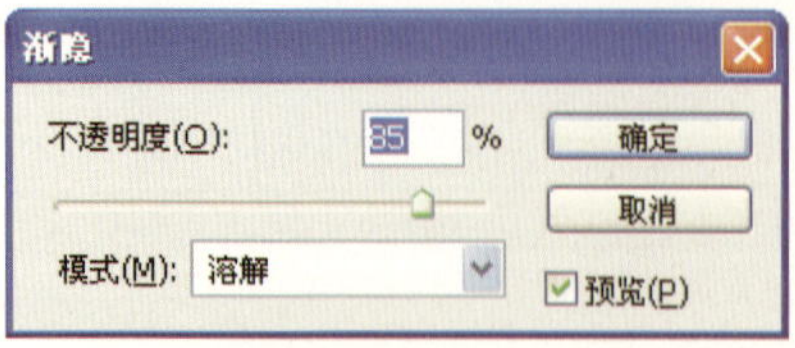

图4-52

图4-53

6 在菜单栏中选择“滤镜” | “纹理” | “纹理化”命令，在弹出的对话框中设置参数如图4-54所示，设置完毕后单击“确定”按钮，效果如图4-55所示。

图4-54

图4-55

扩展实例3

难易度 ★★★★★

- 原始素材文件：书中实例素材\第4章\扩展实例3\制作风景的水彩画效果素材图.jpg
- 最终效果文件：书中实例效果图\第4章\扩展实例3\制作风景的水彩画效果.psd
- 视频教学文件：书中实例视频\第4章\扩展实例\4.3.flv

制作风景的水彩画效果

重点提示 1 打开随书所附光盘中的扩展实例素材“制作风景的水彩画效果素材图.jpg”，将此图层拖曳至“图层”面板底部的“创建新图层”按钮上，得到“背景 副本”图层。单击“图层”面板底部的“创建新的填充或调整图层”按钮，在弹出的菜单中选择“色阶”选项，在弹出的面板中设置参数。

重点提示 2 选择“背景 副本”图层，在菜单栏中选择“滤镜”|“模糊”|“特殊模糊”命令，在弹出的对话框中设置参数。在菜单栏中选择“滤镜”|“艺术效果”|“水彩”命令，在弹出的对话框中设置参数。在菜单栏中选择“编辑”|“渐隐”命令，在弹出的对话框中设置参数。

重点提示 3 在菜单栏中选择“滤镜”|“纹理”|“纹理化”命令，在弹出的对话框中设置参数。

原始素材文件：
书中实例素材\第4章\实例4\制作电影镜头片段素材图.jpg

最终效果文件：
书中实例效果图\第4章\实例4\制作电影镜头片段.psd

视频教学文件：
书中实例视频\第4章\实例\4.4.flv

实例4

难易度 ★★★★★

制作电影镜头片段

例前导读

本例视频教程长度：4分1秒

- 使用“色阶”调整图层调整图像亮度。
- 使用“可选颜色”、“色彩平衡”、“色相/饱和度”调整图层调整图像色调。

1 打开随书所附光盘中的实例素材“制作电影镜头片段素材图.jpg”，如图4-56所示，将此图层拖曳至“图层”面板底部的“创建新图层”按钮上，得到“背景 副本”图层，如图4-57所示。

2 单击“图层”面板底部的“创建新的填充或调整图层”按钮，在弹出的菜单中选择“色阶”选项，在弹出的面板中设置参数如图4-58所示，设置完毕后单击关闭按钮，效果如图4-59所示。

3 单击“图层”面板底部的“创建新的填充或调整图层”按钮，在弹出的菜单中选择“色阶”选项，在弹出的面板中设置参数如图4-60所示，设置完毕后单击关闭按钮，效果如图4-61所示。

图4-56

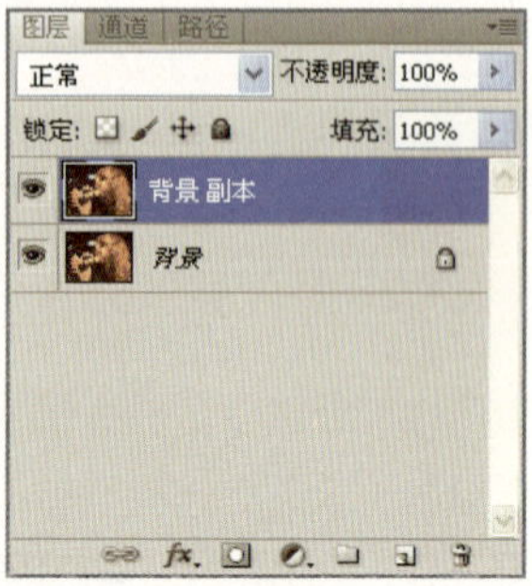

图4-57

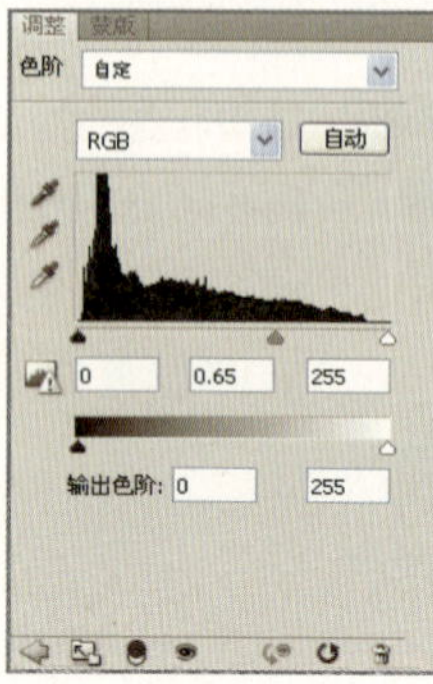

图4-58

图4-59

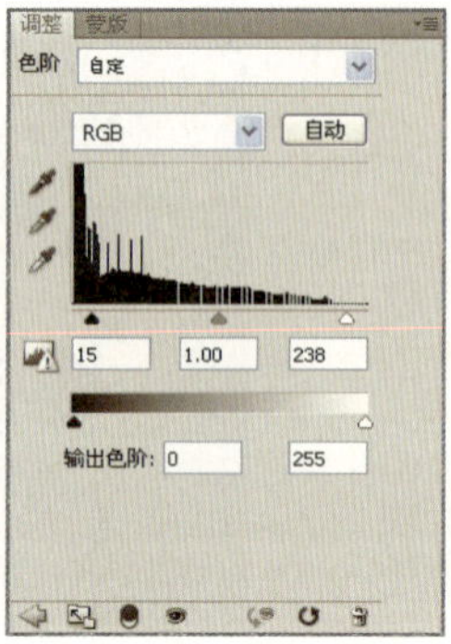

图4-60

图4-61

4 单击“图层”面板底部的“创建新的填充或调整图层”按钮，在弹出的菜单中选择“可选颜色”选项，在弹出的面板中设置参数如图4-62和图4-63所示，设置完毕后单击关闭按钮，效果如图4-64所示。

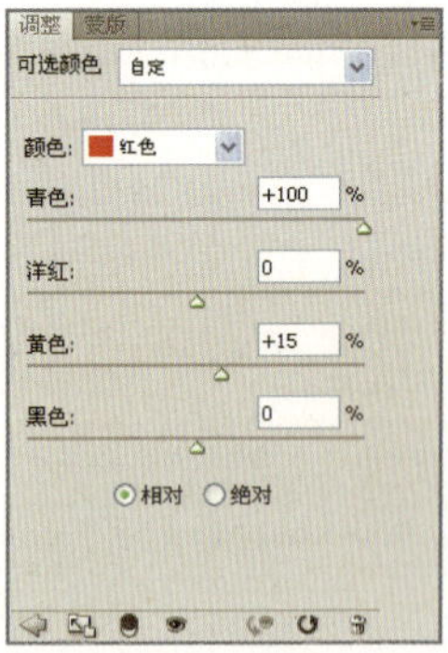

图4-62

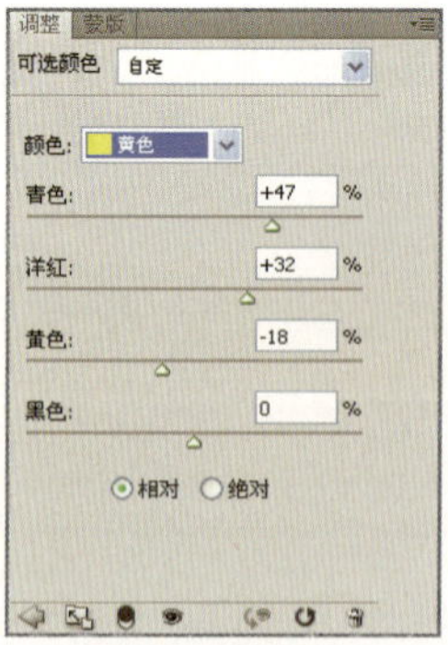

图4-63

图4-64

5 单击“可选颜色1”调整图层的蒙版缩览图，将前景色设置为黑色，选择“画笔工具”在人物皮肤处涂抹，如图4-65所示。

6 单击“图层”面板底部的“创建新的填充或调整图层”按钮，在弹出的菜单中选择“色彩平衡”选项，在弹出的面板中设置参数如图4-66至图4-68所示，设置完毕后单击关闭按钮，效果如图4-69所示。

7 使用工具箱中的“套索工具” 在人物皮肤处绘制选区，如图4-70所示。

图4-65

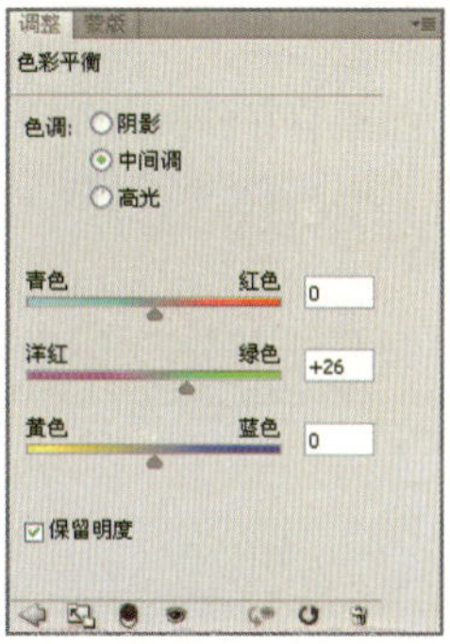

图4-66

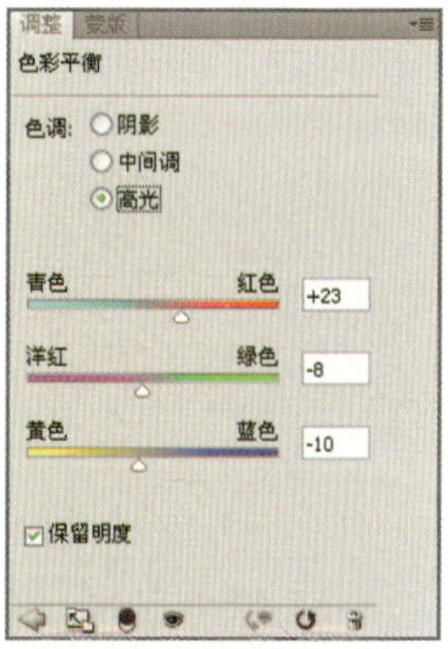

图4-67

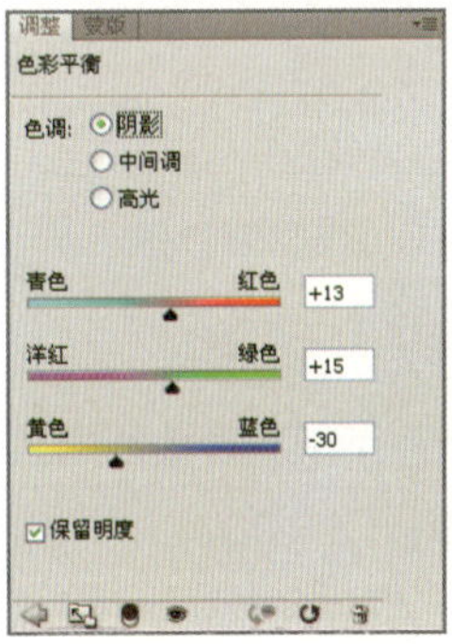

图4-68

图4-69

图4-70

8 单击“图层”面板底部的“创建新的填充或调整图层”按钮，在弹出的菜单中选择“可选颜色”选项，在弹出的面板中设置参数如图4-71和图4-72所示，设置完毕后单击关闭按钮，效果如图4-73所示。

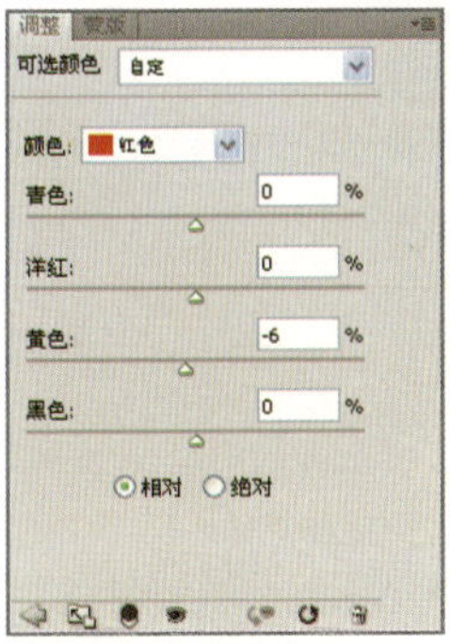

图4-71

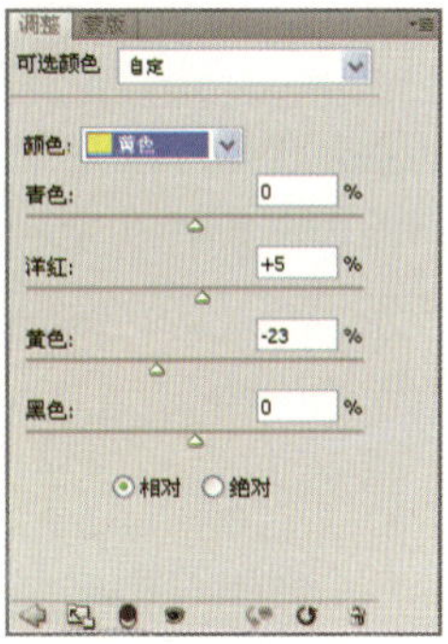

图4-72

图4-73

9 单击“图层”面板底部的“创建新的填充或调整图层”按钮，在弹出的菜单中选择“色相/饱和度”选项，在弹出的面板中设置参数如图4-74所示，设置完毕后单击关闭按钮，效果如图4-75所示。

10 单击工具箱中的“横排文字工具” T，在图像中输入文字，最终效果如图4-76所示。

图4-74

图4-75

图4-76

扩展实例4

难易度 ★★★★★

- 原始素材文件：书中实例素材\第4章\扩展实例4\制作电影特效照片素材图.jpg
- 最终效果文件：书中实例效果图\第4章\扩展实例4\制作电影特效照片.psd
- 视频教学文件：书中实例视频\第4章\扩展实例\4.4.flv

制作电影特效照片

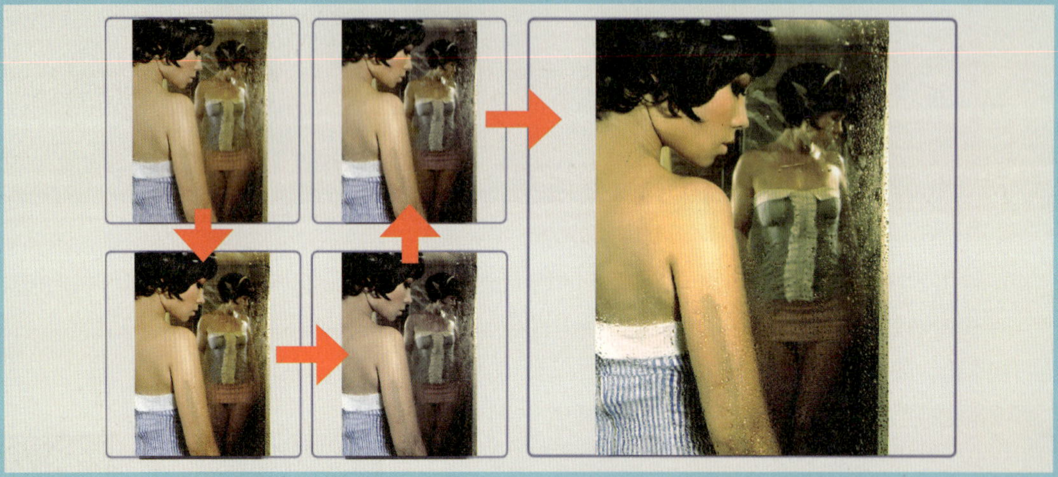

重点提示 1 打开随书所附光盘中的扩展实例素材“制作电影特效照片素材图.jpg”，将此图层拖曳至“图层”面板底部的“创建新图层”按钮上，得到“背景 副本”图层。单击“图层”面板底部的“创建新的填充或调整图层”按钮，在弹出的菜单中选择“色阶”选项，在弹出的面板中设置参数。

重点提示 2 单击“图层”面板底部的“创建新的填充或调整图层”按钮，在弹出的菜单中选择“色阶”选项，在弹出的面板中设置参数。单击“图层”面板底部的“创建新的填充或调整图层”按钮，在弹出的菜单中选择“可选颜色”选项，在弹出的面板中设置参数。单击“选取颜色1”调整图层的蒙版缩览图，在工具箱中选择“画笔工具”，将笔刷“不透明度”设置为“50%”，在人物皮肤处涂抹。

重点提示 3 单击“图层”面板底部的“创建新的填充或调整图层”按钮，在弹出的菜单中选择“色彩平衡”选项，在弹出的面板中设置参数。再次单击“图层”面板底部的“创建新的填充或调整图层”按钮，在弹出的菜单中选择“色相/饱和度”选项，在弹出的面板中设置参数。

原始素材文件：
书中实例素材\第4章\实例5\制作仿真工笔画效果素材图.jpg

最终效果文件：
书中实例效果图\第4章\实例5\制作仿真工笔画效果.psd

视频教学文件：
书中实例视频\第4章\实例\4.5.flv

实例5

难易度 ★★★★★

制作仿真工笔画效果

例前导读

本例视频教程长度：4分10秒

- 使用“去色”命令调整图像颜色。
- 通过更改图层混合模式制作图像效果。
- 使用“曲线”调整图层调整图像对比度。
- 使用“高斯模糊”滤镜制作图像的模糊效果。
- 使用“最小值”滤镜制作图像效果。

1 打开随书所附光盘中的实例素材“制作仿真工笔画效果素材图.jpg”，如图4-77所示，将此图层拖曳至“图层”面板底部的“创建新图层”按钮上，得到“背景 副本”图层，如图4-78所示。

2 在菜单栏中选择“图像”|“调整”|“去色”命令，效果如图4-79所示。

图4-77

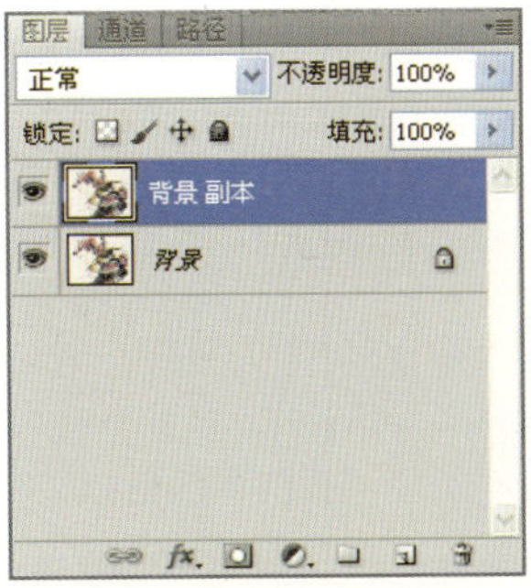

图4-78

图4-79

3 将“背景 副本”图层拖曳至“图层”面板底部的“创建新图层”按钮上，得到“背景 副本2”图层。按快捷键Ctrl+I反相图像。将“背景 副本2”图层的混合模式设置为“颜色减淡”，如图4-80所示，效果如图4-81所示。

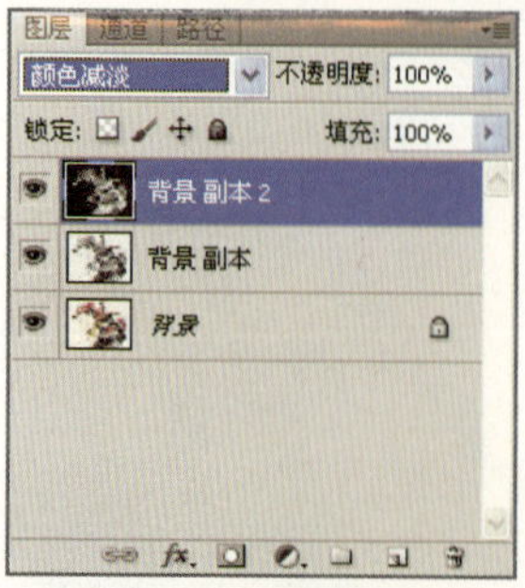

图4-80

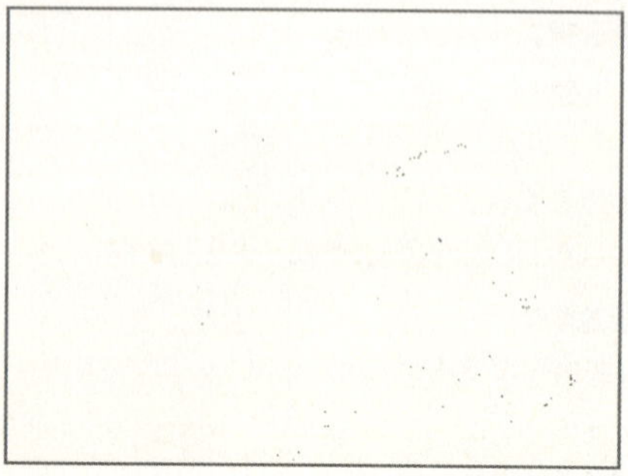

图4-81

4 在菜单栏中选择“滤镜”|“其他”|“最小值”命令，在弹出的对话框中设置参数如图4-82所示，设置完毕后单击“确定”按钮，效果如图4-83所示。

图4-82

图4-83

5 双击“背景 副本2”图层，在弹出的“图层样式”对话框中设置参数如图4-84所示，设置完毕后单击“确定”按钮，效果如图4-85所示。

6 按快捷键Ctrl+E向下合并图层，得到“背景 副本”图层，将其拖曳至“图层”面板底部的“创建新图层”按钮上，得到“背景 副本2”图层，如图4-86所示。

7 在菜单栏中选择“滤镜”|“模糊”|“高斯模糊”命令，在弹出的对话框中设置参数如图4-87所示，设置完毕后单击“确定”按钮，效果如图4-88所示。

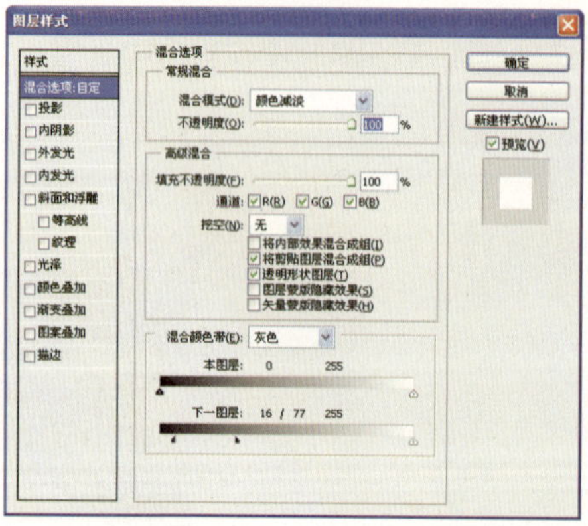

图4-84

图4-85

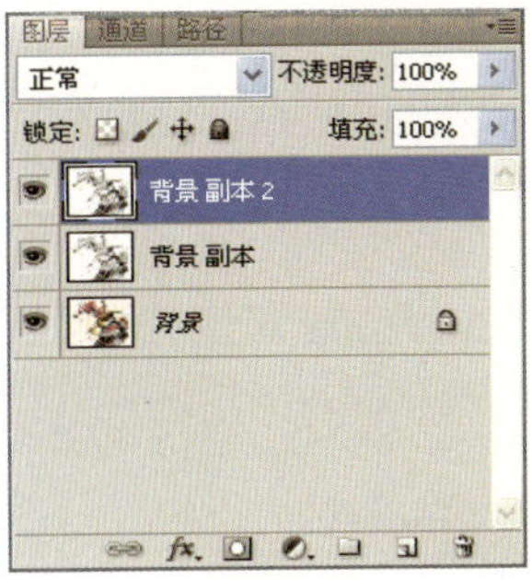

图4-86

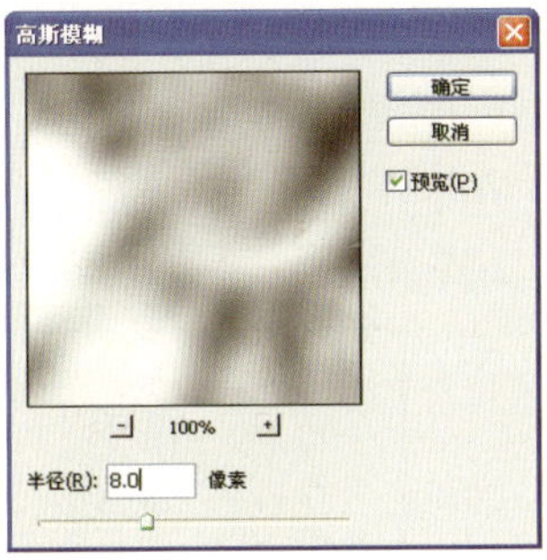

图4-87

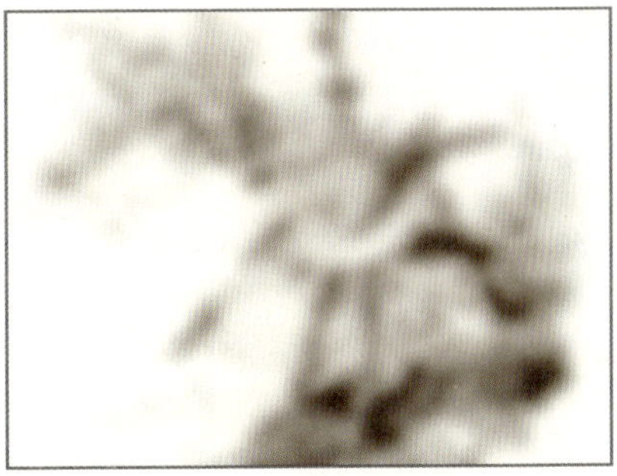
图4-88

技巧与提示

“高斯模糊”滤镜是Photoshop中经常使用的滤镜之一，它根据高斯曲线调整图像像素值。“半径”用来控制模糊的程度，数值越大，图像越模糊，在作图过程中，可以根据需要调整其数值大小。

8 选择“背景 副本2”图层，将此图层的混合模式设置为“线性加深”，如图4-89所示，效果如图4-90所示。

9 选择“背景”图层，将其拖曳至“图层”面板底部的“创建新图层”按钮上，得到“背景 副本3”图层，将此图层的混合模式设置为“颜色”，如图4-91所示，效果如图4-92所示。

10 选择“背景”图层，将其拖曳至“图层”面板底部的“创建新图层”按钮上，得到“背景 副本4”图层，将其移至面板顶层，单击面板底部的“添加图层蒙版”按钮，为其添加图层蒙版。将前景色设置为黑色，选择“画笔工具”，调整适当的“不透明度”，在图像中涂抹。“图层”面板如图4-93所示。效果如图4-94所示。

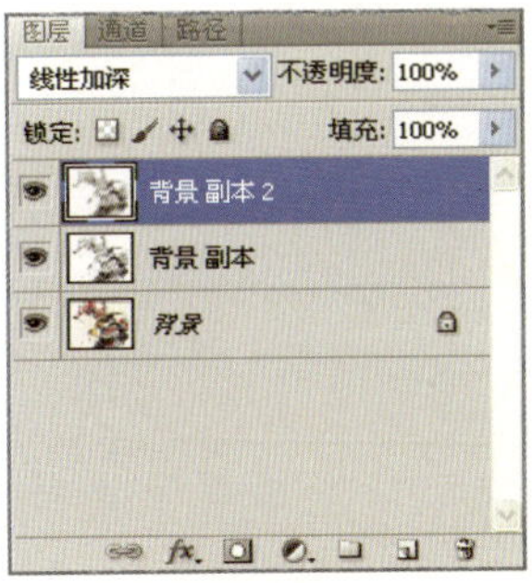

图4-89

图4-90

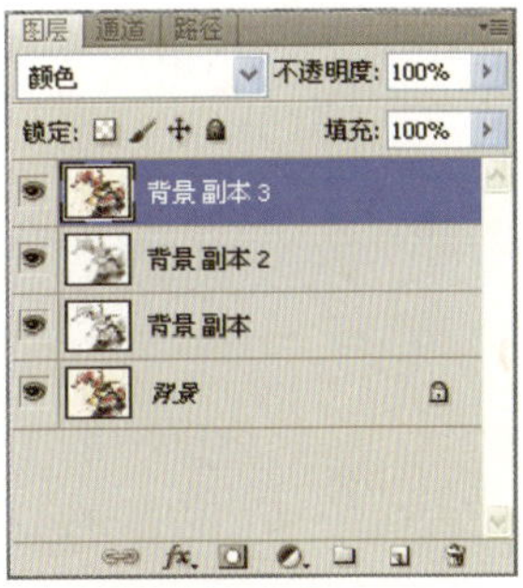

图4-91

图4-92

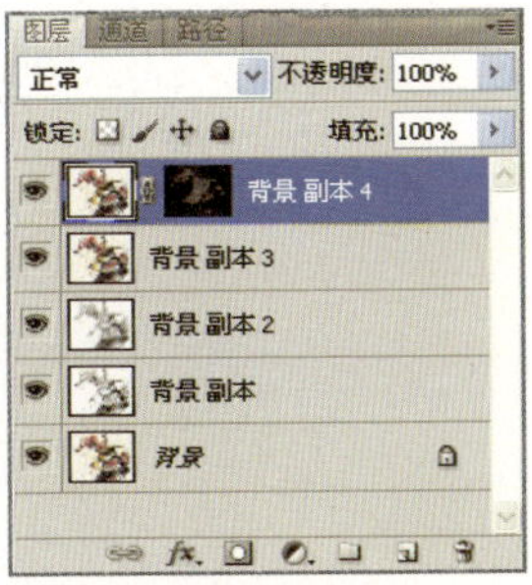

图4-93

图4-94

11 选择“背景 副本4”图层，单击“图层”面板底部的“创建新的填充或调整图层”按钮，在弹出的菜单中选择“曲线”选项，在弹出的面板中设置参数如图4-95所示，设置完毕后单击关闭按钮，效果如图4-96所示。

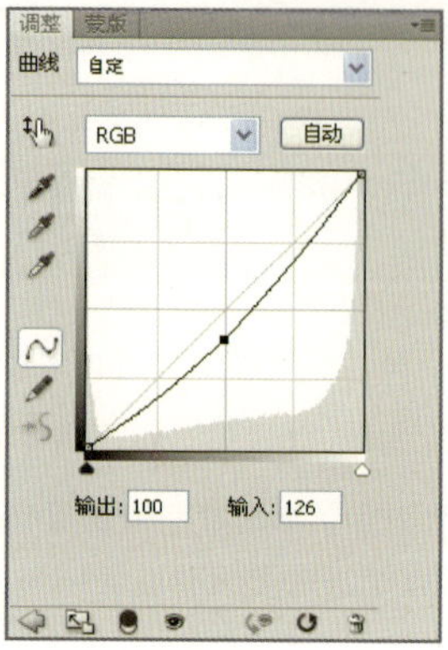

图4-95

图4-96

12 单击“图层”面板底部的“创建新图层”按钮，得到“图层1”，如图4-97所示。

13 单击工具箱底部的设置前景色色块，在弹出的“拾色器（前景色）”对话框中设置参数如图4-98所示。

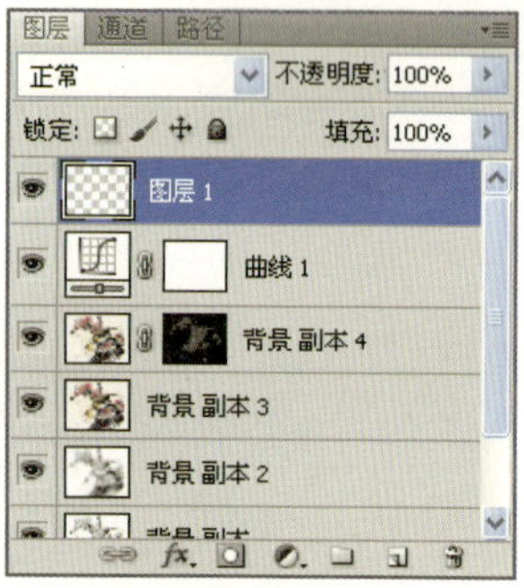

图4-97

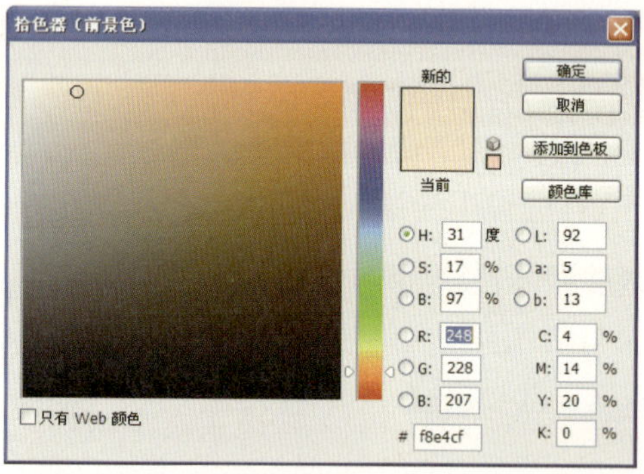

图4-98

14 选择“图层1”，按快捷键Alt+Delete填充前景色，将此图层的混合模式设置为“线性加深”，如图4-99所示。最终效果如图4-100所示。

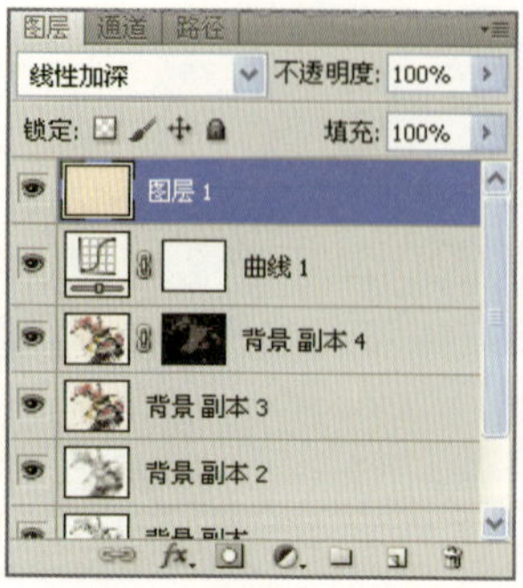

图4-99

图4-100

扩展实例5

难易度 ★★★★★

- 原始素材文件：书中实例素材\第4章\扩展实例5\制作照片的线形效果素材图.jpg
- 最终效果文件：书中实例效果图\第4章\扩展实例5\制作照片的线形效果.psd
- 视频教学文件：书中实例视频\第4章\扩展实例\4.5.flv

制作照片的线形效果

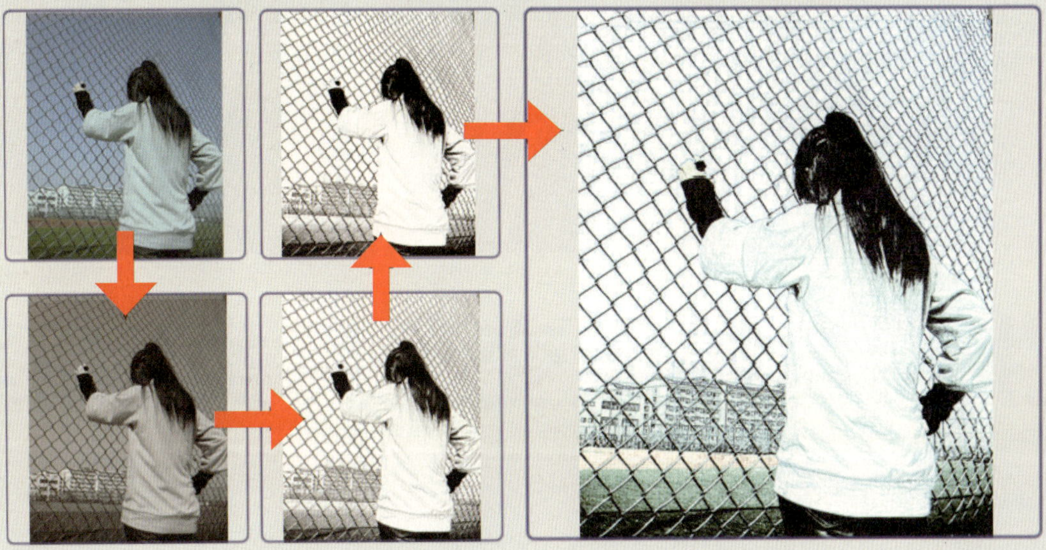

重点提示 **1** 打开随书所附光盘中的扩展实例素材“制作照片的线形效果素材图.jpg”，将此图层拖曳至“图层”面板底部的“创建新图层”按钮上，得到“背景 副本”图层。在菜单栏中选择“图像”|“调整”|“去色”命令。将“背景 副本”图层拖曳至“图层”面板底部的“创建新图层”按钮上，得到“背景 副本2”图层。在菜单栏中选择“图像”|“调整”|“反相”命令。将“背景 副本2”图层的混合模式设置为“颜色减淡”。

重点提示 **2** 在菜单栏中选择“滤镜”|“其他”|“最小值”命令，在弹出的对话框中设置参数，设置完毕后单击“确定”按钮。双击“背景 副本2”图层，在弹出的“图层样式”对话框中勾选“混合选项”复选框，按住Alt键拖动小三角，设置完毕后单击“确定”按钮。

重点提示 **3** 按快捷键Ctrl+Alt+Shift+E盖印所有可见图层，得到“图层1”。按快捷键Ctrl+Alt+G创建剪贴蒙版。将“图层1”的混合模式设置为“柔光”。将“背景”图层复制一层，得到“背景 副本3”图层，将其移至面板顶层，并将其图层混合模式设置为“颜色”。

原始素材文件：
书中实例素材\第4章\实例6\生活自拍照变身另类彩照素材图.jpg

最终效果文件：
书中实例效果图\第4章\实例6\生活自拍照变身另类彩照.psd

视频教学文件：
书中实例视频\第4章\实例\4.6.flv

实例6

难易度 ★★★★★

生活自拍照变身另类彩照

例前导读

本例视频教程长度：6分20秒

- 使用“通道混合器”命令使图像变为黑白。
- 使用调整图层调整图像色调。

1 打开随书所附光盘中的实例素材“生活自拍照变身另类彩照素材图.jpg”，如图4-101所示，将此图层拖曳至“图层”面板底部的“创建新图层”按钮上，得到“背景 副本”图层，如图4-102所示。

图4-101

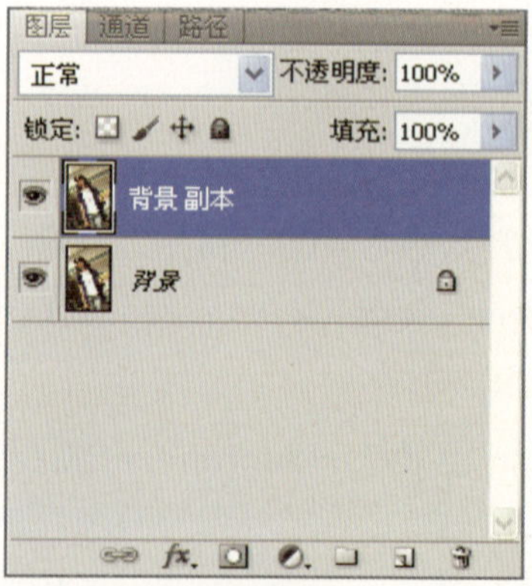

图4-102

2 单击“图层”面板底部的“创建新的填充或调整图层”按钮，在弹出的菜单中选择“通道混合器”选项，在弹出的面板中设置参数，效果如图4-104所示。

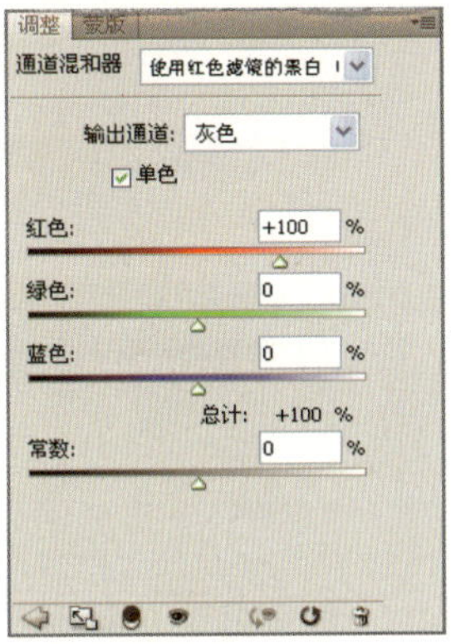

图4-103

图4-104

3 在菜单栏中选择“图像”|“模式”|“CMYK颜色”命令，在弹出的提示框中单击“拼合”按钮，如图4-105所示。

4 在菜单栏中选择“图像”|“应用图像”命令，在弹出的对话框中设置各项参数如图4-106所示，设置完毕后单击“确定”按钮，效果如图4-107所示。

5 单击工具箱底部的“以快速蒙版模式编辑”按钮，进入快速蒙版编辑状态，选择“画笔工具”在人物皮肤上涂抹，如图4-108所示。单击工具箱底部的“以标准模式编辑”按钮，退出快速蒙版编辑状态，生成选区，按快捷键Shift+Ctrl+I反选选区，如图4-109所示。

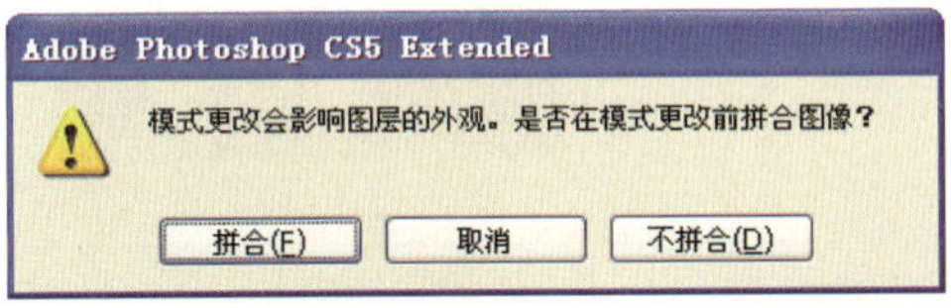

图4-105

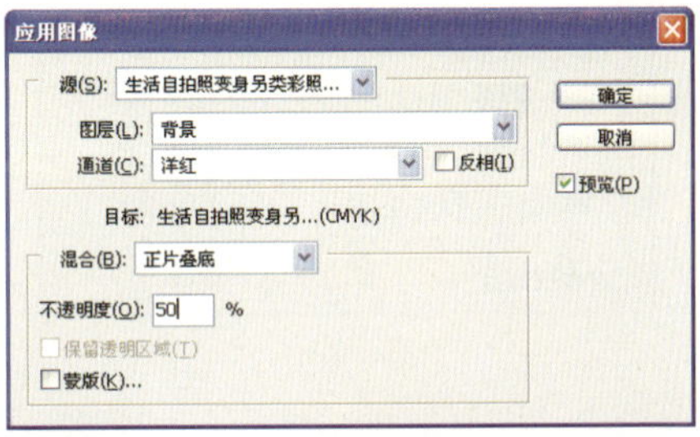

图4-106

图4-107

图4-108

图4-109

6 单击“图层”面板底部的“创建新的填充或调整图层”按钮，在弹出的菜单中选择“色阶”选项，在弹出的面板中设置参数如图4-110所示，设置完毕后单击关闭按钮，效果如图4-111所示。

7 按快捷键Ctrl+Alt+Shift+E盖印所有可见图层，得到“图层1”，如图4-112所示。

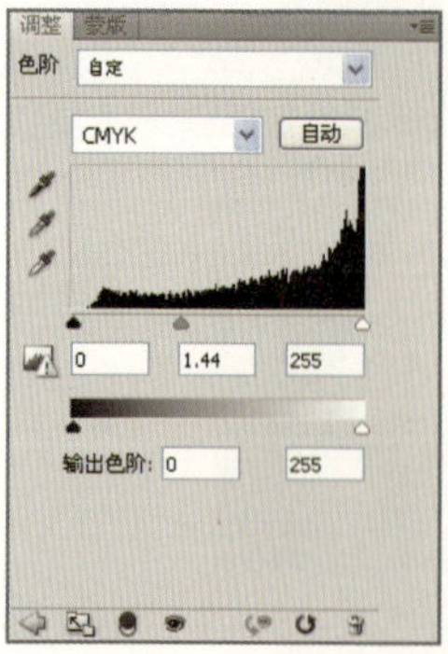

图4-110

图4-111

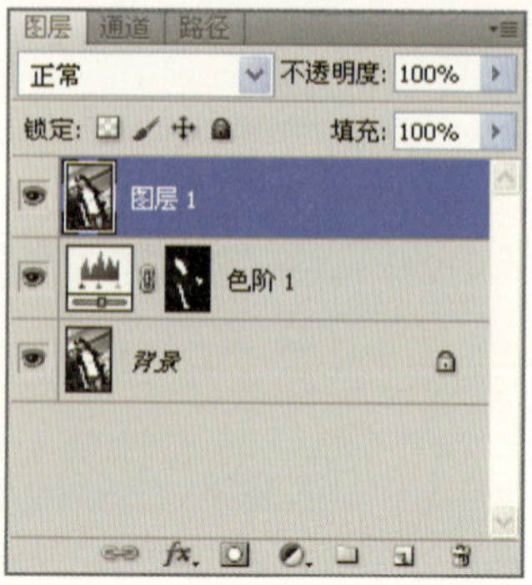

图4-112

8 在菜单栏中选择“图像”|“调整”|“色阶”命令，在弹出的对话框中单击“选项”按钮，在弹出的对话框中设置参数如图4-113所示，设置完毕后单击“确定”按钮，效果如图4-114所示。

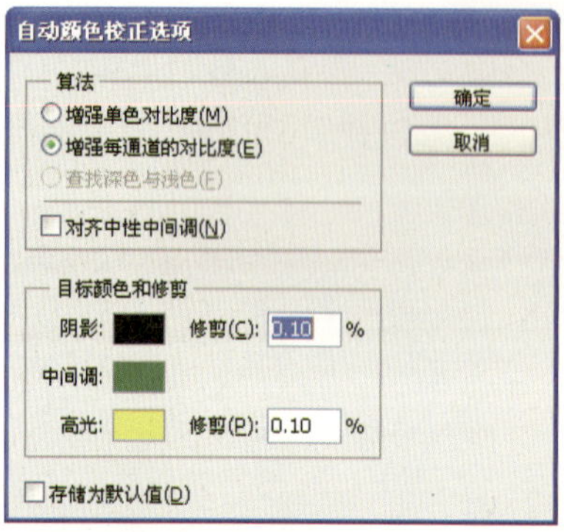

图4-113

图4-114

9 单击“图层”面板底部的“创建新的填充或调整图层”按钮，在弹出的菜单中选择“色彩平衡”选项，在弹出的面板中设置参数如图4-115至图4-117所示，设置完毕后单击关闭按钮，效果如图4-118所示。

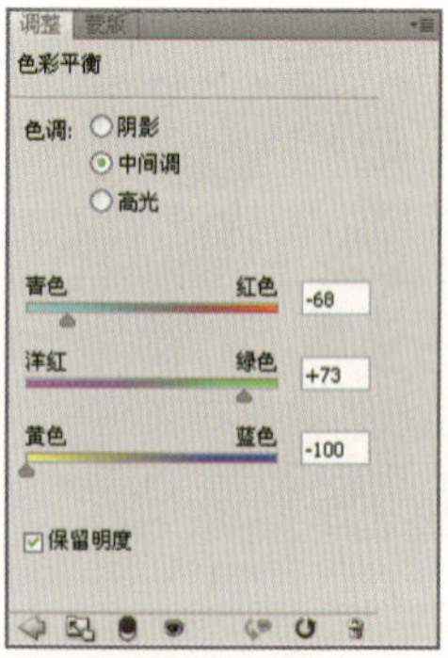

图4-115

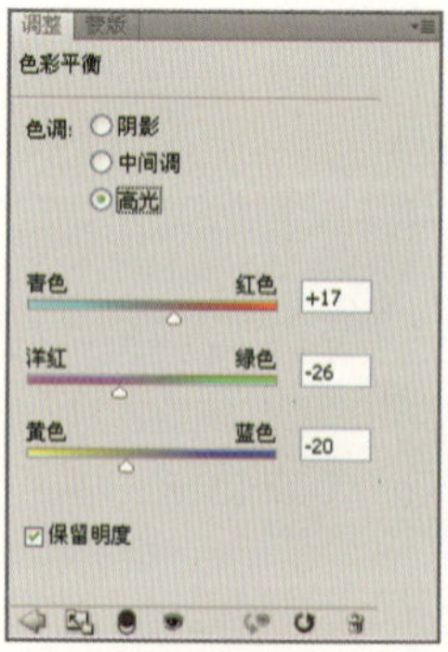

图4-116

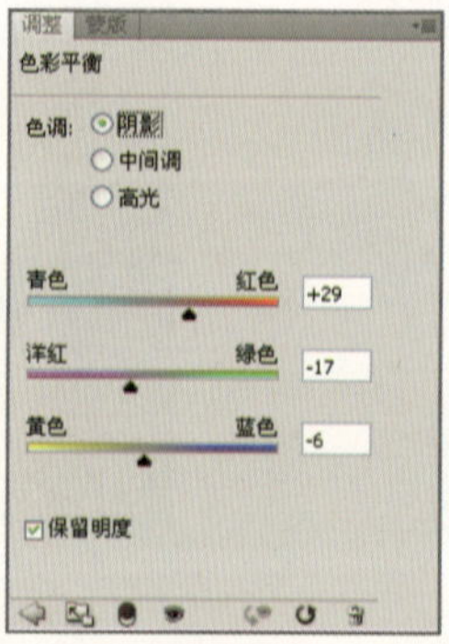

图4-117

图4-118

10 单击“图层”面板底部的“创建新图层”按钮，得到“图层2”，如图4-119所示。

11 单击工具箱底部的设置前景色色块，在弹出的“拾色器（前景色）”对话框中设置参数如图4-120所示。按快捷键Alt+Delete填充前景色。

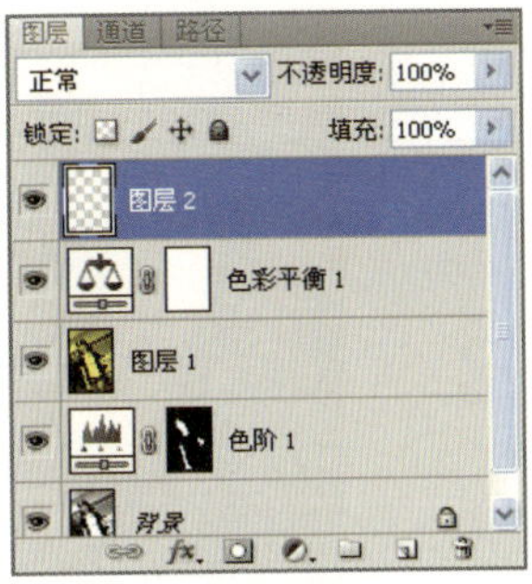

图4-119

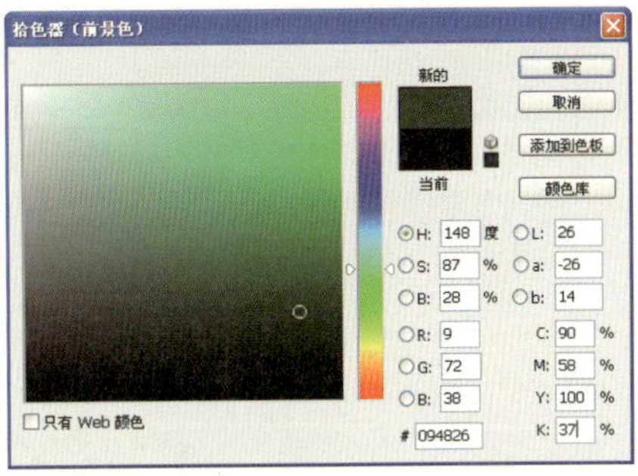

图4-120

12 选择“图层2”，单击工具箱中的“椭圆选框工具”，在图像中绘制选区。按快捷键Shift+F6，在弹出的“羽化选区”对话框中设置参数如图4-121所示，设置完毕后单击“确定”按钮。

13 选择“图层2”，将此图层的混合模式设置为“正片叠底”，如图4-122所示，效果如图4-123所示。

图4-121

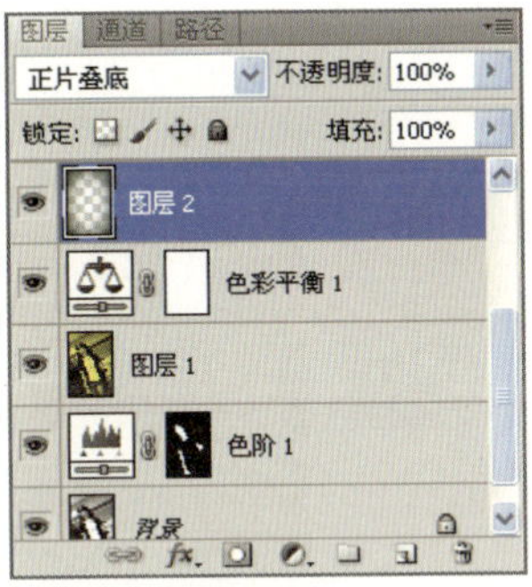

图4-122

图4-123

14 按快捷键Ctrl+Alt+Shift+E盖印所有可见图层，得到“图层3”，如图4-124所示，效果如图4-125所示。

15 单击工具箱中的“直排文字工具”，在图像中输入文字，如图4-126所示。

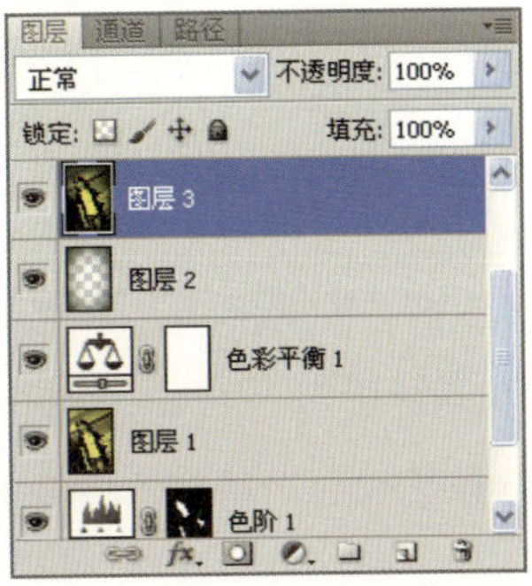

图4-124

图4-125

图4-126

16 双击文字图层，在弹出的“图层样式”对话框中设置参数如图4-127所示。

17 将文字图层的“图层样式”复制到另一个文字图层上，如图4-128所示。最终效果如图4-129所示。

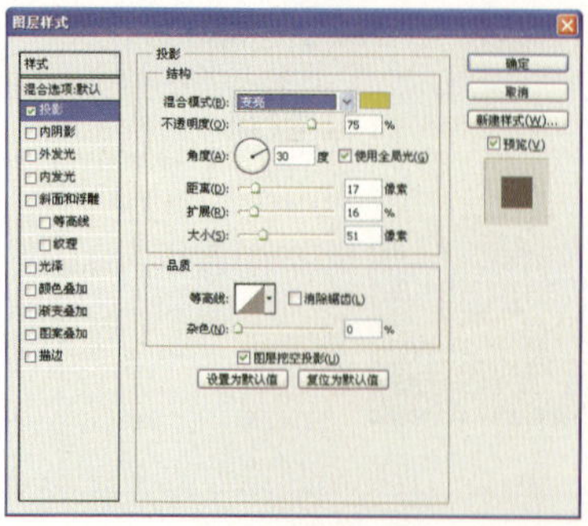

图4-127

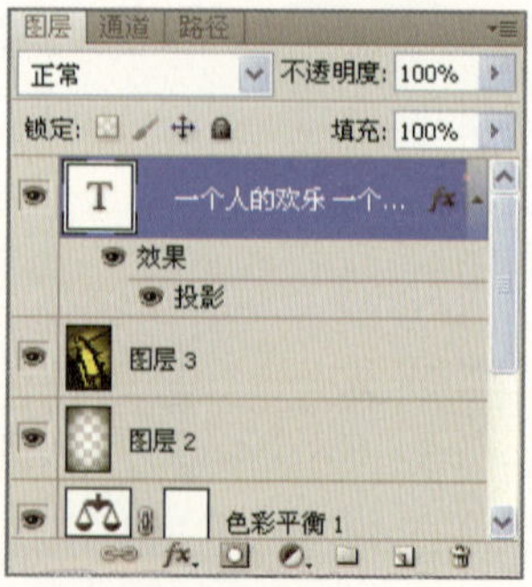

图4-128

图4-129

扩展实例6

难易度 ★★★★★

- 原始素材文件：书中实例素材\第4章\扩展实例6\制作生活照的另类彩照素材图.jpg
- 最终效果文件：书中实例效果图\第4章\扩展实例6\制作生活照的另类彩照.psd
- 视频教学文件：书中实例视频\第4章\扩展实例\4.6.flv

制作生活照的另类彩照

重点提示 1 打开随书所附光盘中的扩展实例素材“制作生活照的另类彩照素材图.jpg”，将此图层拖曳至“图层”面板底部的“创建新图层”按钮上，得到“背景 副本”图层。在菜单栏中选择“图像”|“模式”|“CMYK颜色”命令，在弹出的提示框中单击“不拼合”按钮。在菜单栏中选择“图像”|“应用图像”命令，在弹出的对话框中的“通道”下拉列表中选择“洋红”通道，并设置“不透明度”为“50%”，设置完毕后单击“确定”按钮。

重点提示 2 使用工具箱中的“套索工具”在人物皮肤处创建选区。按快捷键Shift+F6，在弹出的“羽化选区”对话框中设置参数。在菜单栏中选择“图像”|“调整”|“曲线”命令，在弹出的对话框中设置参数。在菜单栏中选择“图像”|“调整”|“色阶”命令，在弹出的对话框中单击“选项”按钮，在弹出的“自动颜色校正选项”对话框中设置各项参数。

重点提示 3 单击“图层”面板底部的“创建新的填充或调整图层”按钮，在弹出的菜单中选择“色彩平衡”选项，在弹出的面板中设置参数。使用工具箱中的“横排文字工具”在图像中输入文字，并为文字添加“外发光”图层样式。

扩展实例7

难易度 ★★★★☆

- 原始素材文件：书中实例素材\第4章\扩展实例7\打造绚丽金色调妆容素材图.jpg
- 最终效果文件：书中实例效果图\第4章\扩展实例7\打造绚丽金色调妆容.psd
- 视频教学文件：书中实例视频\第4章\扩展实例\4.7.flv

打造绚丽金色调妆容

重点提示 1 打开随书所附光盘中的扩展实例素材“打造绚丽金色调妆容素材图.jpg”，将此图层拖曳至“图层”面板底部的“创建新图层”按钮上，得到“背景 副本”图层。在菜单栏中选择“图像”|“模式”|“CMYK模式”命令，在弹出的提示框中单击“确定”按钮。选择“背景 副本”图层，在菜单栏中选择“图像”|“应用图像”命令，在弹出的对话框中设置各项参数。将“背景 副本”图层复制一层，得到“背景 副本2”图层。

重点提示 2 选择“背景 副本2”图层，在菜单栏中选择“图像”|“调整”|“色阶”命令，在弹出的对话框中设置各项参数。选择“背景 副本2”图层，单击“图层”面板底部的“添加图层蒙版”按钮，为其添加图层蒙版。使用工具箱中的“钢笔工具”沿着人物衣服边缘绘制路径，按快捷键Ctrl+Enter将路径转换为选区。在工具箱中选择“渐变工具”，选择黑色到白色渐变。选择“色阶1”的图层蒙版，至上而下创建渐变图像。

重点提示 3 单击“图层”面板底部的“创建新的填充或调整图层”按钮，在弹出的菜单中选择“色阶”选项，在弹出的面板中设置参数。在菜单栏中选择“图像”|“模式”|“RGB颜色”命令，在弹出的提示框中单击“拼合”按钮，把图像转换为只有“背景”图层的RGB模式图像。单击“图层”面板底部的“创建新的填充或调整图层”按钮，在弹出的菜单中选择“色彩平衡”选项，在弹出的面板中设置参数。按住Ctrl键单击“路径1”提取选区。在菜单栏中选择“编辑”|“填充”命令，在弹出的对话框中的“使用”下拉列表中选择“50%灰色”选项。

重点提示 4 按住Ctrl键单击“路径1”，以提取选区，按快捷键Shift+Ctrl+I反选选区。单击“图层”面板底部的“创建新的填充或调整图层”按钮，在弹出的菜单中选择“色阶”选项，在弹出的面板中设置参数。按快捷键Ctrl+Alt+Shift+E盖印所有可见图层，得到“图层1”。使用“模糊工具”在人物边缘涂抹，使人物与背景更好融合。

原始素材文件：
书中实例素材\第4章\实例7\制作矢量化效果素材图.jpg

最终效果文件：
书中实例效果图\第4章\实例7\制作矢量化效果.psd

视频教学文件：
书中实例视频\第4章\实例\4.7.flv

实例7

难易度 ★★★★★

制作矢量化效果

例前导读

本例视频教程长度：2分42秒

- 使用“木刻”滤镜结合“线性光”混合模式制作矢量效果。
- 使用“色阶”调整图层调整图像亮度。

1 打开随书所附光盘中的实例素材“制作矢量化效果素材图.jpg”，如图4-130所示，将此图层拖曳至“图层”面板底部的“创建新图层”按钮上，得到“背景 副本”图层，如图4-131所示。

图4-130

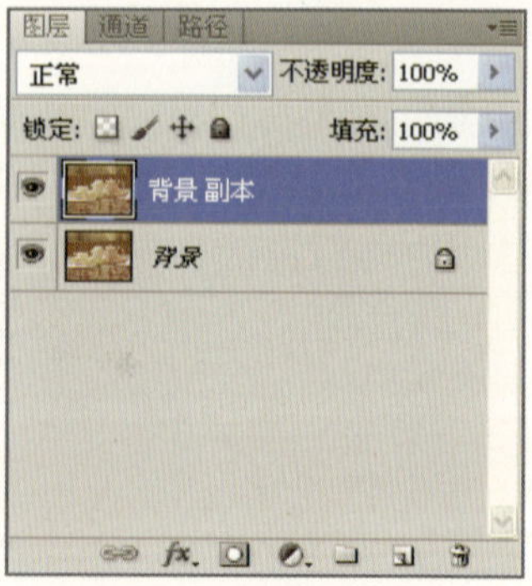

图4-131

2 在菜单栏中选择“滤镜”|“艺术效果”|“木刻”命令，在弹出的对话框中设置参数如图4-132所示，设置完毕后单击“确定”按钮，效果如图4-133所示。

图4-132

图4-133

3 选择“背景 副本”图层，将此图层的混合模式设置为“线性光”，如图4-134所示，效果如图4-135所示。

4 选择“背景 副本”图层，将其拖曳至“图层”面板底部的“创建新图层”按钮上，得到“背景 副本2”图层，此图层的“填充”设置为“30%”，如图4-136所示，效果如图4-137所示。

5 选择“背景”图层，将其拖曳至“图层”面板底部的“创建新图层”按钮上，得到“背景 副本3”图层，并将此图层的混合模式设置为“滤色”，“填充”设置为“30%”，如图4-138所示，效果如图4-139所示。

图4-134

图4-135

图4-136

图4-137

图4-138

图4-139

6 选择“背景 副本3”图层，将其拖曳至“图层”面板底部的“创建新图层”按钮 上，得到“背景 副本4”图层，将此图层的“填充”设置为“30%”，如图4-140所示，效果如图4-141所示。

7 选择“背景 副本”图层，将其拖曳至“图层”面板底部的“创建新图层”按钮 上，得到“背景 副本5”，将其移至面板顶层，如图4-142所示。在菜单栏中选择“滤镜”|“风格化”|“查找边缘”命令，效果如图4-143所示。

8 将“背景 副本5”图层的“填充”设置为“51%”，如图4-144所示，效果如图4-145所示。

图4-140

图4-141

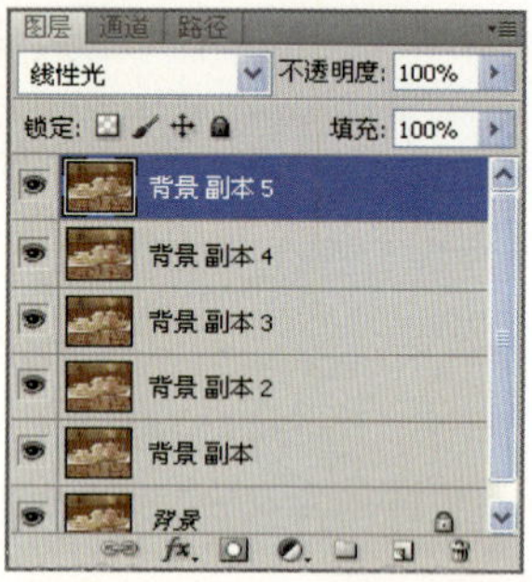

图4-142

图4-143

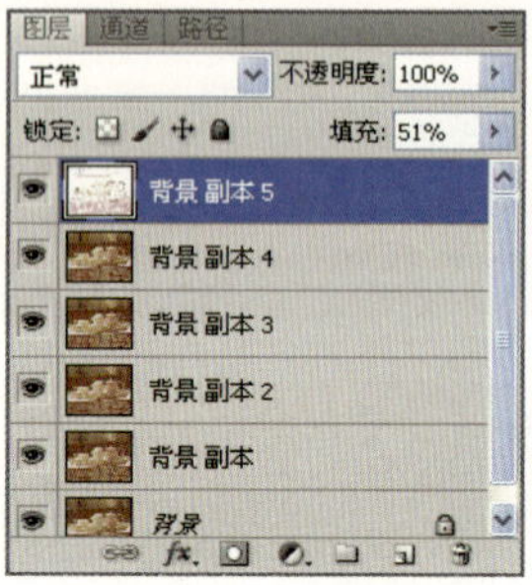

图4-144

图4-145

9 单击“图层”面板底部的“创建新的填充或调整图层”按钮 ，在弹出的菜单中选择“色阶”选项，在弹出的面板中设置参数如图4-146所示，设置完毕后单击关闭按钮，最终效果如图4-147所示。

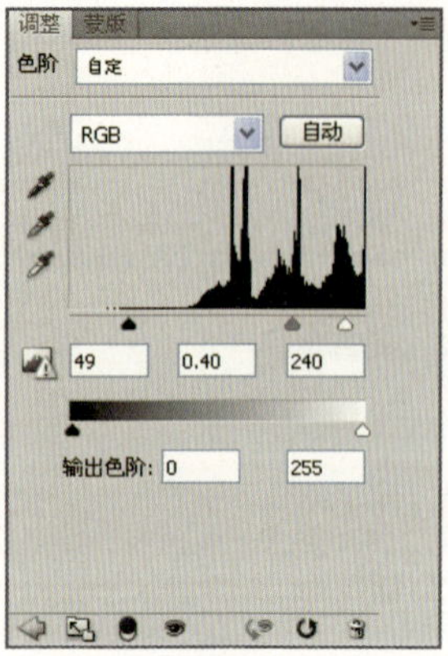

图4-146

图4-147

扩展实例8

难易度 ★★★★★

- 原始素材文件：书中实例素材\第4章\扩展实例8\制作矢量插画效果素材图.jpg
- 最终效果文件：书中实例效果图\第4章\扩展实例8\制作矢量插画效果.psd
- 视频教学文件：书中实例视频\第4章\扩展实例\4.8.flv

制作矢量插画效果

重点提示 1 打开随书所附光盘中的扩展实例素材“制作矢量插画效果素材图.jpg”，将此图层拖曳至“图层”面板底部的“创建新图层”按钮上，得到“背景 副本”图层。在菜单栏中选择“滤镜”|“素描”|“图章”命令，在弹出的对话框中设置参数。在菜单栏中选择“滤镜”|“画笔描边”|“强化的边缘”命令，在弹出的对话框中设置参数。

重点提示 2 选择“背景 副本”图层，将此图层的“不透明度”设置为“30%”。将“背景 副本”图层复制一层，得到“背景 副本2”图层。

重点提示 3 在菜单栏中选择“滤镜”|“素描”|“半调图案”命令，在弹出的对话框中设置参数。将“背景 副本2”图层的混合模式设置为“正片叠底”。

原始素材文件：
书中实例素材\第4章\实例8\制作游戏插画效果素材图.jpg

最终效果文件：
书中实例效果图\第4章\实例8\制作游戏插画效果.psd

视频教学文件：
书中实例视频\第4章\实例\4.8.flv

实例8

难易度 ★★★★★

制作游戏插画效果

例前导读

本例视频教程长度：5分46秒

- 使用“表面模糊”滤镜对图像进行降噪处理。
- 分别使用“塑料包装”、“强化的边缘”及“炭笔”滤镜打造手绘效果。

1 打开随书所附光盘中的实例素材“制作游戏插画效果素材图.jpg”，如图4-148所示，将此图层拖曳至“图层”面板底部的“创建新图层”按钮上，得到“背景 副本”图层，如图4-149所示。

2 单击“图层”面板底部的“创建新的填充或调整图层”按钮，在弹出的菜单中选择“色相/饱和度”选项，在弹出的面板中设置参数如图4-150所示，设置完毕后单击关闭按钮，效果如图4-151所示。

3 单击“图层”面板底部的“创建新的填充或调整图层”按钮，在弹出的菜单中选择“曲线”选项，在弹出的面板中设置参数如图4-152所示，设置完毕后单击关闭按钮，效果如图4-153所示。

图4-148

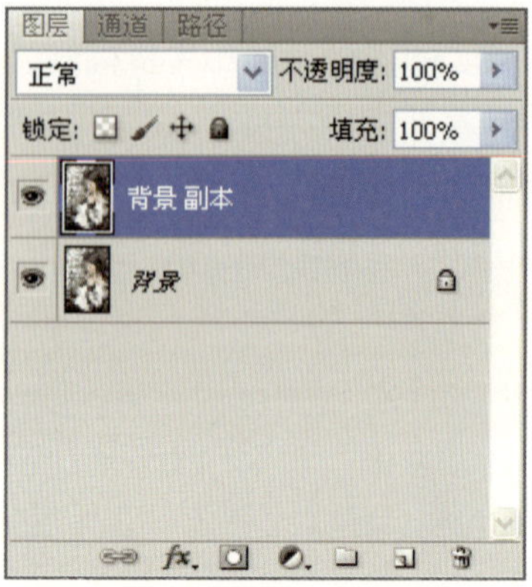

图4-149

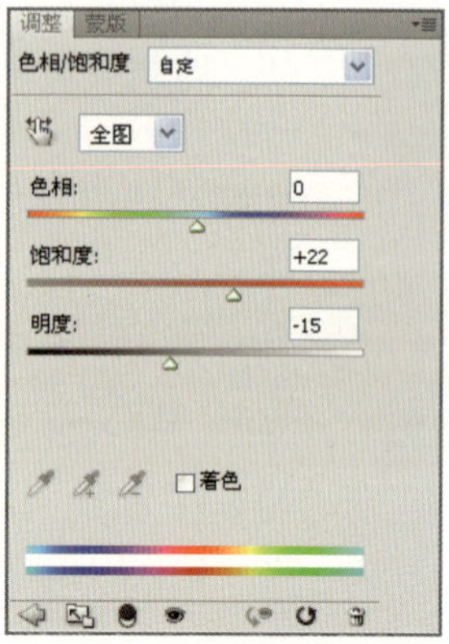

图4-150

图4-151

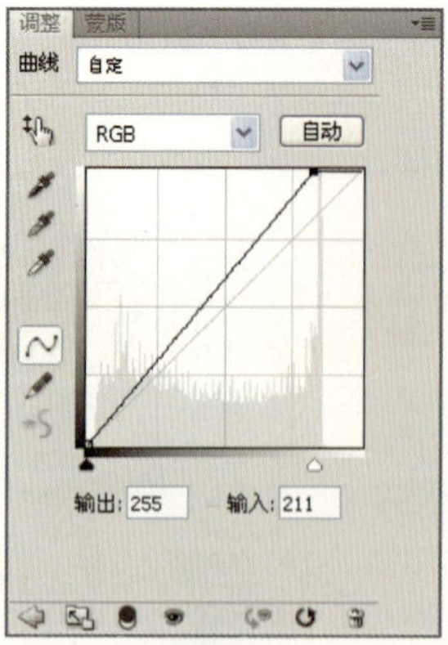

图4-152

图4-153

4 按快捷键Ctrl+Alt+Shift+E盖印所有可见图层，得到“图层1”，如图4-154所示。

5 在菜单栏中选择“滤镜”|“模糊”|“表面模糊”命令，在弹出的对话框中设置参数如图4-155所示，设置完毕后单击“确定”按钮，效果如图4-156所示。

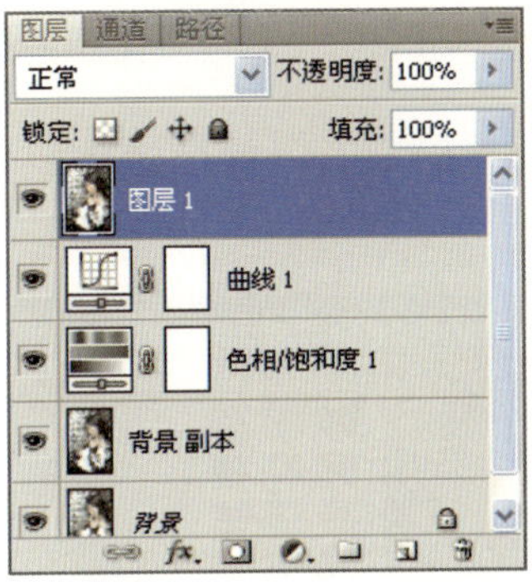

图4-154

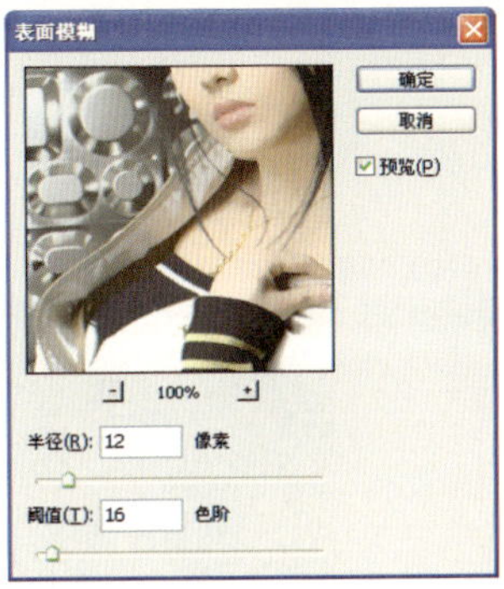

图4-155

图4-156

6 将“图层1”拖曳至“图层”面板底部的“创建新图层”按钮上，得到“图层1副本”图层，如图4-157所示。

7 在菜单栏中选择“滤镜”|“画笔描边”|“强化的边缘”命令，在弹出的对话框中设置参数如图4-158所示，设置完毕后单击“确定”按钮，效果如图4-159所示。

8 选择“图层1副本”图层，将此图层的混合模式设置为“变暗”，“不透明度”设置为“80%”，如图4-160所示，设置完毕后单击“确定”按钮，效果如图4-161所示。

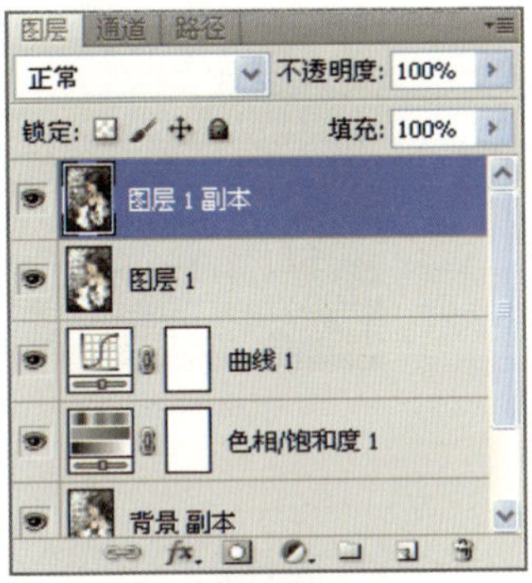

图4-157

图4-158

图4-159

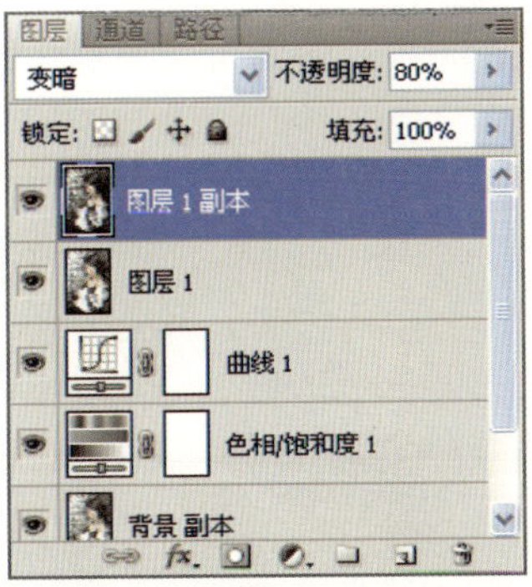

图4-160

图4-161

9 按快捷键Ctrl+Alt+Shift+E盖印所有可见图层，得到“图层2”，如图4-162所示。

10 在菜单栏中选择“滤镜”|“艺术效果”|“塑料包装”命令，在弹出的对话框中设置参数如图4-163所示，设置完毕后单击“确定”按钮，效果如图4-164所示。

11 选择“图层2”，将此图层的“不透明度”设置为“70%”，如图4-165所示。

12 切换至“通道”面板，按住Ctrl键单击“RGB”通道，以提取选区，效果如图4-166所示。

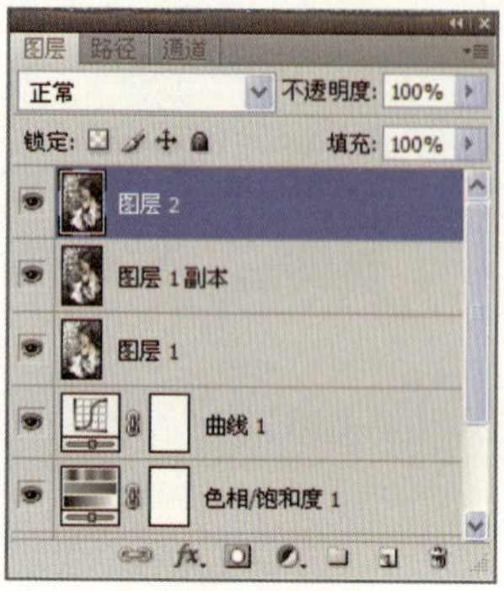

图4-162

图4-163

图4-164

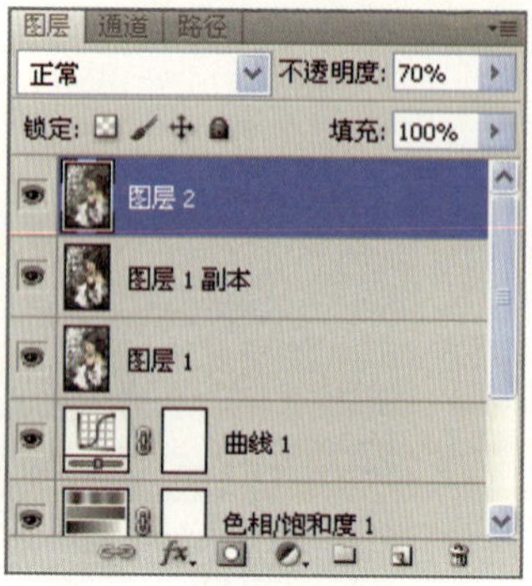

图4-165

图4-166

13 切换至“图层”面板，单击面板底部的“创建新图层”按钮，得到“图层3”。将前景色设置为白色，按快捷键Alt+Delete填充前景色。将“图层3”的混合模式设置为“柔光”，如图4-167所示，效果如图4-168所示。

14 按快捷键Ctrl+Alt+Shift+E盖印所有可见图层，得到“图层4”，如图4-169所示。

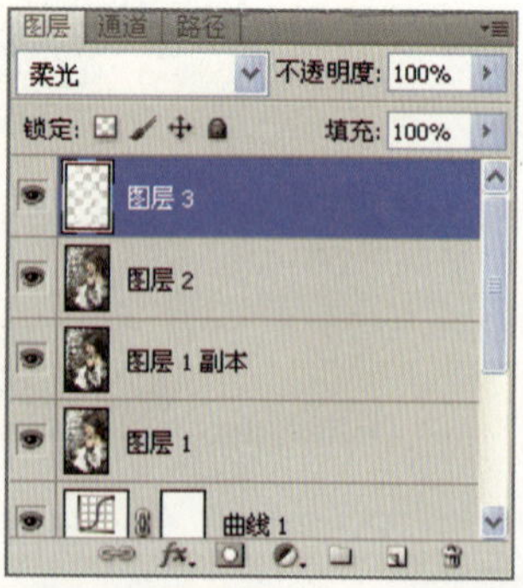

图4-167

图4-168

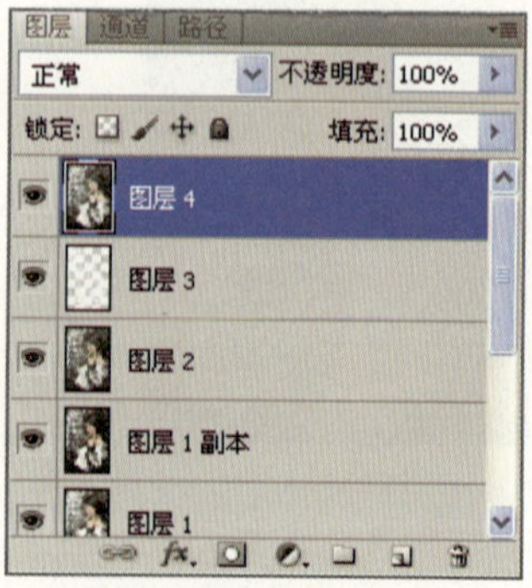

图4-169

15 在菜单栏中选择“滤镜”|“素描”|“炭笔”命令，在弹出的对话框中设置参数如图4-170所示，设置完毕后单击“确定”按钮。

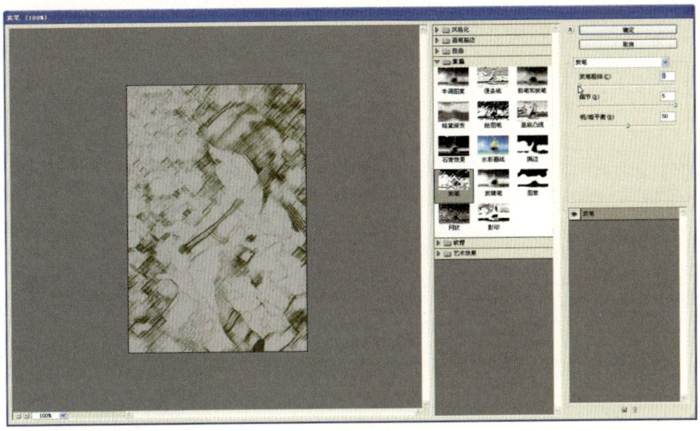

图4-170

16 单击“图层4”，将此图层的混合模式设置为“叠加”，“不透明度”设置为“30%”，如图4-171所示，效果如图4-172所示。

17 单击“图层”面板底部的“创建新的填充或调整图层”按钮，在弹出的菜单中选择“渐变”选项，在弹出的对话框中设置各项参数如图4-173所示。

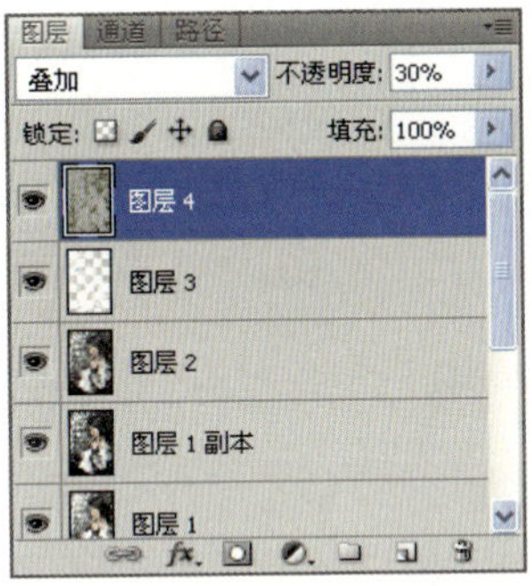

图4-171

图4-172

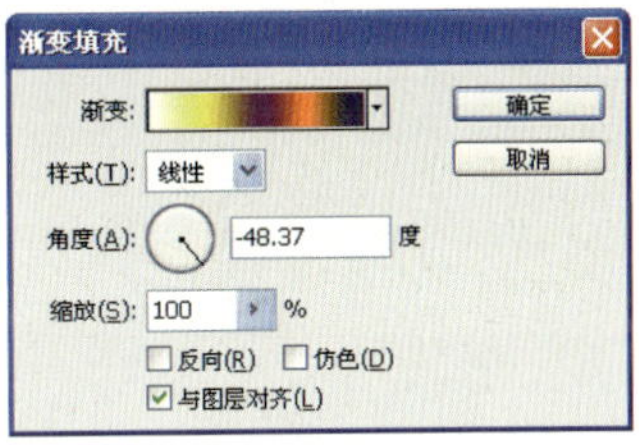

图4-173

18 选择“渐变填充1”调整图层，将此图层的混合模式设置为“颜色”，“不透明度”设置为“50%”，如图4-174所示，效果如图4-175所示。

19 按快捷键Ctrl+Alt+Shift+E盖印所有可见图层，得到“图层7”，如图4-176所示。

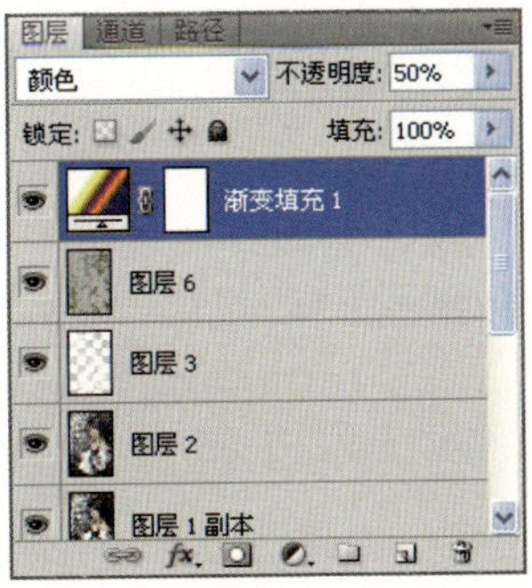

图4-174

图4-175

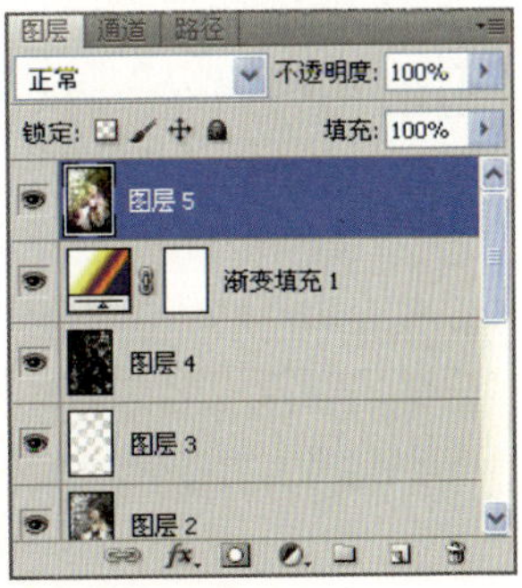

图4-176

20 在菜单栏中选择“滤镜”|“渲染”|“光照效果”命令，在弹出的对话框中设置参数如图4-177所示，设置完毕后单击“确定”按钮，最终效果如图4-178所示。

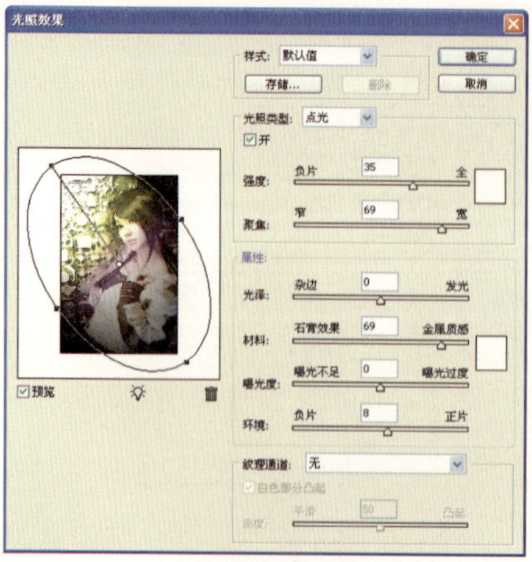

图4-177

图4-178

扩展实例9

难易度 ★★★★★

- 原始素材文件：书中实例素材\第4章\扩展实例9\制作插画效果素材图.jpg
- 最终效果文件：书中实例效果图\第4章\扩展实例9\制作插画效果.psd
- 视频教学文件：书中实例视频\第4章\扩展实例\4.9.flv

制作插画效果

重点提示 1 打开随书所附光盘中的扩展实例素材“制作插画效果素材图.jpg”，将此图层拖曳至“图层”面板底部的“创建新图层”按钮上，得到“背景 副本”图层。单击“图层”面板底部的“创建新的填充或调整图层”按钮，在弹出的菜单中选择“色相/饱和度”选项，在弹出的面板中设置参数。按快捷键Ctrl+Alt+Shift+E盖印所有可见图层，得到“图层1”。在菜单栏中选择“滤镜”|“模糊”|“表面模糊”命令，在弹出的对话框中设置参数。选择“图层1”，将此图层复制一层，得到“图层1副本”图层。将“图层1副本”图层的混合模式设置为“变暗”，“不透明度”设置为“50%”。

重点提示 2 按快捷键Ctrl+Alt+Shift+E盖印所有可见图层，得到“图层2”。在菜单栏中选择“滤镜”|“艺术效果”|“塑料包装”命令，在弹出的对话框中设置参数。单击“图层”

面板底部的“添加图层蒙版”按钮，为“图层2”添加图层蒙版。将前景色设置为“黑色”，选择“画笔工具”在图像中过度的塑料效果处涂抹。将“图层2”的“不透明度”设置为“69%”。切换至“通道”面板，按住Ctrl键单击“RGB”通道缩览图，调出其选区。按快捷键Ctrl+Alt+Shift+E盖印所有可见图层，得到“图层4”。在菜单栏中选择“滤镜”|“素描”|“炭笔”命令，在弹出的对话框中设置参数。将“图层4”的混合模式设置为“叠加”，“不透明度”设置为“46%”。

重点提示 3 单击“图层”面板底部的“创建新的填充或调整图层”按钮，在弹出的菜单中选择“渐变”选项，在弹出的对话框中设置各项参数。将“渐变填充1”调整图层的混合模式设置为“叠加”，“不透明度”设置为“36%”。按快捷键Ctrl+Alt+Shift+E盖印所有可见图层，得到“图层5”。在菜单栏中选择“滤镜”|“渲染”|“光照效果”命令，在弹出的对话框中设置各项参数。

扩展实例10

难易度 ★★★★★

- 原始素材文件：书中实例素材\第4章\扩展实例10\打造手绘效果的画像素材图.jpg
- 最终效果文件：书中实例效果图\第4章\扩展实例10\打造手绘效果的画像.psd
- 视频教学文件：书中实例视频\第4章\扩展实例\4.10.flv

打造手绘效果的画像

重点提示 1 打开随书所附光盘中的扩展实例素材“打造手绘效果的画像素材图.jpg”，将此图层拖曳至“图层”面板底部的“创建新图层”按钮上，得到“背景 副本”图层。

重点提示 2 单击“图层”面板底部的“创建新的填充或调整图层”按钮，在弹出的菜单中选择“可选颜色”选项，在弹出的面板中设置参数。按快捷键Ctrl+Alt+Shift+E盖印所有可见图层，得到“图层1”。在菜单栏中选择“滤镜”|“模糊”|“表面模糊”命令，在弹出的对话框中设置参数。选择“图层1”，将此图层复制一层，得到“图层1 副本”图层。在菜单栏中选择“滤镜”|“风格化”|“查找边缘”命令，将“图层1 副本”图层的混合模式设置为“叠加”，“不透明度”设置为“80%”。

重点提示 3 按快捷键Ctrl+Alt+Shift+E盖印所有可见图层，得到“图层2”。将“图层2”的混合模式设置为“叠加”，“不透明度”设置为“45%”。在菜单栏中选择“滤镜”|“素描”|“炭笔”命令。单击“图层”面板底部的“创建新的填充或调整图层”按钮，在弹出的菜单中选择“色彩平衡”选项，在弹出的面板中设置参数。

原始素材文件：
书中实例素材\第4章\实例9\制作卷页效果素材图.jpg

最终效果文件：
书中实例效果图\第4章\实例9\制作卷页效果.psd

视频教学文件：
书中实例视频\第4章\实例\4.9.flv

实例9

难易度 ★★★★★

制作卷页效果

例前导读

本例视频教程长度：7分3秒

- 使用“色阶”调整图层调整图像亮度。
- 使用“渐变映射”调整图层调整图像颜色。
- 使用“亮度/对比度”调整图层调整图像对比度。
- 使用“钢笔工具”绘制路径。
- 使用“画笔工具”添加图像装饰效果。

1 打开随书所附光盘中的实例素材“制作卷页效果素材图.jpg”，如图4-179所示，将此图层拖曳至“图层”面板底部的“创建新图层”按钮上，得到“背景 副本”图层，如图4-180所示。

2 单击“图层”面板底部的“创建新的填充或调整图层”按钮，在弹出的菜单中选择“色阶”选项，在弹出的面板中设置参数如图4-181所示，设置完毕后单击关闭按钮，效果如图4-182所示。

3 单击“图层”面板底部的“创建新的填充或调整图层”按钮，在弹出的菜单中选择“渐变映射”选项，在弹出的面板中设置参数（颜色渐变值为R81、G38、B4和白色），如图4-183所示，设置完毕后单击关闭按钮，效果如图4-184所示。

图4-179

图4-180

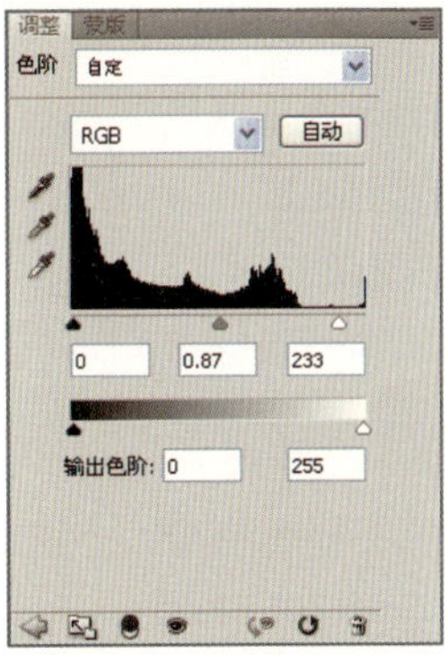

图4-181

图4-182

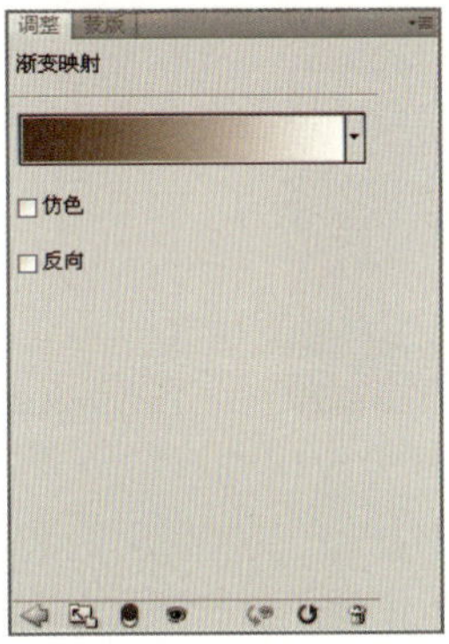

图4-183

图4-184

技巧与提示

“色阶”和“曲线”是所有颜色校正工具中应用最为广泛的，在对颜色整体校正时，通过“色阶”面板可以清楚地观察到图像中数据的直方图，并且对图像的高光和阴影值、整体亮度和对比度以及色彩平衡进行精确调整。

4 按快捷键Ctrl+Alt+Shift+E盖印所有可见图层，得到“图层1”，单击“图层”面板底部的“添加图层蒙版”按钮，为其添加图层蒙版。将前景色设置为黑色，选择“画笔工具”在人物皮肤处涂抹。“图层”面板如图4-185所示。

5 按快捷键Ctrl+Alt+Shift+E盖印所有可见图层，得到“图层2”，将此图层的混合模式设置为“柔光”，如图4-186所示，效果如图4-187所示。

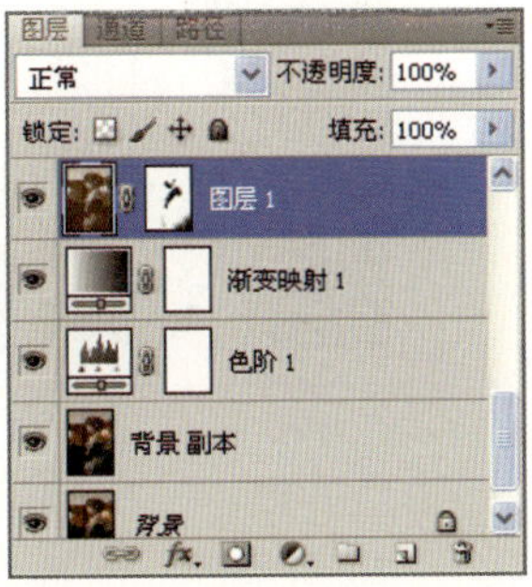

图4-185

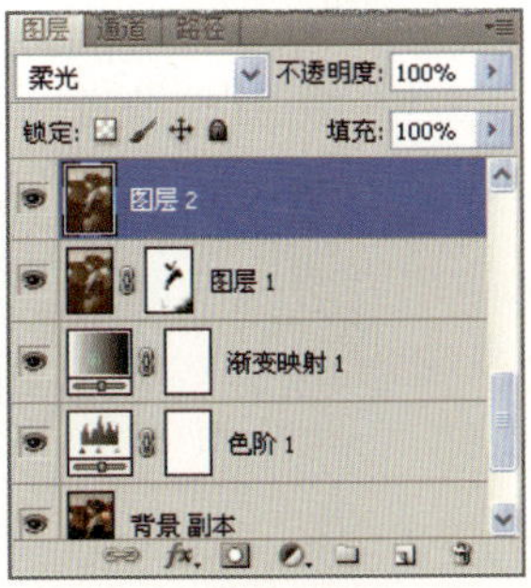

图4-186

图4-187

6 单击“图层”面板底部的“创建新的填充或调整图层”按钮，在弹出的菜单中选择“色彩平衡”选项，在弹出的面板中设置参数如图4-188所示，设置完毕后单击关闭按钮，效果如图4-189所示。

7 单击“图层”面板底部的“创建新的填充或调整图层”按钮，在弹出的菜单中选择“亮度/对比度”选项，在弹出的面板中设置参数如图4-190所示，设置完毕后单击关闭按钮，效果如图4-191所示。

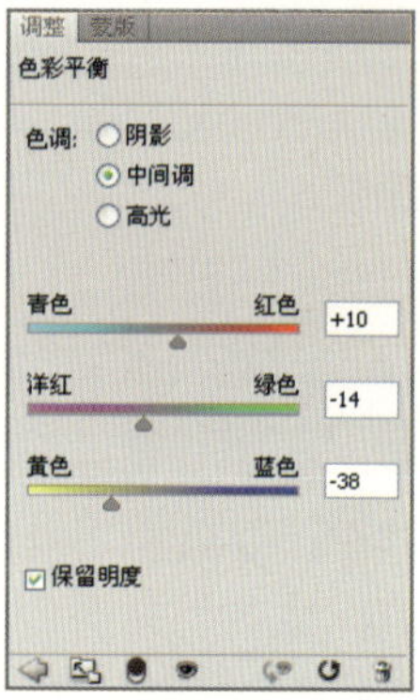

图4-188

图4-189

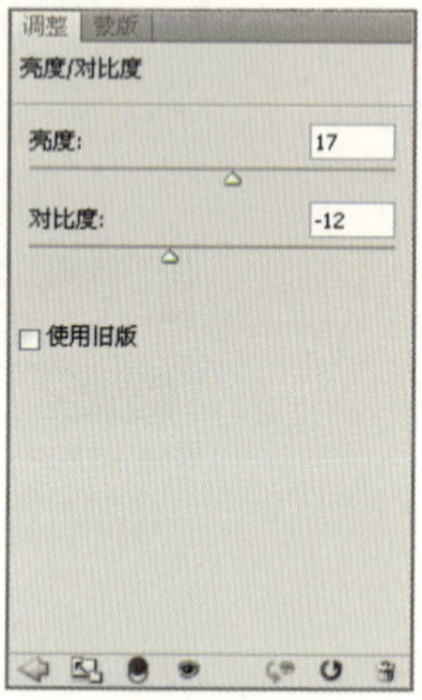

图4-190

图4-191

8 按快捷键Ctrl+Alt+Shift+E盖印所有可见图层，得到“图层3”。按快捷键Ctrl+T调整大小，并隐藏除“图层3”以外的所有图层，如图4-192所示。

技巧与提示

在对图像进行自由变换时，按住Shift键拖动变换框四角的点可等比例改变图像的大小。若不按住Shift键直接拖动，会改变图像长宽比例。按快捷键Shift+Alt可向图像的中心点缩放。

9 单击“图层”面板底部的“创建新图层”按钮，得到“图层4”，填充白色，并将其移至“图层3”下方，如图4-193所示。

10 按快捷键Ctrl+A全选，如图4-194所示。

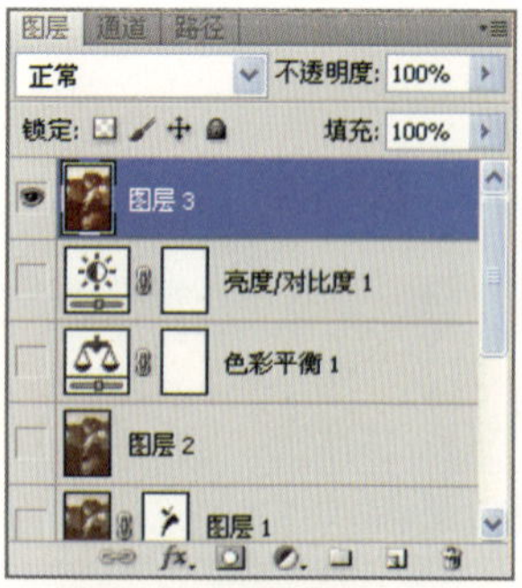

图4-192

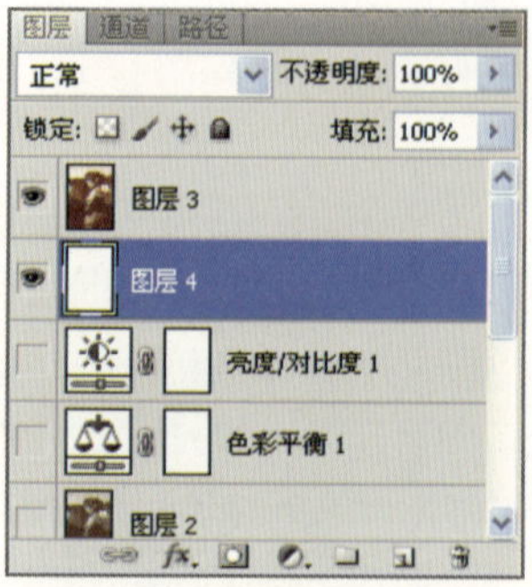

图4-193

图4-194

11 切换至“路径”面板，单击面板底部的“将选区转换为路径”按钮，使用“钢笔工具”对路径进行调整，效果如图4-195所示。按快捷键Ctrl+Enter将路径转换为选区。切换至“图层”面板，选择“图层3”，按Delete键删除选区内的图像，如图4-196所示。

12 单击工具箱中的“钢笔工具”，在图像中绘制路径如图4-197所示。按快捷键Ctrl+Enter将路径转换为选区，按快捷键Shift+Ctrl+I反选选区，如图4-198所示。

图4-195

图4-196

图4-197

图4-198

13 单击“图层”面板底部的“创建新图层”按钮，得到“图层5”，如图4-199所示。选择“渐变工具”，在选区内拖出渐变，如图4-200所示。

14 使用“钢笔工具”在图像中绘制路径如图4-201所示。

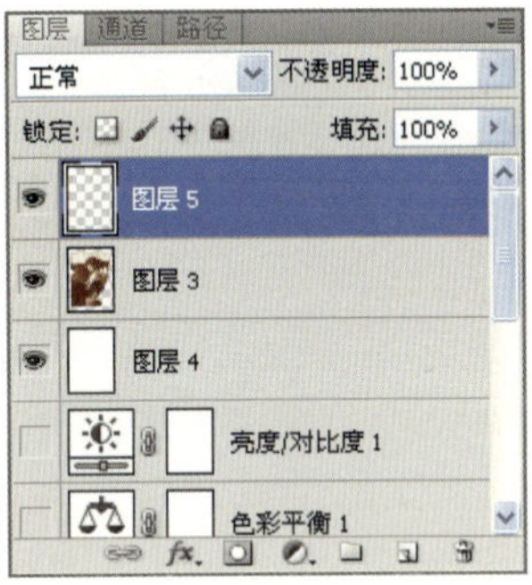

图4-199

图4-200

图4-201

15 单击“图层”面板底部的“创建新图层”按钮，得到“图层6”，将此图层移至“图层5”下方，如图4-202所示。按快捷键Ctrl+Enter将路径转换为选区。按快捷键Shift+Ctrl+I反选选区，并填充前景色，效果如图4-203所示。

16 单击工具箱中的“模糊工具”，在图像黑色阴影边缘处涂抹，效果如图4-204所示。

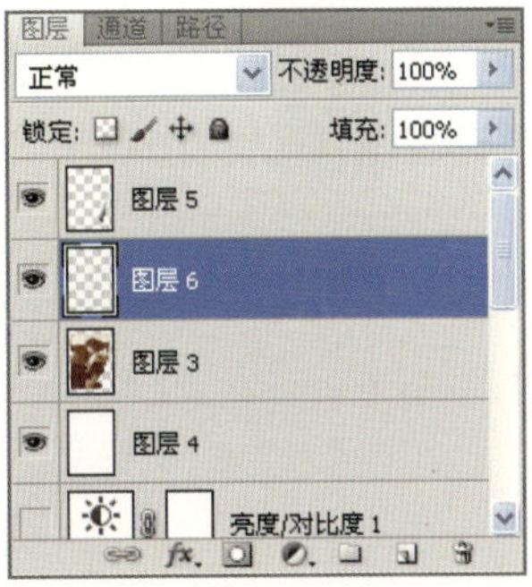

图4-202

图4-203

图4-204

17 将前景色设置为白色，单击工具箱中的“横排文字工具”T，在图像中输入文字，如图4-205所示。

18 单击“图层”面板底部的“创建新图层”按钮，得到“图层7”，如图4-206所示。选择“画笔工具”，在画笔列表中选择“星形”画笔，在图像中单击，最终效果如图4-207所示。

图4-205

图4-206

图4-207

扩展实例11

难易度 ★★★★★

- 原始素材文件：书中实例素材\第4章\扩展实例11\快速制作照片卷页素材图.jpg
- 最终效果文件：书中实例效果图\第4章\扩展实例11\快速制作照片卷页.psd
- 视频教学文件：书中实例视频\第4章\扩展实例\4.11.flv

快速制作照片卷页

重点提示 1 打开随书所附光盘中的扩展实例素材“快速制作照片卷页素材图.jpg”，将此图层拖曳至“图层”面板底部的“创建新图层”按钮上，得到“背景 副本”图层。单击“图层”面板底部的“创建新的填充或调整图层”按钮，在弹出的菜单中选择“亮度/对比度”选项，在弹出的面板中设置参数。

重点提示 2 按快捷键Ctrl+Alt+Shift+E盖印所有可见图层，得到“图层1”。新建“图层2”，并填充白色。将“图层2”移至“图层1”下方。选择“图层1”，按快捷键Ctrl+T调出自由变换框，缩小图像。单击工具箱中的“钢笔工具”，在画面中绘制路径，得到卷页效果。按快捷键Ctrl+Enter将路径转换为选区，按快捷键Shift+Ctrl+I反选选区。选择“图层1”，按Delelte键删除选区内的图像。

重点提示 3 使用“钢笔工具”在画面中绘制卷页路径，按快捷键Ctrl+Enter将路径转换为选区，按快捷键Ctrl+Shift+I反选选区。选择工具箱中的“渐变工具”，在其工具选项栏中单击可编辑渐变色条，设置渐变颜色为白色到深灰色，拖出渐变效果。新建“图层4”，填充黑色，将其“不透明度”设置为“80%”。选择工具箱中的“模糊工具”，在其工具选项栏中设置“强度”为“100%”，在图像边缘处进行模糊处理，使图像更加真实。

原始素材文件：
书中实例素材\第4章\实例10\制作炫美逆光效果素材图.jpg

最终效果文件：
书中实例效果图\第4章\实例10\制作炫美逆光效果.psd

视频教学文件：
书中实例视频\第4章\实例\4.10.flv

实例10

难易度 ★★★★★

制作炫美逆光效果

例前导读

本例视频教程长度：6分48秒

- 利用“多边形套索工具”绘制人物大体形状并填充实色。
- 使用“纹理”滤镜创建画面立体纹理效果。
- 利用不同的图层混合模式叠加图片，形成交错效果。

1 打开随书所附光盘中的实例素材“制作炫美逆光效果素材图.jpg”，如图4-208所示。

2 单击工具箱中的“多边形套索工具”，沿着人物边缘绘制选区，如图4-209所示。

图4-208

图4-209

3 单击“图层”面板底部的“创建新图层”按钮，得到“图层1”，如图4-210所示。将前景色设置为黑色，按快捷键Alt+Delete填充前景色，按快捷键Shift+Ctrl+I反选选区，填充白色，如图4-211所示。

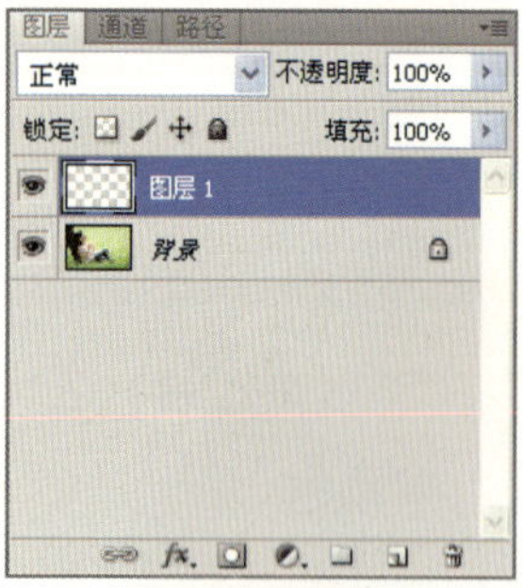

图4-210

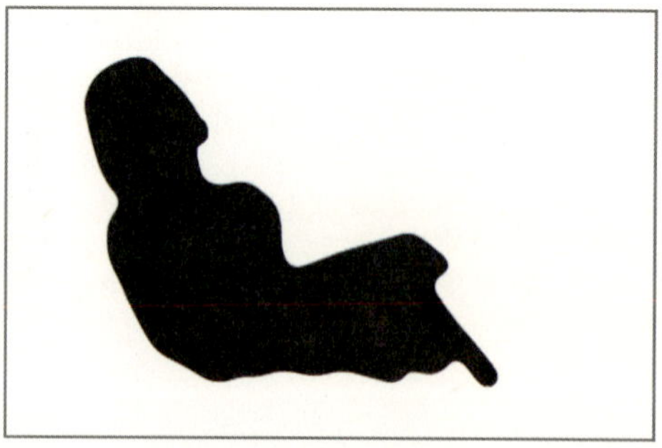

图4-211

4 单击“图层”面板底部的“创建新图层”按钮，得到“图层2”和“图层3”。选择“图层3”并填充黑色，如图4-212所示。

5 选择“图层2”，使用“椭圆选框工具”在图像中绘制选区，并填充白色，如图4-213所示。

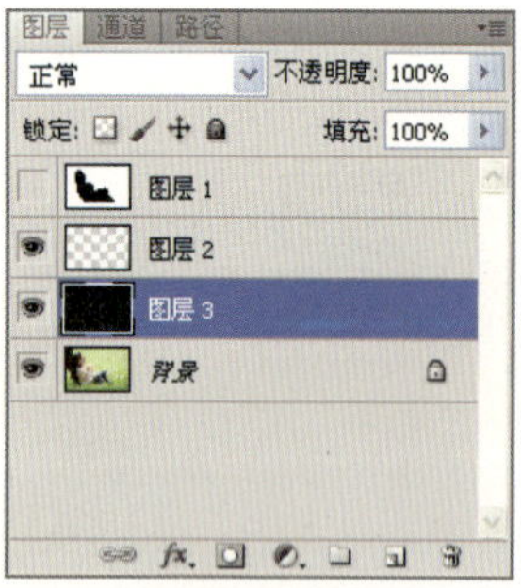

图4-212

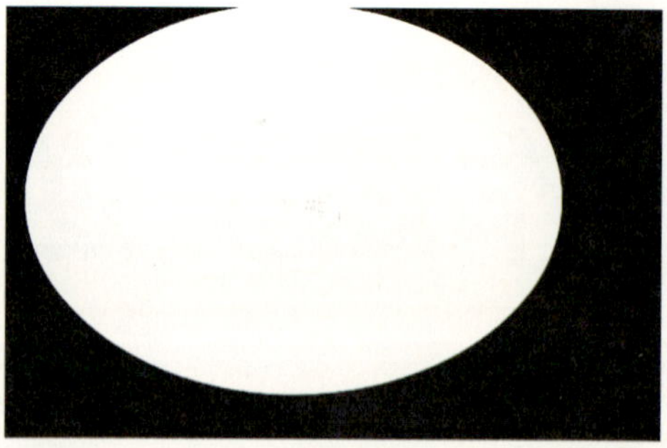

图4-213

6 双击“图层2”，在弹出的“图层样式”对话框中设置各项参数如图4-214所示，设置完毕后单击“确定”按钮，效果如图4-215所示。

7 选择“图层2”，按快捷键Ctrl+E向下合并图层，得到“图层2”，如图4-216所示。

8 隐藏“图层1”，切换至“通道”面板，按住Ctrl键单击“RGB”通道缩览图，调出其选区。切换至“图层”面板，显示“图层1”，效果如图4-217所示。

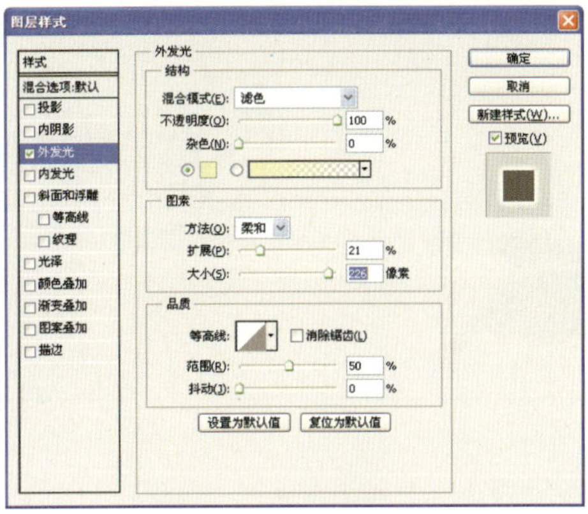

图4-214

图4-215

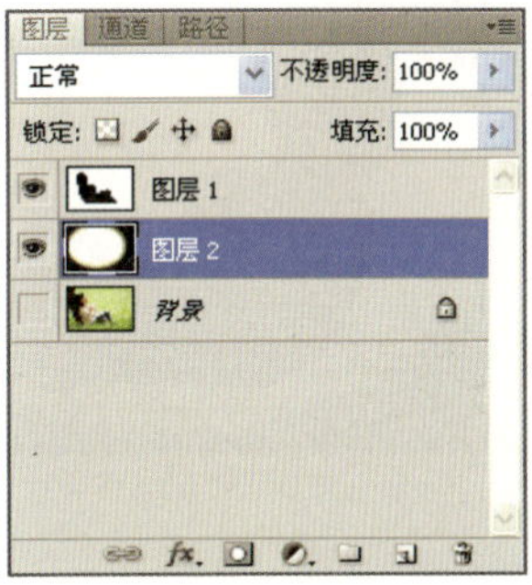

图4-216

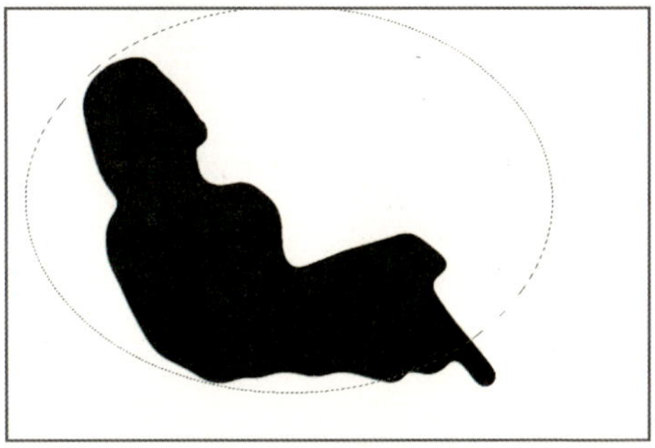

图4-217

9 选择“图层1”，在菜单栏中选择“滤镜”|“模糊”|“高斯模糊”命令，在弹出的对话框中设置参数如图4-218所示，设置完毕后单击“确定”按钮，效果如图4-219所示。

图4-218

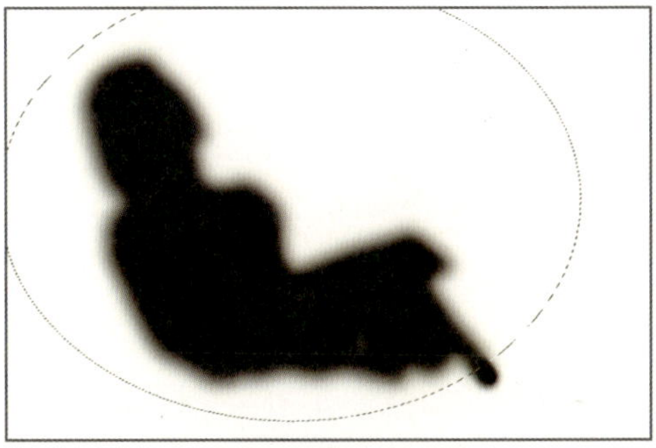

图4-219

10 保持选区不变，在菜单栏中选择“图像”|“调整”|“色阶”命令，在弹出的对话框中设置参数如图4-220所示，设置完毕后单击“确定”按钮，效果如图4-221所示。

11 选择“图层1”，将此图层的混合模式设置为“正片叠底”，如图4-222所示，效果如图4-223所示。

12 单击“图层”面板底部的“创建新的填充或调整图层”按钮，在弹出的菜单中选择“渐变映射”选项，在弹出的面板中设置各项参数如图4-224所示，设置完毕后单击“确定”按钮，效果如图4-225所示。

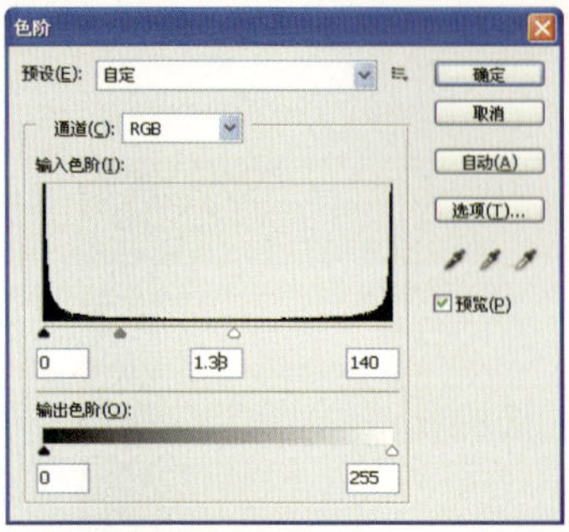

图4-220

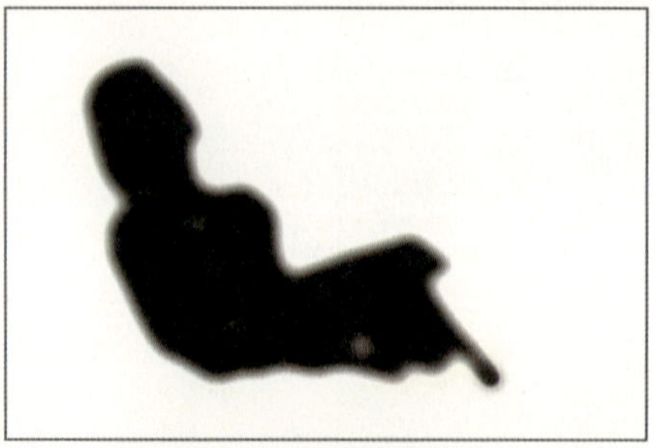
图4-221

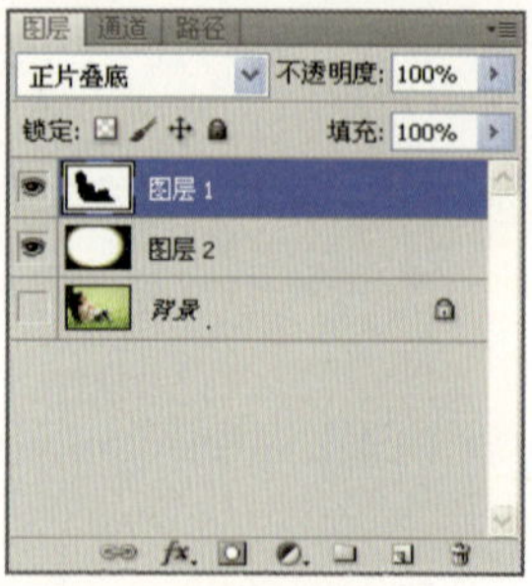

图4-222

图4-223

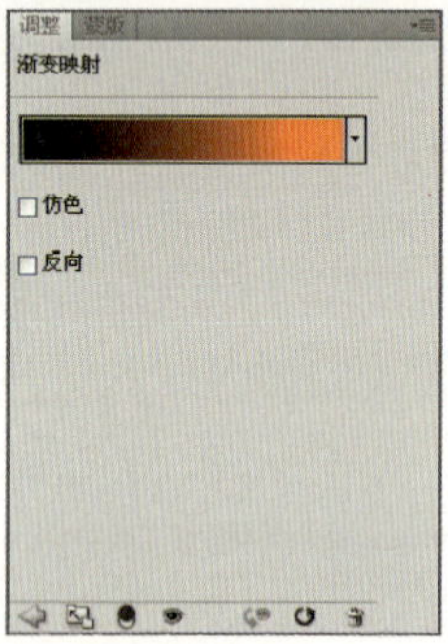

图4-224

图4-225

13 单击“图层”面板底部的“创建新图层”按钮，得到“图层3”，如图4-226所示。在菜单栏中选择“滤镜”|“渲染”|“云彩”命令，效果如图4-227所示。

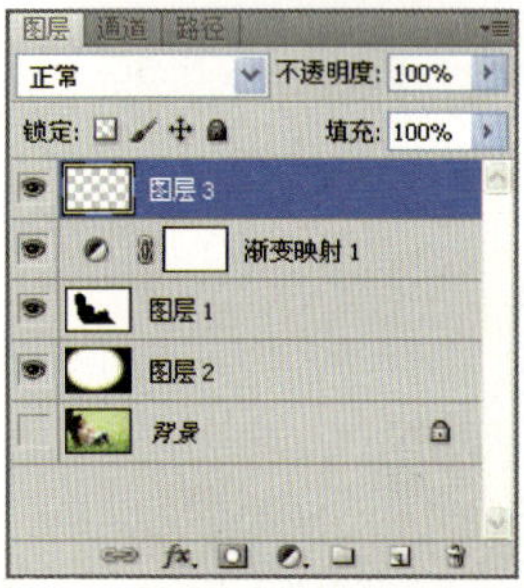

图4-226

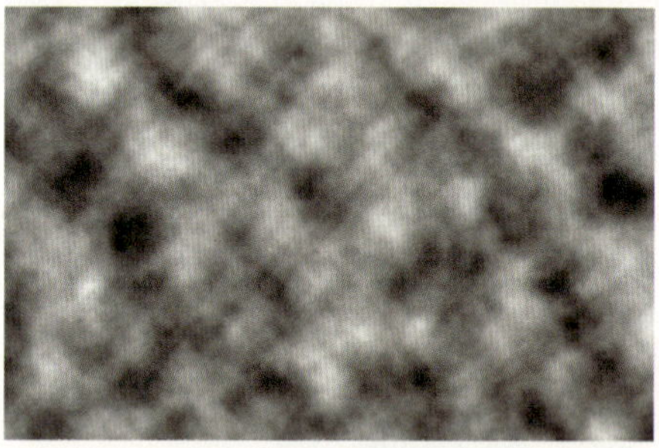
图4-227

14 选择“图层3”，在菜单栏中选择“图像”|“调整”|“色阶”命令，在弹出的对话框中设置参数如图4-228所示，设置完毕后单击“确定”按钮，效果如图4-229所示。

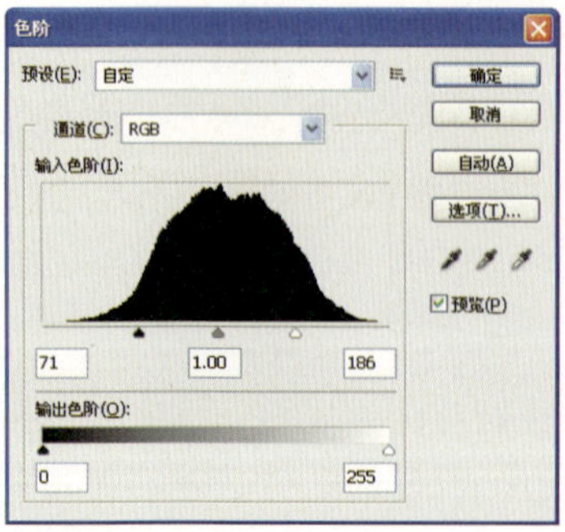

图4-228

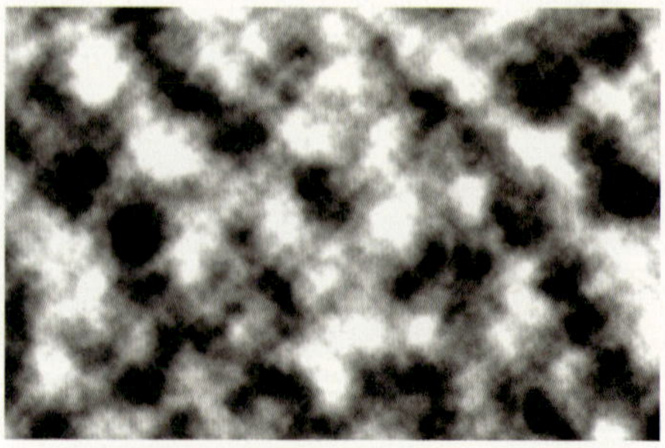
图4-229

15 在菜单栏中选择“滤镜”|“纹理”|“纹理化”命令，在弹出的对话框中设置参数如图4-230所示，设置完毕后单击“确定”按钮，效果如图4-231所示。

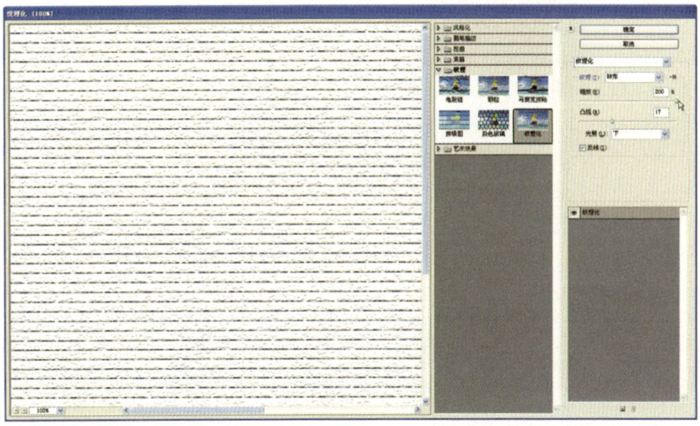

图4-230

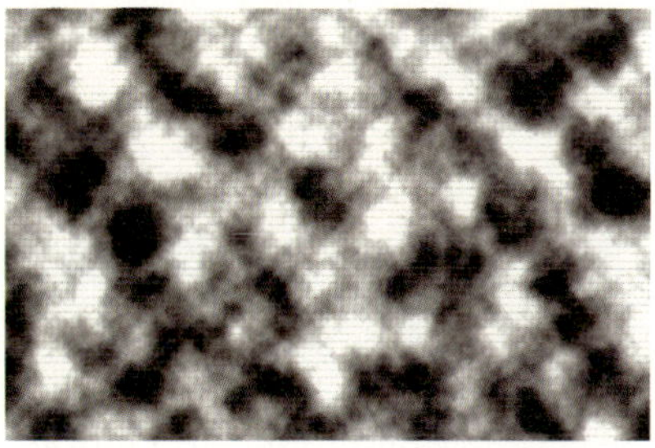

图4-231

16 在菜单栏中选择“图像”|“调整”|“色彩平衡”命令，在弹出的对话框中设置参数如图4-232所示，设置完毕后单击“确定”按钮，效果如图4-233所示。

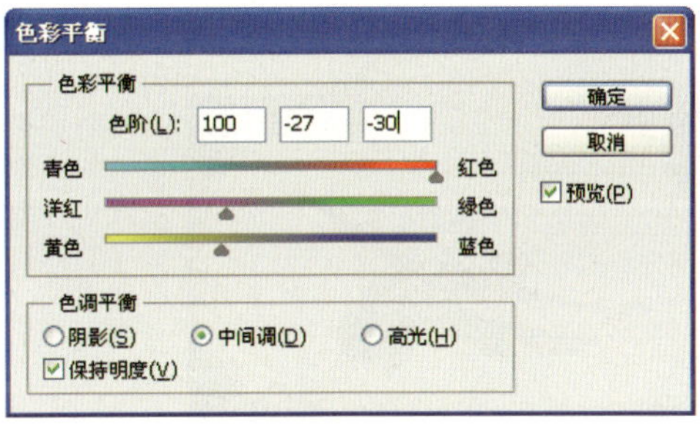

图4-232

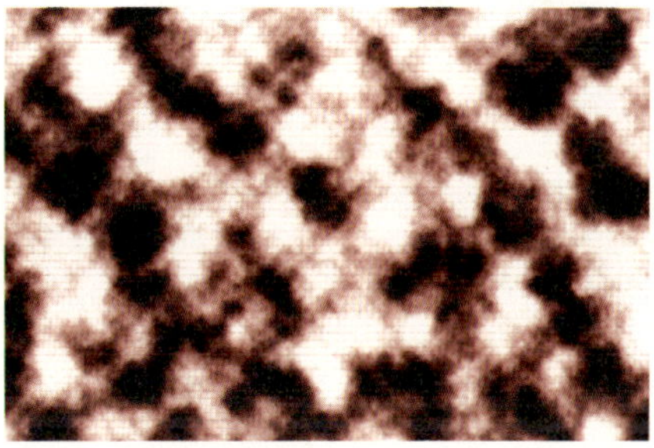

图4-233

17 将“图层3”的混合模式设置为“叠加”，如图4-234所示，效果如图4-235所示。

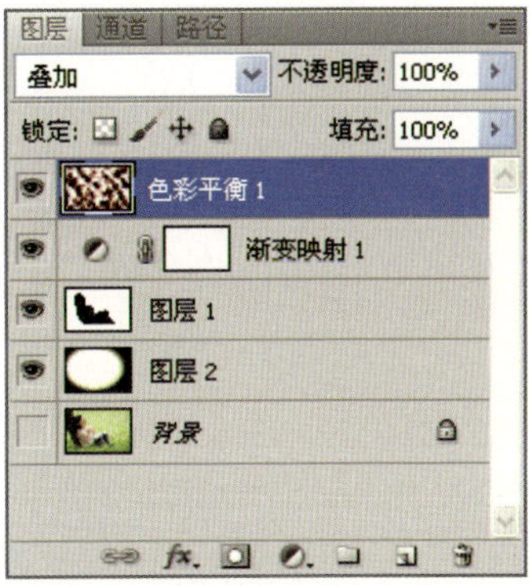

图4-234

图4-235

18 选择“背景”图层，将其拖曳至“图层”面板底部的“创建新图层”按钮上，得到“背景 副本”图层，并将其移至面板顶层。将“背景 副本”图层的混合模式设置为“强光”，如图4-236所示，设置“图层2”的混合模式为“变亮”，“不透明度”为“42%”，最终效果如图4-237所示。

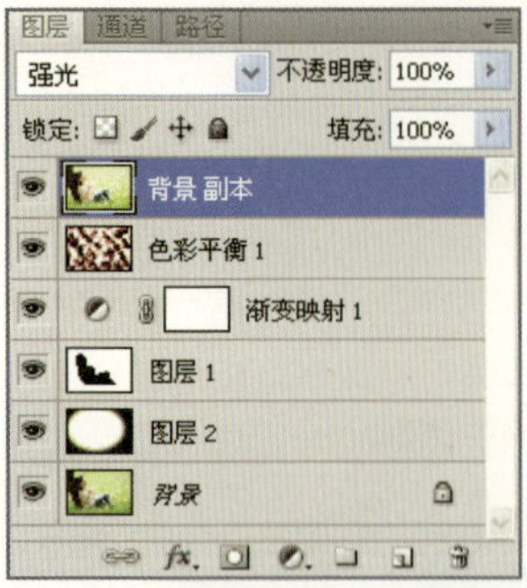

图4-236

图4-237

扩展实例12

难易度 ★★★★★

- 原始素材文件：书中实例素材\第4章\扩展实例12\制作扩散光效果素材图.jpg
- 最终效果文件：书中实例效果图\第4章\扩展实例12\制作扩散光效果.psd
- 视频教学文件：书中实例视频\第4章\扩展实例\4.12.flv

制作扩散光效果

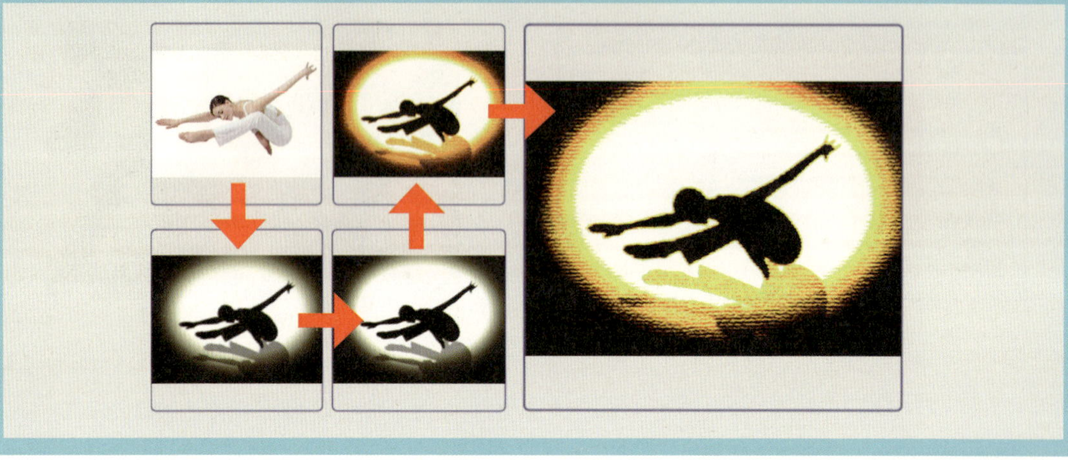

重点提示 1 打开随书所附光盘中的扩展实例素材“制作扩散光效果素材图.jpg”，选择工具箱中的“魔棒工具”，单击白色背景载入选区。按快捷键Shift+Ctrl+I反选选区。将前景色设置为黑色，单击“图层1”的图层缩览图，以调出其选区，填充前景色。选择“图层1”，按快捷键Ctrl+T调出自由变换框，拖动控制点调整其大小，调整后按Enter键确认变换操作。

重点提示 2 按快捷键Ctrl+E向下合并图层，得到“图层2”。新建“图层3”，将前景色设置为黑色，按快捷键Alt+Delete填充前景色。新建“图层4”，使用“椭圆选框工具”在图像中绘制椭圆选区并填充白色。切换至“通道”面板，按住Ctrl键单击“RGB”通道缩览图，调出其选区。按快捷键Ctrl+Shift+Alt+E盖印所有可见图层，得到“图层4”。

重点提示 3 新建“图层5”，将前景色和背景色设置为黑色和白色。在菜单栏中选择“滤镜”|“渲染”|“云彩”命令。选择“图层5”，在菜单栏中选择“滤镜”|“纹理”|“纹理化”命令，在弹出的对话框中设置各项参数。选择“图层5”，将此图层的混合模式设置为“叠加”。

原始素材文件：
书中实例素材\第4章\实例11\制作油彩钢笔效果素材图.jpg

最终效果文件：
书中实例效果图\第4章\实例11\制作油彩钢笔效果.psd

视频教学文件：
书中实例视频\第4章\实例\4.11.flv

实例11

难易度 ★★★★★

制作油彩钢笔效果

例前导读

本例视频教程长度：5分3秒

- 使用“滤镜”命令制作钢笔油彩效果。
- 使用混合模式混合图像。

1 打开随书所附光盘中的实例素材“制作油彩钢笔效果素材图.jpg”，如图4-238所示，将此图层拖曳至“图层”面板底部的“创建新图层”按钮上，得到“背景 副本”图层。按快捷键Ctr+Shift+U去色，效果如图4-239所示。

图4-238

图4-239

2 选择“背景 副本”图层，将其拖曳至“图层”面板底部的“创建新图层”按钮上，得到“背景 副本2”图层。按快捷键Ctrl+I反相图像。将“背景 副本2”图层的混合模式设置为“颜色减淡”，如图4-240所示，效果如图4-241所示。

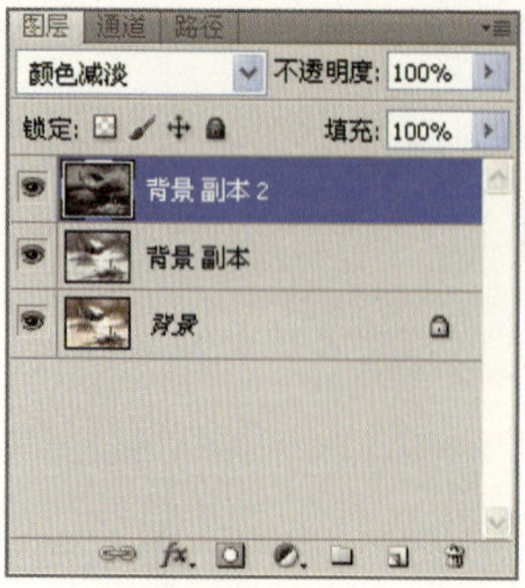

图4-240

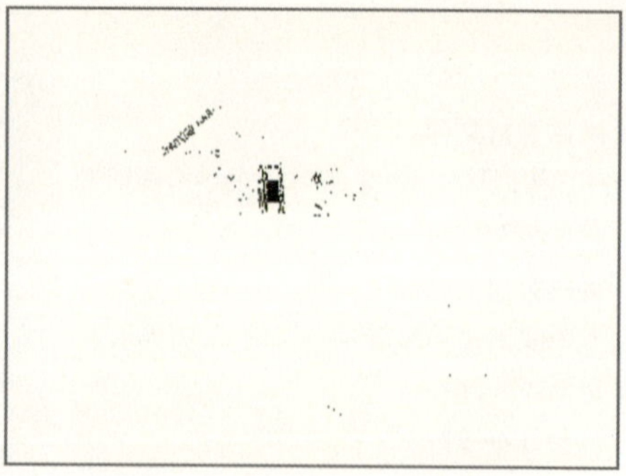

图4-241

3 在菜单栏中选择“滤镜”|“其它”|“最小值”命令，在弹出的对话框中设置参数如图4-242所示，设置完毕后单击“确定”按钮，效果如图4-243所示。

4 按快捷键Ctrl+Alt+Shift+E盖印所有可见图层，得到“图层1”，如图4-244所示。

5 在菜单栏中选择“图像”|“调整”|“反相”命令，效果如图4-245所示。

6 在菜单栏中选择“滤镜”|“模糊”|“特殊模糊”命令，在弹出的对话框中设置参数如图4-246所示，设置完毕后单击“确定”按钮，效果如图4-247所示。

图4-242

图4-243

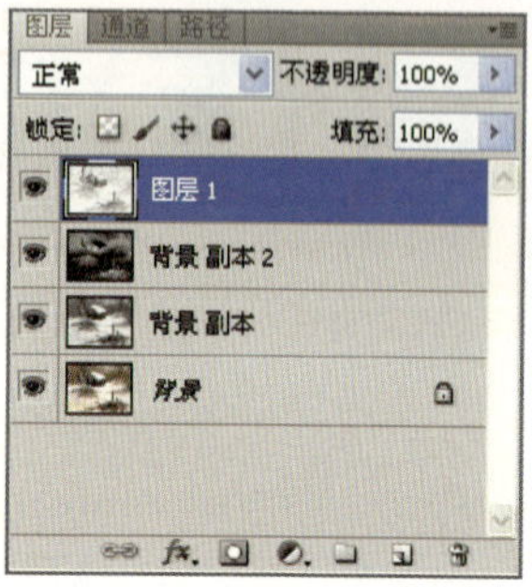

图4-244

图4-245

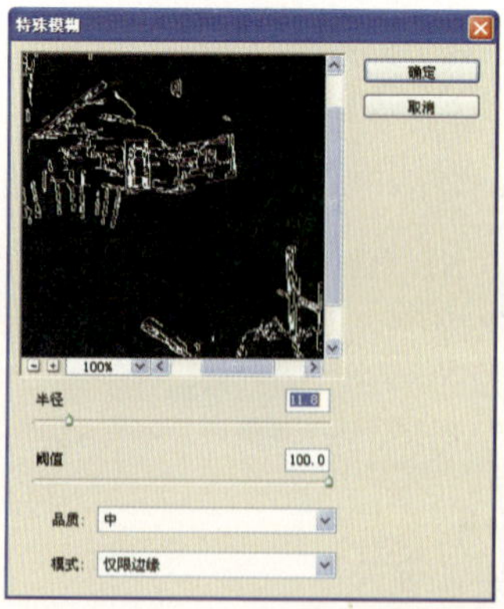

图4-246

图4-247

7 在菜单栏中选择“图像”|“调整”|“反相”命令，效果如图4-248所示。

8 选择“背景”图层，将其拖曳至“图层”面板底部的“创建新图层”按钮上，得到“背景 副本3”图层，如图4-249所示。

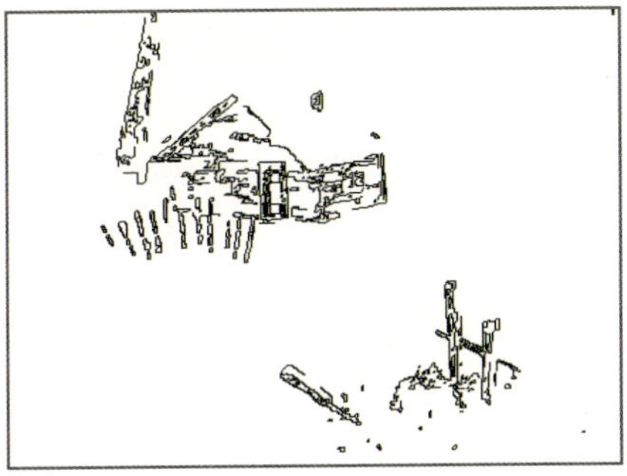

图4-248

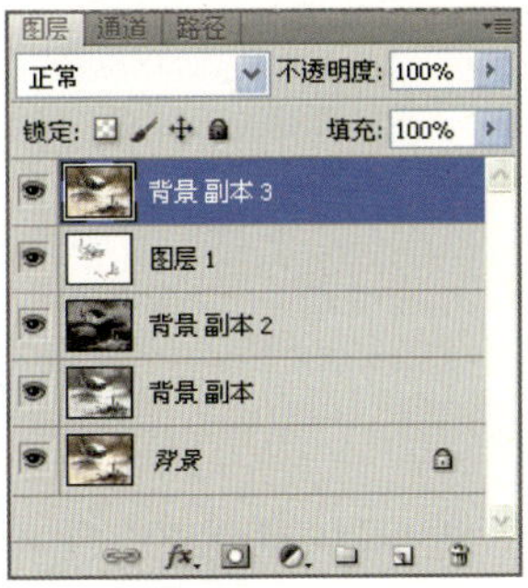

图4-249

9 在菜单栏中选择“滤镜”|“模糊”|“特殊模糊”命令，在弹出的对话框中设置参数如图4-250所示，设置完毕后单击“确定”按钮，效果如图4-251所示。

图4-250

图4-251

10 在菜单栏中选择“滤镜”|“艺术效果”|“水彩”命令，在弹出的对话框中设置参数如图4-252所示，设置完毕后单击“确定”按钮，效果如图4-253所示。

图4-252

图4-253

11 在菜单栏中选择“编辑”|“渐隐”命令，在弹出的对话框中设置参数如图4-254所示，设置完毕后单击“确定”按钮。

12 选择“背景 副本3”图层，将此图层的混合模式设置为“正片叠底”，如图4-255所示，效果如图4-256所示。

13 将“背景 副本3”图层拖曳至“图层”面板底部的“创建新图层”按钮上，得到“背景 副本4”图层，如图4-257所示。

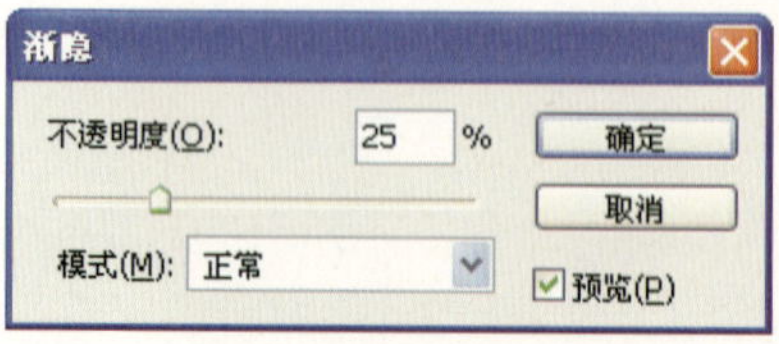

图4-254

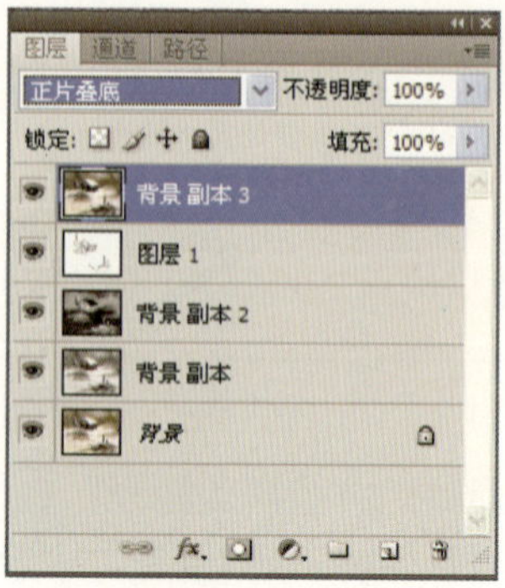

图4-255

图4-256

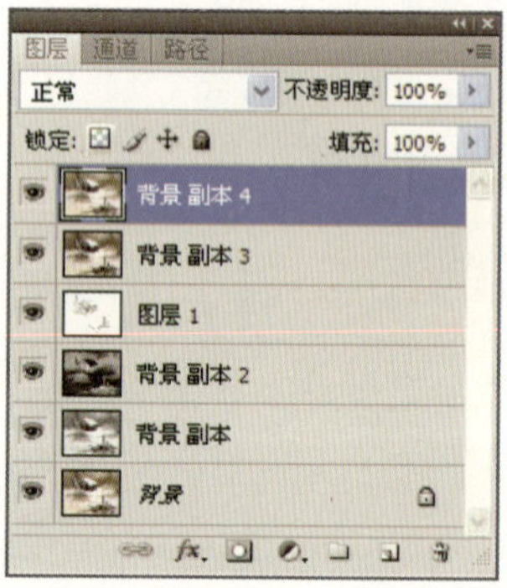

图4-257

14 在菜单栏中选择“滤镜”|“模糊”|“高斯模糊”命令，在弹出的对话框中设置参数如图4-258所示。

15 将“背景 副本4”图层的混合模式设置为“正片叠底”，如图4-259所示，效果如图4-260所示。

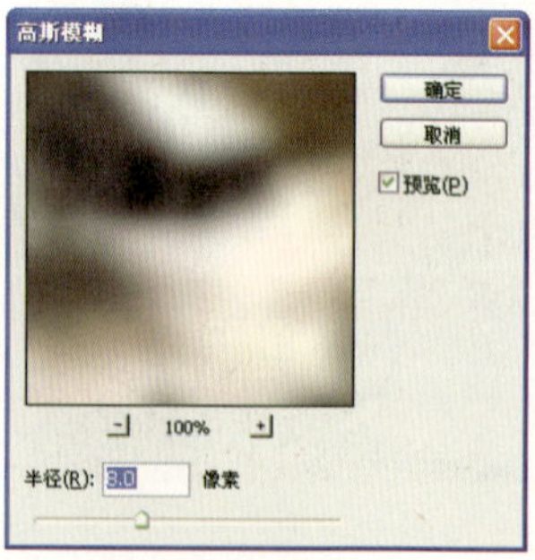

图4-258

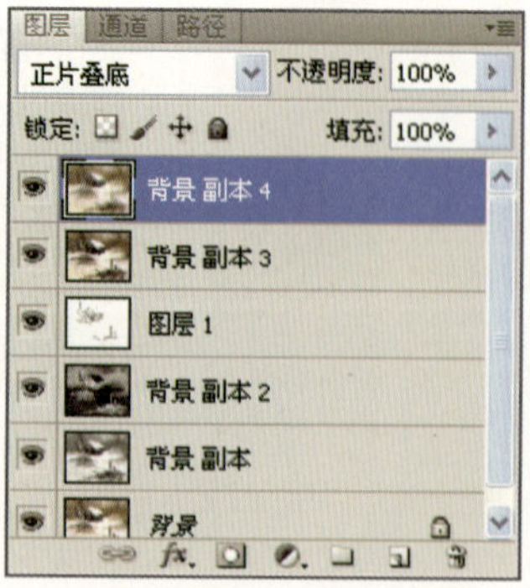

图4-259

图4-260

16 单击“图层”面板底部的“创建新的填充或调整图层”按钮，在弹出的菜单中选择“色阶”选项，在弹出的面板中设置参数如图4-261所示，设置完毕后单击关闭按钮，效果如图4-262所示。

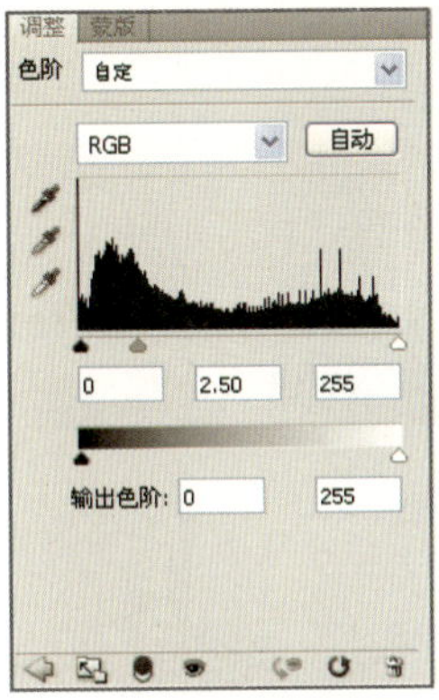

图4-261

图4-262

17 单击“图层”面板底部的“创建新的填充或调整图层”按钮，在弹出的菜单中选择“色相/饱和度”选项，在弹出的面板中设置参数如图4-263所示，设置完毕后单击关闭按钮，效果如图4-264所示。

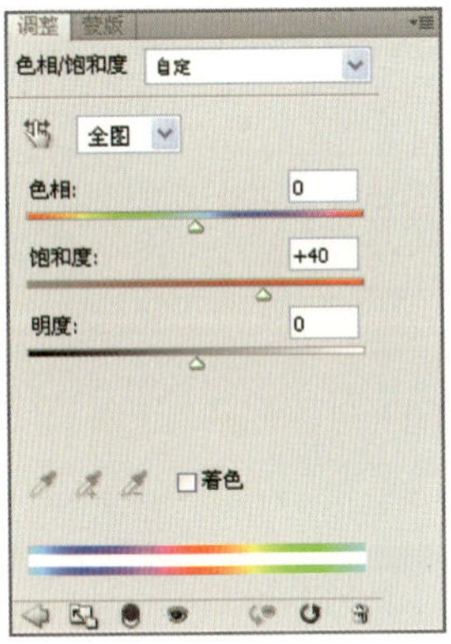

图4-263

图4-264

18 单击工具箱中的“横排文字工具”，在图像中输入文字，如图4-265所示。

19 双击文字图层，在弹出的“图层样式”对话框中设置各项参数如图4-266和图4-267所示，设置完毕后单击“确定”按钮，最终效果如图4-268所示。

图4-265

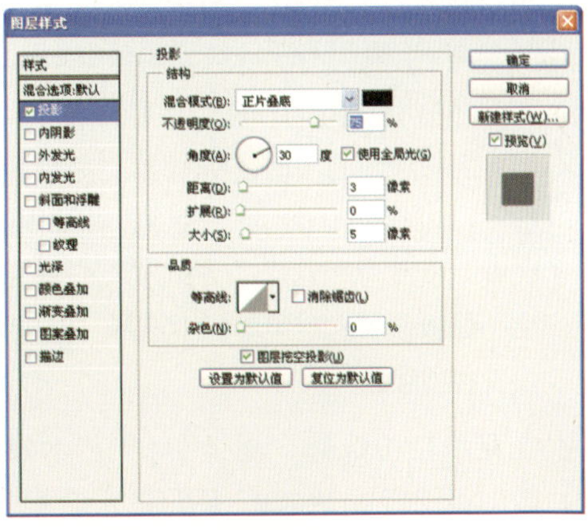

图4-266

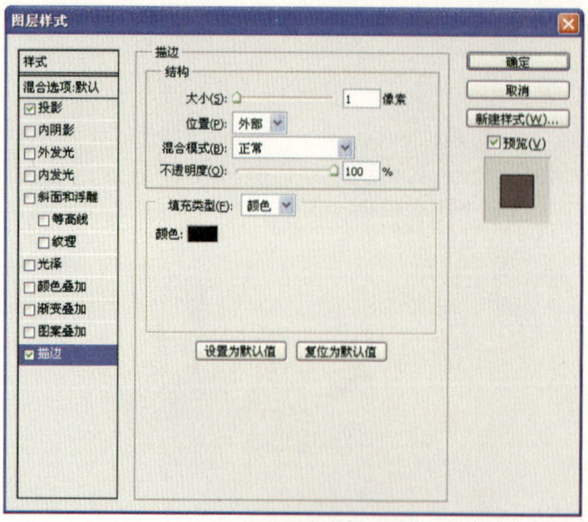

图4-267

图4-268

扩展实例13

难易度 ★★★★★

- 原始素材文件：书中实例素材\第4章\扩展实例13\制作油彩画效果素材图.jpg
- 最终效果文件：书中实例效果图\第4章\扩展实例13\制作油彩画效果.psd
- 视频教学文件：书中实例视频\第4章\扩展实例\4.13.flv

制作油彩画效果

重点提示 1 打开随书所附光盘中的扩展实例素材“制作油彩画效果素材图.jpg”，将此图层拖曳至“图层”面板底部的“创建新图层”按钮上，得到“背景 副本”图层。在菜单栏中选择“图像”|“调整”|“色阶”命令，在弹出的对话框中设置参数。将“背景 副本”图层的“不透明度”设置为“50%”。将“背景”图层复制一层，得到“背景 副本2”图层，将其置于“图层”面板顶层。在菜单栏中选择“滤镜”|“模糊”|“特殊模糊”命令，在弹出的对话框中设置各项参数。

重点提示 2 在菜单栏中选择“滤镜”|“艺术效果”|“水彩”命令，在弹出的对话框中设置参数。将“背景 副本2”图层的混合模式设置为“正片叠底”。将“背景”图层再复制一层，得到“背景 副本3”图层，将其置于“图层”面板顶层。

原始素材文件：
书中实例素材\第4章\实例12\制作水墨流水效果素材图.jpg

最终效果文件：
书中实例效果图\第4章\实例12\制作水墨流水效果.psd

视频教学文件：
书中实例视频\第4章\实例\4.12.flv

实例12

难易度 ★★★★★

制作水墨画效果

例前导读

本例视频教程长度：3分7秒

- 使用调整图层调整图像色调。
- 使用混合模式混合图像。

1 打开随书所附光盘中的实例素材“制作水墨流水效果素材图.jpg”，如图4-269所示，将此图层拖曳至“图层”面板底部的“创建新图层”按钮上，得到“背景 副本”图层，如图4-270所示。

图4-269

图4-270

2 单击“图层”面板底部的“创建新的填充或调整图层”按钮，在弹出的菜单中选择“色彩平衡”选项，在弹出的面板中设置参数如图4-271至图4-273所示，设置完毕后单击关闭按钮，效果如图4-274所示。

3 按快捷键Ctrl+Alt+Shift+E盖印所有可见图层，得到“图层1”，并将此图层的混合模式设置为“滤色”，如图4-275所示。在菜单栏中选择“图像”|“调整”|“去色”命令，效果如图4-276所示。

4 选择“图层1”，将其拖曳至“图层”面板底部的“创建新图层”按钮上，得到“图层1 副本”图层，将此图层的混合模式设置为“颜色”，如图4-277所示，效果如图4-278所示。

5 单击“图层”面板中的“添加图层蒙版”按钮，为“图层1 副本”图层添加图层蒙版。选择工具箱中的“画笔工具”，在其工具选项栏中设置合适的柔角笔刷，“不透明度”设置为“40%”，在图像中涂抹。“图层”面板如图4-279所示。效果如图4-280所示。

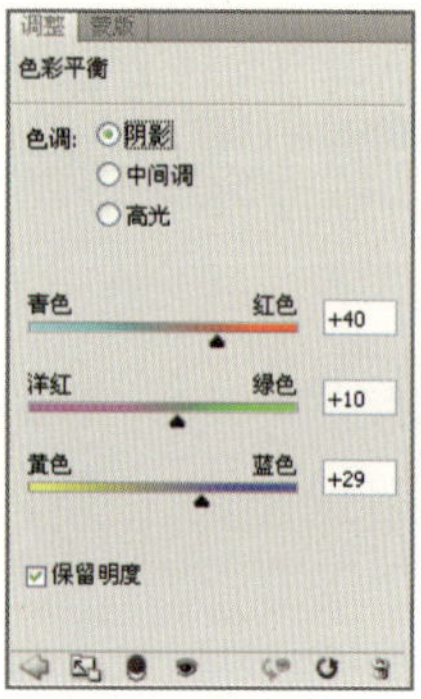

图4-271

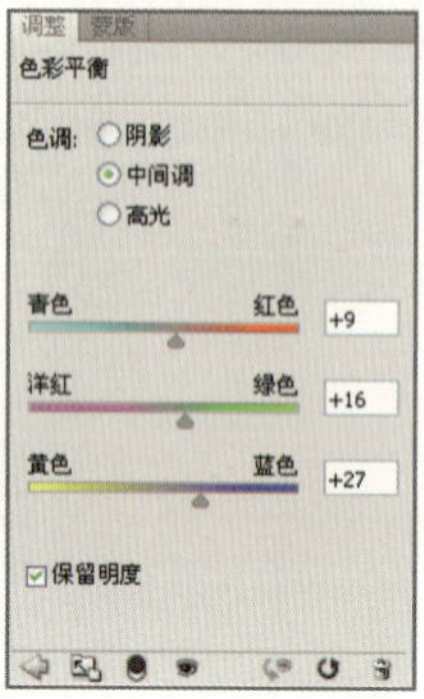

图4-272

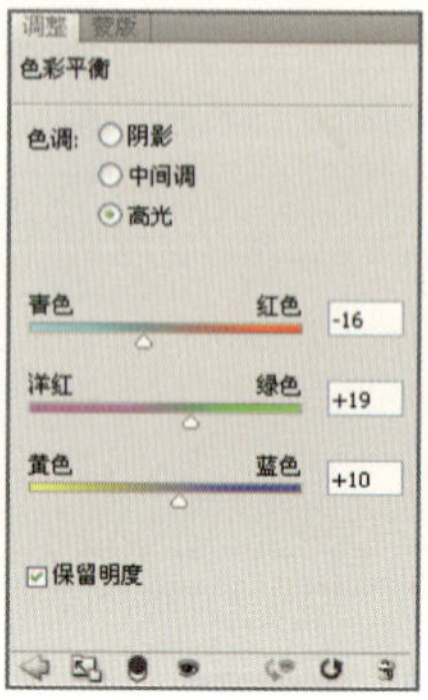

图4-273

图4-274

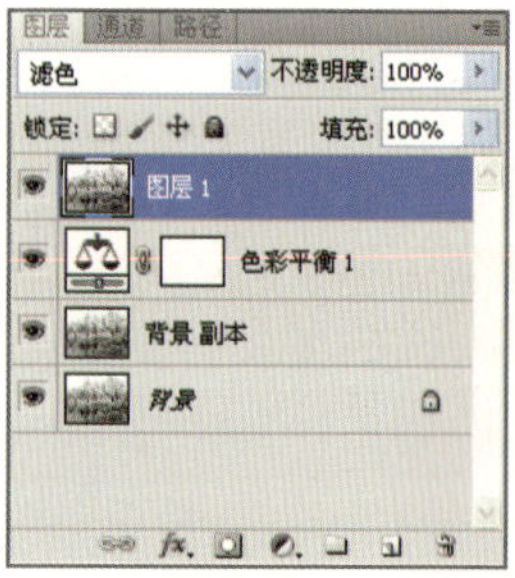

图4-275

图4-276

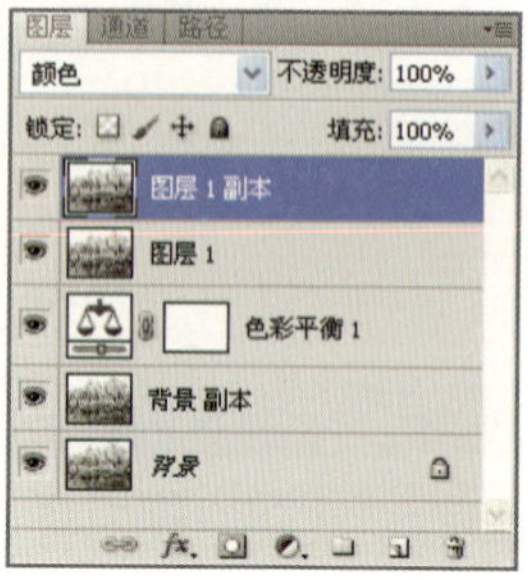

图4-277

图4-278

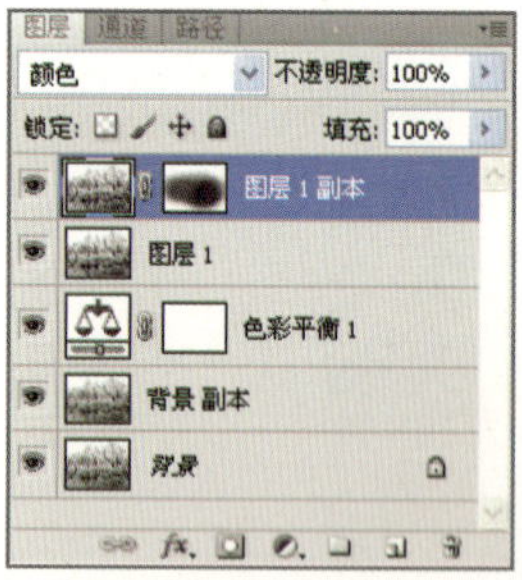

图4-279

图4-280

6 按快捷键Ctrl+Alt+Shift+E盖印所有可见图层，得到“图层2”，如图4-281所示。

7 在菜单栏中选择“滤镜”|“艺术效果”|“水彩”命令，在弹出的对话框中设置参数如图4-282所示。设置完毕后单击“确定”按钮，效果如图4-283所示。

8 选择“图层2”，将此图层的“不透明度”设置为“92%”，如图4-284所示。最终效果如图4-285所示。

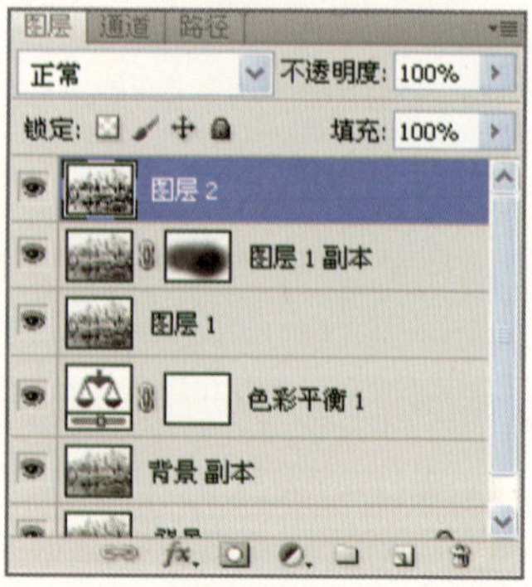

图4-281

图4-282

图4-283

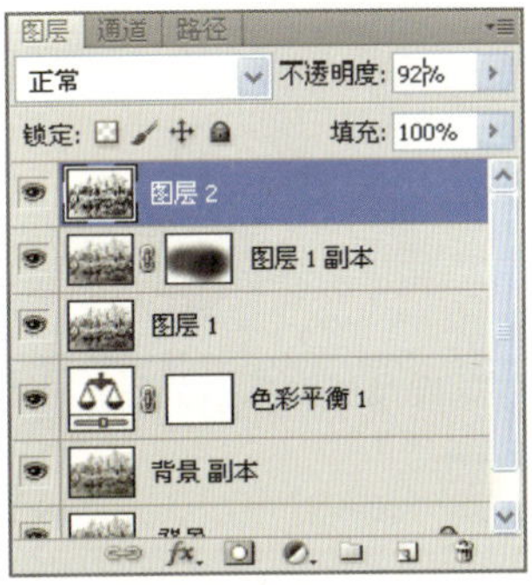

图4-284

图4-285

扩展实例14

难易度 ★★★☆☆

- 原始素材文件：书中实例素材\第4章\扩展实例14\制作水墨荷花效果素材图.jpg
- 最终效果文件：书中实例效果图\第4章\扩展实例14\制作水墨荷花效果.psd
- 视频教学文件：书中实例视频\第4章\扩展实例\4.14.flv

制作水墨荷花效果

重点提示 1 打开随书所附光盘中的扩展实例素材“制作水墨荷花效果素材图.jpg”，将此图层拖曳至“图层”面板底部的“创建新图层”按钮上，得到“背景 副本”图层。在菜单栏中选择“滤镜”|“模糊”|“特殊模糊”命令，在弹出的对话框中设置参数。在菜单栏中选择“编辑”|“渐隐”命令，在弹出的对话框中设置“不透明度”为“86%”。

重点提示 2 按快捷键Ctrl+Alt+Shift+E盖印所有可见图层，得到“图层1”。将“图层1”的混合模式设置为“叠加”，“不透明度”设置为“67%”。

原始素材文件：
书中实例素材\第4章\实例13\制作水彩雪景效果素材图.jpg

最终效果文件：
书中实例效果图\第4章\实例13\制作水彩雪景效果.psd

视频教学文件：
书中实例视频\第4章\实例\4.13.flv

实例13

难易度 ★★★★★

制作水彩雪景效果

例前导读

本例视频教程长度：2分6秒

- 使用调整图层调整图像色调。
- 使用“滤镜”命令制作各种特效。

1 打开随书所附光盘中的实例素材“制作水彩雪景效果素材图.jpg”，如图4-286所示，将此图层拖曳至“图层”面板底部的“创建新图层”按钮上，得到“背景 副本”图层，如图4-287所示。

2 选择“背景 副本”图层，在菜单栏中选择“滤镜”|“模糊”|“特殊模糊”命令，在弹出的对话框中设置参数如图4-288所示，设置完毕后单击“确定”按钮，效果如图4-289所示。

3 选择“背景 副本”图层，将其拖曳至“图层”面板底部的“创建新图层”按钮上，得到“背景 副本2”图层，如图4-290所示。

4 在菜单栏中选择“滤镜”|“风格化”|“查找边缘”命令，在弹出的对话框中设置参数，设置完毕后单击“确定”按钮，效果如图4-291所示。

图4-286

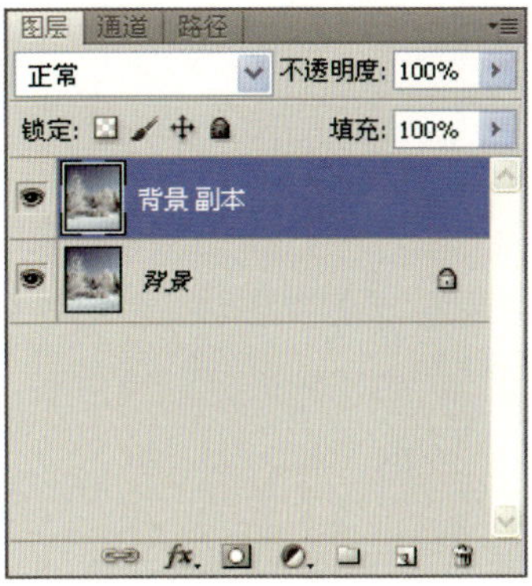

图4-287

图4-288

图4-289

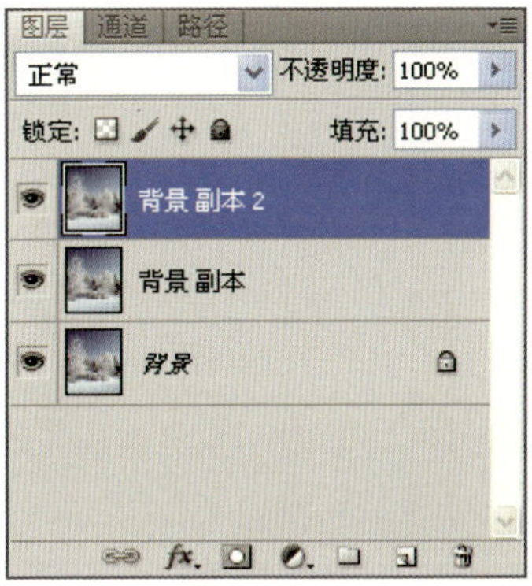

图4-290

图4-291

5 选择“背景 副本2”图层，将此图层的混合模式设置为“叠加”，如图4-292所示，效果如图4-293所示。

6 选择“背景”图层，将其拖曳至“图层”面板底部的“创建新图层”按钮 上，得到“背景 副本3”图层，并将其移至面板顶层，如图4-294所示。

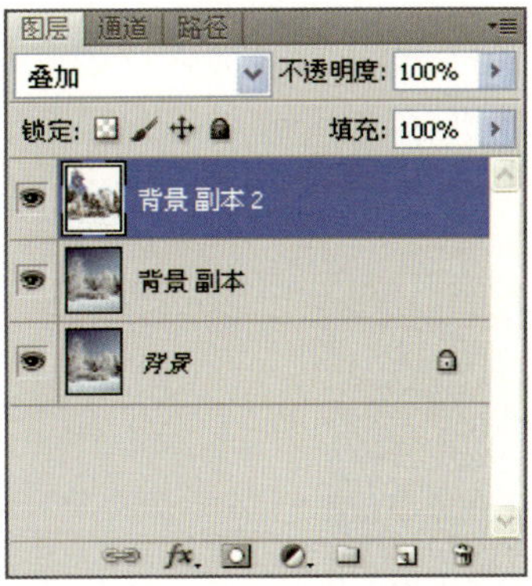

图4-292

图4-293

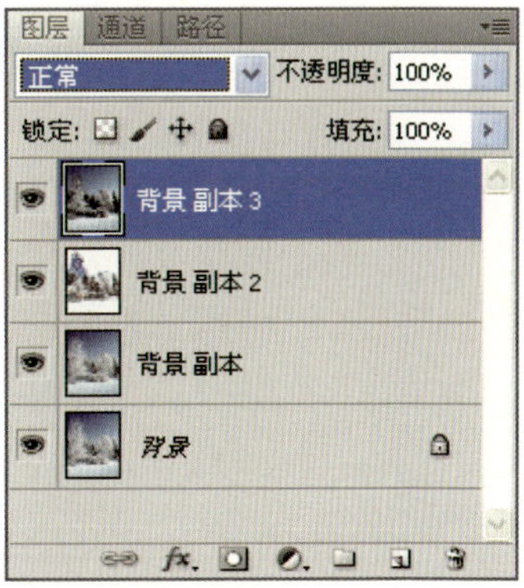

图4-294

7 在菜单栏中选择“滤镜”|“艺术效果”|“水彩”命令，在弹出的对话框中设置参数如图4-295所示，设置完毕后单击“确定”按钮，效果如图4-296所示。

8 选择“背景 副本3”图层，将此图层的混合模式设置为“柔光”，如图4-297所示。最终效果如图4-298所示。

图4-295

图4-296

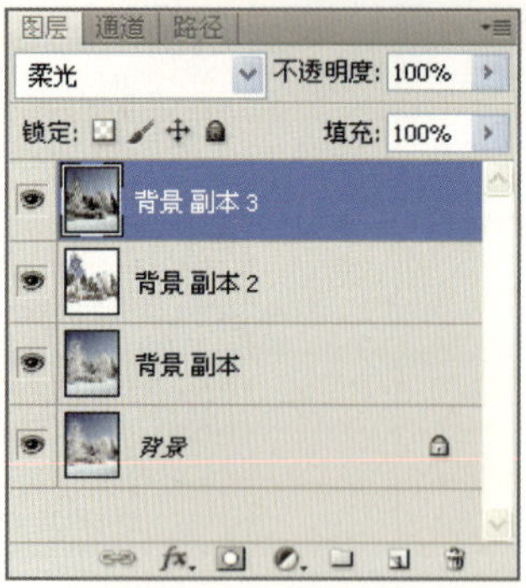

图4-297

图4-298

扩展实例15

难易度 ★★★★★

- 原始素材文件：书中实例素材\第4章\扩展实例15\制作水彩迷幻雪景效果素材图.jpg
- 最终效果文件：书中实例效果图\第4章\扩展实例15\制作水彩迷幻雪景效果.psd
- 视频教学文件：书中实例视频\第4章\扩展实例\4.15.flv

制作水彩迷幻雪景效果

重点提示 1 打开随书所附光盘中的扩展实例素材“制作水彩迷幻雪景效果素材图.jpg”，将此图层拖曳至“图层”面板底部的“创建新图层”按钮上，得到“背景 副本”图层。将

“背景 副本”图层复制一层，得到“背景 副本2”图层。

重点提示 2 在菜单栏中选择“滤镜”|“模糊”|“高斯模糊”命令，在弹出的对话框中设置各项参数。将“背景 副本2”图层的混合模式设置为“叠加”。将“背景”图层再复制一层，得到“背景 副本3”图层，并将其移至“图层”面板顶层。

重点提示 3 在菜单栏中选择“滤镜”|“艺术效果”|“水彩”命令，在弹出的对话框中设置各项参数。将“背景 副本3”图层的混合模式设置为“柔光”。

原始素材文件：
书中实例素材\第4章\实例14\制作照片的艺术边缘效果素材图.jpg

最终效果文件：
书中实例效果图\第4章\实例14\制作照片的艺术边缘效果.psd

视频教学文件：
书中实例视频\第4章\实例\4.14.flv

实例14

难易度 ★★★★★

制作照片的艺术边缘效果

例前导读

本例视频教程长度：6分21秒

- 使用“位图”命令制作纹理化效果。
- 使用“滤镜”命令制作个性边缘。

1 打开随书所附光盘中的实例素材“制作照片的艺术边缘效果素材图.jpg”，如图4-299所示。

2 在菜单栏中选择“图像”|“复制”命令，在弹出的对话框中单击“确定”按钮，如图4-300所示。

图4-299

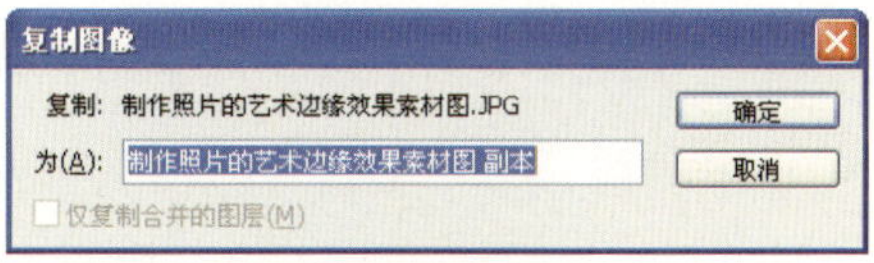

图4-300

技巧与提示

“图像”菜单下的“复制”命令是针对文档而言的，执行此命令，复制的不仅仅是视觉范围中的图像，还包括复制文档中的所有图层信息，快捷键为Alt+I+D。

3 在菜单栏中选择“图像”|“模式”|“灰度”命令，在弹出的对话框中单击“扔掉”按钮，如图4-301所示。效果如图4-302所示。

4 在菜单栏中选择“图像”|“模式”|“位图”命令，在弹出的对话框中设置参数如图4-303所示，设置完毕后单击“确定”按钮。

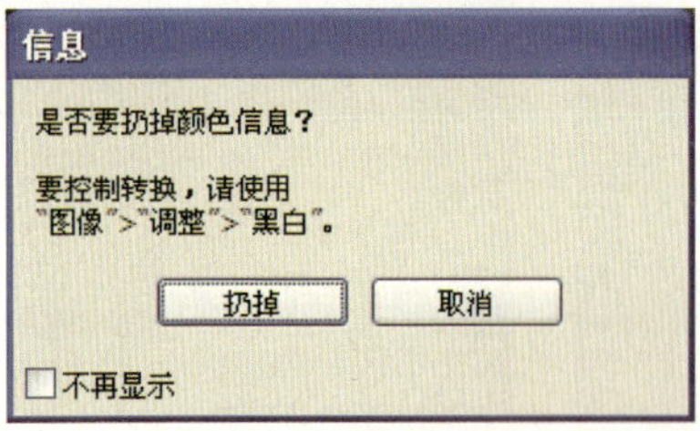

图4-301

图4-302

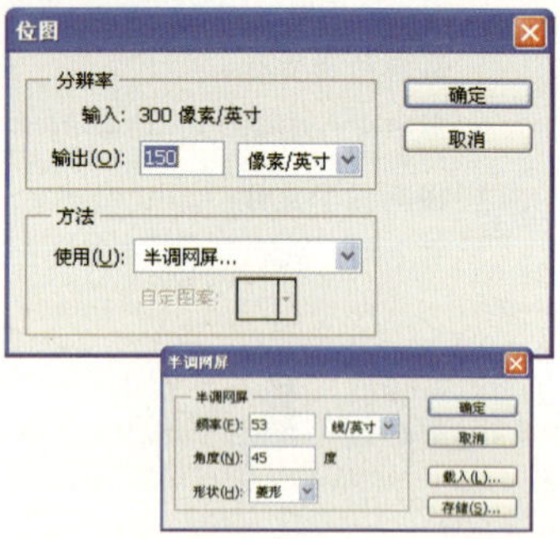

图4-303

5 按快捷键Ctrl+A全选，按快捷键Ctrl+C复制图像，返回复制前的文档中，按快捷键Ctrl+V粘贴图像，得到“图层1”，并将此图层的混合模式设置为“叠加”，如图4-304所示。效果如图4-305所示。

6 单击“图层”面板底部的“创建新图层”按钮，得到“图层2”，如图4-306所示。在菜单栏中选择“滤镜”|“渲染”|“云彩”命令，效果如图4-307所示。

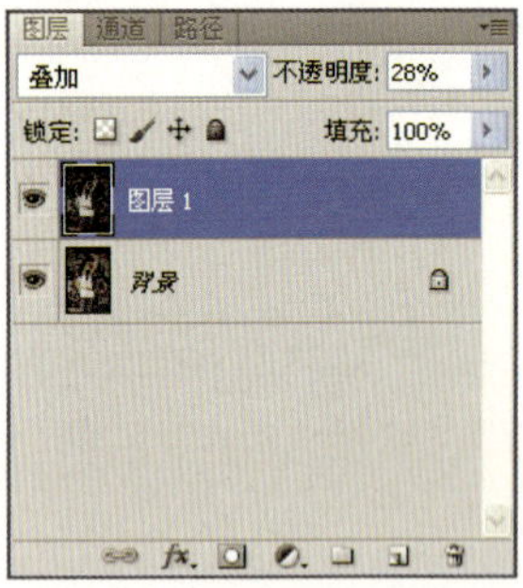

图4-304

图4-305

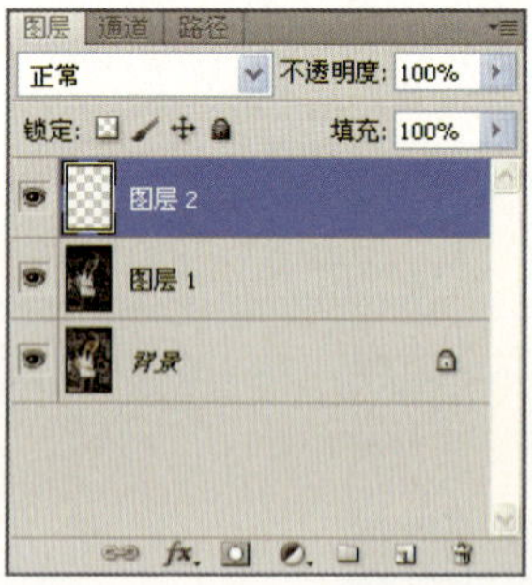

图4-306

图4-307

7 在菜单栏中选择“滤镜”|“艺术效果”|“调色刀”命令，在弹出的对话框中设置参数如图4-308所示，设置完毕后单击“确定”按钮，效果如图4-309所示。

8 在菜单栏中选择“滤镜”|“艺术效果”|“海报边缘”命令，在弹出的对话框中设置参数如图4-310所示，设置完毕后单击“确定”按钮，效果如图4-311所示。

9 在菜单栏中选择“滤镜”|“扭曲”|“玻璃”命令，在弹出的对话框中设置参数如图4-312所示，设置完毕后单击“确定”按钮，效果如图4-313所示。

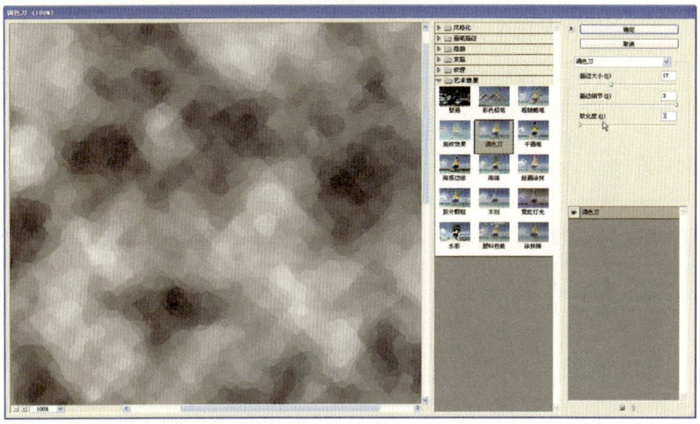

图4-308

图4-309

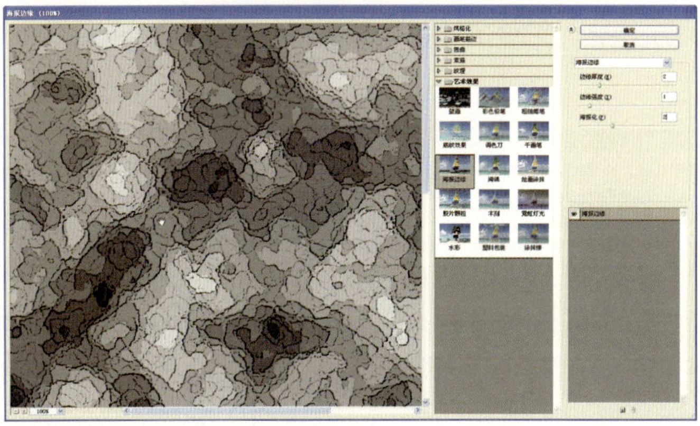

图4-310

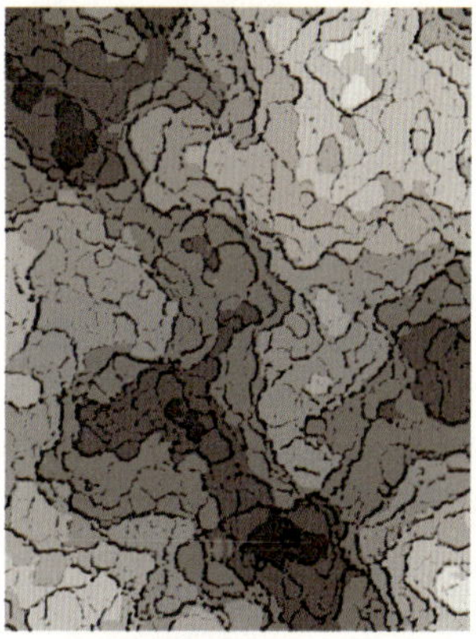

图4-311

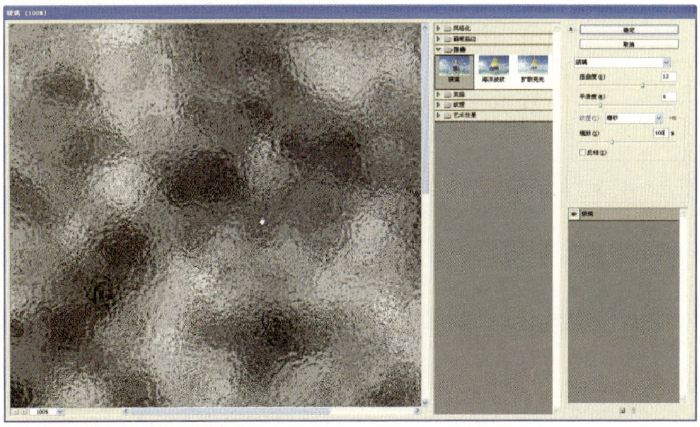

图4-312

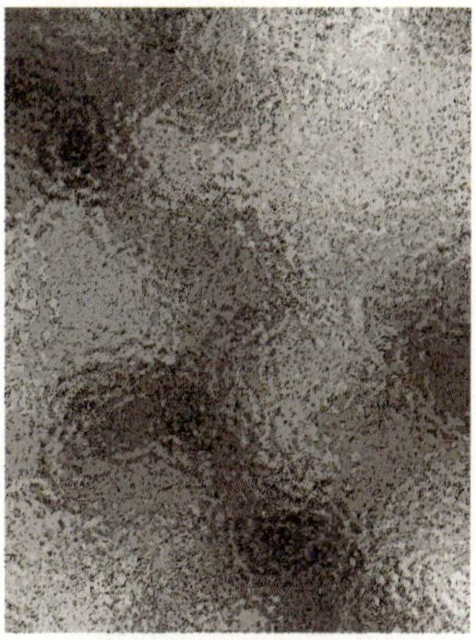

图4-313

10 在菜单栏中选择“文件”|“存储为”命令，在弹出的对话框中设置各项参数如图4-314所示。

11 将“图层2”拖曳至“垃圾桶”按钮上，将其删除。单击“图层”面板底部的“创建新图层”按钮，得到“图层2”，如图4-315所示。

12 单击工具箱中的“矩形选框工具”，按住Shift键在图像边缘任意位置绘制大小不等的选区。将前景色设置为黑色，按快捷键Alt+Delete填充前景色，效果如图4-316所示。

图4-314

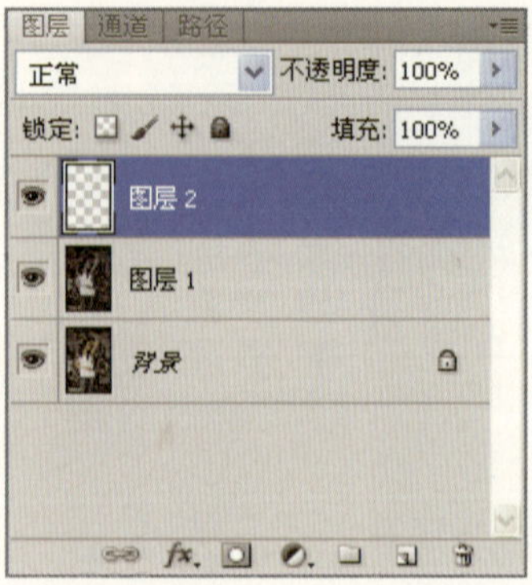

图4-315

图4-316

13 在菜单栏中选择“滤镜”|“扭曲”|“置换”命令，在弹出的对话框中设置参数如图4-317和图4-318所示，设置完毕后单击“确定”按钮，效果如图4-319所示。

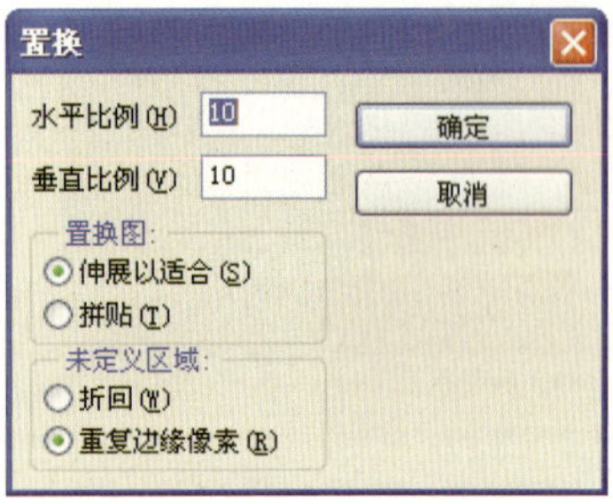

图4-317

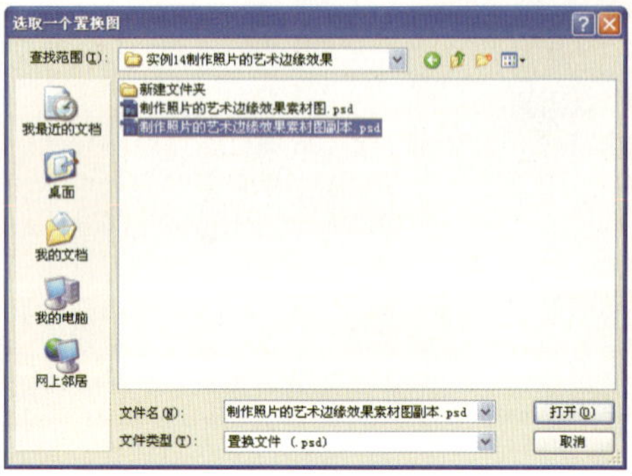

图4-318

图4-319

14 单击工具箱中的“横排文字工具”T，在图像中输入文字，如图4-320所示。

15 单击“图层”面板底部的“创建新图层”按钮，得到“图层3”，如图4-321所示。将前景色设置为红色，选择“矩形选框工具”在图像中绘制选区，并填充前景色，效果如图4-322所示。

图4-320

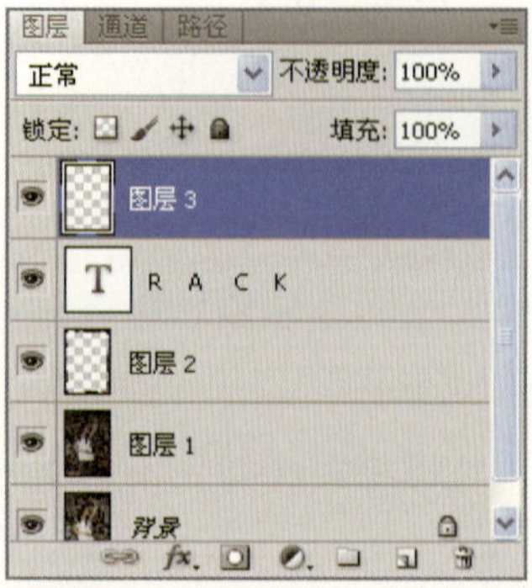

图4-321

图4-322

16 单击工具箱中的“横排文字工具”T，在图像中输入文字，如图4-323所示。

17 双击文字图层，在弹出的“图层样式”对话框中设置参数如图4-324所示，设置完毕后单击“确定”按钮，效果如图4-325所示。

图4-323

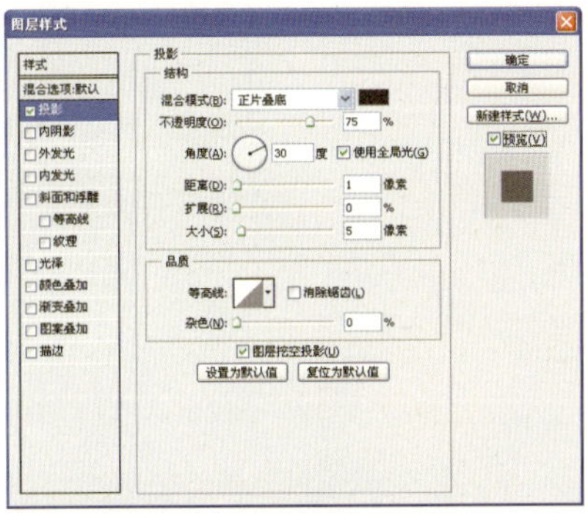

图4-324

图4-325

扩展实例16

难易度 ★★★★★

- 原始素材文件：书中实例素材\第4章\扩展实例16\制作照片的残破边缘效果素材图.jpg
- 最终效果文件：书中实例效果图\第4章\扩展实例16\制作照片的残破边缘效果.psd
- 视频教学文件：书中实例视频\第4章\扩展实例\4.16.flv

制作照片的残破边缘效果

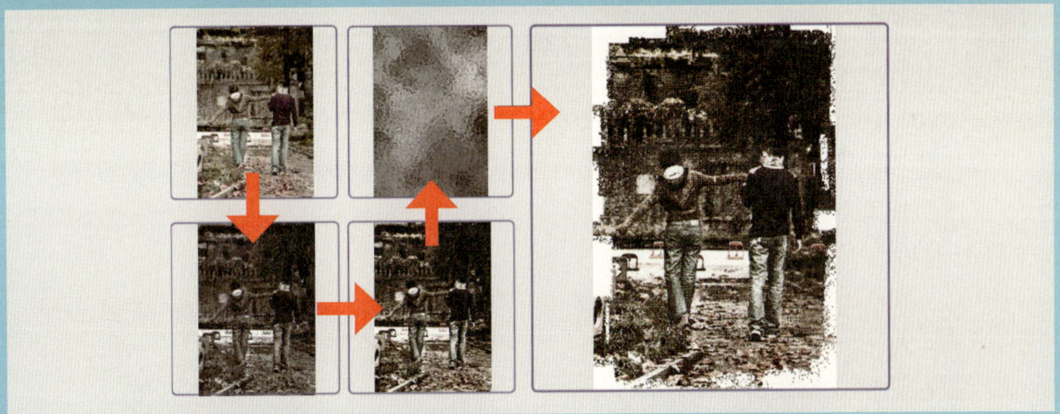

重点提示 1 打开随书所附光盘中的扩展实例素材“制作照片的残破边缘效果素材图.jpg”。在菜单栏中选择“图像”|“复制”命令，在弹出的对话框中保持默认设置。在菜单栏中选择“图像”|“模式”|“灰度”命令，在弹出的对话框中单击“扔掉”按钮。

重点提示 2 按快捷键Ctrl+A全选，快捷键Ctrl+C复制，返回到原文档，按快捷键Ctrl+V粘贴，得到“图层1”，将其混合模式设置为“叠加”。将前景色和背景色设置为黑色和白色，新建“图层2”。在菜单栏中选择“滤镜”|“艺术效果”|“调色刀”命令，在弹出的对话框中设置各项参数。在菜单栏中选择“滤镜”|“艺术效果”|“玻璃”命令，在弹出的对话框中设置各项参数。

重点提示 3 在菜单栏中选择“文件”|“存储为”命令，在弹出的对话框中存储图像。使用工具箱中的“矩形选框工具”在图像中绘制大小不等的矩形选框，并填充白色。在菜单栏中选择“滤镜”|“扭曲”|“置换”命令，在弹出的对话框中选择存储的图像文件。

原始素材文件：
书中实例素材\第4章\实例15\制作可爱边框效果素材图.jpg

最终效果文件：
书中实例效果图\第4章\实例15\制作可爱边框效果.psd

视频教学文件：
书中实例视频\第4章\实例\4.15.flv

实例15

难易度 ★★★★★

制作可爱边框效果

例前导读

本例视频教程长度：2分3秒

● 使用“矩形选框工具”在图像中绘制选区。 ● 使用“玻璃”和“成角的线条”滤镜制作图像边框。

1 打开随书所附光盘中的实例素材“制作可爱边框效果素材图.jpg”，如图4-326所示，将此图层拖曳至“图层”面板底部的“创建新图层”按钮上，得到“背景 副本”图层，如图4-327所示。

图4-326

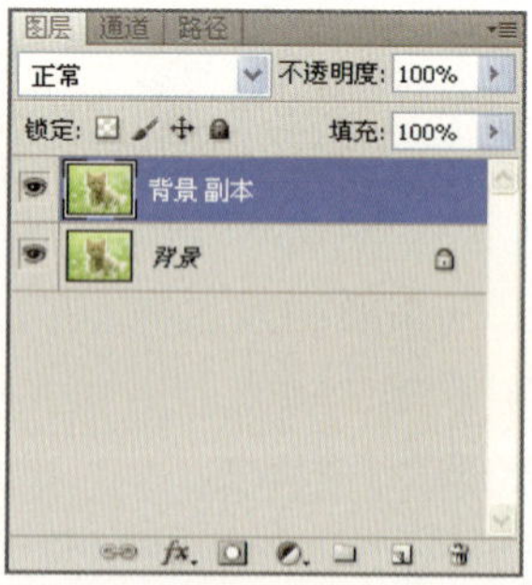

图4-327

2 单击工具箱中的“矩形选框工具”，在图像中绘制选区。单击工具箱中的“以快速蒙版模式编辑”按钮，切换至快速蒙版模式编辑状态，如图4-328所示。

3 在菜单栏中选择“滤镜”|“扭曲”|“玻璃”命令，在弹出的对话框中设置参数如图4-329所示，设置完毕后单击“确定”按钮，效果如图4-330所示。

4 在菜单栏中选择“滤镜”|“像素化”|“碎片”命令，效果如图4-331所示。

图4-328

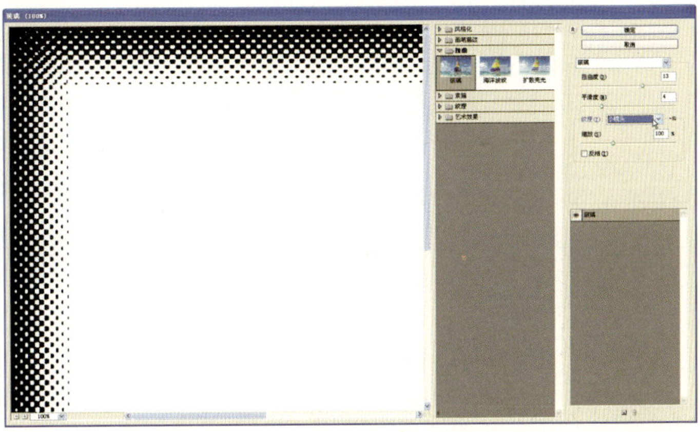

图4-329

图4-330

图4-331

5 在菜单栏中选择“滤镜”|“画笔描边”|“成角的线条”命令，在弹出的对话框中设置参数如图4-332所示，设置完毕后单击“确定”按钮，效果如图4-333所示。

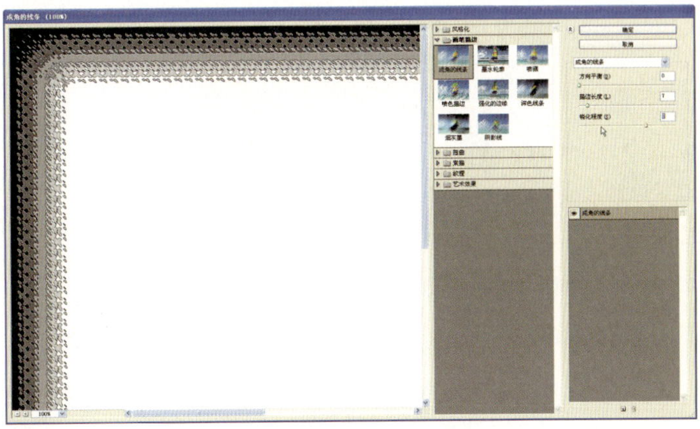

图4-332

图4-333

6 单击工具箱中的“以标准模式编辑”按钮，退出快速蒙版，如图4-334所示。

7 按快捷键Shift+Ctrl+I反选选区。单击“图层”面板底部的“创建新图层”按钮，得到“图层1”，如图4-335所示。将前景色设置为白色，按快捷键Alt+Delete填充前景色，按快捷键Ctrl+D取消选区，如图4-336所示。

技巧与提示

填充颜色时，按快捷键Alt+Delete填充前景色；按快捷键Ctrl+Delete填充背景色。

图4-334

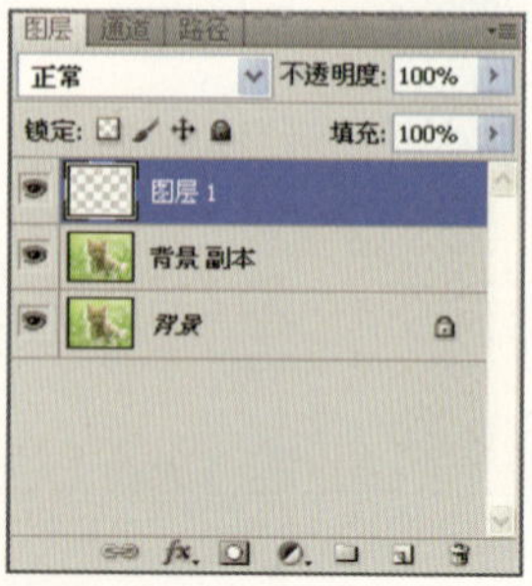

图4-335

图4-336

扩展实例17

难易度 ★★★★★

- 原始素材文件：书中实例素材\第4章\扩展实例17\制作可爱宝宝边框效果素材图.jpg
- 最终效果文件：书中实例效果图\第4章\扩展实例17\制作可爱宝宝边框效果.psd
- 视频教学文件：书中实例视频\第4章\扩展实例\4.17.flv

制作可爱宝宝边框效果

重点提示 1 打开随书所附光盘中的扩展实例素材“制作可爱宝宝边框效果素材图.jpg”，将此图层拖曳至“图层”面板底部的“创建新图层”按钮上，得到“背景 副本”图层。单击工具箱中的“矩形选框工具”，在图像中绘制选区。在菜单栏中选择“滤镜”|“扭曲”|“玻璃”命令，在弹出的对话框中设置各项参数。

重点提示 2 在菜单栏中选择“滤镜”|“像素化”|“碎片”命令。然后在菜单栏中选择“滤镜”|“画笔描边”|“成角的线条”命令，在弹出的对话框中设置参数。

重点提示 3 单击工具箱中的“以标准模式编辑”按钮，退出快速蒙版。将前景色设置为青色，按快捷键Alt+Delete填充前景色。按快捷键Ctrl+D取消选区。

原始素材文件：
书中实例素材\第4章\实例16\制作记忆中的老街素材图.jpg

最终效果文件：
书中实例效果图\第4章\实例16\制作记忆中的老街.psd

视频教学文件：
书中实例视频\第4章\实例\4.16.flv

实例16

难易度 ★★★★★

制作记忆中的老街

例前导读

本例视频教程长度：4分20秒

- 通过对图像应用“渐变映射”调整图层、“色阶”调整图层等调整图像色调。
- 使用混合模式混合图像。

1 打开随书所附光盘中的实例素材“制作记忆中的老街素材图.jpg”，如图4-337所示，将此图层拖曳至“图层”面板底部的“创建新图层”按钮上，得到“背景副本”图层，如图4-338所示。

图4-337

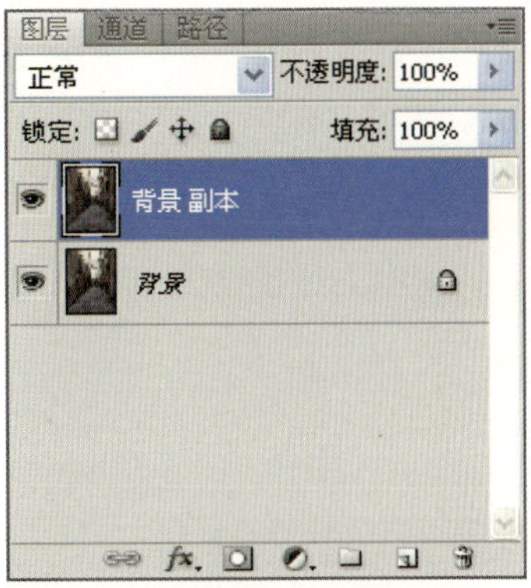

图4-338

2 在菜单栏中选择“滤镜”|“风格化”|“查找边缘”命令，效果如图4-339所示。

3 选择“背景 副本”图层，并将此图层的混合模式设置为“叠加”，如图4-340所示。在菜单栏中选择“图像”|“调整”|“去色”命令，效果如图4-341所示。

图4-339

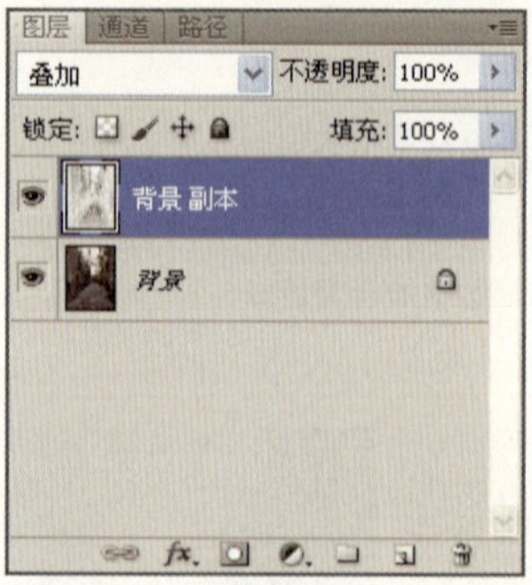

图4-340

图4-341

4 选择“背景”图层，单击“图层”面板底部的“创建新的填充或调整图层”按钮，在弹出的菜单中选择“色阶”选项，在弹出的面板中设置参数如图4-342所示，设置完毕后单击关闭按钮，效果如图4-343所示。

5 选择“背景 副本”图层，单击“图层”面板底部的“创建新的填充或调整图层”按钮，在弹出的菜单中选择“渐变映射”选项，在弹出的面板中设置渐变类型为“黑色、白色”，如图4-344所示。将“渐变映射1”调整图层的“不透明度”设置为“70%”，效果如图4-345所示。

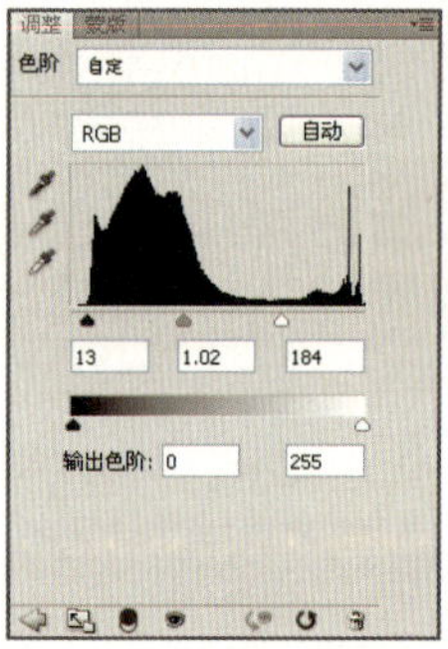

图4-342

图4-343

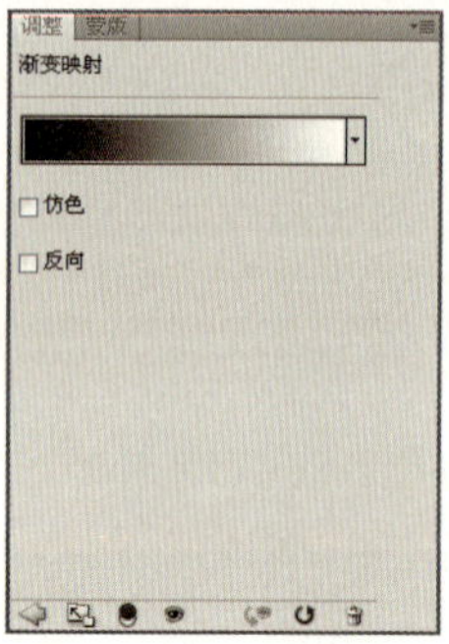

图4-344

图4-345

6 单击“图层”面板底部的“创建新的填充或调整图层”按钮，在弹出的菜单中选择“渐变”选项，在弹出的对话框中设置参数如图4-346所示。将“渐变填充1”调整图层的混合模式设置为“柔光”，效果如图4-347所示。

7 单击工具箱中的“横排文字工具”T，为图像添加文字，如图4-348所示。

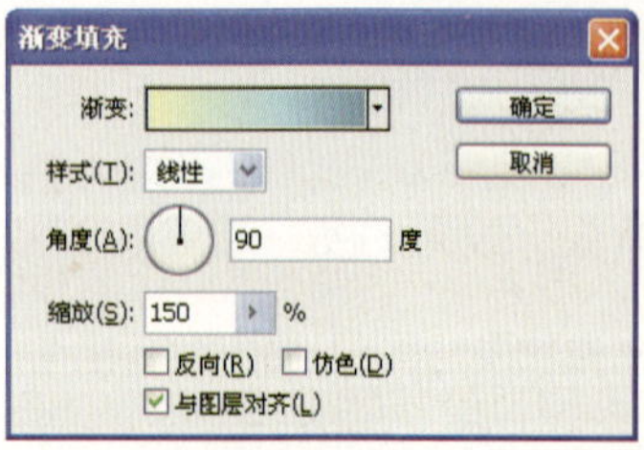

图4-346

图4-347

图4-348

8 双击文字图层，在弹出的“图层样式”对话框中设置参数如图4-349所示，设置完毕后单击“确定”按钮，效果如图4-350所示。

技巧与提示

“渐变填充”调整图层所使用的渐变样式为“黄色、绿色、蓝色”。

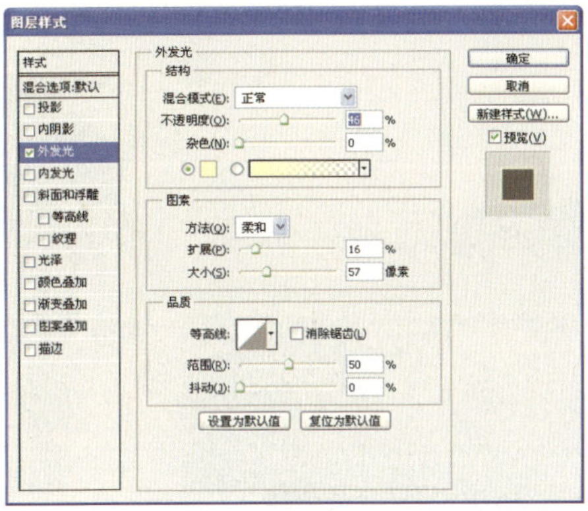

图4-349

图4-350

扩展实例18

难易度 ★★★★★

- 原始素材文件：书中实例素材\第4章\扩展实例18\制作记忆中的水乡素材图.jpg
- 最终效果文件：书中实例效果图\第4章\扩展实例18\制作记忆中的水乡.psd
- 视频教学文件：书中实例视频\第4章\扩展实例\4.18.flv

制作记忆中的水乡

重点提示 1 打开随书所附光盘中的扩展实例素材“制作记忆中的水乡素材图.jpg”，将此图层拖曳至“图层”面板底部的“创建新图层”按钮上，得到“背景 副本”图层。在菜单栏中选择“滤镜”|“风格化”|“查找边缘”命令，在弹出的对话框中设置各项参数。将“背景 副本”图层的混合模式设置为“叠加”，“不透明度”设置为“50%”。

重点提示 **2** 单击“图层”面板底部的“创建新的填充或调整图层”按钮，在弹出的菜单中选择“渐变映射”选项，在弹出的面板中选择渐变样式为“黑色、白色”。将“渐变映射1”调整图层的“不透明度”设置为“70%”。

重点提示 **3** 单击“图层”面板底部的“创建新的填充或调整图层”按钮，在弹出的菜单中选择“渐变”选项，在弹出的对话框中选择渐变样式为“黄色、绿色、蓝色”。将“渐变填充1”调整图层的混合模式设置为“柔光”。

原始素材文件：
书中实例素材\第4章\实例17\制作双色调矢量特效素材图.jpg

最终效果文件：
书中实例效果图\第4章\实例17\制作双色调矢量特效.psd

视频教学文件：
书中实例视频\第4章\实例\4.17.flv

实例17

难易度 ★★★★★

制作双色调矢量特效

例前导读

本例视频教程长度：1分57秒

- 使用“阈值”命令调整图像效果。
- 使用调整图层调整图像色调。

1 打开随书所附光盘中的实例素材“制作双色调矢量特效素材图.jpg”，如图4-351所示，将此图层拖曳至“图层”面板底部的“创建新图层”按钮上，得到“背景 副本”图层，如图4-352所示。

图4-351

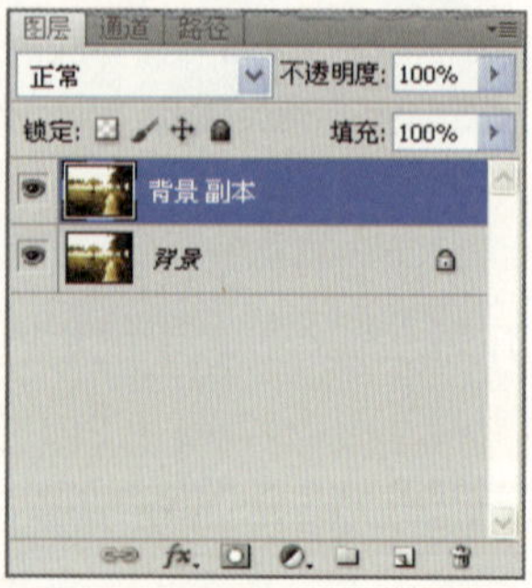

图4-352

2 在菜单栏中选择“图像”|“调整”|“阈值”命令，在弹出的对话框中设置参数如图4-353所示。设置完毕后单击“确定”按钮，效果如图4-354所示。

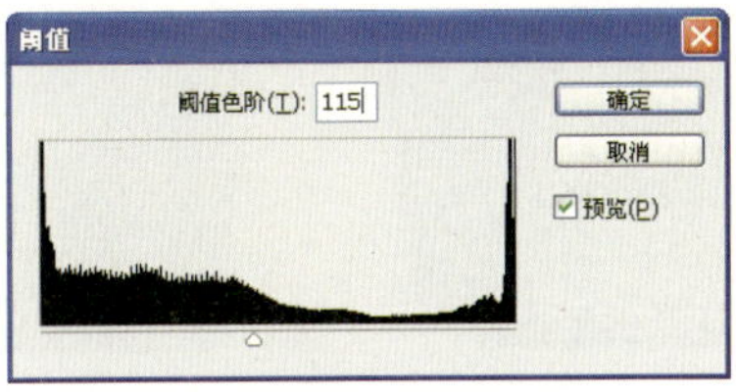

图4-353

图4-354

3 选择“背景 副本”图层，将此图层的“不透明度”设置为“29%”，如图4-355所示，效果如图4-356所示。

4 单击“图层”面板底部的“创建新的填充或调整图层”按钮，在弹出的菜单中选择“渐变映射”选项，在弹出的面板中将渐变颜色从左到右设置为黑色至R255、G255、B179，如图4-357所示。

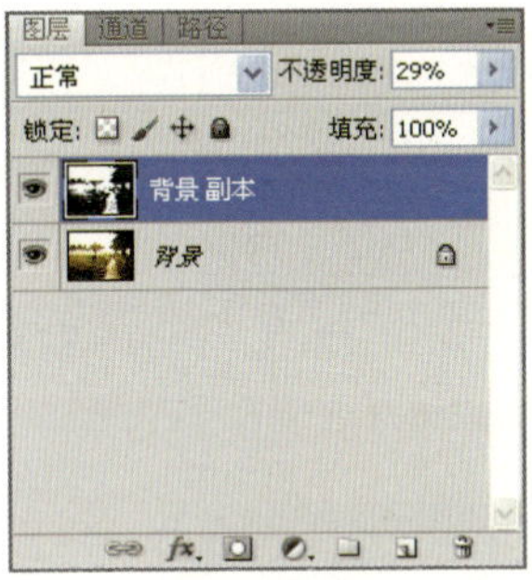

图4-355

图4-356

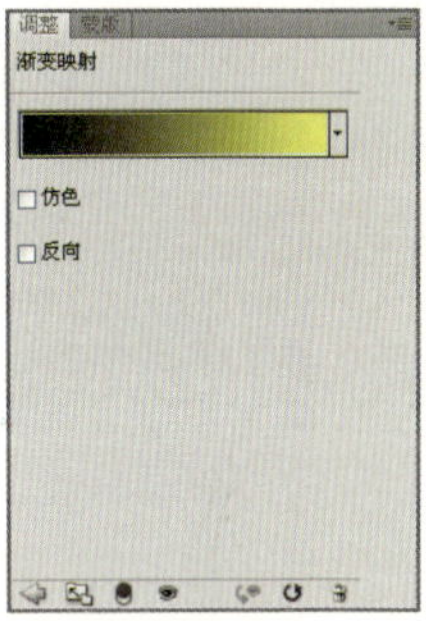

图4-357

5 选择“渐变映射1”调整图层，将此图层的“不透明度”设置为“18%”，如图4-358所示，效果如图4-359所示。

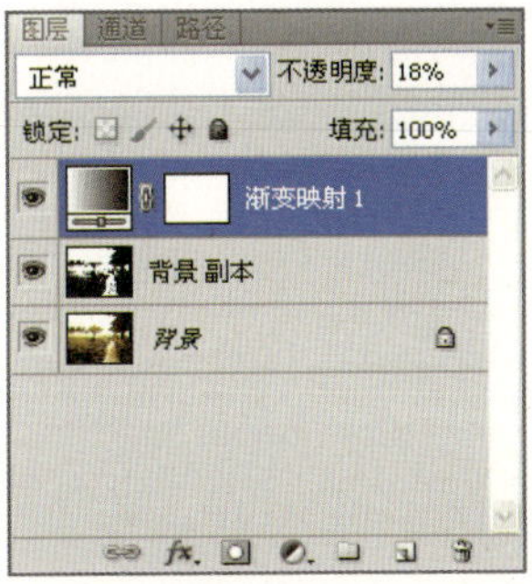

图4-358

图4-359

6 单击“图层”面板底部的“创建新的填充或调整图层”按钮，在弹出的菜单中选择“色阶”选项，在弹出的面板中设置参数如图4-360所示。设置完毕后单击关闭按钮，效果如图4-361所示。

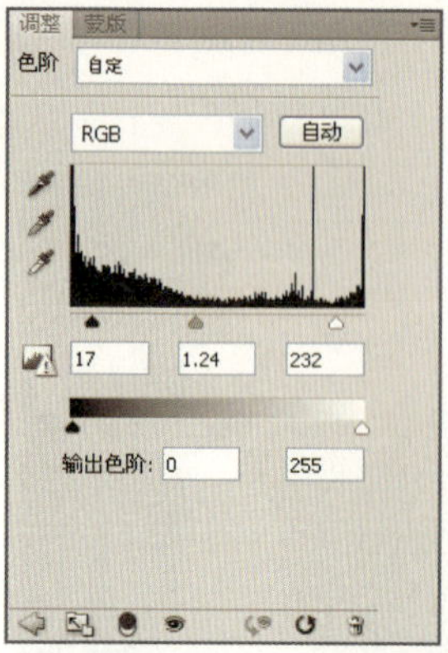

图4-360

图4-361

扩展实例19

难易度 ★★★☆☆

- 原始素材文件：书中实例素材\第4章\扩展实例19\制作双色调效果素材图.jpg
- 最终效果文件：书中实例效果图\第4章\扩展实例19\制作双色调效果.psd
- 视频教学文件：书中实例视频\第4章\扩展实例\4.19.flv

制作双色调效果

重点提示 1 打开随书所附光盘中的扩展实例素材“制作双色调效果素材图.jpg”，将此图层拖曳至“图层”面板底部的“创建新图层”按钮上，得到“背景 副本”图层。在菜单栏中选择“图像”|“调整”|“阈值”命令，在弹出的对话框中设置各项参数。将“背景 副本”图层的混合模式设置为“50%”。

重点提示 2 单击“图层”面板底部的“创建新的填充或调整图层”按钮，在弹出的菜单中选择“渐变映射”选项，在弹出的面板中将渐变颜色从左至右设置为黑色，R255、G255、B179，设置完毕后单击关闭按钮。将“渐变映射1”调整图层的“不透明度”设置为“40%”。

重点提示 3 单击“图层”面板底部的“创建新的填充或调整图层”按钮，在弹出的菜单中选择“色阶”选项，在弹出的面板中设置各项参数，设置完毕后单击关闭按钮。

原始素材文件：
书中实例素材\第4章\实例18\调出照片的淡彩效果素材图.jpg

最终效果文件：
书中实例效果图\第4章\实例18\调出照片的淡彩效果.psd

视频教学文件：
书中实例视频\第4章\实例\4.18.flv

实例18

难易度 ★★★★★

调出照片的淡彩效果

例前导读

本例视频教程长度：4分45秒

- 使用调整图层调整图像色调。
- 使用混合模式混合图像。

1 打开随书所附光盘中的实例素材“调出照片的淡彩效果图素材图.jpg”，如图4-362所示；将此图层拖曳至“图层”面板底部的“创建新图层”按钮上，得到“背景 副本”图层，如图4-363所示。

图4-362

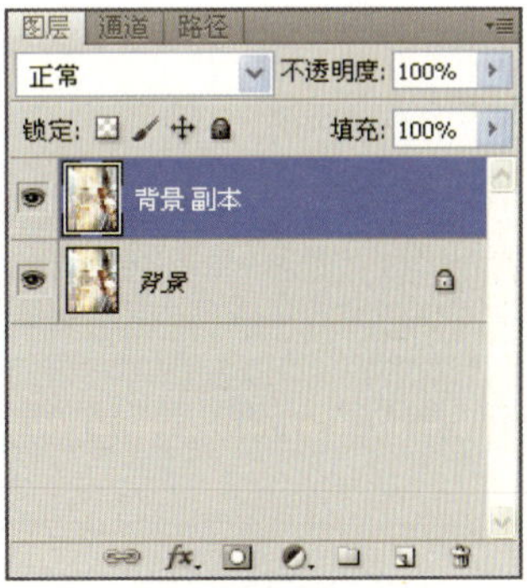

图4-363

2 选择“背景 副本”图层，将此图层的混合模式设置为“颜色加深”，“不透明度”设置为“50%”。单击“图层”面板底部的“添加图层蒙版”按钮，为“背景 副本”图层添加图层蒙版，如图4-364所示。使用“不透明度”为“50%”的黑色笔刷在人物背景处涂抹，效果如图4-365所示。

3 单击“图层”面板底部的“创建新的填充或调整图层”按钮，在弹出的菜单中选择“可选颜色”选项，在弹出的面板中设置参数如图4-366所示。设置完毕后单击关闭按钮，效果如图4-367所示。

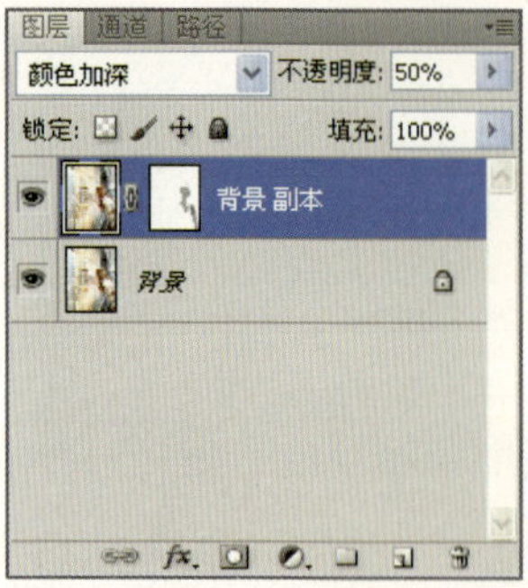

图4-364

图4-365

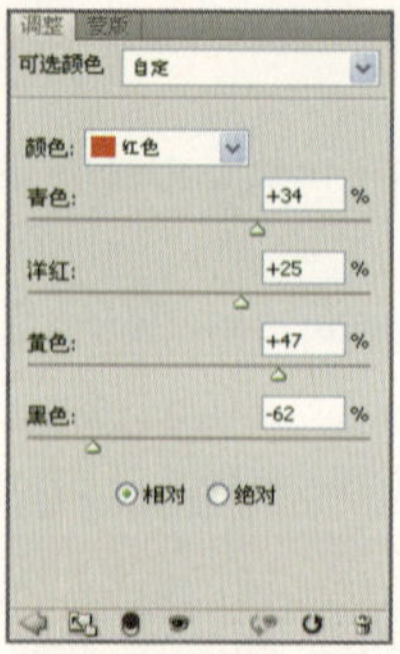

图4-366

图4-367

4 按快捷键Ctrl+Alt+Shift+E盖印所有可见图层，得到“图层1”，如图4-368所示。

5 单击工具箱中的“模糊工具”，在人物面部皮肤处涂抹（将“强度”设置为“20%”），效果如图4-369所示。

6 按快捷键Ctrl+Alt+Shift+2调出图像中的高光区域，如图4-370所示。

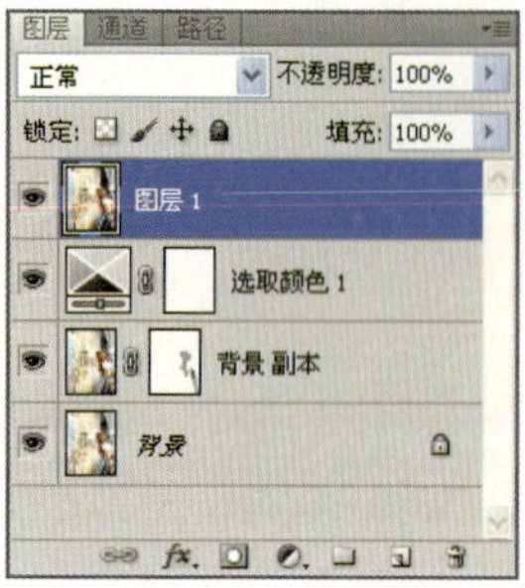

图4-368

图4-369

图4-370

7 单击“图层”面板底部的“创建新图层”按钮，得到“图层2”，填充白色，并将此图层的“不透明度”设置为“40%”，如图4-371所示，效果如图4-372所示。

8 单击“图层”面板底部的“创建新的填充或调整图层”按钮，在弹出的菜单中选择“色阶”选项，在弹出的面板中设置参数如图4-373所示。设置完毕后单击关闭按钮，效果如图4-374所示。

9 单击“图层”面板底部的“创建新的填充或调整图层”按钮，在弹出的菜单中选择“渐变”选项，在弹出的对话框中选择“中等色谱”，如图4-375所示。设置完毕后单击“确定”按钮，效果如图4-376所示。

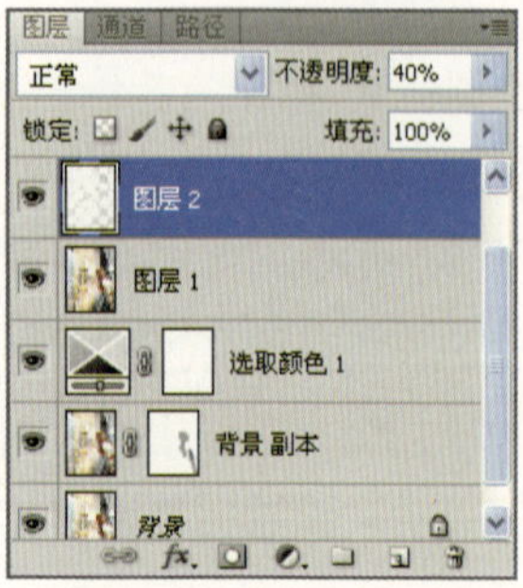

图4-371

图4-372

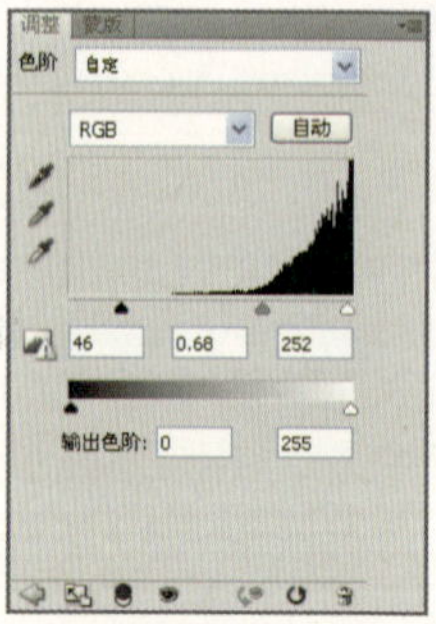

图4-373

图4-374

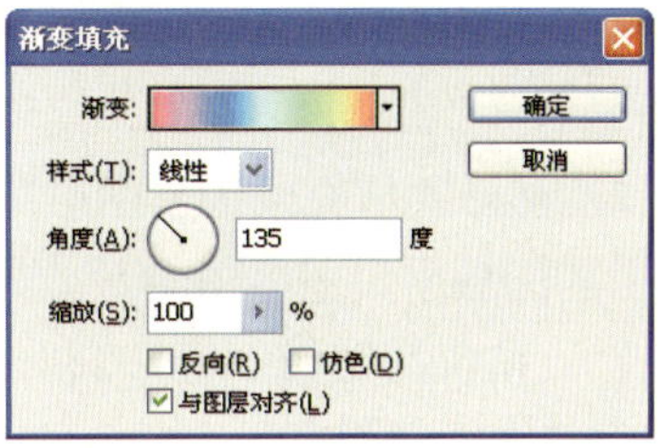

图4-375

图4-376

10 选择“渐变填充1”调整图层，将此图层的混合模式设置为“柔光”，如图4-377所示，效果如图4-378所示。

11 单击“图层”面板底部的“创建新的填充或调整图层”按钮，在弹出的菜单中选择“色彩平衡”选项，在弹出的面板中设置参数如图4-379所示。设置完毕后单击关闭按钮，效果如图4-380所示。

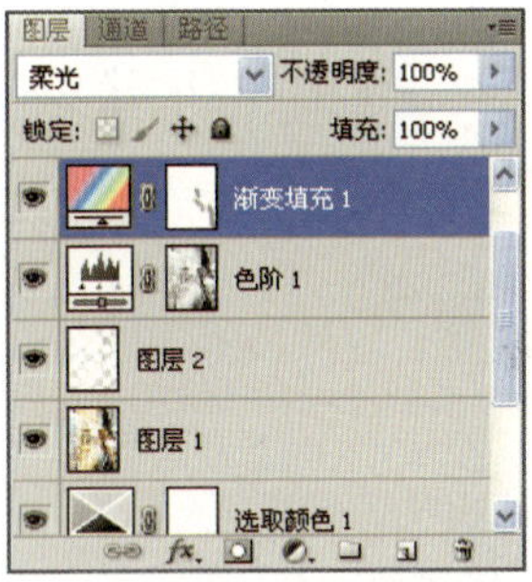

图4-377

图4-378

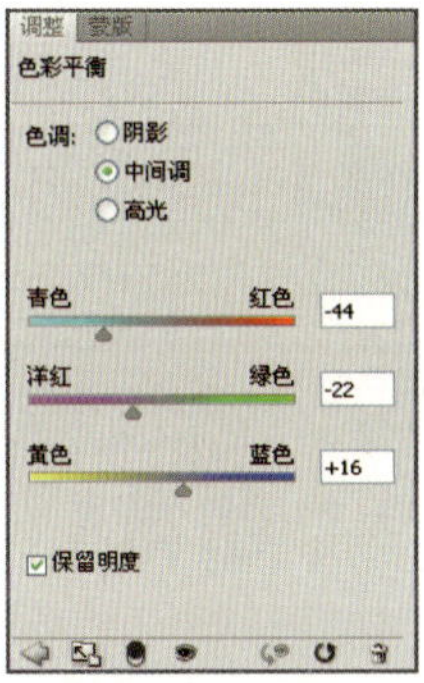

图4-379

图4-380

扩展实例20

难易度 ★★★★★

- 原始素材文件：书中实例素材\第4章\扩展实例20\制作照片的淡彩效果素材图.jpg
- 最终效果文件：书中实例效果图\第4章\扩展实例20\制作照片的淡彩效果.psd
- 视频教学文件：书中实例视频\第4章\扩展实例\4.20.flv

制作照片的淡彩效果

重点提示 1 打开随书所附光盘中的扩展实例素材“制作照片的淡彩效果素材图.jpg”，将此图层拖曳至“图层”面板底部的“创建新图层”按钮上，得到“背景 副本”图层。将“背景 副本”图层的混合模式设置为“颜色加深”。为“背景 副本”图层添加图层蒙版。在工具箱中选择“画笔工具”，将笔刷“不透明度”设置为“50%”，在人物皮肤处涂抹。

重点提示 2 单击“图层”面板底部的“创建新的填充或调整图层”按钮，在弹出的菜单中选择“可选颜色”选项，在弹出的面板中设置各项参数。按快捷键Ctrl+Alt+Shift+E盖印所有可见图层，得到“图层1”。按快捷键Ctrl+Alt+Shift+2调出图像中的高光区域。新建“图层2”，填充白色，并将其“不透明度”设置为“49%”。

重点提示 3 单击“图层”面板底部的“创建新的填充或调整图层”按钮，在弹出的菜单中选择“渐变”选项，在弹出的对话框中选择渐变样式为“中等色谱”。将“渐变填充1”调整图层的混合模式设置为“柔光”。

扩展实例21

难易度 ★★★★★

- 原始素材文件：书中实例素材\第4章\扩展实例21\制作典雅的钢笔淡彩效果素材图.jpg
- 最终效果文件：书中实例效果图\第4章\扩展实例21\制作典雅的钢笔淡彩效果.psd
- 视频教学文件：书中实例视频\第4章\扩展实例\4.21.flv

制作典雅的钢笔淡彩效果

重点提示 1 打开随书所附光盘中的扩展实例素材“制作典雅的钢笔淡彩效果素材图.jpg”，将此图层拖曳至“图层”面板底部的“创建新图层”按钮上，得到“背景 副本”图层。在菜单栏中选择“滤镜”|“模糊”|“特殊模糊”命令，在弹出的对话框中设置各项参数。在菜单栏中选择“滤镜”|“纹理”|“纹理化”命令，在弹出的对话框中设置各项参数。

重点提示 2 选择“背景 副本”图层，将此图层复制一层，得到“背景 副本2”图层。将“背景 副本2”图层的混合模式设置为“叠加”，“不透明度”设置为“50%”。在菜单栏中选择“滤镜”|“模糊”|“高斯模糊”命令，在弹出的对话框中设置各项参数。

重点提示 3 选择“背景”图层，将此图层复制一层，得到“背景 副本3”图层，并置于“图层”面板顶层。将“背景 副本3”图层的混合模式设置为“正片叠底”，并为其添加图层蒙版。使用“画笔工具”在人物皮肤处涂抹，使人物皮肤变得光洁。

原始素材文件：

书中实例素材\第4章\实例18\制作怀旧纪念照片素材图.jpg

最终效果文件：

书中实例效果图\第4章\实例18\制作怀旧纪念照片.psd

视频教学文件：

书中实例视频\第4章\实例19\4.19.flv

实例19

难易度 ★★★★★

制作怀旧纪念照片

例前导读

本例视频教程长度：2分40秒

- 使用调整图层调整图像色调。
- 使用蒙版擦出怀旧效果。

1 打开随书所附光盘中的实例素材“制作怀旧纪念照片素材图.jpg”，如图4-381所示，将此图层拖曳至“图层”面板底部的“创建新图层”按钮上，得到“背景 副本”图层，如图4-382所示。

图4-381

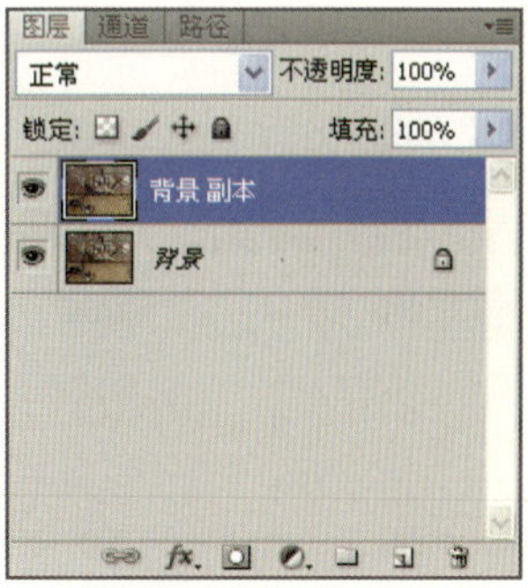

图4-382

2 在菜单栏中选择“滤镜”|“模糊”|“动感模糊”命令，在弹出的对话框中设置参数如图4-383所示。设置完毕后单击“确定”按钮，效果如图4-384所示。

3 选择“背景 副本”图层，为该图层添加图层蒙版。使用柔角、“不透明度”为“50%”的黑色画笔涂抹。“图层”面板如图4-385所示。效果如图4-386所示。

4 单击“图层”面板底部的“创建新的填充或调整图层”按钮，在弹出的菜单中选择“曲线”选项，在弹出的面板中设置参数如图4-387所示。设置完毕后单击关闭按钮，效果如图4-388所示。

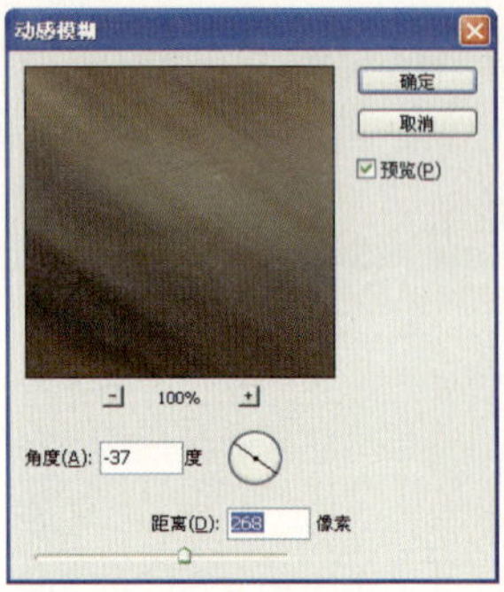

图4-383

图4-384

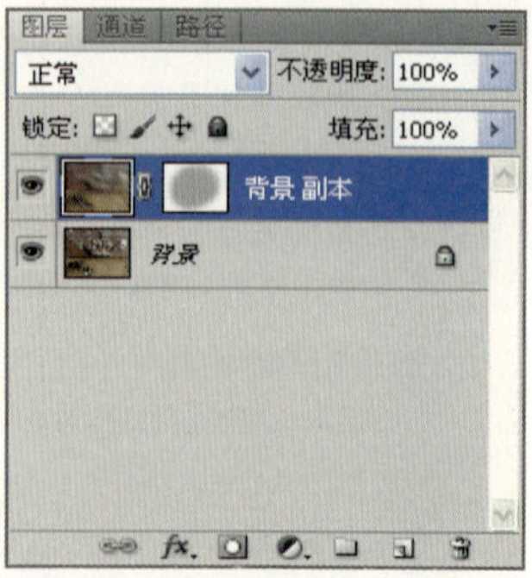

图4-385

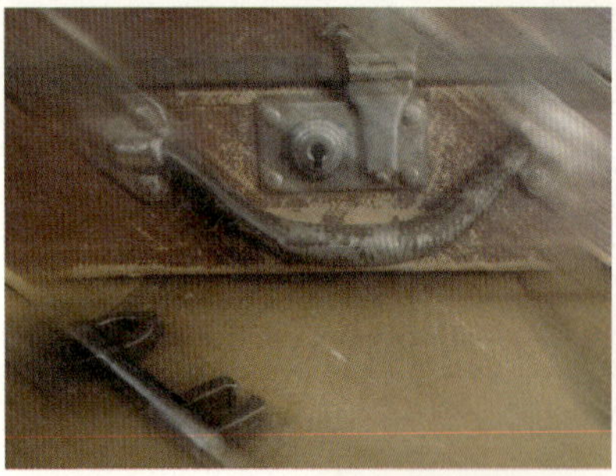

图4-386

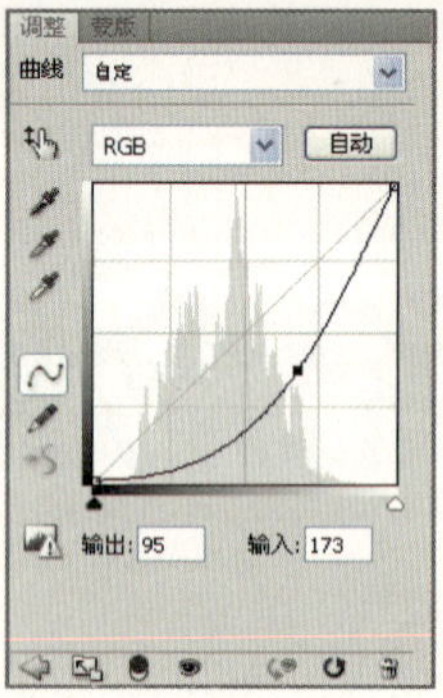

图4-387

图4-388

5 单击工具箱中的“画笔工具”，选择“喷溅”画笔样式、“不透明度”为“100%”的黑色画笔在图像中间涂抹数下。“图层”面板如图4-389所示。效果如图4-390所示。

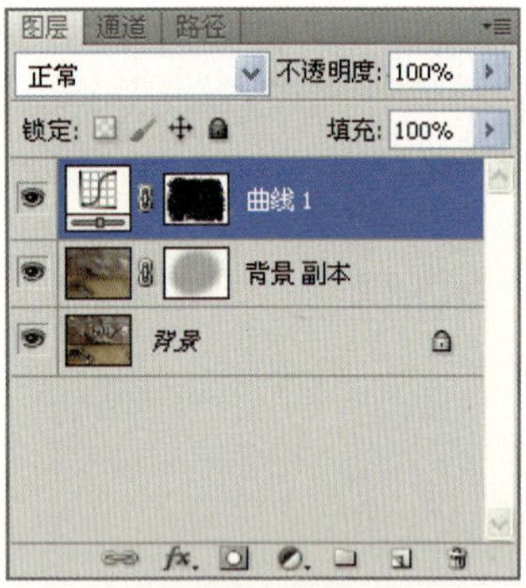

图4-389

图4-390

6 单击“图层”面板底部的“创建新的填充或调整图层”按钮，在弹出的菜单中选择“色相/饱和度”选项，在弹出的面板中设置参数如图4-391所示。设置完毕后单击关闭按钮，效果如图4-392所示。

7 单击“图层”面板底部的“创建新的填充或调整图层”按钮，在弹出的菜单中选择“照片滤镜”选项，在弹出的面板中设置参数如图4-393所示。设置完毕后单击关闭按钮，效果如图4-394所示。

8 单击工具箱中的“横排文字工具”，为图像添加文字，如图4-395所示。

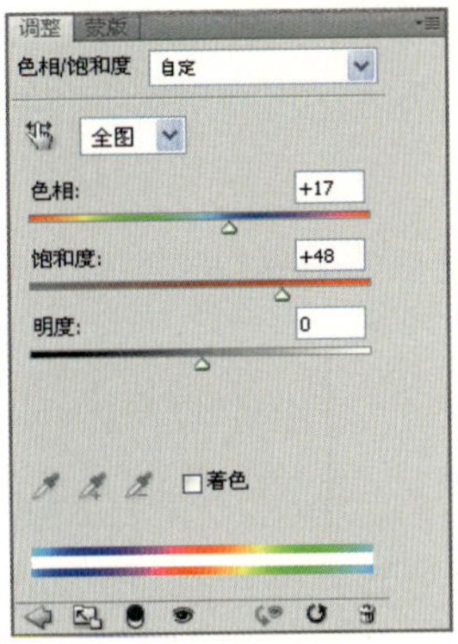

图4-391

图4-392

图4-393

图4-394

图4-395

技巧与提示

创建“曲线”调整图层并编辑其蒙版的目的是使图像四周变暗，以渲染“回忆”的气氛。

扩展实例22

难易度 ★★★★★

- 原始素材文件：书中实例素材\第4章\扩展实例22\制作照片的写真效果素材图.jpg
- 最终效果文件：书中实例效果图\第4章\扩展实例22\制作照片的写真效果.psd
- 视频教学文件：书中实例视频\第4章\扩展实例\4.22.flv

制作照片的写真效果

重点提示 1 打开随书所附光盘中的扩展实例素材“制作照片的写真效果素材图.jpg”。在“通道”面板中按住Ctrl键单击“RGB”通道，提取选区。切换至“图层”面板，新建“图层1”，并填充白色。将“图层1”的“不透明度”设置为“71%”。

重点提示 2 选择“画笔工具”，使用柔角画笔涂抹人物脸部。单击“图层”面板底部的“创建新的填充或调整图层”按钮，在弹出的菜单中选择“纯色”选项，在弹出的对话框中设置各项参数。将“颜色填充1”调整图层的混合模式设置为“正片叠底”。

重点提示 3 按快捷键Ctrl+Alt+Shift+E盖印所有可见图层，得到“图层2”。在菜单栏中选择“滤镜”|“模糊”|“高斯模糊”命令，在弹出的对话框中设置各项参数。将“图层2”的混合模式设置为“柔光”。

原始素材文件：
书中实例素材\第4章\实例20\制作铅笔素描效果素材图.jpg

最终效果文件：
书中实例效果图\第4章\实例20\制作铅笔素描效果.psd

视频教学文件：
书中实例视频\第4章\实例\4.20.flv

实例20

难易度 ★★★★★

制作铅笔素描效果

例前导读

本例视频教程长度：4分5秒

- 使用“高斯模糊”滤镜结合“颜色减淡”混合模式制作素描效果。
- 通过添加调整图层调整图像的明度和亮度。
- 使用“加深工具”、“减淡工具”修饰图像。

1 打开随书所附光盘中的实例素材“制作铅笔素描效果素材图.jpg”，如图4-396所示。按快捷键Ctrl+Shift+U去色，效果如图4-397所示。

图4-396

图4-397

2 选择“背景”图层，将其拖曳至“图层”面板底部的“创建新图层”按钮上，得到“背景 副本”图层，如图4-398所示。按快捷键Ctrl+I反相图像，如图4-399所示。

3 在菜单栏中选择“滤镜”|“模糊”|“高斯模糊”命令，在弹出的对话框中设置参数如图4-400所示。设置完毕后单击“确定”按钮，效果如图4-401所示。

4 选择“背景 副本”图层，将此图层的混合模式设置为“颜色减淡”，如图4-402所示，效果如图4-403所示。

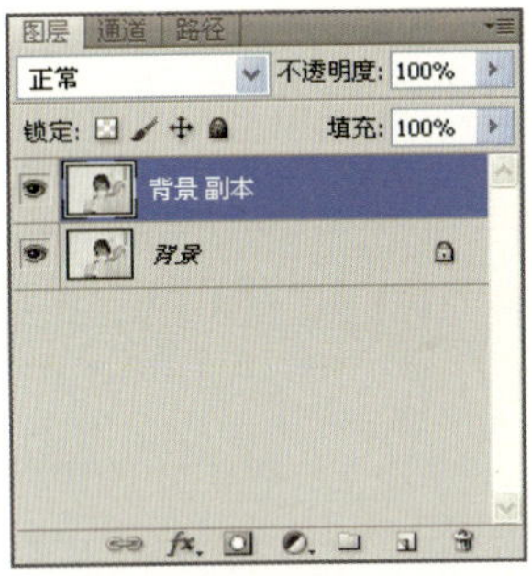

图4-398

图4-399

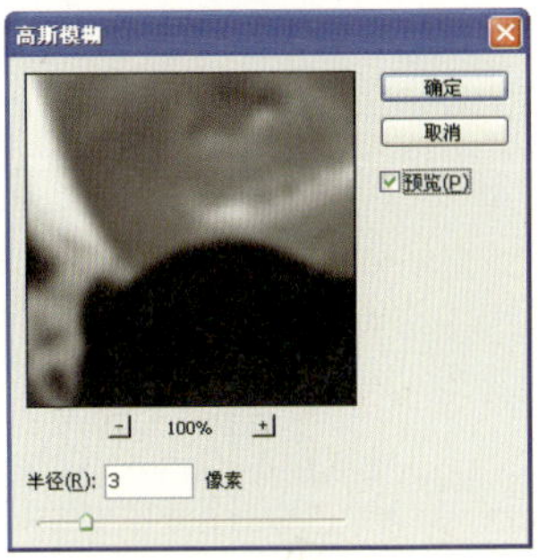

图4-400

图4-401

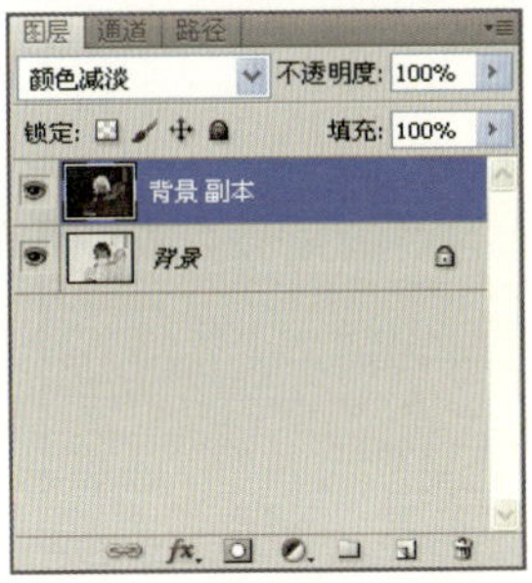

图4-402

图4-403

5 单击“图层”面板底部的“创建新的填充或调整图层”按钮，在弹出的菜单中选择“亮度/对比度”选项，在弹出的面板中设置参数如图4-404所示。设置完毕后单击关闭按钮，效果如图4-405所示。

6 按快捷键Ctrl+Alt+Shift+E盖印所有可见图层，得到“图层1”，如图4-406所示。

图4-404

图4-405

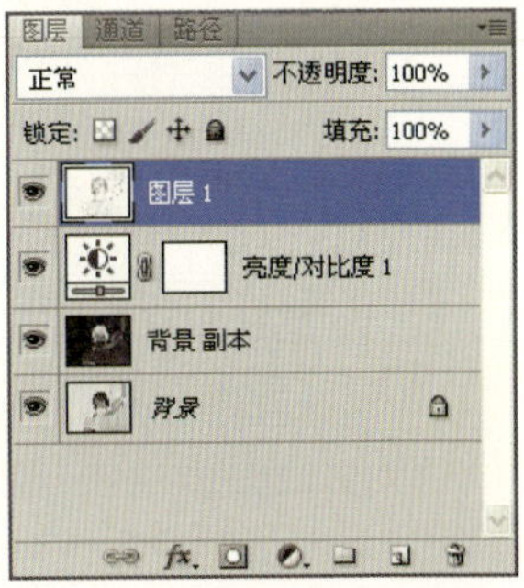

图4-406

7 在菜单栏中选择“滤镜”|“艺术效果”|“粗糙蜡笔”命令，在弹出的对话框中设置参数如图4-407所示。设置完毕后单击“确定”按钮，效果如图4-408所示。

8 单击工具箱中的“加深工具”和“减淡工具”，在图像中涂抹，效果如图4-409所示。

9 单击“图层”面板底部的“创建新图层”按钮，得到“图层2”，如图4-410所示。

10 单击工具箱底部的设置前景色色块，在弹出的“拾色器（前景色）”对话框中设置参数如图4-411所示，设置完毕后单击“确定”按钮。

图4-407

图4-408

图4-409

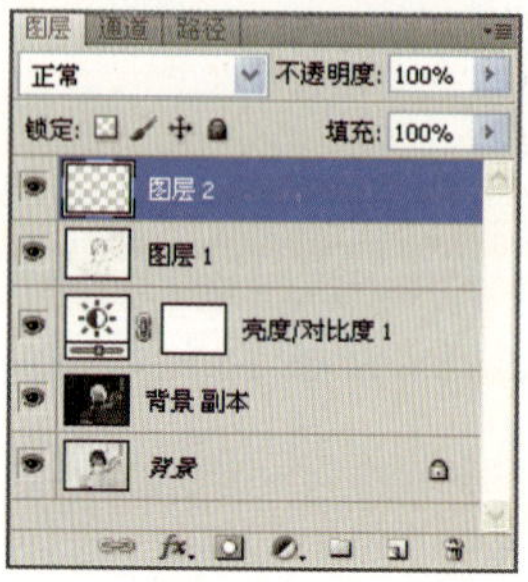

图4-410

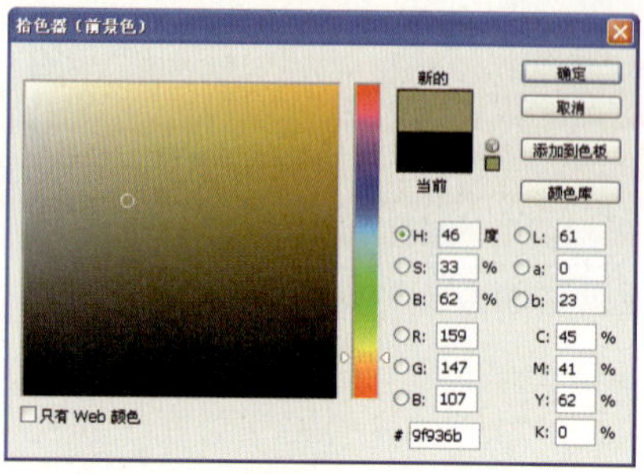

图4-411

11 按快捷键Alt+Delete填充前景色。将“图层2”的“不透明度”设置为“30%”，如图4-412所示，效果如图4-413所示。

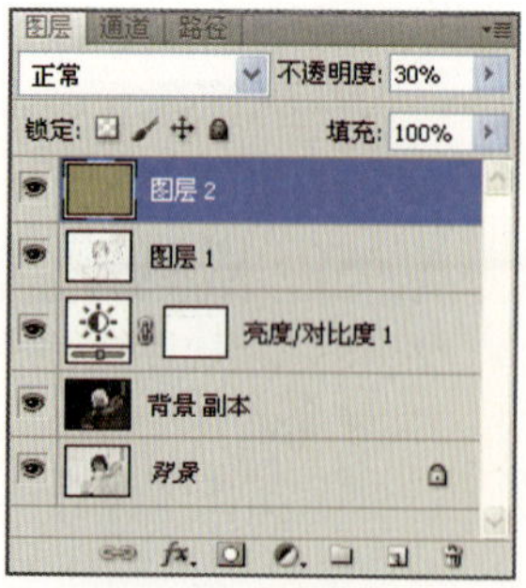

图4-412

图4-413

12 单击“图层”面板底部的“创建新的填充或调整图层”按钮，在弹出的菜单中选择“色阶”选项，在弹出的面板中设置参数如图4-414所示。设置完毕后单击关闭按钮，效果如图4-415所示。

13 单击工具箱中的“横排文字工具”T，在图像中输入文字，如图4-416所示。

14 单击“图层”面板底部的“创建新图层”按钮，得到“图层3”，如图4-417所示。选择“直线工具”在图像中绘制线条，如图4-418所示。

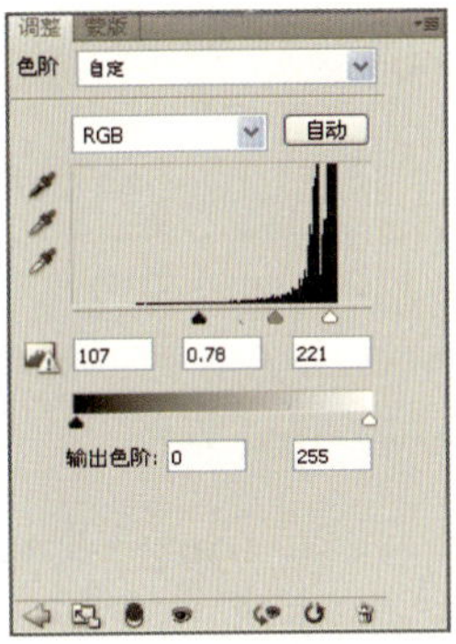

图4-414

图4-415

图4-416

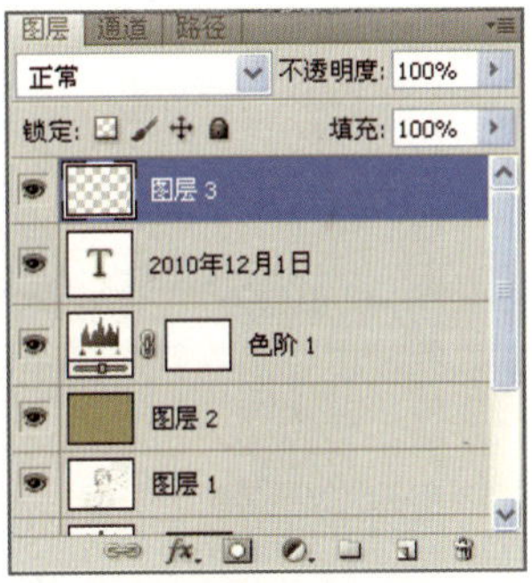

图4-417

图4-418

扩展实例23

难易度 ★★★★★

- 原始素材文件：书中实例素材\第4章\扩展实例23\制作风景素描效果素材图.jpg
- 最终效果文件：书中实例效果图\第4章\扩展实例23\制作风景素描效果.psd
- 视频教学文件：书中实例视频\第4章\扩展实例\4.23.flv

制作风景素描效果

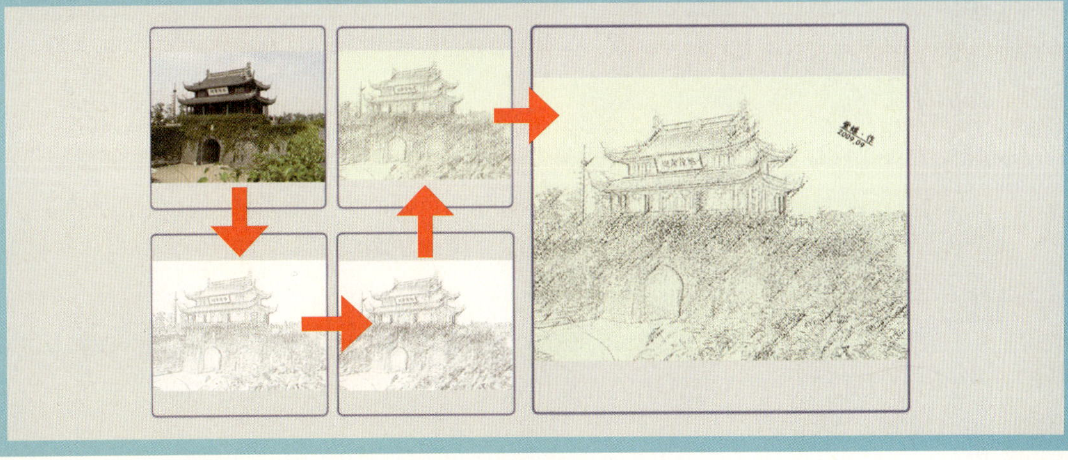

重点提示 1 打开随书所附光盘中的扩展实例素材“制作风景素描效果素材图.jpg”，将此图层拖曳至“图层”面板底部的“创建新图层”按钮上，得到“背景 副本”图层。将“背景副本”图层复制一层，得到“背景 副本2”图层。按快捷键Ctrl+I反相图像。将“背景副本2”图层的混合模式设置为“颜色减淡”。

技巧与提示

将混合模式设置为“颜色减淡”后，图像可能全部是白色。

重点提示 2 在菜单栏中选择“滤镜”|“模糊”|“高斯模糊”命令，在弹出的对话框中设置各项参数。按快捷键Ctrl+Alt+Shif+E盖印所有可见图层，得到“图层1”。在菜单栏中选择“滤镜”|“艺术效果”|“粗糙画笔”命令，在弹出的对话框中设置各项参数。

原始素材文件：
书中实例素材\第4章\实例21\打造具有怀旧色调的生活照素材图.jpg

最终效果文件：
书中实例效果图\第4章\实例21\ 打造具有怀旧色调的生活照.psd

视频教学文件：
书中实例视频\第4章\实例\4.21.flv

实例21

难易度 ★★★★★

打造具有怀旧色调的生活照

例前导读　　本例视频教程长度：2分28秒

- 使用调整图层调整图像色调。
- 使用混合模式混合图像。

1 打开随书所附光盘中的实例素材“打造具有怀旧色调的生活照素材图.jpg”，如图4-419所示，将此图层拖曳至“图层”面板底部的“创建新图层”按钮上，得到“背景 副本”图层，如图4-420所示。

2 单击“图层”面板底部的“创建新的填充或调整图层”按钮，在弹出的菜单中选择“色相/饱和度”选项，在弹出的面板中设置参数如图4-421所示。设置完毕后单击关闭按钮，效果如图4-422所示。

3 选择“背景”图层，将其拖曳至“图层”面板底部的“创建新图层”按钮上，得到“背景 副本2”图层，将此图层的混合模式设置为“柔光”，如图4-423所示，效果如图4-424所示。

图4-419

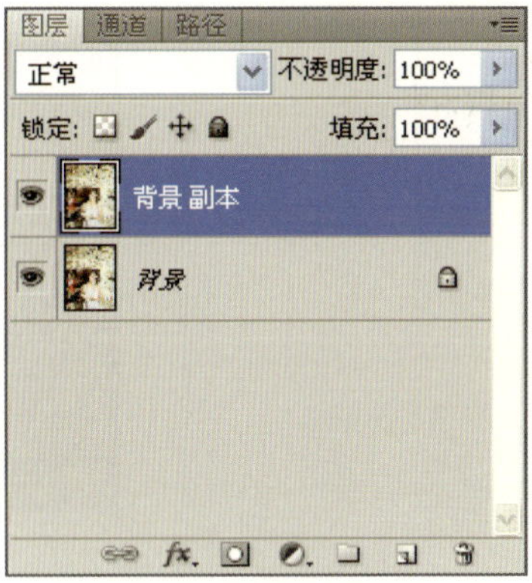

图4-420

图4-421

图4-422

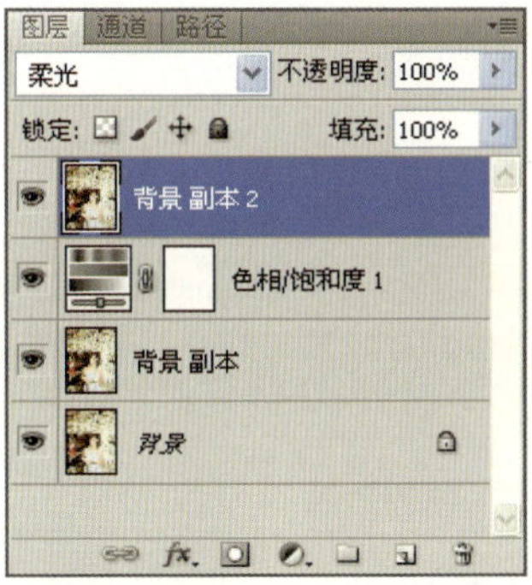

图4-423

图4-424

4 单击“图层”面板底部的“创建新的填充或调整图层”按钮，在弹出的菜单中选择“色彩平衡”选项，在弹出的面板中设置参数如图4-425所示。设置完毕后单击关闭按钮，效果如图4-426所示。

5 单击“图层”面板底部的“创建新的填充或调整图层”按钮，在弹出的菜单中选择“照片滤镜”选项，在弹出的面板中设置参数如图4-427所示。设置完毕后单击关闭按钮，效果如图4-428所示。

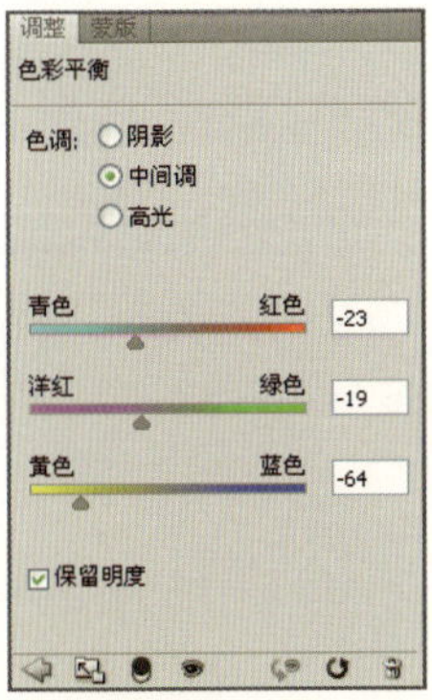

图4-425

图4-426

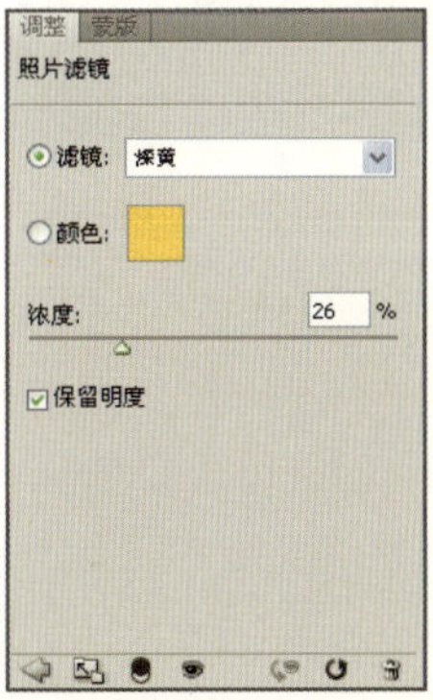

图4-427

图4-428

6 单击“图层”面板底部的“创建新的填充或调整图层”按钮，在弹出的菜单中选择“曲线”选项，在弹出的面板中设置参数如图4-429所示。设置完毕后单击关闭按钮，效果如图4-430所示。

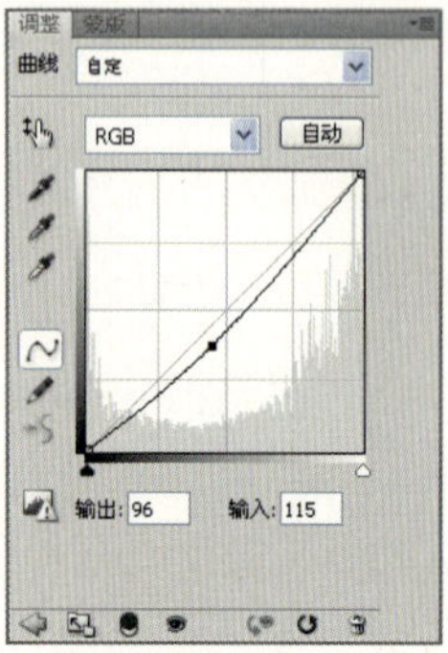

图4-429

图4-430

扩展实例24

难易度 ★★★★★

- 原始素材文件：书中实例素材\第4章\扩展实例24\调出怀旧生活照素材图.jpg
- 最终效果文件：书中实例效果图\第4章\扩展实例24\调出怀旧生活照.psd
- 视频教学文件：书中实例视频\第4章\扩展实例\4.24.flv

调出怀旧生活照

重点提示 1 打开随书所附光盘中的扩展实例素材“调出怀旧生活照素材图.jpg”，将此图层拖曳至“图层”面板底部的“创建新图层”按钮上，得到“背景 副本”图层。选择“背景”图层，将此图层复制一层，得到“背景 副本2”图层，并将其移至面板顶层。将“背景 副本2”图层的混合模式设置为“柔光”。

重点提示 2 单击“图层”面板底部的“创建新的填充或调整图层”按钮，在弹出的菜单中选择“照片滤镜”选项，在弹出的面板中选择“滤镜”下拉列表中的“加温滤镜（81）”，“浓度”设置为“50”。

第5章

数码照片在现实生活中的应用

原始素材文件：
书中实例素材\第5章\实例1\制作CD碟片效果素材图.jpg

最终效果文件：
书中实例效果图\第5章\实例1\制作CD碟片效果.psd

视频教学文件：
书中实例视频\第5章\实例\5.1.flv

实例1

难易度 ★★★★★

制作CD碟片效果

例前导读

本例视频教程长度：9分13秒

- 使用“滤镜”命令制作特效。
- 通过添加调整图层调整图像色调。

1 按快捷键Ctrl+N，在弹出的“新建”对话框中设置参数如图5-1所示。单击“图层”面板底部的“创建新图层”按钮，得到“图层1”。

2 单击工具箱底部的设置前景色色块，在弹出的“拾色器（前景色）”对话框中设置参数如图5-2所示。将背景色设置为白色，在菜单栏中选择“滤镜”|“渲染”|“云彩”命令，效果如图5-3所示。

3 在菜单栏中选择“滤镜”|“像素化”|“马赛克”命令，在弹出的对话框中设置参数如图5-4所示。设置完毕后单击“确定”按钮，效果如图5-5所示。

4 在菜单栏中选择“滤镜”|“艺术效果”|“绘画涂抹”命令，在弹出的对话框中设置参数如图5-6所示。设置完毕后单击“确定”按钮，效果如图5-7所示。

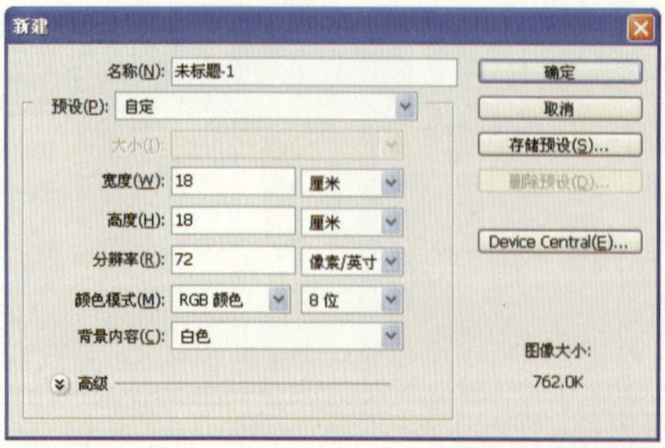

图5-1

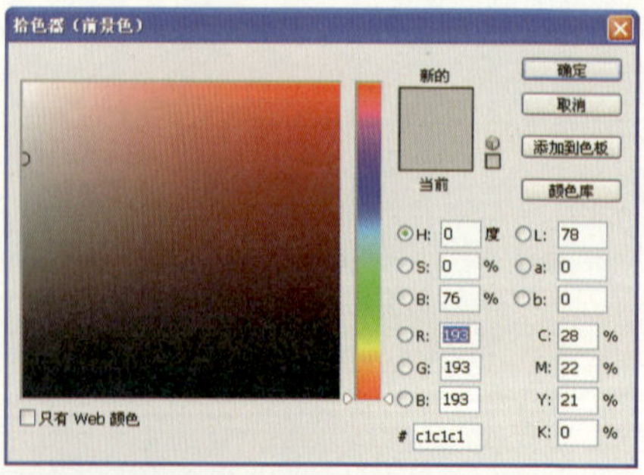

图5-2

图5-3

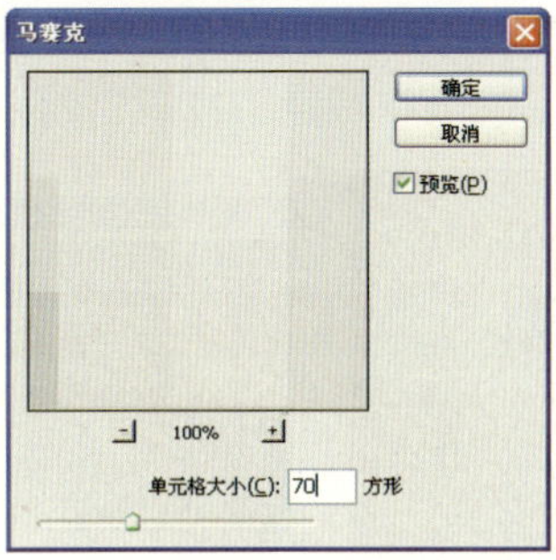

图5-4

图5-5

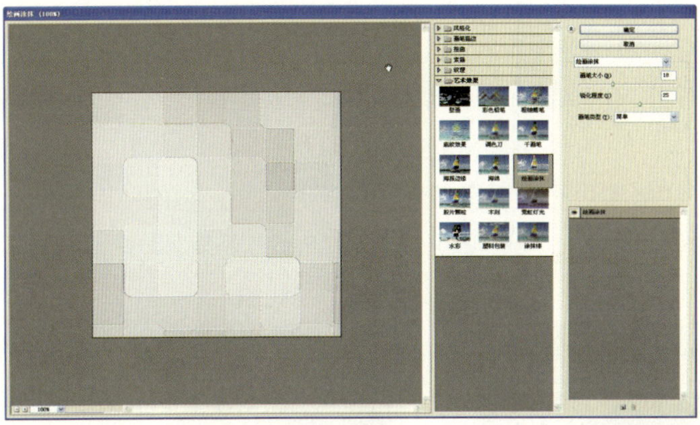

图5-6

图5-7

5 打开随书所附光盘中的实例素材“制作CD碟片效果素材图.jpg”，选择“移动工具”将其拖曳至主文档，得到“图层2”。在菜单栏中选择“编辑”|“自由变换”命令，调整图像大小和位置。将“图层2”的混合模式设置为“颜色加深”，如图5-8所示，效果如图5-9所示。

6 单击“图层”面板底部的“创建新的填充或调整图层”按钮，在弹出的菜单中选择“色阶”选项，在弹出的面板中设置参数如图5-10所示。设置完毕后单击关闭按钮，效果如图5-11所示。

图5-8

图5-9

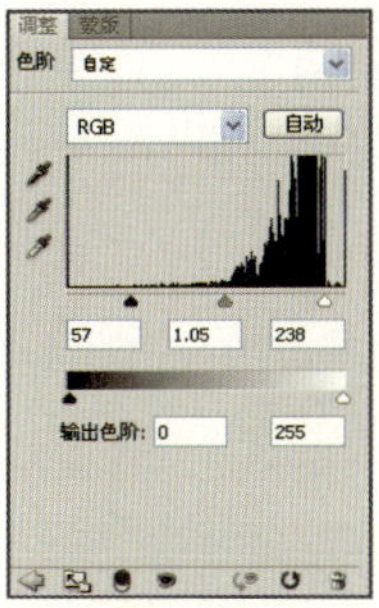

图5-10

图5-11

7 单击“图层”面板底部的“创建新图层”按钮，得到“图层3”，并为其填充黑色，如图5-12所示。

8 在菜单栏中选择“滤镜”|“杂色”|“添加杂色”命令，在弹出的对话框中设置参数。设置完毕后单击“确定”按钮，效果如图5-13所示。

9 在菜单栏中选择“滤镜”|“像素化”|“晶格化”命令，在弹出的对话框中设置参数如图5-14所示。设置完毕后单击“确定”按钮，效果如图5-15所示。

图5-12

图5-13

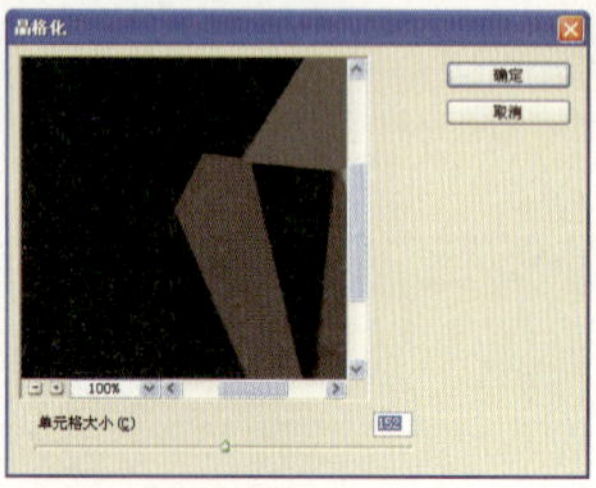

图5-14

图5-15

10 单击“图层”面板底部的“创建新的填充或调整图层”按钮，在弹出的菜单中选择“色阶”选项，在弹出的面板中设置参数如图5-16所示。设置完毕后单击关闭按钮，效果如图5-17所示。

11 按快捷键Ctrl+Alt+Shift+E盖印可见图层，得到“图层4”。在菜单栏中选择“滤镜”|“扭曲”|“旋转扭曲”命令，在弹出的对话框中设置参数如图5-18所示，设置完毕后单击“确定”按钮。

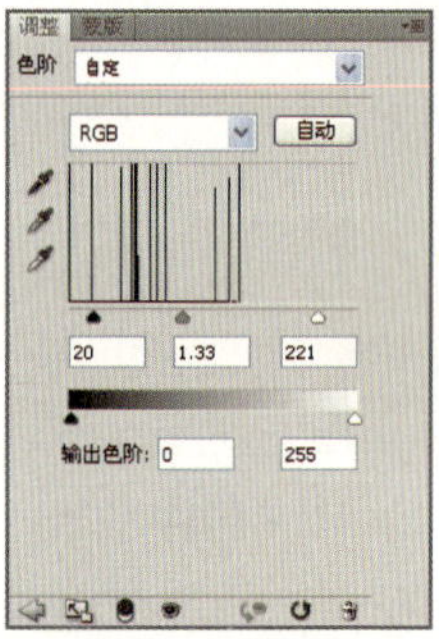

图5-16

图5-17

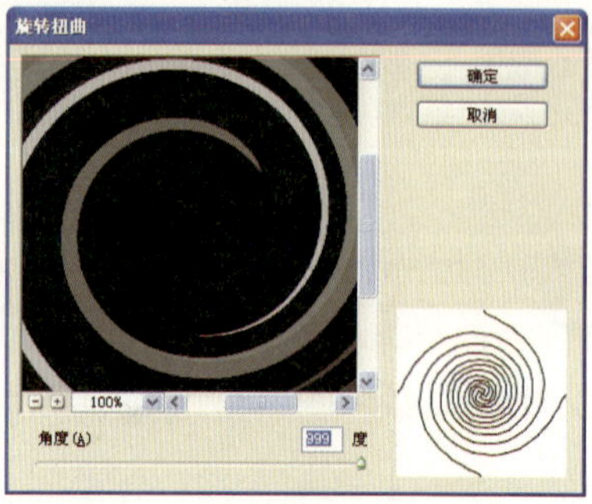

图5-18

12 选择“图层4”，将此图层的混合模式设置为“滤色”，如图5-19所示，效果如图5-20所示。

13 按快捷键Ctrl+Alt+Shift+E盖印所有可见图层，得到“图层5”，如图5-21所示。

14 选择“图层5”，单击工具箱中的“椭圆选框工具”，在图像中间位置绘制圆形选区，按Delete键删除选区内图像，如图5-22所示。按快捷键Ctrl+D取消选区。

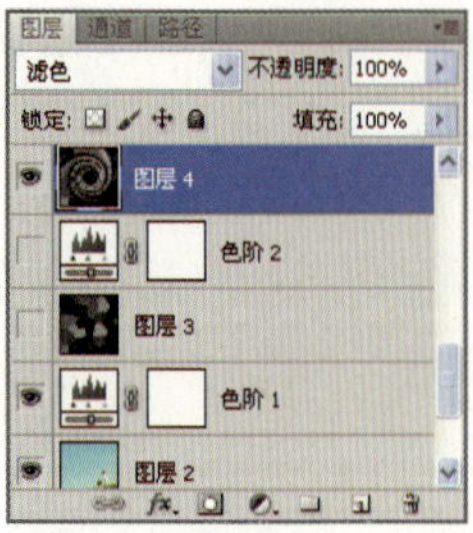

图5-19

图5-20

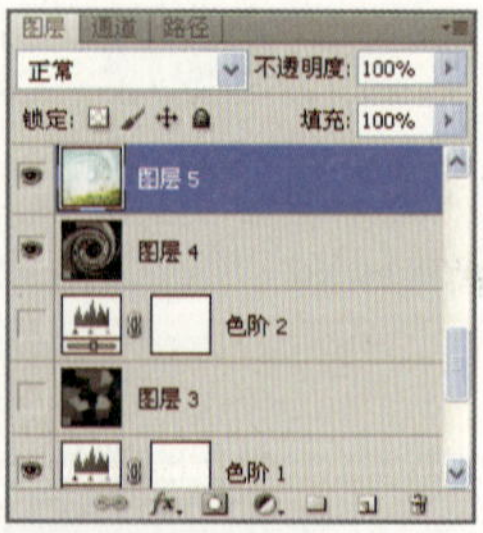

图5-21

图5-22

15 单击工具箱中的“椭圆选框工具”，绘制较大圆形选区，如图5-23所示。

16 单击“图层”面板底部的“创建新的填充或调整图层”按钮，在弹出的菜单中选择“曲线”选项，在弹出的面板中设置参数如图5-24所示。设置完毕后单击关闭按钮，效果如图5-25所示。

图5-23

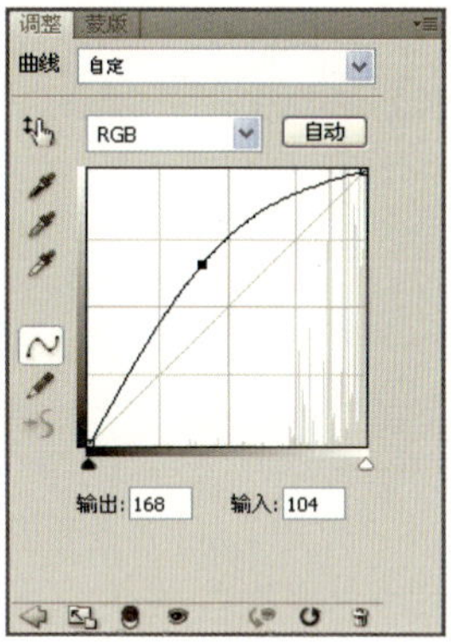

图5-24

图5-25

17 按快捷键Ctrl+Alt+Shift+E盖印所有可见图层，得到“图层6”。使用“椭圆选框工具”在图像中绘制最大圆，并添加图层蒙版。隐藏除“背景”图层与“图层6”以外的所有图层，如图5-26所示，效果如图5-27所示。

18 双击“图层6”，在弹出的“图层样式”对话框中设置参数如图5-28所示。设置完毕后单击“确定”按钮，效果如图5-29所示。

19 单击工具箱中的“横排文字工具”，为图像添加文字。双击文字图层，在弹出的“图层样式”对话框中勾选“描边”复选框，“大小”设置为“1”，“颜色”设置为“黑色”，其他参数保持默认，设置完毕后单击“确定”按钮。“图层”面板如图5-30所示。图像效果如图5-31所示。

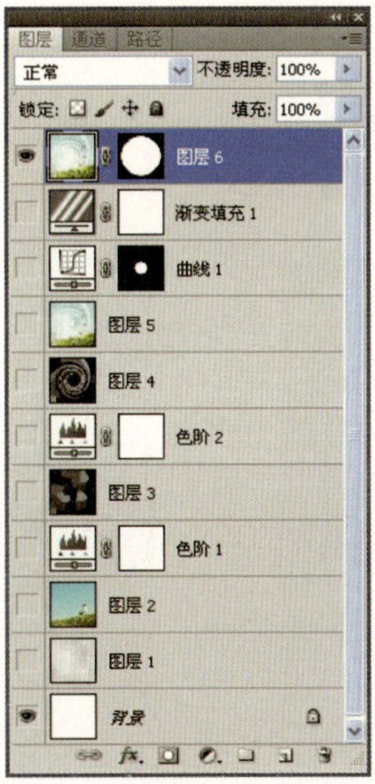

图5-26

图5-27

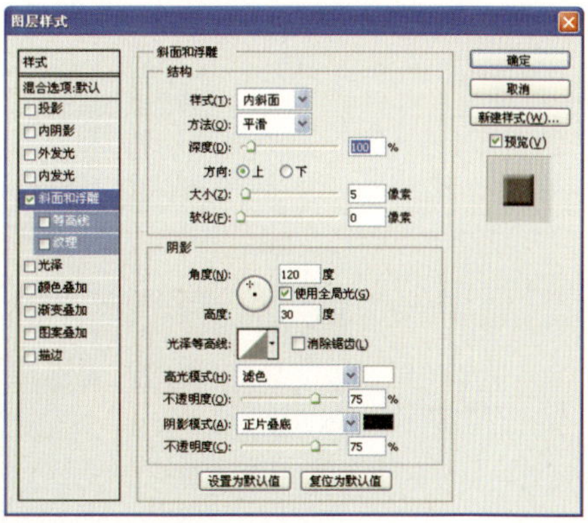

图5-28

图5-29

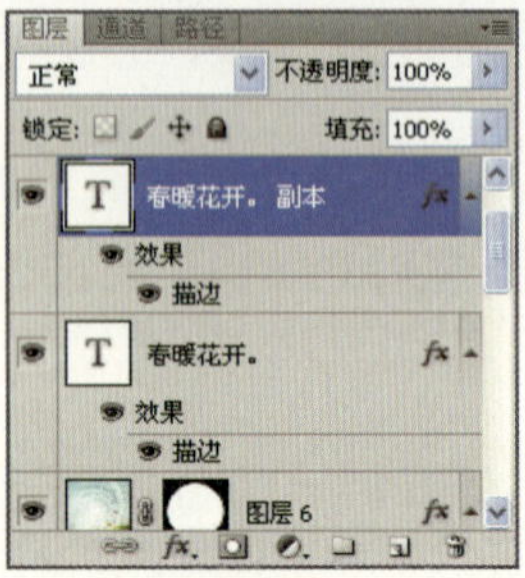

图5-30

图5-31

20 单击“图层”面板底部的“创建新图层”按钮，得到“图层7”，如图5-32所示。

21 单击工具箱中的“直线工具”，为文字添加装饰，如图5-33所示。

22 选择“背景”图层，单击“图层”面板底部的“创建新的填充或调整图层”按钮，在弹出的菜单中选择“渐变”选项，在弹出的对话框中设置参数如图5-34所示。设置完毕后单击“确定”按钮，效果如图5-35所示。

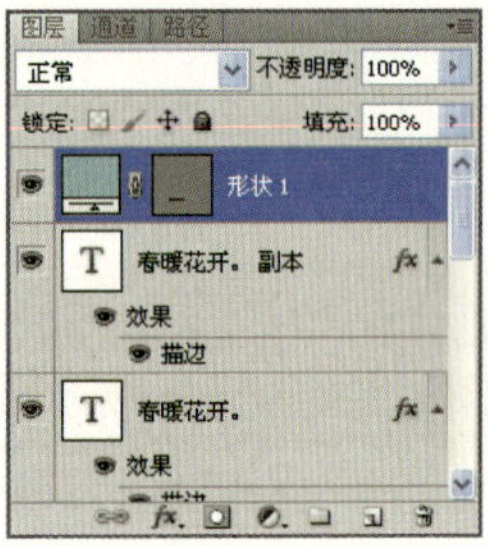

图5-32

图5-33

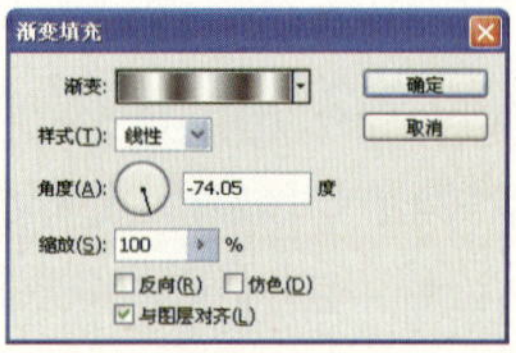

图5-34

图5-35

扩展实例1

难易度 ★★★★★

- 原始素材文件：书中实例素材\第5章\扩展实例1\制作儿童CD碟片效果素材图.jpg
- 最终效果文件：书中实例效果图\第5章\扩展实例1\制作儿童CD碟片效果.psd
- 视频教学文件：书中实例视频\第5章\扩展实例\5.1.flv

制作儿童CD碟片效果

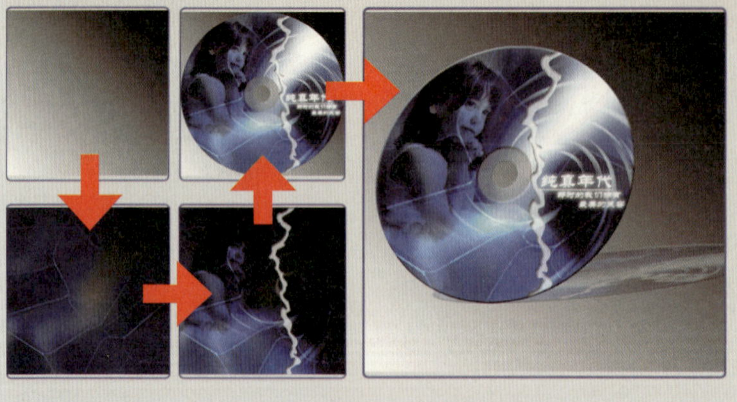

重点提示 **1** 在工具箱中选择“画笔工具”，设置适当的“不透明度”，在画面上涂抹，更换颜色后继续涂抹。在菜单栏中选择“滤镜”|“像素化”|“晶格化”命令，在弹出的对话框中设置适当参数。隐藏“背景”图层，按快捷键Ctrl+Alt+Shift+E盖印所有可见图层，得到“图层2”。打开随书所附光盘中的扩展实例素材“制作儿童CD碟片效果素材图.jpg”，将此图像拖入文档中，得到“图层3”。将“图层3”的混合模式设置为“叠加”。单击“图层”面板底部的“添加图层蒙版”按钮，为“图层3”添加图层蒙版。新建“图层4”，将前景色设置为黑色填充。

重点提示 **2** 将前景色设置为黑色，选择“画笔工具”在图像边缘涂抹。选择“图层1”，将其“不透明度”设置为“90%”。新建“图层5”，并将其移至“图层”面板顶层。在菜单栏中选择“滤镜”|“液化”命令，在弹出的对话框中设置参数。将“图层5”的“不透明度”设置为“75%”，并为其添加“内阴影”图层样式。

重点提示 **3** 按快捷键Ctrl+Alt+Shift+E盖印所有可见图层，得到“图层6”。隐藏除“图层6”和“背景”图层以外的所有图层。使用“椭圆选框工具”在图像正中心绘制最大选区，按快捷键Shift+Ctrl+I反选选区，按Delelte键删除选区内的图像。

重点提示 **4** 单击工具箱中的“横排文字工具”，在图像中输入文字，并为文字添加“外发光”图层样式。按快捷键Ctrl+Alt+Shift+E盖印所有可见图层，得到“图层8”，将此图层复制一层，得到“图层8 副本”图层，并将其移至“图层8”下方。按快捷键Ctrl+T自由变换，将图像缩小并斜切。将“图层8副本”图层的“不透明度”设置为“30%”。

原始素材文件：
书中实例素材\第5章\实例2\制作IC卡卡面效果素材图.jpg

最终效果文件：
书中实例效果图\第5章\实例2\\制作IC卡卡面效果.psd

视频教学文件：
书中实例视频\第5章\实例\5.2.flv

实例2

难易度 ★★★★★

制作IC卡卡面效果

例前导读

本例视频教程长度：16分51秒

- 使用“图层样式”为图像添加凹凸效果。
- 使用“滤镜”命令制作图像特效。

1 按快捷键Ctrl+N，在弹出的“新建”对话框中设置参数如图5-36所示。

2 选择“背景”图层，将前景色设置为黑色，按快捷键Alt+Delete填充前景色。单击“图层”面板底部的“创建新图层”按钮，得到“图层1”，如图5-37所示。

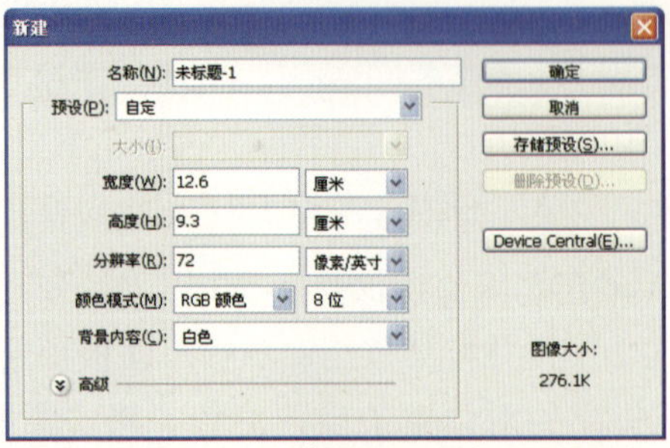

图5-36

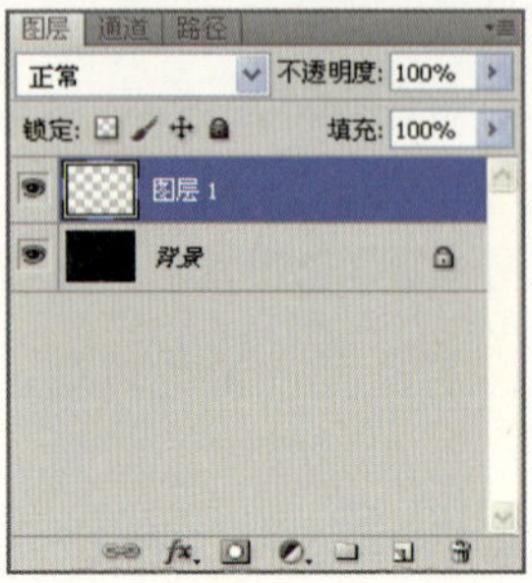

图5-37

3 单击工具箱底部的设置前景色色块，在弹出的“拾色器（前景色）”对话框中设置参数如图5-38所示，设置完毕后单击“确定”按钮。

4 选择工具箱中的“圆角矩形工具”，在其工具选项栏中单击“填充像素”按钮，设置“半径”为“15像素”，在图像中绘制图形如图5-39所示。

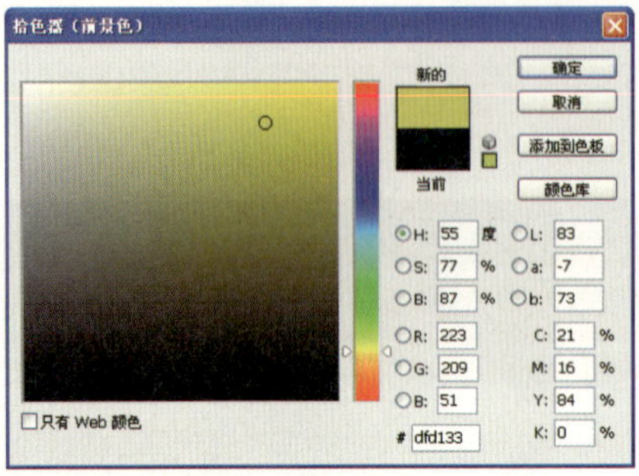

图5-38

图5-39

技巧与提示

一般IC卡尺寸为：宽85.6mm、高53.98mm、厚0.76mm。

5 双击“图层1”，在弹出的“图层样式”对话框中设置参数如图5-40所示。设置完毕后单击“确定”按钮，效果如图5-41所示。

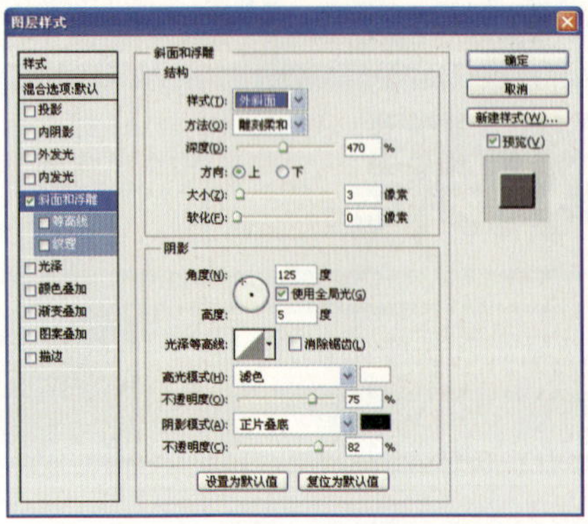

图5-40

图5-41

6 按住Ctrl键单击“图层1”，以提取选区。单击“图层”面板底部的“创建新的填充或调整图层”按钮，在弹出的菜单中选择“图案”选项，在弹出的对话框中设置各项参数如图5-42所示。设置完毕后单击“确定”按钮，效果如图5-43所示。

7 按住Ctrl键单击“图层1”，以提取选区。单击“图层”面板底部的“创建新的填充或调整图层”按钮，在弹出的菜单中选择“渐变”选项，在弹出的对话框中设置各项参数如图5-44所示。

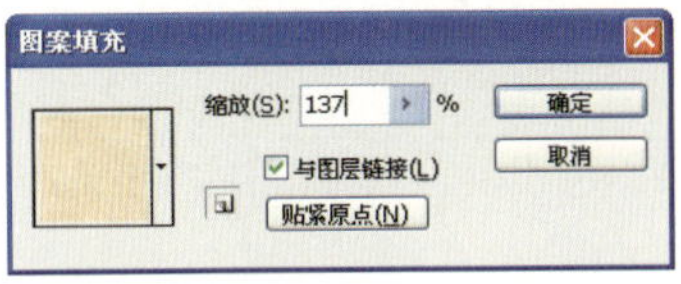

图5-42

图5-43

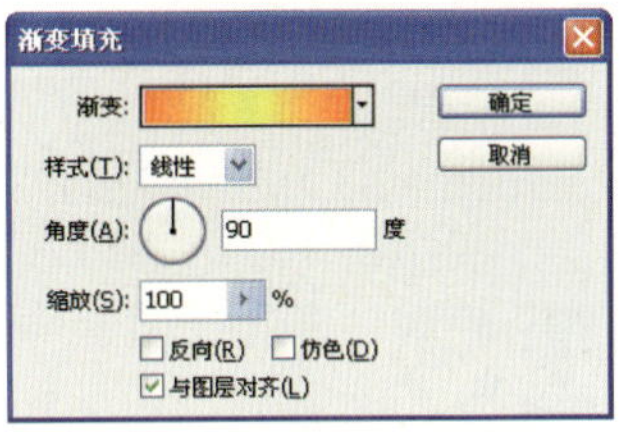

图5-44

8 选择“渐变填充1”调整图层，将此图层的混合模式设置为“叠加”，如图5-45所示，效果如图5-46所示。

9 打开随书所附光盘中的实例素材“制作IC卡卡面效果素材图.jpg”，将其拖曳至主文档，如图5-47所示，同时得到“图层2”。

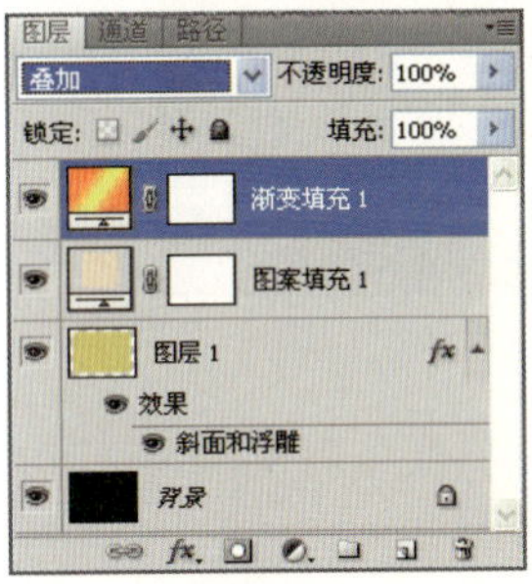

图5-45

图5-46

图5-47

10 在菜单栏中选择“滤镜”|“风格化”|“凸出”命令，在弹出的对话框中设置参数如图5-48所示。设置完毕后单击“确定”按钮，效果如图5-49所示。

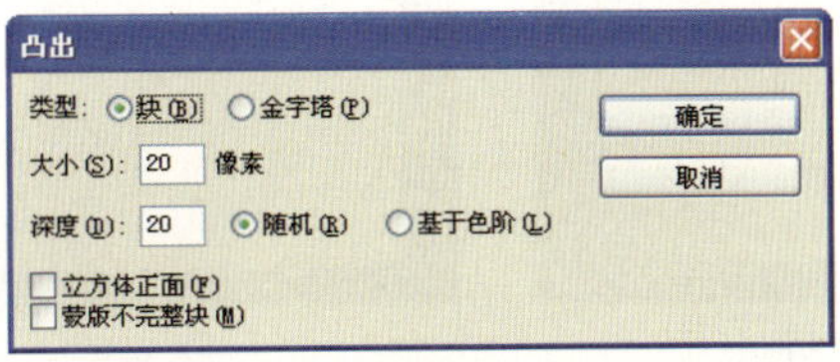

图5-48

图5-49

11 选择“图层2”，单击“图层”面板底部的“添加图层蒙板”按钮，为“图层2”添加图层蒙版。将前景色设置为黑色，选择“画笔工具”在图像中涂抹。

“图层”面板如图5-50所示。效果如图5-51所示。

12 单击“图层”面板底部的“创建新图层”按钮，得到“图层3”，如图5-52所示。

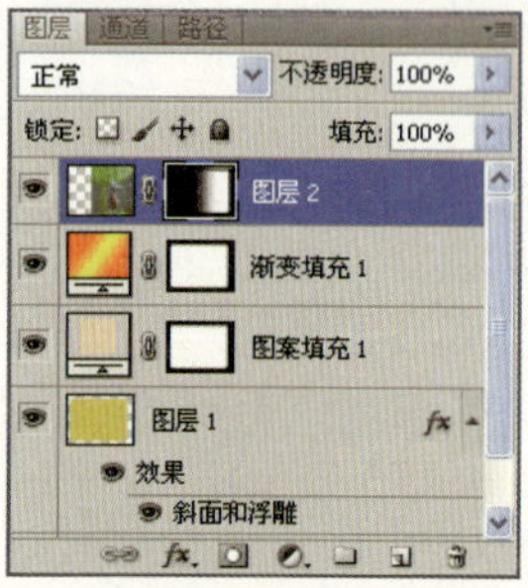

图5-50

图5-51

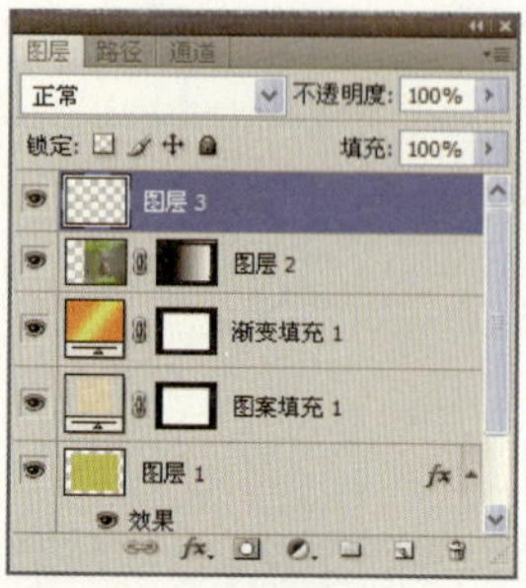

图5-52

13 单击工具箱中的“直线工具”，在其工具选项栏中单击“填充像素”按钮，设置“粗细”为“3像素”，在图像中绘制线条如图5-53所示。

14 单击工具箱中的“横排文字工具”，在图像中输入文字，如图5-54所示。

图5-53

图5-54

15 双击“贵宾”文字图层，在弹出的“图层样式”对话框中设置参数如图5-55所示。设置完毕后单击“确定”按钮，效果如图5-56所示。

16 单击工具箱中的“横排文字工具”，在图像中输入文字，如图5-57所示。

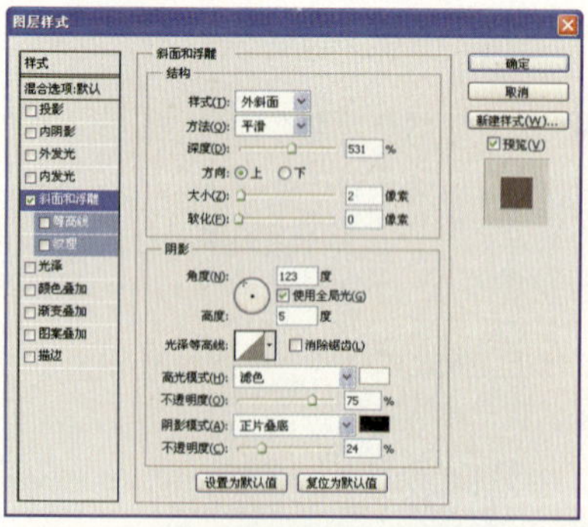

图5-55

图5-56

图5-57

17 右击“贵宾”文字图层，在弹出的快捷菜单中选择“拷贝图层样式”命令，右击“VIP 会员卡”文字图层，在弹出的快捷菜单中选择“粘贴图层样式”命令。

“图层”面板如图5-58所示。效果如图5-59所示。

技巧与提示

为了方便编辑或修改，此处不同字体的文字应创建不同的图层。

18 单击“图层”面板底部的“创建新图层”按钮，得到“图层4”，如图5-60所示。选择“自定形状工具”，在其工具选项栏中单击“填充像素”按钮，选择合适的形状，在图像中绘制图像。按快捷键Ctrl+T调整图像角度如图5-61所示。

19 右击“图层4”，在弹出的快捷菜单中选择“粘贴图层样式”命令，效果如图5-62所示。

20 单击工具箱中的“横排文字工具”，在图像中输入文字，如图5-63所示。

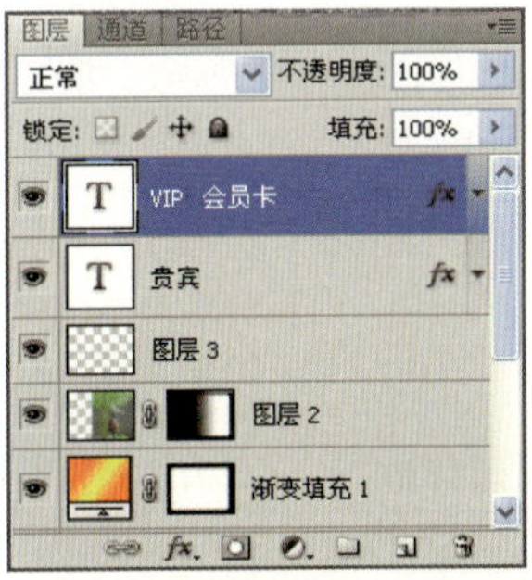

图5-58

图5-59

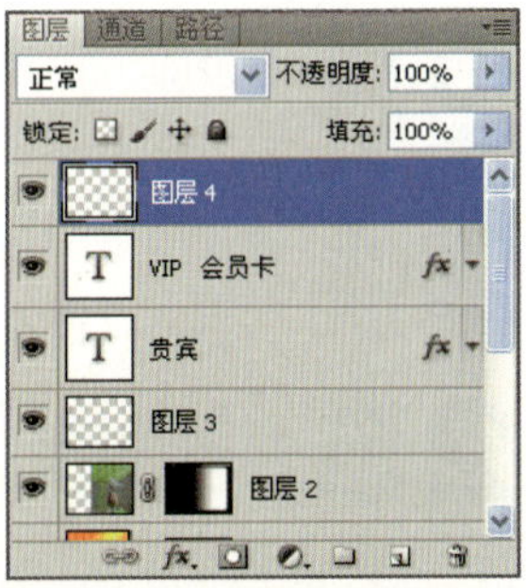

图5-60

图5-61

图5-62

图5-63

21 双击“NO.802863”图层，在弹出的“图层样式”对话框中设置参数如图5-64至图5-66所示。设置完毕后单击“确定”按钮，效果如图5-67所示。

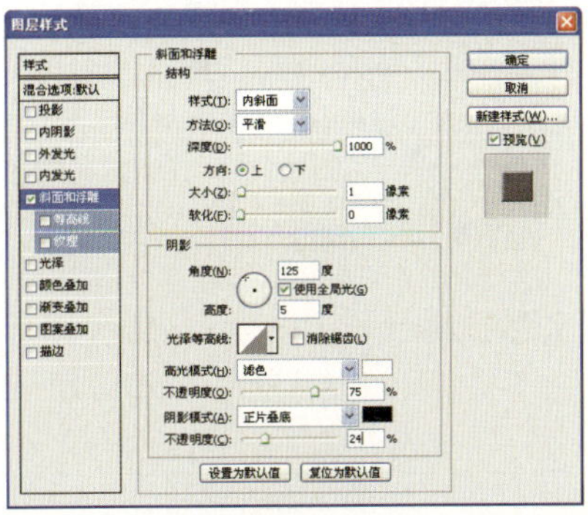

图5-64

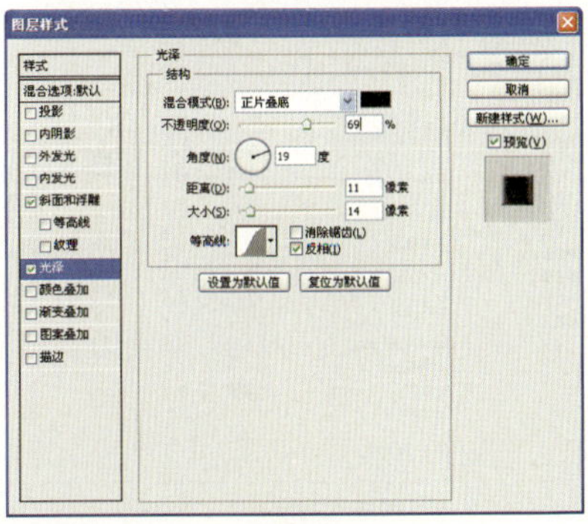

图5-65

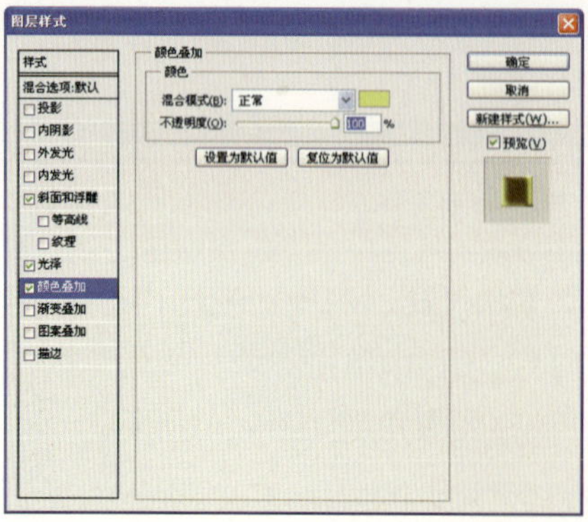

图5-66

图5-67

22 单击“图层”面板底部的“创建新图层”按钮，得到“图层5”，如图5-68所示。

23 将前景色设置为白色，选择“自定形状工具”，在其工具选项栏中单击“填充像素”按钮，选择合适的形状，在图像中绘制图像如图5-69所示。

24 双击“图层5”，在弹出的“图层样式”对话框中设置参数如图5-70至图5-73所示。设置完毕后单击“确定”按钮，效果如图5-74所示。

25 单击工具箱中的“横排文字工具”，在图像中输入文字，如图5-75所示。右击“图层5”，在弹出的快捷菜单中选择“拷贝图层样式”命令，右击“休闲娱乐场所”文字图层，在弹出的快捷菜单中选择“粘贴图层样式”命令，效果如图5-76所示。

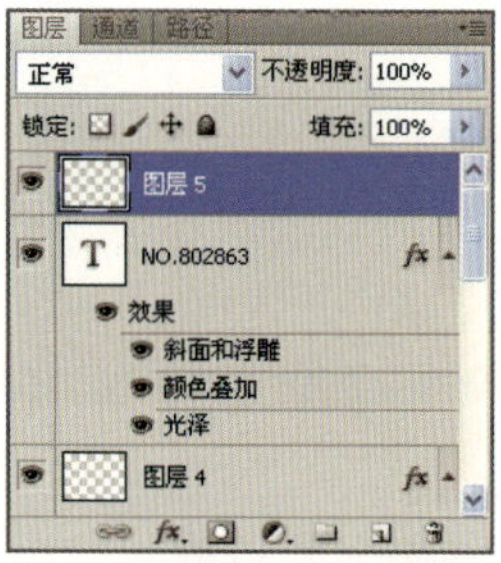

图5-68

图5-69

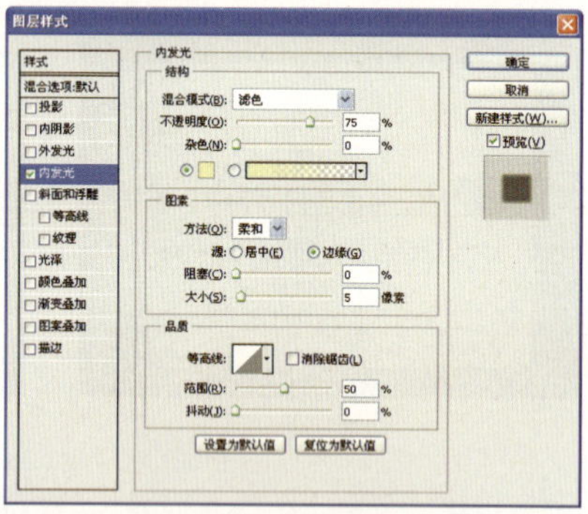

图5-70

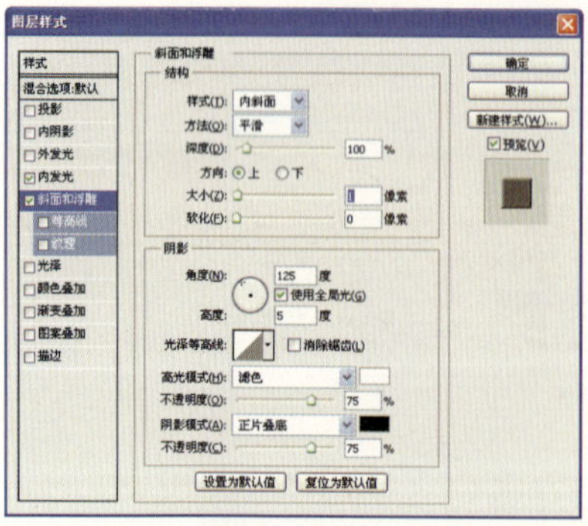

图5-71

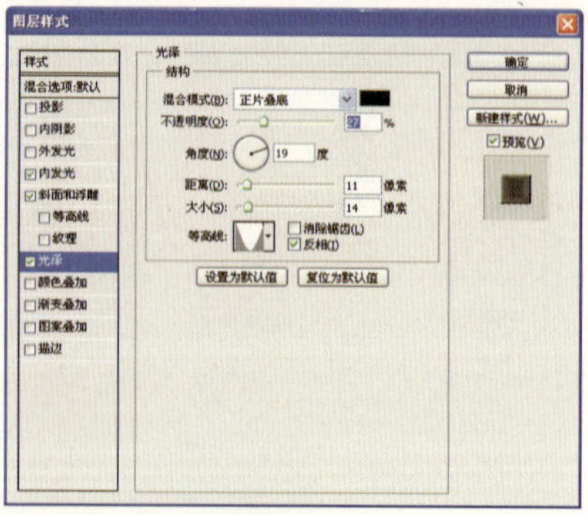

图5-72

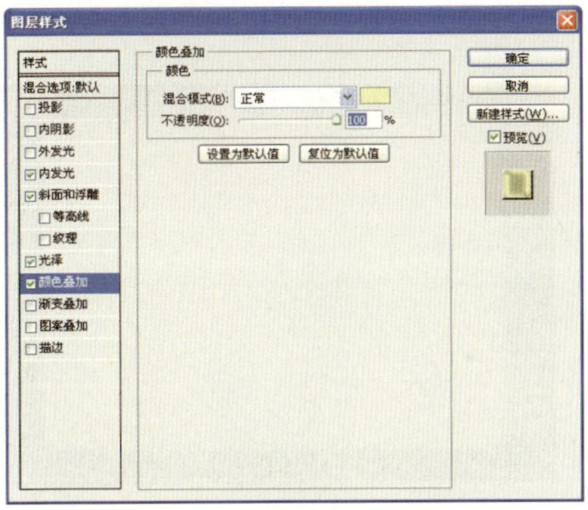

图5-73

图5-74

图5-75

图5-76

26 隐藏“背景”图层，按快捷键Ctrl+Alt+Shift+E盖印所有可见图层，得到“图层6”，如图5-77所示。

27 在菜单栏中选择“图像”|“复制”命令，在弹出的对话框中单击“确定”按钮，得到一个与主文档相同的新文档。按住Ctrl键将“图层6”、“图层4”、“ VIP会员卡”图层、“贵宾”图层、“图层3”、“图层2”选中，在菜单栏中选择“图层”|“删除”|“图层”命令，在弹出的对话框中单击“是”按钮，删除选中图层，如图5-78所示。

28 选择并双击“图层5”，如图5-79所示，在弹出的“图层样式”对话框中设置参数如图5-80所示，设置完毕后单击“确定”按钮，效果如图5-81所示。

29 右击“图层5”，在弹出的快捷菜单中选择“拷贝图层样式”命令，右击“休闲娱乐场所”文字图层，在弹出的快捷菜单中选择“粘贴图层样式”命令，效果如图5-82所示。

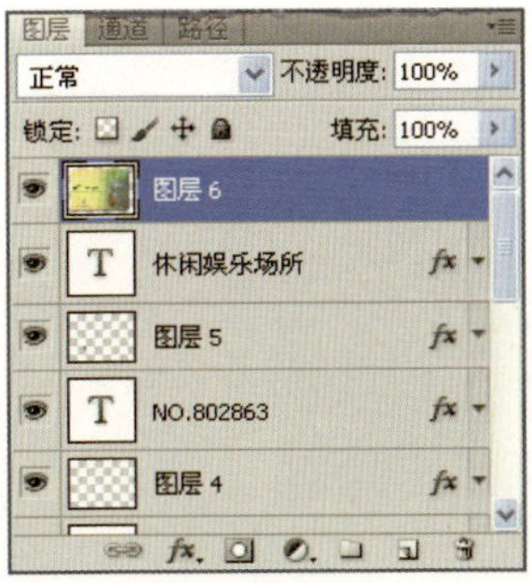

图5-77

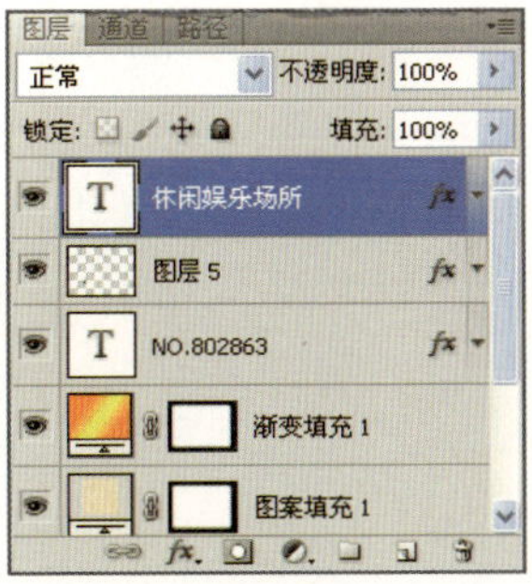

图5-78

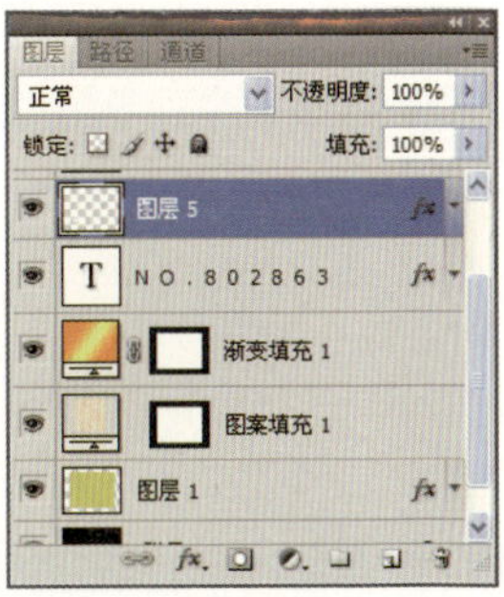

图5-79

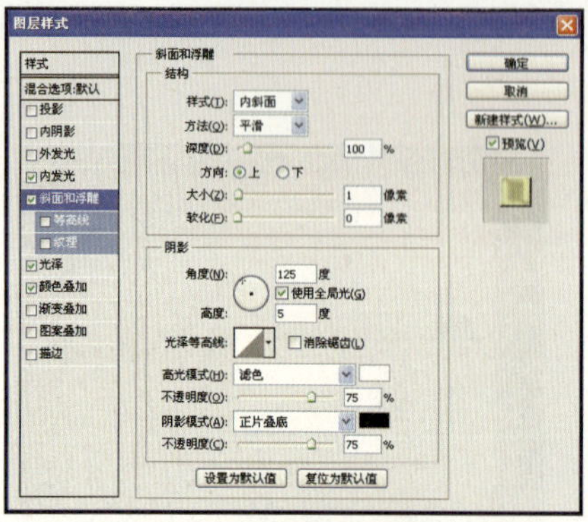

图5-80

图5-81

技巧与提示

生活中的IC卡如果正面有数字或图案凸起，那么其背面对应处应为凹陷下去的，所以此处做如此调整。

30 单击“图层”面板底部的“创建新图层”按钮，得到“图层6”，如图5-83所示。

31 单击工具箱中的“钢笔工具”，在图像中绘制路径如图5-84所示。切换至“路径”面板，单击面板底部的“用画笔描边路径”按钮，效果如图5-85所示。

32 单击“图层”面板底部的“创建新图层”按钮，得到“图层7”，如图5-86所示。

33 单击工具箱底部的设置前景色色块，在弹出的“拾色器（前景色）”对话框中设置参数如图5-87所示，设置完毕后单击“确定”按钮。

图5-82

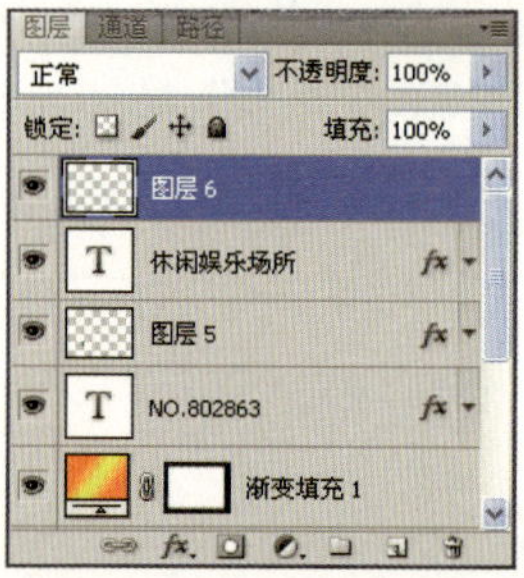

图5-83

图5-84

图5-85

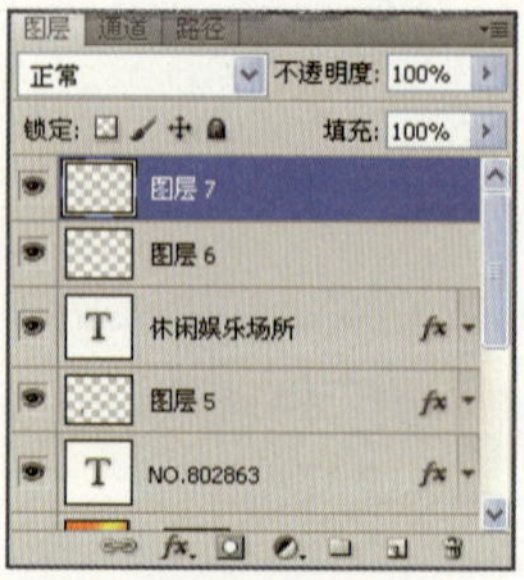

图5-86

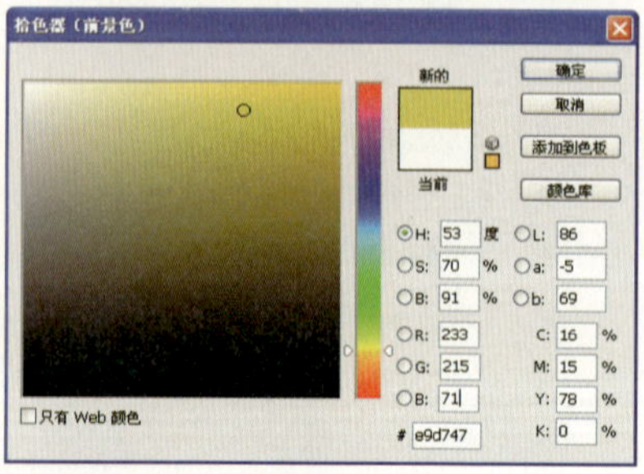

图5-87

34 单击工具箱中的“魔棒工具”，在图像中创建选区，按快捷键Alt+Delete填充前景色，如图5-88所示。

35 单击“图层”面板底部的“创建新图层”按钮，得到“图层8”，如图5-89所示。将前景色设置为黑色，选择“自定形状工具”，在其工具选项栏中单击“填充像素”按钮，选择合适的形状，在图像中绘制图案，如图5-90所示。

图5-88

图5-89

图5-90

36 单击工具箱中的“横排文字工具”，在图像中输入文字，如图5-91所示。

37 按快捷键Ctrl+Alt+Shift+E盖印所有可见图层，得到“图层10”，如图5-92所示。

38 按快捷键Ctrl+N，在弹出的“新建”对话框中设置参数如图5-93所示，设置完毕后单击“确定”按钮。

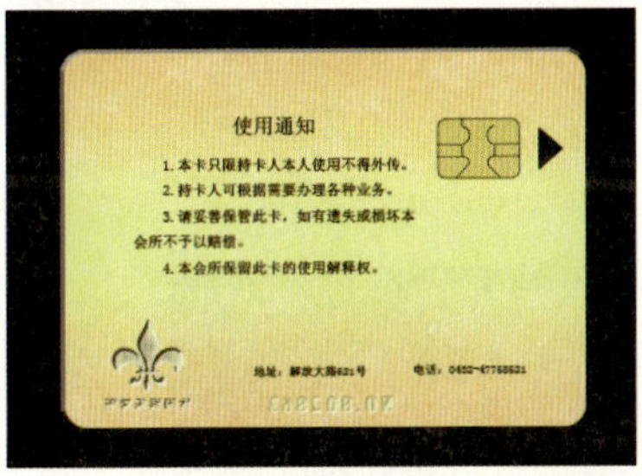

图5-91

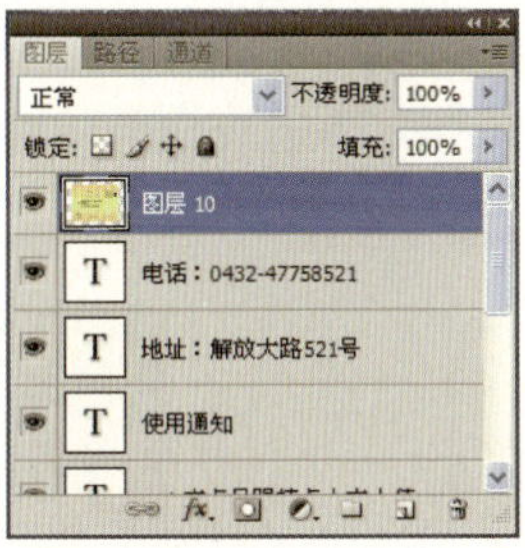

图5-92

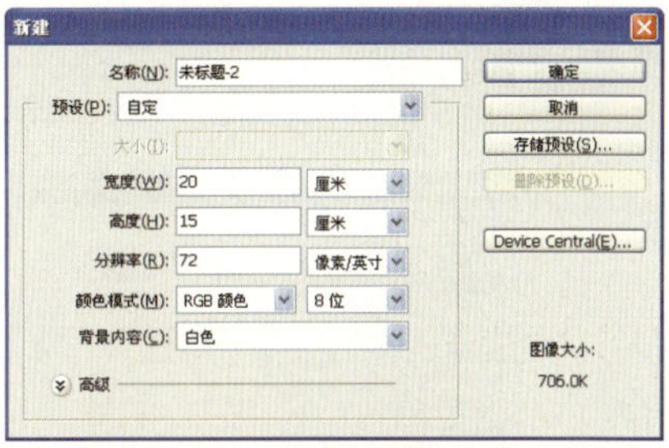

图5-93

39 选择工具箱中的“渐变工具”，单击其工具选项栏中的渐变色条，在弹出的对话框中设置各项参数如图5-94所示。设置完毕后单击“确定”按钮，在图像中从上至下拖出渐变，效果如图5-95所示。

图5-94

图5-95

40 在菜单栏中选择“滤镜” | “渲染” | “光照效果”命令，在弹出的对话框中设置各项参数如图5-96所示，设置完毕后单击“确定”按钮。

41 选择工具箱中的“移动工具”，将IC卡正面拖曳至当前文档，得到“图层1”。按快捷键Ctrl+T调整大小及角度如图5-97所示。

42 将“图层1”拖曳至“图层”面板底部的“创建新图层”按钮上，得到“图层1副本”图层。按快捷键Ctrl+T翻转图像并移动到合适位置，按Enter键确认变换操作，效果如图5-98所示。

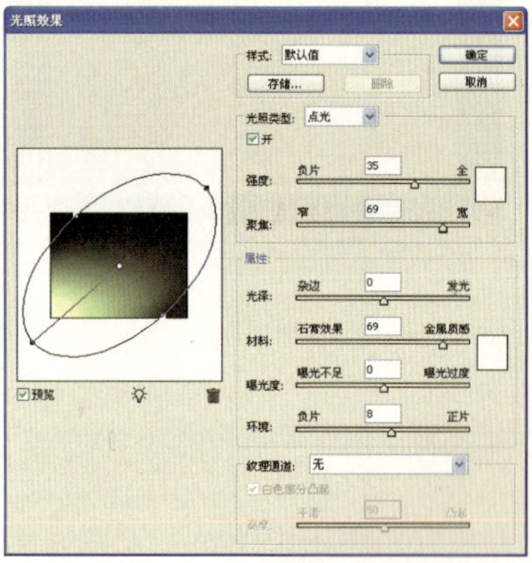

图5-96

图5-97

图5-98

43 双击“图层1”，在弹出的“图层样式”对话框中设置各项参数如图5-99所示，设置完毕后单击“确定”按钮，效果如图5-100所示。

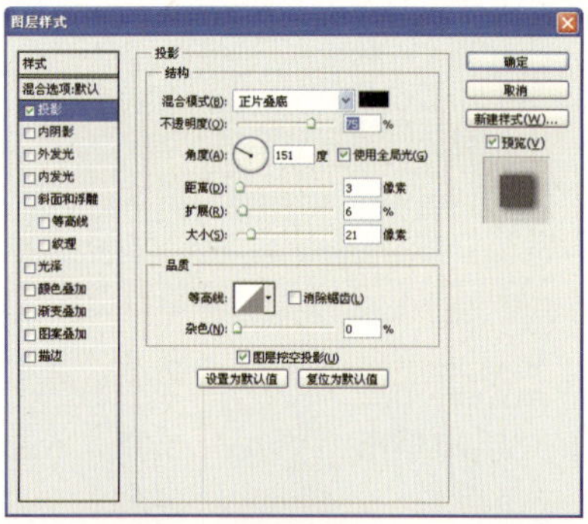

图5-99

图5-100

44 选择“图层1副本”图层，单击“图层”面板底部的“添加图层蒙版”按钮，为其添加图层蒙版。选择“渐变工具”，选择“黑色到白色”渐变类型，在图像中从下到上拖出渐变，效果如图5-101所示。

45 选择工具箱中的“移动工具”，将IC卡负面拖曳至当前文档，得到“图层2”。按快捷键Ctrl+T调整大小如图5-102所示。

46 将“图层2”拖曳至“图层”面板底部的“创建新图层”按钮上，得到“图层2副本”图层，如图5-103所示。按快捷键Ctrl+T翻转图像并移动到合适位置，按Enter键确认变换操作，效果如图5-104所示。

47 选择“图层2 副本”图层，单击“图层”面板底部的“添加图层蒙版”按钮，为其添加图层蒙版。选择“渐变工具”，选择“黑色到白色”渐变类型，在图像中从下到上拖出渐变，最终效果如图5-105所示。

图5-101

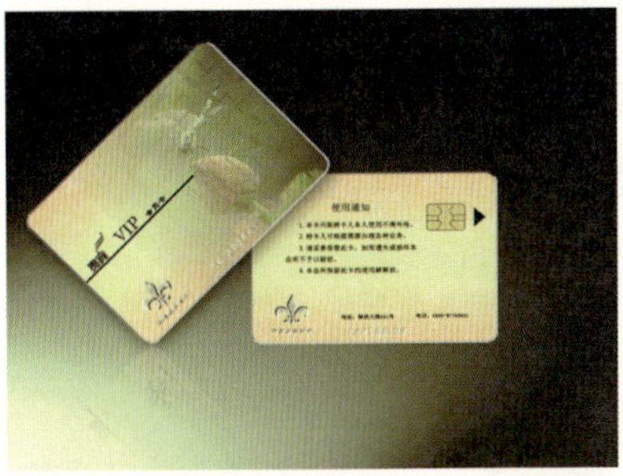

图5-102

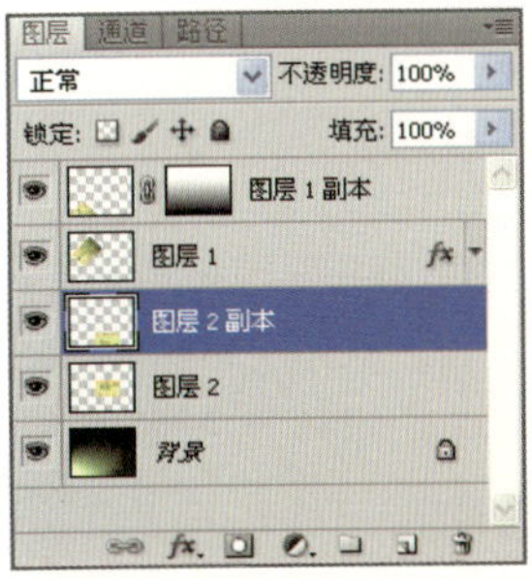

图5-103

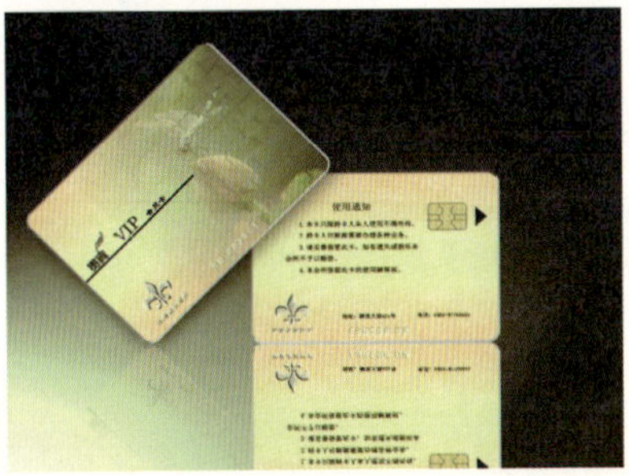

图5-104

图5-105

扩展实例2

难易度 ★★★★★

- 原始素材文件：书中实例素材\第5章\扩展实例2\制作旅游优惠卡效果素材图1.jpg、素材图2.jpg
- 最终效果文件：书中实例效果图\第5章\扩展实例2\制作旅游优惠卡效果.psd
- 视频教学文件：书中实例视频\第5章\扩展实例\5.2.flv

制作旅游优惠卡效果

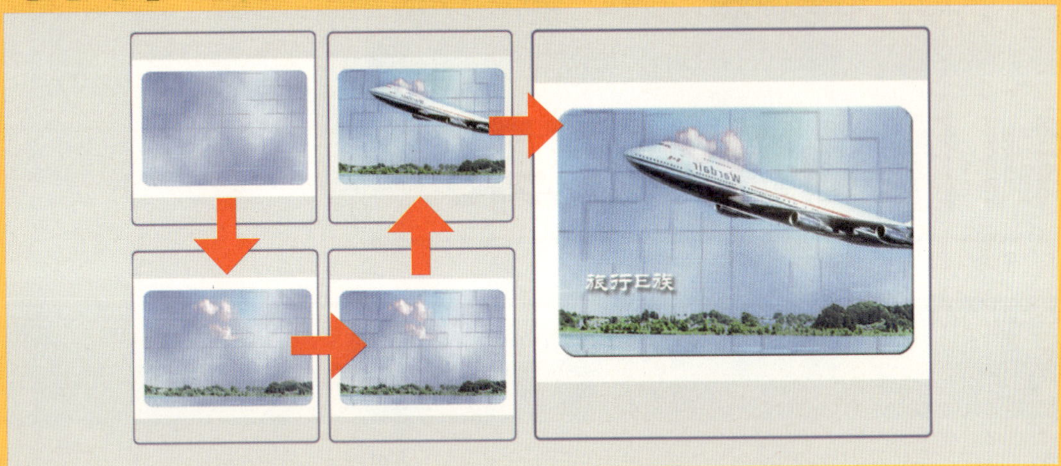

重点提示 1 新建一个文件，填充前景色，在菜单栏中选择“滤镜”|“渲染”|“云彩”命令。复制“图层1”，得到“图层1 副本”图层，为其添加图层蒙版。使用黑色、柔角、

“不透明度”为“50%”的画笔在图像中涂抹，减轻一些方格。打开随书所附光盘中的扩展实例素材“制作旅游优惠卡效果素材图1.jpg”，将此图像拖入文件中，得到“图层2”，按快捷键Ctrl+T自由变换大小，并将该图层的混合模式设置为“点光”。按住Ctrl键单击“图层1”，载入其选区。

重点提示 2 按住Ctrl键单击“图层1”的选区。新建“图层3”，将其图层混合模式设置为“滤色”。在菜单栏中选择“滤镜”|“杂色”|“添加杂色”命令，在弹出的对话框中设置各项参数。隐藏“背景”图层，按快捷键Ctrl+Alt+Shift+E盖印所有可见图层，得到“图层4”，将其混合模式设置为“叠加”，“不透明度”设置为“20%”。

重点提示 3 打开随书所附光盘中的扩展实例素材“素材图2.jpg”，将此图像拖入文档中，得到“图层5”。按快捷键Ctrl+T自由变换大小，并为该图层添加添加图层蒙版。将“图层5”的混合模式设置为“强光”。隐藏“背景”图层，按快捷键Ctrl+Alt+Shift+E盖印所有可见图层，得到“图层6”，并为此图层添加“斜面和浮雕”图层样式。单击工具箱中的“横排文字工具”，在图像中输入文字，并为文字添加投影效果。

原始素材文件：
书中实例素材\第5章\实例3\制作贴纸效果素材图1.jpg ~ 素材图6.jpg

最终效果文件：
书中实例效果图\第5章\实例3\制作贴纸效果.psd

视频教学文件：
书中实例视频\第5章\实例\5.3.flv

实例3

难易度 ★★★★★

制作贴纸效果

例前导读

本例视频教程长度：3分16秒

- 使用“套索工具”抠选图像。
- 使用“自由变换”命令调整图像大小和位置。

1 打开随书所附光盘中的实例素材“制作贴纸效果素材图1.jpg”，如图5-106所示，将此图层拖曳至“图层”面板底部的“创建新图层”按钮上，得到“背景 副本”图层，如图5-107所示。

图5-106

图5-107

2 单击工具箱中的“套索工具”，在图像中抠出选区。按快捷键Shift+F6，在弹出的“羽化选区”对话框中设置参数，设置完毕后单击“确定”按钮。按Delete键删除选区内的图像，得到如图5-108所示的效果。

3 打开随书所附光盘中的实例素材“素材图2.jpg”，如图5-109所示。

图5-108

图5-109

技巧与提示

调整图层间的顺序可以在“图层”面板中用鼠标拖动需要调节的图层至需要放置的位置。如果面板中的图层较多或者是图层蒙版较多时，建议使用快捷键Ctrl+[和Ctrl+]控制。

4 将打开的素材拖曳至主文档，得到“图层1”，将其移至“背景 副本”图层下方，如图5-110所示，效果如图5-111所示。

5 打开随书所附光盘中的实例素材“素材图3.psd”，如图5-112所示。

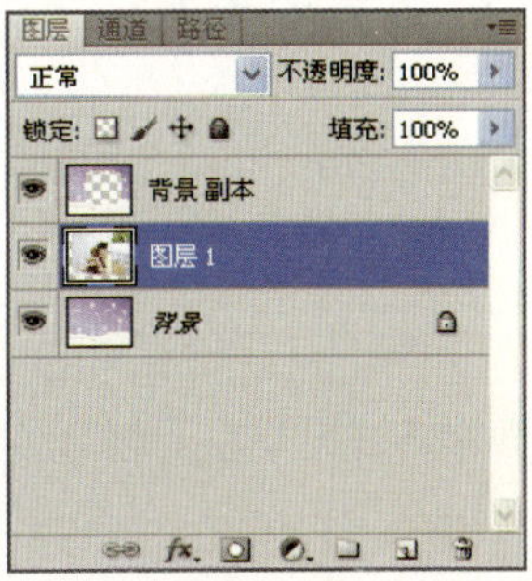

图5-110

图5-111

图5-112

6 将打开的素材拖曳至主文档，得到“图层2”。选择“移动工具”将图像移至合适位置，如图5-113所示。

7 打开随书所附光盘中的实例素材“素材图4.psd”，将其拖曳至主文档，得到“图层3”。选择“移动工具” 将图像移至合适位置，如图5-114所示。

8 打开随书所附光盘中的实例素材“素材图5.psd”，如图5-115所示。

图5-113

图5-114

图5-115

9 将打开的素材拖曳至主文档，得到“图层4”，将此图层的混合模式设置为“线性光”，如图5-116所示。选择“移动工具” 将图像移至合适位置，如图5-117所示。

10 打开随书所附光盘中的实例素材“素材图6.psd”，将其拖曳至主文档，得到“图层5”。选择“移动工具” 将图像移至合适位置，最终效果如图5-118所示。

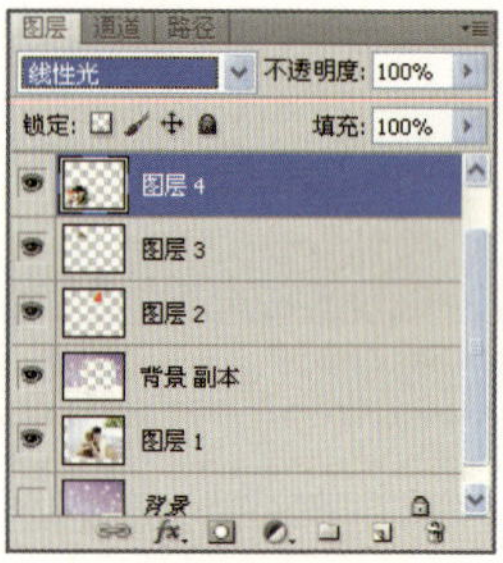

图5-116

图5-117

图5-118

扩展实例3

难易度 ★★★★★

- 原始素材文件：书中实例素材\第5章\扩展实例3\制作可爱宝宝贴纸效果素材图1.jpg～素材图3.jpg
- 最终效果文件：书中实例效果图\第5章\扩展实例3\制作可爱宝宝贴纸效果.psd
- 视频教学文件：书中实例视频\第5章\扩展实例\5.3.flv

制作可爱宝宝贴纸效果

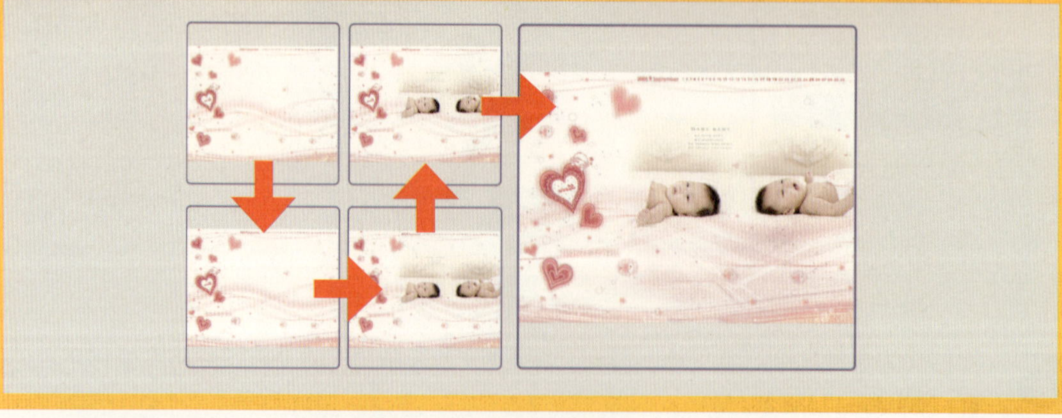

重点提示 1 打开随书所附光盘中的扩展实例素材“制作可爱宝宝贴纸效果素材图1.jpg”，得到“图层1”。将“图层1”的混合模式设置为“变暗”，并为此图层添加图层蒙版。将前景色设置为黑色，选择“画笔工具”在图像边缘涂抹。按住Ctrl键单击“图层1”，提取其选区。单击“图层”面板底部的“创建新的填充或调整图层”按钮，在弹出的菜单中选择“色阶”选项，在弹出的面板中设置参数。

重点提示 2 在菜单栏中选择“图像”|“调整”|“色相/饱和度”命令，在弹出的对话框中设置参数。选择“图层2”，单击“图层”面板底部的“添加图层蒙版”按钮，为其添加图层蒙版。将前景色设置为黑色，选择“画笔工具”在图像中涂抹。

原始素材文件：
书中实例素材\第5章\实例4\制作明信片效果素材图.jpg

最终效果文件：
书中实例效果图\第5章\实例4\制作明信片效果.psd

视频教学文件：
书中实例视频\第5章\实例\5.4.flv

实例4

难易度 ★★★★★

制作明信片效果

例前导读

本例视频教程长度：12分54秒

- 使用“色彩平衡”命令调整图像色调。
- 使用“滤镜”命令为图像添加光晕。

1 打开随书所附光盘中的实例素材“制作明信片效果素材图.jpg”，如图5-119所示。

2 单击“图层”面板底部的“创建新的填充或调整图层”按钮，在弹出的菜单中选择“渐变”选项，在弹出的对话框中设置参数如图5-120所示，设置完毕后单击“确定”按钮。

3 选择“渐变填充1”调整图层，将此图层的混合模式设置为“柔光”，如图5-121所示，效果如图5-122所示。

4 单击工具箱中的“横排文字工具”，在图像中输入文字。按快捷键Ctrl+Alt+Shift+E盖印所有可见图层，得到“图层1”，效果如图5-123所示。

图5-119

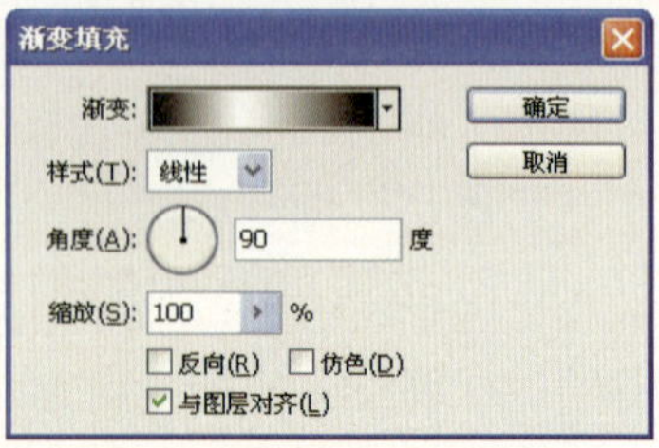

图5-120

图5-121

图5-122

图5-123

技巧与提示

步骤4中在输入文字时应将不同位置的文字创建不同的图层，以便修改或调整位置。

5 按快捷键Ctrl+N，在弹出的“新建”对话框中设置参数如图5-124所示，设置完毕后单击“确定”按钮。

6 单击“图层”面板底部的“创建新图层”按钮，得到“图层1”。将前景色设置为黑色，按快捷键Alt+Delete填充前景色，如图5-125所示。

7 单击“图层”面板底部的“创建新图层”按钮，得到“图层2”，如图5-126所示。将前景色设置为白色，选择“矩形选框工具”在图像中绘制选区，按快捷键Alt+Delete填充前景色，如图5-127所示。

8 切换回上一个文档，将“图层1”拖曳至新建文档，得到“图层3”。按快捷键Ctrl+T调整大小及位置如图5-128所示。单击“图层”面板底部的“添加图层蒙版”按钮，为“图层3”添加图层蒙版。将前景色设置为黑色，选择“画笔工具”在图像四周涂抹，效果如图5-129所示。

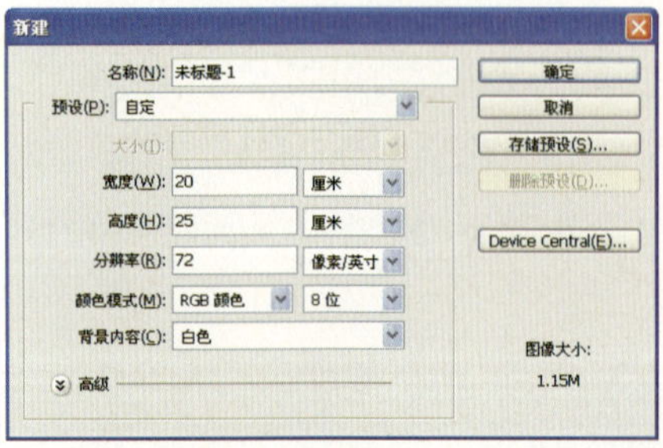

图5-124

图5-125

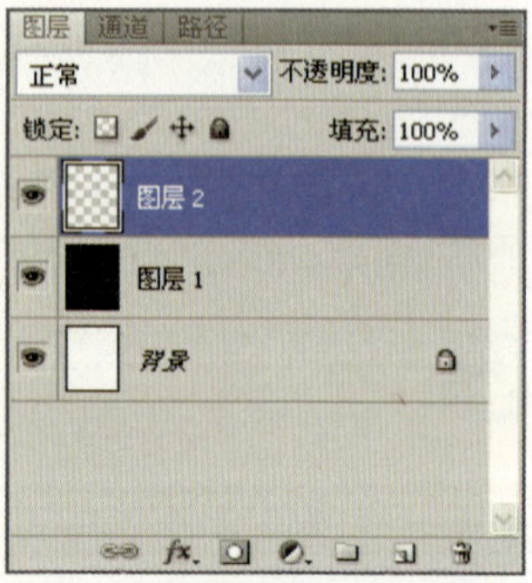

图5-126

图5-127

图5-128

图5-129

9 选择“图层2”，将其拖曳至“图层”面板底部的“创建新图层”按钮上，得到“图层2 副本”图层，如图5-130所示。选择“移动工具”，将图像移至合适位置，如图5-131所示。

10 单击“图层”面板底部的“创建新图层”按钮，得到“图层4”，如图5-132所示。

图5-130

图5-131

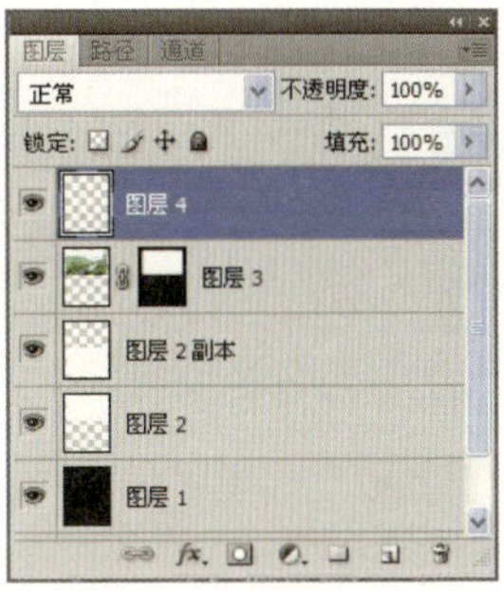

图5-132

11 单击工具箱中的“矩形选框工具”，在图像中绘制选区。按住Alt键继续绘制减选选区，填充红色，如图5-133所示。将“图层4”拖曳至“创建新图层”按钮上，复制多个图层并调整位置，效果如图5-134所示。

12 单击“图层”面板底部的“创建新图层”按钮，得到“图层5”。使用同样的方法绘制较大方块，如图5-135所示。

图5-133

图5-134

图5-135

13 单击工具箱中的“横排文字工具”，在图像中输入文字，如图5-136所示。

14 单击“图层”面板底部的“创建新图层”按钮，得到“图层6”，如图5-137所示。

15 将前景色设置为黑色，单击工具箱中的“直线工具”，在其工具选项栏中单击“填充像素”按钮，设置“粗细”为“3像素”，在图像中绘制线条，效果如图5-138所示。

图5-136

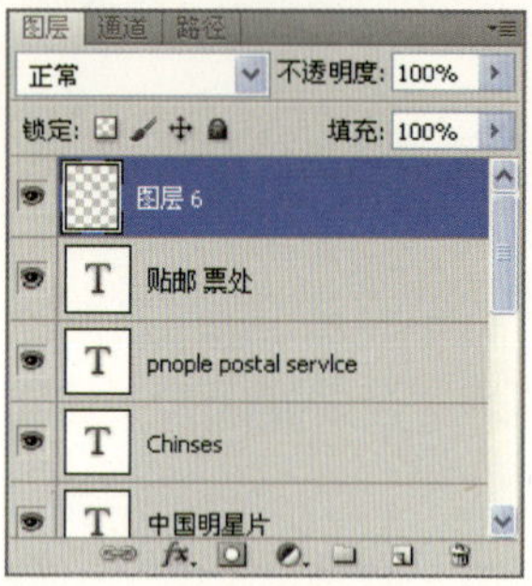

图5-137

图5-138

16 单击工具箱中的“横排文字工具”，在图像中输入文字，如图5-139和图5-140所示。

17 将“图层3”拖曳至“图层”面板底部的“创建新图层”按钮上，得到“图层3副本”图层，并将其移至“图层”面板顶层。按快捷键Ctrl+T调整图像大小，如图5-141所示。

图5-139

图5-140

图5-141

18 为“图层3副本”图层添加图层蒙版。将前景色设置为黑色，按快捷键Alt+Delete填充前景色。遮蔽“图层3副本”图层上的所有像素，将前景色设置为白色，选择“画笔工具”在画面中涂抹，效果如图5-142所示。

19 隐藏“背景”图层，按快捷键Ctrl+Alt+Shift+E盖印所有可见图层，得到“图层7”，效果如图5-143所示。

20 按快捷键Ctrl+N，在弹出的“新建”对话框中设置参数如图5-144所示。

图5-142

图5-143

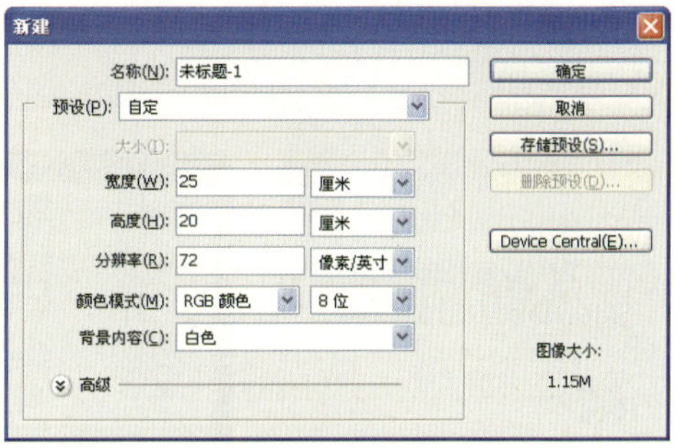

图5-144

21 单击“图层”面板底部的“创建新图层”按钮，得到“图层1”，如图5-145所示。

22 将前景色设置为黑色，按快捷键Alt+Delete填充前景色，如图5-146所示。

23 将“图层7”拖曳至新建文档，得到“图层2”，效果如图5-147所示。

图5-145

图5-146

图5-147

24 单击工具箱中的“矩形选框工具”，在画面中绘制选区，如图5-148所示。

25 单击“图层”面板底部的“创建新的填充或调整图层”按钮，在弹出的菜单中选择“纯色”选项，在弹出的对话框中设置参数如图5-149所示，设置完毕后单击“确定”按钮。

图5-148

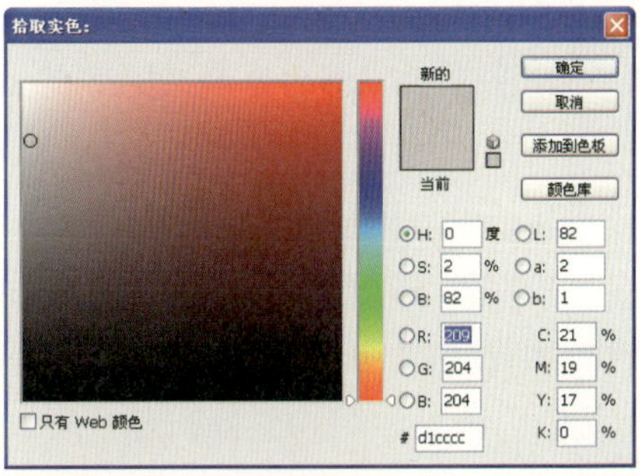

图5-149

26 选择“颜色填充1”调整图层，将此图层的混合模式设置为“正片叠底”，如图5-150所示，效果如图5-151所示。

27 按住Ctrl键单击“颜色填充1”调整图层的蒙版缩览图，以提取选区。按快捷键Shift+Ctrl+I反选选区。按快捷键Ctrl+Alt+Shift单击“图层2”，以提取相交叉选区。按快捷键Ctrl+T斜切图像。按Enter键确认变换操作，效果如图5-152所示。

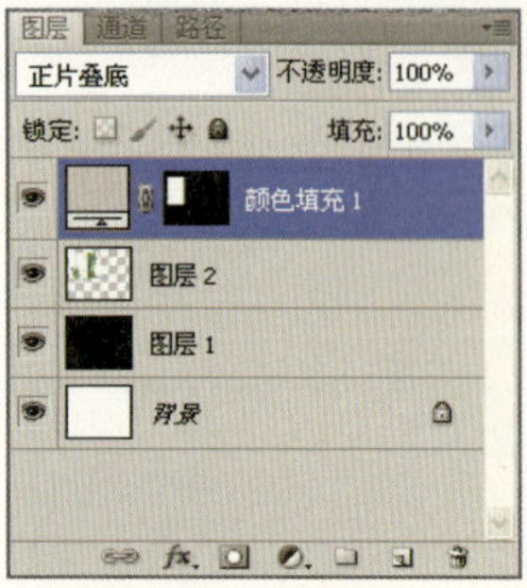

图5-150

图5-151

图5-152

28 选择“图层2”，将其移至“图层”面板底部的“创建新图层”按钮上，得到“图层2 副本”图层。选择“移动工具”将图像移至合适位置，效果如图5-153所示。

29 选择“图层2 副本”图层，单击“图层”面板底部的“添加图层蒙版”按钮，为其添加图层蒙版。选择“渐变工具”，渐变类型为黑色到白色，在画面中从下至上拖曳，效果如图5-154所示。

30 按住Ctrl键单击“颜色填充1”调整图层的蒙版缩览图，以提取选区。按快捷键Ctrl+Shift+I反选选区。按快捷键Ctrl+Alt+Shift单击“图层2”，以提取相交叉选区，效果如图5-155所示。

图5-153

图5-154

图5-155

31 按快捷键Ctrl+J复制选区内的图像，得到“图层3”。选择“移动工具”，按快捷键Ctrl+T调整角度及位置，如图5-156所示。

图5-156

32 双击“图层3”，在弹出的“图层样式”对话框中设置参数如图5-157所示，设置完毕后单击“确定”按钮，效果如图5-158所示。

33 将“图层3”拖曳至“图层”面板底部的“创建新图层”按钮上，得到“图层3 副本”图层，如图5-159所示。按住Ctrl键单击“图层3 副本”图层，提取选区并填充白色，按快捷键

Ctrl+T变换图像，效果如图5-160所示。

34 选择“背景”图层，在菜单栏中选择“滤镜”|“渲染”|“镜头光晕”命令，在弹出的对话框中设置参数如图5-161所示，设置完毕后单击“确定”按钮，最终效果如图5-162所示。

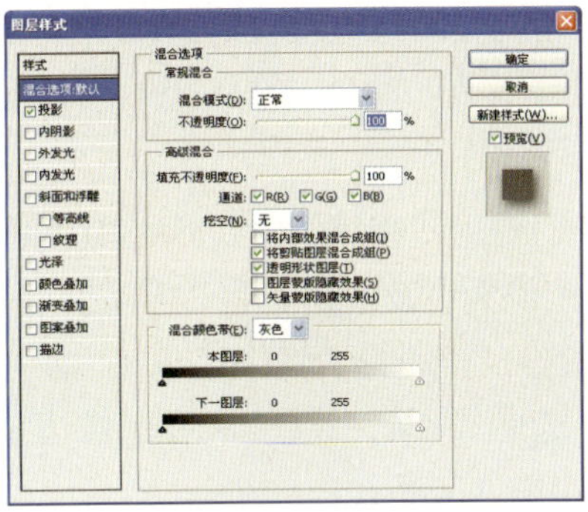

图5-157

图5-158

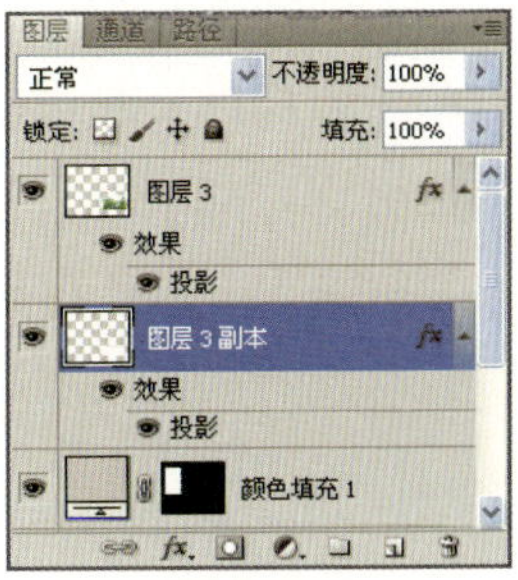

图5-159

图5-160

图5-161

图5-162

扩展实例4

难易度 ★★★★★

- 原始素材文件：书中实例素材\第5章\扩展实例4\制作宝宝台历照片特效素材图1.jpg～素材图4.jpg
- 最终效果文件：书中实例效果图\第5章\扩展实例4\制作宝宝台历照片特效.psd
- 视频教学文件：书中实例视频\第5章\扩展实例\5.4.flv

制作宝宝台历照片特效

重点提示 1 打开随书所附光盘中的扩展实例素材“制作宝宝台历照片特效素材图1.jpg”，将此图层拖曳至“图层”面板底部的“创建新图层”按钮上，得到“背景 副本”图层。在工具箱中选择“魔棒工具”，单击白色背景，按快捷键Shift+Ctrl+I反选选区。

重点提示 2 打开随书所附光盘中的扩展实例素材“素材图3.jpg”，使用“移动工具”将其拖曳至主文档，得到“图层2”，按快捷键Ctrl+T 调整其图像大小及位置。按住Ctrl键单击“图层2”，提取其选区。在菜单栏中选择“编辑”|“描边”命令，在弹出的对话框中设置参数。为“图层2”添加“外发光”和“投影”图层样式。

重点提示 3 打开随书所附光盘中的扩展实例素材“素材图2.jpg”，使用“移动工具”将其拖曳至主文档，得到“图层3”，按快捷键Ctrl+T 调整其图像大小及位置。将“图层3”的混合模式设置为“颜色加深”。单击“图层”面板底部的“添加图层蒙版”按钮，为“图层 3 ”添加图层蒙版。将前景色设置为黑色，选择“画笔工具”在图像边缘涂抹。单击工具箱中的“横排文字工具”，在图像中输入文字。

原始素材文件：
书中实例素材\第5章\实例5\制作卡通壁纸效果素材图.jpg

最终效果文件：
书中实例效果图\第5章\实例5\制作卡通壁纸效果.psd

视频教学文件：
书中实例视频\第5章\实例\5.5.flv

实例5

难易度 ★★★★★

制作卡通壁纸效果

例前导读

本例视频教程长度：2分3秒

- 使用“滤镜”命令制作壁纸特效。
- 使用混合模式混合图像。

1 打开随书所附光盘中的实例素材“制作卡通壁纸效果素材图.jpg”，如图5-163所示，将此图层拖曳至“图层”面板底部的“创建新图层”按钮上，得到“背景 副本”图层，如图5-164所示。

2 在菜单栏中选择“滤镜”|“纹理”|“纹理化”命令，在弹出的对话框中设置参数如图5-165所示。设置完毕后单击“确定”按钮，效果如图5-166所示。

图5-163

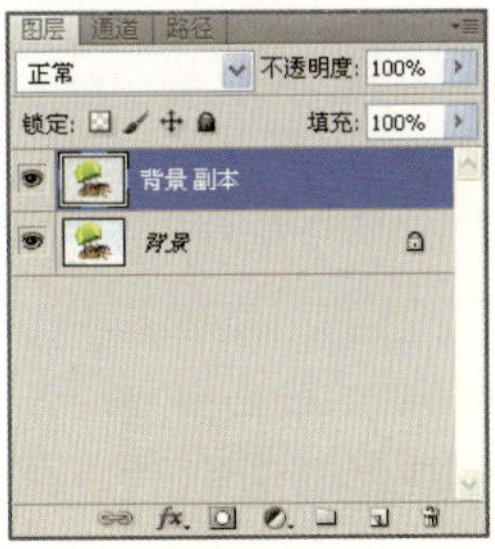

图5-164

图5-165

图5-166

3 选择“背景 副本”图层，将其拖曳至“图层”面板底部的“创建新图层”按钮上，得到“背景 副本2”图层，如图5-167所示。

4 在菜单栏中选择“滤镜”|“画笔描边”|“阴影线”命令，在弹出的对话框中设置参数如图5-168所示。设置完毕后单击“确定”按钮，效果如图5-169所示。

5 选择“背景 副本2”图层，将其混合模式设置为“实色混合”，“不透明度”设置为“33%”，如图5-170所示。最终效果如图5-171所示。

图5-167

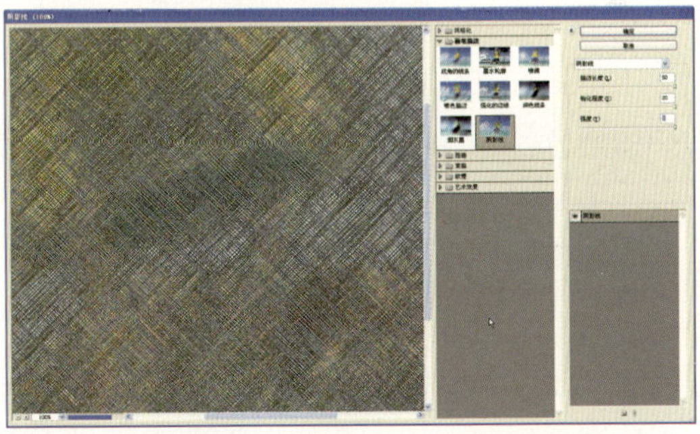

图5-168

图5-169

图5-170

图5-171

技巧与提示

步骤5中设置的数值可根据不同的图像进行不同的调整，不一定要按步骤进行。

扩展实例5

难易度 ★★★★★

- 原始素材文件：书中实例素材\第5章\扩展实例5\制作鲜花壁纸效果素材图.jpg
- 最终效果文件：书中实例效果图\第5章\扩展实例5\制作鲜花壁纸效果.psd
- 视频教学文件：书中实例视频\第5章\扩展实例\5.5.flv

制作鲜花壁纸效果

重点提示 1 打开随书所附光盘中的扩展实例素材“制作鲜花壁纸效果素材图.jpg”，将此图层拖曳至“图层”面板底部的“创建新图层”按钮上，得到“背景 副本”图层。单击“图层”面板底部的“创建新的填充或调整图层”按钮，在弹出的菜单中选择“亮度/对比度”选项，在弹出的面板中设置参数。

重点提示 2 单击“图层”面板底部的“创建新的填充或调整图层”按钮，在弹出的菜单中选择“色彩平衡”选项，在弹出的面板中设置参数。按快捷键Ctrl+Alt+Shift+E盖印所有可见图层，得到“图层1”。

重点提示 3 选择“背景”图层，将此图层复制一层，得到“背景 副本2”图层，将其混合模式”设置为“实色混合”，“不透明度”设置为“25%”。在菜单栏中选择“滤镜”|“画笔描边”|“阴影线”命令，在弹出的对话框中设置参数。按快捷键Ctrl+Alt+Shift+E盖印所有可见图层，得到“图层2”。在菜单栏中选择“滤镜”|“纹理”|“龟裂缝”命令，在弹出的对话框中设置参数。

原始素材文件：
书中实例素材\第5章\实例6\制作可爱大头贴
素材图1、素材图2.jpg

最终效果文件：
书中实例效果图\第5章\实例6\制作可爱大头贴.psd

视频教学文件：
书中实例视频\第5章\实例\ 5.6.flv

实例6

难易度 ★★★★★

制作可爱大头贴

例前导读

本例视频教程长度：2分27秒

- 使用蒙版合成图像。
- 使用调整图层调整图像色调。

1 打开随书所附光盘中的实例素材“制作可爱大头贴素材图1.jpg”，如图5-172所示，选择“背景”图层，将其拖曳至“图层”面板底部的“创建新图层”按钮上，得到“背景 副本”图层，如图5-173所示。

2 打开随书所附光盘中的实例素材“素材图2.jpg”，如图5-174所示，将其拖曳至步骤1打开的素材中。

图5-172

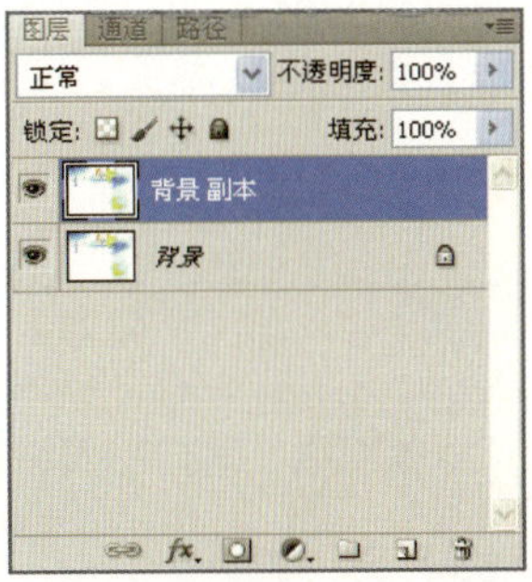

图5-173

图5-174

3 选择“移动工具”将步骤2打开的素材拖曳至主文档，得到“图层1”，并为该图层添加图层蒙版。使用黑色、柔角、“不透明度”为“100%”的画笔涂抹图像边缘部分。“图层”面板如图5-175所示。效果如图5-176所示。

4 选择“图层1”，将其拖曳至“图层”面板底部的“创建新图层”按钮 上，得到“图层1 副本”图层。选择“图层1 副本”图层，如图5-177所示。效果如图5-178所示。

5 在菜单栏中选择“滤镜”|“模糊”|“高斯模糊”命令，在弹出的对话框中设置参数如图5-179所示，设置完毕后单击“确定”按钮，效果如图5-180所示。

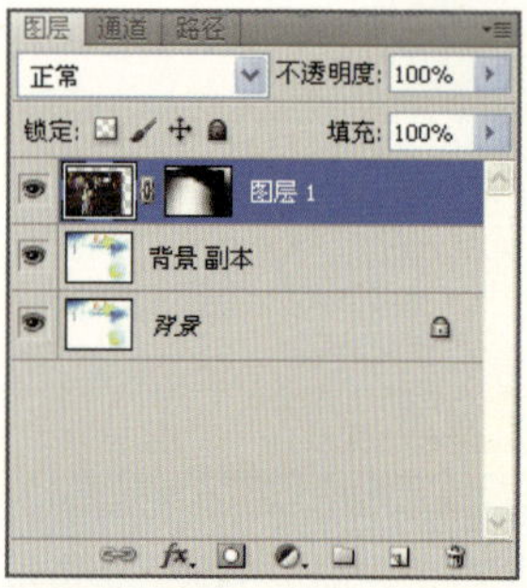

图5-175

图5-176

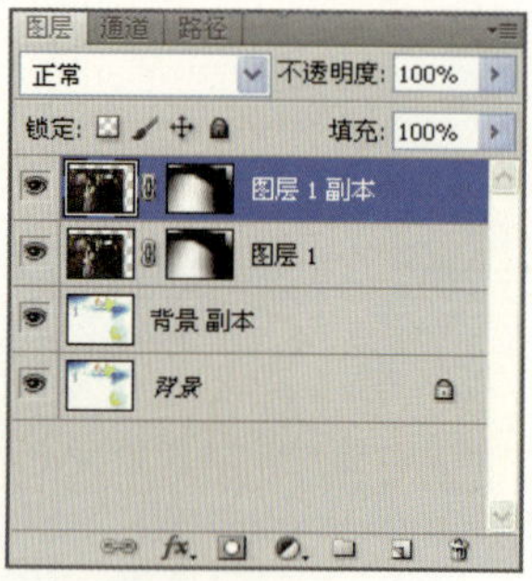

图5-177

图5-178

图5-179

图5-180

6 将“图层1 副本”图层的混合模式设置为“滤色”，如图5-181所示。效果如图5-182所示。

7 单击“图层”面板底部的“创建新的填充或调整图层”按钮 ，在弹出的菜单中选择“亮度/对比度”选项，在弹出的面板中设置参数如图5-183所示。设置完毕后单击关闭按钮，效果如图5-184所示。

8 单击“图层”面板底部的“创建新的填充或调整图层”按钮 ，在弹出的菜单中选择“可选颜色”选项，在弹出的面板中设置参数如图5-185所示。设置完毕后单击关闭按钮，效果如图5-186所示。

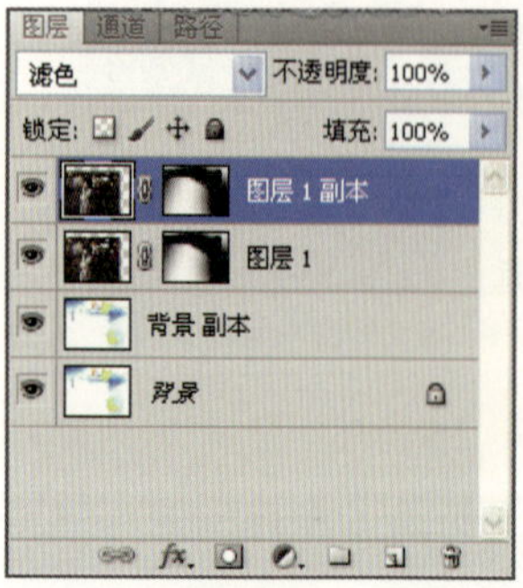

图5-181

图5-182

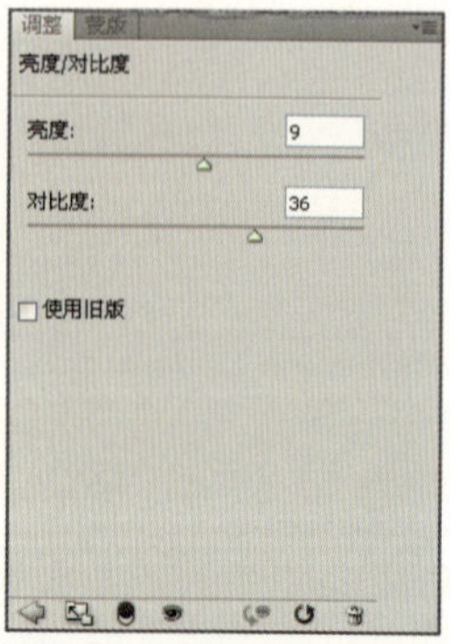

图5-183

图5-184

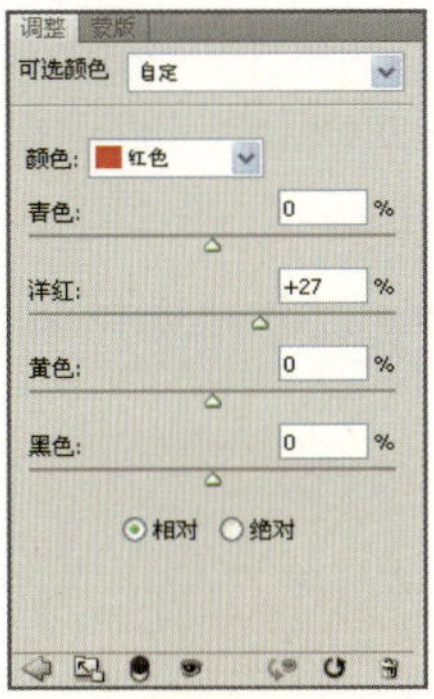

图5-185

图5-186

扩展实例6

难易度 ★★★★★

- 原始素材文件：书中实例素材\第5章\扩展实例6\制作可爱宝宝大头贴素材图1.jpg、素材图2.jpg
- 最终效果文件：书中实例效果图\第5章\扩展实例6\制作可爱宝宝大头贴.psd
- 视频教学文件：书中实例视频\第5章\扩展实例\5.6.flv

制作可爱宝宝大头贴

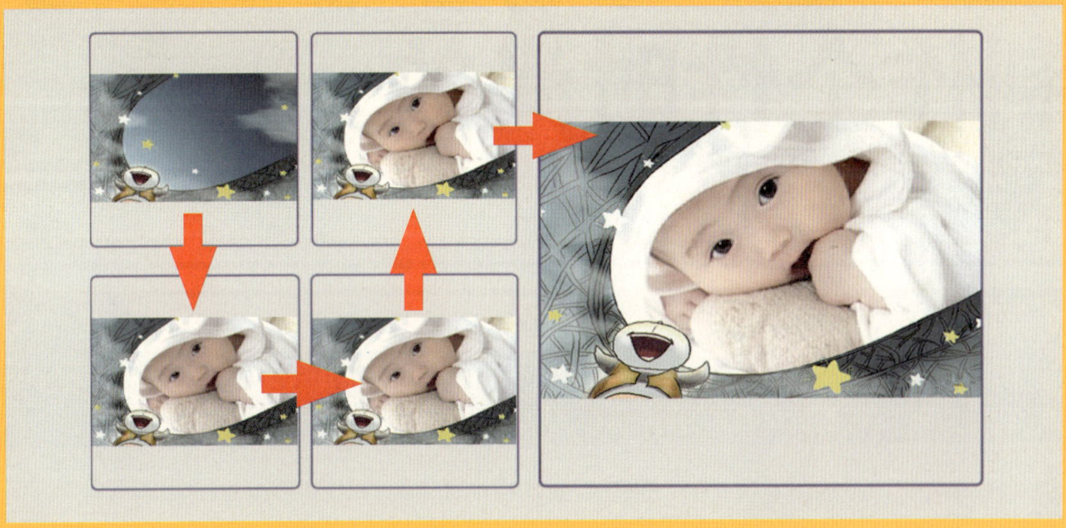

重点提示 1 打开随书所附光盘中的扩展实例素材“制作可爱宝宝大头贴素材图1.jpg”和“素材图2.jpg”，将“宝宝”素材拖曳至背景素材画面中，得到“图层1”。按快捷键Ctrl+T调整图像大小和位置。单击“图层”面板底部的“添加图层蒙版”按钮，为“图层1”添加图层蒙版。将前景色设置为黑色，选择“画笔工具”在图像中涂抹。

重点提示 2 按快捷键Ctrl+Alt+Shift+E盖印所有可见图层，得到“图层2”。切换至“通道”面板，按住Ctrl键单击“RGB”通道，提取选区。切换至“图层”面板，选择“图层2”，在菜单栏中选择“滤镜”|“模糊”|“高斯模糊”命令，在弹出的对话框中设置参数。按住Ctrl键单击“图层”面板底部的“添加图层蒙版”按钮，为“图层 2 ”添加图层蒙版。将前景色设置为白色，选择“画笔工具”在人物皮肤上涂抹。

重点提示 **3** 单击“图层”面板底部的“创建新的填充或调整图层”按钮，在弹出的菜单中选择“通道混合器”选项，在弹出的面板中的“通道混合器”下拉列表中选择“使用红色滤镜的黑白（RGB）”选项。将前景色设置为黑色，选择“画笔工具”在背景图案中涂抹。

原始素材文件：

书中实例素材\第5章\实例7\制作个性时尚的展示相册

素材图1.jpg ~ 素材图12.jpg

最终效果文件：

书中实例效果图\第5章\实例7\制作个性时尚的展示相册.psd

视频教学文件：

书中实例视频\第5章\实例\5.7.flv

实例7

难易度 ★★★★★

制作个性时尚的展示相册

例前导读

本例视频教程长度：13分1秒

- 利用“矩形选框工具”绘制选区并填充纯色。
- 使用“渐变工具”对选区填充金属渐变颜色。
- 使用“钢笔工具”绘制不闭合路径。

1 按快捷键Ctrl+N，在弹出的“新建”对话框中设置参数如图5-187所示。

2 单击工具箱底部的设置前景色色块，在弹出的“拾色器（前景色）”对话框中设置参数如图5-188所示，设置完毕后单击“确定”按钮。

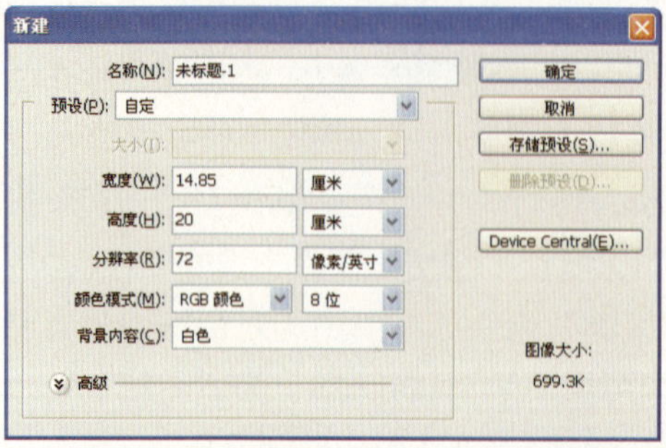

图5-187

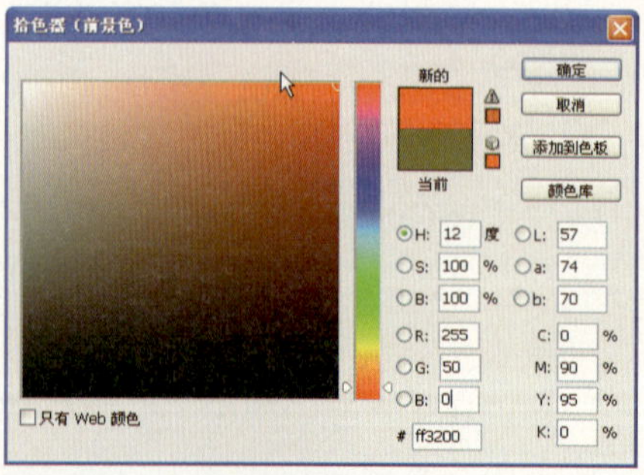

图5-188

3 按快捷键Alt+Delete填充前景色，如图5-189所示。

4 单击“图层”面板底部的“创建新图层”按钮，得到“图层1”，如图5-190所示。选择“矩形选框工具”在画面左侧绘制纵向矩形条。将前景色设置为R51、G51、B51，按快捷键Alt+Delete填充前景色，如图5-191所示。

图5-189

图5-190

图5-191

5 双击“图层1”，在弹出的“图层样式”对话框中设置各项参数如图5-192所示，设置完毕后单击“确定”按钮。

6 单击“图层”面板底部的“创建新图层”按钮，得到“图层2”，如图5-193所示。选择“矩形选框工具”，在画面右侧绘制纵向矩形条，按快捷键Alt+Delete填充前景色，如图5-194所示。

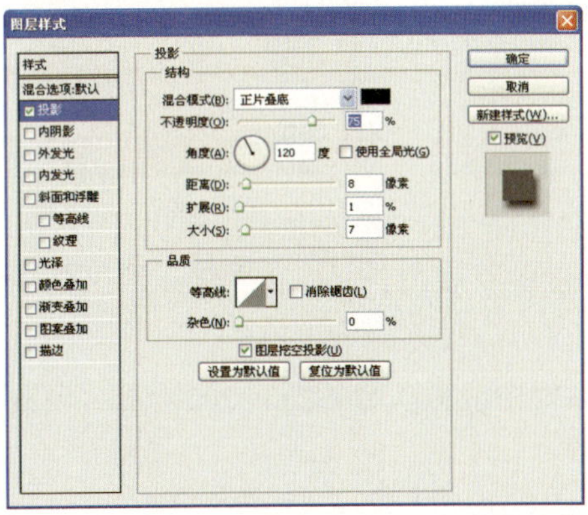

图5-192

图5-193

图5-194

7 单击“图层”面板底部的“创建新图层”按钮，得到“图层3”。选择“矩形选框工具”在画面底部绘制横向矩形条，按快捷键Alt+Delete填充前景色，如图5-195所示。

8 单击“图层”面板底部的“创建新图层”按钮，得到“图层4”。选择“矩形选框工具”在画面底部绘制横向矩形条，按快捷键Alt+Delete填充前景色，如图5-196所示。

9 单击工具箱中的“钢笔工具”，在画面中绘制路径，如图5-197所示。

图5-195

图5-196

图5-197

10 单击“图层”面板底部的“创建新图层”按钮，得到“图层5”，如图5-198所示。

11 按快捷键Ctrl+Enter将路径转换为选区。单击工具箱中的“渐变工具”，单击其工具选项栏中的可编辑渐变色条，在弹出的对话框中设置参数如图5-199所示。设置完毕后单击“确定”按钮，在选区内从左至右拖出渐变，效果如图5-200所示。

图5-198

图5-199

图5-200

12 在菜单栏中选择“编辑”|“变换”|“变形”命令，调出变形变换框，将变换框中间四点分别进行变换，如图5-201所示。

13 双击“图层5”，在弹出的“图层样式”对话框中设置参数如图5-202所示。设置完毕后单击“确定”按钮，效果如图5-203所示。

图5-201

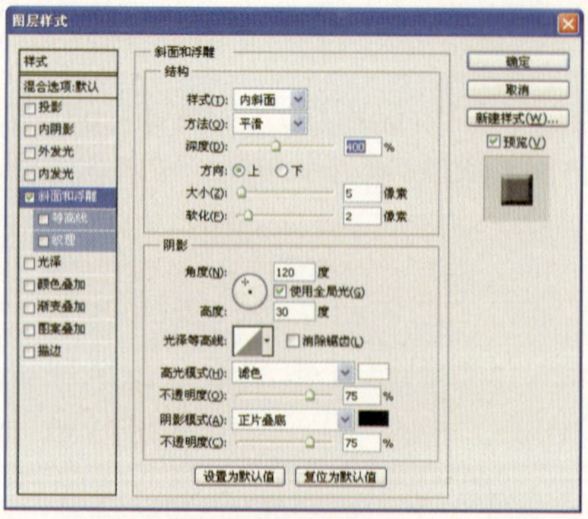

图5-202

图5-203

14 单击“图层”面板底部的“创建新图层”按钮，得到“图层6”，将此图层移至“图层5”下方，如图5-204所示。选择“椭圆选框工具”，按住Shift键在画面中绘制圆形选区并填充黑色，效果如图5-205所示。

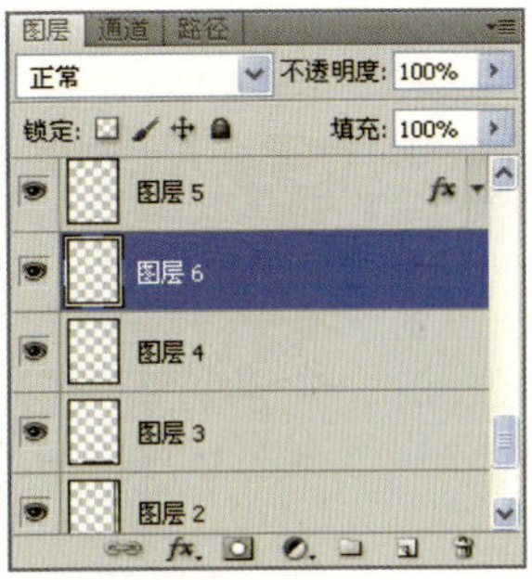

图5-204

图5-205

15 选择“图层6”，在菜单栏中选择“滤镜”|“模糊”|“高斯模糊”命令，在弹出的对话框中设置参数如图5-206所示，设置完毕后单击“确定”按钮，效果如图5-207所示。

16 单击“图层”面板底部的“创建新图层”按钮，得到“图层7”，如图5-208所示。选择“椭圆选框工具”，按住Shift键在画面中绘制圆形选区，填充黑色，效果如图5-209所示。

17 选择“图层7”，在菜单栏中选择“滤镜”|“模糊”|“高斯模糊”命令，在弹出的对话框中设置参数如图5-210所示。设置完毕后单击“确定”按钮，效果如图5-211所示。

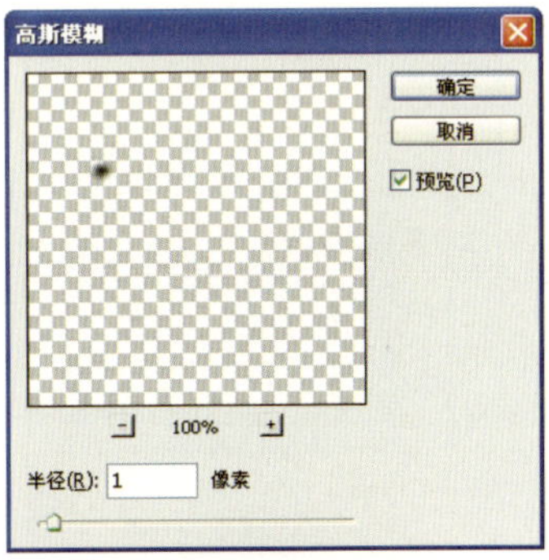

图5-206

图5-207

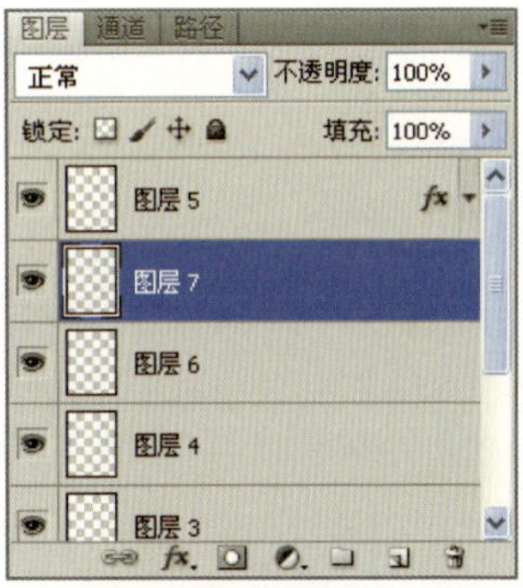

图5-208

图5-209

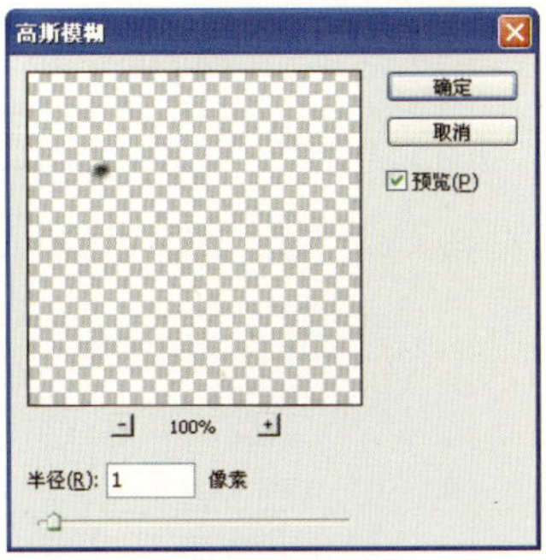

图5-210

图5-211

18 单击“图层”面板底部的“创建新图层”按钮，得到“图层8”，如图5-212所示。

19 单击工具箱中的“钢笔工具”，在画面中绘制路径如图5-213所示。切换至“路径”面板，单击面板底部的“用画笔描边路径”按钮，效果如图5-214所示。

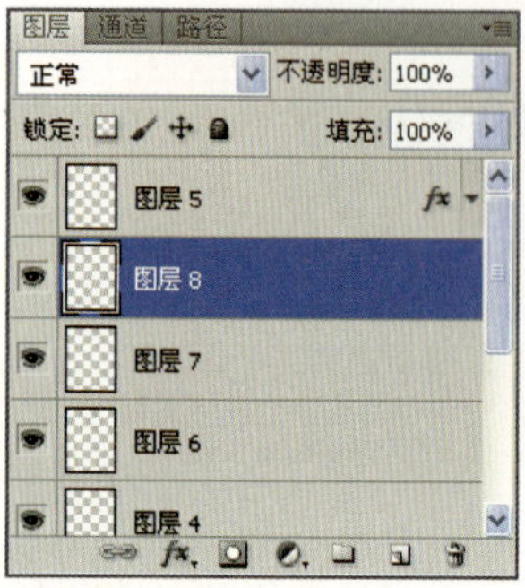

图5-212

图5-213

图5-214

20 将“图层8”的“不透明度”设置为“40%”，如图5-215所示，效果如图5-216所示。

21 在按住Ctrl键的同时选中“图层5”、“图层6”、“图层7”、“图层8”，如图5-217所示，单击“链接图层”按钮，并单击“创建新组”按钮，将新建图层组命名为“金属链接”。将链接后的四个图层拖进“金属链接”图层组中，如图5-218所示。

22 选择“金属链接”图层组，将其拖曳至“图层”面板底部的“创建新组”按钮上九次，得到其副本图层组，如图5-219所示。选择“移动工具”将图像移至合适位置，效果如图5-220所示。

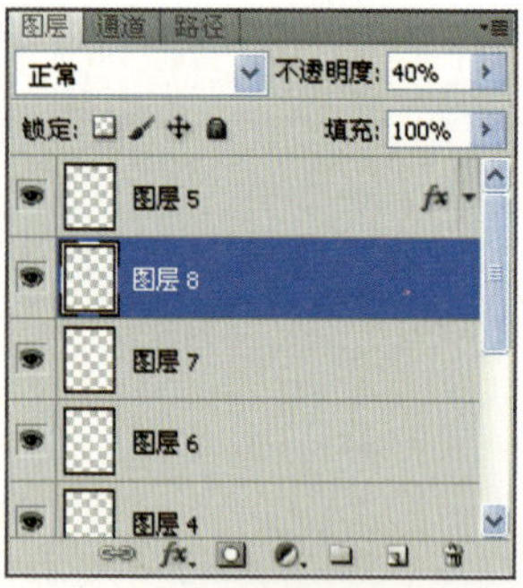

图5-215

图5-216

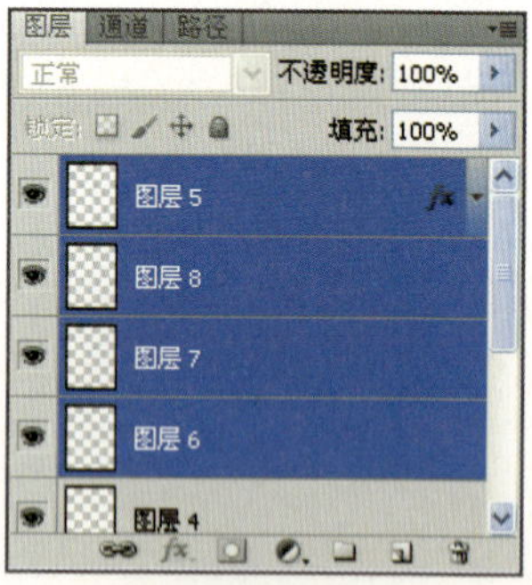

图5-217

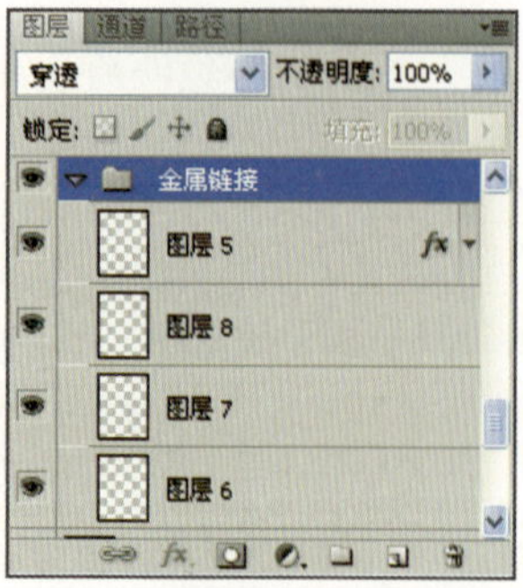

图5-218

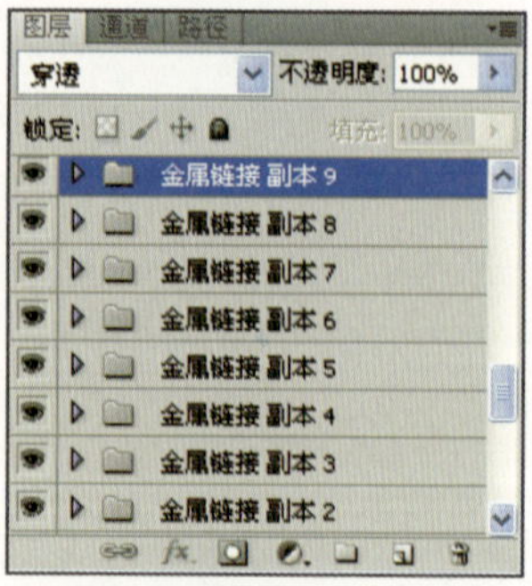

图5-219

图5-220

23 单击工具箱底部的设置前景色色块，在弹出的“拾色器（前景色）”对话框中设置参数如图5-221所示，设置完毕后单击“确定”按钮。选择“横排文字工具”T，在图像中输入文字，如图5-222所示。

24 单击工具箱中的“横排文字工具”T，在图像中输入文字，如图5-223和图5-224所示。

25 单击“图层”面板底部的“创建新组”按钮，并将此图层组命名为“相册预览”。单击面板底部的“创建新图层”按钮，得到“图层9”，将此图层命名为“预览”，如图5-225所示。

26 单击工具箱中的“矩形选框工具”，在画面中绘制选区并填充白色，如图5-226所示。

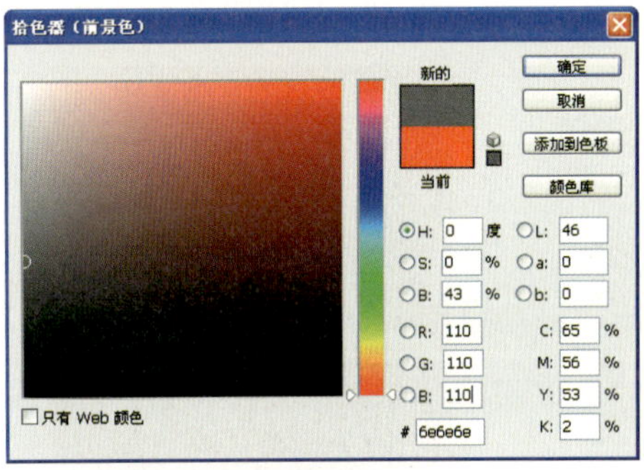

图5-221

图5-222

图5-223

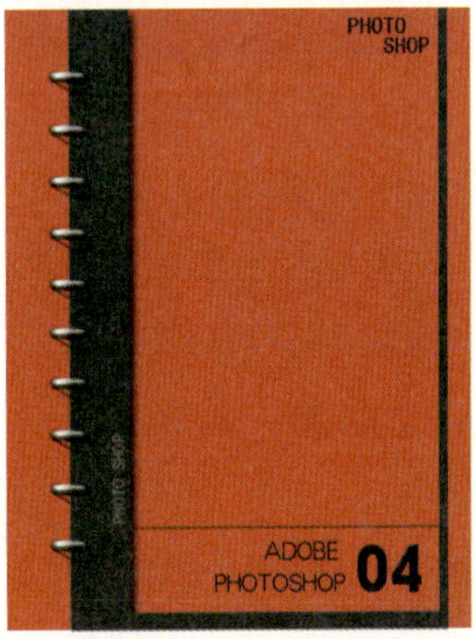

图5-224

图5-225

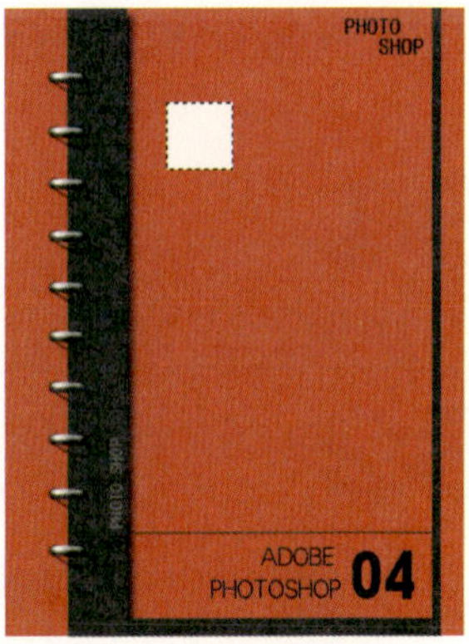

图5-226

27 隐藏“预览”图层，单击“图层”面板底部的“创建新图层”按钮，得到“图层9”，将此图层命名为“描边”，如图5-227所示。

28 按住Ctrl键单击“预览”图层，选择“描边”图层，按快捷键Alt+E+S，在弹出的“描边”对话框中设置参数如图5-228所示。设置完毕后单击“确定”按钮，效果如图5-229所示。

29 显示“预览”图层，同时选中“预览”和“描边”图层，单击面板底部的“链接图层”按钮，如图5-230所示。

30 选择“相册预览”图层组，将其拖曳至“图层”面板底部的“创建新组”按钮上11次，得到其副本图层组，如图5-231所示。选择“移动工具”将图像移至合适位置，效果如图5-232所示。

图5-227

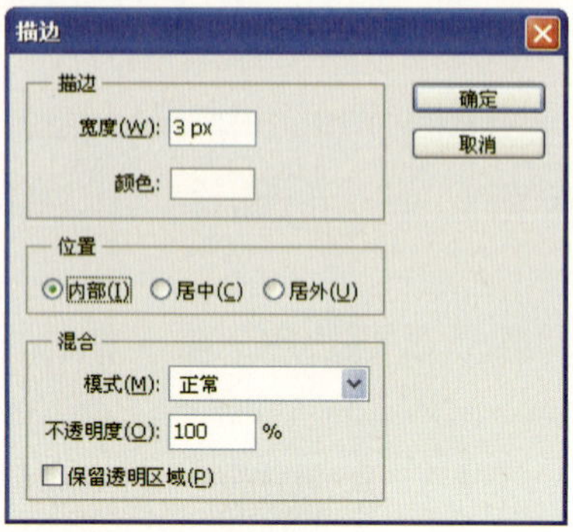

图5-228

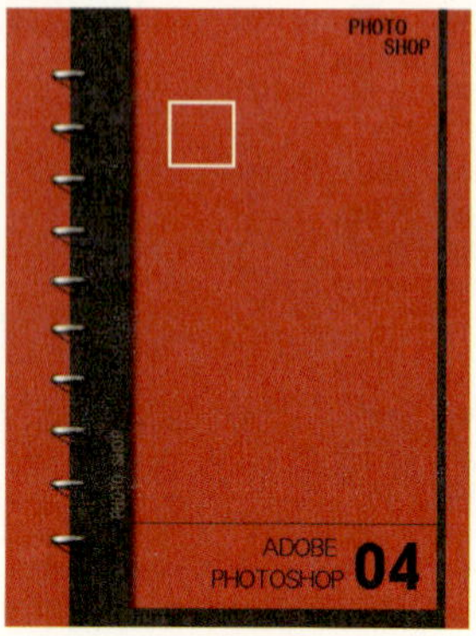

图5-229

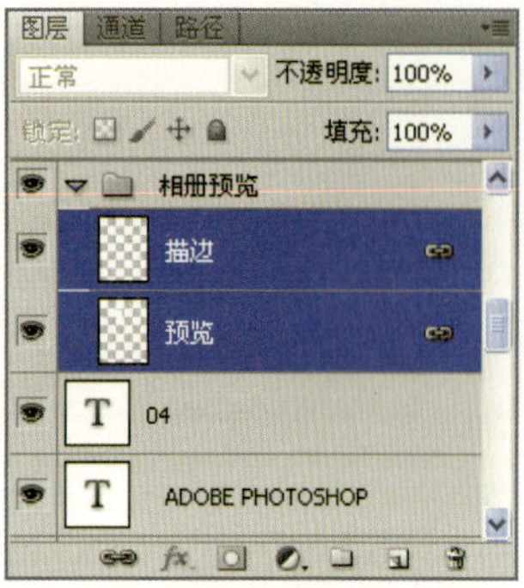

图5-230

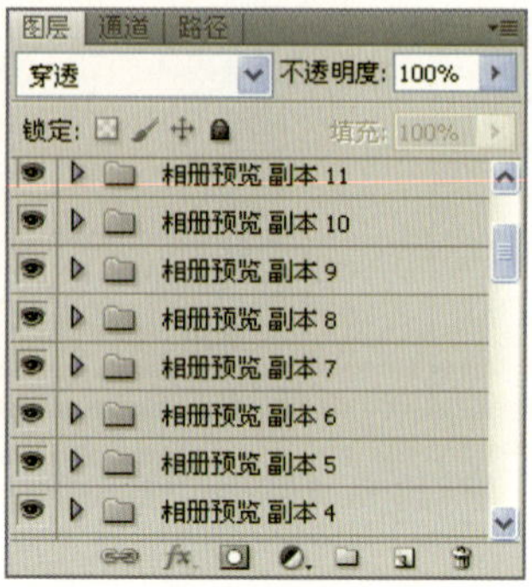

图5-231

图5-232

31 打开随书所附光盘中的实例素材“制作个性时尚的展示相册素材图1.jpg”～“素材图12.jpg”，将它们拖曳至主文档，得到“图层9”，将此图层移至“相册预览”图层组中的“描边”图层下方，按快捷键Ctrl+T调整图像大小，如图5-233所示。

32 选择“图层9”，在菜单栏中选择“图层”|“创建剪贴蒙版”命令，面板状态如图5-234所示，效果如图5-235所示。

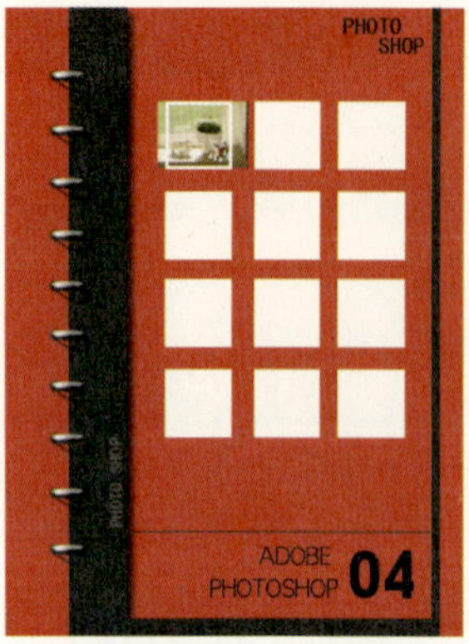

图5-233

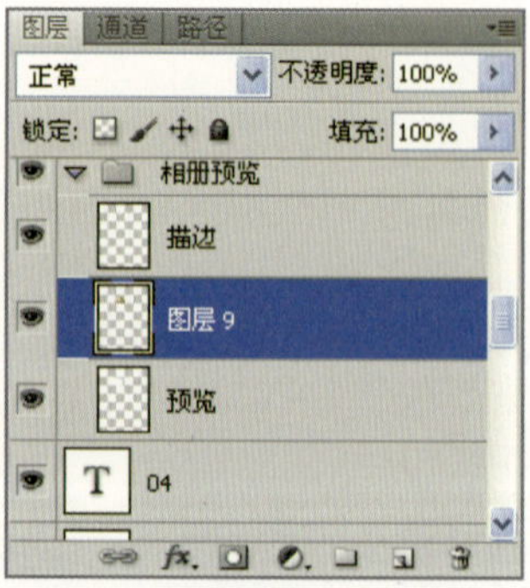

图5-234

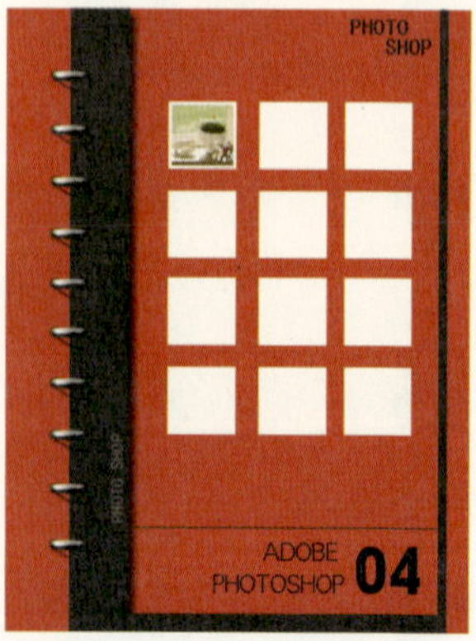

图5-235

33 使用同样的方法创建剪贴蒙版，镶入照片，面板状态如图5-236所示。图像效果如图5-237所示。

34 单击“图层”面板底部的“创建新图层”按钮，得到“图层21”，如图5-238所示。

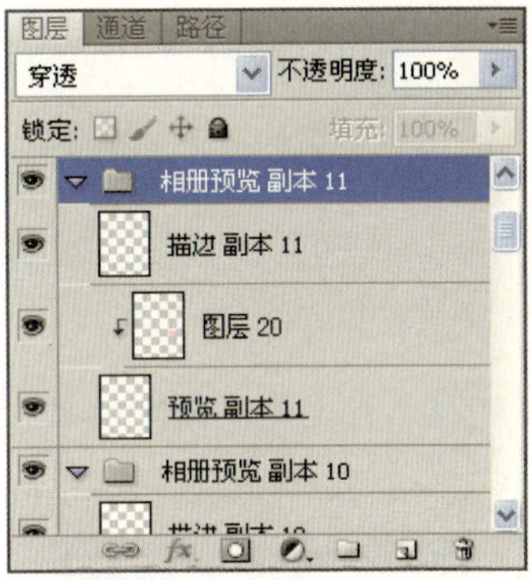

图5-236

图5-237

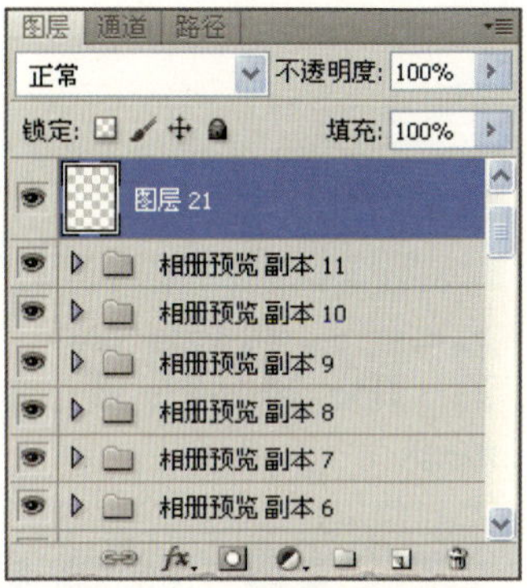

图5-238

35 单击工具箱中的“矩形选框工具”，在画面中绘制选区如图5-239所示。

36 在菜单栏中选择“编辑”|“描边”命令，在弹出的对话框中设置参数如图5-240所示。设置完毕后单击“确定”按钮，效果如图5-241所示。

图5-239

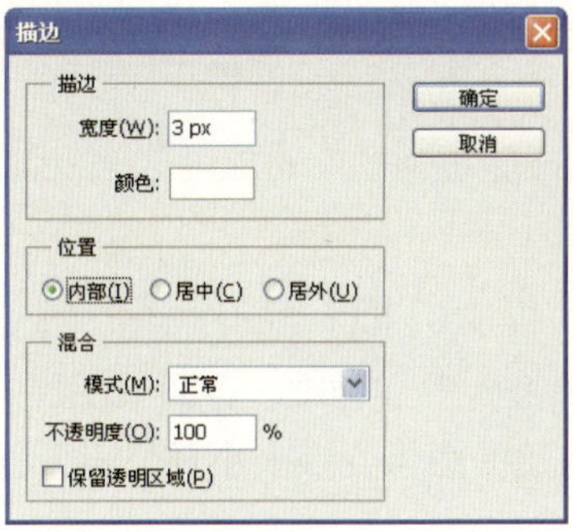

图5-240

图5-241

37 单击“图层”面板底部的“创建新图层”按钮，得到“图层22”，如图5-242所示。

38 将前景色设置为白色，选择工具箱中的“自定形状工具”，在其工具选项栏中选择合适的形状，单击“填充像素”按钮，在图像中绘制如图5-243所示的形状，按快捷键Ctrl+T调整角度，按Enter键确认变换，最终效果如图5-244所示。

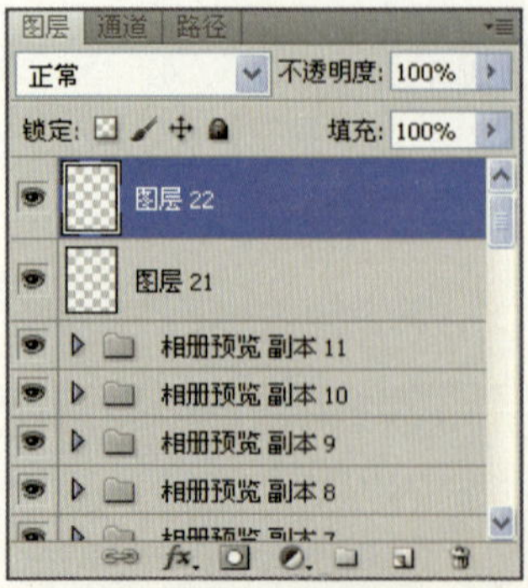

图5-242

图5-243

图5-244

扩展实例7

难易度 ★★★★★

- 原始素材文件：书中实例素材\第5章\扩展实例7\制作宝宝的艺术相册封面素材图1.jpg～素材图4.jpg
- 最终效果文件：书中实例效果图\第5章\扩展实例7\制作宝宝的艺术相册封面.psd
- 视频教学文件：书中实例视频\第5章\扩展实例\5.7.flv

制作宝宝的艺术相册封面

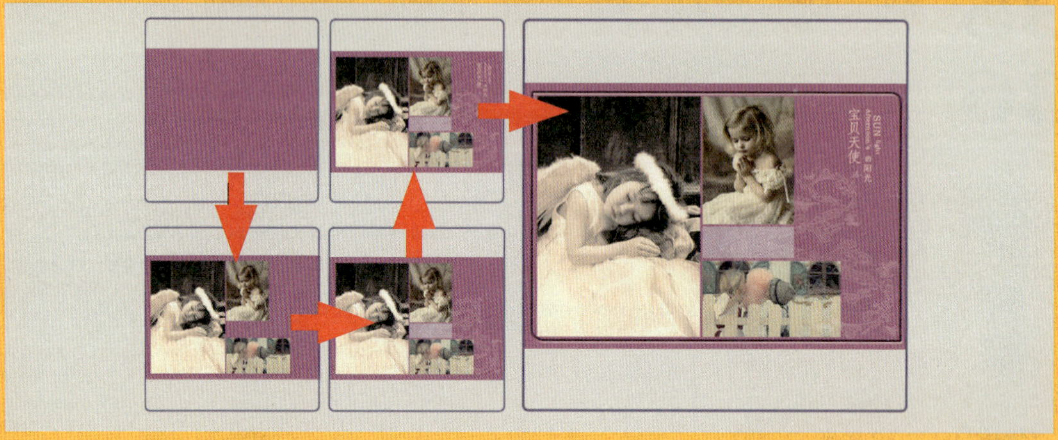

重点提示 **1** 打开随书所附光盘中的扩展实例素材“制作宝宝的艺术相册素材图1.jpg”～“素材图4.jpg”，将这些图像依次拖入主文档中，得到“图层2”，“图层3”和“图层4”。执行“自由变换”命令，将这些图像变换大小及位置。

重点提示 **2** 将前景色设置为R204、G166、B203，新建“图层5”。使用“矩形选框工具”绘制装饰矩形，并填充前景色。打开随书所附光盘中的扩展实例素材“5.16.jpg”，将其拖曳至主文档，得到“图层6”。执行“自由变换”命令，变换图像大小及位置。将“图层6”的混合模式设置为“滤色”。将前景色设置为R246、G239、B215，单击工具箱中的“横排文字工具”，在图像中输入文字。

重点提示 **3** 按快捷键Ctrl+Alt+Shift+E盖印所有可见图层，得到“图层7”。选择“钢笔工具”在图像周围绘制路径，按快捷键Ctrl+Enter将路径转换为选区。按快捷键Ctrl+J复制选区内的图像，得到“图层8”。双击“图层8”，在弹出的“图层样式”对话框中勾选“斜面和浮雕”复选框，在对话框中设置各项参数。

原始素材文件：
书中实例素材\第5章\实例8\制作电脑桌面素材图1.jpg ~ 素材图7.jpg

最终效果文件：
书中实例效果图\第5章\实例8\制作电脑桌面.psd

视频教学文件：
书中实例视频\第5章\实例\5.8.flv

实例8

难易度 ★★★★★

制作电脑桌面

例前导读

本例视频教程长度：13分2秒

- 使用“滤镜”命令制作花纹背景。
- 通过添加调整图层调整图像色调。
- 使用图层蒙版抠取人物。
- 使用文字工具添加文字以增强效果。

1 打开随书所附光盘中的实例素材“制作电脑桌面素材图1.jpg”，如图5-245所示，将此图层拖曳至“图层”面板底部的“创建新图层”按钮上，得到“背景 副本”图层，如图5-246所示。

2 单击“图层”面板底部的“创建新的填充或调整图层”按钮，在弹出的菜单中选择“渐变映射”选项，在弹出的面板中设置参数如图5-247所示。设置完毕后单击关闭按钮，效果如图5-248所示。

图5-245

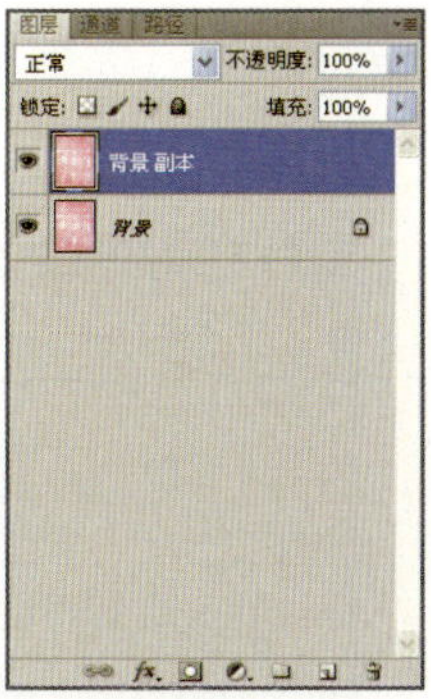

图5-246

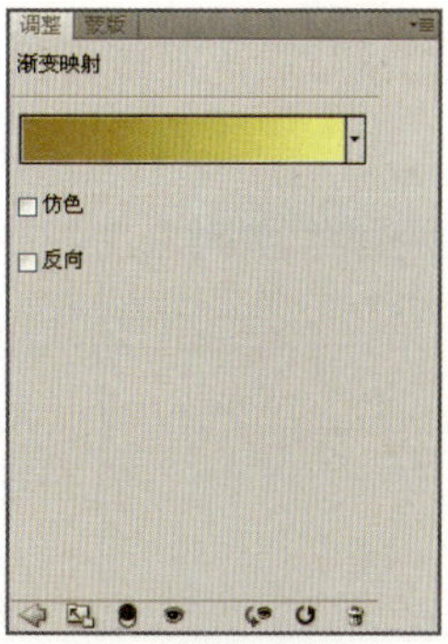

图5-247

图5-248

技巧与提示

在步骤 2 的操作中，渐变颜色的色值从左至右依次为R167、G139、B77，R183、G147、B78，R193、G152、B77，R214、G194、B134，R246、G243、B199。

3 打开随书所附光盘中的实例素材“素材图2.jpg”，如图5-249所示。

4 在菜单栏中选择“滤镜”|“模糊”|“动感模糊”命令，在弹出的对话框中设置参数如图5-250所示，设置完毕后单击“确定”按钮，效果如图5-251所示。

图5-249

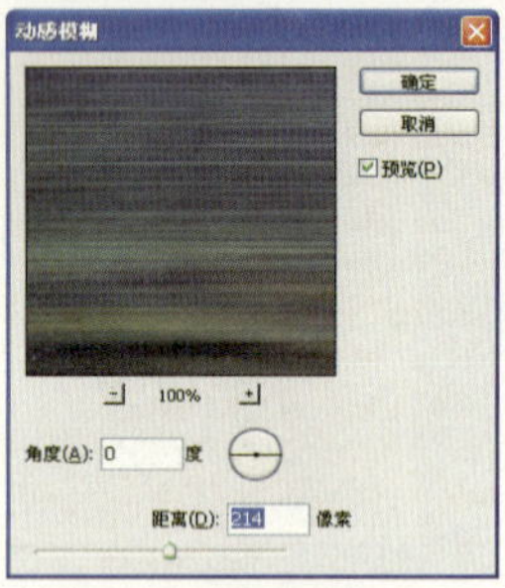

图5-250

图5-251

5 在菜单栏中选择“滤镜”|“扭曲”|“波浪”命令，在弹出的对话框中设置参数如图5-252所示，设置完毕后单击“确定”按钮，效果如图5-253所示。按快捷键Ctrl+F12次，重复“波浪”命令，效果如图5-254所示。

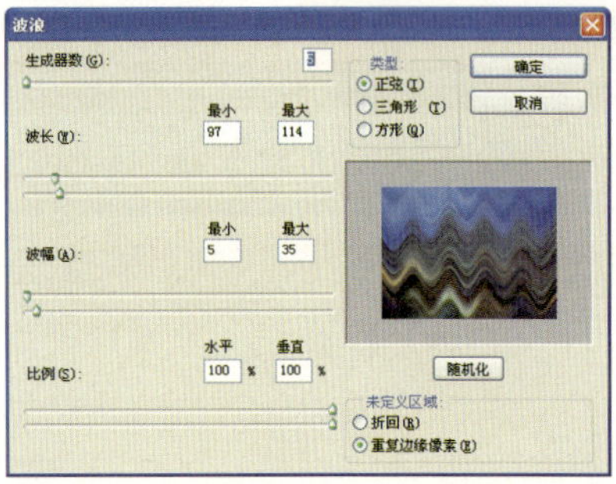

图5-252

图5-253

图5-254

6 在菜单栏中选择“图像”|“调整”|“色彩平衡”命令，在弹出的对话框中设置参数如图5-255至图5-257所示。设置完毕后单击“确定”按钮，效果如图5-258所示。

7 在菜单栏中选择“图像”|“调整”|“色相/饱和度”命令，在弹出的对话框中设置参数如图5-259所示，设置完毕后单击“确定”按钮。

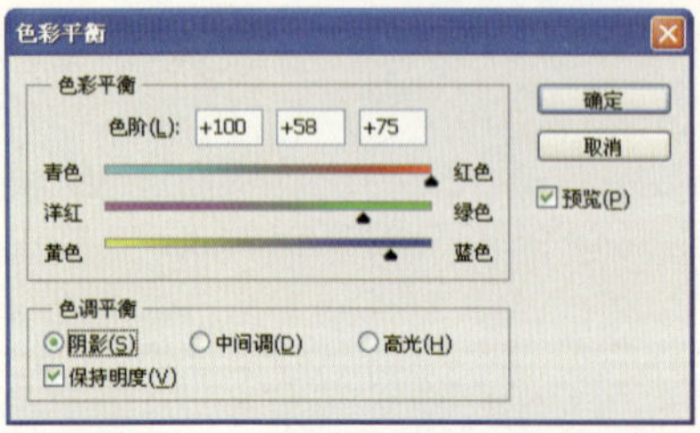

图5-255

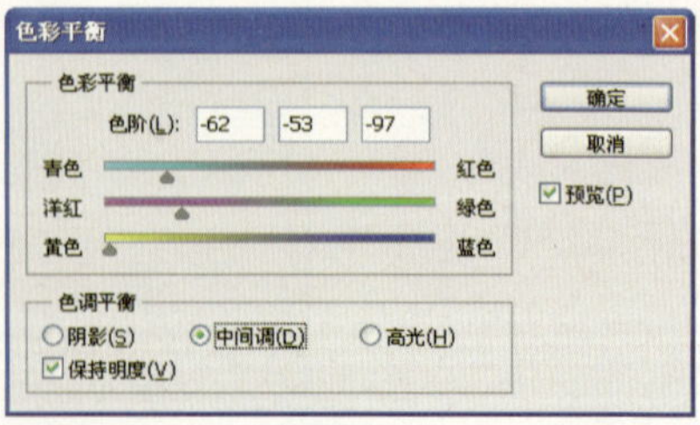

图5-256

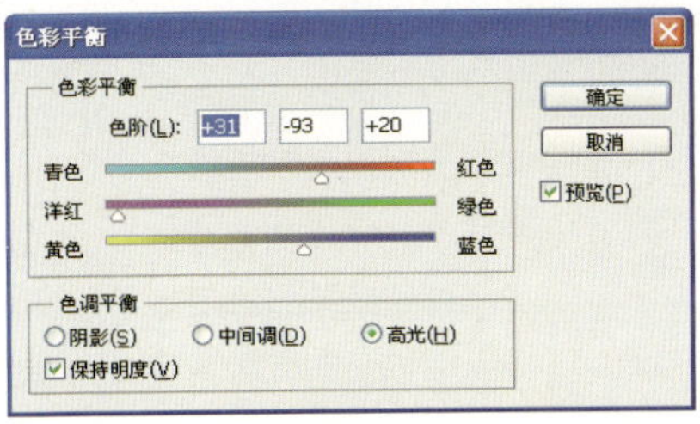

图5-257

图5-258

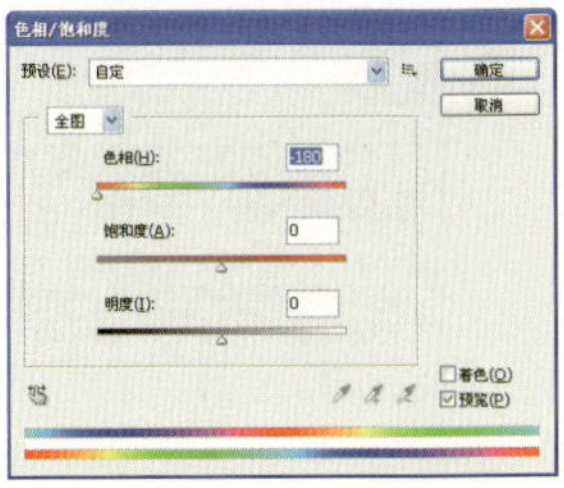

图5-259

8

单击工具箱中的“移动工具”，将前面步骤中制作好的图像拖曳至主文档，生成“图层2”。按快捷键Ctrl+T调整图像角度如图5-260所示。

9

选择“图层1”，将此图层的混合模式设置“柔光”，如图5-261所示，效果如图5-262所示。

图5-260

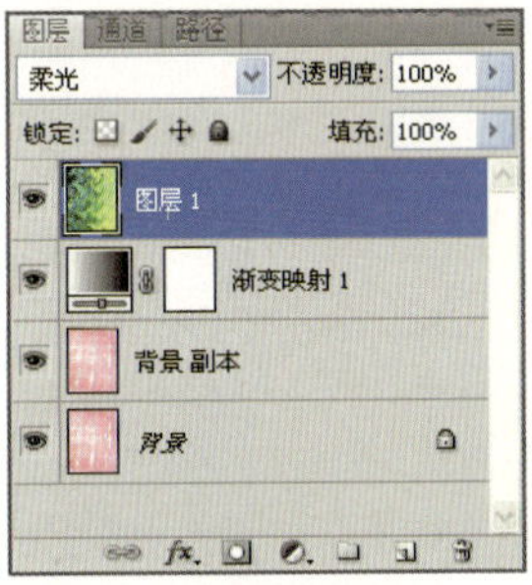

图5-261

图5-262

10

单击“图层”面板底部的“创建新的填充或调整图层”按钮，在弹出的菜单中选择“色阶”选项，在弹出的面板中设置参数如图5-263所示。设置完毕后单击关闭按钮，效果如图5-264所示。

11

单击“图层”面板底部的“创建新图层”按钮，得到“图层2”，如图5-265所示。将前景色和背景色设置为黑色和白色，在菜单栏中选择“滤镜”|“渲染”|“云彩”命令，效果如图5-266所示。

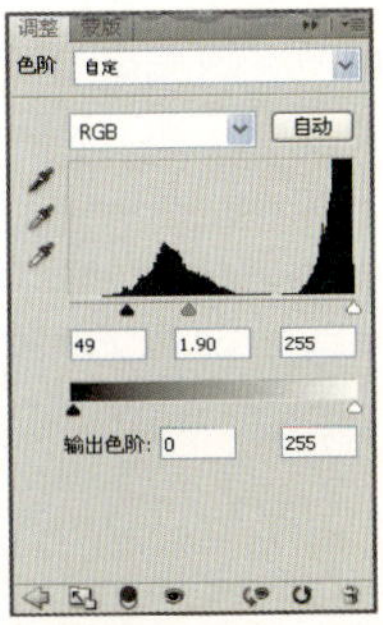

图5-263

图5-264

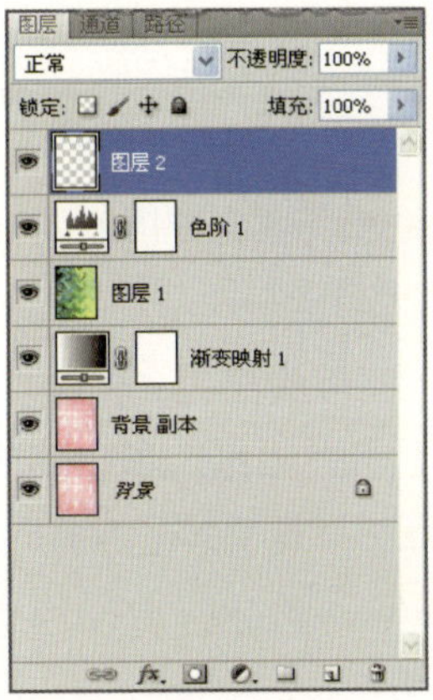

图5-265

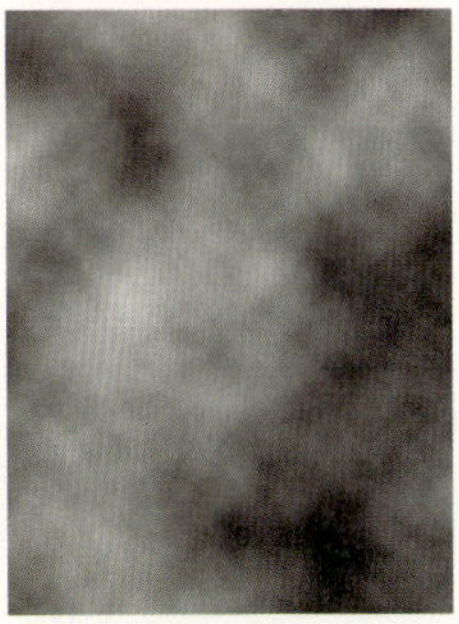

图5-266

12

选择“图层2”，将此图层的混合模式设置为“叠加”，如图5-267所示，效果如图5-268所示。

13 打开随书所附光盘中的实例素材“素材图3.jpg”，如图5-269所示。

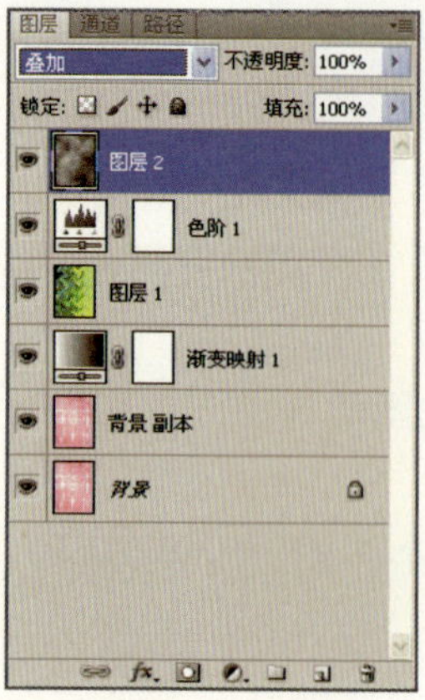

图5-267

图5-268

图5-269

14 单击工具箱中的“移动工具”，将素材拖到主文档，生成“图层3”，将此图层的混合模式设置为“正片叠底”，如图5-270所示，效果如图5-271所示。

15 单击“图层”面板底部的“创建新的填充或调整图层”按钮，在弹出的菜单中选择“渐变”选项，在弹出的对话框中设置参数如图5-272所示，设置完毕后单击“确定”按钮。

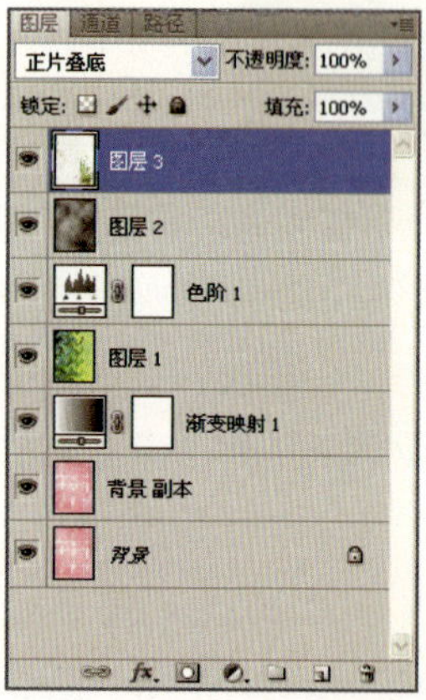

图5-270

图5-271

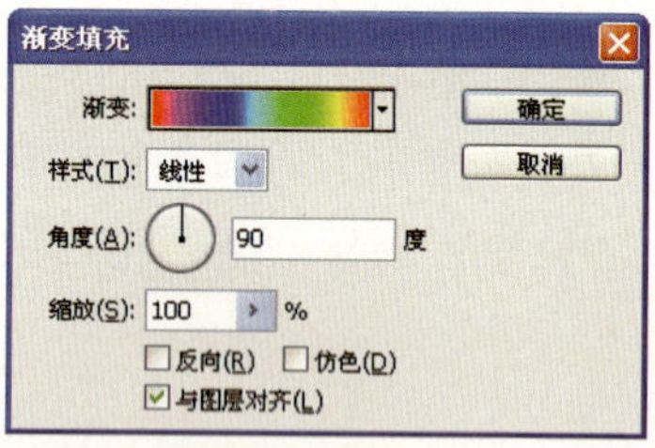

图5-272

16 选择“渐变填充1”调整图层，将此图层的混合模式设置为“柔光”，如图5-273所示，效果如图5-274所示。

17 单击“图层”面板底部的“创建新图层”按钮，得到“图层4”。选择“直线工具”，单击其工具选项栏中的“填充像素”按钮，将笔刷直径设置为1像素，按住Shift键在图像中连续绘制直线，如图5-275所示。

18 选择“图层4”，将此图层的混合模式设置为“叠加”，如图5-276所示，效果如图5-277所示。

19 打开随书所附光盘中的实例素材“素材图4.jpg”，将其拖曳至主文档，生成“图层5”，效果如图5-278所示。

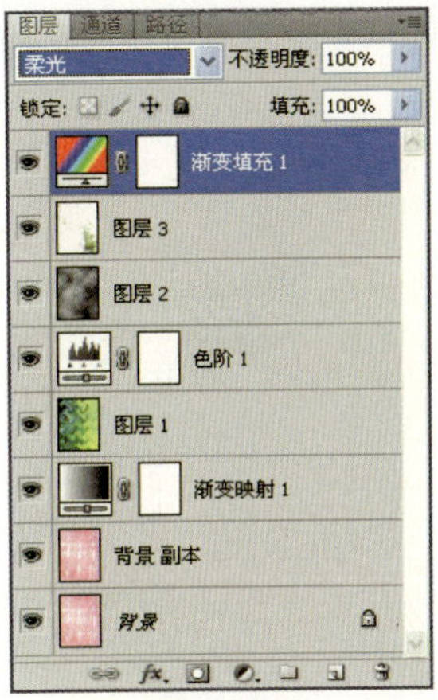

图5-273

图5-274

图5-275

图5-276

图5-277

图5-278

20 单击“图层”面板底部的“添加图层蒙板”按钮，为“图层 5 ”添加图层蒙版，如图5-279所示。将前景色设置为黑色，选择“画笔工具”在人物周围涂抹，效果如图5-280所示。

21 单击“图层”面板底部的“创建新的填充或调整图层”按钮，在弹出的菜单中选择“色阶”选项，在弹出的面板中设置参数如图5-281所示，设置完毕后单击关闭按钮。

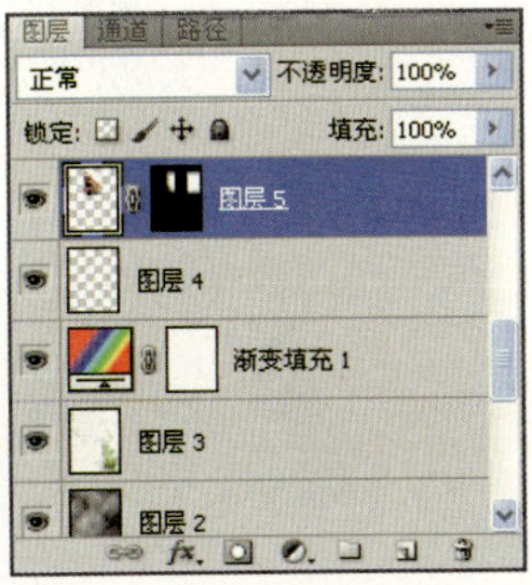

图5-279

图5-280

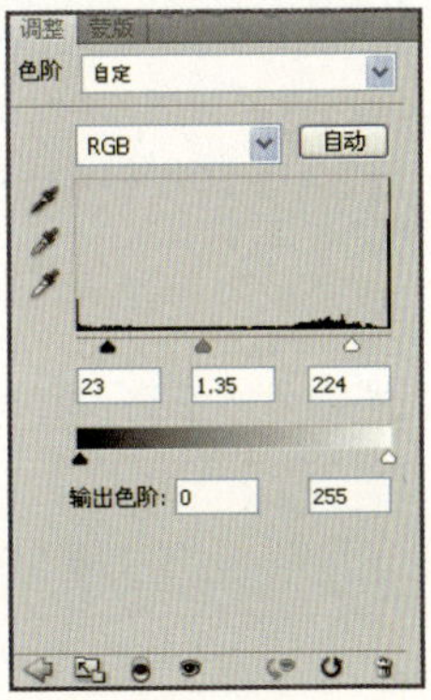

图5-281

22 选择“色阶2”调整图层，“图层”面板如图5-282所示。在菜单栏中选择“图层”|“创建剪贴蒙版”命令，效果如图5-283所示。

23 打开随书所附光盘中的实例素材“素材图5.jpg”，将其拖至主文档，得到“图层6”，效果如图5-284所示。

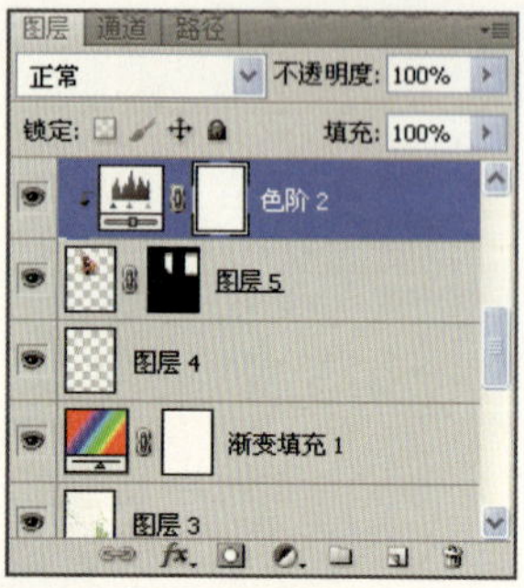

图5-282

图5-283

图5-284

24 单击“图层”面板底部的“添加图层蒙板”按钮，为“图层6”添加图层蒙版，如图5-285所示。将前景色设置为黑色，选择“画笔工具”在叶子周围涂抹，效果如图5-286所示。

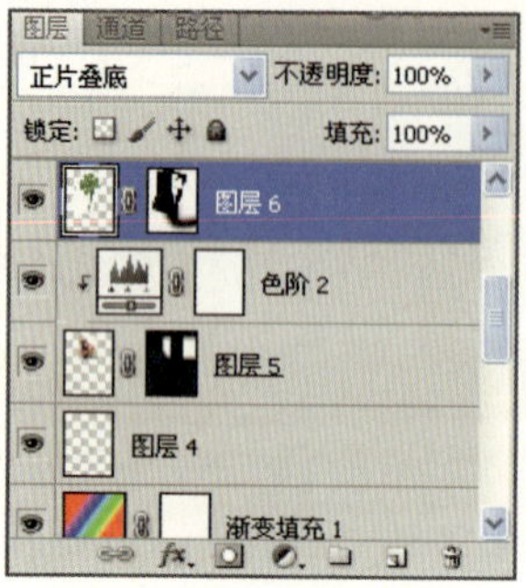

图5-285

图5-286

25 双击“图层6”，在弹出的“图层样式”对话框中设置参数如图5-287所示。设置完毕后单击“确定”按钮，效果如图5-288所示。

26 打开随书所附光盘中的实例素材“素材图6.jpg”，将其拖至主文档，得到“图层7”，效果如图5-289所示。

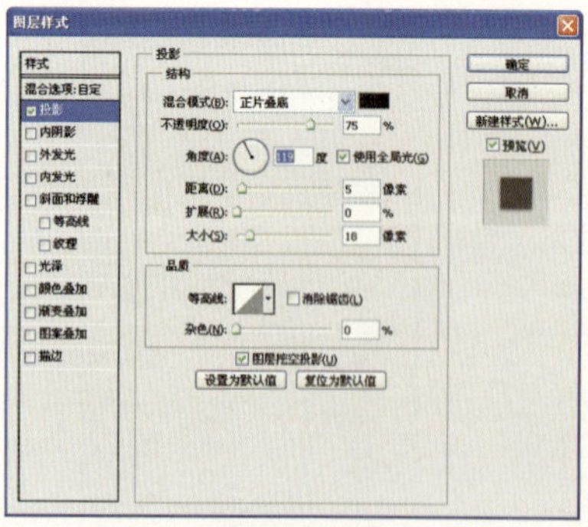

图5-287

图5-288

图5-289

27 单击“图层”面板底部的“添加图层蒙板”按钮，为“图层 7 ”添加图层蒙版，如图5-290所示。将前景色设置为黑色，选择“画笔工具”在叶子周围涂抹，效果如图5-291所示。

28 单击“图层”面板底部的“创建新的填充或调整图层”按钮，在弹出的菜单中选择“色阶”选项，在弹出的面板中设置参数如图5-292所示，设置完毕后单击关闭按钮。

29 选择“色阶3”调整图层，将此图层的混合模式设置为“明度”，如图5-293所示。在菜单栏中选择“图层”|“创建剪贴蒙版”命令，效果如图5-294所示。

30 打开随书所附光盘中的实例素材“素材图7.jpg”，将其拖曳至主文档，生成“图层8”。按住Ctrl键单击“图层8”，提取选区如图5-295所示。单击工具箱底部的设置前景色色块，在弹出的“拾色器（前景色）”对话框中设置参数如图5-296所示。

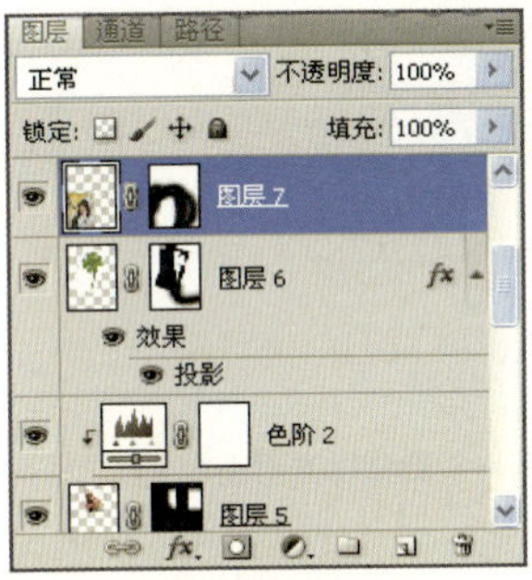

图5-290

图5-291

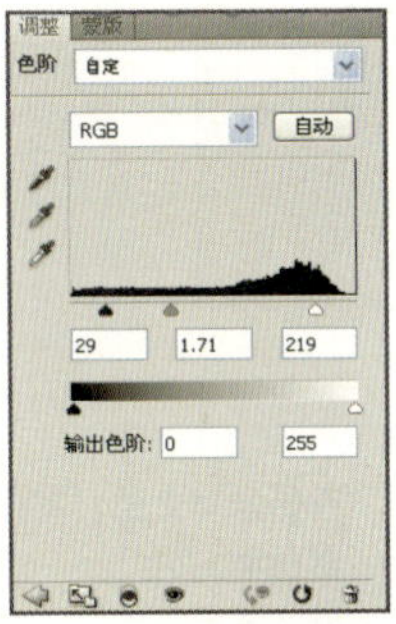

图5-292

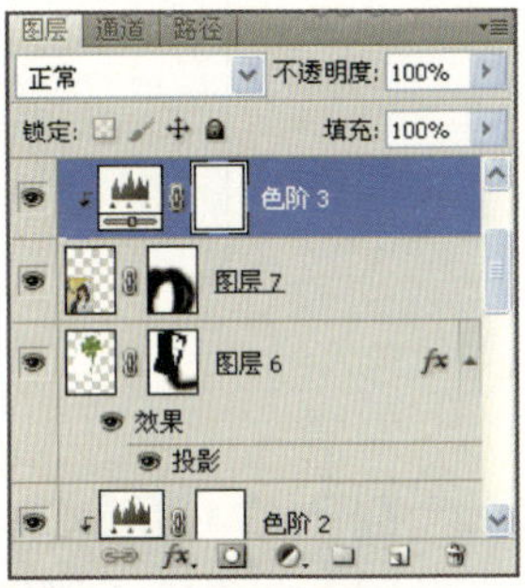

图5-293

图5-294

图5-295

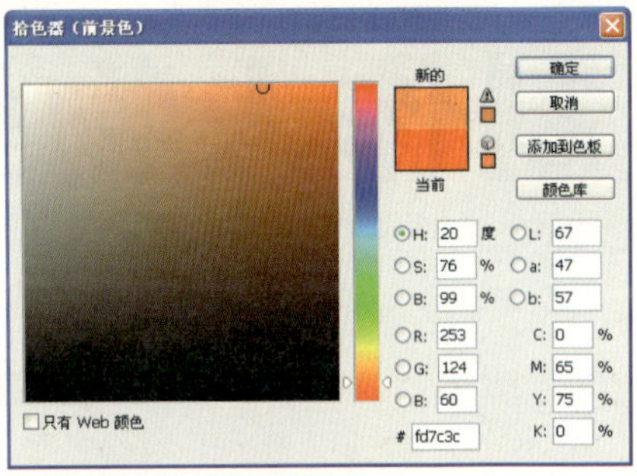

图5-296

31 选择“图层8”，将此图层的混合模式设置为“变暗”，如图5-297所示，效果如图5-298所示。

32 选择工具箱中的“矩形选框工具”，在画面中绘制选区，按Delete键删除选区内图像，效果如图5-299所示。

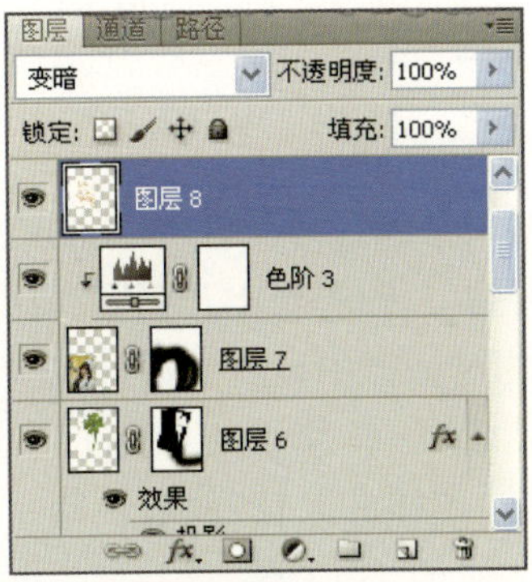

图5-297

图5-298

图5-299

33 单击“图层”面板底部的“创建新的填充或调整图层”按钮，在弹出的菜单中选择“色彩平衡”选项，在弹出的面板中设置参数如图5-300所示，设置完毕后单击关闭按钮，最终效果如图5-301所示。

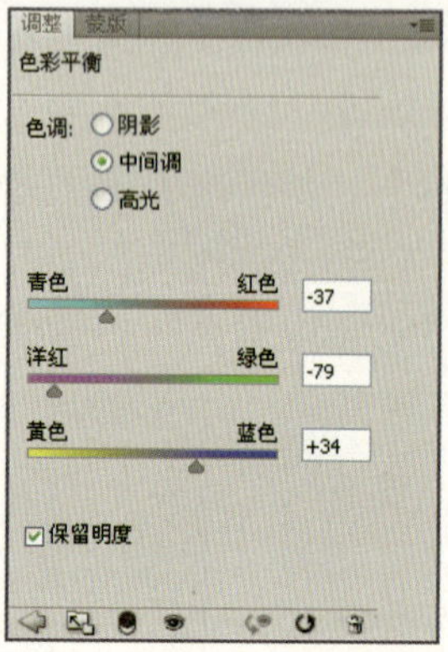

图5-300

图5-301

扩展实例8

难易度 ★★★★★

- 原始素材文件：书中实例素材\第5章\扩展实例8\制作人物矢量壁纸素材图1.jpg、素材图2.jpg
- 最终效果文件：书中实例效果图\第5章\扩展实例8\制作人物矢量壁纸.psd
- 视频教学文件：书中实例视频\第5章\扩展实例\5.8.flv

制作人物矢量壁纸

重点提示 1 打开随书所附光盘中的扩展实例素材“制作人物矢量壁纸素材图1.jpg”，将此图层拖曳至“图层”面板底部的“创建新图层”按钮上，得到“背景 副本”图层。在菜单栏中选择“图像”|“调整”|“去色”命令，在弹出的对话框中设置参数。按快捷键Ctrl+Alt+Shift+E盖印所有可见图层，得到“图层1”。在菜单栏中选择“滤镜”|“渲染”|“云彩”命令。在菜单栏中选择“滤镜”|“扭曲”|“波浪”命令，在弹出的对话框中设置各项参数。

重点提示 2 在菜单栏中选择“滤镜”|“杂色”|“蒙尘与划痕”命令。将该图层的混合模式设置为“强光”。隐藏“背景”图层与“图层1”，按快捷键Ctrl+Alt+Shift+E盖印所有可见图层，得到“图层3”。在菜单栏中选择“选择”|“色彩范围”命令，在人物最暗的部分创建选区。在菜单栏中选择“选择”|“修改”|“平滑”命令，在弹出的对话框中设置适当参数。

重点提示 3 按住Ctrl键单击“图层3”，调出其选区。打开随书所附光盘中的扩展实例素材“素材图2.jpg”，将其拖曳至主文档，得到“图层6”，并将其移至“图层1”上方。在菜单栏中选择“编辑”|“自由变换”命令，调整图像大小及位置。选择“魔棒工具”，在素材背景单击载入选区，按Delete键删除素材背景。在菜单栏中选择“图像”|“调整”|“阈值”命令，在弹出的对话框中设置参数。按快捷键Ctrl+Shift+U将图像去色。将“图层6”的混合模式设置为“正片叠底”。

原始素材文件：
书中实例素材\第5章\实例9\制作感性招贴画素材图.jpg

最终效果文件：
书中实例效果图\第5章\实例9\制作感性招贴画.psd

视频教学文件：
书中实例视频\第5章\实例\5.9.flv

实例9

难易度 ★★★★★

制作感性招贴画

例前导读

本例视频教程长度：4分59秒

- 使用“滤镜”命令制作图像特效。
- 使用混合模式混合图像。

1 打开随书所附光盘中的实例素材“制作感性招贴画素材图.jpg”，如图5-302所示，将此图层拖曳至“图层”面板底部的“创建新图层”按钮上，得到“背景 副本”图层，如图5-303所示。

2 单击“图层”面板底部的“创建新的填充或调整图层”按钮，在弹出的菜单中选择“色相/饱和度”选项，在弹出的面板中设置参数如图5-304所示。设置完毕后单击关闭按钮，效果如图5-305所示。

3 单击“图层”面板底部的“创建新的填充或调整图层”按钮，在弹出的菜单中选择“曲线”选项，在弹出的面板中设置参数如图5-306所示。设置完毕后单击关闭按钮，效果如图5-307所示。

图5-302

图5-303

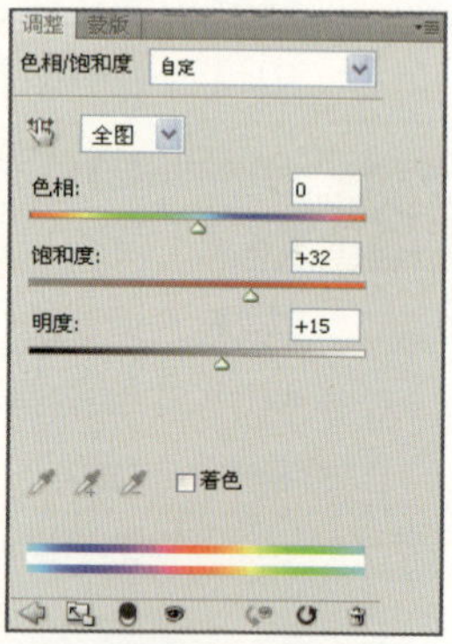

图5-304

图5-305

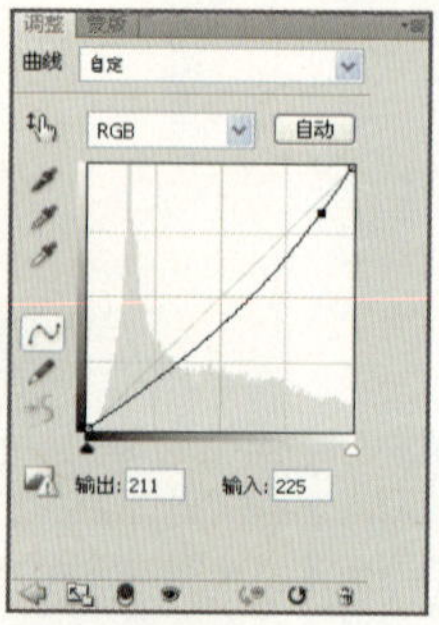

图5-306

图5-307

4 按快捷键Ctrl+Alt+Shift+E盖印所有可见图层，得到“图层1”，将其拖曳至“图层”面板底部的“创建新图层”按钮上，得到“图层1 副本”图层，如图5-308所示。

5 在菜单栏中选择“滤镜”|“画笔描边”|“强化的边缘”命令，在弹出的对话框中设置参数如图5-309所示，设置完毕后单击“确定”按钮。

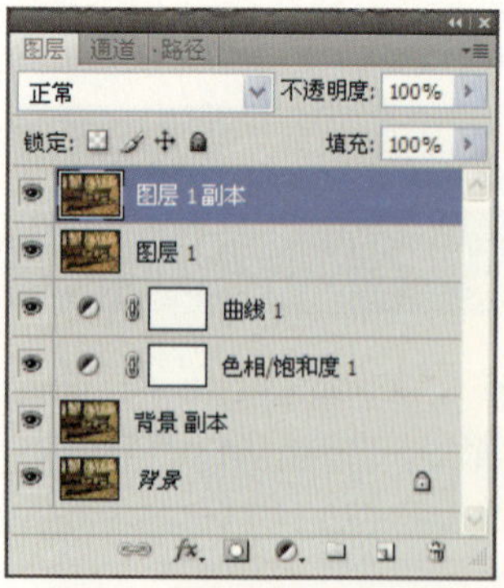

图5-308

图5-309

6 选择“图层1副本”图层，将此图层的混合模式设置为“变暗”，“不透明度”设置为“80%”，如图5-310所示，效果如图5-311所示。

7 按快捷键Ctrl+Alt+Shift+E盖印所有可见图层，得到“图层2”，如图5-312所示。

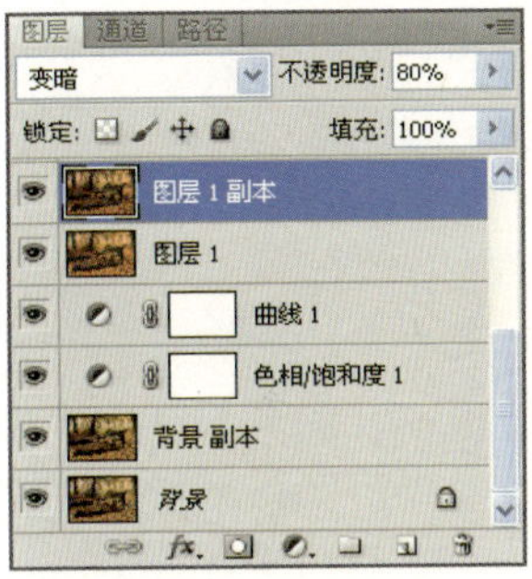

图5-310

图5-311

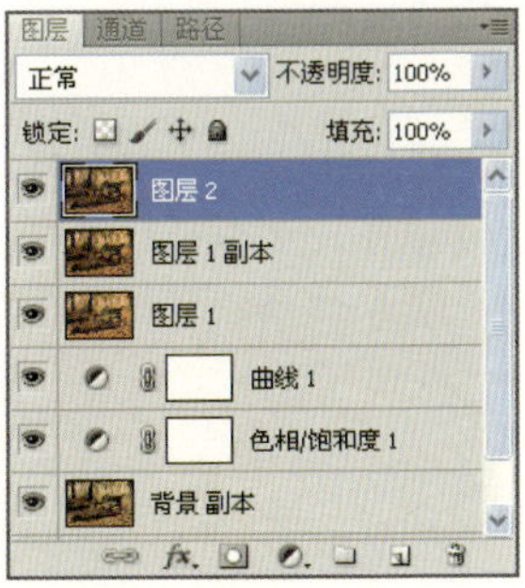

图5-312

8 在菜单栏中选择“滤镜”|“艺术效果”|“塑料包装”命令，在弹出的对话框中设置参数如图5-313所示。设置完毕后单击“确定”按钮，效果如图5-314所示。

9 选择“图层2”，单击“图层”面板底部的“添加图层蒙版”按钮，为其添加图层蒙版，如图5-315所示。将前景色设置为黑色，选择“画笔工具”，调整合适的笔刷和“不透明度”，涂抹塑料效果过渡处，效果如图5-316所示。

10 切换至“通道”面板，按住Ctrl键单击“RGB”通道缩览图，载入其选区，如图5-317所示。

图5-313

图5-314

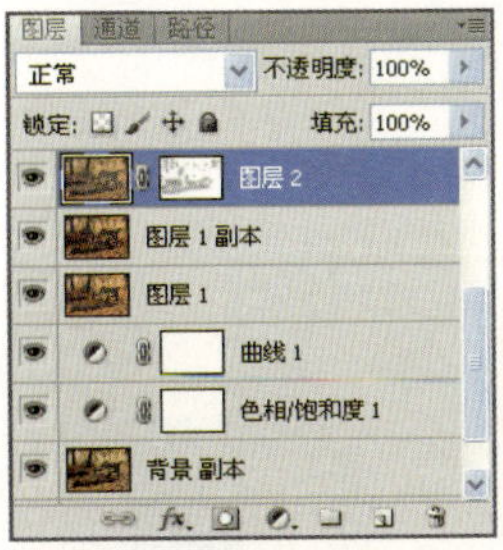

图5-315

图5-316

图5-317

11 切换至“图层”面板，新建“图层3”，填充白色，将其混合模式设置为“柔光”，如图5-318所示，效果如图5-319所示。

12 按快捷键Ctrl+Alt+Shift+E盖印可见图层，得到“图层4”，如图5-320所示。

图5-318

图5-319

图5-320

13 在菜单栏中选择“滤镜”|“素描”|“炭笔”命令，在弹出的对话框中设置参数如图5-321所示。设置完毕后单击“确定”按钮，效果如图5-322所示。

14 选择“图层4”，将此图层的混合模式设置为“叠加”，“不透明度”设置为“50%”，如图5-323所示，效果如图5-324所示。

15 单击工具箱中的“横排文字工具”T，在图像中输入文字，如图5-325所示。

16 双击文字图层，在弹出的对话框中设置参数如图5-326所示。设置完毕后单击“确定”按钮，最终效果如图5-327所示。

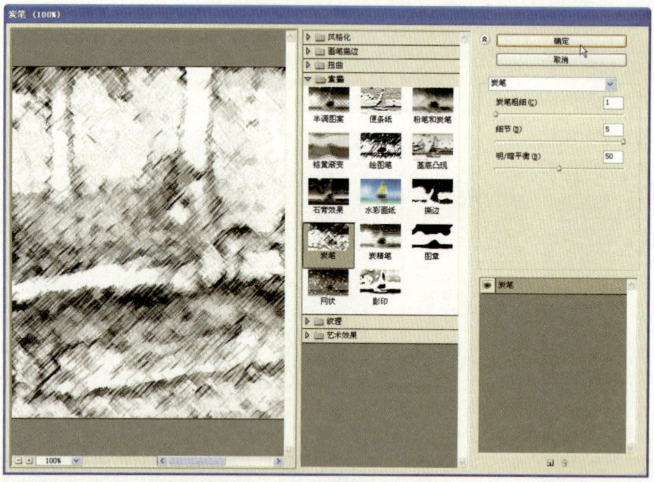
图5-321

图5-322

图5-323

图5-324

图5-325

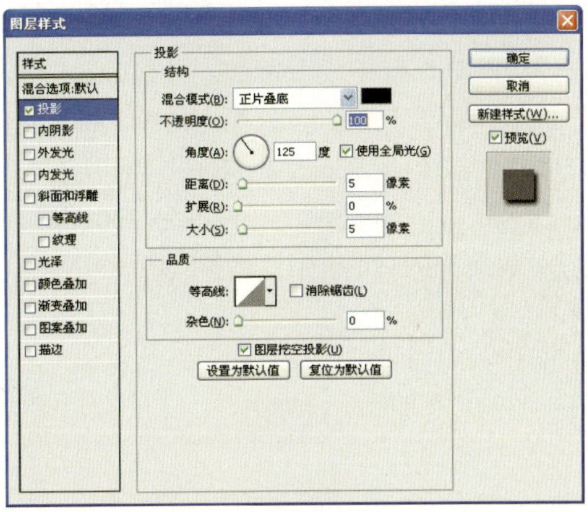

图5-326

图5-327

扩展实例9

难易度 ★★★★★

- 原始素材文件：书中实例素材\第5章\扩展实例9\制作风景招贴画素材图.jpg
- 最终效果文件：书中实例效果图\第5章\扩展实例9\制作风景招贴画.psd
- 视频教学文件：书中实例视频\第5章\扩展实例\5.9.flv

制作风景招贴画

重点提示 1 打开随书所附光盘中的扩展实例素材“制作风景招贴画素材图.jpg”，将此图层拖曳至“图层”面板底部的“创建新图层”按钮上，得到“背景 副本”图层。按快捷键Ctrl+Alt+Shifr+E盖印所有可见图层，得到“图层1”。选择“图层1”，将此图层复制一层，得到“图层1 副本”图层。在菜单栏中选择“滤镜”|“画笔描边”|“强化的边缘”命令，在弹出的对话框中设置参数。将“图层1 副本”图层的混合模式设置为“变暗”，“不透明度”设置为“60%”。

重点提示 2 按快捷键Ctrl+Alt+Shifr+E盖印所有可见图层，得到“图层2”。在菜单栏中选择“滤镜”|“艺术效果”|“塑料包装”命令，在弹出的对话框中设置参数。按住Ctrl键单击“RGB”通道，载入其选区。切换至“图层”面板，新建“图层3”，填充白色，将其混合模式设置为“柔光”，“不透明度”设置为“50%”。按快捷键Ctrl+Alt+Shift+E盖印所有可见图层，得到“图层4”，将其混合模式设置为“叠加”，“不透明度”设置为“50%”。在菜单栏中选择“滤镜”|“素描”|“炭笔”命令，在弹出的对话框中设置参数。